高等学校数学类“十三五”规划教材
西安电子科技大学立项教材

线性代数学习辅导

张卓奎　陈慧婵　编著
任春丽　李菊娥　参编

西安电子科技大学出版社

内 容 简 介

本书是根据高等院校各专业对"线性代数"的学习、复习及应试要求而编写的，主要内容包括行列式、矩阵、向量、线性方程组、矩阵的特征值与特征向量、二次型。

本书各章均由三部分组成，即考点内容讲解、考点题型解析、经典习题与解答。"考点内容讲解"部分对每章的基本内容按照知识结构分为概念、性质和结论几个层面，结合读者应掌握的重点作了比较详细的讲解、概括和总结；"考点题型解析"部分根据考试规律选择常考题型，分类解析，以题说法，开拓思路，开阔视野，帮助读者提高分析问题、解决问题、变通问题的应试能力；"经典习题与解答"部分是对考点题型解析的有益补充，是读者学习解题方法的训练场。

本书叙述通俗易懂，概念清晰，实用性强，可作为高等院校"线性代数"课程的教学参考书，也可作为高等院校教师、报考硕士研究生的考生和工程技术人员的参考书。

图书在版编目(CIP)数据

线性代数学习辅导/张卓奎，陈慧婵编著. 一西安：西安电子科技大学出版社，2020.3

ISBN 978-7-5606-5508-6

Ⅰ. ① 线…　Ⅱ. ① 张… ② 陈…　Ⅲ. ① 线性代数一高等学校一教学参考资料

Ⅳ. ① O151.2

中国版本图书馆 CIP 数据核字(2019)第 263425 号

策划编辑　李惠萍　高　樱

责任编辑　王　瑛

出版发行　西安电子科技大学出版社(西安市太白南路 2 号)

电　　话　(029)88242885　88201467　　邮　　编　710071

网　　址　www.xduph.com　　电子邮箱　xdupfxb001@163.com

经　　销　新华书店

印刷单位　陕西天意印务有限责任公司

版　　次　2020 年 3 月第 1 版　2020 年 3 月第 1 次印刷

开　　本　787 毫米×1092 毫米　1/16　印张　18

字　　数　429 千字

印　　数　1～3000 册

定　　价　41.00 元

ISBN 978-7-5606-5508-6/O

XDUP　5810001-1

前言

“线性代数”是高等院校的一门基础课，也是全国硕士学位研究生入学考试中许多专业指定的必考课程。它已被广泛地应用于许多研究领域，并且在这些领域中显现出十分重要的作用。学习并学好该门课程是许多专业最基本的要求，也是应考的必要基础。

在学习“线性代数”课程中，读者普遍感到学会了，学懂了，但总是不能得心应手，尤其体现在应试过程中。为此，编者结合多年的教学经验以及学生、考生的实际情况，编写了本书，以帮助读者透彻理解线性代数的基本概念、基本理论和基本方法；帮助读者克服困难，尽快掌握“线性代数”课程的精髓，练习和巩固所学知识；帮助读者正确理解大纲内容和大纲要求，掌握线性代数的难点与重点，熟悉线性代数考点、题型和命题规律，掌握学习和复习线性代数的方法与技巧；帮助学生在应考中能得心应手，挥洒自如。

全书共 6 章。第 1 章为行列式；第 2 章为矩阵；第 3 章为向量；第 4 章为线性方程组；第 5 章为矩阵的特征值与特征向量；第 6 章为二次型。各章对不同类型的考生不做要求的内容都做了说明。

本书各章均由考点内容讲解、考点题型解析及经典习题与解答三部分组成。“考点内容讲解”部分对每章的基本内容按照知识结构分为概念、性质和结论几个层面，结合读者应掌握的重点作了比较详细的讲解、概括和总结；“考点题型解析”部分根据考试规律选择常考题型，分类解析，以题说法，开拓思路，开阔视野，帮助读者提高分析问题、解决问题、变通问题的应试能力；“经典习题与解答”部分是对考点题型解析的有益补充，是读者学习解题方法的训练场。

本书具有以下特点：

(1) 选材紧扣大纲，少而精、广而浅，实用性强。

(2) 题型丰富多样，具有典型性、代表性。

(3) 适用面广。

(4) 科学而巧妙地安排考点内容，便于老师辅导、考生复习。

(5) 一题多解，注重方法的总结、问题的变通。

(6) 复杂问题具体化，抽象问题逻辑化，直面考题套路。

本书在编写过程中，得到了西安电子科技大学数学与统计学院的大力支持，得到了西安电子科技大学教材基金的资助，许多同行同事给予了鼓励和帮助，西安电子科技大学出版社的领导也非常关心本书的出版，李惠萍和王瑛编辑对本书的出版付出了辛勤的劳动，编者在此一并致以诚挚的谢意！

由于编者水平有限，书中难免存在疏漏，恳请读者批评指正。

编　者

2019 年 4 月

目 录

第 1 章 行 列 式

一、考点内容讲解

1. 行列式的概念

（1）排列：

（ⅰ）定义：称 n 个自然数 1，2，…，n 排成一行 $i_1 i_2 \cdots i_n$ 为自然数 1，2，…，n 的一个排列。显然，1，2，…，n 的排列共有 $n!$ 个。称排列中一个自然数为排列的一个元素；称 $12\cdots n$ 为标准排列或自然排列。

（ⅱ）逆序：在一个排列中，如果一个较大的元素排在一个较小的元素之前，则称这两个元素构成一个逆序。一个排列中所有逆序的总数称为这个排列的逆序数，用 $\tau(i_1 i_2 \cdots i_n)$ 或 τ 表示排列 $i_1 i_2 \cdots i_n$ 的逆序数。

（ⅲ）奇排列与偶排列：逆序数为奇数的排列称为奇排列；逆序数为偶数的排列称为偶排列。

（ⅳ）对换：在排列中，将任意两个元素对调，其余元素不动，这种形成新排列的方法称为对换。

（ⅴ）结论：

① 在 1，2，…，n 的所有排列中，有一半是奇排列，有一半是偶排列。

② 在一个排列中，若任意两个元素对换，则排列的奇偶性发生改变。

③ 奇排列对换成标准排列的对换次数为奇数；偶排列对换成标准排列的对换次数为偶数。

（2）行列式的定义：

（ⅰ）二、三阶行列式：

$$\begin{vmatrix} a_{11} & a_{12} \\ a_{21} & a_{22} \end{vmatrix} = a_{11}a_{22} - a_{12}a_{21}$$

$$\begin{vmatrix} a_{11} & a_{12} & a_{13} \\ a_{21} & a_{22} & a_{23} \\ a_{31} & a_{32} & a_{33} \end{vmatrix} = a_{11}a_{22}a_{33} + a_{12}a_{23}a_{31} + a_{13}a_{21}a_{32} - a_{13}a_{22}a_{31} - a_{11}a_{23}a_{32} - a_{12}a_{21}a_{33}$$

（ⅱ）n 阶行列式：

$$\begin{vmatrix} a_{11} & a_{12} & \cdots & a_{1n} \\ a_{21} & a_{22} & \cdots & a_{2n} \\ \vdots & \vdots & & \vdots \\ a_{n1} & a_{n2} & \cdots & a_{nn} \end{vmatrix} = \sum_{j_1 j_2 \cdots j_n} (-1)^{\tau(j_1 j_2 \cdots j_n)} a_{1j_1} a_{2j_2} \cdots a_{nj_n} \quad \text{(行标为标准排列)}$$

$$= \sum_{j_1 j_2 \cdots j_n} (-1)^{\tau(j_1 j_2 \cdots j_n)} a_{j_1 1} a_{j_2 2} \cdots a_{j_n n} \quad \text{(列标为标准排列)}$$

其中：$j_1 j_2 \cdots j_n$ 是 1，2，…，n 的一个排列；$\sum\limits_{j_1 j_2 \cdots j_n}$ 表示对 1，2，…，n 的所有排列 $j_1 j_2 \cdots j_n$ 求和。

2. 行列式的性质

(1) 行列式的行与列依次互换后(即行列式的转置)，其值不变，即 $D=D^{\mathrm{T}}$(其中 D^{T} 为 D 的转置)。

(2) 行列式的两行(列)互换，其值变号。

(3) 数乘行列式等于用这个数乘以该行列式中的某一行(列)元素，即行列式的某一行(列)中有公因数 k，则 k 可以提到该行列式外。

(4) 若行列式的某一行(列)元素全为零，则其值为零。

(5) 若行列式的两行(列)元素对应成比例或相等，则其值为零。

(6) (一分为二性)如果行列式的某一行(列)所有元素都可以表示为两项之和，则这个行列式等于两个行列式的和，这两个行列式的这一行(列)的元素分别为对应两个加数之一，其余各行(列)的元素与原行列式相同，即

$$\begin{vmatrix} a_1 & a_2 & a_3 \\ b_1+d_1 & b_2+d_2 & b_3+d_3 \\ c_1 & c_2 & c_3 \end{vmatrix} = \begin{vmatrix} a_1 & a_2 & a_3 \\ b_1 & b_2 & b_3 \\ c_1 & c_2 & c_3 \end{vmatrix} + \begin{vmatrix} a_1 & a_2 & a_3 \\ d_1 & d_2 & d_3 \\ c_1 & c_2 & c_3 \end{vmatrix}$$

这个性质可以推广到一分为 n 的情形。

(7) 将行列式中某行(列)元素的 k 倍加到另一行(列)对应元素上去，行列式的值不变。

3. 行列式按行(列)展开

(1) 余子式：在 n 阶行列式中，把元素 a_{ij} 所在的第 i 行和第 j 列划去后所得到的 $n-1$ 阶行列式称为元素 a_{ij} 的余子式，记作 M_{ij}。

(2) 代数余子式：称 $A_{ij}=(-1)^{i+j}M_{ij}$ 为元素 a_{ij} 的代数余子式。

(3) (行列式展开定理)行列式等于它的任一行(列)的各元素与其对应的代数余子式之积之和，即

$$D=a_{i1}A_{i1}+a_{i2}A_{i2}+\cdots+a_{in}A_{in} \quad (i=1, 2, \cdots, n) \quad \text{(行列式按行展开)}$$

$$D=a_{1j}A_{1j}+a_{2j}A_{2j}+\cdots+a_{nj}A_{nj} \quad (j=1, 2, \cdots, n) \quad \text{(行列式按列展开)}$$

(4) n 阶行列式的任一行(列)的元素与另一行(列)的对应于元素的代数余子式之积之和等于零，即

$$a_{i1}A_{j1}+a_{i2}A_{j2}+\cdots+a_{in}A_{jn}=0 \quad (i\neq j;\ i, j=1, 2, \cdots, n)$$

$$a_{1i}A_{1j}+a_{2i}A_{2j}+\cdots+a_{ni}A_{nj}=0 \quad (i\neq j;\ i, j=1, 2, \cdots, n)$$

(5) 行列式的计算：

(ⅰ) 对角行列式、上三角行列式、下三角行列式：

$$\begin{vmatrix} a_{11} & 0 & \cdots & 0 \\ 0 & a_{22} & \cdots & 0 \\ \vdots & \vdots & & \vdots \\ 0 & 0 & \cdots & a_{nn} \end{vmatrix} = \begin{vmatrix} a_{11} & a_{12} & \cdots & a_{1n} \\ 0 & a_{22} & \cdots & a_{2n} \\ \vdots & \vdots & & \vdots \\ 0 & 0 & \cdots & a_{nn} \end{vmatrix} = \begin{vmatrix} a_{11} & 0 & \cdots & 0 \\ a_{21} & a_{22} & \cdots & 0 \\ \vdots & \vdots & & \vdots \\ a_{n1} & a_{n2} & \cdots & a_{nn} \end{vmatrix} = a_{11}a_{22}\cdots a_{nn}$$

(ⅱ) 副对角线行列式、副对角线上三角行列式、副对角线下三角行列式：

$$\begin{vmatrix} 0 & 0 & \cdots & 0 & a_{1n} \\ 0 & 0 & \cdots & a_{2,n-1} & 0 \\ \vdots & \vdots & & \vdots & \vdots \\ 0 & a_{n-1,2} & \cdots & 0 & 0 \\ a_{n1} & 0 & \cdots & 0 & 0 \end{vmatrix} = \begin{vmatrix} a_{11} & a_{12} & \cdots & a_{1,n-1} & a_{1n} \\ a_{21} & a_{22} & \cdots & a_{2,n-1} & 0 \\ \vdots & \vdots & & \vdots & \vdots \\ a_{n-1,1} & a_{n-1,2} & \cdots & 0 & 0 \\ a_{n1} & 0 & \cdots & 0 & 0 \end{vmatrix}$$

$$= \begin{vmatrix} 0 & 0 & \cdots & 0 & a_{1n} \\ 0 & 0 & \cdots & a_{2,n-1} & a_{2n} \\ \vdots & \vdots & & \vdots & \vdots \\ 0 & a_{n-1,2} & \cdots & a_{n-1,n-1} & a_{n-1,n} \\ a_{n1} & a_{n2} & \cdots & a_{n,n-1} & a_{nn} \end{vmatrix}$$

$$= (-1)^{\frac{n(n-1)}{2}} a_{1n}a_{2,n-1}\cdots a_{n1}$$

(ⅲ) 拉普拉斯展开式：设 $\boldsymbol{A}$ 是 m 阶矩阵，$\boldsymbol{B}$ 是 n 阶矩阵，则

$$\begin{vmatrix} \boldsymbol{A} & \boldsymbol{O} \\ \boldsymbol{O} & \boldsymbol{B} \end{vmatrix} = \begin{vmatrix} \boldsymbol{A} & \boldsymbol{O} \\ * & \boldsymbol{B} \end{vmatrix} = \begin{vmatrix} \boldsymbol{A} & * \\ \boldsymbol{O} & \boldsymbol{B} \end{vmatrix} = |\boldsymbol{A}|\,|\boldsymbol{B}|$$

$$\begin{vmatrix} \boldsymbol{O} & \boldsymbol{A} \\ \boldsymbol{B} & \boldsymbol{O} \end{vmatrix} = \begin{vmatrix} \boldsymbol{O} & \boldsymbol{A} \\ \boldsymbol{B} & * \end{vmatrix} = \begin{vmatrix} * & \boldsymbol{A} \\ \boldsymbol{B} & \boldsymbol{O} \end{vmatrix} = (-1)^{mn}|\boldsymbol{A}|\,|\boldsymbol{B}|$$

(ⅳ) 范德蒙行列式：

$$\begin{vmatrix} 1 & 1 & 1 & \cdots & 1 \\ x_1 & x_2 & x_3 & \cdots & x_n \\ x_1^2 & x_2^2 & x_3^2 & \cdots & x_n^2 \\ \vdots & \vdots & \vdots & & \vdots \\ x_1^{n-1} & x_2^{n-1} & x_3^{n-1} & \cdots & x_n^{n-1} \end{vmatrix} = \prod_{1 \leqslant j < i \leqslant n} (x_i - x_j)$$

(ⅴ) 利用行列式的定义计算行列式。

(ⅳ) 利用行列式的性质和行列式展开定理计算行列式(造零降阶法)。

(ⅶ) 利用行列式的性质将行列式转化为已知行列式计算行列式。

(ⅷ) 利用递推公式计算行列式。

(ⅸ) 利用数学归纳法计算行列式。

(ⅹ) 利用加边升阶法计算行列式。

(ⅹⅰ) 利用拆项法计算行列式。

(ⅹⅱ) 利用矩阵性质法计算行列式。

4. 克莱姆(Cramer)法则

(1) 克莱姆法则：设 n 个未知数 x_1，x_2，…，x_n 的 n 个线性方程的方程组

$$\begin{cases} a_{11}x_1+a_{12}x_2+\cdots+a_{1n}x_n=b_1 \\ a_{21}x_1+a_{22}x_2+\cdots+a_{2n}x_n=b_2 \\ \qquad\qquad\vdots \\ a_{n1}x_1+a_{n2}x_2+\cdots+a_{nn}x_n=b_n \end{cases}$$

的系数行列式不等于零，即 $D=\begin{vmatrix} a_{11} & a_{12} & \cdots & a_{1n} \\ a_{21} & a_{22} & \cdots & a_{2n} \\ \vdots & \vdots & & \vdots \\ a_{n1} & a_{n2} & \cdots & a_{nn} \end{vmatrix}\neq 0$，则该方程组有唯一解

$$x_1=\frac{D_1}{D},\ x_2=\frac{D_2}{D},\ \cdots,\ x_n=\frac{D_n}{D}$$

其中 $D_j(j=1,2,\cdots,n)$是把系数行列式 D 中第 j 列元素用方程组右端的自由项(非齐次项)代替后所得到的 n 阶行列式，即

$$D_j=\begin{vmatrix} a_{11} & \cdots & a_{1,j-1} & b_1 & a_{1,j+1} & \cdots & a_{1n} \\ a_{21} & \cdots & a_{2,j-1} & b_2 & a_{2,j+1} & \cdots & a_{2n} \\ \vdots & & \vdots & \vdots & \vdots & & \vdots \\ a_{n1} & \cdots & a_{n,j-1} & b_n & a_{n,j+1} & \cdots & a_{nn} \end{vmatrix}$$

(2) 若干结论：

(ⅰ) 如果线性方程组的系数行列式 $D\neq 0$，则方程组一定有解，且解是唯一的。

(ⅱ) 如果线性方程组无解或有两个不同的解，则它的系数行列式必为零。

(ⅲ) 当 b_1，b_2，…，b_n 全为零时，线性方程组称为齐次线性方程组；当 b_1，b_2，…，b_n 不全为零时，线性方程组称为非齐次线性方程组。

(ⅳ) 齐次线性方程组一定有零解。

(ⅴ) 如果齐次线性方程组的系数行列式 $D\neq 0$，则齐次线性方程组没有非零解。

(ⅵ) 如果齐次线性方程组有非零解，则它的系数行列式必为零。

二、考点题型解析

常考题型：● 行列式的概念与性质；● 数字行列式的计算；● 抽象行列式的计算；● 含参数行列式的计算；● 由矩阵导出的行列式的问题；● 克莱姆法则。

1. 选择题

例 1 行列式 $\begin{vmatrix} a_1 & 0 & 0 & b_1 \\ 0 & a_2 & b_2 & 0 \\ 0 & b_3 & a_3 & 0 \\ b_4 & 0 & 0 & a_4 \end{vmatrix}=$(　　)。

(A) $a_1a_2a_3a_4-b_1b_2b_3b_4$　　(B) $a_1a_2a_3a_4+b_1b_2b_3b_4$

(C) $(a_1a_2-b_1b_2)(a_3a_4-b_3b_4)$　　(D) $(a_2a_3-b_2b_3)(a_1a_4-b_1b_4)$

解　应选(D)。

按第一列展开，得

$$\begin{vmatrix} a_1 & 0 & 0 & b_1 \\ 0 & a_2 & b_2 & 0 \\ 0 & b_3 & a_3 & 0 \\ b_4 & 0 & 0 & a_4 \end{vmatrix} = a_1\begin{vmatrix} a_2 & b_2 & 0 \\ b_3 & a_3 & 0 \\ 0 & 0 & a_4 \end{vmatrix} - b_4\begin{vmatrix} 0 & 0 & b_1 \\ a_2 & b_2 & 0 \\ b_3 & a_3 & 0 \end{vmatrix} = a_1a_4\begin{vmatrix} a_2 & b_2 \\ b_3 & a_3 \end{vmatrix} - b_1b_4\begin{vmatrix} a_2 & b_2 \\ b_3 & a_3 \end{vmatrix}$$

$$= (a_2a_3 - b_2b_3)(a_1a_4 - b_1b_4)$$

故选(D)。

例 2　设 $\boldsymbol{\alpha}_1$，$\boldsymbol{\alpha}_2$，$\boldsymbol{\alpha}_3$，$\boldsymbol{\alpha}_4$ 都是 4 维列向量，则 4 阶行列式 $|\boldsymbol{\alpha}_1, \boldsymbol{\alpha}_2, \boldsymbol{\alpha}_3, \boldsymbol{\alpha}_4| =$(　　)。

(A) $|\boldsymbol{\alpha}_4, \boldsymbol{\alpha}_3, \boldsymbol{\alpha}_1, \boldsymbol{\alpha}_2|$

(B) $|\boldsymbol{\alpha}_1-\boldsymbol{\alpha}_2, \boldsymbol{\alpha}_2-\boldsymbol{\alpha}_3, \boldsymbol{\alpha}_3-\boldsymbol{\alpha}_4, \boldsymbol{\alpha}_4-\boldsymbol{\alpha}_1|$

(C) $|\boldsymbol{\alpha}_1, \boldsymbol{\alpha}_2-\boldsymbol{\alpha}_3, -\boldsymbol{\alpha}_3, -\boldsymbol{\alpha}_4, 4\boldsymbol{\alpha}_4|$

(D) $|\boldsymbol{\alpha}_1, \boldsymbol{\alpha}_1+\boldsymbol{\alpha}_2, \boldsymbol{\alpha}_1+\boldsymbol{\alpha}_2+\boldsymbol{\alpha}_3, \boldsymbol{\alpha}_1+\boldsymbol{\alpha}_2+\boldsymbol{\alpha}_3+\boldsymbol{\alpha}_4|$

解　应选(D)。

因为

$$\begin{aligned} |\boldsymbol{\alpha}_1, \boldsymbol{\alpha}_2, \boldsymbol{\alpha}_3, \boldsymbol{\alpha}_4| &= |\boldsymbol{\alpha}_1, \boldsymbol{\alpha}_1+\boldsymbol{\alpha}_2, \boldsymbol{\alpha}_3, \boldsymbol{\alpha}_4| \\ &= |\boldsymbol{\alpha}_1, \boldsymbol{\alpha}_1+\boldsymbol{\alpha}_2, \boldsymbol{\alpha}_1+\boldsymbol{\alpha}_2+\boldsymbol{\alpha}_3, \boldsymbol{\alpha}_4| \\ &= |\boldsymbol{\alpha}_1, \boldsymbol{\alpha}_1+\boldsymbol{\alpha}_2, \boldsymbol{\alpha}_1+\boldsymbol{\alpha}_2+\boldsymbol{\alpha}_3, \boldsymbol{\alpha}_1+\boldsymbol{\alpha}_2+\boldsymbol{\alpha}_3+\boldsymbol{\alpha}_4| \end{aligned}$$

故选(D)。

例 3　方程 $\begin{vmatrix} x-2 & x-1 & x-2 & x-3 \\ 2x-2 & 2x-1 & 2x-2 & 2x-3 \\ 3x-3 & 3x-2 & 4x-5 & 3x-5 \\ 4x & 4x-3 & 5x-7 & 4x-3 \end{vmatrix} = 0$ 的根的个数为(　　)。

(A) 1　　(B) 2　　(C) 3　　(D) 4

解　应选(B)。

由于

$$\begin{vmatrix} x-2 & x-1 & x-2 & x-3 \\ 2x-2 & 2x-1 & 2x-2 & 2x-3 \\ 3x-3 & 3x-2 & 4x-5 & 3x-5 \\ 4x & 4x-3 & 5x-7 & 4x-3 \end{vmatrix} = \begin{vmatrix} x-2 & 1 & 0 & -1 \\ 2x-2 & 1 & 0 & -1 \\ 3x-3 & 1 & x-2 & -2 \\ 4x & -3 & x-7 & -3 \end{vmatrix}$$

$$= \begin{vmatrix} x-2 & 1 & 0 & 0 \\ 2x-2 & 1 & 0 & 0 \\ 3x-3 & 1 & x-2 & -1 \\ 4x & -3 & x-7 & -6 \end{vmatrix}$$

$$= \begin{vmatrix} x-2 & 1 \\ 2x-2 & 1 \end{vmatrix} = \begin{vmatrix} x-2 & -1 \\ x-7 & -6 \end{vmatrix}$$

是 x 的二次多项式，因此方程根的个数为 2，故选(B)。

例 4　若 $\boldsymbol{\alpha}_1$，$\boldsymbol{\alpha}_2$，$\boldsymbol{\alpha}_3$，$\boldsymbol{\beta}_1$，$\boldsymbol{\beta}_2$ 都是 4 维列向量，4 阶行列式 $|\boldsymbol{\alpha}_1, \boldsymbol{\alpha}_2, \boldsymbol{\alpha}_3, \boldsymbol{\beta}_1| = m$，

$|\boldsymbol{\alpha}_1, \boldsymbol{\alpha}_2, \boldsymbol{\beta}_2, \boldsymbol{\alpha}_3| = n$，则 $|\boldsymbol{\alpha}_1, \boldsymbol{\alpha}_2, \boldsymbol{\alpha}_3, \boldsymbol{\beta}_1+\boldsymbol{\beta}_2| =$（　　）。

(A) $m+n$　　(B) $-(m+n)$　　(C) $n-m$　　(D) $m-n$

解　应选(D)。

因为

$$\begin{aligned}|\boldsymbol{\alpha}_1, \boldsymbol{\alpha}_2, \boldsymbol{\alpha}_3, \boldsymbol{\beta}_1+\boldsymbol{\beta}_2| &= |\boldsymbol{\alpha}_1, \boldsymbol{\alpha}_2, \boldsymbol{\alpha}_3, \boldsymbol{\beta}_1| + |\boldsymbol{\alpha}_1, \boldsymbol{\alpha}_2, \boldsymbol{\alpha}_3, \boldsymbol{\beta}_2| \\ &= |\boldsymbol{\alpha}_1, \boldsymbol{\alpha}_2, \boldsymbol{\alpha}_3, \boldsymbol{\beta}_1| - |\boldsymbol{\alpha}_1, \boldsymbol{\alpha}_2, \boldsymbol{\beta}_2, \boldsymbol{\alpha}_3| \\ &= m-n\end{aligned}$$

故选(D)。

例 5　若 $\begin{vmatrix} a_1 & a_2 & a_3 \\ b_1 & b_2 & b_3 \\ c_1 & c_2 & c_3 \end{vmatrix} = 1$，则 $\begin{vmatrix} a_1 & 2c_1-5b_1 & 3b_1 \\ a_2 & 2c_2-5b_2 & 3b_2 \\ a_3 & 2c_3-5b_3 & 3b_3 \end{vmatrix} =$（　　）。

(A) -15　　(B) 15　　(C) -6　　(D) 6

解　应选(C)。

因为

$$\begin{aligned}\begin{vmatrix} a_1 & 2c_1-5b_1 & 3b_1 \\ a_2 & 2c_2-5b_2 & 3b_2 \\ a_3 & 2c_3-5b_3 & 3b_3 \end{vmatrix} &= 3\begin{vmatrix} a_1 & 2c_1-5b_1 & b_1 \\ a_2 & 2c_2-5b_2 & b_2 \\ a_3 & 2c_3-5b_3 & b_3 \end{vmatrix} = 3\begin{vmatrix} a_1 & 2c_1 & b_1 \\ a_2 & 2c_2 & b_2 \\ a_3 & 2c_3 & b_3 \end{vmatrix} = 6\begin{vmatrix} a_1 & c_1 & b_1 \\ a_2 & c_2 & b_2 \\ a_3 & c_3 & b_3 \end{vmatrix} \\ &= -6\begin{vmatrix} a_1 & b_1 & c_1 \\ a_2 & b_2 & c_2 \\ a_3 & b_3 & c_3 \end{vmatrix} = -6\begin{vmatrix} a_1 & a_2 & a_3 \\ b_1 & b_2 & b_3 \\ c_1 & c_2 & c_3 \end{vmatrix} = -6\end{aligned}$$

故选(C)。

例 6　$D = \begin{vmatrix} a & b & b \\ b & a & b \\ b & b & a \end{vmatrix} =$（　　）。

(A) $(a+2b)^2(a-b)$　　(B) $(a+2b)(a-b)^2$

(C) $(a+2b)^2(a+b)$　　(D) $(a+2b)(a+b)^2$

解　应选(B)。

由于行列式每行元素之和都为 $a+2b$，因此

$$D = \begin{vmatrix} a & b & b \\ b & a & b \\ b & b & a \end{vmatrix} = (a+2b)\begin{vmatrix} 1 & b & b \\ 1 & a & b \\ 1 & b & a \end{vmatrix} = (a+2b)\begin{vmatrix} 1 & b & b \\ 0 & a-b & 0 \\ 0 & 0 & a-b \end{vmatrix}$$

$$= (a+2b)(a-b)^2$$

故选(B)。

例 7　方程 $\begin{vmatrix} a_1 & a_2 & a_3 & a_4+x \\ a_1 & a_2 & a_3+x & a_4 \\ a_1 & a_2+x & a_3 & a_4 \\ a_1+x & a_2 & a_3 & a_4 \end{vmatrix} = 0$ 的根为（　　）。

(A) $0, -a_1-a_2-a_3-a_4$　　(B) $0, a_1+a_2+a_3+a_4$

(C) a_1+a_2, a_3+a_4　　(D) 0, $a_1a_2a_3a_4$

解　应选(A)。

由于行列式每行元素之和都为 $a_1+a_2+a_3+a_4+x$，因此

$$\begin{vmatrix} a_1 & a_2 & a_3 & a_4+x \\ a_1 & a_2 & a_3+x & a_4 \\ a_1 & a_2+x & a_3 & a_4 \\ a_1+x & a_2 & a_3 & a_4 \end{vmatrix} = (a_1+a_2+a_3+a_4+x)\begin{vmatrix} 1 & a_2 & a_3 & a_4+x \\ 1 & a_2 & a_3+x & a_4 \\ 1 & a_2+x & a_3 & a_4 \\ 1 & a_2 & a_3 & a_4 \end{vmatrix}$$

$$= (a_1+a_2+a_3+a_4+x)\begin{vmatrix} 1 & a_2 & a_3 & a_4+x \\ 0 & 0 & x & -x \\ 0 & x & 0 & -x \\ 0 & 0 & 0 & -x \end{vmatrix}$$

$$= (a_1+a_2+a_3+a_4+x)x^3$$

从而方程可化为 $(a_1+a_2+a_3+a_4+x)x^3=0$，所以方程的根为 0，$-a_1-a_2-a_3-a_4$，故选(A)。

例 8　$x=-2$ 是 $D=\begin{vmatrix} 1 & 1 & 1 \\ 1 & x & x^2 \\ 1 & -2 & 4 \end{vmatrix}=0$ 的(　　)。

(A) 充分必要条件　　(B) 充分而非必要条件

(C) 必要而非充分条件　　(D) 既非充分又非必要条件

解　应选(B)。

由范德蒙行列式，得

$$D=\begin{vmatrix} 1 & 1 & 1 \\ 1 & x & x^2 \\ 1 & -2 & 4 \end{vmatrix} = \begin{vmatrix} 1 & 1 & 1 \\ 1 & x & -2 \\ 1 & x^2 & 4 \end{vmatrix} = (x-1)(-2-1)(-2-x)=3(x-1)(x+2)$$

由于当 $x=-2$ 时，行列式 $D=0$，但当 $D=0$ 时，可以有 $x=1$，因此 $x=-2$ 是 $D=0$ 的充分而非必要条件，故选(B)。

例 9　空间中两条直线 L_1：$\dfrac{x-x_1}{m_1}=\dfrac{y-y_1}{n_1}=\dfrac{z-z_1}{p_1}$ 与 L_2：$\dfrac{x-x_2}{m_2}=\dfrac{y-y_2}{n_2}=\dfrac{z-z_2}{p_2}$ 共面的充分必要条件是(　　)。

(A) $\begin{vmatrix} x_2-x_1 & y_2-y_1 & z_2-z_1 \\ m_1 & n_1 & p_1 \\ m_2 & n_2 & p_2 \end{vmatrix}\neq 0$　　(B) $\begin{vmatrix} x_2-x_1 & y_2-y_1 & z_2-z_1 \\ m_1 & n_1 & p_1 \\ m_2 & n_2 & p_2 \end{vmatrix}=0$

(C) $\dfrac{m_1}{m_2}=\dfrac{n_1}{n_2}=\dfrac{p_1}{p_2}$　　(D) $\dfrac{x_2-x_1}{m_1}=\dfrac{y_2-y_1}{n_1}=\dfrac{z_2-z_1}{p_1}$

解　应选(B)。

方法一　由于两条直线 L_1 与 L_2 共面的充分必要条件是向量 $\{x_2-x_1, y_2-y_1, z_2-z_1\}$，$\{m_1, n_1, p_1\}$，$\{m_2, n_2, p_2\}$ 共面，即三个向量的混合积为零，因此空间两条直线 L_1 与 L_2 共面的充分必要条件是

$$\begin{vmatrix} x_2-x_1 & y_2-y_1 & z_2-z_1 \\ m_1 & n_1 & p_1 \\ m_2 & n_2 & p_2 \end{vmatrix}=0$$

故选(B)。

方法二　由于选项(A)说明$\{x_2-x_1, y_2-y_1, z_2-z_1\}$，$\{m_1, n_1, p_1\}$，$\{m_2, n_2, p_2\}$不共面，因此直线$L_1$与$L_2$不共面，故选项(A)不正确。又选项(C)说明直线$L_1$与$L_2$平行，这是共面的充分条件，故选项(C)不正确。因为选项(D)表示直线L_1与L_2重合，这也是共面的充分条件，所以选项(D)不正确。故选(B)。

例 10　设$\boldsymbol{A}$是n阶矩阵，则$||\boldsymbol{A}^*|\boldsymbol{A}|=($　　$)$。

(A) $|\boldsymbol{A}|^{n^2}$　　(B) $|\boldsymbol{A}|^{n^2-n}$　　(C) $|\boldsymbol{A}|^{n^2-n+1}$　　(D) $|\boldsymbol{A}|^{n^2+n}$

解　应选(C)。

由于$|k\boldsymbol{A}|=k^n|\boldsymbol{A}|$，$|\boldsymbol{A}^*|=|\boldsymbol{A}|^{n-1}$，因此

$$||\boldsymbol{A}^*|\boldsymbol{A}|=|\boldsymbol{A}^*|^n|\boldsymbol{A}|=(|\boldsymbol{A}|^{n-1})^n|\boldsymbol{A}|=|\boldsymbol{A}|^{n^2-n+1}$$

故选(C)。

例 11　设$\boldsymbol{A}$是n阶矩阵，则$|(2\boldsymbol{A})^*|=($　　$)$。

(A) $2^n|\boldsymbol{A}^*|$　　(B) $2^{n-1}|\boldsymbol{A}^*|$　　(C) $2^{n^2-n}|\boldsymbol{A}^*|$　　(D) $2^{n^2}|\boldsymbol{A}^*|$

解　应选(C)。

由于$|k\boldsymbol{A}|=k^n|\boldsymbol{A}|$，$|\boldsymbol{A}^*|=|\boldsymbol{A}|^{n-1}$，因此

$$|(2\boldsymbol{A})^*|=|2\boldsymbol{A}|^{n-1}=(2^n|\boldsymbol{A}|)^{n-1}=2^{n^2-n}|\boldsymbol{A}|^{n-1}=2^{n^2-n}|\boldsymbol{A}^*|$$

故选(C)。

例 12　设$\boldsymbol{A}$是m阶矩阵，$\boldsymbol{B}$是n阶矩阵，且$|\boldsymbol{A}|=a$，$|\boldsymbol{B}|=b$，$\boldsymbol{C}=\begin{pmatrix} \boldsymbol{O} & 3\boldsymbol{A} \\ -\boldsymbol{B} & \boldsymbol{O} \end{pmatrix}$，则$|\boldsymbol{C}|=($　　$)$。

(A) $-3ab$　　(B) $3^m ab$　　(C) $(-1)^{mn}3^m ab$　　(D) $(-1)^{(m+1)n}3^m ab$

解　应选(D)。

由拉普拉斯展开式，得

$$|\boldsymbol{C}|=\begin{vmatrix} \boldsymbol{O} & 3\boldsymbol{A} \\ -\boldsymbol{B} & \boldsymbol{O} \end{vmatrix}=(-1)^{mn}|3\boldsymbol{A}||-\boldsymbol{B}|=(-1)^{mn}3^m|\boldsymbol{A}|(-1)^n|\boldsymbol{B}|=(-1)^{(m+1)n}3^m ab$$

故选(D)。

例 13　设$\boldsymbol{A}$是n阶反对称矩阵，且$\boldsymbol{A}$可逆，则n为(　　)。

(A) 奇数　　(B) 偶数

(C) 自然数　　(D) 大于 2 的自然数

解　应选(B)。

由于$\boldsymbol{A}$是n阶反对称矩阵，即$\boldsymbol{A}^{\mathrm{T}}=-\boldsymbol{A}$，因此$|\boldsymbol{A}|=|\boldsymbol{A}^{\mathrm{T}}|=|-\boldsymbol{A}|=(-1)^n|\boldsymbol{A}|$。若$n$为奇数，则$|\boldsymbol{A}|=-|\boldsymbol{A}|$，即$|\boldsymbol{A}|=0$，但$\boldsymbol{A}$可逆，从而选项(A)不正确；又自然数中有奇数，因此选项(C)、(D)不正确。故选(B)。

例 14　设 $\boldsymbol{A}$ 是 n 阶可逆矩阵，$|\boldsymbol{A}|=5$，则 $\left|-|\boldsymbol{A}^{-1}|\boldsymbol{A}^*\right|=($　　$)$。

(A) $\dfrac{1}{5}$　　(B) $-\dfrac{1}{5}$　　(C) $\dfrac{(-1)^n}{5}$　　(D) $\dfrac{(-1)^{n+1}}{5}$

解　应选(C)。

因为 $\left|-|\boldsymbol{A}^{-1}|\boldsymbol{A}^*\right|=\left(-|\boldsymbol{A}^{-1}|\right)^n|\boldsymbol{A}^*|=\dfrac{(-1)^n}{|\boldsymbol{A}|^n}|\boldsymbol{A}|^{n-1}=\dfrac{(-1)^n}{|\boldsymbol{A}|}=\dfrac{(-1)^n}{5}$，故选(C)。

2. 填空题

例 1　$\begin{vmatrix}1&1&1&0\\1&1&0&1\\1&0&1&1\\0&1&1&1\end{vmatrix}=$________。

解　把第 2、3、4 列都加到第 1 列，提取公因子 3，再把第 1 列的 -1 倍分别加到第 2、3、4 列，得

$$\begin{vmatrix}1&1&1&0\\1&1&0&1\\1&0&1&1\\0&1&1&1\end{vmatrix}=\begin{vmatrix}3&1&1&0\\3&1&0&1\\3&0&1&1\\3&1&1&1\end{vmatrix}=3\begin{vmatrix}1&1&1&0\\1&1&0&1\\1&0&1&1\\1&1&1&1\end{vmatrix}=3\begin{vmatrix}1&0&0&-1\\1&0&-1&0\\1&-1&0&0\\1&0&0&0\end{vmatrix}$$

$$=-3\begin{vmatrix}0&0&-1\\0&-1&0\\-1&0&0\end{vmatrix}=-3$$

例 2　$\begin{vmatrix}1&-1&1&x-1\\1&-1&x+1&-1\\1&x-1&1&-1\\x+1&-1&1&-1\end{vmatrix}=$________。

解　把第 2、3、4 行都加到第 1 行，再把第 2、3、4 列都加到第 1 列，提取公因子 x 后再把第 4 列加到第 1 列并展开，得

$$\begin{vmatrix}1&-1&1&x-1\\1&-1&x+1&-1\\1&x-1&1&-1\\x+1&-1&1&-1\end{vmatrix}=\begin{vmatrix}x+4&x-4&x+4&x-4\\1&-1&x+1&-1\\1&x-1&1&-1\\x+1&-1&1&-1\end{vmatrix}=\begin{vmatrix}4x&x-4&x+4&x-4\\x&-1&x+1&-1\\x&x-1&1&-1\\x&-1&1&-1\end{vmatrix}$$

$$=x\begin{vmatrix}4&x-4&x+4&x-4\\1&-1&x+1&-1\\1&x-1&1&-1\\1&-1&1&-1\end{vmatrix}=x\begin{vmatrix}x&x-4&x+4&x-4\\0&-1&x+1&-1\\0&x-1&1&-1\\0&-1&1&-1\end{vmatrix}$$

$$=x^2\begin{vmatrix}-1&x+1&-1\\x-1&1&-1\\-1&1&-1\end{vmatrix}=x^2\begin{vmatrix}0&x+1&-1\\x&1&-1\\0&1&-1\end{vmatrix}$$

$$=-x^3\begin{vmatrix}x+1&-1\\1&-1\end{vmatrix}=x^4$$

例 3 $D_5=\begin{vmatrix}1-a & a & 0 & 0 & 0\\ -1 & 1-a & a & 0 & 0\\ 0 & -1 & 1-a & a & 0\\ 0 & 0 & -1 & 1-a & a\\ 0 & 0 & 0 & -1 & 1-a\end{vmatrix}=$________。

解 把第 2、3、4、5 行都加到第 1 行并按第 1 行展开，得

$$D_5=(-1)^{1+5}\begin{vmatrix}-1 & 1-a & a & 0\\ 0 & -1 & 1-a & a\\ 0 & 0 & -1 & 1-a\\ 0 & 0 & 0 & -1\end{vmatrix}-a\begin{vmatrix}1-a & a & 0 & 0\\ -1 & 1-a & a & 0\\ 0 & -1 & 1-a & a\\ 0 & 0 & -1 & 1-a\end{vmatrix}$$

$$=(-1)^{1+5}(-1)^{5-1}-aD_4=1-a[(-1)^{1+4}(-1)^{4-1}-aD_3]$$

$$=1-a+a^2[(-1)^{1+3}(-1)^{3-1}-aD_2]$$

$$=1-a+a^2-a^3\begin{vmatrix}1-a & a\\ -1 & 1-a\end{vmatrix}$$

$$=1-a+a^2-a^3(1-a+a^2)$$

$$=1-a+a^2-a^3+a^4-a^5$$

例 4 n 阶行列式 $\begin{vmatrix}0 & 1 & 1 & \cdots & 1 & 1\\ 1 & 0 & 1 & \cdots & 1 & 1\\ 1 & 1 & 0 & \cdots & 1 & 1\\ \vdots & \vdots & \vdots & & \vdots & \vdots\\ 1 & 1 & 1 & \cdots & 0 & 1\\ 1 & 1 & 1 & \cdots & 1 & 0\end{vmatrix}=$________。

解 把后 $n-1$ 行都加到第 1 行并提取公因子 $n-1$，再把第 1 行的 -1 倍分别加到其他各行，得

$$\begin{vmatrix}0 & 1 & 1 & \cdots & 1 & 1\\ 1 & 0 & 1 & \cdots & 1 & 1\\ 1 & 1 & 0 & \cdots & 1 & 1\\ \vdots & \vdots & \vdots & & \vdots & \vdots\\ 1 & 1 & 1 & \cdots & 0 & 1\\ 1 & 1 & 1 & \cdots & 1 & 0\end{vmatrix}=(n-1)\begin{vmatrix}1 & 1 & 1 & \cdots & 1 & 1\\ 1 & 0 & 1 & \cdots & 1 & 1\\ 1 & 1 & 0 & \cdots & 1 & 1\\ \vdots & \vdots & \vdots & & \vdots & \vdots\\ 1 & 1 & 1 & \cdots & 0 & 1\\ 1 & 1 & 1 & \cdots & 1 & 0\end{vmatrix}$$

$$=(n-1)\begin{vmatrix}1 & 1 & 1 & \cdots & 1 & 1\\ 0 & -1 & 0 & \cdots & 0 & 0\\ 0 & 0 & -1 & \cdots & 0 & 0\\ \vdots & \vdots & \vdots & & \vdots & \vdots\\ 0 & 0 & 0 & \cdots & -1 & 0\\ 0 & 0 & 0 & \cdots & 0 & -1\end{vmatrix}$$

$$=(-1)^{n-1}(n-1)$$

例 5　设 $D=\begin{vmatrix} 8 & 9 & 10 & 11 \\ 1 & 2 & 2 & 1 \\ 9 & 10 & 11 & 8 \\ 10 & 11 & 8 & 9 \end{vmatrix}$，$A_{4j}(j=1, 2, 3, 4)$为 D 中元素的$a_{4j}(j=1, 2, 3, 4)$代数余子式，则 $A_{41}+2A_{42}+2A_{43}+A_{44}=$________。

解　方法一　由于 D 的第 2 行元素与第 4 行对应于元素的代数余子式之积之和等于零，因此 $A_{41}+2A_{42}+2A_{43}+A_{44}=0$。

方法二　$A_{41}+2A_{42}+2A_{43}+A_{44}=\begin{vmatrix} 8 & 9 & 10 & 11 \\ 1 & 2 & 2 & 1 \\ 9 & 10 & 11 & 8 \\ 1 & 2 & 2 & 1 \end{vmatrix}=0$。

例 6　设 $|\boldsymbol{A}|=\begin{vmatrix} 0 & 0 & 0 & 1 & 0 \\ 0 & 0 & \frac{1}{2} & 0 & 0 \\ 0 & \frac{1}{3} & 0 & 0 & 0 \\ \frac{1}{4} & 0 & 0 & 0 & 0 \\ 0 & 0 & 0 & 0 & \frac{1}{5} \end{vmatrix}$，$A_{ij}(i, j=1, 2, 3, 4, 5)$ 为 $|\boldsymbol{A}|$ 中元素 a_{ij} $(i, j=1, 2, 3, 4, 5)$ 的代数余子式，则 $\sum_{i=1}^{5}\sum_{j=1}^{5}A_{ij}=$________。

解　由于 $|\boldsymbol{A}|=\frac{1}{5}(-1)^{5+5}(-1)^{\frac{4(4-1)}{2}}\frac{1}{4!}=\frac{1}{5!}$，因此

$$\boldsymbol{A}^*=|\boldsymbol{A}|\boldsymbol{A}^{-1}=\frac{1}{5!}\begin{pmatrix} 0 & 0 & 0 & 4 & 0 \\ 0 & 0 & 3 & 0 & 0 \\ 0 & 2 & 0 & 0 & 0 \\ 1 & 0 & 0 & 0 & 0 \\ 0 & 0 & 0 & 0 & 5 \end{pmatrix}$$

故 $\sum_{i=1}^{5}\sum_{j=1}^{5}A_{ij}=\frac{1}{5!}(1+2+3+4+5)=\frac{1}{8}$。

例 7　设 $\boldsymbol{\alpha}_1, \boldsymbol{\alpha}_2, \boldsymbol{\alpha}_3, \boldsymbol{\alpha}_4$ 是 3 维列向量，矩阵 $\boldsymbol{B}=(\boldsymbol{\alpha}_3, \boldsymbol{\alpha}_2, \boldsymbol{\alpha}_1)$，$\boldsymbol{A}=(\boldsymbol{\alpha}_1, \boldsymbol{\alpha}_2, 2\boldsymbol{\alpha}_3-\boldsymbol{\alpha}_4+\boldsymbol{\alpha}_2)$，$\boldsymbol{C}=(\boldsymbol{\alpha}_1+2\boldsymbol{\alpha}_2, 2\boldsymbol{\alpha}_2+3\boldsymbol{\alpha}_4, \boldsymbol{\alpha}_4+3\boldsymbol{\alpha}_1)$，若 $|\boldsymbol{B}|=-5$，$|\boldsymbol{C}|=40$，则 $|A|=$________。

解　由于

$$\begin{aligned}\boldsymbol{C}&=(\boldsymbol{\alpha}_1+2\boldsymbol{\alpha}_2, 2\boldsymbol{\alpha}_2+3\boldsymbol{\alpha}_4, \boldsymbol{\alpha}_4+3\boldsymbol{\alpha}_1)\\&=(\boldsymbol{\alpha}_1, \boldsymbol{\alpha}_2, \boldsymbol{\alpha}_4)\begin{pmatrix} 1 & 0 & 3 \\ 2 & 2 & 0 \\ 0 & 3 & 1 \end{pmatrix}\end{aligned}$$

且

$$\begin{vmatrix}1&0&3\\2&2&0\\0&3&1\end{vmatrix}=\begin{vmatrix}1&0&3\\0&2&-6\\0&3&1\end{vmatrix}=\begin{vmatrix}2&-6\\3&1\end{vmatrix}=20$$

又由

$$40=|\boldsymbol{C}|=|\boldsymbol{\alpha}_1,\boldsymbol{\alpha}_2,\boldsymbol{\alpha}_4|=\begin{vmatrix}1&0&3\\2&2&0\\0&3&1\end{vmatrix}=20|\boldsymbol{\alpha}_1,\boldsymbol{\alpha}_2,\boldsymbol{\alpha}_4|$$

得

$$|\boldsymbol{\alpha}_1,\boldsymbol{\alpha}_2,\boldsymbol{\alpha}_4|=2$$

因此

$$\begin{aligned}|\boldsymbol{A}|&=|\boldsymbol{\alpha}_1,\boldsymbol{\alpha}_2,2\boldsymbol{\alpha}_3-\boldsymbol{\alpha}_4+\boldsymbol{\alpha}_2|=|\boldsymbol{\alpha}_1,\boldsymbol{\alpha}_2,2\boldsymbol{\alpha}_3-\boldsymbol{\alpha}_4|\\&=-2|\boldsymbol{\alpha}_3,\boldsymbol{\alpha}_2,\boldsymbol{\alpha}_1|-|\boldsymbol{\alpha}_1,\boldsymbol{\alpha}_2,\boldsymbol{\alpha}_4|\\&=-2|\boldsymbol{B}|-2\\&=-2\times(-5)-2=8\end{aligned}$$

例 8 已知矩阵 $\boldsymbol{A}=\begin{pmatrix}1&-1&0&0\\-2&1&-1&1\\3&-2&2&-1\\0&0&3&4\end{pmatrix}$，$A_{ij}$ 表示 $|\boldsymbol{A}|$ 中元素 a_{ij} 的代数余子式，则 $A_{11}-A_{12}=$ ________。

解 $A_{11}-A_{12}=1\times A_{11}-1\times A_{12}+0\times A_{13}+0\times A_{14}=\begin{vmatrix}1&-1&0&0\\-2&1&-1&1\\3&-2&2&-1\\0&0&3&4\end{vmatrix}$

$$=\begin{vmatrix}1&0&0&0\\-2&-1&-1&1\\3&1&2&-1\\0&0&3&4\end{vmatrix}=\begin{vmatrix}-1&-1&1\\1&2&-1\\0&3&4\end{vmatrix}$$

$$=\begin{vmatrix}-1&-1&1\\0&1&0\\0&3&4\end{vmatrix}=-4$$

例 9 设 x_1，x_2，x_3 为方程 $x^3+px+q=0$ 的三个根，则 $D=\begin{vmatrix}x_1&x_2&x_3\\x_3&x_1&x_2\\x_2&x_3&x_1\end{vmatrix}=$ ________。

解 由于行列式 D 每行元素之和都为 $x_1+x_2+x_3$，因此

$$D=\begin{vmatrix}x_1&x_2&x_3\\x_3&x_1&x_2\\x_2&x_3&x_1\end{vmatrix}=(x_1+x_2+x_3)\begin{vmatrix}1&x_2&x_3\\1&x_1&x_2\\1&x_3&x_1\end{vmatrix}$$

又 x_1，x_2，x_3 为方程 $x^3+px+q=0$ 的三个根，故

$$x^3+px+q=(x-x_1)(x-x_2)(x-x_3)$$

比较等式两边同次幂的系数(或由韦达定理)，得 $-(x_1+x_2+x_3)=0$，从而 $D=0$。

例 10 设 $a_i\neq 0(i=1, 2, 3, 4)$，则行列式 $D=\begin{vmatrix} a_1 & 1 & 1 & 1 \\ 1 & a_2 & 0 & 0 \\ 1 & 0 & a_3 & 0 \\ 1 & 0 & 0 & a_4 \end{vmatrix}=$________。

解 第 $i(i=2, 3, 4)$行提出 a_i，再把第 i 行的 -1 倍加到第 1 行，得

$$D=\begin{vmatrix} a_1 & 1 & 1 & 1 \\ 1 & a_2 & 0 & 0 \\ 1 & 0 & a_3 & 0 \\ 1 & 0 & 0 & a_4 \end{vmatrix}=a_2a_3a_4\begin{vmatrix} a_1 & 1 & 1 & 1 \\ \dfrac{1}{a_2} & 1 & 0 & 0 \\ \dfrac{1}{a_3} & 0 & 1 & 0 \\ \dfrac{1}{a_4} & 0 & 0 & 1 \end{vmatrix}=a_2a_3a_4\begin{vmatrix} a_1-\sum\limits_{i=2}^{4}\dfrac{1}{a_i} & 0 & 0 & 0 \\ \dfrac{1}{a_2} & 1 & 0 & 0 \\ \dfrac{1}{a_3} & 0 & 1 & 0 \\ \dfrac{1}{a_4} & 0 & 0 & 1 \end{vmatrix}$$

$$=a_2a_3a_4\left(a_1-\sum_{i=2}^{4}\frac{1}{a_i}\right)$$

例 11 n 阶行列式 $D=\begin{vmatrix} 1 & 2 & 2 & \cdots & 2 \\ 2 & 2 & 2 & \cdots & 2 \\ 2 & 2 & 3 & \cdots & 2 \\ \vdots & \vdots & \vdots & & \vdots \\ 2 & 2 & 2 & \cdots & n \end{vmatrix}=$________。

解 把第 2 行的 -1 倍分别加到其余各行，再把第 1 行的 2 倍加到第 2 行，得

$$D=\begin{vmatrix} 1 & 2 & 2 & \cdots & 2 \\ 2 & 2 & 2 & \cdots & 2 \\ 2 & 2 & 3 & \cdots & 2 \\ \vdots & \vdots & \vdots & & \vdots \\ 2 & 2 & 2 & \cdots & n \end{vmatrix}=\begin{vmatrix} -1 & 0 & 0 & \cdots & 0 \\ 2 & 2 & 2 & \cdots & 2 \\ 0 & 0 & 1 & \cdots & 0 \\ \vdots & \vdots & \vdots & & \vdots \\ 0 & 0 & 0 & \cdots & n-2 \end{vmatrix}=\begin{vmatrix} -1 & 0 & 0 & \cdots & 0 \\ 0 & 2 & 2 & \cdots & 2 \\ 0 & 0 & 1 & \cdots & 0 \\ \vdots & \vdots & \vdots & & \vdots \\ 0 & 0 & 0 & \cdots & n-2 \end{vmatrix}$$

$$=-2(n-2)!$$

例 12 n 阶行列式 $D=\begin{vmatrix} 1 & 1 & \cdots & 1 & 0 \\ 1 & 1 & \cdots & 0 & 1 \\ \vdots & \vdots & & \vdots & \vdots \\ 1 & 0 & \cdots & 1 & 1 \\ 0 & 1 & \cdots & 1 & 1 \end{vmatrix}=$________。

解 把后 $n-1$ 行都加到第 1 行并提取公因子 $n-1$，再把第 1 行的 -1 倍分别加到其他各行，得

$$D=\begin{vmatrix}1&1&\cdots&1&0\\1&1&\cdots&0&1\\\vdots&\vdots&&\vdots&\vdots\\1&0&\cdots&1&1\\0&1&\cdots&1&1\end{vmatrix}=(n-1)\begin{vmatrix}1&1&\cdots&1&1\\1&1&\cdots&0&1\\\vdots&\vdots&&\vdots&\vdots\\1&0&\cdots&1&1\\0&1&\cdots&1&1\end{vmatrix}=(n-1)\begin{vmatrix}1&1&\cdots&1&1\\0&0&\cdots&-1&0\\\vdots&\vdots&&\vdots&\vdots\\0&-1&\cdots&0&0\\-1&0&\cdots&0&0\end{vmatrix}$$

$$=(n-1)(-1)^{\frac{n(n-1)}{2}}(-1)^{n-1}=(-1)^{\frac{(n-1)(n+2)}{2}}(n-1)$$

例 13 行列式 $D=\begin{vmatrix}a_1&0&b_1&0\\0&c_1&0&d_1\\b_2&0&a_2&0\\0&d_2&0&c_2\end{vmatrix}=$________。

解 互换第 2、3 行，再互换第 2、3 列，得

$$D=\begin{vmatrix}a_1&0&b_1&0\\0&c_1&0&d_1\\b_2&0&a_2&0\\0&d_2&0&c_2\end{vmatrix}=\begin{vmatrix}a_1&0&b_1&0\\b_2&0&a_2&0\\0&c_1&0&d_1\\0&d_2&0&c_2\end{vmatrix}=\begin{vmatrix}a_1&b_1&0&0\\b_2&a_2&0&0\\0&0&c_1&d_1\\0&0&d_2&c_2\end{vmatrix}$$

$$=\begin{vmatrix}a_1&b_1\\b_2&a_2\end{vmatrix}\begin{vmatrix}c_1&d_1\\d_2&c_2\end{vmatrix}=(a_1a_2-b_1b_2)(c_1c_2-d_1d_2)$$

例 14 设 $\begin{vmatrix}\lambda-17&2&-7\\2&\lambda-14&4\\2&4&\lambda-14\end{vmatrix}=0$，则 $\lambda=$________。

解
$$\begin{vmatrix}\lambda-17&2&-7\\2&\lambda-14&4\\2&4&\lambda-14\end{vmatrix}=\begin{vmatrix}\lambda-17&2&-7\\2&\lambda-14&4\\0&18-\lambda&\lambda-18\end{vmatrix}$$

$$=\begin{vmatrix}\lambda-17&-5&-7\\2&\lambda-10&4\\0&0&\lambda-18\end{vmatrix}$$

$$=(\lambda-18)\begin{vmatrix}\lambda-17&-5\\2&\lambda-10\end{vmatrix}$$

$$=(\lambda-18)(\lambda^2-27\lambda+180)$$

$$=(\lambda-12)(\lambda-15)(\lambda-18)=0$$

解之，得 $\lambda=12,15,18$。

例 15 设 $D_n=\begin{vmatrix}a_1&1&0&\cdots&0&0\\-1&a_2&1&\cdots&0&0\\0&-1&a_3&\cdots&0&0\\\vdots&\vdots&\vdots&&\vdots&\vdots\\0&0&0&\cdots&a_{n-1}&1\\0&0&0&\cdots&-1&a_n\end{vmatrix}$，若 $D_n=a_nD_{n-1}+kD_{n-2}$，则 $k=$________。

解 $D_n=\begin{vmatrix} a_1 & 1 & 0 & \cdots & 0 & 0 & 0 \\ -1 & a_2 & 1 & \cdots & 0 & 0 & 0 \\ 0 & -1 & a_3 & \cdots & 0 & 0 & 0 \\ \vdots & \vdots & \vdots & & \vdots & \vdots & \vdots \\ 0 & 0 & 0 & \cdots & a_{n-2} & 1 & 0 \\ 0 & 0 & 0 & \cdots & -1 & a_{n-1} & 1 \\ 0 & 0 & 0 & \cdots & 0 & -1 & a_n \end{vmatrix}$

$$=a_n\begin{vmatrix} a_1 & 1 & 0 & \cdots & 0 & 0 \\ -1 & a_2 & 1 & \cdots & 0 & 0 \\ 0 & -1 & a_3 & \cdots & 0 & 0 \\ \vdots & \vdots & \vdots & & \vdots & \vdots \\ 0 & 0 & 0 & \cdots & a_{n-2} & 1 \\ 0 & 0 & 0 & \cdots & -1 & a_{n-1} \end{vmatrix}+1\cdot(-1)^{n-1+n}\begin{vmatrix} a_1 & 1 & 0 & \cdots & 0 & 0 \\ -1 & a_2 & 1 & \cdots & 0 & 0 \\ 0 & -1 & a_3 & \cdots & 0 & 0 \\ \vdots & \vdots & \vdots & & \vdots & \vdots \\ 0 & 0 & 0 & \cdots & a_{n-2} & 1 \\ 0 & 0 & 0 & \cdots & 0 & -1 \end{vmatrix}$$

$$=a_nD_{n-1}+(-1)^{2n-1}(-1)\begin{vmatrix} a_1 & 1 & 0 & \cdots & 0 \\ -1 & a_2 & 1 & \cdots & 0 \\ 0 & -1 & a_3 & \cdots & 0 \\ \vdots & \vdots & \vdots & & \vdots \\ 0 & 0 & 0 & \cdots & a_{n-2} \end{vmatrix}$$

$$=a_nD_{n-1}+(-1)^{2n-1}(-1)D_{n-2}$$

$$=a_nD_{n-1}+D_{n-2}$$

从而 $k=1$。

例 16 设 $\boldsymbol{A}=\begin{pmatrix} a & b & c & d \\ -b & a & -d & c \\ -c & d & a & -b \\ -d & -c & b & a \end{pmatrix}$，则 $|\boldsymbol{A}|=$________。

解 由于 $\boldsymbol{AA}^{\mathrm{T}}=(a^2+b^2+c^2+d^2)\boldsymbol{E}$，因此

$$|\boldsymbol{A}|^2=|\boldsymbol{A}||\boldsymbol{A}^{\mathrm{T}}|=|\boldsymbol{AA}^{\mathrm{T}}|=(a^2+b^2+c^2+d^2)^4$$

又 $|\boldsymbol{A}|$ 中 a^4 的系数为 $+1$(由定义得到)，故 $|\boldsymbol{A}|=(a^2+b^2+c^2+d^2)^2$。

例 17 设 $\boldsymbol{A}$ 为 n 阶矩阵，且 $\boldsymbol{A}^2=\boldsymbol{A}$，$\boldsymbol{A}\neq\boldsymbol{E}$，则 $|\boldsymbol{A}|=$________。

解 方法一 由于 $\boldsymbol{A}^2=\boldsymbol{A}$，因此 $|\boldsymbol{A}|^2=|\boldsymbol{A}|$，从而 $|\boldsymbol{A}|=0$ 或 $|\boldsymbol{A}|=1$。若 $|\boldsymbol{A}|=1$，则 $\boldsymbol{A}$ 可逆，从而 $\boldsymbol{A}=\boldsymbol{A}^{-1}\boldsymbol{A}^2=\boldsymbol{A}^{-1}\boldsymbol{A}=\boldsymbol{E}$，这与 $\boldsymbol{A}\neq\boldsymbol{E}$ 矛盾，故 $|\boldsymbol{A}|=0$。

方法二 由 $\boldsymbol{A}^2=\boldsymbol{A}$，得 $\boldsymbol{A}(\boldsymbol{A}-\boldsymbol{E})=\boldsymbol{O}$，从而 $\boldsymbol{A}-\boldsymbol{E}$ 的每一列都是齐次线性方程组 $\boldsymbol{Ax}=\boldsymbol{0}$ 的解，又 $\boldsymbol{A}\neq\boldsymbol{E}$，故 $\boldsymbol{Ax}=\boldsymbol{0}$ 有非零解，从而 $|\boldsymbol{A}|=0$。

方法三 由 $\boldsymbol{A}^2=\boldsymbol{A}$，得 $\boldsymbol{A}(\boldsymbol{A}-\boldsymbol{E})=\boldsymbol{O}$，从而 $r(\boldsymbol{A})+r(\boldsymbol{A}-\boldsymbol{E})\leqslant n$，又 $r(\boldsymbol{A}-\boldsymbol{E})\geqslant 1$，故 $r(\boldsymbol{A})<n$，从而 $|\boldsymbol{A}|=0$。

方法四 由 $\boldsymbol{A}^2=\boldsymbol{A}$，得 $\boldsymbol{A}(\boldsymbol{A}-\boldsymbol{E})=\boldsymbol{O}$，从而 $\boldsymbol{A}-\boldsymbol{E}$ 的每一列都是齐次线性方程组 $\boldsymbol{Ax}=\boldsymbol{0}$ 的解，又 $\boldsymbol{A}-\boldsymbol{E}$ 是非零矩阵，设 $\boldsymbol{\beta}_j$ 是 $\boldsymbol{A}-\boldsymbol{E}$ 非零列，则 $\boldsymbol{A\beta}_j=\boldsymbol{0}=0\boldsymbol{\beta}_j$，从而 $\lambda=0$ 是 $\boldsymbol{A}$ 的特征值，故 $|\boldsymbol{A}|=0$。

评注: 证明 $|\mathbf{A}|=0$ 的方法有以下几种:

(1) 设法证明 $|\mathbf{A}|=-|\mathbf{A}|$。

(2) 反证法，假设 $|\mathbf{A}|\neq 0$，从 $\mathbf{A}$ 可逆中找矛盾。

(3) 证明齐次线性方程组 $\mathbf{Ax}=\mathbf{0}$ 有非零解。

(4) 证明矩阵 $\mathbf{A}$ 的秩 $r(\mathbf{A})<n$。

(5) 证明矩阵 $\mathbf{A}$ 有0特征值。

例 18 设 $\mathbf{A}=\begin{pmatrix} 1 & 1 & 1 & \cdots & 1 \\ a_1 & a_2 & a_3 & \cdots & a_n \\ a_1^2 & a_2^2 & a_3^2 & \cdots & a_n^2 \\ \vdots & \vdots & \vdots & & \vdots \\ a_1^{n-1} & a_2^{n-1} & a_3^{n-1} & \cdots & a_n^{n-1} \end{pmatrix}$，且 $a_i\neq a_j(i\neq j;\ i,\ j=1,\ 2,\ \cdots,\ n)$，$\boldsymbol{\beta}=(1,\ 1,\ \cdots,\ 1)^{\mathrm{T}}$，则非齐次线性方程组 $\mathbf{A}^{\mathrm{T}}\boldsymbol{x}=\boldsymbol{\beta}$ 的解为________。

解 由于

$$|\mathbf{A}|=\prod_{1\leqslant j<i\leqslant n}(a_i-a_j)\neq 0$$

因此由克莱姆法则知非齐次线性方程组 $\mathbf{A}^{\mathrm{T}}\boldsymbol{x}=\boldsymbol{\beta}$ 有唯一解。又

$$D=|\mathbf{A}|,\ D_2=D_3=\cdots=D_n=0,$$

故 $\mathbf{A}^{\mathrm{T}}\boldsymbol{x}=\boldsymbol{\beta}$ 的解为 $(1,\ 0,\ 0,\ \cdots,\ 0)^{\mathrm{T}}$。

3. 解答题

例 1 计算行列式 $D=\begin{vmatrix} 1 & 1 & 1 & 1 \\ x_1 & x_2 & x_3 & x_4 \\ x_1^2 & x_2^2 & x_3^2 & x_4^2 \\ x_1^4 & x_2^4 & x_3^4 & x_4^4 \end{vmatrix}$。

解 所求行列式 D 是范德蒙行列式

$$\begin{vmatrix} 1 & 1 & 1 & 1 & 1 \\ x_1 & x_2 & x_3 & x_4 & x \\ x_1^2 & x_2^2 & x_3^2 & x_4^2 & x^2 \\ x_1^3 & x_2^3 & x_3^3 & x_4^3 & x^3 \\ x_1^4 & x_2^4 & x_3^4 & x_4^4 & x^4 \end{vmatrix}$$

中的元素 x^3 的余子式，而该行列式的结果为 $\prod_{i=1}^{4}(x-x_i)\prod_{1\leqslant j<i\leqslant 4}(x_i-x_j)$，其中 x^3 的系数为

$$-(x_1+x_2+x_3+x_4)(x_4-x_3)(x_4-x_2)(x_4-x_1)(x_3-x_2)(x_3-x_1)(x_2-x_1)$$

它是 x^3 的代数余子式，由于 x^3 处于第4行第5列，其代数余子式和余子式差一个符号，

因此

$$D=(x_1+x_2+x_3+x_4)(x_4-x_3)(x_4-x_2)(x_4-x_1)(x_3-x_2)(x_3-x_1)(x_2-x_1)$$

例 2　设 $f(x)=\begin{vmatrix} 1 & x & x^2 & x^3 \\ 1 & -2 & 4 & -8 \\ 1 & 1 & 1 & 1 \\ 1 & 2 & 4 & 8 \end{vmatrix}$，证明必存在 $\xi\in(-2, 2)$，使得 $f''(\xi)=0$。

证　由于 $f(x)$是关于 x 的多项式函数，因此 $f(x)$在$[-2, 1]$及$[1, 2]$上连续，在$(-2, 1)$及$(1, 2)$内可导，$f(-2)=f(1)=f(2)=0$，由罗尔定理知$\exists\xi_1\in(-2, 1)$，$\exists\xi_2\in(1, 2)$，使得 $f'(\xi_1)=f'(\xi_2)=0$。又 $f'(x)$在$[\xi_1, \xi_2]$上连续，在(ξ_1, ξ_2)内可导，再由罗尔定理知$\exists\xi\in(\xi_1, \xi_2)\subset(-2, 2)$，使得 $f''(\xi)=0$。

例 3　计算行列式：

$$D=\begin{vmatrix} 1 & 1 & 1 & 1 \\ 2+3\cos\alpha_1 & 2+3\cos\alpha_2 & 2+3\cos\alpha_3 & 2+3\cos\alpha_4 \\ 4\cos\alpha_1+5\cos^2\alpha_1 & 4\cos\alpha_2+5\cos^2\alpha_2 & 4\cos\alpha_3+5\cos^2\alpha_3 & 4\cos\alpha_4+5\cos^2\alpha_4 \\ 6\cos^2\alpha_1+7\cos^3\alpha_1 & 7\cos^2\alpha_2+7\cos^3\alpha_2 & 7\cos^2\alpha_3+7\cos^3\alpha_3 & 7\cos^2\alpha_4+7\cos^3\alpha_4 \end{vmatrix}$$

解　依次把第1行的-2倍加到第2行，再把第2行的$-\frac{4}{3}$倍加到第3行，最后把第3行的$-\frac{6}{5}$倍加到第4行，得

$$D=\begin{vmatrix} 1 & 1 & 1 & 1 \\ 3\cos\alpha_1 & 3\cos\alpha_2 & 3\cos\alpha_3 & 3\cos\alpha_4 \\ 5\cos^2\alpha_1 & 5\cos^2\alpha_2 & 5\cos^2\alpha_3 & 5\cos^2\alpha_4 \\ 7\cos^3\alpha_1 & 7\cos^3\alpha_2 & 7\cos^3\alpha_3 & 7\cos^3\alpha_4 \end{vmatrix}$$

$$=3\cdot5\cdot7\begin{vmatrix} 1 & 1 & 1 & 1 \\ \cos\alpha_1 & \cos\alpha_2 & \cos\alpha_3 & \cos\alpha_4 \\ \cos^2\alpha_1 & \cos^2\alpha_2 & \cos^2\alpha_3 & \cos^2\alpha_4 \\ \cos^3\alpha_1 & \cos^3\alpha_2 & \cos^3\alpha_3 & \cos^3\alpha_4 \end{vmatrix}$$

$$=105(\cos\alpha_2-\cos\alpha_1)(\cos\alpha_3-\cos\alpha_1)(\cos\alpha_4-\cos\alpha_1)$$
$$\cdot(\cos\alpha_3-\cos\alpha_2)(\cos\alpha_4-\cos\alpha_2)(\cos\alpha_4-\cos\alpha_3)$$

例 4　计算 n 阶行列式 $D_n=\begin{vmatrix} 1 & x & x & \cdots & x \\ x & 1 & x & \cdots & x \\ x & x & 1 & \cdots & x \\ \vdots & \vdots & \vdots & & \vdots \\ x & x & x & \cdots & 1 \end{vmatrix}$。

解　把后 $n-1$ 列都加到第1列，再把第1列的$-x$倍分别加到其他各列，得

$$D_n=\begin{vmatrix}1&x&x&\cdots&x\\x&1&x&\cdots&x\\x&x&1&\cdots&x\\\vdots&\vdots&\vdots&&\vdots\\x&x&x&\cdots&1\end{vmatrix}=[(n-1)x+1]\begin{vmatrix}1&x&x&\cdots&x\\1&1&x&\cdots&x\\1&x&1&\cdots&x\\\vdots&\vdots&\vdots&&\vdots\\1&x&x&\cdots&1\end{vmatrix}$$

$$=[(n-1)x+1]\begin{vmatrix}1&0&0&\cdots&0\\1&1-x&0&\cdots&0\\1&0&1-x&\cdots&0\\\vdots&\vdots&\vdots&&\vdots\\1&0&0&\cdots&1-x\end{vmatrix}$$

$$=[(n-1)x+1](1-x)^{n-1}$$

例 5 计算 n 阶行列式 $D_n=\begin{vmatrix}a&a+b&a+b&\cdots&a+b\\a-b&a&a+b&\cdots&a+b\\a-b&a-b&a&\cdots&a+b\\\vdots&\vdots&\vdots&&\vdots\\a-b&a-b&a-b&\cdots&a\end{vmatrix}$。

解 把第 2 行的 -1 倍加到第 1 行，再把第 2 列的 -1 倍加到第 1 列，得

$$D_n=\begin{vmatrix}a&a+b&a+b&\cdots&a+b\\a-b&a&a+b&\cdots&a+b\\a-b&a-b&a&\cdots&a+b\\\vdots&\vdots&\vdots&&\vdots\\a-b&a-b&a-b&\cdots&a\end{vmatrix}=\begin{vmatrix}b&b&0&\cdots&0\\a-b&a&a+b&\cdots&a+b\\a-b&a-b&a&\cdots&a+b\\\vdots&\vdots&\vdots&&\vdots\\a-b&a-b&a-b&\cdots&a\end{vmatrix}$$

$$=\begin{vmatrix}0&b&0&\cdots&0\\-b&a&a+b&\cdots&a+b\\0&a-b&a&\cdots&a+b\\\vdots&\vdots&\vdots&&\vdots\\0&a-b&a-b&\cdots&a\end{vmatrix}=(-b)(-1)^{2+1}\begin{vmatrix}b&0&\cdots&0\\a-b&a&\cdots&a+b\\\vdots&\vdots&&\vdots\\a-b&a-b&\cdots&a\end{vmatrix}$$

$$=b^2D_{n-2}$$

由于 $D_1=a$，$D_2=b^2$，因此当 n 为偶数时，

$$D_n=b^2D_{n-2}=b^4D_{n-4}=\cdots=b^{n-2}D_2=b^n$$

当 n 为奇数时，

$$D_n=b^2D_{n-2}=b^4D_{n-4}=\cdots=b^{n-2}D_2=b^{n-1}D_1=ab^{n-1}$$

例 6 计算 n 阶行列式 $D_n=\begin{vmatrix}a_1&-1&0&\cdots&0&0\\a_2&x&-1&\cdots&0&0\\a_3&0&x&\cdots&0&0\\\vdots&\vdots&\vdots&&\vdots&\vdots\\a_{n-1}&0&0&\cdots&x&-1\\a_n&0&0&\cdots&0&x\end{vmatrix}$。

解 方法一 按第 n 行展开，得

$$D_n = x\begin{vmatrix} a_1 & -1 & 0 & \cdots & 0 \\ a_2 & x & -1 & \cdots & 0 \\ a_3 & 0 & x & \cdots & 0 \\ \vdots & \vdots & \vdots & & \vdots \\ a_{n-1} & 0 & 0 & \cdots & x \end{vmatrix} + (-1)^{n+1}a_n\begin{vmatrix} -1 & 0 & 0 & \cdots & 0 \\ x & -1 & 0 & \cdots & 0 \\ 0 & x & -1 & \cdots & 0 \\ \vdots & \vdots & \vdots & & \vdots \\ 0 & 0 & 0 & \cdots & -1 \end{vmatrix}$$

$$= xD_{n-1} + (-1)^{n+1}a_n(-1)^{n-1}$$

$$= xD_{n-1} + a_n$$

从而递推，得

$$D_{n-1} = xD_{n-2} + (-1)^n a_{n-1}(-1)^{n-2} = xD_{n-2} + a_{n-1}，\cdots，D_2 = a_1x + a_2$$

对这些等式分别用 1，x，x^2，…，x^{n-2} 相乘，再相加，得

$$D_n = a_1x^{n-1} + a_2x^{n-2} + a_3x^{n-3} + \cdots + a_{n-1}x + a_n$$

方法二 从第 1 行开始，把第 $i(i=1, 2, \cdots, n-1)$ 行的 x 倍加到第 $i+1$ 行，得

$$D_n = \begin{vmatrix} a_1 & -1 & 0 & \cdots & 0 & 0 \\ a_2 & x & -1 & \cdots & 0 & 0 \\ a_3 & 0 & x & \cdots & 0 & 0 \\ \vdots & \vdots & \vdots & & \vdots & \vdots \\ a_{n-1} & 0 & 0 & \cdots & x & -1 \\ a_n & 0 & 0 & \cdots & 0 & x \end{vmatrix} = \begin{vmatrix} a_1 & -1 & 0 & \cdots & 0 & 0 \\ a_1x+a_2 & 0 & -1 & \cdots & 0 & 0 \\ a_3 & 0 & x & \cdots & 0 & 0 \\ \vdots & \vdots & \vdots & & \vdots & \vdots \\ a_{n-1} & 0 & 0 & \cdots & x & -1 \\ a_n & 0 & 0 & \cdots & 0 & x \end{vmatrix}$$

$$= \cdots = \begin{vmatrix} a_1 & -1 & 0 & \cdots & 0 & 0 \\ a_1x+a_2 & 0 & -1 & \cdots & 0 & 0 \\ a_1x^2+a_2x+a_3 & 0 & 0 & \cdots & 0 & 0 \\ \vdots & \vdots & \vdots & & \vdots & \vdots \\ a_1x^{n-2}+a_2x^{n-3}+\cdots+a_{n-2}x+a_{n-1} & 0 & 0 & \cdots & 0 & -1 \\ a_1x^{n-1}+a_2x^{n-2}+\cdots+a_{n-1}x+a_n & 0 & 0 & \cdots & 0 & 0 \end{vmatrix}$$

$$= (-1)^{n+1}(a_1x^{n-1}+a_2x^{n-2}+\cdots+a_{n-1}x+a_n)(-1)^{n-1} = a_1x^{n-1}+a_2x^{n-2}+\cdots+a_{n-1}x+a_n$$

例 7 计算 n 阶行列式 $D_n = \begin{vmatrix} \lambda+\mu & \lambda\mu & 0 & \cdots & 0 & 0 & 0 \\ 1 & \lambda+\mu & \lambda\mu & \cdots & 0 & 0 & 0 \\ 0 & 1 & \lambda+\mu & \cdots & 0 & 0 & 0 \\ \vdots & \vdots & \vdots & & \vdots & \vdots & \vdots \\ 0 & 0 & 0 & \cdots & \lambda+\mu & \lambda\mu & 0 \\ 0 & 0 & 0 & \cdots & 1 & \lambda+\mu & \lambda\mu \\ 0 & 0 & 0 & \cdots & 0 & 1 & \lambda+\mu \end{vmatrix}$。

解 按第 1 行展开，得

$$D_n = (\lambda+\mu)D_{n-1} - \lambda\mu D_{n-2}$$

从而

$$D_n - \lambda D_{n-1} = \mu(D_{n-1} - \lambda D_{n-2}) = \mu^2(D_{n-2} - \lambda D_{n-3}) = \cdots = \mu^{n-2}(D_2 - \lambda D_1) = \mu^n$$

所以 $D_n=\mu^n+\lambda D_{n-1}$。同理可得 $D_n=\lambda^n+\mu D_{n-1}$。

当 $\lambda\neq\mu$ 时，由上两式解之，得 $D_n=\dfrac{\lambda^{n+1}-\mu^{n+1}}{\lambda-\mu}$。当 $\lambda=\mu$ 时，

$$D_n=\lambda^n+\lambda(\lambda^{n-1}+\lambda D_{n-2})=2\lambda^n+\lambda^2 D_{n-2}=\cdots=(n-1)\lambda^n+\lambda^{n-1}D_1=(n+1)\lambda^n$$

例 8 证明 n 阶行列式 $D_n=\begin{vmatrix} 2a & 1 & 0 & \cdots & 0 & 0 \\ a^2 & 2a & 1 & \cdots & 0 & 0 \\ 0 & a^2 & 2a & \cdots & 0 & 0 \\ \vdots & \vdots & \vdots & & \vdots & \vdots \\ 0 & 0 & 0 & \cdots & 2a & 1 \\ 0 & 0 & 0 & \cdots & a^2 & 2a \end{vmatrix}=(n+1)a^n$。

证 （用数学归纳法）当 $n=1$ 时，$D_1=2a$，命题 $D_n=(n+1)a^n$ 成立。

当 $n=2$ 时，$D_2=\begin{vmatrix} 2a & 1 \\ a^2 & 2a \end{vmatrix}=3a^2$，命题 $D_n=(n+1)a^n$ 成立。

设当 $n<k$ 时，命题 $D_n=(n+1)a^n$ 成立。对 D_k 按第 1 列展开，得

$$D_k=2aD_{k-1}-a^2D_{k-2}$$

由归纳假设，得 $D_{k-1}=ka^{k-1}$，$D_{k-2}=(k-1)a^{k-2}$，从而

$$D_k=2aD_{k-1}-a^2D_{k-2}=2a\cdot ka^{k-1}-a^2\cdot(k-1)a^{k-2}=(k+1)a^k$$

故对于任意的自然数 n，命题 $D_n=(n+1)a^n$ 成立。

例 9 设 $\alpha\neq m\pi$，其中 m 为整数，证明 n 阶行列式：

$$D_n=\begin{vmatrix} 2\cos\alpha & 1 & 0 & \cdots & 0 & 0 \\ 1 & 2\cos\alpha & 1 & \cdots & 0 & 0 \\ 0 & 1 & 2\cos\alpha & \cdots & 0 & 0 \\ \vdots & \vdots & \vdots & & \vdots & \vdots \\ 0 & 0 & 0 & \cdots & 2\cos\alpha & 1 \\ 0 & 0 & 0 & \cdots & 1 & 2\cos\alpha \end{vmatrix}=\frac{\sin(n+1)\alpha}{\sin\alpha}$$

证 （用数学归纳法）当 $n=1$ 时，$D_1=2\cos\alpha$，$\dfrac{\sin2\alpha}{\sin\alpha}=2\cos\alpha$，即 $D_1=\dfrac{\sin2\alpha}{\sin\alpha}$，命题 $D_n=\dfrac{\sin(n+1)\alpha}{\sin\alpha}$成立。

当 $n=2$ 时，

$$D_2=\begin{vmatrix} 2\cos\alpha & 1 \\ 1 & 2\cos\alpha \end{vmatrix}=4\cos^2\alpha-1=1+2\cos2\alpha$$

$$\frac{\sin3\alpha}{\sin\alpha}=\frac{\sin\alpha\cos2\alpha+\cos\alpha\sin2\alpha}{\sin\alpha}=\cos2\alpha+2\cos^2\alpha=1+2\cos2\alpha$$

即 $D_2=\dfrac{\sin3\alpha}{\sin\alpha}$，命题 $D_n=\dfrac{\sin(n+1)\alpha}{\sin\alpha}$成立。

设当 $n<k$ 时，命题 $D_n=\dfrac{\sin(n+1)\alpha}{\sin\alpha}$成立。对 D_k 按第 1 列展开，得

$$D_k=2\cos\alpha D_{k-1}-D_{k-2}$$

由归纳假设，得

$$D_{k-1}=\frac{\sin k\alpha}{\sin\alpha},\quad D_{k-2}=\frac{\sin(k-1)\alpha}{\sin\alpha}$$

从而

$$D_k=2\cos\alpha D_{k-1}-D_{k-2}=2\cos\alpha\cdot\frac{\sin k\alpha}{\sin\alpha}-\frac{\sin(k-1)\alpha}{\sin\alpha}$$
$$=\frac{\sin(k+1)\alpha+\sin(k-1)\alpha}{\sin\alpha}-\frac{\sin(k-1)\alpha}{\sin\alpha}=\frac{\sin(k+1)\alpha}{\sin\alpha}$$

故对于任意的自然数 n，命题 $D_n=\dfrac{\sin(n+1)\alpha}{\sin\alpha}$成立。

例 10 计算 n 阶行列式 $D_n=\begin{vmatrix}1+a_1 & a_2 & \cdots & a_n\\ a_1 & 1+a_2 & \cdots & a_n\\ \vdots & \vdots & & \vdots\\ a_1 & a_2 & \cdots & 1+a_n\end{vmatrix}$。

解 方法一 把后 $n-1$ 列都加在第 1 列，再把第 1 列的 $-a_i$ 倍加到第 $i(i=2, 3, \cdots, n)$ 列，得

$$D_n=\left(1+\sum_{i=1}^{n}a_i\right)\begin{vmatrix}1 & a_2 & \cdots & a_n\\ 1 & 1+a_2 & \cdots & a_n\\ \vdots & \vdots & & \vdots\\ 1 & a_2 & \cdots & 1+a_n\end{vmatrix}$$
$$=\left(1+\sum_{i=1}^{n}a_i\right)\begin{vmatrix}1 & 0 & \cdots & 0\\ 1 & 1 & \cdots & 0\\ \vdots & \vdots & & \vdots\\ 1 & 0 & \cdots & 1\end{vmatrix}=1+\sum_{i=1}^{n}a_i$$

方法二 （拆分法）

$$D_n=\begin{vmatrix}1+a_1 & a_2 & \cdots & 0+a_n\\ a_1 & 1+a_2 & \cdots & 0+a_n\\ \vdots & \vdots & & \vdots\\ a_1 & a_2 & \cdots & 1+a_n\end{vmatrix}=\begin{vmatrix}1+a_1 & a_2 & \cdots & 0\\ a_1 & 1+a_2 & \cdots & 0\\ \vdots & \vdots & & \vdots\\ a_1 & a_2 & \cdots & 1\end{vmatrix}+a_n\begin{vmatrix}1+a_1 & a_2 & \cdots & 1\\ a_1 & 1+a_2 & \cdots & 1\\ \vdots & \vdots & & \vdots\\ a_1 & a_2 & \cdots & 1\end{vmatrix}$$
$$=D_{n-1}+a_n=a_n+a_{n-1}+D_{n-2}=\cdots=a_n+a_{n-1}+\cdots+a_2+D_1$$
$$=1+\sum_{i=1}^{n}a_i$$

方法三 把第 1 行的 -1 倍加到第 $i(i=2, 3, \cdots, n)$行，再把后 $n-1$ 列都加到第 1 列，得

$$D_n=\begin{vmatrix}1+a_1 & a_2 & \cdots & a_n\\ -1 & 1 & \cdots & 0\\ \vdots & \vdots & & \vdots\\ -1 & 0 & \cdots & 1\end{vmatrix}=\begin{vmatrix}1+\sum_{i=1}^{n}a_i & a_2 & \cdots & a_n\\ 0 & 1 & \cdots & 0\\ \vdots & \vdots & & \vdots\\ 0 & 0 & \cdots & 1\end{vmatrix}=1+\sum_{i=1}^{n}a_i$$

方法四 （加边升阶法）

$$D_n=\begin{vmatrix}1 & a_1 & a_2 & \cdots & a_n\\ 0 & 1+a_1 & a_2 & \cdots & a_n\\ 0 & a_1 & 1+a_2 & \cdots & a_n\\ \vdots & \vdots & \vdots & & \vdots\\ 0 & a_1 & a_2 & \cdots & 1+a_n\end{vmatrix}=\begin{vmatrix}1 & a_1 & a_2 & \cdots & a_n\\ -1 & 1 & 0 & \cdots & 0\\ -1 & 0 & 1 & \cdots & 0\\ \vdots & \vdots & \vdots & & \vdots\\ -1 & 0 & 0 & \cdots & 1\end{vmatrix}$$

$$=\begin{vmatrix}1+\sum_{i=1}^{n}a_i & a_1 & a_2 & \cdots & a_n\\ 0 & 1 & 0 & \cdots & 0\\ 0 & 0 & 1 & \cdots & 0\\ \vdots & \vdots & \vdots & & \vdots\\ 0 & 0 & 0 & \cdots & 1\end{vmatrix}=1+\sum_{i=1}^{n}a_i$$

方法五 （矩阵性质法）

由于 $\boldsymbol{A}=\begin{pmatrix}1+a_1 & a_2 & \cdots & a_n\\ a_1 & 1+a_2 & \cdots & a_n\\ \vdots & \vdots & & \vdots\\ a_1 & a_2 & \cdots & 1+a_n\end{pmatrix}=\boldsymbol{E}+\boldsymbol{B}$，其中 $\boldsymbol{B}=\begin{pmatrix}a_1 & a_2 & \cdots & a_n\\ a_1 & a_2 & \cdots & a_n\\ \vdots & \vdots & & \vdots\\ a_1 & a_2 & \cdots & a_n\end{pmatrix}$，若 $a_1, a_2, \cdots, a_n$ 全为零，则 $\boldsymbol{A}=\boldsymbol{E}$, $D_n=|\boldsymbol{A}|=1$，若 $a_1, a_2, \cdots, a_n$ 不全为零，则 $r(\boldsymbol{B})=1$，从而 $\boldsymbol{B}$ 的特征值为 $\mu_1=\sum_{i=1}^{n}a_i$, $\mu_2=0, \cdots, \mu_n=0$，所以 $\boldsymbol{A}$ 的特征值为 $\lambda_1=1+\sum_{i=1}^{n}a_i$, $\lambda_2=1, \cdots, \lambda_n=1$，因此 $D_n=|\boldsymbol{A}|=1+\sum_{i=1}^{n}a_i$。

例 11 计算 n 阶行列式 $D_n=\begin{vmatrix}a+x_1 & a+x_1^2 & \cdots & a+x_1^n\\ a+x_2 & a+x_2^2 & \cdots & a+x_2^n\\ \vdots & \vdots & & \vdots\\ a+x_n & a+x_n^2 & \cdots & a+x_n^n\end{vmatrix}$。

解 加边升阶，把第 1 列的 −1 倍加到其他各列，再拆分行列式为两个行列式，得

$$D_n=\begin{vmatrix}1 & 0 & 0 & \cdots & 0\\ a & a+x_1 & a+x_1^2 & \cdots & a+x_1^n\\ a & a+x_2 & a+x_2^2 & \cdots & a+x_2^n\\ \vdots & \vdots & \vdots & & \vdots\\ a & a+x_n & a+x_n^2 & \cdots & a+x_n^n\end{vmatrix}=\begin{vmatrix}1 & -1 & -1 & \cdots & -1\\ a & x_1 & x_1^2 & \cdots & x_1^n\\ a & x_2 & x_2^2 & \cdots & x_2^n\\ \vdots & \vdots & \vdots & & \vdots\\ a & x_n & x_n^2 & \cdots & x_n^n\end{vmatrix}$$

$$=\begin{vmatrix}(1+a)-a & -1 & -1 & \cdots & -1\\ 0+a & x_1 & x_1^2 & \cdots & x_1^n\\ 0+a & x_2 & x_2^2 & \cdots & x_2^n\\ \vdots & \vdots & \vdots & & \vdots\\ 0+a & x_n & x_n^2 & \cdots & x_n^n\end{vmatrix}$$

$$
=\begin{vmatrix} 1+a & -1 & -1 & \cdots & -1 \\ 0 & x_1 & x_1^2 & \cdots & x_1^n \\ 0 & x_2 & x_2^2 & \cdots & x_2^n \\ \vdots & \vdots & \vdots & & \vdots \\ 0 & x_n & x_n^2 & \cdots & x_n^n \end{vmatrix} + \begin{vmatrix} -a & -1 & -1 & \cdots & -1 \\ a & x_1 & x_1^2 & \cdots & x_1^n \\ a & x_2 & x_2^2 & \cdots & x_2^n \\ \vdots & \vdots & \vdots & & \vdots \\ a & x_n & x_n^2 & \cdots & x_n^n \end{vmatrix}
$$

$$
=(1+a)\begin{vmatrix} x_1 & x_1^2 & \cdots & x_1^n \\ x_2 & x_2^2 & \cdots & x_2^n \\ \vdots & \vdots & & \vdots \\ x_n & x_n^2 & \cdots & x_n^n \end{vmatrix} - a\begin{vmatrix} 1 & 1 & 1^2 & \cdots & 1^n \\ 1 & x_1 & x_1^2 & \cdots & x_1^n \\ 1 & x_2 & x_2^2 & \cdots & x_2^n \\ \vdots & \vdots & \vdots & & \vdots \\ 1 & x_n & x_n^2 & \cdots & x_n^n \end{vmatrix}
$$

$$
=(1+a)\left(\prod_{i=1}^{n} x_i\right)\begin{vmatrix} 1 & x_1 & \cdots & x_1^{n-1} \\ 1 & x_2 & \cdots & x_2^{n-1} \\ \vdots & \vdots & & \vdots \\ 1 & x_n & \cdots & x_n^{n-1} \end{vmatrix} - a\prod_{i=1}^{n}(x_i-1)\prod_{1\leqslant j<i\leqslant n}(x_i-x_j)
$$

$$
=\left[(1+a)\left(\prod_{i=1}^{n} x_i\right) - a\prod_{i=1}^{n}(x_i-1)\right]\prod_{1\leqslant j<i\leqslant n}(x_i-x_j)
$$

例 12　当 λ 为何值时，方程组

$$
\begin{cases} 2x_1+\lambda x_2-x_3=1 \\ \lambda x_1-x_2+x_3=2 \\ 4x_1+5x_2-5x_3=-1 \end{cases}
$$

(ⅰ) 无解；

(ⅱ) 有唯一解；

(ⅲ) 有无穷多个解，并在有无穷多个解时求出通解。

解　系数行列式 $\begin{vmatrix} 2 & \lambda & -1 \\ \lambda & -1 & 1 \\ 4 & 5 & -5 \end{vmatrix}=(\lambda-1)(5\lambda+4)$，所以当 $\lambda\neq 1$ 且 $\lambda\neq -\frac{4}{5}$ 时，方程组有唯一解；当 $\lambda=1$ 时，方程组的增广矩阵为

$$
\overline{\boldsymbol{A}}=\begin{pmatrix} 2 & 1 & -1 & 1 \\ 1 & -1 & 1 & 2 \\ 4 & 5 & -5 & -1 \end{pmatrix} \to \begin{pmatrix} 0 & 3 & -3 & -3 \\ 1 & -1 & 1 & 2 \\ 0 & 9 & -9 & -9 \end{pmatrix}
$$

$$
\to \begin{pmatrix} 1 & -1 & 1 & 2 \\ 0 & 1 & -1 & -1 \\ 0 & 0 & 0 & 0 \end{pmatrix} \to \begin{pmatrix} 1 & 0 & 0 & 1 \\ 0 & 1 & -1 & -1 \\ 0 & 0 & 0 & 0 \end{pmatrix}
$$

由此可见方程组有无穷多个解，其通解为 $\boldsymbol{x}=(1,\ -1,\ 0)^{\mathrm{T}}+k\,(0,\ 1,\ 1)^{\mathrm{T}}$，$k$ 为任意常数；当 $\lambda=-\frac{4}{5}$ 时，方程组的增广矩阵为

$$\overline{A} \to \begin{pmatrix} 10 & -4 & -5 & 5 \\ 4 & 5 & -5 & -10 \\ 4 & 5 & -5 & -1 \end{pmatrix} \to \begin{pmatrix} 10 & -4 & -5 & 5 \\ 4 & 5 & -5 & -10 \\ 0 & 0 & 0 & 9 \end{pmatrix}$$

所以方程组无解。

例 13 已知 ξ 是 n 维列向量，且 $\xi^T\xi=1$，设 $A=E-\xi\xi^T$，证明 $|A|=0$。

解 由于 $A\xi=(E-\xi\xi^T)\xi=\xi-\xi\xi^T\xi=\xi-\xi(\xi^T\xi)=\xi-\xi=0$，因此 ξ 是齐次线性方程组 $Ax=0$ 的非零解，故 $|A|=0$。

例 14 设 $D=\begin{vmatrix} 3 & 0 & 4 & 0 \\ 2 & 2 & 2 & 2 \\ 0 & -7 & 0 & 0 \\ 5 & 3 & -2 & 2 \end{vmatrix}$，求：

（ⅰ）$A_{21}+A_{22}+A_{23}+A_{24}$；

（ⅱ）$A_{31}+A_{33}$；

（ⅲ）$A_{41}+A_{42}+A_{43}+A_{44}$；

（ⅳ）$M_{41}+M_{42}+M_{43}+M_{44}$。

解 （ⅰ）$A_{21}+A_{22}+A_{23}+A_{24}=\begin{vmatrix} 3 & 0 & 4 & 0 \\ 1 & 1 & 1 & 1 \\ 0 & -7 & 0 & 0 \\ 5 & 3 & -2 & 2 \end{vmatrix}=7\begin{vmatrix} 3 & 4 & 0 \\ 1 & 1 & 1 \\ 5 & -2 & 2 \end{vmatrix}$

$$=7\begin{vmatrix} 3 & 4 & 0 \\ 1 & 1 & 1 \\ 3 & -4 & 0 \end{vmatrix}$$

$$=-7\begin{vmatrix} 3 & 4 \\ 3 & -4 \end{vmatrix}=168$$

（ⅱ）$A_{31}+A_{33}=A_{31}+0A_{32}+A_{33}+0A_{34}=\begin{vmatrix} 3 & 0 & 4 & 0 \\ 2 & 2 & 2 & 2 \\ 1 & 0 & 1 & 0 \\ 5 & 3 & -2 & 2 \end{vmatrix}=\begin{vmatrix} 3 & 0 & 1 & 0 \\ 2 & 2 & 0 & 2 \\ 1 & 0 & 0 & 0 \\ 5 & 3 & -7 & 2 \end{vmatrix}$

$$=\begin{vmatrix} 0 & 1 & 0 \\ 2 & 0 & 2 \\ 3 & -7 & 2 \end{vmatrix}=-\begin{vmatrix} 2 & 2 \\ 3 & 2 \end{vmatrix}=2$$

（ⅲ）方法一 $A_{41}+A_{42}+A_{43}+A_{44}=\frac{1}{2}(2A_{41}+2A_{42}+2A_{43}+2A_{44})$

$$=\frac{1}{2}\begin{vmatrix} 3 & 0 & 4 & 0 \\ 2 & 2 & 2 & 2 \\ 0 & -7 & 0 & 0 \\ 2 & 2 & 2 & 2 \end{vmatrix}=0$$

方法二 $A_{41}+A_{42}+A_{43}+A_{44}=\begin{vmatrix}3&0&4&0\\2&2&2&2\\0&-7&0&0\\1&1&1&1\end{vmatrix}=0$

(iv) $M_{41}+M_{42}+M_{43}+M_{44}=-A_{41}+A_{42}-A_{43}+A_{44}=\begin{vmatrix}3&0&4&0\\2&2&2&2\\0&-7&0&0\\-1&1&-1&1\end{vmatrix}$

$$=7\begin{vmatrix}3&4&0\\2&2&2\\-1&-1&1\end{vmatrix}=7\begin{vmatrix}3&4&0\\0&0&4\\-1&-1&1\end{vmatrix}$$

$$=-28\begin{vmatrix}3&4\\-1&-1\end{vmatrix}=-28$$

例 15 设 $f(x)$具有二阶连续的导数，且 $f(0)\cdot f'(0)\cdot f''(0)\neq 0$，证明存在唯一的常数 k_1，k_2，k_3，使得 $k_1f(x)+k_2f(2x)+k_3f(3x)=f(0)$。

解 在 $k_1f(x)+k_2f(2x)+k_3f(3x)=f(0)$两边求一阶与二阶导数，取 $x=0$，得

$$\begin{cases}k_1f(0)+k_2f(0)+k_3f(0)=f(0)\\k_1f'(0)+2k_2f'(0)+3k_3f'(0)=0\\k_1f''(0)+4k_2f''(0)+9k_3f''(0)=0\end{cases}$$

由 $f(0)\cdot f'(0)\cdot f''(0)\neq 0$，得$\begin{cases}k_1+k_2+k_3=1\\k_1+2k_2+3k_3=0\\k_1+4k_2+9k_3=0\end{cases}$，由于

$$\begin{vmatrix}1&1&1\\1&2&3\\1&4&9\end{vmatrix}=(2-1)(3-2)(3-1)=2\neq 0$$

因此非齐次线性方程组有唯一解，存在唯一的常数 k_1，k_2，k_3，使得

$$k_1f(x)+k_2f(2x)+k_3f(3x)=f(0)$$

三、经典习题与解答

经 典 习 题

1. 选择题

(1) 设 $\boldsymbol{\alpha}_1$，$\boldsymbol{\alpha}_2$，$\boldsymbol{\alpha}_3$ 均是 3 维列向量，若行列式 $|\boldsymbol{\alpha}_1,\boldsymbol{\alpha}_2,\boldsymbol{\alpha}_3|=1$，则行列式 $D=|\boldsymbol{\alpha}_1+\boldsymbol{\alpha}_2+\boldsymbol{\alpha}_3,\boldsymbol{\alpha}_1+2\boldsymbol{\alpha}_2+4\boldsymbol{\alpha}_3,\boldsymbol{\alpha}_1+3\boldsymbol{\alpha}_2+9\boldsymbol{\alpha}_3|=($ $)$。

(A) 1　　(B) 2　　(C) -1　　(D) -2

(2) 设行列式 $D_4=\begin{vmatrix} k & 1 & 1 & 1 \\ 1 & k & 1 & 1 \\ 1 & 1 & k & 1 \\ 1 & 1 & 1 & k \end{vmatrix}=0$，而 $D_3\neq 0$，则 $k=$(　　)。

(A) 1　　(B) 2　　(C) -3　　(D) 3

(3) 行列式 $\begin{vmatrix} 1 & b_1 & 0 & 0 \\ -1 & 1-b_1 & b_2 & 0 \\ 0 & -1 & 1-b_2 & b_3 \\ 0 & 0 & -1 & 1-b_3 \end{vmatrix}=$(　　)。

(A) 1　　(B) 2　　(C) 3　　(D) 4

(4) 设行列式 $\begin{vmatrix} t_1 & 0 & 0 & 0 & t_2 \\ t_2 & t_1 & 0 & 0 & 0 \\ 0 & t_2 & t_1 & 0 & 0 \\ 0 & 0 & t_2 & t_1 & 0 \\ 0 & 0 & 0 & t_2 & t_1 \end{vmatrix}=0$，则(　　)。

(A) $t_1=t_2$　　(B) $t_1\neq t_2$　　(C) $t_1=-t_2$　　(D) $t_1\neq -t_2$

(5) 行列式 $\begin{vmatrix} 0 & a & b & 0 \\ a & 0 & 0 & b \\ 0 & c & d & 0 \\ c & 0 & 0 & d \end{vmatrix}=$(　　)。

(A) $(ad-bc)^2$　　(B) $-(ad-bc)^2$　　(C) $a^2d^2-b^2c^2$　　(D) $b^2c^2-a^2d^2$

(6) 设 $\boldsymbol{A}$, $\boldsymbol{B}$ 都是 2 阶可逆矩阵，$|\boldsymbol{A}|=a$，$|\boldsymbol{B}|=b$，令 $\boldsymbol{M}=\begin{pmatrix} \boldsymbol{O} & \boldsymbol{A}^* \\ 2\boldsymbol{B} & \boldsymbol{O} \end{pmatrix}$，则 $|\boldsymbol{M}|=$(　　)。

(A) $-4a^2b$　　(B) $-4ab^2$　　(C) $-4ab$　　(D) $4ab$

(7) 设 4 阶行列式的第 2 列元素依次为 2，m，k，3，第 2 列元素的余子式依次为 1，-1，1，-1，第 4 列元素的代数余子式依次为 3，1，4，2，且行列式的值为 1，则(　　)。

(A) $m=-4$，$k=-2$　　(B) $m=4$，$k=-2$

(C) $m=-\dfrac{12}{5}$，$k=-\dfrac{12}{5}$　　(D) $m=\dfrac{12}{5}$，$k=\dfrac{12}{5}$

(8) 设 $\boldsymbol{A}=(a_{ij})_{4\times 4}$，且 $A_{ij}=-a_{ij}$ $(a_{11}\neq 0)$，其中 A_{ij} 是 a_{ij} 的代数余子式，则 $|\boldsymbol{A}|=$(　　)。

(A) 0　　(B) 1　　(C) -1　　(D) -2

(9) 设 n 阶矩阵 $\boldsymbol{A}$ 与 $\boldsymbol{B}$ 等价，则(　　)。

(A) 当 $|\boldsymbol{A}|=a(a\neq 0)$ 时，$|\boldsymbol{B}|=a$　　(B) 当 $|\boldsymbol{A}|=a(a\neq 0)$ 时，$|\boldsymbol{B}|=-a$

(C) 当 $|\boldsymbol{A}|\neq 0$ 时，$|\boldsymbol{B}|=0$　　(D) 当 $|\boldsymbol{A}|=0$ 时，$|\boldsymbol{B}|=0$

(10) 设$\boldsymbol{A}$，$\boldsymbol{B}$是2阶可逆矩阵，且$|\boldsymbol{A}|=1$，$|\boldsymbol{B}|=2$，$\boldsymbol{C}=\begin{pmatrix}\boldsymbol{O} & \boldsymbol{A}^*\\ 2\boldsymbol{B} & \boldsymbol{O}\end{pmatrix}$，则$|\boldsymbol{C}|=$(　　)。

(A) 4　　(B) -4　　(C) 8　　(D) -8

2. 填空题

(1) 设α，β，γ为方程$x^3+ax+b=0$的3个根，则$\begin{vmatrix}\alpha & \beta & \gamma\\ \beta & \gamma & \alpha\\ \gamma & \alpha & \beta\end{vmatrix}=$________。

(2) 行列式$\begin{vmatrix}1 & a & 0 & 0\\ 0 & 1 & a & 0\\ 0 & 0 & 1 & a\\ a & 0 & 0 & 1\end{vmatrix}=$________。

(3) 行列式$\begin{vmatrix}\lambda & -1 & 0 & 0\\ 0 & \lambda & -1 & 0\\ 0 & 0 & \lambda & -1\\ 4 & 3 & 2 & \lambda+1\end{vmatrix}=$________。

(4) n阶行列式$\begin{vmatrix}a & b & 0 & \cdots & 0 & 0\\ 0 & a & b & \cdots & 0 & 0\\ 0 & 0 & a & \cdots & 0 & 0\\ \vdots & \vdots & \vdots & & \vdots & \vdots\\ 0 & 0 & 0 & \cdots & a & b\\ b & 0 & 0 & \cdots & 0 & a\end{vmatrix}=$________。

(5) 设行列式为$\begin{vmatrix}1 & 2 & 3 & 4\\ 2 & 2 & 2 & 2\\ 1 & 3 & 1 & 5\\ 0 & 9 & 8 & 7\end{vmatrix}$，则$A_{11}+A_{12}+A_{13}+A_{14}=$________。

(6) 设行列式为$\begin{vmatrix}4 & 0 & 3 & 0\\ 2 & 2 & 2 & 2\\ 0 & 1 & 0 & 0\\ 5 & 3 & -2 & 2\end{vmatrix}$，则第4行各元素余子式之和的值为________。

(7) 设$\begin{vmatrix}1 & 0 & 2\\ x & 3 & 1\\ 4 & x & 5\end{vmatrix}$的代数余子式$A_{12}=-1$，则代数余子式$A_{21}=$________。

(8) 设$\boldsymbol{\alpha}_1$，$\boldsymbol{\alpha}_2$均是2维列向量，若$|2\boldsymbol{\alpha}_1+\boldsymbol{\alpha}_2, \boldsymbol{\alpha}_1-\boldsymbol{\alpha}_2|=6$，则$|\boldsymbol{\alpha}_1, \boldsymbol{\alpha}_2|=$________。

(9) n阶行列式$\begin{vmatrix}2 & 0 & \cdots & 0 & 2\\ -1 & 2 & \cdots & 0 & 2\\ \vdots & \vdots & & \vdots & \vdots\\ 0 & 0 & \cdots & 2 & 2\\ 0 & 0 & \cdots & -1 & 2\end{vmatrix}=$________。

(10) 设 3 阶方阵 $A-E$, $A+2E$, $2A-E$ 为奇异矩阵，则 $|2A^*+3E|=$________。

(11) 设 $\alpha_1, \alpha_2, \alpha_3, \beta, \gamma$ 都是 4 维列向量，且 $|\alpha_1, \alpha_2, \alpha_3, \beta|=3$，$|\beta+\gamma, \alpha_3, \alpha_2, \alpha_1|=2$，则 $|2\gamma, \alpha_1, \alpha_2, \alpha_3|=$________。

(12) 设 A 是 3 阶矩阵，且 $|A|=3$，则 $|3A^{-1}-2A^*|=$________。

(13) 设 A 是 3 阶矩阵，且 A 的特征值为 -1，1，2，$f(x)=x^2-x+2$，则 $|f(A)|=$________。

(14) 设 A 是 3 阶奇异矩阵，E 为 3 阶单位矩阵，且 $|E-A|=0$，$|E-2A|=0$，则 $|E-3A|=$________。

(15) 设 3 阶矩阵 A 的特征值为 1，2，6，E 为 3 阶单位矩阵，则 $|4A^{-1}-E|=$________。

(16) 设 A，B 为 3 阶矩阵，A 与 B 相似，$\lambda_1=-1$，$\lambda_2=1$ 为矩阵 A 的特征值，且 $|B^{-1}|=\frac{1}{3}$，则 $\begin{vmatrix} (A-3E)^{-1} & O \\ O & B^*+\left(-\frac{1}{4}B\right)^{-1} \end{vmatrix}=$________。

(17) 设 A 与 B 相似，且 $B=\begin{pmatrix} 0 & 0 & 1 \\ 0 & 2 & 0 \\ 3 & 0 & 0 \end{pmatrix}$，则 $|A-E|=$________。

(18) 当 n 为奇数时，行列式 $D=\begin{vmatrix} 0 & a_{12} & a_{13} & \cdots & a_{1n} \\ -a_{12} & 0 & a_{23} & \cdots & a_{2n} \\ -a_{13} & -a_{23} & 0 & \cdots & a_{3n} \\ \vdots & \vdots & \vdots & & \vdots \\ -a_{1n} & -a_{2n} & -a_{3n} & \cdots & 0 \end{vmatrix}=$________。

3. 解答题

(1) 解方程 $\begin{vmatrix} 1 & 1 & 2 & 3 \\ 1 & 2-x^2 & 2 & 3 \\ 2 & 3 & 1 & 5 \\ 2 & 3 & 1 & 7-x^2 \end{vmatrix}=0$。

(2) 设 $a_i\neq 0(i=1, 2, \cdots, n)$，计算 n 阶行列式：

$$D=\begin{vmatrix} \lambda-a_1^2 & -a_1a_2 & \cdots & -a_1a_n \\ -a_2a_1 & \lambda-a_2^2 & \cdots & -a_2a_n \\ \vdots & \vdots & & \vdots \\ -a_na_1 & -a_na_2 & \cdots & \lambda-a_n^2 \end{vmatrix}$$

(3) 计算 n 阶行列式：

$$D_n=\begin{vmatrix} 2 & 1 & 0 & \cdots & 0 & 0 \\ 1 & 2 & 1 & \cdots & 0 & 0 \\ \vdots & \vdots & \vdots & & \vdots & \vdots \\ 0 & 0 & 0 & \cdots & 2 & 1 \\ 0 & 0 & 0 & \cdots & 1 & 2 \end{vmatrix}$$

(4) 设 $a_ib_i\neq0(i=1, 2, \cdots, n, n+1)$，计算：

$$D_{n+1}=\begin{vmatrix} a_1^n & a_1^{n-1}b_1 & a_1^{n-2}b_1^2 & \cdots & a_1b_1^{n-1} & b_1^n \\ a_2^n & a_2^{n-1}b_2 & a_2^{n-2}b_2^2 & \cdots & a_2b_2^{n-1} & b_2^n \\ \vdots & \vdots & \vdots & & \vdots & \vdots \\ a_{n+1}^n & a_{n+1}^{n-1}b_{n+1} & a_{n+1}^{n-2}b_{n+1}^2 & \cdots & a_{n+1}b_{n+1}^{n-1} & b_{n+1}^n \end{vmatrix}$$

(5) 设 $a_i\neq0(i=1, 2, \cdots, n)$，证明：

$$D_n=\begin{vmatrix} 1+a_1 & 1 & \cdots & 1 \\ 1 & 1+a_2 & \cdots & 1 \\ \vdots & \vdots & & \vdots \\ 1 & 1 & \cdots & 1+a_n \end{vmatrix}=\left(1+\sum_{i=1}^{n}\frac{1}{a_i}\right)\prod_{j=1}^{n}a_j$$

(6) 计算 $2n$ 阶行列式 $D_{2n}=\begin{vmatrix} a & 0 & \cdots & 0 & 0 & \cdots & 0 & b \\ 0 & a & \cdots & 0 & 0 & \cdots & b & 0 \\ \vdots & \vdots & & \vdots & \vdots & & \vdots & \vdots \\ 0 & 0 & \cdots & a & b & \cdots & 0 & 0 \\ 0 & 0 & \cdots & c & d & \cdots & 0 & 0 \\ \vdots & \vdots & & \vdots & \vdots & & \vdots & \vdots \\ 0 & c & \cdots & 0 & 0 & \cdots & d & 0 \\ c & 0 & \cdots & 0 & 0 & \cdots & 0 & d \end{vmatrix}$。

(7) 已知 $f(x)=\begin{vmatrix} x & 1 & 2 & 4 \\ 1 & 2-x & 2 & 4 \\ 2 & 0 & 1 & 2-x \\ 1 & x & x+3 & x+6 \end{vmatrix}$，证明 $f'(x)=0$ 有小于 1 的正根。

(8) 证明 $D_n=\begin{vmatrix} x & a & a & \cdots & a & a \\ -a & x & a & \cdots & a & a \\ -a & -a & x & \cdots & a & a \\ \vdots & \vdots & \vdots & & \vdots & \vdots \\ -a & -a & -a & \cdots & -a & x \end{vmatrix}=\dfrac{(x+a)^n+(x-a)^n}{2}$。

(9) 证明 $D_n=\begin{vmatrix} 2 & -1 & 0 & \cdots & 0 & 0 \\ -1 & 2 & -1 & \cdots & 0 & 0 \\ 0 & -1 & 2 & \cdots & 0 & 0 \\ \vdots & \vdots & \vdots & & \vdots & \vdots \\ 0 & 0 & 0 & \cdots & -1 & 2 \end{vmatrix}=n+1$。

(10) 设 $\boldsymbol{A}$ 是 n 阶矩阵，如果对于任何 n 维向量 $\boldsymbol{\beta}$，方程组 $\boldsymbol{Ax}=\boldsymbol{\beta}$ 总有解，证明方程组 $\boldsymbol{A}^*\boldsymbol{x}=\boldsymbol{\beta}$ 必有唯一解。

(11) 设 $\boldsymbol{A}$ 是 n 阶矩阵，证明存在 n 阶非零矩阵 $\boldsymbol{B}$ 使得 $\boldsymbol{AB}=\boldsymbol{O}$ 的充分必要条件是 $|\boldsymbol{A}|=0$。

(12) 设 n 次多项式 $f(x)=a_0+a_1x+\cdots+a_nx^n$ 对 $n+1$ 个互不相同的取值 $x=x_i$ $(i=1, 2, \cdots, n+1)$，$f(x)$ 均为零，证明 $f(x)\equiv0$。

经典习题解答

1. 选择题

(1) **解** 应选(B)。

方法一

$D=|\boldsymbol{\alpha}_1+\boldsymbol{\alpha}_2+\boldsymbol{\alpha}_3,\ \boldsymbol{\alpha}_1+2\boldsymbol{\alpha}_2+4\boldsymbol{\alpha}_3,\ \boldsymbol{\alpha}_1+3\boldsymbol{\alpha}_2+9\boldsymbol{\alpha}_3|$

$=|\boldsymbol{\alpha}_1+\boldsymbol{\alpha}_2+\boldsymbol{\alpha}_3,\ \boldsymbol{\alpha}_2+3\boldsymbol{\alpha}_3,\ \boldsymbol{\alpha}_2+5\boldsymbol{\alpha}_3|$ (先第3列减去第2列，再第2列减去第1列)

$=|\boldsymbol{\alpha}_1+\boldsymbol{\alpha}_2+\boldsymbol{\alpha}_3,\ \boldsymbol{\alpha}_2+3\boldsymbol{\alpha}_3,\ 2\boldsymbol{\alpha}_3|$ (第3列减去第2列)

$=2|\boldsymbol{\alpha}_1+\boldsymbol{\alpha}_2+\boldsymbol{\alpha}_3,\ \boldsymbol{\alpha}_2+3\boldsymbol{\alpha}_3,\ \boldsymbol{\alpha}_3|$ (第3列提取公因子2)

$=2|\boldsymbol{\alpha}_1+\boldsymbol{\alpha}_2+\boldsymbol{\alpha}_3,\ \boldsymbol{\alpha}_2,\ \boldsymbol{\alpha}_3|$ (第2列减去第3列的3倍)

$=2|\boldsymbol{\alpha}_1,\ \boldsymbol{\alpha}_2,\ \boldsymbol{\alpha}_3|$ (第1列分别减去第2列与第3列)

$=2$

故选(B)。

方法二　设 $\boldsymbol{A}=(\boldsymbol{\alpha}_1+\boldsymbol{\alpha}_2+\boldsymbol{\alpha}_3,\ \boldsymbol{\alpha}_1+2\boldsymbol{\alpha}_2+4\boldsymbol{\alpha}_3,\ \boldsymbol{\alpha}_1+3\boldsymbol{\alpha}_2+9\boldsymbol{\alpha}_3)$，则

$$\boldsymbol{A}=(\boldsymbol{\alpha}_1,\ \boldsymbol{\alpha}_2,\ \boldsymbol{\alpha}_3)\begin{pmatrix}1&1&1\\1&2&3\\1&4&9\end{pmatrix}$$

从而 $D=|\boldsymbol{A}|=|\boldsymbol{\alpha}_1,\ \boldsymbol{\alpha}_2,\ \boldsymbol{\alpha}_3|\begin{vmatrix}1&1&1\\1&2&3\\1&4&9\end{vmatrix}=1\times(2-1)\times(3-1)\times(3-2)=2$，故选(B)。

(2) **解** 应选(C)。

由于

$$D_4=\begin{vmatrix}k&1&1&1\\1&k&1&1\\1&1&k&1\\1&1&1&k\end{vmatrix}=\begin{vmatrix}k+3&k+3&k+3&k+3\\1&k&1&1\\1&1&k&1\\1&1&1&k\end{vmatrix}$$

$$=(k+3)\begin{vmatrix}1&1&1&1\\1&k&1&1\\1&1&k&1\\1&1&1&k\end{vmatrix}$$

$$=(k+3)\begin{vmatrix}1&1&1&1\\0&k-1&0&0\\0&0&k-1&0\\0&0&0&k-1\end{vmatrix}=(k+3)(k-1)^3=0$$

且 $D_3\neq0$，因此 $k=-3$，故选(C)。

(3) **解** 应选(A)。

从第1行开始，依次把每一行加到下一行，得

$$\begin{vmatrix} 1 & b_1 & 0 & 0 \\ -1 & 1-b_1 & b_2 & 0 \\ 0 & -1 & 1-b_2 & b_3 \\ 0 & 0 & -1 & 1-b_3 \end{vmatrix} = \begin{vmatrix} 1 & b_1 & 0 & 0 \\ 0 & 1 & b_2 & 0 \\ 0 & -1 & 1-b_2 & b_3 \\ 0 & 0 & -1 & 1-b_3 \end{vmatrix}$$

$$= \begin{vmatrix} 1 & b_1 & 0 & 0 \\ 0 & 1 & b_2 & 0 \\ 0 & 0 & 1 & b_3 \\ 0 & 0 & -1 & 1-b_3 \end{vmatrix}$$

$$= \begin{vmatrix} 1 & b_1 & 0 & 0 \\ 0 & 1 & b_2 & 0 \\ 0 & 0 & 1 & b_3 \\ 0 & 0 & 0 & 1 \end{vmatrix} = 1$$

故选(A)。

(4) **解** 应选(C)。

将行列式按第1行展开，得

$$\begin{vmatrix} t_1 & 0 & 0 & 0 & t_2 \\ t_2 & t_1 & 0 & 0 & 0 \\ 0 & t_2 & t_1 & 0 & 0 \\ 0 & 0 & t_2 & t_1 & 0 \\ 0 & 0 & 0 & t_2 & t_1 \end{vmatrix} = t_1 \begin{vmatrix} t_1 & 0 & 0 & 0 \\ t_2 & t_1 & 0 & 0 \\ 0 & t_2 & t_1 & 0 \\ 0 & 0 & t_2 & t_1 \end{vmatrix} + t_2 \begin{vmatrix} t_2 & t_1 & 0 & 0 \\ 0 & t_2 & t_1 & 0 \\ 0 & 0 & t_2 & t_1 \\ 0 & 0 & 0 & t_2 \end{vmatrix} = t_1^5 + t_2^5$$

由题设，得 $t_1^5 + t_2^5 = 0$，所以 $t_1 = -t_2$，故选(C)。

(5) **解** 应选(B)。

$$\begin{vmatrix} 0 & a & b & 0 \\ a & 0 & 0 & b \\ 0 & c & d & 0 \\ c & 0 & 0 & d \end{vmatrix} = -\begin{vmatrix} a & 0 & 0 & b \\ 0 & a & b & 0 \\ 0 & c & d & 0 \\ c & 0 & 0 & d \end{vmatrix} = -a\begin{vmatrix} a & b & 0 \\ c & d & 0 \\ 0 & 0 & d \end{vmatrix} + c\begin{vmatrix} 0 & 0 & b \\ a & b & 0 \\ c & d & 0 \end{vmatrix}$$

$$= -ad\begin{vmatrix} a & b \\ c & d \end{vmatrix} + bc\begin{vmatrix} a & b \\ c & d \end{vmatrix}$$

$$= -(ad-bc)^2$$

故选(B)。

(6) **解** 应选(D)。

$$|\boldsymbol{M}| = \begin{vmatrix} \boldsymbol{O} & \boldsymbol{A}^* \\ 2\boldsymbol{B} & \boldsymbol{O} \end{vmatrix} = (-1)^{2\times 2} |\boldsymbol{A}^*| \, |2\boldsymbol{B}| = 2^2 \, |\boldsymbol{A}|^{2-1} |\boldsymbol{B}|$$

$$= 4|\boldsymbol{A}|\,|\boldsymbol{B}| = 4ab$$

故选(D)。

(7) **解** 应选(A)。

由$\begin{cases}-2-m-k-3=1\\6+m+4k+6=0\end{cases}$，得 $m=-4$，$k=-2$，故选(A)。

(8) **解** 应选(C)。

由 $A_{ij}=-a_{ij}$，得 $\boldsymbol{A}^*=-\boldsymbol{A}^{\mathrm{T}}$，取行列式，得$|\boldsymbol{A}|^3=|\boldsymbol{A}|$，即$|\boldsymbol{A}|(|\boldsymbol{A}|^2-1)=0$，解之，得$|\boldsymbol{A}|=0$ 或$|\boldsymbol{A}|=1$ 或$|\boldsymbol{A}|=-1$。由于

$$\begin{aligned}|\boldsymbol{A}|&=a_{11}A_{11}+a_{12}A_{12}+a_{13}A_{13}+a_{14}A_{14}=-a_{11}^2-a_{12}^2-a_{13}^2-a_{14}^2\\&=-(a_{11}^2+a_{12}^2+a_{13}^2+a_{14}^2)<0\end{aligned}$$

因此$|\boldsymbol{A}|=-1$，故选(C)。

(9) **解** 应选(D)。

方法一 由于 $\boldsymbol{A}$ 与 $\boldsymbol{B}$ 等价，因此存在可逆矩阵 $\boldsymbol{P}$，$\boldsymbol{Q}$，使得 $\boldsymbol{PAQ}=\boldsymbol{B}$，从而当$|\boldsymbol{A}|=0$ 时，$|\boldsymbol{B}|=0$，故选(D)。

方法二 由于 $\boldsymbol{A}$ 与 $\boldsymbol{B}$ 等价，因此 $r(\boldsymbol{A})=r(\boldsymbol{B})$，当$|\boldsymbol{A}|=0$ 时，$r(\boldsymbol{A})<n$，从而 $r(\boldsymbol{B})<n$，所以$|\boldsymbol{B}|=0$，故选(D)。

(10) **解** 应选(C)。

由拉普拉斯展开式，得$|\boldsymbol{C}|=\begin{vmatrix}\boldsymbol{O} & \boldsymbol{A}^*\\2\boldsymbol{B} & \boldsymbol{O}\end{vmatrix}=(-1)^{2\times2}|\boldsymbol{A}^*||2\boldsymbol{B}|=2^2|\boldsymbol{A}||\boldsymbol{B}|=4\times1\times2=8$，故选(C)。

2. 填空题

(1) **解** 由于 α，β，γ 为方程 $x^3+ax+b=0$ 的 3 个根，因此由根与系数的关系，得

$$\alpha+\beta+\gamma=0$$

从而

$$\begin{vmatrix}\alpha & \beta & \gamma\\\beta & \gamma & \alpha\\\gamma & \alpha & \beta\end{vmatrix}=\begin{vmatrix}\alpha+\beta+\gamma & \beta & \gamma\\\alpha+\beta+\gamma & \gamma & \alpha\\\alpha+\beta+\gamma & \alpha & \beta\end{vmatrix}=(\alpha+\beta+\gamma)\begin{vmatrix}1 & \beta & \gamma\\1 & \gamma & \alpha\\1 & \alpha & \beta\end{vmatrix}=0$$

(2) **解** $\begin{vmatrix}1 & a & 0 & 0\\0 & 1 & a & 0\\0 & 0 & 1 & a\\a & 0 & 0 & 1\end{vmatrix}=\begin{vmatrix}1 & a & 0\\0 & 1 & a\\0 & 0 & 1\end{vmatrix}-a\begin{vmatrix}a & 0 & 0\\1 & a & 0\\0 & 1 & a\end{vmatrix}=1-a^4$

(3) **解** 按第 1 行展开，得

$$\begin{aligned}\begin{vmatrix}\lambda & -1 & 0 & 0\\0 & \lambda & -1 & 0\\0 & 0 & \lambda & -1\\4 & 3 & 2 & \lambda+1\end{vmatrix}&=\lambda\begin{vmatrix}\lambda & -1 & 0\\0 & \lambda & -1\\3 & 2 & \lambda+1\end{vmatrix}+\begin{vmatrix}0 & -1 & 0\\0 & \lambda & -1\\4 & 2 & \lambda+1\end{vmatrix}\\&=\lambda\left[\lambda\begin{vmatrix}\lambda & -1\\2 & \lambda+1\end{vmatrix}+\begin{vmatrix}0 & -1\\3 & \lambda+1\end{vmatrix}\right]+4\begin{vmatrix}-1 & 0\\\lambda & -1\end{vmatrix}\\&=\lambda[\lambda(\lambda^2+\lambda+2)+3]+4\\&=\lambda^4+\lambda^3+2\lambda^2+3\lambda+4\end{aligned}$$

（4）**解**　设原行列式为 D，则按第 1 列展开，得

$$D=a\begin{vmatrix} a & b & \cdots & 0 & 0 \\ 0 & a & \cdots & 0 & 0 \\ \vdots & \vdots & & \vdots & \vdots \\ 0 & 0 & \cdots & a & b \\ 0 & 0 & \cdots & 0 & a \end{vmatrix}+(-1)^{n+1}b\begin{vmatrix} b & 0 & \cdots & 0 & 0 \\ a & b & \cdots & 0 & 0 \\ 0 & a & \cdots & 0 & 0 \\ \vdots & \vdots & & \vdots & \vdots \\ 0 & 0 & \cdots & a & b \end{vmatrix}$$

$$=a^n+(-1)^{n+1}b^n$$

（5）**解**　$A_{11}+A_{12}+A_{13}+A_{14}=\begin{vmatrix} 1 & 1 & 1 & 1 \\ 2 & 2 & 2 & 2 \\ 1 & 3 & 1 & 5 \\ 0 & 9 & 8 & 7 \end{vmatrix}=0$

（6）**解**　$M_{41}+M_{42}+M_{43}+M_{44}=-A_{41}+A_{42}-A_{43}+A_{44}=\begin{vmatrix} 4 & 0 & 3 & 0 \\ 2 & 2 & 2 & 2 \\ 0 & 1 & 0 & 0 \\ -1 & 1 & -1 & 1 \end{vmatrix}=-4$

（7）**解**　由于 $-1=A_{12}=(-1)^{1+2}\begin{vmatrix} x & 1 \\ 4 & 5 \end{vmatrix}=-(5x-4)$，因此 $x=1$，从而

$$A_{21}=(-1)^{2+1}\begin{vmatrix} 0 & 2 \\ x & 5 \end{vmatrix}=-\begin{vmatrix} 0 & 2 \\ 1 & 5 \end{vmatrix}=2$$

（8）**解**　由于

$$6=|2\boldsymbol{\alpha}_1+\boldsymbol{\alpha}_2,\ \boldsymbol{\alpha}_1-\boldsymbol{\alpha}_2|=|3\boldsymbol{\alpha}_1,\ \boldsymbol{\alpha}_1-\boldsymbol{\alpha}_2|=3|\boldsymbol{\alpha}_1,\ \boldsymbol{\alpha}_1-\boldsymbol{\alpha}_2|=-3|\boldsymbol{\alpha}_1,\ \boldsymbol{\alpha}_2|$$

因此 $|\boldsymbol{\alpha}_1,\ \boldsymbol{\alpha}_2|=-2$。

（9）**解**　按第 1 行展开，得

$$\begin{aligned} D_n &=2D_{n-1}+2\times(-1)^{n+1}\times(-1)^{n-1}=2D_{n-1}+2 \\ &=2(2D_{n-2}+2)+2=2^2D_{n-2}+2^2+2 \\ &=\cdots=2^{n-2}D_2+2^{n-2}+\cdots+2^2+2 \\ &=2^{n-2}\begin{vmatrix} 2 & 2 \\ -1 & 2 \end{vmatrix}+2^{n-2}+\cdots+2^2+2 \\ &=2^n+2^{n-1}+2^{n-2}+\cdots+2^2+2=\frac{2(1-2^n)}{1-2}=2^{n+1}-2 \end{aligned}$$

（10）**解**　由题设知，$\boldsymbol{A}$ 的特征值为 1，-2，$\frac{1}{2}$，则 $|\boldsymbol{A}|=1\times(-2)\times\frac{1}{2}=-1$，从而 $\boldsymbol{A}^*$ 的特征值为 -1，$\frac{1}{2}$，-2，$2\boldsymbol{A}^*+3\boldsymbol{E}$ 的特征值为 1，4，-1，故

$$|2\boldsymbol{A}^*+3\boldsymbol{E}|=1\times4\times(-1)=-4$$

（11）**解**　由于 $|\boldsymbol{\beta}+\boldsymbol{\gamma},\ \boldsymbol{\alpha}_3,\ \boldsymbol{\alpha}_2,\ \boldsymbol{\alpha}_1|=|\boldsymbol{\beta},\ \boldsymbol{\alpha}_3,\ \boldsymbol{\alpha}_2,\ \boldsymbol{\alpha}_1|+|\boldsymbol{\gamma},\ \boldsymbol{\alpha}_3,\ \boldsymbol{\alpha}_2,\ \boldsymbol{\alpha}_1|=2$，且

$$|\boldsymbol{\beta},\ \boldsymbol{\alpha}_3,\ \boldsymbol{\alpha}_2,\ \boldsymbol{\alpha}_1|=|\boldsymbol{\alpha}_1,\ \boldsymbol{\alpha}_2,\ \boldsymbol{\alpha}_3,\ \boldsymbol{\beta}|=3$$

$$|\boldsymbol{\gamma},\ \boldsymbol{\alpha}_3,\ \boldsymbol{\alpha}_2,\ \boldsymbol{\alpha}_1|=-|\boldsymbol{\gamma},\ \boldsymbol{\alpha}_1,\ \boldsymbol{\alpha}_2,\ \boldsymbol{\alpha}_3|$$

因此 $|2\boldsymbol{\gamma},\ \boldsymbol{\alpha}_1,\ \boldsymbol{\alpha}_2,\ \boldsymbol{\alpha}_3|=2|\boldsymbol{\gamma},\ \boldsymbol{\alpha}_1,\ \boldsymbol{\alpha}_2,\ \boldsymbol{\alpha}_3|=2(3-2)=2$。

(12) **解** 由于 $A^*=|A|A^{-1}=3A^{-1}$，因此

$$|3A^{-1}-2A^*|=|3A^{-1}-2(3A^{-1})|=|-3A^{-1}|=(-3)^3|A^{-1}|=-9$$

(13) **解** 设 A 的特征值为 λ，则 $f(A)$ 的特征值为 $f(\lambda)$。由于 A 的特征值为 -1，1，2，因此 $f(A)$ 的特征值为 4，2，4，从而 $|f(A)|=4\times2\times4=32$。

(14) **解** 由于 A 是 3 阶奇异矩阵，因此 $|A|=0$，从而 0 是 A 的特征值。由 $|E-A|=0$，$|E-2A|=0$，得 1，$\frac{1}{2}$ 是 A 的特征值，从而 $E-3A$ 的特征值为 1，-2，$-\frac{1}{2}$，所以

$$|E-3A|=1\times(-2)\times\left(-\frac{1}{2}\right)=1$$

(15) **解** 由于 A 的特征值为 1，2，6，因此 A^{-1} 的特征值为 1，$\frac{1}{2}$，$\frac{1}{6}$，从而 $4A^{-1}-E$ 的特征值为 3，1，$-\frac{1}{3}$，故 $|4A^{-1}-E|=3\times1\times\left(-\frac{1}{3}\right)=-1$。

(16) **解** 由于 A 与 B 相似，因此 $|A|=|B|$，又 $|B^{-1}|=\frac{1}{3}$，故 $|B|=3$，由 $|A|=\lambda_1\lambda_2\lambda_3$，得 $\lambda_3=-3$，从而 $A-3E$ 的特征值为 -4，-2，-6，所以

$$|A-3E|=(-4)\times(-2)\times(-6)=-48,\ |(A-3E)^{-1}|=-\frac{1}{48}$$

$$B^*+\left(-\frac{1}{4}B\right)^{-1}=|B|B^{-1}-4B^{-1}=-B^{-1}$$

$$\left|B^*+\left(-\frac{1}{4}B\right)^{-1}\right|=|-B^{-1}|=(-1)^3|B^{-1}|=-\frac{1}{3}$$

故

$$\begin{vmatrix}(A-3E)^{-1} & O\\ O & B^*+\left(-\frac{1}{4}B\right)^{-1}\end{vmatrix}=|(A-3E)^{-1}|\times\left|B^*+\left(-\frac{1}{4}B\right)^{-1}\right|$$

$$=\left(-\frac{1}{48}\right)\times\left(-\frac{1}{3}\right)=\frac{1}{144}$$

(17) **解** 由于 A 与 B 相似，因此存在可逆矩阵 P，使得 $P^{-1}AP=B$，从而

$$P^{-1}(A-E)P=P^{-1}AP-P^{-1}EP=B-E$$

所以 $A-E$ 与 $B-E$ 相似，从而

$$|A-E|=|B-E|=\begin{vmatrix}-1 & 0 & 1\\ 0 & 1 & 0\\ 3 & 0 & -1\end{vmatrix}=-2$$

(18) **解** 从 D 第 $i(i=1, 2, \cdots, n)$ 行中提取公因子 -1，得 $D=(-1)^nD^{\mathrm{T}}$，由于 n 为奇数，因此 $D=-D$，故 $D=0$。

3. 解答题

(1) **解** 由于

$$\begin{vmatrix} 1 & 1 & 2 & 3 \\ 1 & 2-x^2 & 2 & 3 \\ 2 & 3 & 1 & 5 \\ 2 & 3 & 1 & 7-x^2 \end{vmatrix} = \begin{vmatrix} 1 & 1 & 2 & 3 \\ 1 & 2-x^2 & 2 & 3 \\ 2 & 3 & 1 & 5 \\ 0 & 0 & 0 & 2-x^2 \end{vmatrix}$$

$$=(2-x^2)\begin{vmatrix} 1 & 1 & 2 \\ 1 & 2-x^2 & 2 \\ 2 & 3 & 1 \end{vmatrix}$$

$$=(2-x^2)\begin{vmatrix} 1 & 1 & 2 \\ 0 & 1-x^2 & 0 \\ 2 & 3 & 1 \end{vmatrix}=-3(2-x^2)(1-x^2)$$

因此原方程为$(2-x^2)(1-x^2)=0$，解之，得原方程的解为 $x=\pm1$，$x=\pm\sqrt{2}$。

(2) **解** 从第 $i(i=1, 2, \cdots, n)$行中提取公因子 a_i，再把 a_i 乘到第i 列，得

$$D=a_1a_2\cdots a_n\begin{vmatrix} \frac{\lambda-a_1^2}{a_1} & -a_2 & \cdots & -a_n \\ -a_1 & \frac{\lambda-a_2^2}{a_2} & \cdots & -a_n \\ \vdots & \vdots & & \vdots \\ -a_1 & -a_2 & \cdots & \frac{\lambda-a_n^2}{a_n} \end{vmatrix}=\begin{vmatrix} \lambda-a_1^2 & -a_2^2 & \cdots & -a_n^2 \\ -a_1^2 & \lambda-a_2^2 & \cdots & -a_n^2 \\ \vdots & \vdots & & \vdots \\ -a_1^2 & -a_2^2 & \cdots & \lambda-a_n^2 \end{vmatrix}$$

把第 n 行的-1 倍分别加到第 $i(i=1, 2, \cdots, n-1)$行，再把第 $i(i=1, 2, \cdots, n-1)$列加到第 n 列，得

$$D=\begin{vmatrix} \lambda & 0 & \cdots & -\lambda \\ 0 & \lambda & \cdots & -\lambda \\ \vdots & \vdots & & \vdots \\ -a_1^2 & -a_2^2 & \cdots & \lambda-a_n^2 \end{vmatrix}=\begin{vmatrix} \lambda & 0 & \cdots & 0 \\ 0 & \lambda & \cdots & 0 \\ \vdots & \vdots & & \vdots \\ -a_1^2 & -a_2^2 & \cdots & \lambda-\sum_{i=1}^{n}a_i^2 \end{vmatrix}$$

$$=\lambda^{n-1}\left(\lambda-\sum_{i=1}^{n}a_i^2\right)$$

(3) **解** 按第 1 行展开，再将展开式中的第二个行列式按第 1 列展开，得

$$D_n=2\begin{vmatrix} 2 & 1 & \cdots & 0 & 0 \\ 1 & 2 & \cdots & 0 & 0 \\ \vdots & \vdots & & \vdots & \vdots \\ 0 & 0 & \cdots & 2 & 1 \\ 0 & 0 & \cdots & 1 & 2 \end{vmatrix}-\begin{vmatrix} 1 & 1 & \cdots & 0 & 0 \\ 0 & 2 & \cdots & 0 & 0 \\ \vdots & \vdots & & \vdots & \vdots \\ 0 & 0 & \cdots & 2 & 1 \\ 0 & 0 & \cdots & 1 & 2 \end{vmatrix}=2D_{n-1}-D_{n-2}$$

从而依次可得 $D_n=2D_{n-1}-D_{n-2}$，$D_{n-1}=2D_{n-2}-D_{n-3}$，$\cdots$，$D_3=2D_2-D_1$，将这些等式相加并消去相同的项，得 $D_n=D_{n-1}+D_2-D_1$，又 $D_1=2$，$D_2=3$，故 $D_n=D_{n-1}+1$，从而 $D_1=2$，$D_2=3$，$D_3=4$，$\cdots$，$D_n=n+1$，因此 $D_n=n+1$。

(4) **解** 第 $i(i=1, 2, \cdots, n, n+1)$行提出公因子 a_i^n，得

$$D_{n+1}=(a_1a_2\cdots a_{n+1})^n\begin{vmatrix}1 & \frac{b_1}{a_1} & \left(\frac{b_1}{a_1}\right)^2 & \cdots & \left(\frac{b_1}{a_1}\right)^{n-1} & \left(\frac{b_1}{a_1}\right)^n \\ 1 & \frac{b_2}{a_2} & \left(\frac{b_2}{a_2}\right)^2 & \cdots & \left(\frac{b_2}{a_2}\right)^{n-1} & \left(\frac{b_2}{a_2}\right)^n \\ \vdots & \vdots & \vdots & & \vdots & \vdots \\ 1 & \frac{b_{n+1}}{a_{n+1}} & \left(\frac{b_{n+1}}{a_{n+1}}\right)^2 & \cdots & \left(\frac{b_{n+1}}{a_{n+1}}\right)^{n-1} & \left(\frac{b_{n+1}}{a_{n+1}}\right)^n\end{vmatrix}$$

$$=(a_1a_2\cdots a_{n+1})^n\prod_{1\leqslant j<i\leqslant n+1}\left(\frac{b_i}{a_i}-\frac{b_j}{a_j}\right)$$

(5) **证** 方法一 记 n 维列向量 $\boldsymbol{\alpha}_i=(0, \cdots, 0, a_i, 0, \cdots, 0)^{\mathrm{T}}(i=1, 2, \cdots, n)$，其中 a_i 为 $\boldsymbol{\alpha}_i$ 的第 i 个坐标，$\boldsymbol{\beta}=(1, 1, \cdots, 1)^{\mathrm{T}}$，则由行列式的性质知，所给行列式

$$D=|\boldsymbol{\beta}+\boldsymbol{\alpha}_1, \boldsymbol{\beta}+\boldsymbol{\alpha}_2, \cdots, \boldsymbol{\beta}+\boldsymbol{\alpha}_n|$$

可表示成 2^n 个行列式的和，其中有一个行列式为 $|\boldsymbol{\alpha}_1, \boldsymbol{\alpha}_2, \cdots, \boldsymbol{\alpha}_n|$，其值为 $\prod_{j=1}^n a_j$；还有 n 个这样的行列式：$|\boldsymbol{\alpha}_1, \cdots, \boldsymbol{\alpha}_{i-1}, \boldsymbol{\beta}, \boldsymbol{\alpha}_{i+1}, \cdots, \boldsymbol{\alpha}_n|$，即其第 $i(i=1, 2, \cdots, n)$ 列为 $\boldsymbol{\beta}$，其值为 $a_1\cdots a_{i-1}a_{i+1}\cdots a_n=\frac{1}{a_i}\prod_{j=1}^n a_j(i=1, 2, \cdots, n)$，这 n 个行列式的和为 $\left(\sum_{i=1}^n\frac{1}{a_i}\right)\prod_{j=1}^n a_j$；而另外的 2^n-n-1 个行列式中至少有两列为 $\boldsymbol{\beta}$，所以它们的值全为零，从而

$$D=\left(1+\sum_{i=1}^n\frac{1}{a_i}\right)\prod_{j=1}^n a_j$$

方法二 （加边升阶法）

$$D_n=\begin{vmatrix}1 & 1 & 1 & \cdots & 1 \\ 0 & 1+a_1 & 1 & \cdots & 1 \\ 0 & 1 & 1+a_2 & \cdots & 1 \\ \vdots & \vdots & \vdots & & \vdots \\ 0 & 1 & 1 & \cdots & 1+a_n\end{vmatrix}=\begin{vmatrix}1 & 1 & \cdots & 1 & 1 \\ -1 & a_1 & \cdots & 0 & 0 \\ -1 & 0 & \cdots & 0 & 0 \\ \vdots & \vdots & & \vdots & \vdots \\ -1 & 0 & \cdots & 0 & a_n\end{vmatrix}$$

$$=\prod_{j=1}^n a_j\begin{vmatrix}1 & 1 & \cdots & 1 & 1 \\ -\frac{1}{a_1} & 1 & \cdots & 0 & 0 \\ -\frac{1}{a_2} & 0 & \cdots & 0 & 0 \\ \vdots & \vdots & & \vdots & \vdots \\ -\frac{1}{a_n} & 0 & \cdots & 0 & 1\end{vmatrix}=\prod_{j=1}^n a_j\begin{vmatrix}1+\sum_{i=1}^n\frac{1}{a_i} & 0 & \cdots & 0 & 0 \\ -\frac{1}{a_1} & 1 & \cdots & 0 & 0 \\ -\frac{1}{a_2} & 0 & \cdots & 0 & 0 \\ \vdots & \vdots & & \vdots & \vdots \\ -\frac{1}{a_n} & 0 & \cdots & 0 & 1\end{vmatrix}$$

$$=\left(1+\sum_{i=1}^n\frac{1}{a_i}\right)\prod_{j=1}^n a_j$$

方法三 （拆分法）

$$D_n=\begin{vmatrix}1+a_1 & 1 & 1 & \cdots & 1+0\\ 1 & 1+a_2 & 1 & \cdots & 1+0\\ 1 & 1 & 1+a_3 & \cdots & 1+0\\ \vdots & \vdots & \vdots & & \vdots\\ 1 & 1 & 1 & \cdots & 1+a_n\end{vmatrix}$$

$$=\begin{vmatrix}1+a_1 & 1 & 1 & \cdots & 1\\ 1 & 1+a_2 & 1 & \cdots & 1\\ 1 & 1 & 1+a_3 & \cdots & 1\\ \vdots & \vdots & \vdots & & \vdots\\ 1 & 1 & 1 & \cdots & 1\end{vmatrix}+\begin{vmatrix}1+a_1 & 1 & 1 & \cdots & 0\\ 1 & 1+a_2 & 1 & \cdots & 0\\ 1 & 1 & 1+a_3 & \cdots & 0\\ \vdots & \vdots & \vdots & & \vdots\\ 1 & 1 & 1 & \cdots & a_n\end{vmatrix}$$

$$=\begin{vmatrix}a_1 & 0 & 0 & \cdots & 1\\ 0 & a_2 & 0 & \cdots & 1\\ 0 & 0 & a_3 & \cdots & 1\\ \vdots & \vdots & \vdots & & \vdots\\ 0 & 0 & 0 & \cdots & 1\end{vmatrix}+a_nD_{n-1}$$

$$=a_1a_2\cdots a_{n-1}+a_nD_{n-1}$$

$$=a_1a_2\cdots a_{n-1}+a_n(a_1a_2\cdots a_{n-2}+a_{n-1}D_{n-2})$$

$$=a_1a_2\cdots a_{n-1}+a_1a_2\cdots a_{n-2}a_n+a_na_{n-1}D_{n-2}$$

$$=\cdots=a_1a_2\cdots a_{n-1}+a_1a_2\cdots a_{n-2}a_n+\cdots+a_1a_3\cdots a_n+a_na_{n-1}\cdots a_2D_1$$

$$=a_1a_2\cdots a_{n-1}+a_1\cdots a_{n-2}a_n+\cdots+a_1a_3\cdots a_n+a_n\cdots a_3a_2(1+a_1)$$

$$=\frac{a_1a_2\cdots a_n}{a_n}+\frac{a_1a_2\cdots a_n}{a_{n-1}}+\cdots+\frac{a_1a_2\cdots a_n}{a_2}+\frac{a_2\cdots a_n}{a_1}+a_1a_2\cdots a_n$$

$$=\left(1+\sum_{i=1}^{n}\frac{1}{a_i}\right)\prod_{j=1}^{n}a_j$$

（6）**解** 按第 1 行展开，再将展开式中的两个行列式按第 $2n-1$ 行展开，得递推公式，递推，得

$$D_{2n}=(ad-bc)D_{2(n-1)}=(ad-bc)^2D_{2(n-2)}=\cdots$$
$$=(ad-bc)^{n-1}D_2=(ad-bc)^n$$

（7）**证** 由于函数 $f(x)$在$[0,1]$上连续，在$(0,1)$内可导，且

$$f(0)=\begin{vmatrix}0 & 1 & 2 & 4\\ 1 & 2 & 2 & 4\\ 2 & 0 & 1 & 2\\ 1 & 0 & 3 & 6\end{vmatrix}=0,\quad f(1)=\begin{vmatrix}1 & 1 & 2 & 4\\ 1 & 1 & 2 & 4\\ 2 & 0 & 1 & 1\\ 1 & 1 & 4 & 7\end{vmatrix}=0$$

由罗尔定理知$\exists\,\xi\in(0,1)$，使得 $f'(\xi)=0$，因此 $f'(x)=0$ 有小于 1 的正根。

（8）**证** 方法一 第 1 行减去第 2 行，得

$$D_n=\begin{vmatrix}x+a & a-x & 0 & \cdots & 0 & 0\\ -a & x & a & \cdots & a & a\\ -a & -a & x & \cdots & a & a\\ \vdots & \vdots & \vdots & & \vdots & \vdots\\ -a & -a & -a & \cdots & -a & x\end{vmatrix}=(x+a)D_{n-1}+(x-a)\begin{vmatrix}-a & a & \cdots & a & a\\ -a & x & \cdots & a & a\\ \vdots & \vdots & & \vdots & \vdots\\ -a & -a & \cdots & -a & x\end{vmatrix}$$

$$=(x+a)D_{n-1}+(x-a)\begin{vmatrix}-a & 0 & 0 & \cdots & 0\\ -a & x-a & 0 & \cdots & 0\\ -a & -2a & x-a & \cdots & 0\\ \vdots & \vdots & \vdots & & \vdots\\ -a & -2a & -2a & \cdots & x-a\end{vmatrix}=(x+a)D_{n-1}-a(x-a)^{n-1}$$

即

$$D_n=(x+a)D_{n-1}-a(x-a)^{n-1}$$

由于行列式 D_n 中所有 a 与 $-a$ 位置对换为 D_n 的转置，因此 D_n 的值不变，从而

$$D_n=(x-a)D_{n-1}+a(x+a)^{n-1}$$

解之，得

$$D_n=\frac{(x+a)^n+(x-a)^n}{2}$$

方法二 当 $n=2$ 时，$D_2=\begin{vmatrix}x & a\\ -a & x\end{vmatrix}=x^2+a^2=\dfrac{(x+a)^2+(x-a)^2}{2}$，结论成立。

假设当 $n=k-1$ 时，结论成立，当 $n=k$ 时，由于

$$D_k=(x+a)D_{k-1}-a(x-a)^{k-1}$$

因此

$$\begin{aligned}D_k&=(x+a)\left[\frac{1}{2}(x+a)^{k-1}+\frac{1}{2}(x-a)^{k-1}\right]-a(x-a)^{k-1}\\&=\frac{1}{2}(x+a)^k+(x-a)^{k-1}\left[\frac{1}{2}(x+a)-a\right]=\frac{(x+a)^k+(x-a)^k}{2}\end{aligned}$$

由归纳法知

$$D_n=\frac{(x+a)^n+(x-a)^n}{2}$$

(9) **证** 当 $n=2$ 时，$D_2=\begin{vmatrix}2 & -1\\ -1 & 2\end{vmatrix}=3=2+1$，结论成立。

假设当 $n\leqslant k-1$ 时，结论成立，当 $n=k$ 时，

$$D_k=2D_{k-1}+(-1)^{1+2}\times(-1)\times(-1)D_{k-2}=2k-(k-1)=k+1$$

由归纳法知

$$D_n=n+1$$

(10) **证** 记 $\boldsymbol{A}=(\boldsymbol{\alpha}_1,\boldsymbol{\alpha}_2,\cdots,\boldsymbol{\alpha}_n)$，由于对于任何向量 $\boldsymbol{\beta}$，方程组

$$x_1\boldsymbol{\alpha}_1+x_2\boldsymbol{\alpha}_2+\cdots+x_n\boldsymbol{\alpha}_n=\boldsymbol{\beta}$$

总有解，因此 $\boldsymbol{\alpha}_1,\boldsymbol{\alpha}_2,\cdots,\boldsymbol{\alpha}_n$ 可以表示任一 n 维向量，从而可以表示 n 维单位向量

$$\boldsymbol{\varepsilon}_1=(1,0,0,\cdots,0),\boldsymbol{\varepsilon}_2=(0,1,0,\cdots,0),\cdots,\boldsymbol{\varepsilon}_n=(0,0,0,\cdots,1)$$

故向量组 $\boldsymbol{\alpha}_1, \boldsymbol{\alpha}_2, \cdots, \boldsymbol{\alpha}_n$ 与 $\boldsymbol{\varepsilon}_1, \boldsymbol{\varepsilon}_2, \cdots, \boldsymbol{\varepsilon}_n$ 等价。由于 $r(\boldsymbol{\varepsilon}_1, \boldsymbol{\varepsilon}_2, \cdots, \boldsymbol{\varepsilon}_n)=n$，因此

$$r(\boldsymbol{\alpha}_1, \boldsymbol{\alpha}_2, \cdots, \boldsymbol{\alpha}_n)=n$$

从而 $|\boldsymbol{A}|\neq 0$，又 $|\boldsymbol{A}^*|=|\boldsymbol{A}|^{n-1}\neq 0$，故由克莱姆法则知方程组 $\boldsymbol{A}^*\boldsymbol{x}=\boldsymbol{\beta}$ 必有唯一解。

(11) **证**　必要性　设 $\boldsymbol{B}=(\boldsymbol{\beta}_1, \boldsymbol{\beta}_2, \cdots, \boldsymbol{\beta}_n)$，则

$$\boldsymbol{AB}=\boldsymbol{A}(\boldsymbol{\beta}_1, \boldsymbol{\beta}_2, \cdots, \boldsymbol{\beta}_n)=(\boldsymbol{A\beta}_1, \boldsymbol{A\beta}_2, \cdots, \boldsymbol{A\beta}_n)=(\boldsymbol{0}, \boldsymbol{0}, \cdots, \boldsymbol{0})$$

从而 $\boldsymbol{A\beta}_j=\boldsymbol{0}(j=1, 2, \cdots, n)$，即 $\boldsymbol{\beta}_j$ 是齐次线性方程组 $\boldsymbol{Ax}=\boldsymbol{0}$ 的解。又 $\boldsymbol{B}\neq\boldsymbol{O}$，故 $\boldsymbol{Ax}=\boldsymbol{0}$ 有非零解，从而 $|\boldsymbol{A}|=0$。

充分性　由于 $|\boldsymbol{A}|=0$，因此齐次线性方程组 $\boldsymbol{Ax}=\boldsymbol{0}$ 有非零解。设 $\boldsymbol{\beta}$ 是 $\boldsymbol{Ax}=\boldsymbol{0}$ 的一个非零解，取 $\boldsymbol{B}=(\boldsymbol{\beta}, \boldsymbol{0}, \cdots, \boldsymbol{0})$，则 $\boldsymbol{B}\neq\boldsymbol{O}$，且 $\boldsymbol{AB}=\boldsymbol{O}$。

(12) **解**　依题设，得 $\begin{cases} a_0+x_1a_1+\cdots+x_1^na_n=0 \\ a_0+x_2a_1+\cdots+x_2^na_n=0 \\ \vdots \\ a_0+x_{n+1}a_1+\cdots+x_{n+1}^na_n=0 \end{cases}$，这是一个以 $a_0, a_1, \cdots, a_n$ 为未知变量的齐次线性方程组，其系数行列式为范德蒙行列式，又 $x_1, x_2, \cdots, x_{n+1}$ 互不相同，故该范德蒙行列式不等于零。由克莱姆法则知齐次线性方程组只有零解，即 $a_0=a_1=\cdots=a_n=0$，故 $f(x)\equiv 0$。

第2章 矩　阵

一、考点内容讲解

1. 矩阵的概念与运算

(1) 定义：由 $m\times n$ 个数 $a_{ij}(i=1, 2, \cdots, m; j=1, 2, \cdots, n)$ 排列成 m 行 n 列的数表

$$\begin{pmatrix} a_{11} & a_{12} & \cdots & a_{1n} \\ a_{21} & a_{22} & \cdots & a_{2n} \\ \vdots & \vdots & & \vdots \\ a_{m1} & a_{m2} & \cdots & a_{mn} \end{pmatrix}$$

称为 $m\times n$ 矩阵，记为 $\boldsymbol{A}=(a_{ij})_{m\times n}$，当 $m=n$ 时，$\boldsymbol{A}$ 也称为 n 阶方阵。设 $\boldsymbol{A}$ 为 n 阶方阵，则称 $|\boldsymbol{A}|$ 为 $\boldsymbol{A}$ 的行列式。

(2) 几类特殊的矩阵：

(ⅰ) 零矩阵：矩阵 $\boldsymbol{A}=(a_{ij})_{m\times n}$ 的所有元素均为 0 的矩阵称为零矩阵，记为 $\boldsymbol{O}$。

(ⅱ) 单位矩阵：主对角线上的元素都是 1，其余元素都是 0 的方阵称为单位矩阵，记为 $\boldsymbol{E}$ 或 $\boldsymbol{I}$。

(ⅲ) 对角矩阵：主对角线上的元素为任意常数且其他元素都是 0 的方阵称为对角矩阵。

(ⅳ) 数量矩阵：主对角线上的元素相等的对角矩阵称为数量矩阵。

(ⅴ) 上三角矩阵：主对角线下方元素全为 0 的方阵称为上三角矩阵。

(ⅵ) 下三角矩阵：主对角线上方元素全为 0 的方阵称为下三角矩阵。

(ⅶ) 三角矩阵：上、下三角矩阵统称为三角矩阵。

(ⅷ) 转置矩阵：将矩阵 $\boldsymbol{A}=(a_{ij})_{m\times n}$ 的行和列的元素位置互换所成的矩阵，称为矩阵 $\boldsymbol{A}$ 的转置矩阵，记为 $\boldsymbol{A}^{\mathrm{T}}=(a_{ji})_{n\times m}$。

(ⅸ) 同型矩阵：若矩阵 $\boldsymbol{A}=(a_{ij})_{m\times n}$ 和 $\boldsymbol{B}=(b_{ij})_{m\times n}$ 的行数和列数均相同，则称矩阵 $\boldsymbol{A}$ 和 $\boldsymbol{B}$ 为同型矩阵。

(ⅹ) 相等矩阵：设 $\boldsymbol{A}=(a_{ij})_{m\times n}$ 和 $\boldsymbol{B}=(b_{ij})_{m\times n}$ 是同型矩阵，如果 $a_{ij}=b_{ij}(i=1, 2, \cdots, m; j=1, 2, \cdots, n)$，则称矩阵 $\boldsymbol{A}$ 和 $\boldsymbol{B}$ 相等，记为 $\boldsymbol{A}=\boldsymbol{B}$。

(ⅹⅰ) 对称矩阵：若 n 阶方阵 $\boldsymbol{A}=(a_{ij})$ 满足 $a_{ij}=a_{ji}(i, j=1, 2, \cdots, n)$，即 $\boldsymbol{A}^{\mathrm{T}}=\boldsymbol{A}$，则称 $\boldsymbol{A}$ 为对称矩阵。

(ⅹⅱ) 反对称矩阵：若 n 阶方阵 $\boldsymbol{A}=(a_{ij})$ 满足 $a_{ij}=-a_{ji}(i, j=1, 2, \cdots, n)$，即 $\boldsymbol{A}^{\mathrm{T}}=-\boldsymbol{A}$，则称 $\boldsymbol{A}$ 为反对称矩阵。

(ⅹⅲ) 正交矩阵：设 $\boldsymbol{A}$ 是方阵，如果 $\boldsymbol{A}^{\mathrm{T}}\boldsymbol{A}=\boldsymbol{A}\boldsymbol{A}^{\mathrm{T}}=\boldsymbol{E}$，则称 $\boldsymbol{A}$ 为正交矩阵。

(ⅹⅳ) 可换矩阵：设 $\boldsymbol{A}$，$\boldsymbol{B}$ 是同阶方阵，如果 $\boldsymbol{AB}=\boldsymbol{BA}$，则称 $\boldsymbol{A}$，$\boldsymbol{B}$ 为可换矩阵。

(3) 运算：

(ⅰ) 和差运算：设矩阵 $\boldsymbol{A}=(a_{ij})_{m\times n}$ 和 $\boldsymbol{B}=(b_{ij})_{m\times n}$ 是两个 $m\times n$ 矩阵，则 $\boldsymbol{A}$，$\boldsymbol{B}$ 的和差定义为 $\boldsymbol{A}\pm\boldsymbol{B}=(a_{ij}\pm b_{ij})_{m\times n}(i=1, 2, \cdots, m; j=1, 2, \cdots, n)$。需要指出的是，可加性条件是同型矩阵。

(ⅱ) 数乘运算：数 k 和 $m\times n$ 矩阵 $\boldsymbol{A}=(a_{ij})_{m\times n}$ 的数乘定义为 $k\boldsymbol{A}=(ka_{ij})_{m\times n}$，即数乘矩阵时，将数乘到矩阵的每个元素上。

(ⅲ) 乘法运算：设 $\boldsymbol{A}=(a_{ij})_{m\times s}$，$\boldsymbol{B}=(b_{ij})_{s\times n}$，则 $\boldsymbol{A}$，$\boldsymbol{B}$ 的乘积定义为 $\boldsymbol{AB}=(c_{ij})_{m\times n}$，其中 $c_{ij}=a_{i1}b_{1j}+a_{i2}b_{2j}+\cdots+a_{is}b_{sj}(i=1, 2, \cdots, m; j=1, 2, \cdots, n)$。需要指出的是，可乘性条件是左矩阵的列数等于右矩阵的行数。

(ⅳ) 幂运算：设 $\boldsymbol{A}$ 是方阵，定义 $\boldsymbol{A}^1=\boldsymbol{A}$，$\boldsymbol{A}^2=\boldsymbol{AA}$，$\boldsymbol{A}^3=\boldsymbol{A}^2\boldsymbol{A}$，…，$\boldsymbol{A}^k=\boldsymbol{A}^{k-1}\boldsymbol{A}$，规定 $\boldsymbol{A}^0=\boldsymbol{E}$。需要指出的是，可幂性条件是方阵。

(4) 运算律：

(ⅰ) 加法和数乘的运算律：设 $\boldsymbol{A}$，$\boldsymbol{B}$，$\boldsymbol{C}$ 是 $m\times n$ 矩阵，k，l 为数，则有

① 交换律：$\boldsymbol{A}+\boldsymbol{B}=\boldsymbol{B}+\boldsymbol{A}$；

② 结合律：$(\boldsymbol{A}+\boldsymbol{B})+\boldsymbol{C}=\boldsymbol{A}+(\boldsymbol{B}+\boldsymbol{C})$；

③ 分配律：$k(\boldsymbol{A}+\boldsymbol{B})=k\boldsymbol{A}+k\boldsymbol{B}$，$(k+l)\boldsymbol{A}=k\boldsymbol{A}+l\boldsymbol{A}$。

(ⅱ) 矩阵乘法的运算律：设 $\boldsymbol{A}$，$\boldsymbol{B}$，$\boldsymbol{C}$ 是相应维的矩阵，k 为数，则有

① 结合律：$(\boldsymbol{AB})\boldsymbol{C}=\boldsymbol{A}(\boldsymbol{BC})$，$(k\boldsymbol{A})\boldsymbol{B}=\boldsymbol{A}(k\boldsymbol{B})=k(\boldsymbol{AB})$；

② 分配律：$\boldsymbol{A}(\boldsymbol{B}+\boldsymbol{C})=\boldsymbol{AB}+\boldsymbol{AC}$，$(\boldsymbol{A}+\boldsymbol{B})\boldsymbol{C}=\boldsymbol{AC}+\boldsymbol{BC}$。

(ⅲ) 幂运算的运算律：设 $\boldsymbol{A}$ 是方阵，k，m 为正整数，则 $\boldsymbol{A}^k\boldsymbol{A}^m=\boldsymbol{A}^{k+m}$，$(\boldsymbol{A}^k)^m=\boldsymbol{A}^{km}$。

(5) 若干结论：

(ⅰ) $(\boldsymbol{A}^{\mathrm{T}})^{\mathrm{T}}=\boldsymbol{A}$，$(k\boldsymbol{A})^{\mathrm{T}}=k\boldsymbol{A}^{\mathrm{T}}$，$(\boldsymbol{AB})^{\mathrm{T}}=\boldsymbol{B}^{\mathrm{T}}\boldsymbol{A}^{\mathrm{T}}$，$(\boldsymbol{A}\pm\boldsymbol{B})^{\mathrm{T}}=\boldsymbol{A}^{\mathrm{T}}\pm\boldsymbol{B}^{\mathrm{T}}$。

(ⅱ) 设 $\boldsymbol{A}$ 为 $m\times n$ 矩阵，$\boldsymbol{E}_m$ 和 $\boldsymbol{E}_n$ 分别为 m 阶和 n 阶单位矩阵，则 $\boldsymbol{E}_m\boldsymbol{A}=\boldsymbol{AE}_n=\boldsymbol{A}$。

(ⅲ) 设 $\boldsymbol{A}$，$\boldsymbol{B}$ 均为 n 阶方阵，则 $|\boldsymbol{AB}|=|\boldsymbol{A}||\boldsymbol{B}|$，$|k\boldsymbol{A}|=k^n|\boldsymbol{A}|$。

(ⅳ) 由 $\boldsymbol{AB}=\boldsymbol{O}$ 不能推出 $\boldsymbol{A}=\boldsymbol{O}$ 或 $\boldsymbol{B}=\boldsymbol{O}$；由 $\boldsymbol{A}^2=\boldsymbol{O}$ 不能推出 $\boldsymbol{A}=\boldsymbol{O}$；由 $\boldsymbol{AB}=\boldsymbol{AC}$ 不能推出 $\boldsymbol{B}=\boldsymbol{C}$；若 $\boldsymbol{A}$，$\boldsymbol{B}$ 是方阵，则 $|\boldsymbol{AB}|=0\Leftrightarrow|\boldsymbol{A}|=0$ 或 $|\boldsymbol{B}|=0$。

(ⅴ) $\boldsymbol{AB}=\boldsymbol{BA}$ 一般不成立，从而 $(\boldsymbol{A}+\boldsymbol{B})^2=\boldsymbol{A}^2+2\boldsymbol{AB}+\boldsymbol{B}^2$，$(\boldsymbol{A}-\boldsymbol{B})^2=\boldsymbol{A}^2-2\boldsymbol{AB}+\boldsymbol{B}^2$，$\boldsymbol{A}^2-\boldsymbol{B}^2=(\boldsymbol{A}-\boldsymbol{B})(\boldsymbol{A}+\boldsymbol{B})$ 等一般不成立。

(ⅵ) 由于 $(\boldsymbol{AB})^{\mathrm{T}}=\boldsymbol{B}^{\mathrm{T}}\boldsymbol{A}^{\mathrm{T}}$，因此对于方阵 $\boldsymbol{A}$ 而言，$\boldsymbol{A}^{\mathrm{T}}\boldsymbol{A}$ 与 $\boldsymbol{AA}^{\mathrm{T}}$ 都是对称矩阵。

2. 逆矩阵

(1) 定义：设 $\boldsymbol{A}$ 是 n 阶方阵，如果存在 n 阶方阵 $\boldsymbol{B}$，使得 $\boldsymbol{AB}=\boldsymbol{BA}=\boldsymbol{E}$，则称 $\boldsymbol{A}$ 为可逆矩阵，称 $\boldsymbol{B}$ 为 $\boldsymbol{A}$ 的逆矩阵，记为 $\boldsymbol{A}^{-1}$。

(2) 逆矩阵的性质：

(ⅰ) 若 $\boldsymbol{A}$ 可逆，则 $\boldsymbol{A}^{-1}$ 唯一，且 $\boldsymbol{AA}^{-1}=\boldsymbol{A}^{-1}\boldsymbol{A}=\boldsymbol{E}$。

(ⅱ) 若 $\boldsymbol{A}$ 可逆，则 $\boldsymbol{A}^{\mathrm{T}}$，$\boldsymbol{A}^{-1}$ 也可逆，且 $(\boldsymbol{A}^{\mathrm{T}})^{-1}=(\boldsymbol{A}^{-1})^{\mathrm{T}}$，$(\boldsymbol{A}^{-1})^{-1}=\boldsymbol{A}$。

(ⅲ) 若 $\boldsymbol{A}$，$\boldsymbol{B}$ 为同阶可逆矩阵，则 $\boldsymbol{AB}$ 也可逆，且 $(\boldsymbol{AB})^{-1}=\boldsymbol{B}^{-1}\boldsymbol{A}^{-1}$。

(ⅳ) 若 $\boldsymbol{A}$ 可逆，且 $k\neq0$，则 $k\boldsymbol{A}$ 也可逆，且 $(k\boldsymbol{A})^{-1}=\frac{1}{k}\boldsymbol{A}^{-1}$。

(ⅴ) 方阵 $\boldsymbol{A}$ 可逆的充分必要条件是 $|\boldsymbol{A}|\neq0$(若 $|\boldsymbol{A}|\neq0$，则称 $\boldsymbol{A}$ 为非奇异矩阵)。

(ⅵ) 若 $\boldsymbol{A}$ 可逆，则 $(\boldsymbol{A}^n)^{-1}=(\boldsymbol{A}^{-1})^n$。

(ⅶ) 若 $\boldsymbol{A}$ 可逆，则 $|\boldsymbol{A}^{-1}|=|\boldsymbol{A}|^{-1}$。

(ⅷ) 设 $\boldsymbol{A}$ 为可逆矩阵，如果 $\boldsymbol{AB}=\boldsymbol{O}$，则 $\boldsymbol{B}=\boldsymbol{O}$；设 $\boldsymbol{B}$ 为可逆矩阵，如果 $\boldsymbol{AB}=\boldsymbol{O}$，则 $\boldsymbol{A}=\boldsymbol{O}$。

(3) 逆矩阵的求法：

(ⅰ) 利用伴随矩阵求逆矩阵。

① 伴随矩阵：设 $\boldsymbol{A}$ 是方阵，A_{ij} 为元素 a_{ij} 的代数余子式，称 $\boldsymbol{A}^*=(A_{ji})=(A_{ij})^{\mathrm{T}}$ 为矩阵 $\boldsymbol{A}$ 的伴随矩阵，即 $\boldsymbol{A}^*=\begin{pmatrix} A_{11} & A_{21} & \cdots & A_{n1} \\ A_{12} & A_{22} & \cdots & A_{n2} \\ \vdots & \vdots & & \vdots \\ A_{1n} & A_{2n} & \cdots & A_{nn} \end{pmatrix}$。

② 伴随矩阵的性质：$\boldsymbol{AA}^*=\boldsymbol{A}^*\boldsymbol{A}=|\boldsymbol{A}|\boldsymbol{E}$；$(\boldsymbol{AB})^*=\boldsymbol{B}^*\boldsymbol{A}^*$；$(\boldsymbol{A}^{\mathrm{T}})^*=(\boldsymbol{A}^*)^{\mathrm{T}}$；$(\boldsymbol{A}^*)^*=|\boldsymbol{A}|^{n-2}\boldsymbol{A}\ (n\geqslant2)$；$|\boldsymbol{A}^*|=|\boldsymbol{A}|^{n-1}(n\geqslant2)$；$(k\boldsymbol{A})^*=k^{n-1}\boldsymbol{A}^*(k\neq0)$；设 $\boldsymbol{A}$ 为 n 阶可逆矩阵，则 $(\boldsymbol{A}^{-1})^*=(\boldsymbol{A}^*)^{-1}$；$\boldsymbol{A}^*=|\boldsymbol{A}|\boldsymbol{A}^{-1}$；$(\boldsymbol{A}^*)^{-1}=\frac{1}{|\boldsymbol{A}|}\boldsymbol{A}$。

③ 逆矩阵的求法：设 $\boldsymbol{A}$ 是可逆矩阵，则 $\boldsymbol{A}^{-1}=\frac{\boldsymbol{A}^*}{|\boldsymbol{A}|}$。特别地，当 $\boldsymbol{A}=\begin{pmatrix} a & b \\ c & d \end{pmatrix}$ 可逆时，逆矩阵 $\boldsymbol{A}^{-1}=\frac{1}{ad-bc}\begin{pmatrix} d & -b \\ -c & a \end{pmatrix}$。

(ⅱ) 利用初等变换求逆矩阵。

① 初等变换：交换矩阵的两行(列)，以一个非零的数 k 乘矩阵的某一行(列)，把矩阵的某一行(列)的 k 倍加到另一行(列)，均称为矩阵的初等行(列)变换。初等行变换与初等列变换统称初等变换。

② 初等变换记号：交换 i，j 两行，记作 $r_i\leftrightarrow r_j$(交换 i，j 两列，记作 $c_i\leftrightarrow c_j$)；第 i 行乘以 k，记作 $r_i\times k$(第 i 列乘以 k，记作 $c_i\times k$)；第 j 行的 k 倍加到第 i 行上，记作 r_i+kr_j(第 j 列的 k 倍加到第 i 列上，记作 c_i+kc_j)。

③ 矩阵等价：如果矩阵 $\boldsymbol{A}$ 经过有限次初等变换变成矩阵 $\boldsymbol{B}$，则称矩阵 $\boldsymbol{A}$ 与矩阵 $\boldsymbol{B}$ 等价。

④ 初等矩阵：对单位矩阵施行一次一种初等变换所得到的矩阵称为初等矩阵。初等矩阵为可逆矩阵，且逆矩阵仍为初等矩阵。对矩阵 $\boldsymbol{A}$ 左(右)乘一种初等矩阵，就相当于对 $\boldsymbol{A}$ 的行(列)进行一次同种的初等变换。

三种初等矩阵如下：

将单位矩阵的第 i 行(列)与第 j 行(列)交换所得到的初等矩阵记为 $\boldsymbol{E}_{ij}$，且

$$|\boldsymbol{E}_{ij}|=-1,\quad (\boldsymbol{E}_{ij})^{-1}=\boldsymbol{E}_{ij}$$

将单位矩阵的第 i 行(列)乘以非零常数 k 所得到的初等矩阵记为 $\boldsymbol{E}_i(k)$，且

$$|\boldsymbol{E}_i(k)|=k,\quad (\boldsymbol{E}_i(k))^{-1}=\boldsymbol{E}_i\left(\frac{1}{k}\right)$$

将单位矩阵的第 j 行的 k 倍加到第 i 行所得到的初等矩阵记为 $\boldsymbol{E}_{ij}(k)$，而且它也表示将单位矩阵的第 i 列的 k 倍加到第 j 列所得到的初等矩阵，且

$$|\boldsymbol{E}_{ij}(k)|=1,\quad (\boldsymbol{E}_{ij}(k))^{-1}=\boldsymbol{E}_{ij}(-k)$$

初等变换与初等矩阵有如下关系(初等矩阵为相应阶的矩阵)：

$$\boldsymbol{A}_{m\times n}\xrightarrow{r_i\leftrightarrow r_j}\boldsymbol{B}=\boldsymbol{E}_{ij}\boldsymbol{A},\quad \boldsymbol{A}_{m\times n}\xrightarrow{c_i\leftrightarrow c_j}\boldsymbol{B}=\boldsymbol{A}\boldsymbol{E}_{ij}$$

$$\boldsymbol{A}_{m\times n}\xrightarrow{kr_i}\boldsymbol{B}=\boldsymbol{E}_i(k)\boldsymbol{A},\quad \boldsymbol{A}_{m\times n}\xrightarrow{kc_i}\boldsymbol{B}=\boldsymbol{A}\boldsymbol{E}_i(k)$$

$$\boldsymbol{A}_{m\times n}\xrightarrow{r_i+kr_j}\boldsymbol{B}=\boldsymbol{E}_{ij}(k)\boldsymbol{A},\quad \boldsymbol{A}_{m\times n}\xrightarrow{c_j+kc_i}\boldsymbol{B}=\boldsymbol{A}\boldsymbol{E}_{ij}(k)$$

⑤ 逆矩阵的求法：首先由 $\boldsymbol{A}$ 作出一个 $n\times 2n$ 矩阵，即$(\boldsymbol{A}\ \vdots\ \boldsymbol{E})$，其次对这个矩阵作初等行变换(只能用初等行变换)，将左半部分矩阵 $\boldsymbol{A}$ 化为单位矩阵，则右半部分的单位矩阵就同时化为 $\boldsymbol{A}^{-1}$，即$(\boldsymbol{A}\ \vdots\ \boldsymbol{E})\xrightarrow{\text{初等行变换}}(\boldsymbol{E}\ \vdots\ \boldsymbol{A}^{-1})$。

(ⅲ) 利用分块矩阵求逆矩阵。

① 分块矩阵：用水平和铅直虚线将 $\boldsymbol{A}$ 中的元素分割成若干个小块，每一个小块称为矩阵的一个子块或子矩阵，则原矩阵就是以这些子块为元素的分块矩阵。

② 分块矩阵的运算：当分块矩阵的子矩阵满足可运算性条件时，可进行分块矩阵的加、减、乘法与转置运算，在运算时只需将子矩阵当作通常矩阵的元素看待。需要指出的是，在进行分块矩阵的乘法运算时，应当注意左分块矩阵列的分法必须与右分块矩阵行的分法一致。

$$\begin{pmatrix}\boldsymbol{A}_1 & \boldsymbol{A}_2\\ \boldsymbol{A}_3 & \boldsymbol{A}_4\end{pmatrix}+\begin{pmatrix}\boldsymbol{B}_1 & \boldsymbol{B}_2\\ \boldsymbol{B}_3 & \boldsymbol{B}_4\end{pmatrix}=\begin{pmatrix}\boldsymbol{A}_1+\boldsymbol{B}_1 & \boldsymbol{A}_2+\boldsymbol{B}_2\\ \boldsymbol{A}_3+\boldsymbol{B}_3 & \boldsymbol{A}_4+\boldsymbol{B}_4\end{pmatrix}$$

$$\begin{pmatrix}\boldsymbol{A} & \boldsymbol{B}\\ \boldsymbol{C} & \boldsymbol{D}\end{pmatrix}\begin{pmatrix}\boldsymbol{X} & \boldsymbol{Y}\\ \boldsymbol{Z} & \boldsymbol{W}\end{pmatrix}=\begin{pmatrix}\boldsymbol{AX}+\boldsymbol{BZ} & \boldsymbol{AY}+\boldsymbol{BW}\\ \boldsymbol{CX}+\boldsymbol{DZ} & \boldsymbol{CY}+\boldsymbol{DW}\end{pmatrix}$$

$$\begin{pmatrix}\boldsymbol{A} & \boldsymbol{B}\\ \boldsymbol{C} & \boldsymbol{D}\end{pmatrix}^{\mathrm{T}}=\begin{pmatrix}\boldsymbol{A}^{\mathrm{T}} & \boldsymbol{C}^{\mathrm{T}}\\ \boldsymbol{B}^{\mathrm{T}} & \boldsymbol{D}^{\mathrm{T}}\end{pmatrix},\quad \begin{pmatrix}\boldsymbol{B} & \boldsymbol{O}\\ \boldsymbol{O} & \boldsymbol{C}\end{pmatrix}^{n}=\begin{pmatrix}\boldsymbol{B}^{n} & \boldsymbol{O}\\ \boldsymbol{O} & \boldsymbol{C}^{n}\end{pmatrix}$$

③ 逆矩阵的求法：对于零元素特别多的矩阵，可以考虑用分块矩阵求逆。特别地，对于分块对角矩阵 $\boldsymbol{A}=\begin{pmatrix}\boldsymbol{A}_{11} & & & \\ & \boldsymbol{A}_{22} & & \\ & & \ddots & \\ & & & \boldsymbol{A}_{ss}\end{pmatrix}$ $(|\boldsymbol{A}_{ii}|\neq 0,\ i=1,2,\cdots,s)$，有

$$\boldsymbol{A}^{-1}=\begin{pmatrix}\boldsymbol{A}_{11}^{-1} & & & \\ & \boldsymbol{A}_{22}^{-1} & & \\ & & \ddots & \\ & & & \boldsymbol{A}_{ss}^{-1}\end{pmatrix}$$

④ 若干结论：设 $\boldsymbol{A}$，$\boldsymbol{B}$ 为可逆矩阵，则

$$\begin{pmatrix}\boldsymbol{A} & \boldsymbol{O}\\ \boldsymbol{O} & \boldsymbol{B}\end{pmatrix}^{-1}=\begin{pmatrix}\boldsymbol{A}^{-1} & \boldsymbol{O}\\ \boldsymbol{O} & \boldsymbol{B}^{-1}\end{pmatrix},\quad \begin{pmatrix}\boldsymbol{O} & \boldsymbol{A}\\ \boldsymbol{B} & \boldsymbol{O}\end{pmatrix}^{-1}=\begin{pmatrix}\boldsymbol{O} & \boldsymbol{B}^{-1}\\ \boldsymbol{A}^{-1} & \boldsymbol{O}\end{pmatrix}$$

$$\begin{pmatrix}\boldsymbol{A} & \boldsymbol{C}\\ \boldsymbol{O} & \boldsymbol{B}\end{pmatrix}^{-1}=\begin{pmatrix}\boldsymbol{A}^{-1} & -\boldsymbol{A}^{-1}\boldsymbol{C}\boldsymbol{B}^{-1}\\ \boldsymbol{O} & \boldsymbol{B}^{-1}\end{pmatrix},\quad \begin{pmatrix}\boldsymbol{A} & \boldsymbol{O}\\ \boldsymbol{C} & \boldsymbol{B}\end{pmatrix}^{-1}=\begin{pmatrix}\boldsymbol{A}^{-1} & \boldsymbol{O}\\ -\boldsymbol{B}^{-1}\boldsymbol{C}\boldsymbol{A}^{-1} & \boldsymbol{B}^{-1}\end{pmatrix}$$

3. 矩阵的秩

(1) 定义：

(ⅰ) 矩阵子式：在 $m\times n$ 矩阵 $\boldsymbol{A}$ 中，任取 k 行 k 列($k\leqslant m$, $k\leqslant n$)，位于这些行列交叉处的 k^2 个元素，不改变它们在 $\boldsymbol{A}$ 中所处的位置次序而得到的 k 阶行列式，称为矩阵 $\boldsymbol{A}$ 的 k 阶子式。

(ⅱ) 设在矩阵 $\boldsymbol{A}$ 中存在一个不等于零的 r 阶子式，且所有 $r+1$ 阶子式(如果存在的话)全等于零，则称该子式为矩阵 $\boldsymbol{A}$ 的最高阶非零子式。称矩阵 $\boldsymbol{A}$ 的最高阶非零子式的阶数为矩阵 $\boldsymbol{A}$ 的秩，记为 $r(\boldsymbol{A})$，并规定零矩阵的秩等于零。

(ⅲ) 若干结论：

① 设 $\boldsymbol{A}$ 为 $m\times n$ 矩阵，则

$0\leqslant r(\boldsymbol{A})\leqslant\min\{m, n\}$，$r(\boldsymbol{A}^{\mathrm{T}})=r(\boldsymbol{A})$，$r(k\boldsymbol{A})=r(\boldsymbol{A})(k\neq0)$，$r(\boldsymbol{A})=r(\boldsymbol{A}^{\mathrm{T}}\boldsymbol{A})=r(\boldsymbol{A}\boldsymbol{A}^{\mathrm{T}})$

② 设 $\boldsymbol{A}, \boldsymbol{B}$ 为 $m\times n$ 矩阵，则 $r(\boldsymbol{A}\pm\boldsymbol{B})\leqslant r(\boldsymbol{A})+r(\boldsymbol{B})$。

③ 设 $\boldsymbol{A}$ 为 $m\times n$ 矩阵，$\boldsymbol{B}$ 为 $n\times s$ 矩阵，则

$$r(\boldsymbol{A})+r(\boldsymbol{B})-n\leqslant r(\boldsymbol{AB})\leqslant\min\{r(\boldsymbol{A}), r(\boldsymbol{B})\}$$

④ 设 $\boldsymbol{A}$ 为 $m\times n$ 矩阵，$\boldsymbol{B}$ 为 $n\times s$ 矩阵，若 $\boldsymbol{AB}=\boldsymbol{O}$，则 $r(\boldsymbol{A})+r(\boldsymbol{B})\leqslant n$。

⑤ 初等变换不改变矩阵的秩，即矩阵 $\boldsymbol{A}$ 与 $\boldsymbol{B}$ 等价的充分必要条件是 $r(\boldsymbol{A})=r(\boldsymbol{B})$。

⑥ 若 $\boldsymbol{A}\neq\boldsymbol{O}$，则 $r(\boldsymbol{A})\geqslant1$。

⑦ 设 $\boldsymbol{A}$ 是 n 阶可逆矩阵，则 $r(\boldsymbol{A})=r(\boldsymbol{A}^{-1})=n$，也称 $\boldsymbol{A}$ 为满秩矩阵。

⑧ 若 $\boldsymbol{A}$ 可逆，则 $r(\boldsymbol{AB})=r(\boldsymbol{B})$；若 $\boldsymbol{B}$ 可逆，则 $r(\boldsymbol{AB})=r(\boldsymbol{A})$。

⑨ 设 $\boldsymbol{A}$ 为 $m\times n$ 矩阵，$\boldsymbol{B}$ 为 $n\times s$ 矩阵，若 $r(\boldsymbol{A})=n$，则 $r(\boldsymbol{AB})=r(\boldsymbol{B})$；若 $r(\boldsymbol{B})=n$，则 $r(\boldsymbol{AB})=r(\boldsymbol{A})$；若 $r(\boldsymbol{A})=n$，$r(\boldsymbol{B})=s$，则 $r(\boldsymbol{AB})=s$；若 $r(\boldsymbol{A})=m$，$r(\boldsymbol{B})=n$，则 $r(\boldsymbol{AB})=m$。

⑩ $r(\boldsymbol{A}^*)=\begin{cases}n, & r(\boldsymbol{A})=n\\ 1, & r(\boldsymbol{A})=n-1\\ 0, & r(\boldsymbol{A})<n-1\end{cases}(n\geqslant2)$，$r[(\boldsymbol{A}^*)^*]=\begin{cases}n, & r(\boldsymbol{A})=n\\ 0, & r(\boldsymbol{A})<n\end{cases}(n\geqslant3)$。

(2) 矩阵秩的求法：

(ⅰ) 利用定义求矩阵的秩：直接找矩阵 $\boldsymbol{A}$ 的最高阶非零子式，其阶数就是矩阵 $\boldsymbol{A}$ 的秩。

(ⅱ) 利用初等变换求矩阵的秩：由于 $\boldsymbol{A}\xrightarrow{\text{初等行变换}}\boldsymbol{B}$，$r(\boldsymbol{A})=r(\boldsymbol{B})$，因此，若

$$\boldsymbol{A}\xrightarrow{\text{有限次初等行变换}}\text{行阶梯形矩阵 }\boldsymbol{B}$$

则 $r(\boldsymbol{A})=$行阶梯形矩阵 $\boldsymbol{B}$ 的非零阶梯行的个数。

二、考点题型解析

常考题型：● 矩阵的概念与运算；● 求方阵的幂；● 求与已知矩阵可交换的矩阵；● 伴随矩阵的相关命题；● 初等变换与初等矩阵；● 矩阵可逆的计算与证明；● 矩阵的秩；● 解矩阵方程。

1. 选择题

例 1 下列命题中不正确的是(　　)。

(A) 设 $\boldsymbol{A}$ 是 n 阶矩阵，则 $(\boldsymbol{A}-\boldsymbol{E})(\boldsymbol{A}+\boldsymbol{E})=(\boldsymbol{A}+\boldsymbol{E})(\boldsymbol{A}-\boldsymbol{E})$

(B) 设 $\boldsymbol{A}$，$\boldsymbol{B}$ 均为 $n\times 1$ 矩阵，则 $\boldsymbol{A}^{\mathrm{T}}\boldsymbol{B}=\boldsymbol{B}^{\mathrm{T}}\boldsymbol{A}$

(C) 设 $\boldsymbol{A}$，$\boldsymbol{B}$ 均为 n 阶矩阵，且 $\boldsymbol{AB}=\boldsymbol{O}$，则 $(\boldsymbol{A}+\boldsymbol{B})^2=\boldsymbol{A}^2+\boldsymbol{B}^2$

(D) 设 $\boldsymbol{A}$ 是 n 阶矩阵，则 $\boldsymbol{A}^m\boldsymbol{A}^k=\boldsymbol{A}^k\boldsymbol{A}^m$

解　应选(C)。

取 $\boldsymbol{A}=\begin{pmatrix}1&1\\1&1\end{pmatrix}$，$\boldsymbol{B}=\begin{pmatrix}1&1\\-1&-1\end{pmatrix}$，则

$$\boldsymbol{AB}=\begin{pmatrix}1&1\\1&1\end{pmatrix}\begin{pmatrix}1&1\\-1&-1\end{pmatrix}=\boldsymbol{O},\ \boldsymbol{BA}=\begin{pmatrix}1&1\\-1&-1\end{pmatrix}\begin{pmatrix}1&1\\1&1\end{pmatrix}=\begin{pmatrix}2&2\\-2&-2\end{pmatrix}\neq\boldsymbol{O}$$

从而 $(\boldsymbol{A}+\boldsymbol{B})^2\neq\boldsymbol{A}^2+\boldsymbol{B}^2$，故选(C)。

例 2　设 n 维向量 $\boldsymbol{\alpha}=\left(\frac{1}{2},0,\cdots,0,\frac{1}{2}\right)$，矩阵 $\boldsymbol{A}=\boldsymbol{E}-\boldsymbol{\alpha}^{\mathrm{T}}\boldsymbol{\alpha}$，$\boldsymbol{B}=\boldsymbol{E}+2\boldsymbol{\alpha}^{\mathrm{T}}\boldsymbol{\alpha}$，则 $\boldsymbol{AB}=$(　　)。

(A) $\boldsymbol{O}$　　(B) $\boldsymbol{E}$　　(C) $-\boldsymbol{E}$　　(D) $\boldsymbol{E}+\boldsymbol{\alpha}^{\mathrm{T}}\boldsymbol{\alpha}$

解　应选(B)。

由于 $\boldsymbol{\alpha}\boldsymbol{\alpha}^{\mathrm{T}}=\left(\frac{1}{2},0,\cdots,0,\frac{1}{2}\right)\begin{pmatrix}\frac{1}{2}\\0\\\vdots\\0\\\frac{1}{2}\end{pmatrix}=\frac{1}{2}$，因此

$$\begin{aligned}\boldsymbol{AB}&=(\boldsymbol{E}-\boldsymbol{\alpha}^{\mathrm{T}}\boldsymbol{\alpha})(\boldsymbol{E}+2\boldsymbol{\alpha}^{\mathrm{T}}\boldsymbol{\alpha})=\boldsymbol{E}+2\boldsymbol{\alpha}^{\mathrm{T}}\boldsymbol{\alpha}-\boldsymbol{\alpha}^{\mathrm{T}}\boldsymbol{\alpha}-2\boldsymbol{\alpha}^{\mathrm{T}}\boldsymbol{\alpha}\boldsymbol{\alpha}^{\mathrm{T}}\boldsymbol{\alpha}\\&=\boldsymbol{E}+\boldsymbol{\alpha}^{\mathrm{T}}\boldsymbol{\alpha}-2\boldsymbol{\alpha}^{\mathrm{T}}(\boldsymbol{\alpha}\boldsymbol{\alpha}^{\mathrm{T}})\boldsymbol{\alpha}=\boldsymbol{E}\end{aligned}$$

故选(B)。

例 3　设 $\boldsymbol{A}$ 是 n 阶矩阵，则下列交换不正确的是(　　)。

(A) $\boldsymbol{A}^*\boldsymbol{A}=\boldsymbol{A}\boldsymbol{A}^*$　　(B) $\boldsymbol{A}^m\boldsymbol{A}^k=\boldsymbol{A}^k\boldsymbol{A}^m$

(C) $\boldsymbol{A}^{\mathrm{T}}\boldsymbol{A}=\boldsymbol{A}\boldsymbol{A}^{\mathrm{T}}$　　(D) $(\boldsymbol{A}+\boldsymbol{E})(\boldsymbol{A}-\boldsymbol{E})=(\boldsymbol{A}-\boldsymbol{E})(\boldsymbol{A}+\boldsymbol{E})$

解　应选(C)。

方法一　由于

$$\boldsymbol{A}^*\boldsymbol{A}=\boldsymbol{A}\boldsymbol{A}^*=|\boldsymbol{A}|\boldsymbol{E},\quad \boldsymbol{A}^m\boldsymbol{A}^k=\boldsymbol{A}^k\boldsymbol{A}^m=\boldsymbol{A}^{m+k}$$
$$(\boldsymbol{A}+\boldsymbol{E})(\boldsymbol{A}-\boldsymbol{E})=(\boldsymbol{A}-\boldsymbol{E})(\boldsymbol{A}+\boldsymbol{E})=\boldsymbol{A}^2-\boldsymbol{E}$$

因此选项(A)、(B)、(D)交换正确，故选(C)。

方法二　取 $\boldsymbol{A}=\begin{pmatrix}1&2\\3&4\end{pmatrix}$，则

$$\boldsymbol{A}^{\mathrm{T}}\boldsymbol{A}=\begin{pmatrix}1&3\\2&4\end{pmatrix}\begin{pmatrix}1&2\\3&4\end{pmatrix}=\begin{pmatrix}10&14\\14&20\end{pmatrix},\quad \boldsymbol{A}\boldsymbol{A}^{\mathrm{T}}=\begin{pmatrix}1&2\\3&4\end{pmatrix}\begin{pmatrix}1&3\\2&4\end{pmatrix}=\begin{pmatrix}5&11\\11&25\end{pmatrix}$$

从而 $\boldsymbol{A}^{\mathrm{T}}\boldsymbol{A}\neq\boldsymbol{A}\boldsymbol{A}^{\mathrm{T}}$，故选(C)。

例 4　设 $\boldsymbol{A}$，$\boldsymbol{B}$，$\boldsymbol{A}+\boldsymbol{B}$，$\boldsymbol{A}^{-1}+\boldsymbol{B}^{-1}$ 均为 n 阶可逆矩阵，则 $(\boldsymbol{A}^{-1}+\boldsymbol{B}^{-1})^{-1}=$(　　)。

(A) $\boldsymbol{A}+\boldsymbol{B}$　　(B) $\boldsymbol{A}^{-1}+\boldsymbol{B}^{-1}$　　(C) $\boldsymbol{A}(\boldsymbol{A}+\boldsymbol{B})^{-1}\boldsymbol{B}$　　(D) $(\boldsymbol{A}+\boldsymbol{B})^{-1}$

解　应选(C)。

$$(A^{-1}+B^{-1})^{-1}=(EA^{-1}+B^{-1})^{-1}=(B^{-1}BA^{-1}+B^{-1})^{-1}=[B^{-1}(BA^{-1}+AA^{-1})]^{-1}$$
$$=[B^{-1}(B+A)A^{-1}]^{-1}=A(A+B)^{-1}B$$

故选(C)。

例 5 设 $\boldsymbol{A}$，$\boldsymbol{B}$ 均为 n 阶矩阵，下列命题中正确的是(　　)。

(A) $AB=O \Leftrightarrow A=O$ 或 $B=O$　　(B) $AB\neq O \Leftrightarrow A\neq O$ 且 $B\neq O$

(C) $AB=O \Rightarrow |A|=0$ 或 $|B|=0$　　(D) $AB\neq O \Rightarrow |A|\neq 0$ 且 $|B|\neq 0$

解 应选(C)。

方法一 由于 $AB=O$，因此 $|AB|=0$，从而 $|A||B|=0$，所以 $|A|=0$ 或 $|B|=0$，故选(C)。

方法二 取 $A=\begin{pmatrix}1&0\\0&0\end{pmatrix}\neq O$，$B=\begin{pmatrix}0&0\\0&1\end{pmatrix}\neq O$，则 $AB=O$，从而选项(A)、(B)不正确。取 $A=\begin{pmatrix}1&0\\0&0\end{pmatrix}$，$B=\begin{pmatrix}2&0\\0&0\end{pmatrix}$，则 $AB\neq O$，$|A|=0$，$|B|=0$，从而选项(D)不正确。故选(C)。

例 6 设 $\boldsymbol{A}$ 是 3 阶可逆矩阵，将 $\boldsymbol{A}$ 的第 2 列与第 3 列交换得 $\boldsymbol{B}$，再把 $\boldsymbol{B}$ 的第 1 列的 -2 倍加到第 3 列得 $\boldsymbol{C}$，则满足 $PA^{-1}=C^{-1}$ 的矩阵 $P=$(　　)。

(A) $\begin{bmatrix}1&0&2\\0&0&1\\0&1&0\end{bmatrix}$　(B) $\begin{bmatrix}1&2&0\\0&0&1\\0&1&0\end{bmatrix}$　(C) $\begin{bmatrix}1&0&-2\\0&0&1\\0&1&0\end{bmatrix}$　(D) $\begin{bmatrix}1&2&0\\0&1&0\\0&0&1\end{bmatrix}$

解 应选(B)。

由于对矩阵 $\boldsymbol{A}$ 作一次初等列变换相当于用相应的初等矩阵右乘 $\boldsymbol{A}$，因此

$$AE_{23}=A\begin{bmatrix}1&0&0\\0&0&1\\0&1&0\end{bmatrix}=B,\quad BE_{13}(-2)=B\begin{bmatrix}1&0&-2\\0&1&0\\0&0&1\end{bmatrix}=C$$

从而

$$A\begin{bmatrix}1&0&0\\0&0&1\\0&1&0\end{bmatrix}\begin{bmatrix}1&0&-2\\0&1&0\\0&0&1\end{bmatrix}=C,\quad \begin{bmatrix}1&0&-2\\0&0&1\\0&1&0\end{bmatrix}^{-1}\begin{bmatrix}1&0&0\\0&0&1\\0&1&0\end{bmatrix}^{-1}A^{-1}=C^{-1}$$

所以

$$P=\begin{bmatrix}1&0&-2\\0&1&0\\0&0&1\end{bmatrix}^{-1}\begin{bmatrix}1&0&0\\0&0&1\\0&1&0\end{bmatrix}^{-1}=\begin{bmatrix}1&0&2\\0&1&0\\0&0&1\end{bmatrix}\begin{bmatrix}1&0&0\\0&0&1\\0&1&0\end{bmatrix}=\begin{bmatrix}1&2&0\\0&0&1\\0&1&0\end{bmatrix}$$

故选(B)。

例 7 设 $\boldsymbol{A}$，$\boldsymbol{P}$ 均为 3 阶可逆矩阵，且 $P^{\mathrm{T}}AP=\begin{bmatrix}1&0&0\\0&1&0\\0&0&2\end{bmatrix}$，如果 $P=(\alpha_1,\alpha_2,\alpha_3)$，$Q=(\alpha_1+\alpha_2,\alpha_2,\alpha_3)$，则 $Q^{\mathrm{T}}AQ=$(　　)。

(A) $\begin{bmatrix}2&1&0\\1&1&0\\0&0&2\end{bmatrix}$　(B) $\begin{bmatrix}1&1&0\\1&2&0\\0&0&2\end{bmatrix}$　(C) $\begin{bmatrix}2&0&0\\0&1&0\\0&0&2\end{bmatrix}$　(D) $\begin{bmatrix}1&0&0\\0&2&0\\0&0&2\end{bmatrix}$

解　应选(A)。

方法一　对矩阵 $\boldsymbol{P}$ 作一次初等列变换，将 $\boldsymbol{P}$ 的第 2 列加到第 1 列得到矩阵 $\boldsymbol{Q}$，即

$$\boldsymbol{Q}=\boldsymbol{P}\boldsymbol{E}_{21}(1)$$

其中 $\boldsymbol{E}_{21}(1)=\begin{pmatrix}1&0&0\\1&1&0\\0&0&1\end{pmatrix}$，从而

$$\boldsymbol{Q}^{\mathrm{T}}\boldsymbol{A}\boldsymbol{Q}=[\boldsymbol{P}\boldsymbol{E}_{21}(1)]^{\mathrm{T}}\boldsymbol{A}[\boldsymbol{P}\boldsymbol{E}_{21}(1)]=\boldsymbol{E}_{21}^{\mathrm{T}}(1)\boldsymbol{P}^{\mathrm{T}}\boldsymbol{A}\boldsymbol{P}\boldsymbol{E}_{21}(1)$$

$$=\begin{pmatrix}1&1&0\\0&1&0\\0&0&1\end{pmatrix}\begin{pmatrix}1&0&0\\0&1&0\\0&0&2\end{pmatrix}\begin{pmatrix}1&0&0\\1&1&0\\0&0&1\end{pmatrix}=\begin{pmatrix}2&1&0\\1&1&0\\0&0&2\end{pmatrix}$$

故选(A)。

方法二　由于 $\boldsymbol{Q}=(\boldsymbol{\alpha}_1+\boldsymbol{\alpha}_2,\boldsymbol{\alpha}_2,\boldsymbol{\alpha}_3)=(\boldsymbol{\alpha}_1,\boldsymbol{\alpha}_2,\boldsymbol{\alpha}_3)\begin{pmatrix}1&0&0\\1&1&0\\0&0&1\end{pmatrix}=\boldsymbol{P}\begin{pmatrix}1&0&0\\1&1&0\\0&0&1\end{pmatrix}$，因此

$$\boldsymbol{Q}^{\mathrm{T}}\boldsymbol{A}\boldsymbol{Q}=\begin{pmatrix}1&1&0\\0&1&0\\0&0&1\end{pmatrix}\boldsymbol{P}^{\mathrm{T}}\boldsymbol{A}\boldsymbol{P}\begin{pmatrix}1&0&0\\1&1&0\\0&0&1\end{pmatrix}=\begin{pmatrix}1&1&0\\0&1&0\\0&0&1\end{pmatrix}\begin{pmatrix}1&0&0\\0&1&0\\0&0&2\end{pmatrix}\begin{pmatrix}1&0&0\\1&1&0\\0&0&1\end{pmatrix}=\begin{pmatrix}2&1&0\\1&1&0\\0&0&2\end{pmatrix}$$

故选(A)。

例 8　设 $\boldsymbol{A}=\begin{pmatrix}a_{11}&a_{12}&a_{13}\\a_{21}&a_{22}&a_{13}\\a_{31}&a_{32}&a_{33}\end{pmatrix}$，$\boldsymbol{B}=\begin{pmatrix}a_{13}&a_{12}&a_{11}+a_{12}\\a_{13}&a_{22}&a_{21}+a_{22}\\a_{33}&a_{32}&a_{31}+a_{32}\end{pmatrix}$，$\boldsymbol{P}_1=\begin{pmatrix}1&0&0\\1&1&0\\0&0&1\end{pmatrix}$，$\boldsymbol{P}_2=\begin{pmatrix}1&1&0\\0&1&0\\0&0&1\end{pmatrix}$，$\boldsymbol{P}_3=\begin{pmatrix}0&0&1\\0&1&0\\1&0&0\end{pmatrix}$，则 $\boldsymbol{B}=$(　　)。

(A) $\boldsymbol{A}\boldsymbol{P}_1\boldsymbol{P}_2$　　(B) $\boldsymbol{A}\boldsymbol{P}_1\boldsymbol{P}_3$　　(C) $\boldsymbol{A}\boldsymbol{P}_3\boldsymbol{P}_1$　　(D) $\boldsymbol{A}\boldsymbol{P}_2\boldsymbol{P}_1$

解　应选(B)。

由于将 $\boldsymbol{A}$ 的第 2 列加到第 1 列，再将第 1 列与第 3 列互换得矩阵 $\boldsymbol{B}$，因此 $\boldsymbol{B}=\boldsymbol{A}\boldsymbol{P}_1\boldsymbol{P}_3$，故选(B)。

例 9　设 $\boldsymbol{A}$ 为 $n(n\geqslant2)$ 阶可逆矩阵，交换 $\boldsymbol{A}$ 的第 1 行与第 2 行得矩阵 $\boldsymbol{B}$，$\boldsymbol{A}^*$，$\boldsymbol{B}^*$ 分别为 $\boldsymbol{A}$，$\boldsymbol{B}$ 的伴随矩阵，则(　　)。

(A) 交换 $\boldsymbol{A}^*$ 的第 1 列与第 2 列得 $\boldsymbol{B}^*$　　(B) 交换 $\boldsymbol{A}^*$ 的第 1 行与第 2 行得 $\boldsymbol{B}^*$

(C) 交换 $\boldsymbol{A}^*$ 的第 1 列与第 2 列得 $-\boldsymbol{B}^*$　　(D) 交换 $\boldsymbol{A}^*$ 的第 1 列与第 2 列得 $-\boldsymbol{B}^*$

解　应选(C)。

方法一　由于 $\boldsymbol{E}_{12}\boldsymbol{A}=\boldsymbol{B}$，因此 $(\boldsymbol{E}_{12}\boldsymbol{A})^*=\boldsymbol{B}^*$，从而 $\boldsymbol{B}^*=\boldsymbol{A}^*\boldsymbol{E}_{12}^*=\boldsymbol{A}^*|\boldsymbol{E}_{12}|\boldsymbol{E}_{12}^{-1}=-\boldsymbol{A}^*\boldsymbol{E}_{12}$，$\boldsymbol{A}^*\boldsymbol{E}_{12}=-\boldsymbol{B}^*$，即交换 $\boldsymbol{A}^*$ 的第 1 列与第 2 列得 $-\boldsymbol{B}^*$，故选(C)。

方法二　由于 $\boldsymbol{E}_{12}\boldsymbol{A}=\boldsymbol{B}$，因此 $|\boldsymbol{B}|=|\boldsymbol{E}_{12}\boldsymbol{A}|=|\boldsymbol{E}_{12}||\boldsymbol{A}|=-|\boldsymbol{A}|$，$\boldsymbol{B}^{-1}=\boldsymbol{A}^{-1}\boldsymbol{E}_{12}^{-1}=\boldsymbol{A}^{-1}\boldsymbol{E}_{12}$，从而 $\boldsymbol{B}^*=|\boldsymbol{B}|\boldsymbol{B}^{-1}=-|\boldsymbol{A}|\boldsymbol{A}^{-1}\boldsymbol{E}_{12}=-\boldsymbol{A}^*\boldsymbol{E}_{12}$，即 $\boldsymbol{A}^*\boldsymbol{E}_{12}=-\boldsymbol{B}^*$，故选(C)。

例 10　设 $\boldsymbol{A}$ 是 n 阶可逆矩阵，则(　　)。

(A) $|A^*|=|A|^{n-1}$　　(B) $|A^*|=|A|$

(C) $|A^*|=|A|^n$　　(D) $|A^*|=|A^{-1}|$

解　应选(A)。

由于 $AA^*=A^*A=|A|E$，因此 $|AA^*|=|A||A^*|=||A|E|=|A|^n|E|=|A|^n$，从而 $|A^*|=|A|^{n-1}$，故选(A)。

例 11　设 A，B 是 n 阶矩阵，则 $C=\begin{pmatrix}A & O\\ O & B\end{pmatrix}$ 的伴随矩阵为(　　)。

(A) $\begin{pmatrix}|A|A^* & O\\ O & |B|B^*\end{pmatrix}$　　(B) $\begin{pmatrix}|B|B^* & O\\ O & |A|A^*\end{pmatrix}$

(C) $\begin{pmatrix}|A|B^* & O\\ O & |B|A^*\end{pmatrix}$　　(D) $\begin{pmatrix}|B|A^* & O\\ O & |A|B^*\end{pmatrix}$

解　应选(D)。

方法一　由于 $CC^*=|C|E=|A||B|E$，因此

$$\begin{pmatrix}A & O\\ O & B\end{pmatrix}\begin{pmatrix}|B|A^* & O\\ O & |A|B^*\end{pmatrix}=\begin{pmatrix}|B|AA^* & O\\ O & |A|BB^*\end{pmatrix}=|A||B|E$$

故选(D)。

方法二　由于是选择题，不妨附加条件 A，B 可逆，因此

$$C^*=|C|C^{-1}=|A||B|\begin{pmatrix}A^{-1} & O\\ O & B^{-1}\end{pmatrix}=\begin{pmatrix}|B|A^* & O\\ O & |A|B^*\end{pmatrix}$$

故选(D)。

例 12　设 A，B 是 2 阶矩阵，A^*，B^* 分别为 A，B 的伴随矩阵，若 $|A|=2$，$|B|=3$，则分块矩阵 $\begin{pmatrix}O & A\\ B & O\end{pmatrix}$ 的伴随矩阵为(　　)。

(A) $\begin{pmatrix}O & 3B^*\\ 2A^* & O\end{pmatrix}$　　(B) $\begin{pmatrix}O & 2B^*\\ 3A^* & O\end{pmatrix}$　　(C) $\begin{pmatrix}O & 3A^*\\ 2B^* & O\end{pmatrix}$　　(D) $\begin{pmatrix}O & 2A^*\\ 3B^* & O\end{pmatrix}$

解　应选(B)。

由于是选择题，不妨附加条件 A，B 可逆，因此

$$\begin{pmatrix}O & A\\ B & O\end{pmatrix}^*=\begin{vmatrix}O & A\\ B & O\end{vmatrix}\begin{pmatrix}O & A\\ B & O\end{pmatrix}^{-1}=(-1)^{2\times2}|A||B|\begin{pmatrix}O & B^{-1}\\ A^{-1} & O\end{pmatrix}=|A||B|\begin{pmatrix}O & B^{-1}\\ A^{-1} & O\end{pmatrix}$$

$$=\begin{pmatrix}O & |A||B|B^{-1}\\ |B||A|A^{-1} & O\end{pmatrix}=\begin{pmatrix}O & 2|B|B^{-1}\\ 3|A|A^{-1} & O\end{pmatrix}=\begin{pmatrix}O & 2B^*\\ 3A^* & O\end{pmatrix}$$

故选(B)。

例 13　设 A 是 $m\times n$ 矩阵，B 是 $n\times m$ 矩阵，则(　　)。

(A) 当 $m>n$ 时，必有 $|AB|\neq0$　　(B) 当 $m>n$ 时，必有 $|AB|=0$

(C) 当 $n>m$ 时，必有 $|AB|\neq0$　　(D) 当 $n>m$ 时，必有 $|AB|=0$

解　应选(B)。

由于 AB 是 $m\times m$ 矩阵，且 $r(AB)\leqslant\min\{m, n\}$，因此当 $m>n$ 时，必有 $r(AB)<m$，从而 $|AB|=0$，故选(B)。

评注：

(1) n 阶矩阵 $\boldsymbol{A}$ 可逆 $\Leftrightarrow \boldsymbol{A}$ 非奇异 $\Leftrightarrow |\boldsymbol{A}| \neq 0 \Leftrightarrow r(\boldsymbol{A})=n \Leftrightarrow \boldsymbol{A}$ 满秩 $\Leftrightarrow$ 齐次线性方程组 $\boldsymbol{Ax}=\boldsymbol{0}$ 只有零解 $\Leftrightarrow$ 对于任意的 n 维列向量 $\boldsymbol{\beta}$，非齐次线性方程组 $\boldsymbol{Ax}=\boldsymbol{\beta}$ 有唯一解 $\Leftrightarrow \boldsymbol{A}$ 可表示为有限个初等矩阵的乘积 $\Leftrightarrow \boldsymbol{A}$ 的列向量组线性无关 $\Leftrightarrow \boldsymbol{A}$ 的行向量组线性无关 $\Leftrightarrow$ 0 不是 $\boldsymbol{A}$ 的特征值 $\Leftrightarrow \boldsymbol{A}^*$ 可逆 $\Leftrightarrow (\boldsymbol{A}^*)^*$ 可逆。

(2) n 阶矩阵 $\boldsymbol{A}$ 不可逆 $\Leftrightarrow \boldsymbol{A}$ 奇异 $\Leftrightarrow |\boldsymbol{A}|=0 \Leftrightarrow r(\boldsymbol{A})<n \Leftrightarrow \boldsymbol{A}$ 降秩 $\Leftrightarrow$ 齐次线性方程组 $\boldsymbol{Ax}=\boldsymbol{0}$ 有非零解 $\Leftrightarrow$ 0 是 $\boldsymbol{A}$ 的特征值。

例 14　设 $\boldsymbol{A}$，$\boldsymbol{B}$ 均为 n 阶矩阵，则(　　)。

(A) $|\boldsymbol{A}+\boldsymbol{B}|=|\boldsymbol{A}|+|\boldsymbol{B}|$　　(B) $\boldsymbol{AB}=\boldsymbol{BA}$

(C) $|\boldsymbol{AB}|=|\boldsymbol{BA}|$　　(D) $(\boldsymbol{A}+\boldsymbol{B})^{-1}=\boldsymbol{A}^{-1}+\boldsymbol{B}^{-1}$

解　应选(C)。

由于 $|\boldsymbol{AB}|=|\boldsymbol{A}||\boldsymbol{B}|=|\boldsymbol{B}||\boldsymbol{A}|=|\boldsymbol{BA}|$，因此 $|\boldsymbol{AB}|=|\boldsymbol{BA}|$，故选(C)。

例 15　设 n 阶方阵满足 $\boldsymbol{ABC}=\boldsymbol{E}$，则(　　)。

(A) $\boldsymbol{ACB}=\boldsymbol{E}$　　(B) $\boldsymbol{CBA}=\boldsymbol{E}$　　(C) $\boldsymbol{BAC}=\boldsymbol{E}$　　(D) $\boldsymbol{BCA}=\boldsymbol{E}$

解　应选(D)。

由于 $\boldsymbol{ABC}=\boldsymbol{E}$，因此 $\boldsymbol{A}^{-1}=\boldsymbol{BC}$，从而 $\boldsymbol{BCA}=\boldsymbol{A}^{-1}\boldsymbol{A}=\boldsymbol{E}$，故选(D)。

例 16　设 $\boldsymbol{A}$ 是 $m\times n$ 矩阵，$\boldsymbol{C}$ 是 n 阶可逆矩阵，$r(\boldsymbol{A})=r$，$\boldsymbol{B}=\boldsymbol{AC}$，$r(\boldsymbol{B})=r_1$，则(　　)。

(A) $r>r_1$　　(B) $r<r_1$　　(C) $r=r_1$　　(D) r 无法确定

解　应选(C)。

由于 $r_1=r(\boldsymbol{B})=r(\boldsymbol{AC})\leqslant r(\boldsymbol{A})=r$，又 $\boldsymbol{C}$ 可逆，从而 $r=r(\boldsymbol{A})=r(\boldsymbol{BC}^{-1})\leqslant r(\boldsymbol{B})=r_1$，即 $r=r_1$，故选(C)。

例 17　设 $\boldsymbol{A}$，$\boldsymbol{B}$，$\boldsymbol{A}^*$ 均为 n 阶非零矩阵，$\boldsymbol{A}^*$ 是 $\boldsymbol{A}$ 的伴随矩阵，且 $\boldsymbol{AB}=\boldsymbol{O}$，则(　　)。

(A) $r(\boldsymbol{B})>1$　　(B) $r(\boldsymbol{B})=1$　　(C) $r(\boldsymbol{B})=n-1$　　(D) $r(\boldsymbol{B})$ 无法确定

解　应选(B)。

由于 $\boldsymbol{A}$，$\boldsymbol{B}$ 均为非零矩阵，因此 $r(\boldsymbol{A})\geqslant 1$，$r(\boldsymbol{B})\geqslant 1$，又 $\boldsymbol{AB}=\boldsymbol{O}$，故 $r(\boldsymbol{A})+r(\boldsymbol{B})\leqslant n$，从而 $r(\boldsymbol{A})\leqslant n-r(\boldsymbol{B})\leqslant n-1$。由于 $\boldsymbol{A}^*\neq\boldsymbol{O}$，因此 $r(\boldsymbol{A})\geqslant n-1$，从而 $r(\boldsymbol{A})=n-1$。因为 $1\leqslant r(\boldsymbol{B})\leqslant n-r(\boldsymbol{A})=1$，所以 $r(\boldsymbol{B})=1$，故选(B)。

例 18　设 $\boldsymbol{A}$，$\boldsymbol{B}$ 是同阶可逆矩阵，则(　　)。

(A) $\boldsymbol{AB}=\boldsymbol{BA}$　　(B) 存在可逆矩阵 $\boldsymbol{P}$，使得 $\boldsymbol{P}^{-1}\boldsymbol{AP}=\boldsymbol{B}$

(C) 存在可逆矩阵 $\boldsymbol{C}$，使得 $\boldsymbol{C}^{\mathrm{T}}\boldsymbol{AC}=\boldsymbol{B}$　　(D) 存在可逆矩阵 $\boldsymbol{P}$，$\boldsymbol{Q}$，使得 $\boldsymbol{PAQ}=\boldsymbol{B}$

解　应选(D)。

方法一　由于 $\boldsymbol{A}$，$\boldsymbol{B}$ 是同阶可逆矩阵，故存在可逆矩阵 $\boldsymbol{P}_1$，$\boldsymbol{P}_2$，$\boldsymbol{Q}_1$，$\boldsymbol{Q}_2$，使得 $\boldsymbol{P}_1\boldsymbol{AQ}_1=\boldsymbol{E}$，$\boldsymbol{P}_2\boldsymbol{BQ}_2=\boldsymbol{E}$，从而 $\boldsymbol{P}_2^{-1}\boldsymbol{P}_1\boldsymbol{AQ}_1\boldsymbol{Q}_2^{-1}=\boldsymbol{B}$。取 $\boldsymbol{P}=\boldsymbol{P}_2^{-1}\boldsymbol{P}_1$，$\boldsymbol{Q}=\boldsymbol{Q}_1\boldsymbol{Q}_2^{-1}$，则 $\boldsymbol{P}$，$\boldsymbol{Q}$ 为可逆矩阵，且 $\boldsymbol{PAQ}=\boldsymbol{B}$，故选(D)。

方法二　由于 $\boldsymbol{A}$，$\boldsymbol{B}$ 是同阶可逆矩阵，因此 $\boldsymbol{A}$，$\boldsymbol{B}$ 等价，从而存在可逆矩阵 $\boldsymbol{P}$，$\boldsymbol{Q}$，使得 $\boldsymbol{PAQ}=\boldsymbol{B}$，故选(D)。

评注：

(1) $r(\boldsymbol{A})=r$ 的充分必要条件是存在有限个初等矩阵 $\boldsymbol{P}_1, \boldsymbol{P}_2, \cdots, \boldsymbol{P}_k, \boldsymbol{Q}_1, \boldsymbol{Q}_2, \cdots, \boldsymbol{Q}_k$，使得 $\boldsymbol{P}_k\cdots\boldsymbol{P}_2\boldsymbol{P}_1\boldsymbol{A}\boldsymbol{Q}_1\boldsymbol{Q}_2\cdots\boldsymbol{Q}_k=\begin{pmatrix}\boldsymbol{E}_r & \boldsymbol{O}\\ \boldsymbol{O} & \boldsymbol{O}\end{pmatrix}$。

(2) $r(\boldsymbol{A}_{m\times n})=n$（$\boldsymbol{A}$ 列满秩）的充分必要条件是存在有限个初等矩阵 $\boldsymbol{M}_1, \boldsymbol{M}_2, \cdots, \boldsymbol{M}_s$，使得 $\boldsymbol{M}_s\cdots\boldsymbol{M}_2\boldsymbol{M}_1\boldsymbol{A}=\begin{pmatrix}\boldsymbol{E}_n\\ \boldsymbol{O}\end{pmatrix}$。

(3) $r(\boldsymbol{A}_{m\times n})=m$（$\boldsymbol{A}$ 行满秩）的充分必要条件是存在有限个初等矩阵 $\boldsymbol{N}_1, \boldsymbol{N}_2, \cdots, \boldsymbol{N}_t$，使得 $\boldsymbol{A}\boldsymbol{N}_1\boldsymbol{N}_2\cdots\boldsymbol{N}_t=(\boldsymbol{E}_m, \boldsymbol{O})$。

(4) n 阶矩阵 $\boldsymbol{A}$ 可逆（$\boldsymbol{A}$ 满秩）的充分必要条件是存在有限个初等矩阵 $\boldsymbol{T}_1, \boldsymbol{T}_2, \cdots, \boldsymbol{T}_p$，使得 $\boldsymbol{T}_p\cdots\boldsymbol{T}_2\boldsymbol{T}_1\boldsymbol{A}=\boldsymbol{E}$，即 $\boldsymbol{A}$ 可表示为有限个初等矩阵的乘积。

(5) $m\times n$ 矩阵 $\boldsymbol{A}$ 与 $\boldsymbol{B}$ 等价的充分必要条件是存在 m 阶可逆矩阵 $\boldsymbol{P}$ 及 n 阶可逆矩阵 $\boldsymbol{Q}$，使得 $\boldsymbol{PAQ}=\boldsymbol{B}$。

2. 填空题

例 1 设 $\boldsymbol{\alpha}, \boldsymbol{\beta}$ 为 3 维列向量，如果 $\boldsymbol{\alpha}\boldsymbol{\beta}^{\mathrm{T}}=\begin{pmatrix}1 & 2 & -1\\ 3 & 6 & -3\\ 2 & 4 & -2\end{pmatrix}$，则 $\boldsymbol{\alpha}^{\mathrm{T}}\boldsymbol{\beta}=$________。

解 设 $\boldsymbol{\alpha}=(a_1, a_2, a_3)^{\mathrm{T}}$，$\boldsymbol{\beta}=(b_1, b_2, b_3)^{\mathrm{T}}$，则

$$\boldsymbol{\alpha}\boldsymbol{\beta}^{\mathrm{T}}=\begin{pmatrix}a_1\\ a_2\\ a_3\end{pmatrix}(b_1, b_2, b_3)=\begin{pmatrix}a_1b_1 & a_1b_2 & a_1b_3\\ a_2b_1 & a_2b_2 & a_2b_3\\ a_3b_1 & a_3b_2 & a_3b_3\end{pmatrix}$$

$$\boldsymbol{\alpha}^{\mathrm{T}}\boldsymbol{\beta}=(a_1, a_2, a_3)\begin{pmatrix}b_1\\ b_2\\ b_3\end{pmatrix}=a_1b_1+a_2b_2+a_3b_3$$

从而 $\boldsymbol{\alpha}^{\mathrm{T}}\boldsymbol{\beta}$ 是矩阵 $\boldsymbol{\alpha}\boldsymbol{\beta}^{\mathrm{T}}$ 的主对角线元素之和，即矩阵 $\boldsymbol{\alpha}\boldsymbol{\beta}^{\mathrm{T}}$ 的迹 $\mathrm{tr}(\boldsymbol{\alpha}\boldsymbol{\beta}^{\mathrm{T}})$，故

$$\boldsymbol{\alpha}^{\mathrm{T}}\boldsymbol{\beta}=\mathrm{tr}(\boldsymbol{\alpha}\boldsymbol{\beta}^{\mathrm{T}})=1+6+(-2)=5$$

例 2 设 $\boldsymbol{\alpha}=(1, 2, 3)^{\mathrm{T}}$，$\boldsymbol{\beta}=\left(1, \frac{1}{2}, 0\right)^{\mathrm{T}}$，$\boldsymbol{A}=\boldsymbol{\alpha}\boldsymbol{\beta}^{\mathrm{T}}$，则 $\boldsymbol{A}^3=$________。

解 由于 $\boldsymbol{A}=\boldsymbol{\alpha}\boldsymbol{\beta}^{\mathrm{T}}=\begin{pmatrix}1\\ 2\\ 3\end{pmatrix}\left(1, \frac{1}{2}, 0\right)=\begin{pmatrix}1 & \frac{1}{2} & 0\\ 2 & 1 & 0\\ 3 & \frac{3}{2} & 0\end{pmatrix}$，$\boldsymbol{\beta}^{\mathrm{T}}\boldsymbol{\alpha}=\left(1, \frac{1}{2}, 0\right)\begin{pmatrix}1\\ 2\\ 3\end{pmatrix}=2$，因此

$$\boldsymbol{A}^3=(\boldsymbol{\alpha}\boldsymbol{\beta}^{\mathrm{T}})(\boldsymbol{\alpha}\boldsymbol{\beta}^{\mathrm{T}})(\boldsymbol{\alpha}\boldsymbol{\beta}^{\mathrm{T}})=\boldsymbol{\alpha}(\boldsymbol{\beta}^{\mathrm{T}}\boldsymbol{\alpha})(\boldsymbol{\beta}^{\mathrm{T}}\boldsymbol{\alpha})\boldsymbol{\beta}^{\mathrm{T}}=4\boldsymbol{\alpha}\boldsymbol{\beta}^{\mathrm{T}}=4\boldsymbol{A}=\begin{pmatrix}4 & 2 & 0\\ 8 & 4 & 0\\ 12 & 6 & 0\end{pmatrix}$$

评注：设 $\boldsymbol{\alpha}=(a_1, a_2, \cdots, a_n)^{\mathrm{T}}$，$\boldsymbol{\beta}=(b_1, b_2, \cdots, b_n)^{\mathrm{T}}$ 为 n 维列向量，$\boldsymbol{A}=\boldsymbol{\alpha}\boldsymbol{\beta}^{\mathrm{T}}$，则

(1) $(\boldsymbol{\alpha}, \boldsymbol{\beta})=\mathrm{tr}(\boldsymbol{A})$；

(2) $\boldsymbol{A}^n=(\boldsymbol{\alpha}, \boldsymbol{\beta})^{n-1}\boldsymbol{A}$。

例 3　设 $\boldsymbol{A}=\begin{pmatrix}2&1&0&0&0\\0&2&1&0&0\\0&0&2&0&0\\0&0&0&2&1\\0&0&0&4&2\end{pmatrix}$，则 $\boldsymbol{A}^n=$________。

解　设 $\boldsymbol{B}=\begin{pmatrix}2&1&0\\0&2&1\\0&0&2\end{pmatrix}$，$\boldsymbol{C}=\begin{pmatrix}2&1\\4&2\end{pmatrix}$，则 $\boldsymbol{A}=\begin{pmatrix}\boldsymbol{B}&\boldsymbol{O}\\\boldsymbol{O}&\boldsymbol{C}\end{pmatrix}$，$\boldsymbol{A}^n=\begin{pmatrix}\boldsymbol{B}^n&\boldsymbol{O}\\\boldsymbol{O}&\boldsymbol{C}^n\end{pmatrix}$。由于

$$\boldsymbol{B}=2\boldsymbol{E}+\boldsymbol{J},\quad \boldsymbol{J}=\begin{pmatrix}0&1&0\\0&0&1\\0&0&0\end{pmatrix},\quad \boldsymbol{J}^2=\begin{pmatrix}0&0&1\\0&0&0\\0&0&0\end{pmatrix},\quad \boldsymbol{J}^3=\boldsymbol{J}^4=\cdots=\boldsymbol{O}$$

$$\begin{aligned}\boldsymbol{B}^n&=(2\boldsymbol{E}+\boldsymbol{J})^n=2^n\boldsymbol{E}+\mathrm{C}_n^1 2^{n-1}\boldsymbol{J}+\mathrm{C}_n^2 2^{n-2}\boldsymbol{J}^2\\&=\begin{pmatrix}2^n&0&0\\0&2^n&0\\0&0&2^n\end{pmatrix}+\begin{pmatrix}0&\mathrm{C}_n^1 2^{n-1}&0\\0&0&\mathrm{C}_n^1 2^{n-1}\\0&0&0\end{pmatrix}+\begin{pmatrix}0&0&\mathrm{C}_n^2 2^{n-2}\\0&0&0\\0&0&0\end{pmatrix}\\&=\begin{pmatrix}2^n&\mathrm{C}_n^1 2^{n-1}&\mathrm{C}_n^2 2^{n-2}\\&2^n&\mathrm{C}_n^1 2^{n-1}\\&&2^n\end{pmatrix}\end{aligned}$$

$$\boldsymbol{C}=\begin{pmatrix}1\\2\end{pmatrix}(2, 1),\quad \boldsymbol{C}^n=4^{n-1}\boldsymbol{C}=\begin{pmatrix}2\cdot 4^{n-1}&4^{n-1}\\4\cdot 4^{n-1}&2\cdot 4^{n-1}\end{pmatrix}=\begin{pmatrix}2^{2n-1}&2^{2n-2}\\2^{2n}&2^{2n-1}\end{pmatrix}$$

因此

$$\boldsymbol{A}^n=\begin{pmatrix}\boldsymbol{B}^n&\boldsymbol{O}\\\boldsymbol{O}&\boldsymbol{C}^n\end{pmatrix}=\begin{pmatrix}2^n&\mathrm{C}_n^1 2^{n-1}&\mathrm{C}_n^2 2^{n-2}&0&0\\0&2^n&\mathrm{C}_n^1 2^{n-1}&0&0\\0&0&2^n&0&0\\0&0&0&2^{2n-1}&2^{2n-2}\\0&0&0&2^{2n}&2^{2n-1}\end{pmatrix}$$

例 4　设 $\boldsymbol{A}=\begin{pmatrix}1&0&1\\0&2&0\\1&0&1\end{pmatrix}$，则 $\boldsymbol{A}^{2019}-2\boldsymbol{A}^{2018}=$________。

解　方法一　由于

$$\boldsymbol{A}^{2019}-2\boldsymbol{A}^{2018}=(\boldsymbol{A}-2\boldsymbol{E})\boldsymbol{A}^{2018},\quad \boldsymbol{A}-2\boldsymbol{E}=\begin{pmatrix}-1&0&1\\0&0&0\\1&0&-1\end{pmatrix},\quad (\boldsymbol{A}-2\boldsymbol{E})\boldsymbol{A}=\boldsymbol{O}$$

因此 $\boldsymbol{A}^{2019}-2\boldsymbol{A}^{2018}=\boldsymbol{O}$。

方法二　由于

$$\boldsymbol{A}^2=\begin{pmatrix}1&0&1\\0&2&0\\1&0&1\end{pmatrix}\begin{pmatrix}1&0&1\\0&2&0\\1&0&1\end{pmatrix}=\begin{pmatrix}2&0&2\\0&4&0\\2&0&2\end{pmatrix}=2\boldsymbol{A}$$

$$\boldsymbol{A}^3=2\boldsymbol{A}^2,\ \boldsymbol{A}^4=2\boldsymbol{A}^3,\ \cdots,\ \boldsymbol{A}^n=2\boldsymbol{A}^{n-1}$$

因此

$$\boldsymbol{A}^{2019}-2\boldsymbol{A}^{2018}=\boldsymbol{O}$$

例 5　已知 $\boldsymbol{PA}=\boldsymbol{BP}$，$\boldsymbol{P}=\begin{pmatrix}0&-1&0\\2&0&0\\0&0&3\end{pmatrix}$，$\boldsymbol{B}=\begin{pmatrix}1&0&0\\0&-1&0\\0&0&-1\end{pmatrix}$，则 $\boldsymbol{A}^{2020}=$ ________。

解　由于 $\boldsymbol{PA}=\boldsymbol{BP}$，且 $\boldsymbol{P}$ 可逆，因此 $\boldsymbol{A}=\boldsymbol{P}^{-1}\boldsymbol{BP}$，从而

$$\boldsymbol{A}^{2020}=(\boldsymbol{P}^{-1}\boldsymbol{BP})^{2020}=\boldsymbol{P}^{-1}\boldsymbol{B}^{2020}\boldsymbol{P}=\boldsymbol{E}$$

评注：求 $\boldsymbol{A}^n$ 的基本方法如下：

(1) 求 $\boldsymbol{A}^2$，$\boldsymbol{A}^3$，…，归纳出 $\boldsymbol{A}^n$。

(2) 若 $r(\boldsymbol{A})=1$，则 $\boldsymbol{A}=\boldsymbol{\alpha\beta}^{\mathrm{T}}$，$\boldsymbol{A}^n=(\boldsymbol{\alpha},\boldsymbol{\beta})^{n-1}\boldsymbol{A}$。

(3) 若 $\boldsymbol{A}=\boldsymbol{B}+\boldsymbol{C}$，且 $\boldsymbol{BC}=\boldsymbol{CB}$，$\boldsymbol{A}^n=(\boldsymbol{B}+\boldsymbol{C})^n$ 用二项式展开，且 $\boldsymbol{B}$，$\boldsymbol{C}$ 中有一个的幂要尽快地为 $\boldsymbol{O}$。

(4) 若 $\boldsymbol{A}$ 与 $\boldsymbol{B}$ 相似，即 $\boldsymbol{A}=\boldsymbol{P}^{-1}\boldsymbol{BP}$，则 $\boldsymbol{A}^n=\boldsymbol{P}^{-1}\boldsymbol{B}^n\boldsymbol{P}$。特别地，若 $\boldsymbol{A}$ 与对角矩阵 $\boldsymbol{\Lambda}$ 相似，则 $\boldsymbol{A}^n=\boldsymbol{P}^{-1}\boldsymbol{\Lambda}^n\boldsymbol{P}$。

(5) 若 $\boldsymbol{A}$ 有 n 个线性无关的特征向量，则 $\boldsymbol{A}$ 可对角化，从而 $\boldsymbol{A}^n=\boldsymbol{P}^{-1}\boldsymbol{\Lambda}^n\boldsymbol{P}$。

例 6　设 $\boldsymbol{A}=\begin{pmatrix}1&2&-2\\4&t&3\\3&-1&1\end{pmatrix}$，$\boldsymbol{B}$ 为 3 阶非零矩阵，且 $\boldsymbol{AB}=\boldsymbol{O}$，则 $t=$ ________。

解　方法一　由于 $\boldsymbol{B}$ 为 3 阶非零矩阵，因此其列向量存在非零向量，由 $\boldsymbol{AB}=\boldsymbol{O}$，知齐次线性方程组 $\boldsymbol{Ax}=\boldsymbol{0}$ 有非零解，从而 $|\boldsymbol{A}|=0$，即 $\begin{vmatrix}1&2&-2\\4&t&3\\3&-1&1\end{vmatrix}=0$，解之，得 $t=-3$。

方法二　由于 $\boldsymbol{AB}=\boldsymbol{O}$，因此 $r(\boldsymbol{A})+r(\boldsymbol{B})\leqslant 3$，又 $\boldsymbol{B}\neq\boldsymbol{O}$，故 $r(\boldsymbol{B})\geqslant 1$，从而 $r(\boldsymbol{A})<3$，所以 $|\boldsymbol{A}|=0$，即 $\begin{vmatrix}1&2&-2\\4&t&3\\3&-1&1\end{vmatrix}=0$，解之，得 $t=-3$。

例 7　设矩阵 $\boldsymbol{A}=\begin{pmatrix}0&0&1\\0&1&0\\1&0&0\end{pmatrix}$，$\boldsymbol{C}=\begin{pmatrix}1&-1&0\\0&1&0\\0&0&1\end{pmatrix}$，$\boldsymbol{D}=\begin{pmatrix}1&2&3\\0&2&3\\0&0&3\end{pmatrix}$，且 3 阶矩阵 $\boldsymbol{B}$ 满足 $\boldsymbol{ABC}=\boldsymbol{D}$，则 $|\boldsymbol{B}^{-1}|=$ ________。

解　方法一　由于 $\boldsymbol{ABC}=\boldsymbol{D}$，且 $\boldsymbol{A}$，$\boldsymbol{C}$ 均为可逆矩阵，因此 $\boldsymbol{B}=\boldsymbol{A}^{-1}\boldsymbol{DC}^{-1}$，又

$$A^{-1}=\begin{pmatrix}0&0&1\\0&1&0\\1&0&0\end{pmatrix},\ C^{-1}=\begin{pmatrix}1&1&0\\0&1&0\\0&0&1\end{pmatrix},\ |A^{-1}|=-1,\ |C^{-1}|=1,\ |D|=6$$

故 $|B|=|A^{-1}DC^{-1}|=|A^{-1}||D||C^{-1}|=-1\times 6\times 1=-6$，从而

$$|B^{-1}|=\frac{1}{|B|}=-\frac{1}{6}$$

方法二　由于 $ABC=D$，因此 $|A||B||C|=|D|$，又 $|A|=-1$，$|C|=1$，$|D|=6$，故

$$|B^{-1}|=\frac{1}{|B|}=\frac{|A||C|}{|D|}=-\frac{1}{6}$$

例 8　设 A，B 分别为 m，n 阶方阵，且 $|A|=a$，$|B|=b$，$C=\begin{pmatrix}O&A\\B&O\end{pmatrix}$，则 $|C|=$________。

解　将矩阵 C 的第 $n+1$ 列依次与其第 n 列，第 $n-1$ 列，…，第 1 列交换，共交换 n 次变到矩阵 C 的第 1 列，同样，C 的第 $n+2$ 列经过 n 次交换变到矩阵 C 的第 2 列，…，C 的第 $n+m$ 列经过 n 次交换变到矩阵 C 的第 m 列，可将矩阵 C 化成 $\begin{pmatrix}A&O\\O&B\end{pmatrix}$ 的形式，共计要交换 mn 次，每交换一次相应的行列式改变一次符号，因此

$$|C|=(-1)^{mn}|A||B|=(-1)^{mn}ab$$

例 9　设 A，B 均为 n 阶方阵，且 $|A+B|=a$，$|A-B|=b$，$C=\begin{pmatrix}A&B\\B&A\end{pmatrix}$，则 $|C|=$________。

解　由于 $C=\begin{pmatrix}A&B\\B&A\end{pmatrix}\xrightarrow{r_1+Er_2}\begin{pmatrix}A+B&B+A\\B&A\end{pmatrix}\xrightarrow{c_2+(-E)c_1}\begin{pmatrix}A+B&O\\B&A-B\end{pmatrix}$，因此

$$\begin{pmatrix}E&E\\O&E\end{pmatrix}\begin{pmatrix}A&B\\B&A\end{pmatrix}\begin{pmatrix}E&-E\\O&E\end{pmatrix}=\begin{pmatrix}A+B&O\\B&A-B\end{pmatrix}$$

故

$$|C|=\begin{vmatrix}A&B\\B&A\end{vmatrix}=\begin{vmatrix}A+B&O\\B&A-B\end{vmatrix}=|A+B||A-B|=ab$$

例 10　$\begin{pmatrix}0&1&0\\1&0&0\\0&0&1\end{pmatrix}^{2018}\begin{pmatrix}1&2&3\\4&5&6\\7&8&9\end{pmatrix}\begin{pmatrix}0&0&1\\0&1&0\\1&0&0\end{pmatrix}^{2019}=$________。

解　由于 $E_{12}=\begin{pmatrix}0&1&0\\1&0&0\\0&0&1\end{pmatrix}$ 是初等矩阵，因此 $E_{12}A$ 是把矩阵 A 的第 1 行与第 2 行互换，从而 $E_{12}^{2018}A$ 是把矩阵 A 的第 1 行与第 2 行作了 2018(偶数)次互换，其结果不变，仍是 A。又 $E_{13}=\begin{pmatrix}0&0&1\\0&1&0\\1&0&0\end{pmatrix}$ 是初等矩阵，故 AE_{13} 是把矩阵 A 的第 1 列与第 3 列互换，从而 AE_{13}^{2019} 是把矩阵 A 的第 1 列与第 3 列作了 2019(奇数)次互换，其结果为对 A 作了一次第 1 列与第 3 列互换，所以

$$\begin{pmatrix}0&1&0\\1&0&0\\0&0&1\end{pmatrix}^{2018}\begin{pmatrix}1&2&3\\4&5&6\\7&8&9\end{pmatrix}\begin{pmatrix}0&0&1\\0&1&0\\1&0&0\end{pmatrix}^{2019}=\begin{pmatrix}3&2&1\\6&5&4\\9&8&7\end{pmatrix}$$

例 11 设$A=\begin{pmatrix}1&1&1\\0&2&2\\0&0&3\end{pmatrix}$，则$(A^{-1})^*=$________。

解 由于$|A|=6$，$A^{-1}(A^{-1})^*=|A^{-1}|E$，因此

$$(A^{-1})^*=|A^{-1}|A=\frac{1}{|A|}A=\frac{1}{6}\begin{pmatrix}1&1&1\\0&2&2\\0&0&3\end{pmatrix}=\begin{pmatrix}\frac{1}{6}&\frac{1}{6}&\frac{1}{6}\\0&\frac{1}{3}&\frac{1}{3}\\0&0&\frac{1}{2}\end{pmatrix}$$

例 12 设矩阵A，B满足$A^*BA=2BA-8E$，$A=\begin{pmatrix}1&0&0\\0&-2&0\\0&0&1\end{pmatrix}$，则$B=$________。

解 方法一

$$A^*=\begin{pmatrix}-2&0&0\\0&1&0\\0&0&-2\end{pmatrix},\quad 2E-A^*=\begin{pmatrix}4&0&0\\0&1&0\\0&0&4\end{pmatrix}$$

$$A^{-1}=\begin{pmatrix}1&0&0\\0&-\frac{1}{2}&0\\0&0&1\end{pmatrix},\quad (2E-A^*)^{-1}=\begin{pmatrix}\frac{1}{4}&0&0\\0&1&0\\0&0&\frac{1}{4}\end{pmatrix}$$

由$A^*BA=2BA-8E$，得$(2E-A^*)BA=8E$，从而$B=8(2E-A^*)^{-1}A^{-1}=2A$。

方法二 等式$A^*BA=2BA-8E$两边左乘A，右乘A^{-1}，得

$$AA^*BAA^{-1}=2ABAA^{-1}-8AA^{-1}$$

即$|A|B=2AB-8E$，由$|A|=-2$，得$(A+E)B=4E$，从而

$$B=4(A+E)^{-1}=4\begin{pmatrix}2&0&0\\0&-1&0\\0&0&2\end{pmatrix}^{-1}=4\begin{pmatrix}\frac{1}{2}&0&0\\0&-1&0\\0&0&\frac{1}{2}\end{pmatrix}=2\begin{pmatrix}1&0&0\\0&-2&0\\0&0&1\end{pmatrix}=2A$$

例 13 设n维向量$\boldsymbol{\alpha}=(a,0,\cdots,0,a)^{\mathrm{T}}(a<0)$，$A=E-\boldsymbol{\alpha\alpha}^{\mathrm{T}}$，$B=E+\frac{1}{a}\boldsymbol{\alpha\alpha}^{\mathrm{T}}$，其中$E$为$n$阶单位矩阵，$A$的逆矩阵为$B$，则$a=$________。

解 由于

$$E=AB=(E-\boldsymbol{\alpha\alpha}^{\mathrm{T}})\left(E+\frac{1}{a}\boldsymbol{\alpha\alpha}^{\mathrm{T}}\right)=E+\left(\frac{1}{a}-1\right)\boldsymbol{\alpha\alpha}^{\mathrm{T}}-\frac{1}{a}(\boldsymbol{\alpha\alpha}^{\mathrm{T}})(\boldsymbol{\alpha\alpha}^{\mathrm{T}})$$

$$=E+\left(\frac{1}{a}-1\right)\boldsymbol{\alpha\alpha}^{\mathrm{T}}-\frac{1}{a}\cdot 2a^2\cdot\boldsymbol{\alpha\alpha}^{\mathrm{T}}=E+\left(\frac{1}{a}-1-2a\right)\boldsymbol{\alpha\alpha}^{\mathrm{T}}$$

因此$\frac{1}{a}-1-2a=0$，解之，得$a=-1$或$a=\frac{1}{2}$，又$a<0$，故$a=-1$。

例 14 设 $\boldsymbol{A}$，$\boldsymbol{B}$ 均为 3 阶矩阵，$\boldsymbol{AB}=\boldsymbol{A}-2\boldsymbol{B}$，$\boldsymbol{B}=\begin{pmatrix}1 & 0 & -2\\ 0 & -1 & 0\\ -2 & 0 & 1\end{pmatrix}$，则 $(\boldsymbol{A}+2\boldsymbol{E})^{-1}=$________。

解 由 $\boldsymbol{AB}=\boldsymbol{A}-2\boldsymbol{B}$，得 $\boldsymbol{AB}+2\boldsymbol{B}=\boldsymbol{A}+2\boldsymbol{E}-2\boldsymbol{E}$，从而 $(\boldsymbol{A}+2\boldsymbol{E})(\boldsymbol{E}-\boldsymbol{B})=2\boldsymbol{E}$，所以

$$(\boldsymbol{A}+2\boldsymbol{E})^{-1}=\frac{1}{2}(\boldsymbol{E}-\boldsymbol{B})=\begin{pmatrix}0 & 0 & 1\\ 0 & 1 & 0\\ 1 & 0 & 0\end{pmatrix}$$

例 15 设 $\boldsymbol{A}=(a_ib_j)_{n\times n}$，其中 $a_i\neq 0$，$b_i\neq 0$ $(i=1, 2, \cdots, n)$，则 $r(\boldsymbol{A})=$________。

解 由于矩阵 $\boldsymbol{A}$ 的任意 $r(2\leqslant r\leqslant n)$ 阶子式的任意两行对应元素成比例，因此都等于零，又 $\boldsymbol{A}\neq\boldsymbol{O}$，故 $r(\boldsymbol{A})=1$。

例 16 设 $\boldsymbol{A}$ 是 4×3 矩阵，$r(\boldsymbol{A})=2$，$\boldsymbol{B}=\begin{pmatrix}1 & 0 & 2\\ 0 & 2 & 0\\ -1 & 0 & 3\end{pmatrix}$，则 $r(\boldsymbol{AB})=$________。

解 由于 $\boldsymbol{B}=\begin{pmatrix}1 & 0 & 2\\ 0 & 2 & 0\\ -1 & 0 & 3\end{pmatrix}\rightarrow\begin{pmatrix}1 & 0 & 2\\ 0 & 2 & 0\\ 0 & 0 & 5\end{pmatrix}$，因此 $r(\boldsymbol{B})=3$，即 $\boldsymbol{B}$ 满秩，从而 $r(\boldsymbol{AB})=2$。

例 17 设 $\boldsymbol{A}=\begin{pmatrix}1 & 0 & 1\\ 0 & 2 & 0\\ 1 & 0 & 1\end{pmatrix}$，其中 $n>1$ 是正整数，则 $\boldsymbol{A}^n-2\boldsymbol{A}^{n-1}=$________。

解 由于 $\boldsymbol{A}-2\boldsymbol{E}=\begin{pmatrix}-1 & 0 & 1\\ 0 & 0 & 0\\ 1 & 0 & -1\end{pmatrix}$，$\boldsymbol{A}(\boldsymbol{A}-2\boldsymbol{E})=\boldsymbol{O}$，因此

$$\boldsymbol{A}^n-2\boldsymbol{A}^{n-1}=\boldsymbol{A}^{n-1}(\boldsymbol{A}-2\boldsymbol{E})=\boldsymbol{O}$$

例 18 设 $\boldsymbol{A}$ 是 n 阶矩阵，满足 $\boldsymbol{A}^2-2\boldsymbol{A}+\boldsymbol{E}=\boldsymbol{O}$，则 $(\boldsymbol{A}+2\boldsymbol{E})^{-1}=$________。

解 由 $\boldsymbol{O}=\boldsymbol{A}^2-2\boldsymbol{A}+\boldsymbol{E}=(\boldsymbol{A}+2\boldsymbol{E})(\boldsymbol{A}-4\boldsymbol{E})+9\boldsymbol{E}$，得

$$(\boldsymbol{A}+2\boldsymbol{E})\frac{1}{9}(4\boldsymbol{E}-\boldsymbol{A})=\boldsymbol{E}$$

从而

$$(\boldsymbol{A}+2\boldsymbol{E})^{-1}=\frac{1}{9}(4\boldsymbol{E}-\boldsymbol{A})$$

例 19 设 $\boldsymbol{A}^{-1}=\begin{pmatrix}1 & -2 & 2\\ 2 & 2 & 1\\ -2 & 1 & 2\end{pmatrix}$，则 $(3\boldsymbol{A})^*=$________。

解 由于 $|\boldsymbol{A}^{-1}|=\begin{vmatrix}1 & -2 & 2\\ 2 & 2 & 1\\ -2 & 1 & 2\end{vmatrix}=27$，$(3\boldsymbol{A})^*=3^2\boldsymbol{A}^*$，$\boldsymbol{A}^*=|\boldsymbol{A}|\boldsymbol{A}^{-1}$，因此

$$(3\boldsymbol{A})^*=9\boldsymbol{A}^*=9|\boldsymbol{A}|\boldsymbol{A}^{-1}=\frac{1}{3}\begin{pmatrix}1 & -2 & 2\\ 2 & 2 & 1\\ -2 & 1 & 2\end{pmatrix}$$

例 20 设 3 阶方阵满足 $A^{-1}BA=6A+BA$，且 $A=\begin{pmatrix}\frac{1}{3}&0&0\\0&\frac{1}{4}&0\\0&0&\frac{1}{7}\end{pmatrix}$，则 $B=$________。

解 由题设知 A 可逆，在 $A^{-1}BA=6A+BA$ 两边右乘 A^{-1}，得 $A^{-1}B=6E+B$，上式两边左乘 A，得 $B=6A+AB$，即 $(E-A)B=6A$，从而

$$B=6\,(E-A)^{-1}A$$

由于

$$(E-A)^{-1}=\begin{pmatrix}\frac{2}{3}&0&0\\0&\frac{3}{4}&0\\0&0&\frac{6}{7}\end{pmatrix}^{-1}=\begin{pmatrix}\frac{3}{2}&0&0\\0&\frac{4}{3}&0\\0&0&\frac{7}{6}\end{pmatrix}$$

因此

$$B=6\begin{pmatrix}\frac{3}{2}&0&0\\0&\frac{4}{3}&0\\0&0&\frac{7}{6}\end{pmatrix}\begin{pmatrix}\frac{1}{3}&0&0\\0&\frac{1}{4}&0\\0&0&\frac{1}{7}\end{pmatrix}=\begin{pmatrix}3&0&0\\0&2&0\\0&0&1\end{pmatrix}$$

例 21 设 $X=AX+B$，且 $A=\begin{pmatrix}0&1&0\\-1&1&1\\-1&0&-1\end{pmatrix}$，$B=\begin{pmatrix}1&-1\\2&0\\5&-3\end{pmatrix}$，则 $X=$________。

解 方法一 由 $X=AX+B$，得 $(E-A)X=B$，又 $E-A=\begin{pmatrix}1&-1&0\\1&0&-1\\1&0&2\end{pmatrix}$，且

$$(E-A\,\vdots\,E)=\left(\begin{array}{ccc:ccc}1&-1&0&1&0&0\\1&0&-1&0&1&0\\1&0&2&0&0&1\end{array}\right)\to\left(\begin{array}{ccc:ccc}1&-1&0&1&0&0\\0&1&-1&-1&1&0\\0&1&2&-1&0&1\end{array}\right)$$

$$\to\left(\begin{array}{ccc:ccc}1&-1&0&1&0&0\\0&1&-1&-1&1&0\\0&0&3&0&-1&1\end{array}\right)\to\left(\begin{array}{ccc:ccc}1&-1&0&1&0&0\\0&1&0&-1&\frac{2}{3}&\frac{1}{3}\\0&0&1&0&-\frac{1}{3}&\frac{1}{3}\end{array}\right)$$

$$\to\left(\begin{array}{ccc:ccc}1&0&0&0&\frac{2}{3}&\frac{1}{3}\\0&1&0&-1&\frac{2}{3}&\frac{1}{3}\\0&0&1&0&-\frac{1}{3}&\frac{1}{3}\end{array}\right)$$

故$(\boldsymbol{E}-\boldsymbol{A})^{-1}=\begin{pmatrix}0 & \frac{2}{3} & \frac{1}{3}\\ -1 & \frac{2}{3} & \frac{1}{3}\\ 0 & -\frac{1}{3} & \frac{1}{3}\end{pmatrix}$，从而

$$\boldsymbol{X}=(\boldsymbol{E}-\boldsymbol{A})^{-1}\boldsymbol{B}=\begin{pmatrix}0 & \frac{2}{3} & \frac{1}{3}\\ -1 & \frac{2}{3} & \frac{1}{3}\\ 0 & -\frac{1}{3} & \frac{1}{3}\end{pmatrix}\begin{pmatrix}1 & -1\\ 2 & 0\\ 5 & -3\end{pmatrix}=\begin{pmatrix}3 & -1\\ 2 & 0\\ 1 & -1\end{pmatrix}$$

方法二　由 $\boldsymbol{X}=\boldsymbol{A}\boldsymbol{X}+\boldsymbol{B}$，得$(\boldsymbol{E}-\boldsymbol{A})\boldsymbol{X}=\boldsymbol{B}$，又 $\boldsymbol{E}-\boldsymbol{A}=\begin{pmatrix}1 & -1 & 0\\ 1 & 0 & -1\\ 1 & 0 & 2\end{pmatrix}$，且

$$(\boldsymbol{E}-\boldsymbol{A}\vdots\boldsymbol{B})=\begin{pmatrix}1 & -1 & 0 & \vdots & 1 & -1\\ 1 & 0 & -1 & \vdots & 2 & 0\\ 1 & 0 & 2 & \vdots & 5 & -3\end{pmatrix}\to\begin{pmatrix}1 & -1 & 0 & \vdots & 1 & -1\\ 0 & 1 & -1 & \vdots & 1 & 1\\ 0 & 1 & 2 & \vdots & 4 & -2\end{pmatrix}$$

$$\to\begin{pmatrix}1 & -1 & 0 & \vdots & 1 & -1\\ 0 & 1 & -1 & \vdots & 1 & 1\\ 0 & 0 & 3 & \vdots & 3 & -3\end{pmatrix}\to\begin{pmatrix}1 & -1 & 0 & \vdots & 1 & -1\\ 0 & 1 & -1 & \vdots & 1 & 1\\ 0 & 0 & 1 & \vdots & 1 & -1\end{pmatrix}\to\begin{pmatrix}1 & 0 & 0 & \vdots & 3 & -1\\ 0 & 1 & 0 & \vdots & 2 & 0\\ 0 & 0 & 1 & \vdots & 1 & -1\end{pmatrix}$$

故

$$\boldsymbol{X}=\begin{pmatrix}3 & -1\\ 2 & 0\\ 1 & -1\end{pmatrix}$$

例 22　设 $\boldsymbol{A}=\begin{pmatrix}1 & a & a & a\\ a & 1 & a & a\\ a & a & 1 & a\\ a & a & a & 1\end{pmatrix}$，$r(\boldsymbol{A}^*)=1$，其中 $\boldsymbol{A}^*$ 是 $\boldsymbol{A}$ 的伴随矩阵，则 $a=$________。

解　由于 $r(\boldsymbol{A}^*)=1$，因此 $r(\boldsymbol{A})=n-1=4-1=3$，从而 $|\boldsymbol{A}|=0$，又

$$|\boldsymbol{A}|=\begin{vmatrix}1 & a & a & a\\ a & 1 & a & a\\ a & a & 1 & a\\ a & a & a & 1\end{vmatrix}=(1+3a)\begin{vmatrix}1 & a & a & a\\ 1 & 1 & a & a\\ 1 & a & 1 & a\\ 1 & a & a & 1\end{vmatrix}$$

$$=(1+3a)\begin{vmatrix}1 & 0 & 0 & 0\\ 1 & 1-a & 0 & 0\\ 1 & 0 & 1-a & 0\\ 1 & 0 & 0 & 1-a\end{vmatrix}$$

$$=(1+3a)(1-a)^3$$

故 $a=1$ 或 $a=-\frac{1}{3}$，但当 $a=1$ 时，$r(\boldsymbol{A})=1$ 不合题意，从而 $a=-\frac{1}{3}$。

3. 解答题

例 1 设 $\boldsymbol{A}=\begin{pmatrix} a_1b_1 & a_1b_2 & a_1b_3 \\ a_2b_1 & a_2b_2 & a_2b_3 \\ a_3b_1 & a_3b_2 & a_3b_3 \end{pmatrix}$，证明 $\boldsymbol{A}^2=l\boldsymbol{A}$ 并求 l。

证 由于 $\boldsymbol{A}$ 中的任意两行、任意两列都成比例，因此可把 $\boldsymbol{A}$ 分解成两个矩阵相乘，即

$$\boldsymbol{A}=\begin{pmatrix} a_1 \\ a_2 \\ a_3 \end{pmatrix}(b_1, b_2, b_3)$$

又

$$(b_1, b_2, b_3)\begin{pmatrix} a_1 \\ a_2 \\ a_3 \end{pmatrix}=a_1b_1+a_2b_2+a_3b_3$$

故由矩阵乘法的结合律，得

$$\boldsymbol{A}^2=\begin{pmatrix} a_1 \\ a_2 \\ a_3 \end{pmatrix}(b_1, b_2, b_3)\begin{pmatrix} a_1 \\ a_2 \\ a_3 \end{pmatrix}(b_1, b_2, b_3)=l\begin{pmatrix} a_1 \\ a_2 \\ a_3 \end{pmatrix}(b_1, b_2, b_3)=l\boldsymbol{A}$$

从而

$$l=a_1b_1+a_2b_2+a_3b_3$$

评注： 当 $r(\boldsymbol{A})=1$ 时，则 $\boldsymbol{A}^2=l\boldsymbol{A}$，其中 $l=\sum\limits_{i=1}^{n}a_{ii}$，从而 $\boldsymbol{A}^3=\boldsymbol{A}^2\boldsymbol{A}=l\boldsymbol{A}\boldsymbol{A}=l^2\boldsymbol{A}$，由归纳法可得 $\boldsymbol{A}^n=l^{n-1}\boldsymbol{A}$。

例 2 设 $\boldsymbol{A}=\begin{pmatrix} 2 & 1 & 1 \\ 1 & 2 & 1 \\ 1 & 1 & 2 \end{pmatrix}$，求 $\boldsymbol{A}^n$。

解 $|\lambda\boldsymbol{E}-\boldsymbol{A}|=\begin{vmatrix} \lambda-2 & -1 & -1 \\ -1 & \lambda-2 & -1 \\ -1 & -1 & \lambda-2 \end{vmatrix}=(\lambda-4)(\lambda-1)^2$，由 $|\lambda\boldsymbol{E}-\boldsymbol{A}|=0$，得 $\boldsymbol{A}$ 的特征值为 $\lambda_1=4$，$\lambda_2=\lambda_3=1$。

将 $\lambda=4$ 代入 $(\lambda\boldsymbol{E}-\boldsymbol{A})\boldsymbol{x}=\boldsymbol{0}$，得 $(4\boldsymbol{E}-\boldsymbol{A})\boldsymbol{x}=\boldsymbol{0}$，由

$$4\boldsymbol{E}-\boldsymbol{A}=\begin{pmatrix} 2 & -1 & -1 \\ -1 & 2 & -1 \\ -1 & -1 & 2 \end{pmatrix}\rightarrow\begin{pmatrix} 1 & 1 & -2 \\ 0 & 1 & -1 \\ 0 & 0 & 0 \end{pmatrix}$$

得基础解系为 $\boldsymbol{\alpha}_1=(1, 1, 1)^{\mathrm{T}}$，从而 $\boldsymbol{A}$ 的对应于特征值 $\lambda=4$ 的特征向量为 $\boldsymbol{\alpha}_1=(1, 1, 1)^{\mathrm{T}}$。

将 $\lambda=1$ 代入 $(\lambda\boldsymbol{E}-\boldsymbol{A})\boldsymbol{x}=\boldsymbol{0}$，得 $(\boldsymbol{E}-\boldsymbol{A})\boldsymbol{x}=0$，由

$$E-A=\begin{pmatrix}-1 & -1 & -1\\ -1 & -1 & -1\\ -1 & -1 & -1\end{pmatrix}\to\begin{pmatrix}1 & 1 & 1\\ 0 & 0 & 0\\ 0 & 0 & 0\end{pmatrix}$$

得基础解系为 $\boldsymbol{\alpha}_2=(-1, 1, 0)^{\mathrm{T}}$，$\boldsymbol{\alpha}_3=(-1, 0, 1)^{\mathrm{T}}$，从而 $\boldsymbol{A}$ 的对应于特征值 $\lambda_2=\lambda_3=1$ 的特征向量为 $\boldsymbol{\alpha}_2=(-1, 1, 0)^{\mathrm{T}}$，$\boldsymbol{\alpha}_3=(-1, 0, 1)^{\mathrm{T}}$。

取 $\boldsymbol{P}=(\boldsymbol{\alpha}_1, \boldsymbol{\alpha}_2, \boldsymbol{\alpha}_3)=\begin{pmatrix}1 & -1 & -1\\ 1 & 1 & 0\\ 1 & 0 & 1\end{pmatrix}$，则 $\boldsymbol{P}$ 为可逆矩阵，$\boldsymbol{P}^{-1}=\begin{pmatrix}\frac{1}{3} & \frac{1}{3} & \frac{1}{3}\\ -\frac{1}{3} & \frac{2}{3} & -\frac{1}{3}\\ -\frac{1}{3} & -\frac{1}{3} & \frac{2}{3}\end{pmatrix}$，

使得 $\boldsymbol{P}^{-1}\boldsymbol{A}\boldsymbol{P}=\boldsymbol{\Lambda}=\begin{pmatrix}4 & & \\ & 1 & \\ & & 1\end{pmatrix}$，从而 $\boldsymbol{A}=\boldsymbol{P}\boldsymbol{\Lambda}\boldsymbol{P}^{-1}$，故

$$\boldsymbol{A}^n=\boldsymbol{P}\boldsymbol{\Lambda}^n\boldsymbol{P}^{-1}=\begin{pmatrix}1 & -1 & -1\\ 1 & 1 & 0\\ 1 & 0 & 1\end{pmatrix}\begin{pmatrix}4^n & & \\ & 1 & \\ & & 1\end{pmatrix}\begin{pmatrix}\frac{1}{3} & \frac{1}{3} & \frac{1}{3}\\ -\frac{1}{3} & \frac{2}{3} & -\frac{1}{3}\\ -\frac{1}{3} & -\frac{1}{3} & \frac{2}{3}\end{pmatrix}$$

$$=\begin{pmatrix}\frac{4^n+2}{3} & \frac{4^n-1}{3} & \frac{4^n-1}{3}\\ \frac{4^n-1}{3} & \frac{4^n+2}{3} & \frac{4^n-1}{3}\\ \frac{4^n-1}{3} & \frac{4^n-1}{3} & \frac{4^n+2}{3}\end{pmatrix}$$

例 3　设 $\boldsymbol{B}=\begin{pmatrix}1 & -1 & 0 & 0\\ 0 & 1 & -1 & 0\\ 0 & 0 & 1 & -1\\ 0 & 0 & 0 & 1\end{pmatrix}$，$\boldsymbol{C}=\begin{pmatrix}2 & 1 & 3 & 4\\ 0 & 2 & 1 & 3\\ 0 & 0 & 2 & 1\\ 0 & 0 & 0 & 2\end{pmatrix}$，矩阵 $\boldsymbol{A}$ 满足

$$\boldsymbol{A}(\boldsymbol{E}-\boldsymbol{C}^{-1}\boldsymbol{B})^{\mathrm{T}}\boldsymbol{C}^{\mathrm{T}}=\boldsymbol{E}$$

求矩阵 $\boldsymbol{A}$。

解　$\boldsymbol{A}=[(\boldsymbol{E}-\boldsymbol{C}^{-1}\boldsymbol{B})^{\mathrm{T}}\boldsymbol{C}^{\mathrm{T}}]^{-1}=\{[\boldsymbol{C}(\boldsymbol{E}-\boldsymbol{C}^{-1}\boldsymbol{B})]^{\mathrm{T}}\}^{-1}=[(\boldsymbol{C}-\boldsymbol{B})^{\mathrm{T}}]^{-1}$

$$=\begin{pmatrix}1 & 0 & 0 & 0\\ 2 & 1 & 0 & 0\\ 3 & 2 & 1 & 0\\ 4 & 3 & 2 & 1\end{pmatrix}^{-1}=\begin{pmatrix}1 & 0 & 0 & 0\\ -2 & 1 & 0 & 0\\ 1 & -2 & 1 & 0\\ 0 & 1 & -2 & 1\end{pmatrix}$$

例 4　设 $\boldsymbol{\Lambda}=\begin{pmatrix}a_1 & 0 & \cdots & 0\\ 0 & a_2 & \cdots & 0\\ \vdots & \vdots & & \vdots\\ 0 & 0 & \cdots & a_n\end{pmatrix}$，其中 $a_1, a_2, \cdots, a_n$ 两两不相等，证明与 $\boldsymbol{\Lambda}$ 可交换的

矩阵只能是对角矩阵。

解 设 $\boldsymbol{A}$ 与 $\boldsymbol{\Lambda}$ 可交换，并对 $\boldsymbol{A}$ 分别按列和行分块，记为

$$\boldsymbol{A}=\begin{pmatrix} a_{11} & a_{12} & \cdots & a_{1n} \\ a_{21} & a_{22} & \cdots & a_{2n} \\ \vdots & \vdots & & \vdots \\ a_{n1} & a_{n2} & \cdots & a_{nn} \end{pmatrix}=(\boldsymbol{\alpha}_1, \boldsymbol{\alpha}_2, \cdots, \boldsymbol{\alpha}_n)=\begin{pmatrix} \boldsymbol{\beta}_1 \\ \boldsymbol{\beta}_2 \\ \vdots \\ \boldsymbol{\beta}_n \end{pmatrix}$$

则

$$\boldsymbol{A\Lambda}=(\boldsymbol{\alpha}_1, \boldsymbol{\alpha}_2, \cdots, \boldsymbol{\alpha}_n)\begin{pmatrix} a_1 & 0 & \cdots & 0 \\ 0 & a_2 & \cdots & 0 \\ \vdots & \vdots & & \vdots \\ 0 & 0 & \cdots & a_n \end{pmatrix}=(a_1\boldsymbol{\alpha}_1, a_2\boldsymbol{\alpha}_2, \cdots, a_n\boldsymbol{\alpha}_n)$$

$$\boldsymbol{\Lambda A}=\begin{pmatrix} a_1 & 0 & \cdots & 0 \\ 0 & a_2 & \cdots & 0 \\ \vdots & \vdots & & \vdots \\ 0 & 0 & \cdots & a_n \end{pmatrix}\begin{pmatrix} \boldsymbol{\beta}_1 \\ \boldsymbol{\beta}_2 \\ \vdots \\ \boldsymbol{\beta}_n \end{pmatrix}=\begin{pmatrix} a_1\boldsymbol{\beta}_1 \\ a_2\boldsymbol{\beta}_2 \\ \vdots \\ a_n\boldsymbol{\beta}_n \end{pmatrix}$$

由于 $\boldsymbol{A\Lambda}=\boldsymbol{\Lambda A}$，因此

$$\begin{pmatrix} a_1a_{11} & a_2a_{12} & \cdots & a_na_{1n} \\ a_1a_{21} & a_2a_{22} & \cdots & a_na_{2n} \\ \vdots & \vdots & & \vdots \\ a_1a_{n1} & a_2a_{n2} & \cdots & a_na_{nn} \end{pmatrix}=\begin{pmatrix} a_1a_{11} & a_1a_{12} & \cdots & a_1a_{1n} \\ a_2a_{21} & a_2a_{22} & \cdots & a_2a_{2n} \\ \vdots & \vdots & & \vdots \\ a_na_{n1} & a_na_{n2} & \cdots & a_na_{nn} \end{pmatrix}$$

从而 $a_ja_{ij}=a_ia_{ij}$，$a_i\neq a_j(i, j=1, 2, \cdots, n; i\neq j)$，故 $a_{ij}=0(i\neq j; i, j=1, 2, \cdots, n)$，即 $\boldsymbol{A}$ 为对角矩阵。

例 5 设 $\boldsymbol{A}$，$\boldsymbol{B}$ 分别为 $n\times m$ 与 $m\times n$ 矩阵，$\boldsymbol{E}_m$，$\boldsymbol{E}_n$ 分别为 m 与 n 阶单位矩阵，证明：

（ⅰ）$\begin{vmatrix} \boldsymbol{E}_m & \boldsymbol{B} \\ \boldsymbol{A} & \boldsymbol{E}_n \end{vmatrix}=|\boldsymbol{E}_n-\boldsymbol{AB}|=|\boldsymbol{E}_m-\boldsymbol{BA}|$；

（ⅱ）$|\lambda\boldsymbol{E}_n-\boldsymbol{AB}|=\lambda^{n-m}|\lambda\boldsymbol{E}_m-\boldsymbol{BA}|$（$\lambda$ 为非零常数）。

证 （ⅰ）由于 $\begin{pmatrix} \boldsymbol{E}_m & \boldsymbol{B} \\ \boldsymbol{A} & \boldsymbol{E}_n \end{pmatrix}\xrightarrow{r_2+(-\boldsymbol{A})r_1}\begin{pmatrix} \boldsymbol{E}_m & \boldsymbol{B} \\ \boldsymbol{O} & \boldsymbol{E}_n-\boldsymbol{AB} \end{pmatrix}$，因此

$$\begin{pmatrix} \boldsymbol{E}_m & \boldsymbol{O} \\ -\boldsymbol{A} & \boldsymbol{E}_n \end{pmatrix}\begin{pmatrix} \boldsymbol{E}_m & \boldsymbol{B} \\ \boldsymbol{A} & \boldsymbol{E}_n \end{pmatrix}=\begin{pmatrix} \boldsymbol{E}_m & \boldsymbol{B} \\ \boldsymbol{O} & \boldsymbol{E}_n-\boldsymbol{AB} \end{pmatrix}$$

故 $\begin{vmatrix} \boldsymbol{E}_m & \boldsymbol{B} \\ \boldsymbol{A} & \boldsymbol{E}_n \end{vmatrix}=|\boldsymbol{E}_n-\boldsymbol{AB}|$。因为 $\begin{pmatrix} \boldsymbol{E}_m & \boldsymbol{B} \\ \boldsymbol{A} & \boldsymbol{E}_n \end{pmatrix}\xrightarrow{r_1+r_2(-\boldsymbol{B})}\begin{pmatrix} \boldsymbol{E}_m-\boldsymbol{AB} & \boldsymbol{O} \\ \boldsymbol{A} & \boldsymbol{E}_n \end{pmatrix}$，所以

$$\begin{pmatrix} \boldsymbol{E}_m & -\boldsymbol{B} \\ \boldsymbol{O} & \boldsymbol{E}_n \end{pmatrix}\begin{pmatrix} \boldsymbol{E}_m & \boldsymbol{B} \\ \boldsymbol{A} & \boldsymbol{E}_n \end{pmatrix}=\begin{pmatrix} \boldsymbol{E}_m-\boldsymbol{BA} & \boldsymbol{O} \\ \boldsymbol{A} & \boldsymbol{E}_n \end{pmatrix}$$

从而 $\begin{vmatrix} \boldsymbol{E}_m & \boldsymbol{B} \\ \boldsymbol{A} & \boldsymbol{E}_n \end{vmatrix}=|\boldsymbol{E}_m-\boldsymbol{BA}|$，故

$$\begin{vmatrix} \boldsymbol{E}_m & \boldsymbol{B} \\ \boldsymbol{A} & \boldsymbol{E}_n \end{vmatrix} = |\boldsymbol{E}_n - \boldsymbol{AB}| = |\boldsymbol{E}_m - \boldsymbol{BA}|$$

（ⅱ）当 $\lambda \neq 0$ 时，由（ⅰ）得

$$|\lambda \boldsymbol{E}_n - \boldsymbol{AB}| = \lambda^n \left| \boldsymbol{E}_n - \frac{\boldsymbol{A}}{\lambda} \cdot \boldsymbol{B} \right| = \lambda^n \left| \boldsymbol{E}_m - \boldsymbol{B} \cdot \frac{\boldsymbol{A}}{\lambda} \right|$$

$$= \lambda^n \left| \frac{1}{\lambda}(\lambda \boldsymbol{E}_m - \boldsymbol{BA}) \right| = \lambda^{n-m} |\lambda \boldsymbol{E}_m - \boldsymbol{BA}|$$

评注：

（1）当 $m=n$ 时，则 $|\lambda \boldsymbol{E}_n - \boldsymbol{AB}| = |\lambda \boldsymbol{E}_n - \boldsymbol{BA}|$，且当 $\lambda=0$ 时也成立，故当 $\boldsymbol{A}$，$\boldsymbol{B}$ 是 n 阶方阵时，$\boldsymbol{AB}$ 与 $\boldsymbol{BA}$ 有相同的特征值。

（2）当 $m=1$ 时，则 $|\lambda \boldsymbol{E}_n - \boldsymbol{AB}| = \lambda^{n-1} |\lambda - \boldsymbol{BA}|$。该式说明，若一个 n 阶方阵 $\boldsymbol{A}$ 可表示为两个 n 维列向量 $\boldsymbol{\alpha}$，$\boldsymbol{\beta}$ 的乘积 $\boldsymbol{A} = \boldsymbol{\alpha\beta}^{\mathrm{T}}$，则 $\boldsymbol{A}$ 的特征多项式为

$$|\lambda \boldsymbol{E}_n - \boldsymbol{A}| = |\lambda \boldsymbol{E}_n - \boldsymbol{\alpha\beta}^{\mathrm{T}}| = \lambda^{n-1} |\lambda - \boldsymbol{\beta}^{\mathrm{T}} \boldsymbol{\alpha}|$$

从而当 $\boldsymbol{\beta}^{\mathrm{T}}\boldsymbol{\alpha}=0$（或 $\boldsymbol{\alpha}^{\mathrm{T}}\boldsymbol{\beta}=0$）时，$\lambda=0$ 是 $\boldsymbol{A}$ 的 n 重特征值；当 $\boldsymbol{\beta}^{\mathrm{T}}\boldsymbol{\alpha} \neq 0$ 时，$\lambda=0$ 是 $\boldsymbol{A}$ 的 $n-1$ 重特征值，$\lambda = \boldsymbol{\beta}^{\mathrm{T}}\boldsymbol{\alpha}$ 是 $\boldsymbol{A}$ 的唯一一个非零特征值。

例 6　设 $\boldsymbol{A}$，$\boldsymbol{B}$，$\boldsymbol{C}$ 均为 n 阶矩阵，且 $\boldsymbol{C}$ 可逆，$\boldsymbol{ABA} = \boldsymbol{C}^{-1}$，证明 $\boldsymbol{BAC} = \boldsymbol{CAB}$。

证　由于 $\boldsymbol{C}$ 可逆，因此 $|\boldsymbol{ABA}| \neq 0$，从而 $\boldsymbol{A}$，$\boldsymbol{B}$ 均可逆，又 $\boldsymbol{ABAC} = \boldsymbol{E}$，故 $\boldsymbol{A}^{-1} = \boldsymbol{BAC}$。再由 $\boldsymbol{ABA} = \boldsymbol{C}^{-1}$，得 $\boldsymbol{CABA} = \boldsymbol{E}$，从而 $\boldsymbol{A}^{-1} = \boldsymbol{CAB}$。所以 $\boldsymbol{BAC} = \boldsymbol{CAB}$。

例 7　设 $\boldsymbol{A}$ 是对称矩阵，$\boldsymbol{B}$ 是反对称矩阵，则 $\boldsymbol{AB}$ 是反对称矩阵的充分必要条件是 $\boldsymbol{AB} = \boldsymbol{BA}$。

证　由于 $\boldsymbol{A}^{\mathrm{T}} = \boldsymbol{A}$，$\boldsymbol{B}^{\mathrm{T}} = -\boldsymbol{B}$，因此 $(\boldsymbol{AB})^{\mathrm{T}} = \boldsymbol{B}^{\mathrm{T}}\boldsymbol{A}^{\mathrm{T}} = -\boldsymbol{BA}$。设 $\boldsymbol{AB}$ 是反对称矩阵，则 $(\boldsymbol{AB})^{\mathrm{T}} = -\boldsymbol{AB}$，从而 $\boldsymbol{AB} = \boldsymbol{BA}$。反过来，设 $\boldsymbol{AB} = \boldsymbol{BA}$，则 $(\boldsymbol{AB})^{\mathrm{T}} = -\boldsymbol{BA} = -\boldsymbol{AB}$，从而 $\boldsymbol{AB}$ 是反对称矩阵。

例 8　设 $\boldsymbol{A}$ 是 n 阶矩阵，$\boldsymbol{A}^m = \boldsymbol{O}$，证明 $\boldsymbol{E} - \boldsymbol{A}$ 可逆。

证　由于 $\boldsymbol{A}^m = \boldsymbol{O}$，因此 $\boldsymbol{E} - \boldsymbol{A}^m = \boldsymbol{E}$，从而

$$(\boldsymbol{E} - \boldsymbol{A})(\boldsymbol{E} + \boldsymbol{A} + \boldsymbol{A}^2 + \cdots + \boldsymbol{A}^{m-1}) = \boldsymbol{E} - \boldsymbol{A}^m = \boldsymbol{E}$$

所以 $\boldsymbol{E} - \boldsymbol{A}$ 可逆，且

$$(\boldsymbol{E} - \boldsymbol{A})^{-1} = \boldsymbol{E} + \boldsymbol{A} + \boldsymbol{A}^2 + \cdots + \boldsymbol{A}^{m-1}$$

例 9　设 $\boldsymbol{A} = \begin{pmatrix} 0 & a_1 & 0 & \cdots & 0 \\ 0 & 0 & a_2 & \cdots & 0 \\ \vdots & \vdots & \vdots & & \vdots \\ 0 & 0 & 0 & \cdots & a_{n-1} \\ a_n & 0 & 0 & \cdots & 0 \end{pmatrix}$，其中 $a_i \neq 0$ $(i=1, 2, \cdots, n)$，求 $\boldsymbol{A}^{-1}$。

解　把 $\boldsymbol{A}$ 分块成 $\boldsymbol{A} = \begin{pmatrix} \boldsymbol{O} & \boldsymbol{A}_1 \\ \boldsymbol{A}_2 & \boldsymbol{O} \end{pmatrix}$，其中 $\boldsymbol{A}_1 = \begin{pmatrix} a_1 & 0 & \cdots & 0 \\ 0 & a_2 & \cdots & 0 \\ \vdots & \vdots & & \vdots \\ 0 & 0 & \cdots & a_{n-1} \end{pmatrix}$，$\boldsymbol{A}_2 = (a_n)$，且

$$A_1^{-1}=\begin{pmatrix}\frac{1}{a_1} & 0 & \cdots & 0\\ 0 & \frac{1}{a_2} & \cdots & 0\\ \vdots & \vdots & & \vdots\\ 0 & 0 & \cdots & \frac{1}{a_{n-1}}\end{pmatrix},\ A_2^{-1}=\left(\frac{1}{a_n}\right)$$

从而

$$A^{-1}=\begin{pmatrix}O & A_2^{-1}\\ A_1^{-1} & O\end{pmatrix}=\begin{pmatrix}0 & 0 & 0 & \cdots & 0 & \frac{1}{a_n}\\ \frac{1}{a_1} & 0 & 0 & \cdots & 0 & 0\\ 0 & \frac{1}{a_2} & 0 & \cdots & 0 & 0\\ \vdots & \vdots & \vdots & & \vdots & \vdots\\ 0 & 0 & 0 & \cdots & \frac{1}{a_{n-1}} & 0\end{pmatrix}$$

例 10 求矩阵 $A=\begin{pmatrix}1 & 2 & 2\\ 2 & 1 & -2\\ 2 & -2 & 1\end{pmatrix}$ 的逆矩阵。

解 方法一

$$|A|=\begin{vmatrix}1 & 2 & 2\\ 2 & 1 & -2\\ 2 & -2 & 1\end{vmatrix}=\begin{vmatrix}1 & 2 & 2\\ 0 & -3 & -6\\ 0 & -6 & -3\end{vmatrix}=\begin{vmatrix}1 & 2 & 2\\ 0 & -3 & -6\\ 0 & 0 & 9\end{vmatrix}=-27$$

$$A_{11}=\begin{vmatrix}1 & -2\\ -2 & 1\end{vmatrix}=-3,\ A_{12}=-\begin{vmatrix}2 & -2\\ 2 & 1\end{vmatrix}=-6,\ A_{13}=\begin{vmatrix}2 & 1\\ 2 & -2\end{vmatrix}=-6$$

$$A_{21}=-\begin{vmatrix}2 & 2\\ -2 & 1\end{vmatrix}=-6,\ A_{22}=\begin{vmatrix}1 & 2\\ 2 & 1\end{vmatrix}=-3,\ A_{23}=-\begin{vmatrix}1 & 2\\ 2 & -2\end{vmatrix}=6$$

$$A_{31}=\begin{vmatrix}2 & 2\\ 1 & -2\end{vmatrix}=-6,\ A_{32}=-\begin{vmatrix}1 & 2\\ 2 & -2\end{vmatrix}=6,\ A_{33}=\begin{vmatrix}1 & 2\\ 2 & 1\end{vmatrix}=-3$$

从而 $A^*=\begin{pmatrix}-3 & -6 & -6\\ -6 & -3 & 6\\ -6 & 6 & -3\end{pmatrix}$，所以

$$A^{-1}=\frac{1}{|A|}A^*=\frac{1}{9}\begin{pmatrix}1 & 2 & 2\\ 2 & 1 & -2\\ 2 & -2 & 1\end{pmatrix}。$$

方法二　由初等行变换，得

$$(A\ \vdots\ E)=\begin{pmatrix}1 & 2 & 2 & \vdots & 1 & 0 & 0\\ 2 & 1 & -2 & \vdots & 0 & 1 & 0\\ 2 & -2 & 1 & \vdots & 0 & 0 & 1\end{pmatrix}\to\begin{pmatrix}1 & 2 & 2 & \vdots & 1 & 0 & 0\\ 0 & -3 & -6 & \vdots & -2 & 1 & 0\\ 0 & -3 & 3 & \vdots & 0 & -1 & 1\end{pmatrix}$$

$$\rightarrow\left(\begin{array}{ccc:ccc}1&2&2&1&0&0\\0&-3&-6&-2&1&0\\0&0&9&2&-2&1\end{array}\right)\rightarrow\left(\begin{array}{ccc:ccc}1&2&2&1&0&0\\0&1&2&\frac{2}{3}&-\frac{1}{3}&0\\0&0&1&\frac{2}{9}&-\frac{2}{9}&\frac{1}{9}\end{array}\right)$$

$$\rightarrow\left(\begin{array}{ccc:ccc}1&2&0&\frac{5}{9}&\frac{4}{9}&-\frac{2}{9}\\0&1&0&\frac{2}{9}&\frac{1}{9}&-\frac{2}{9}\\0&0&1&\frac{2}{9}&-\frac{2}{9}&\frac{1}{9}\end{array}\right)\rightarrow\left(\begin{array}{ccc:ccc}1&0&0&\frac{1}{9}&\frac{2}{9}&\frac{2}{9}\\0&1&0&\frac{2}{9}&\frac{1}{9}&-\frac{2}{9}\\0&0&1&\frac{2}{9}&-\frac{2}{9}&\frac{1}{9}\end{array}\right)$$

故

$$\boldsymbol{A}^{-1}=\frac{1}{9}\begin{pmatrix}1&2&2\\2&1&-2\\2&-2&1\end{pmatrix}$$

例 11 设 $\boldsymbol{A}$ 是 n 阶矩阵，若 $\boldsymbol{A}^2=\boldsymbol{A}$，证明 $\boldsymbol{A}+\boldsymbol{E}$ 可逆。

证 方法一 由于 $\boldsymbol{A}^2=\boldsymbol{A}$，因此 $\boldsymbol{A}^2-\boldsymbol{A}-2\boldsymbol{E}=-2\boldsymbol{E}$，从而 $(\boldsymbol{A}+\boldsymbol{E})(\boldsymbol{A}-2\boldsymbol{E})=-2\boldsymbol{E}$，即

$$(\boldsymbol{A}+\boldsymbol{E})\frac{1}{2}(2\boldsymbol{E}-\boldsymbol{A})=\boldsymbol{E}$$

故 $\boldsymbol{A}+\boldsymbol{E}$ 可逆，且 $(\boldsymbol{A}+\boldsymbol{E})^{-1}=\frac{1}{2}(2\boldsymbol{E}-\boldsymbol{A})$。

方法二 由于 $\boldsymbol{A}^2=\boldsymbol{A}$，因此 $\boldsymbol{A}$ 的特征值只能是 0 或 1，从而 $\boldsymbol{A}+\boldsymbol{E}$ 的特征值只能是 1 或 2，所以 0 不是 $\boldsymbol{A}+\boldsymbol{E}$ 的特征值，故 $\boldsymbol{A}+\boldsymbol{E}$ 可逆。

例 12 设 $\boldsymbol{A}$，$\boldsymbol{B}$ 是 n 阶矩阵，若 $\boldsymbol{E}-\boldsymbol{AB}$ 可逆，证明 $\boldsymbol{E}-\boldsymbol{BA}$ 可逆，并求 $(\boldsymbol{E}-\boldsymbol{BA})^{-1}$。

证 （反证法） 假设 $\boldsymbol{E}-\boldsymbol{BA}$ 不可逆，即 $|\boldsymbol{E}-\boldsymbol{BA}|=0$，则齐次线性方程组 $(\boldsymbol{E}-\boldsymbol{BA})\boldsymbol{x}=\boldsymbol{0}$ 有非零解。设 $\boldsymbol{\alpha}$ 是其非零解，则 $(\boldsymbol{E}-\boldsymbol{BA})\boldsymbol{\alpha}=\boldsymbol{0}$，即 $\boldsymbol{BA\alpha}=\boldsymbol{\alpha}$，且 $\boldsymbol{\alpha}\neq\boldsymbol{0}$，从而 $\boldsymbol{A\alpha}\neq\boldsymbol{0}$。对于齐次线性方程组 $(\boldsymbol{E}-\boldsymbol{AB})\boldsymbol{x}=\boldsymbol{0}$，由于 $(\boldsymbol{E}-\boldsymbol{AB})\boldsymbol{A\alpha}=\boldsymbol{A\alpha}-\boldsymbol{ABA\alpha}=\boldsymbol{A\alpha}-\boldsymbol{A}(\boldsymbol{BA\alpha})=\boldsymbol{A\alpha}-\boldsymbol{A\alpha}=\boldsymbol{0}$，且 $\boldsymbol{A\alpha}\neq\boldsymbol{0}$，因此 $(\boldsymbol{E}-\boldsymbol{AB})\boldsymbol{x}=\boldsymbol{0}$ 有非零解 $\boldsymbol{A\alpha}$，这与 $\boldsymbol{E}-\boldsymbol{AB}$ 可逆矛盾，故 $\boldsymbol{E}-\boldsymbol{BA}$ 可逆。

由于 $(\boldsymbol{E}-\boldsymbol{AB})\boldsymbol{A}=\boldsymbol{A}-\boldsymbol{ABA}=\boldsymbol{A}(\boldsymbol{E}-\boldsymbol{BA})$，因此

$$\boldsymbol{A}=(\boldsymbol{E}-\boldsymbol{AB})^{-1}\boldsymbol{A}(\boldsymbol{E}-\boldsymbol{BA})$$

又

$$\begin{aligned}\boldsymbol{E}&=(\boldsymbol{E}-\boldsymbol{BA})+\boldsymbol{BA}=(\boldsymbol{E}-\boldsymbol{BA})+\boldsymbol{B}(\boldsymbol{E}-\boldsymbol{AB})^{-1}\boldsymbol{A}(\boldsymbol{E}-\boldsymbol{BA})\\&=[\boldsymbol{E}+\boldsymbol{B}(\boldsymbol{E}-\boldsymbol{AB})^{-1}\boldsymbol{A}](\boldsymbol{E}-\boldsymbol{BA})\end{aligned}$$

故 $(\boldsymbol{E}-\boldsymbol{BA})^{-1}=\boldsymbol{E}+\boldsymbol{B}(\boldsymbol{E}-\boldsymbol{AB})^{-1}\boldsymbol{A}$。

例 13 设 $\boldsymbol{A}$，$\boldsymbol{B}$ 均是 n 阶矩阵，且 $\boldsymbol{AB}=\boldsymbol{A}+\boldsymbol{B}$。

（ⅰ）证明 $\boldsymbol{A}-\boldsymbol{E}$ 可逆；

（ⅱ）若 $\boldsymbol{B}=\begin{pmatrix}1&-3&0\\2&1&0\\0&0&2\end{pmatrix}$，求 $\boldsymbol{A}$。

解 （ⅰ）由于 $\boldsymbol{AB}=\boldsymbol{A}+\boldsymbol{B}$，因此 $\boldsymbol{AB}-\boldsymbol{A}-\boldsymbol{B}+\boldsymbol{E}=\boldsymbol{E}$，即 $(\boldsymbol{A}-\boldsymbol{E})(\boldsymbol{B}-\boldsymbol{E})=\boldsymbol{E}$，故 $\boldsymbol{A}-\boldsymbol{E}$ 可逆，且 $(\boldsymbol{A}-\boldsymbol{E})^{-1}=\boldsymbol{B}-\boldsymbol{E}$。

(ⅱ) 由(ⅰ)得

$$A=(B-E)^{-1}+E=\begin{pmatrix}0&-3&0\\2&0&0\\0&0&1\end{pmatrix}^{-1}+E=\begin{pmatrix}0&\frac{1}{2}&0\\-\frac{1}{3}&0&0\\0&0&1\end{pmatrix}+E=\begin{pmatrix}1&\frac{1}{2}&0\\-\frac{1}{3}&1&0\\0&0&2\end{pmatrix}$$

例 14 已知 $\begin{pmatrix}1&3&2\\2&6&5\\-1&-3&1\end{pmatrix}X=\begin{pmatrix}3&4&-1\\8&8&3\\3&-4&16\end{pmatrix}$，求 X。

解 记 $A=\begin{pmatrix}1&3&2\\2&6&5\\-1&-3&1\end{pmatrix}$，$B=\begin{pmatrix}3&4&-1\\8&8&3\\3&-4&16\end{pmatrix}$，$X=\begin{pmatrix}x_1&y_1&z_1\\x_2&y_2&z_2\\x_3&y_3&z_3\end{pmatrix}$，对 $(A\vdots B)$ 作初等行变换，得

$$(A\vdots B)=\left(\begin{array}{ccc:ccc}1&3&2&3&4&-1\\2&6&5&8&8&3\\-1&-3&1&3&-4&16\end{array}\right)\rightarrow\left(\begin{array}{ccc:ccc}1&3&2&3&4&-1\\0&0&1&2&0&5\\0&0&3&6&0&15\end{array}\right)$$

$$\rightarrow\left(\begin{array}{ccc:ccc}1&3&2&3&4&-1\\0&0&1&2&0&5\\0&0&0&0&0&0\end{array}\right)$$

$$\rightarrow\left(\begin{array}{ccc:ccc}1&3&0&-1&4&-11\\0&0&1&2&0&5\\0&0&0&0&0&0\end{array}\right)$$

解三个非齐次线性方程组，得

$$(x_1, x_2, x_3)^T=t(-3, 1, 0)^T+(-1, 0, 2)^T,\ x_1=-3t-1,\ x_2=t,\ x_3=2$$

$$(y_1, y_2, y_3)^T=u(-3, 1, 0)^T+(4, 0, 0)^T,\ y_1=-3u+4,\ y_2=u,\ y_3=0$$

$$(z_1, z_2, z_3)^T=v(-3, 1, 0)^T+(-11, 0, 5)^T,\ z_1=-3v-11,\ z_2=v,\ z_3=5$$

故

$$X=\begin{pmatrix}-3t-1&-3u+4&-3v-11\\t&u&v\\2&0&5\end{pmatrix}$$

其中 t，u，v 为任意常数。

例 15 设矩阵 A 的伴随矩阵 $A^*=\begin{pmatrix}1&0&0&0\\0&1&0&0\\1&0&1&0\\0&-3&0&8\end{pmatrix}$，且 $ABA^{-1}=BA^{-1}+3E$，求 B。

解 由 $|A^*|=|A|^{n-1}$，得 $|A|^3=8$，即 $|A|=2$。用 A 右乘 $ABA^{-1}=BA^{-1}+3E$，得

$$AB=B+3A$$

再左乘 A^*，得 $(|A|E-A^*)B=3|A|E$，从而 $(2E-A^*)B=6E$，即

$$B=6(2E-A^*)^{-1}$$

又 $2\boldsymbol{E}-\boldsymbol{A}^*=\begin{pmatrix}1&0&0&0\\0&1&0&0\\-1&0&1&0\\0&3&0&-6\end{pmatrix}$，故 $(2\boldsymbol{E}-\boldsymbol{A}^*)^{-1}=\begin{pmatrix}1&0&0&0\\0&1&0&0\\1&0&1&0\\0&\frac{1}{2}&0&-\frac{1}{6}\end{pmatrix}$，从而

$$\boldsymbol{B}=\begin{pmatrix}6&0&0&0\\0&6&0&0\\6&0&6&0\\0&3&0&-1\end{pmatrix}$$

例 16　设 $\boldsymbol{A}=\begin{pmatrix}1&1&-1\\-1&1&1\\1&-1&1\end{pmatrix}$，且 $\boldsymbol{A}^*\boldsymbol{X}=\boldsymbol{A}^{-1}+2\boldsymbol{X}$，求 $\boldsymbol{X}$。

解　用 $\boldsymbol{A}$ 左乘 $\boldsymbol{A}^*\boldsymbol{X}=\boldsymbol{A}^{-1}+2\boldsymbol{X}$，得 $\boldsymbol{A}\boldsymbol{A}^*\boldsymbol{X}=\boldsymbol{A}\boldsymbol{A}^{-1}+2\boldsymbol{A}\boldsymbol{X}$，即 $(|\boldsymbol{A}|\boldsymbol{E}-2\boldsymbol{A})\boldsymbol{X}=\boldsymbol{E}$，从而 $\boldsymbol{X}=(|\boldsymbol{A}|\boldsymbol{E}-2\boldsymbol{A})^{-1}$。又

$$|\boldsymbol{A}|=\begin{vmatrix}1&1&-1\\-1&1&1\\1&-1&1\end{vmatrix}=\begin{vmatrix}1&1&-1\\0&2&0\\2&0&0\end{vmatrix}=4,\quad |\boldsymbol{A}|\boldsymbol{E}-2\boldsymbol{A}=2\begin{pmatrix}1&-1&1\\1&1&-1\\-1&1&1\end{pmatrix}$$

故

$$\boldsymbol{X}=(|\boldsymbol{A}|\boldsymbol{E}-2\boldsymbol{A})^{-1}=\frac{1}{2}\begin{pmatrix}1&-1&1\\1&1&-1\\-1&1&1\end{pmatrix}^{-1}=\frac{1}{4}\begin{pmatrix}1&1&0\\0&1&1\\1&0&1\end{pmatrix}$$

例 17　设 $\boldsymbol{A}$ 为 $m\times n$ 矩阵，则 $r(\boldsymbol{A})=r(\boldsymbol{A}^{\mathrm{T}}\boldsymbol{A})=r(\boldsymbol{A}\boldsymbol{A}^{\mathrm{T}})$。

证　需证齐次线性方程组 $\boldsymbol{A}\boldsymbol{x}=\boldsymbol{0}$ 与 $\boldsymbol{A}^{\mathrm{T}}\boldsymbol{A}\boldsymbol{x}=\boldsymbol{0}$ 同解。

设 $\boldsymbol{\xi}$ 是 $\boldsymbol{A}\boldsymbol{x}=\boldsymbol{0}$ 的解，则 $\boldsymbol{A}\boldsymbol{\xi}=\boldsymbol{0}$，从而 $\boldsymbol{A}^{\mathrm{T}}\boldsymbol{A}\boldsymbol{\xi}=\boldsymbol{0}$，故 $\boldsymbol{\xi}$ 是 $\boldsymbol{A}^{\mathrm{T}}\boldsymbol{A}\boldsymbol{x}=\boldsymbol{0}$ 的解。设 $\boldsymbol{\xi}$ 是 $\boldsymbol{A}^{\mathrm{T}}\boldsymbol{A}\boldsymbol{x}=\boldsymbol{0}$ 的解，则 $\boldsymbol{A}^{\mathrm{T}}\boldsymbol{A}\boldsymbol{\xi}=\boldsymbol{0}$，两边左乘 $\boldsymbol{\xi}^{\mathrm{T}}$，得 $\boldsymbol{\xi}^{\mathrm{T}}\boldsymbol{A}^{\mathrm{T}}\boldsymbol{A}\boldsymbol{\xi}=\boldsymbol{0}$，即 $(\boldsymbol{A}\boldsymbol{\xi})^{\mathrm{T}}\boldsymbol{A}\boldsymbol{\xi}=\boldsymbol{0}$，从而 $\|\boldsymbol{A}\boldsymbol{\xi}\|=0$，故 $\boldsymbol{A}\boldsymbol{\xi}=\boldsymbol{0}$，即 $\boldsymbol{\xi}$ 是 $\boldsymbol{A}\boldsymbol{x}=\boldsymbol{0}$ 的解，从而齐次线性方程组 $\boldsymbol{A}\boldsymbol{x}=\boldsymbol{0}$ 与 $\boldsymbol{A}^{\mathrm{T}}\boldsymbol{A}\boldsymbol{x}=\boldsymbol{0}$ 同解，所以它们的基础解系所含解向量的个数相等，即 $n-r(\boldsymbol{A})=n-r(\boldsymbol{A}^{\mathrm{T}}\boldsymbol{A})$，故 $r(\boldsymbol{A})=r(\boldsymbol{A}^{\mathrm{T}}\boldsymbol{A})$。

同理可证齐次线性方程组 $\boldsymbol{A}^{\mathrm{T}}\boldsymbol{x}=\boldsymbol{0}$ 与 $\boldsymbol{A}\boldsymbol{A}^{\mathrm{T}}\boldsymbol{x}=\boldsymbol{0}$ 同解，从而 $r(\boldsymbol{A}^{\mathrm{T}})=r(\boldsymbol{A}\boldsymbol{A}^{\mathrm{T}})$，故 $r(\boldsymbol{A})=r(\boldsymbol{A}\boldsymbol{A}^{\mathrm{T}})$。

评注：设 $\boldsymbol{A}$ 为 $m\times n$ 矩阵，$\boldsymbol{\beta}$ 是 m 维列向量，则线性方程组 $\boldsymbol{A}^{\mathrm{T}}\boldsymbol{A}\boldsymbol{x}=\boldsymbol{A}^{\mathrm{T}}\boldsymbol{\beta}$ 有解。事实上，线性方程组的增广矩阵为 $(\boldsymbol{A}^{\mathrm{T}}\boldsymbol{A},\ \boldsymbol{A}^{\mathrm{T}}\boldsymbol{\beta})=\boldsymbol{A}^{\mathrm{T}}(\boldsymbol{A},\ \boldsymbol{\beta})$，由于

$$r(\boldsymbol{A}^{\mathrm{T}}\boldsymbol{A})\leqslant r((\boldsymbol{A}^{\mathrm{T}}\boldsymbol{A},\ \boldsymbol{A}^{\mathrm{T}}\boldsymbol{\beta}))=r[\boldsymbol{A}^{\mathrm{T}}(\boldsymbol{A},\ \boldsymbol{A}^{\mathrm{T}}\boldsymbol{\beta})]\leqslant r(\boldsymbol{A}^{\mathrm{T}})=r(\boldsymbol{A})=r(\boldsymbol{A}^{\mathrm{T}}\boldsymbol{A})$$

因此 $r(\boldsymbol{A}^{\mathrm{T}}\boldsymbol{A})=r((\boldsymbol{A}^{\mathrm{T}}\boldsymbol{A},\ \boldsymbol{A}^{\mathrm{T}}\boldsymbol{\beta}))$，从而线性方程组 $\boldsymbol{A}^{\mathrm{T}}\boldsymbol{A}\boldsymbol{x}=\boldsymbol{A}^{\mathrm{T}}\boldsymbol{\beta}$ 有解。

例 18　设 $\boldsymbol{A}$ 为 n 阶矩阵，$\boldsymbol{A}^2=\boldsymbol{E}$，证明 $r(\boldsymbol{A}+\boldsymbol{E})+r(\boldsymbol{A}-\boldsymbol{E})=n$。

证　由于 $\boldsymbol{A}^2=\boldsymbol{E}$，因此 $(\boldsymbol{A}+\boldsymbol{E})(\boldsymbol{A}-\boldsymbol{E})=\boldsymbol{O}$，从而 $r(\boldsymbol{A}+\boldsymbol{E})+r(\boldsymbol{A}-\boldsymbol{E})\leqslant n$，又

$$r(\boldsymbol{A}+\boldsymbol{E})+r(\boldsymbol{A}-\boldsymbol{E})=r(\boldsymbol{E}+\boldsymbol{A})+r(\boldsymbol{E}-\boldsymbol{A})\geqslant r[(\boldsymbol{E}+\boldsymbol{A})+r(\boldsymbol{E}-\boldsymbol{A})]=r(\boldsymbol{E})=n$$

故 $r(\boldsymbol{A}+\boldsymbol{E})+r(\boldsymbol{A}-\boldsymbol{E})=n$。

三、经典习题与解答

经典习题

1. 选择题

(1) 设 $\boldsymbol{A}$ 为 3 阶矩阵，$\boldsymbol{P}=(\boldsymbol{\alpha}_1,\boldsymbol{\alpha}_2,\boldsymbol{\alpha}_3)$ 为可逆矩阵，使得 $\boldsymbol{P}^{-1}\boldsymbol{A}\boldsymbol{P}=\begin{pmatrix}0&0&0\\0&1&0\\0&0&2\end{pmatrix}$，则 $\boldsymbol{A}(\boldsymbol{\alpha}_1+\boldsymbol{\alpha}_2+\boldsymbol{\alpha}_3)=$（　　）。

(A) $\boldsymbol{\alpha}_1+\boldsymbol{\alpha}_2$　　(B) $\boldsymbol{\alpha}_2+2\boldsymbol{\alpha}_3$　　(C) $\boldsymbol{\alpha}_2+\boldsymbol{\alpha}_3$　　(D) $\boldsymbol{\alpha}_1+2\boldsymbol{\alpha}_2$

(2) 设 $\boldsymbol{A}$ 为 3 阶矩阵，将 $\boldsymbol{A}$ 的第 2 列加到第 1 列得矩阵 $\boldsymbol{B}$，再交换 $\boldsymbol{B}$ 的第 2 行与第 3 行得单位矩阵，记 $\boldsymbol{P}_1=\begin{pmatrix}1&0&0\\1&1&0\\0&0&1\end{pmatrix}$，$\boldsymbol{P}_2=\begin{pmatrix}1&0&0\\0&0&1\\0&1&0\end{pmatrix}$，则 $\boldsymbol{A}=$（　　）。

(A) $\boldsymbol{P}_1\boldsymbol{P}_2$　　(B) $\boldsymbol{P}_1^{-1}\boldsymbol{P}_2$　　(C) $\boldsymbol{P}_2\boldsymbol{P}_1$　　(D) $\boldsymbol{P}_2\boldsymbol{P}_1^{-1}$

(3) 设 $\boldsymbol{A},\boldsymbol{B},\boldsymbol{C}$ 均为 n 阶矩阵，$\boldsymbol{E}$ 为 n 阶单位矩阵，若 $\boldsymbol{B}=\boldsymbol{E}+\boldsymbol{A}\boldsymbol{B}$，$\boldsymbol{C}=\boldsymbol{A}+\boldsymbol{C}\boldsymbol{A}$，则 $\boldsymbol{B}-\boldsymbol{C}=$（　　）。

(A) $\boldsymbol{E}$　　(B) $-\boldsymbol{E}$　　(C) $\boldsymbol{A}$　　(D) $-\boldsymbol{A}$

(4) 设 $\boldsymbol{A}=\begin{pmatrix}a_{11}&a_{12}&a_{13}&a_{14}\\a_{21}&a_{22}&a_{23}&a_{24}\\a_{31}&a_{32}&a_{33}&a_{34}\\a_{41}&a_{42}&a_{43}&a_{44}\end{pmatrix}$，$\boldsymbol{B}=\begin{pmatrix}a_{14}&a_{13}&a_{12}&a_{11}\\a_{24}&a_{23}&a_{22}&a_{21}\\a_{34}&a_{33}&a_{32}&a_{31}\\a_{44}&a_{43}&a_{42}&a_{41}\end{pmatrix}$，$\boldsymbol{P}_1=\begin{pmatrix}0&0&0&1\\0&1&0&0\\0&0&1&0\\1&0&0&0\end{pmatrix}$，$\boldsymbol{P}_2=\begin{pmatrix}1&0&0&0\\0&0&1&0\\0&1&0&0\\0&0&0&1\end{pmatrix}$，其中 $\boldsymbol{A}$ 为可逆矩阵，则 $\boldsymbol{B}^{-1}=$（　　）。

(A) $\boldsymbol{A}^{-1}\boldsymbol{P}_1\boldsymbol{P}_2$　　(B) $\boldsymbol{P}_1\boldsymbol{A}^{-1}\boldsymbol{P}_2$　　(C) $\boldsymbol{P}_1\boldsymbol{P}_2\boldsymbol{A}^{-1}$　　(D) $\boldsymbol{P}_2\boldsymbol{A}^{-1}\boldsymbol{P}_1$

(5) 设 $\boldsymbol{A}$ 为 $n(n\geqslant 3)$ 阶矩阵，$\boldsymbol{A}^*$ 为 $\boldsymbol{A}$ 的伴随矩阵，$k(k\neq 0,\pm 1)$ 为常数，则 $(k\boldsymbol{A})^*=$（　　）。

(A) $k\boldsymbol{A}^*$　　(B) $k^{n-1}\boldsymbol{A}^*$　　(C) $k^n\boldsymbol{A}^*$　　(D) $k^{-1}\boldsymbol{A}^*$

(6) 设 $\boldsymbol{\alpha}$ 为 n 维单位列向量，$\boldsymbol{E}$ 为 n 阶单位矩阵，则（　　）。

(A) $\boldsymbol{E}-\boldsymbol{\alpha}\boldsymbol{\alpha}^{\mathrm{T}}$ 不可逆　　(B) $\boldsymbol{E}+\boldsymbol{\alpha}\boldsymbol{\alpha}^{\mathrm{T}}$ 不可逆

(C) $\boldsymbol{E}+2\boldsymbol{\alpha}\boldsymbol{\alpha}^{\mathrm{T}}$ 不可逆　　(D) $\boldsymbol{E}-2\boldsymbol{\alpha}\boldsymbol{\alpha}^{\mathrm{T}}$ 不可逆

(7) 设 $\boldsymbol{A}$ 为 3 阶可逆矩阵，将 $\boldsymbol{A}$ 的第 1 列与第 2 列交换得矩阵 $\boldsymbol{B}$，再把 $\boldsymbol{B}$ 的第 2 列的 -1 倍加到第 3 列得矩阵 $\boldsymbol{C}$，则满足 $\boldsymbol{A}\boldsymbol{Q}=\boldsymbol{C}$ 的可逆矩阵 $\boldsymbol{Q}=$（　　）。

(A) $\begin{pmatrix}0&1&0\\1&0&0\\1&0&1\end{pmatrix}$　　(B) $\begin{pmatrix}0&1&0\\1&0&-1\\0&0&1\end{pmatrix}$　　(C) $\begin{pmatrix}0&1&0\\1&0&0\\0&1&1\end{pmatrix}$　　(D) $\begin{pmatrix}0&1&-1\\1&0&0\\0&0&1\end{pmatrix}$

(8) 设 $\boldsymbol{A}$ 为 3 阶矩阵，将 $\boldsymbol{A}$ 的第 2 行加到第 1 行得矩阵 $\boldsymbol{B}$，再将 $\boldsymbol{B}$ 的第 1 列的 -1 倍加到第 2 列得矩阵 $\boldsymbol{C}$，记 $\boldsymbol{P}=\begin{pmatrix}1&1&0\\0&1&0\\0&0&1\end{pmatrix}$，则 $\boldsymbol{C}=$(　　)。

(A) $\boldsymbol{P}^{-1}\boldsymbol{AP}$　　(B) $\boldsymbol{PAP}^{-1}$　　(C) $\boldsymbol{P}^{\mathrm{T}}\boldsymbol{AP}$　　(D) $\boldsymbol{PAP}^{\mathrm{T}}$

(9) 设 $\boldsymbol{A}=\begin{pmatrix}a_{11}&a_{12}&a_{13}\\a_{21}&a_{22}&a_{23}\\a_{31}&a_{32}&a_{33}\end{pmatrix}$，$\boldsymbol{B}=\begin{pmatrix}a_{21}&a_{22}&a_{23}\\a_{11}&a_{12}&a_{13}\\a_{31}+a_{11}&a_{32}+a_{12}&a_{33}+a_{13}\end{pmatrix}$，$\boldsymbol{P}_1=\begin{pmatrix}0&1&0\\1&0&0\\0&0&1\end{pmatrix}$，$\boldsymbol{P}_2=\begin{pmatrix}1&0&0\\0&1&0\\1&0&1\end{pmatrix}$，则(　　)。

(A) $\boldsymbol{AP}_1\boldsymbol{P}_2=\boldsymbol{B}$　　(B) $\boldsymbol{AP}_2\boldsymbol{P}_1=\boldsymbol{B}$

(C) $\boldsymbol{P}_1\boldsymbol{P}_2\boldsymbol{A}=\boldsymbol{B}$　　(D) $\boldsymbol{P}_2\boldsymbol{P}_1\boldsymbol{A}=\boldsymbol{B}$

(10) 设 $\boldsymbol{A}$ 为 n 阶非零矩阵，$\boldsymbol{E}$ 为 n 阶单位矩阵，若 $\boldsymbol{A}^3=\boldsymbol{O}$，则(　　)。

(A) $\boldsymbol{E}-\boldsymbol{A}$ 不可逆，$\boldsymbol{E}+\boldsymbol{A}$ 不可逆　　(B) $\boldsymbol{E}-\boldsymbol{A}$ 不可逆，$\boldsymbol{E}+\boldsymbol{A}$ 可逆

(C) $\boldsymbol{E}-\boldsymbol{A}$ 可逆，$\boldsymbol{E}+\boldsymbol{A}$ 可逆　　(D) $\boldsymbol{E}-\boldsymbol{A}$ 可逆，$\boldsymbol{E}+\boldsymbol{A}$ 不可逆

(11) 设 $n(n\geqslant 3)$ 阶矩阵 $\boldsymbol{A}=\begin{pmatrix}1&a&a&\cdots&a\\a&1&a&\cdots&a\\a&a&1&\cdots&a\\\vdots&\vdots&\vdots&&\vdots\\a&a&a&\cdots&1\end{pmatrix}$ 的秩为 $n-1$，则 a 为(　　)。

(A) 1　　(B) $\dfrac{1}{1-n}$　　(C) -1　　(D) $\dfrac{1}{n-1}$

(12) 设 $\boldsymbol{A}$ 为 $m\times n$ 矩阵，$\boldsymbol{B}$ 为 $n\times m$ 矩阵，$\boldsymbol{E}$ 为 m 阶单位矩阵，若 $\boldsymbol{AB}=\boldsymbol{E}$，则(　　)。

(A) $r(\boldsymbol{A})=m$，$r(\boldsymbol{B})=m$　　(B) $r(\boldsymbol{A})=m$，$r(\boldsymbol{B})=n$

(C) $r(\boldsymbol{A})=n$，$r(\boldsymbol{B})=m$　　(D) $r(\boldsymbol{A})=n$，$r(\boldsymbol{B})=n$

(13) 设矩阵 $\boldsymbol{A}=\begin{pmatrix}k&1&1&1\\1&k&1&1\\1&1&k&1\\1&1&1&k\end{pmatrix}$ 的秩为 3，则 $k=$(　　)。

(A) -1　　(B) -2　　(C) -3　　(D) -4

(14) 设 3 阶矩阵 $\boldsymbol{A}=\begin{pmatrix}a&b&b\\b&a&b\\b&b&a\end{pmatrix}$，若 $\boldsymbol{A}$ 的伴随矩阵的秩等于 1，则(　　)。

(A) $a=b$ 且 $a+2b=0$　　(B) $a=b$ 且 $a+2b\neq 0$

(C) $a\neq b$ 且 $a+2b=0$　　(D) $a\neq b$ 且 $a+2b\neq 0$

(15) 设矩阵 $\boldsymbol{A}=(a_{ij})_{3\times 3}$ 满足 $\boldsymbol{A}^*=\boldsymbol{A}^{\mathrm{T}}$，其中 $\boldsymbol{A}^*$ 为 $\boldsymbol{A}$ 的伴随矩阵，$\boldsymbol{A}^{\mathrm{T}}$ 为 $\boldsymbol{A}$ 的转置矩阵，若 a_{11}，a_{12}，a_{13} 为三个相等的正数，则 a_{11} 为(　　)。

(A) $\frac{\sqrt{3}}{3}$　　(B) 3　　(C) $\frac{1}{3}$　　(D) $\sqrt{3}$

(16) 设矩阵 $\boldsymbol{A}=(a_{ij})_{3\times3}$ 是 3 阶非零矩阵，其中 $|\boldsymbol{A}|$ 为 $\boldsymbol{A}$ 的行列式，A_{ij} 是 a_{ij} 的代数余子式，若 $a_{ij}+A_{ij}=0$ $(i, j=1, 2, 3)$，则 $|\boldsymbol{A}|=$(　　)。

(A) 0　　(B) 1　　(C) -1　　(D) -2

(17) 已知对 n 阶矩阵 $\boldsymbol{A}$ 存在自然数 k，使得 $\boldsymbol{A}^k=\boldsymbol{O}$，$\boldsymbol{E}$ 为 n 阶单位矩阵，则(　　)。

(A) $r(\boldsymbol{E}-\boldsymbol{A})=n-1$　　(B) $r(\boldsymbol{E}-\boldsymbol{A})<n-1$

(C) $r(\boldsymbol{E}-\boldsymbol{A})=n$　　(D) $r(\boldsymbol{E}-\boldsymbol{A})$无法确定

(18) 设 $\boldsymbol{A}$，$\boldsymbol{B}$ 为 n 阶矩阵，记 $r(\boldsymbol{X})$为矩阵 $\boldsymbol{X}$ 的秩，$(\boldsymbol{X}, \boldsymbol{Y})$表示分块矩阵，则(　　)。

(A) $r(\boldsymbol{A}, \boldsymbol{AB})=r(\boldsymbol{A})$　　(B) $r(\boldsymbol{A}, \boldsymbol{BA})=r(\boldsymbol{A})$

(C) $r(\boldsymbol{A}, \boldsymbol{B})=\max\{r(\boldsymbol{A}), r(\boldsymbol{B})\}$　　(D) $r(\boldsymbol{A}, \boldsymbol{B})=r(\boldsymbol{A}^{\mathrm{T}}, \boldsymbol{B}^{\mathrm{T}})$

(19) 设 $\boldsymbol{A}$，$\boldsymbol{B}$ 都是可逆矩阵，则(　　)。

(A) $(\boldsymbol{A}+\boldsymbol{B})^*=\boldsymbol{A}^*+\boldsymbol{B}^*$　　(B) $(\boldsymbol{A}-\boldsymbol{B})^*=\boldsymbol{A}^*-\boldsymbol{B}^*$

(C) $(\boldsymbol{AB})^*=\boldsymbol{A}^*\boldsymbol{B}^*$　　(D) $(\boldsymbol{AB})^*=\boldsymbol{B}^*\boldsymbol{A}^*$

(20) 设 $\boldsymbol{A}$ 为 4 阶矩阵，$\boldsymbol{A}^*$ 是 $\boldsymbol{A}$ 的伴随矩阵，若齐次线性方程组 $\boldsymbol{Ax}=\boldsymbol{0}$ 的基础解系只有两个解向量，则 $\boldsymbol{A}^*$ 的秩为(　　)。

(A) 0　　(B) 1　　(C) 2　　(D) 3

2. 填空题

(1) 设 4 阶矩阵 $\boldsymbol{A}=(\boldsymbol{\alpha}, \boldsymbol{\gamma}_2, \boldsymbol{\gamma}_3, \boldsymbol{\gamma}_4)$，$\boldsymbol{B}=(\boldsymbol{\beta}, \boldsymbol{\gamma}_2, \boldsymbol{\gamma}_3, \boldsymbol{\gamma}_4)$，已知 $|\boldsymbol{A}|=4$，$|\boldsymbol{B}|=1$，则 $|\boldsymbol{A}+\boldsymbol{B}|=$________。

(2) 设 $\boldsymbol{A}$，$\boldsymbol{B}$ 为 3 阶矩阵，且 $|\boldsymbol{A}|=3$，$|\boldsymbol{B}|=2$，$|\boldsymbol{A}^{-1}+\boldsymbol{B}|=2$，则 $|\boldsymbol{A}+\boldsymbol{B}^{-1}|=$________。

(3) 已知 $\boldsymbol{\alpha}=(2, 1, -2)^{\mathrm{T}}$，$\boldsymbol{\beta}=(1, 3, 1)^{\mathrm{T}}$，$\boldsymbol{E}$ 是 3 阶单位矩阵，如果 $\boldsymbol{A}=\boldsymbol{E}+\boldsymbol{\alpha\beta}^{\mathrm{T}}$，则 $\boldsymbol{A}^{-1}=$________。

(4) 已知 $\boldsymbol{\alpha}$，$\boldsymbol{\beta}$ 为 3 维列向量，且 $\boldsymbol{\alpha\beta}^{\mathrm{T}}=\begin{pmatrix}-1 & 2 & 1\\ 1 & -2 & -1\\ 2 & -4 & -2\end{pmatrix}$，则 $\boldsymbol{\alpha}^{\mathrm{T}}\boldsymbol{\beta}=$________。

(5) 设 $\boldsymbol{A}=\begin{pmatrix}1 & 0 & 0 & 0\\ -2 & 3 & 0 & 0\\ 0 & -4 & 5 & 0\\ 0 & 0 & -6 & 7\end{pmatrix}$，且 $\boldsymbol{B}=(\boldsymbol{E}+\boldsymbol{A})^{-1}(\boldsymbol{E}-\boldsymbol{A})$，则 $(\boldsymbol{E}+\boldsymbol{B})^{-1}=$________。

(6) 设 n 阶矩阵 $\boldsymbol{A}$ 满足 $\boldsymbol{A}^2+\boldsymbol{A}-4\boldsymbol{E}=\boldsymbol{O}$，则 $(\boldsymbol{A}-\boldsymbol{E})^{-1}=$________。

(7) 已知 $2\boldsymbol{CA}-2\boldsymbol{AB}=\boldsymbol{C}-\boldsymbol{B}$，且 $\boldsymbol{A}=\begin{pmatrix}\frac{1}{2} & \frac{1}{2} & 0\\ -\frac{1}{2} & \frac{1}{2} & 0\\ 0 & 0 & 1\end{pmatrix}$，$\boldsymbol{B}=\begin{pmatrix}3 & 2 & 1\\ 0 & 0 & 0\\ 0 & 0 & 0\end{pmatrix}$，则 $\boldsymbol{C}^3=$________。

(8) 已知 $\boldsymbol{A}=\begin{pmatrix}3 & -1\\ -9 & 3\end{pmatrix}$，则 $\boldsymbol{A}^n=$________。

(9) 设 3 阶方阵 $\boldsymbol{A}$，$\boldsymbol{B}$ 满足 $\boldsymbol{A}^2\boldsymbol{B}-\boldsymbol{A}-\boldsymbol{B}=\boldsymbol{E}$，其中 $\boldsymbol{E}$ 为 3 阶单位矩阵，若

$$A=\begin{pmatrix}1 & 0 & 1\\ 0 & 2 & 0\\ -2 & 0 & 1\end{pmatrix}$$

则 $|B|=$________。

(10) 设矩阵 $A=\begin{pmatrix}2 & 1\\ -1 & 2\end{pmatrix}$，$E$ 为 2 阶单位矩阵，矩阵 B 满足 $BA=B+2E$，则 $|B|=$________。

(11) 设矩阵 $A=\begin{pmatrix}2 & 1\\ -1 & 2\end{pmatrix}$，$E$ 为 2 阶单位矩阵，矩阵 B 满足 $BA=B+2E$，则 $B=$________。

(12) 设 A 为 3 阶矩阵，$|A|=3$，A^* 为 A 的伴随矩阵，若交换 A 的第 1 行与第 2 行得矩阵 B，则 $|BA^*|=$________。

(13) 设 A，B 分别为 m，n 阶可逆矩阵，且 $|A|=a$，$|B|=b$，则 $\begin{pmatrix}A & O\\ O & B\end{pmatrix}^*=$________。

(14) 设 A，B 分别为 m，n 阶可逆矩阵，且 $|A|=a$，$|B|=b$，则 $\begin{pmatrix}O & A\\ B & O\end{pmatrix}^*=$________。

(15) 设矩阵 $A=\begin{pmatrix}0 & 1 & 0 & 0\\ 0 & 0 & 1 & 0\\ 0 & 0 & 0 & 1\\ 0 & 0 & 0 & 0\end{pmatrix}$，则 A^3 的秩为________。

(16) 设矩阵 $A=\begin{pmatrix}a & -1 & -1\\ -1 & a & -1\\ -1 & -1 & a\end{pmatrix}$ 与矩阵 $B=\begin{pmatrix}1 & 1 & 0\\ 0 & -1 & 1\\ 1 & 0 & 1\end{pmatrix}$ 等价，则 $a=$________。

(17) 设 α 为 3 维单位列向量，E 为 3 阶单位矩阵，则矩阵 $E-\alpha\alpha^{\mathrm{T}}$ 的秩为________。

(18) 设 A 为 3 阶可逆矩阵，$|A|=2$，A^* 为 A 的伴随矩阵，若交换 A 的第 1 行与第 2 行得矩阵 B，则 $|(A^*)^{-1}B^{-1}|=$________。

(19) 设矩阵 $A=\begin{pmatrix}2 & 1 & 0\\ 1 & 2 & 0\\ 0 & 0 & 1\end{pmatrix}$，矩阵 B 满足 $ABA^*=2BA^*+E$，其中 A^* 为 A 的伴随矩阵，E 为单位矩阵，则 $|B|=$________。

(20) 设 α_1，α_2，α_3 均为 3 维列向量，记

$$A=(\alpha_1, \alpha_2, \alpha_3),\quad B=(\alpha_1+\alpha_2+\alpha_3, \alpha_1+2\alpha_2+4\alpha_3, \alpha_1+3\alpha_2+9\alpha_3)$$

若 $|A|=1$，则 $|B|=$________。

3. 解答题

(1) 设 3 阶矩阵 A，B 满足 $2A^{-1}B=B-4E$。

(ⅰ) 证明 $A-2E$ 可逆；

(ⅱ) 若 $B=\begin{pmatrix}1 & -2 & 0\\ 1 & 2 & 0\\ 0 & 0 & 2\end{pmatrix}$，求 A。

(2) 设 A，B，$A+B$ 均为可逆矩阵，证明 $A^{-1}+B^{-1}$ 可逆及

$$(\boldsymbol{A}+\boldsymbol{B})^{-1}=\boldsymbol{A}^{-1}-\boldsymbol{A}^{-1}(\boldsymbol{A}^{-1}+\boldsymbol{B}^{-1})^{-1}\boldsymbol{A}^{-1}$$

(3) 设 $\boldsymbol{A}$ 是 n 阶可逆矩阵，将 $\boldsymbol{A}$ 的第 i 行与第 j 行互换后得矩阵 $\boldsymbol{B}$。证明 $\boldsymbol{B}$ 可逆，并求 $\boldsymbol{A}\boldsymbol{B}^{-1}$。

(4) 设 $\boldsymbol{A}$ 是 $n(n\geqslant 2)$ 阶矩阵，且 $r(\boldsymbol{A})=n-1$，证明存在 k，使得 $(\boldsymbol{A}^*)^2=k\boldsymbol{A}^*$。

(5) 设 $\boldsymbol{\alpha}$ 为 n 维单位列向量，$\boldsymbol{E}$ 为 n 阶单位矩阵，$\boldsymbol{A}=\boldsymbol{E}-\boldsymbol{\alpha}\boldsymbol{\alpha}^{\mathrm{T}}$，证明 $r(\boldsymbol{A})=n-1$。

(6) 设 $\boldsymbol{A}=\begin{pmatrix}2&1&0&0\\0&2&0&0\\0&0&2&4\\0&0&1&2\end{pmatrix}$，求 $\boldsymbol{A}^n$。

(7) 设 $\boldsymbol{A}$ 为 3 阶矩阵，$\boldsymbol{\alpha}_1=(1,-1,0)^{\mathrm{T}}$，$\boldsymbol{\alpha}_2=(0,1,0)^{\mathrm{T}}$，$\boldsymbol{\alpha}_3=(0,1,1)^{\mathrm{T}}$，且 $\boldsymbol{A}\boldsymbol{\alpha}_1=-\boldsymbol{\alpha}_1$，$\boldsymbol{A}\boldsymbol{\alpha}_2=\boldsymbol{\alpha}_2$，$\boldsymbol{A}\boldsymbol{\alpha}_3=2\boldsymbol{\alpha}_3$。

(ⅰ) 求 $\boldsymbol{A}$；

(ⅱ) 设 $\boldsymbol{\beta}=(1,-2,3)^{\mathrm{T}}$，求 $\boldsymbol{A}^{100}\boldsymbol{\beta}$。

(8) 设 $\boldsymbol{A}=\begin{pmatrix}0&1&0&\cdots&0\\0&0&2&\cdots&0\\\vdots&\vdots&\vdots&&\vdots\\0&0&0&\cdots&n-1\\n&0&0&\cdots&0\end{pmatrix}$，求 $A_{k1}+A_{k2}+\cdots+A_{kn}$。

(9) 设矩阵 $\boldsymbol{A}=\begin{pmatrix}a&1&0\\1&a&-1\\0&1&a\end{pmatrix}$，且 $\boldsymbol{A}^3=\boldsymbol{O}$。

(ⅰ) 求 a 的值；

(ⅱ) 若矩阵 $\boldsymbol{X}$ 满足 $\boldsymbol{X}-\boldsymbol{X}\boldsymbol{A}^2-\boldsymbol{A}\boldsymbol{X}+\boldsymbol{A}\boldsymbol{X}\boldsymbol{A}^2=\boldsymbol{E}$，其中 $\boldsymbol{E}$ 为 3 阶单位矩阵，求 $\boldsymbol{X}$。

(10) 已知 a 是常数，且矩阵 $\boldsymbol{A}=\begin{pmatrix}1&2&a\\1&3&0\\2&7&-a\end{pmatrix}$ 经过初等列变换化为 $\boldsymbol{B}=\begin{pmatrix}1&a&2\\0&1&1\\-1&1&1\end{pmatrix}$。

(ⅰ) 求 a 的值；

(ⅱ) 求满足 $\boldsymbol{A}\boldsymbol{P}=\boldsymbol{B}$ 的可逆矩阵 $\boldsymbol{P}$。

(11) 求与 $\boldsymbol{A}=\begin{pmatrix}1&2\\1&-1\end{pmatrix}$ 可交换的矩阵。

(12) 设 $\boldsymbol{A}$ 为 $m\times n$ 矩阵，$\boldsymbol{B}$ 为 $s\times t$ 矩阵，则 $r\begin{pmatrix}\boldsymbol{A}&\boldsymbol{O}\\\boldsymbol{O}&\boldsymbol{B}\end{pmatrix}=r(\boldsymbol{A})+r(\boldsymbol{B})$。

(13) 设 $\boldsymbol{A}$ 为 $m\times n$ 矩阵，$\boldsymbol{B}$ 为 $s\times t$ 矩阵，$\boldsymbol{C}$ 为 $m\times t$ 矩阵，则

$$r(\boldsymbol{A})+r(\boldsymbol{B})\leqslant r\begin{pmatrix}\boldsymbol{A}&\boldsymbol{C}\\\boldsymbol{O}&\boldsymbol{B}\end{pmatrix}\leqslant r(\boldsymbol{A})+r(\boldsymbol{B})+r(\boldsymbol{C})$$

(14) 设 $\boldsymbol{A}$ 为 $m\times n$ 矩阵，$\boldsymbol{B}$ 为 $n\times s$ 矩阵，则 $r(\boldsymbol{A}\boldsymbol{B})\geqslant r(\boldsymbol{A})+r(\boldsymbol{B})-n$。

(15) 设 $\boldsymbol{A}$ 为 $m\times n$ 矩阵，$\boldsymbol{B}$ 为 $n\times s$ 矩阵，证明：

(ⅰ) 若 $r(\boldsymbol{A})=n$，则 $r(\boldsymbol{A}\boldsymbol{B})=r(\boldsymbol{B})$；

(ⅱ) 若 $r(\boldsymbol{B})=n$，则 $r(\boldsymbol{A}\boldsymbol{B})=r(\boldsymbol{A})$。

(16) 设 n 阶矩阵 $\boldsymbol{A}=(a_{ij})$ 的所有元素非负，且 $a_{ii}>\sum\limits_{\substack{j=1\\j\neq i}}^{n}a_{ij}\,(i=1,2,\cdots,n)$，证明 $\boldsymbol{A}$ 为可逆矩阵。

(17) 设 $\boldsymbol{A}=\begin{pmatrix}1+a & 1 & 1 & 1\\ 1 & 1+a & 1 & 1\\ 1 & 1 & 1+a & 1\\ 1 & 1 & 1 & 1+a\end{pmatrix}$ 为 4 阶矩阵。

(ⅰ) 计算 $\boldsymbol{A}$ 的行列式 $|\boldsymbol{A}|$ 及 $\boldsymbol{A}^2$；

(ⅱ) 问 a 为何值时 $\boldsymbol{A}$ 可逆，当 $\boldsymbol{A}$ 可逆时，试用 $\boldsymbol{A}$，$\boldsymbol{E}$ 表示 $\boldsymbol{A}^{-1}$。

(18) 设 $\boldsymbol{A}$ 为 n 阶非奇异矩阵，$\boldsymbol{\alpha}$ 为 n 维列向量，b 为常数，记 $\boldsymbol{P}=\begin{pmatrix}\boldsymbol{E} & \boldsymbol{O}\\ -\boldsymbol{\alpha}^{\mathrm{T}}\boldsymbol{A}^{*} & |\boldsymbol{A}|\end{pmatrix}$，$\boldsymbol{Q}=\begin{pmatrix}\boldsymbol{A} & \boldsymbol{\alpha}\\ \boldsymbol{\alpha}^{\mathrm{T}} & b\end{pmatrix}$。

(ⅰ) 求 $\boldsymbol{PQ}$；

(ⅱ) 证明 $\boldsymbol{Q}$ 可逆的充分必要条件是 $\boldsymbol{\alpha}^{\mathrm{T}}\boldsymbol{A}^{-1}\boldsymbol{\alpha}\neq b$。

经典习题解答

1. 选择题

(1) **解**　应选(B)。

由 $\boldsymbol{P}^{-1}\boldsymbol{AP}=\begin{pmatrix}0&0&0\\0&1&0\\0&0&2\end{pmatrix}$，得 $\boldsymbol{AP}=\boldsymbol{P}\begin{pmatrix}0&0&0\\0&1&0\\0&0&2\end{pmatrix}$，即

$$\boldsymbol{A}(\boldsymbol{\alpha}_1,\boldsymbol{\alpha}_2,\boldsymbol{\alpha}_3)=(\boldsymbol{\alpha}_1,\boldsymbol{\alpha}_2,\boldsymbol{\alpha}_3)\begin{pmatrix}0&0&0\\0&1&0\\0&0&2\end{pmatrix}$$

从而

$$\boldsymbol{A}(\boldsymbol{\alpha}_1+\boldsymbol{\alpha}_2+\boldsymbol{\alpha}_3)=\boldsymbol{A}(\boldsymbol{\alpha}_1,\boldsymbol{\alpha}_2,\boldsymbol{\alpha}_3)\begin{pmatrix}1\\1\\1\end{pmatrix}=(\boldsymbol{\alpha}_1,\boldsymbol{\alpha}_2,\boldsymbol{\alpha}_3)\begin{pmatrix}0&0&0\\0&1&0\\0&0&2\end{pmatrix}\begin{pmatrix}1\\1\\1\end{pmatrix}=(\boldsymbol{\alpha}_1,\boldsymbol{\alpha}_2,\boldsymbol{\alpha}_3)\begin{pmatrix}0\\1\\2\end{pmatrix}$$
$$=\boldsymbol{\alpha}_2+2\boldsymbol{\alpha}_3$$

故选(B)。

(2) **解**　应选(D)。

由题设知，$\boldsymbol{AP}_1=\boldsymbol{B}$，$\boldsymbol{P}_2\boldsymbol{B}=\boldsymbol{E}$，则 $\boldsymbol{P}_2\boldsymbol{AP}_1=\boldsymbol{E}$，从而 $\boldsymbol{A}=\boldsymbol{P}_2^{-1}\boldsymbol{P}_1^{-1}=\boldsymbol{P}_2\boldsymbol{P}_1^{-1}$，故选(D)。

(3) **解**　应选(A)。

由 $\boldsymbol{B}=\boldsymbol{E}+\boldsymbol{AB}$，得 $(\boldsymbol{E}-\boldsymbol{A})\boldsymbol{B}=\boldsymbol{E}$，从而 $\boldsymbol{E}-\boldsymbol{A}$ 可逆，并且 $\boldsymbol{B}=(\boldsymbol{E}-\boldsymbol{A})^{-1}$，再由 $\boldsymbol{C}=\boldsymbol{A}+\boldsymbol{CA}$ 得，$\boldsymbol{C}(\boldsymbol{E}-\boldsymbol{A})=\boldsymbol{A}$，从而 $\boldsymbol{C}=\boldsymbol{A}(\boldsymbol{E}-\boldsymbol{A})^{-1}$，因此

$$\boldsymbol{B}-\boldsymbol{C}=(\boldsymbol{E}-\boldsymbol{A})^{-1}-\boldsymbol{A}(\boldsymbol{E}-\boldsymbol{A})^{-1}=(\boldsymbol{E}-\boldsymbol{A})(\boldsymbol{E}-\boldsymbol{A})^{-1}=\boldsymbol{E}$$

故选(A)。

(4) **解** 应选(C)。

由于 $\boldsymbol{B}=\boldsymbol{A}\boldsymbol{P}_2\boldsymbol{P}_1$，因此 $\boldsymbol{B}^{-1}=(\boldsymbol{A}\boldsymbol{P}_2\boldsymbol{P}_1)^{-1}=\boldsymbol{P}_1^{-1}\boldsymbol{P}_2^{-1}\boldsymbol{A}^{-1}=\boldsymbol{P}_1\boldsymbol{P}_2\boldsymbol{A}^{-1}$，故选(C)。

(5) **解** 应选(B)。

方法一 设 $\boldsymbol{A}=(a_{ij})_{n\times n}$，其元素 a_{ij} 的代数余子式为 A_{ij}，则矩阵 $k\boldsymbol{A}=(ka_{ij})_{n\times n}$，从而元素 ka_{ij} 的代数余子式为 $k^{n-1}A_{ij}$，所以 $(k\boldsymbol{A})^*=k^{n-1}\boldsymbol{A}^*$，故选(B)。

方法二 由于是选择题，不妨设 $\boldsymbol{A}$ 可逆，则 $(k\boldsymbol{A})^*=|k\boldsymbol{A}|(k\boldsymbol{A})^{-1}=k^{n-1}|\boldsymbol{A}|\boldsymbol{A}^{-1}=k^{n-1}\boldsymbol{A}^*$，故选(B)。

(6) **解** 应选(A)。

方法一 取 $\boldsymbol{\alpha}=\begin{pmatrix}1\\0\end{pmatrix}$，则 $\boldsymbol{E}+\boldsymbol{\alpha}\boldsymbol{\alpha}^{\mathrm{T}}=\begin{pmatrix}1&0\\0&1\end{pmatrix}+\begin{pmatrix}1&0\\0&0\end{pmatrix}=\begin{pmatrix}2&0\\0&1\end{pmatrix}$，从而 $\boldsymbol{E}+\boldsymbol{\alpha}\boldsymbol{\alpha}^{\mathrm{T}}$ 可逆，因此选项(B)不正确；由于 $\boldsymbol{E}+2\boldsymbol{\alpha}\boldsymbol{\alpha}^{\mathrm{T}}=\begin{pmatrix}1&0\\0&1\end{pmatrix}+2\begin{pmatrix}1&0\\0&0\end{pmatrix}=\begin{pmatrix}3&0\\0&1\end{pmatrix}$，因此 $\boldsymbol{E}+2\boldsymbol{\alpha}\boldsymbol{\alpha}^{\mathrm{T}}$ 可逆，从而选项(C)不正确；又 $\boldsymbol{E}-2\boldsymbol{\alpha}\boldsymbol{\alpha}^{\mathrm{T}}=\begin{pmatrix}1&0\\0&1\end{pmatrix}-2\begin{pmatrix}1&0\\0&0\end{pmatrix}=\begin{pmatrix}-1&0\\0&1\end{pmatrix}$，故 $\boldsymbol{E}-2\boldsymbol{\alpha}\boldsymbol{\alpha}^{\mathrm{T}}$ 可逆，从而选项(D)不正确。故选(A)。

方法二 设 $\boldsymbol{A}=\boldsymbol{\alpha}\boldsymbol{\alpha}^{\mathrm{T}}$，则 $\boldsymbol{A}^2=(\boldsymbol{\alpha}\boldsymbol{\alpha}^{\mathrm{T}})(\boldsymbol{\alpha}\boldsymbol{\alpha}^{\mathrm{T}})=\boldsymbol{\alpha}(\boldsymbol{\alpha}^{\mathrm{T}}\boldsymbol{\alpha})\boldsymbol{\alpha}^{\mathrm{T}}=\boldsymbol{\alpha}\boldsymbol{\alpha}^{\mathrm{T}}=\boldsymbol{A}$，从而 $\boldsymbol{A}$ 的特征值为 1 或 0。又 $\mathrm{tr}(\boldsymbol{A})=\boldsymbol{\alpha}^{\mathrm{T}}\boldsymbol{\alpha}=1=\lambda_1+\lambda_2+\cdots+\lambda_n$，故 $\lambda_1=\lambda_2=\cdots=\lambda_{n-1}=0$，$\lambda_n=1$，从而 $\boldsymbol{E}-\boldsymbol{\alpha}\boldsymbol{\alpha}^{\mathrm{T}}$ 的特征值为 $\mu_1=\mu_2=\cdots=\mu_{n-1}=1$，$\mu_n=0$，即 $|\boldsymbol{E}-\boldsymbol{\alpha}\boldsymbol{\alpha}^{\mathrm{T}}|=0$，因此 $\boldsymbol{E}-\boldsymbol{\alpha}\boldsymbol{\alpha}^{\mathrm{T}}$ 不可逆，故选(A)。

方法三 由于 $(\boldsymbol{E}-\boldsymbol{\alpha}\boldsymbol{\alpha}^{\mathrm{T}})\boldsymbol{\alpha}=\boldsymbol{\alpha}-\boldsymbol{\alpha}\boldsymbol{\alpha}^{\mathrm{T}}\boldsymbol{\alpha}=\boldsymbol{\alpha}-\boldsymbol{\alpha}(\boldsymbol{\alpha}^{\mathrm{T}}\boldsymbol{\alpha})=\boldsymbol{\alpha}-\boldsymbol{\alpha}=\boldsymbol{0}=0\boldsymbol{\alpha}$，因此 0 是矩阵 $\boldsymbol{E}-\boldsymbol{\alpha}\boldsymbol{\alpha}^{\mathrm{T}}$ 的特征值，从而 $|\boldsymbol{E}-\boldsymbol{\alpha}\boldsymbol{\alpha}^{\mathrm{T}}|=0$，即 $\boldsymbol{E}-\boldsymbol{\alpha}\boldsymbol{\alpha}^{\mathrm{T}}$ 不可逆，故选(A)。

(7) **解** 应选(D)。

设 $\boldsymbol{E}_{12}=\begin{pmatrix}0&1&0\\1&0&0\\0&0&1\end{pmatrix}$，$\boldsymbol{E}_{23}(-1)=\begin{pmatrix}1&0&0\\0&1&-1\\0&0&1\end{pmatrix}$，则 $\boldsymbol{A}\boldsymbol{E}_{12}\boldsymbol{E}_{23}(-1)=\boldsymbol{C}$。由于 $\boldsymbol{A}\boldsymbol{Q}=\boldsymbol{C}$，因此

$$\boldsymbol{Q}=\boldsymbol{E}_{12}\boldsymbol{E}_{23}(-1)=\begin{pmatrix}0&1&0\\1&0&0\\0&0&1\end{pmatrix}\begin{pmatrix}1&0&0\\0&1&-1\\0&0&1\end{pmatrix}=\begin{pmatrix}0&1&-1\\1&0&0\\0&0&1\end{pmatrix}$$

故选(D)。

(8) **解** 应选(B)。

由于 $\boldsymbol{P}\boldsymbol{A}=\boldsymbol{B}$，$\boldsymbol{B}\boldsymbol{P}^{-1}=\boldsymbol{C}$，因此 $\boldsymbol{C}=\boldsymbol{P}\boldsymbol{A}\boldsymbol{P}^{-1}$，故选(B)。

(9) **解** 应选(C)。

由于把 $\boldsymbol{A}$ 的第 1 行加到第 3 行，再把第 1 行与第 2 行互换得矩阵 $\boldsymbol{B}$，因此 $\boldsymbol{P}_1\boldsymbol{P}_2\boldsymbol{A}=\boldsymbol{B}$，故选(C)。

(10) **解** 应选(C)。

由 $\boldsymbol{A}^3=\boldsymbol{O}$，得 $\boldsymbol{E}-\boldsymbol{A}^3=\boldsymbol{E}$，即 $(\boldsymbol{E}-\boldsymbol{A})(\boldsymbol{E}+\boldsymbol{A}+\boldsymbol{A}^2)=\boldsymbol{E}$，故 $\boldsymbol{E}-\boldsymbol{A}$ 可逆；同理，由 $\boldsymbol{E}+\boldsymbol{A}^3=\boldsymbol{E}$，即 $(\boldsymbol{E}+\boldsymbol{A})(\boldsymbol{E}-\boldsymbol{A}+\boldsymbol{A}^2)=\boldsymbol{E}$，得 $\boldsymbol{E}+\boldsymbol{A}$ 可逆。故选(C)。

(11) **解** 应选(B)。

将 $\boldsymbol{A}$ 的第 2，3，…，n 列加到第 1 列后，再将矩阵的第 2，3，…，n 行减去第 1 行，得

$$\begin{pmatrix} 1+(n-1)a & a & a & \cdots & a \\ 0 & 1-a & 0 & \cdots & 0 \\ 0 & 0 & 1-a & \cdots & 0 \\ \vdots & \vdots & \vdots & & \vdots \\ 0 & 0 & 0 & \cdots & 1-a \end{pmatrix}$$

所以当且仅当 $a=\dfrac{1}{1-n}$时，$\boldsymbol{A}$ 的秩才为 $n-1$，故选(B)。

(12) **解**　应选(A)。

由于矩阵的秩不能超过它的行数与列数，因此 $r(\boldsymbol{A})\leqslant m$，$r(\boldsymbol{B})\leqslant m$，由

$$m=r(\boldsymbol{E})=r(\boldsymbol{AB})\leqslant\min\{r(\boldsymbol{A}),\ r(\boldsymbol{B})\}$$

得 $r(\boldsymbol{A})=m$，$r(\boldsymbol{B})=m$，故选(A)。

(13) **解**　应选(C)。

将 $\boldsymbol{A}$ 的第 2、3、4 列加到第 1 列后，再将矩阵的第 2、3、4 行减去第 1 行，得

$$\begin{pmatrix} k+3 & 1 & 1 & 1 \\ 0 & k-1 & 0 & 0 \\ 0 & 0 & k-1 & 0 \\ 0 & 0 & 0 & k-1 \end{pmatrix}$$

所以当 $k=-3$ 时，矩阵 $\boldsymbol{A}$ 的秩为 3，故选(C)。

(14) **解**　应选(C)。

由于 $\boldsymbol{A}$ 的伴随矩阵的秩等于 1，因此 $r(\boldsymbol{A})=2$，从而 $0=|\boldsymbol{A}|=(a+2b)(b-a)^2$。若 $a=b$，则 $r(\boldsymbol{A})=1$，这与 $r(\boldsymbol{A})=2$ 矛盾，从而 $a\neq b$ 且 $a+2b=0$，故选(C)。

(15) **解**　应选(A)。

方法一　由于 $\boldsymbol{A}^*=\boldsymbol{A}^{\mathrm{T}}$，因此 $\boldsymbol{AA}^*=\boldsymbol{AA}^{\mathrm{T}}=|\boldsymbol{A}|\boldsymbol{E}$，从而 $a_{11}^2+a_{12}^2+a_{13}^2=3a_{11}^2=|\boldsymbol{A}|\neq0$，在 $\boldsymbol{AA}^{\mathrm{T}}=|\boldsymbol{A}|\boldsymbol{E}$ 两边取行列式，得 $|\boldsymbol{A}|^2=|\boldsymbol{A}|^3$，解之，得 $|\boldsymbol{A}|=1$，从而 $a_{11}=\dfrac{\sqrt{3}}{3}$，故选(A)。

方法二　由于 $\boldsymbol{A}^*=\boldsymbol{A}^{\mathrm{T}}$，因此 $|\boldsymbol{A}^*|=|\boldsymbol{A}^{\mathrm{T}}|=|\boldsymbol{A}|$，又 $|\boldsymbol{A}^*|=|\boldsymbol{A}|^{3-1}=|\boldsymbol{A}|^2$，所以 $|\boldsymbol{A}|^2=|\boldsymbol{A}|$，从而 $|\boldsymbol{A}|=0$ 或 $|\boldsymbol{A}|=1$。将行列式 $|\boldsymbol{A}|$ 按第一行展开，得

$$|\boldsymbol{A}|=a_{11}A_{11}+a_{12}A_{12}+a_{13}A_{13}=a_{11}^2+a_{12}^2+a_{13}^2=3a_{11}^2>0$$

所以 $|\boldsymbol{A}|=1$，从而 $a_{11}=\dfrac{\sqrt{3}}{3}$，故选(A)。

(16) **解**　应选(C)。

由于 $a_{ij}+A_{ij}=0$，因此 $A_{ij}=-a_{ij}$，从而 $\boldsymbol{A}^*=-\boldsymbol{A}^{\mathrm{T}}$。由于 $\boldsymbol{AA}^*=\boldsymbol{A}(-\boldsymbol{A}^{\mathrm{T}})=|\boldsymbol{A}|\boldsymbol{E}$，两边取行列式，得 $|\boldsymbol{A}(-\boldsymbol{A}^{\mathrm{T}})|=|\boldsymbol{A}|\,|-\boldsymbol{A}^{\mathrm{T}}|=(-1)^3\ |\boldsymbol{A}|^2=|\,|\boldsymbol{A}|\boldsymbol{E}|$，即 $|\boldsymbol{A}|^3+|\boldsymbol{A}|^2=0$，解之，得 $|\boldsymbol{A}|=0$ 或 $|\boldsymbol{A}|=-1$。由于 $\boldsymbol{A}\neq\boldsymbol{O}$，不妨设 $a_{11}\neq0$，则

$$|\boldsymbol{A}|=a_{11}A_{11}+a_{12}A_{12}+a_{13}A_{13}=-a_{11}^2-a_{12}^2-a_{13}^2<0$$

从而 $|\boldsymbol{A}|=-1$，故选(C)。

(17) **解**　应选(C)。

由 $\boldsymbol{A}^k=\boldsymbol{O}$，得

$$(\boldsymbol{E}-\boldsymbol{A})(\boldsymbol{E}+\boldsymbol{A}+\cdots+\boldsymbol{A}^{k-1})=\boldsymbol{E}^k-\boldsymbol{A}^k=\boldsymbol{E}$$

从而 $\boldsymbol{E}-\boldsymbol{A}$ 可逆，所以 $r(\boldsymbol{E}-\boldsymbol{A})=n$，故选(C)。

(18) **解** 应选(A)。

方法一 设 $\boldsymbol{AB}=\boldsymbol{C}$，则 $\boldsymbol{C}$ 的列向量组可由 $\boldsymbol{A}$ 的列向量组线性表示，从而 $r(\boldsymbol{A},\boldsymbol{AB})=r(\boldsymbol{A})$，故选(A)。

方法二 取 $\boldsymbol{A}=\begin{pmatrix}1&0\\0&0\end{pmatrix}$，$\boldsymbol{B}=\begin{pmatrix}1&1\\1&1\end{pmatrix}$，则 $\boldsymbol{BA}=\begin{pmatrix}1&0\\1&0\end{pmatrix}$，从而 $r(\boldsymbol{A})=1$，$r(\boldsymbol{A},\boldsymbol{BA})=2$，故选项(B)不正确。取 $\boldsymbol{A}=\begin{pmatrix}1&0\\0&0\end{pmatrix}$，$\boldsymbol{B}=\begin{pmatrix}0&0\\1&0\end{pmatrix}$，则 $r(\boldsymbol{A})=1$，$r(\boldsymbol{B})=1$，$r(\boldsymbol{A},\boldsymbol{B})=2$，从而选项(C)不正确。取 $\boldsymbol{A}=\begin{pmatrix}1&0\\0&0\end{pmatrix}$，$B=\begin{pmatrix}0&1\\0&0\end{pmatrix}$，则 $r(\boldsymbol{A},\boldsymbol{B})=1$，$r(\boldsymbol{A}^{\mathrm{T}},\boldsymbol{B}^{\mathrm{T}})=2$，从而选项(D)不正确。故选(A)。

方法三 由于 $(\boldsymbol{A},\boldsymbol{AB})=\boldsymbol{A}(\boldsymbol{E},\boldsymbol{B})$，且 $(\boldsymbol{E},\boldsymbol{B})$ 行满秩，因此 $r(\boldsymbol{A},\boldsymbol{AB})=r(\boldsymbol{A})$，故选(A)。

(19) **解** 应选(D)。

由于 $\boldsymbol{A}$，$\boldsymbol{B}$ 可逆，因此

$$(\boldsymbol{AB})^*=|\boldsymbol{AB}|(\boldsymbol{AB})^{-1}=|\boldsymbol{A}||\boldsymbol{B}|\boldsymbol{B}^{-1}\boldsymbol{A}^{-1}=(|\boldsymbol{B}|\boldsymbol{B}^{-1})(|\boldsymbol{A}|\boldsymbol{A}^{-1})=\boldsymbol{B}^*\boldsymbol{A}^*$$

故选(D)。

(20) **解** 应选(A)。

由于齐次线性方程组 $\boldsymbol{Ax}=\boldsymbol{0}$ 的基础解系只有两个解向量，因此 $4-r(\boldsymbol{A})=2$，即 $r(\boldsymbol{A})=2=4-2$，从而 $r(\boldsymbol{A}^*)=0$，故选(A)。

2. 填空题

(1) **解**
$$\begin{aligned}|\boldsymbol{A}+\boldsymbol{B}|&=|(\boldsymbol{\alpha}+\boldsymbol{\beta},2\boldsymbol{\gamma}_2,2\boldsymbol{\gamma}_3,2\boldsymbol{\gamma}_4)|=|(\boldsymbol{\alpha},2\boldsymbol{\gamma}_2,2\boldsymbol{\gamma}_3,2\boldsymbol{\gamma}_4)|+|(\boldsymbol{\beta},2\boldsymbol{\gamma}_2,2\boldsymbol{\gamma}_3,2\boldsymbol{\gamma}_4)|\\&=2^3|(\boldsymbol{\alpha},\boldsymbol{\gamma}_2,\boldsymbol{\gamma}_3,\boldsymbol{\gamma}_4)|+2^3|(\boldsymbol{\beta},\boldsymbol{\gamma}_2,\boldsymbol{\gamma}_3,\boldsymbol{\gamma}_4)|=2^3|\boldsymbol{A}|+2^3|\boldsymbol{B}|\\&=8\times4+8\times1=40\end{aligned}$$

(2) **解** 方法一

$$\begin{aligned}|\boldsymbol{A}+\boldsymbol{B}^{-1}|&=|\boldsymbol{A}(\boldsymbol{BB}^{-1})+\boldsymbol{B}^{-1}|=|\boldsymbol{AB}+\boldsymbol{E}||\boldsymbol{B}^{-1}|=|\boldsymbol{AB}+\boldsymbol{AA}^{-1}||\boldsymbol{B}^{-1}|\\&=|\boldsymbol{A}||\boldsymbol{B}+\boldsymbol{A}^{-1}||\boldsymbol{B}^{-1}|=3\times2\times\frac{1}{2}=3\end{aligned}$$

方法二

$$|\boldsymbol{A}+\boldsymbol{B}^{-1}|=|(\boldsymbol{B}^{-1}\boldsymbol{B})\boldsymbol{A}+\boldsymbol{B}^{-1}(\boldsymbol{A}^{-1}\boldsymbol{A})|=|\boldsymbol{B}^{-1}||\boldsymbol{B}+\boldsymbol{A}^{-1}||\boldsymbol{A}|=\frac{1}{2}\times2\times3=3$$

(3) **解** 令 $\boldsymbol{B}=\boldsymbol{\alpha\beta}^{\mathrm{T}}$，则

$$\boldsymbol{B}^2=(\boldsymbol{\alpha\beta}^{\mathrm{T}})(\boldsymbol{\alpha\beta}^{\mathrm{T}})=\boldsymbol{\alpha}(\boldsymbol{\beta}^{\mathrm{T}}\boldsymbol{\alpha})\boldsymbol{\beta}^{\mathrm{T}}=3\boldsymbol{\alpha\beta}^{\mathrm{T}}=3\boldsymbol{B}$$

从而

$$(\boldsymbol{A}-\boldsymbol{E})^2=(\boldsymbol{\alpha\beta}^{\mathrm{T}})^2=\boldsymbol{B}^2=3\boldsymbol{B}=3(\boldsymbol{A}-\boldsymbol{E})$$

所以 $\boldsymbol{A}^2-5\boldsymbol{A}=-4\boldsymbol{E}$，即 $\frac{1}{4}(5\boldsymbol{E}-\boldsymbol{A})\boldsymbol{A}=\boldsymbol{E}$，从而

$$A^{-1}=\frac{1}{4}(5E-A)=\frac{1}{4}[4E+(E-A)]=E-\frac{1}{4}\alpha\beta^T=\frac{1}{4}\begin{pmatrix}2&-6&-2\\-1&1&-1\\2&6&6\end{pmatrix}$$

(4) **解**　方法一　由于 $\alpha\beta^T=\begin{pmatrix}-1&2&1\\1&-2&-1\\2&-4&-2\end{pmatrix}=\begin{pmatrix}-1\\1\\2\end{pmatrix}(1,-2,-1)$，因此 $\alpha^T\beta=-5$。

方法二　令 $A=\alpha\beta^T$，则

$$\alpha^T\beta=\mathrm{tr}(A)=(-1)+(-2)+(-2)=-5$$

(5) **解**　由题设知 $B+AB+A=E$，两边加 E 并因式分解，得 $(E+A)(E+B)=2E$，从而 $(E+B)^{-1}=\frac{1}{2}(E+A)=\begin{pmatrix}1&0&0&0\\-1&2&0&0\\0&-2&3&0\\0&0&-3&4\end{pmatrix}$。

(6) **解**　由 $A^2+A-4E=O$，得 $(A-E)(A+E)+(A-E)=2E$，$(A-E)(A+2E)=2E$，从而 $(A-E)^{-1}=\frac{1}{2}(A+2E)$。

(7) **解**　由 $2CA-2AB=C-B$，得 $2CA-C=2AB-B$，即 $C(2A-E)=(2A-E)B$，由于 $2A-E=\begin{pmatrix}1&1&0\\-1&1&0\\0&0&2\end{pmatrix}-\begin{pmatrix}1&0&0\\0&1&0\\0&0&1\end{pmatrix}=\begin{pmatrix}0&1&0\\-1&0&0\\0&0&1\end{pmatrix}$可逆，因此

$$C^3=[(2A-E)B(2A-E)^{-1}]^3=(2A-E)B^3(2A-E)^{-1}$$

$$=\begin{pmatrix}0&1&0\\-1&0&0\\0&0&1\end{pmatrix}\begin{pmatrix}3&2&1\\0&0&0\\0&0&1\end{pmatrix}^3\begin{pmatrix}0&-1&0\\1&0&0\\0&0&1\end{pmatrix}=\begin{pmatrix}0&1&0\\-1&0&0\\0&0&1\end{pmatrix}\begin{pmatrix}27&18&9\\0&0&0\\0&0&0\end{pmatrix}\begin{pmatrix}0&-1&0\\1&0&0\\0&0&1\end{pmatrix}$$

$$=\begin{pmatrix}0&0&0\\-18&27&-9\\0&0&0\end{pmatrix}$$

(8) **解**　方法一　由于 $r(A)=1$，且 $\mathrm{tr}(A)=6$，因此

$$A^n=6^{n-1}A=6^{n-1}\begin{pmatrix}3&-1\\-9&3\end{pmatrix}=\begin{pmatrix}3\cdot6^{n-1}&-6^{n-1}\\-9\cdot6^{n-1}&3\cdot6^{n-1}\end{pmatrix}$$

方法二　由 $|\lambda E-A|=\begin{vmatrix}\lambda-3&1\\9&\lambda-3\end{vmatrix}=\lambda^2-6\lambda=0$，得 A 的特征值为 $\lambda_1=0$，$\lambda_2=6$。

对于 $\lambda_1=0$，由 $(0E-A)x=0$，得特征向量 $\alpha_1=(1,3)^T$；对于 $\lambda_2=6$，由 $(6E-A)x=0$，得特征向量 $\alpha_2=(-1,3)^T$。令 $P=\begin{pmatrix}1&-1\\3&3\end{pmatrix}$，则 $P^{-1}=\frac{1}{6}\begin{pmatrix}3&1\\-3&1\end{pmatrix}$，从而 $A=P\Lambda P^{-1}$，故

$$A^n=P\Lambda^nP^{-1}=\frac{1}{6}\begin{pmatrix}1&-1\\3&3\end{pmatrix}\begin{pmatrix}0&0\\0&6^n\end{pmatrix}\begin{pmatrix}3&1\\-3&1\end{pmatrix}=6^{n-1}\begin{pmatrix}1&-1\\3&3\end{pmatrix}\begin{pmatrix}0&0\\0&1\end{pmatrix}\begin{pmatrix}3&1\\-3&1\end{pmatrix}$$

$$=6^{n-1}\begin{pmatrix}3&-1\\-9&3\end{pmatrix}=\begin{pmatrix}3\cdot6^{n-1}&-6^{n-1}\\-9\cdot6^{n-1}&3\cdot6^{n-1}\end{pmatrix}$$

(9) **解**　由题设知$(\boldsymbol{A}^2-\boldsymbol{E})\boldsymbol{B}=\boldsymbol{A}+\boldsymbol{E}$，$(\boldsymbol{A}+\boldsymbol{E})(\boldsymbol{A}-\boldsymbol{E})\boldsymbol{B}=\boldsymbol{A}+\boldsymbol{E}$，由$\boldsymbol{A}+\boldsymbol{E}$可逆，得$(\boldsymbol{A}-\boldsymbol{E})\boldsymbol{B}=\boldsymbol{E}$，取行列式，得$|\boldsymbol{B}|=\dfrac{1}{|\boldsymbol{A}-\boldsymbol{E}|}=\dfrac{1}{2}$。

(10) **解**　由题设知$\boldsymbol{B}(\boldsymbol{A}-\boldsymbol{E})=2\boldsymbol{E}$，由于$\boldsymbol{A}-\boldsymbol{E}$可逆，故$|\boldsymbol{B}|=\dfrac{2^2}{|\boldsymbol{A}-\boldsymbol{E}|}=2$。

(11) **解**　由题设知$\boldsymbol{B}(\boldsymbol{A}-\boldsymbol{E})=2\boldsymbol{E}$，由于$\boldsymbol{A}-\boldsymbol{E}$可逆，故

$$\boldsymbol{B}=2(\boldsymbol{A}-\boldsymbol{E})^{-1}=2\times\frac{1}{2}\begin{pmatrix}1&-1\\1&1\end{pmatrix}=\begin{pmatrix}1&-1\\1&1\end{pmatrix}$$

(12) **解**　由题设知$|\boldsymbol{B}|=-|\boldsymbol{A}|$，$|\boldsymbol{A}^*|=|\boldsymbol{A}|^2$，从而

$$|\boldsymbol{B}\boldsymbol{A}^*|=|\boldsymbol{B}||\boldsymbol{A}^*|=-|\boldsymbol{A}|^3=-27$$

(13) **解**　$$\begin{pmatrix}\boldsymbol{A}&\boldsymbol{O}\\\boldsymbol{O}&\boldsymbol{B}\end{pmatrix}^*=\begin{vmatrix}\boldsymbol{A}&\boldsymbol{O}\\\boldsymbol{O}&\boldsymbol{B}\end{vmatrix}\begin{pmatrix}\boldsymbol{A}&\boldsymbol{O}\\\boldsymbol{O}&\boldsymbol{B}\end{pmatrix}^{-1}=|\boldsymbol{A}||\boldsymbol{B}|\begin{pmatrix}\boldsymbol{A}^{-1}&\boldsymbol{O}\\\boldsymbol{O}&\boldsymbol{B}^{-1}\end{pmatrix}$$

$$=\begin{pmatrix}|\boldsymbol{B}|(|\boldsymbol{A}|\boldsymbol{A}^{-1})&\boldsymbol{O}\\\boldsymbol{O}&|\boldsymbol{A}|(|\boldsymbol{B}|\boldsymbol{B}^{-1})\end{pmatrix}=\begin{pmatrix}b\boldsymbol{A}^*&\boldsymbol{O}\\\boldsymbol{O}&a\boldsymbol{B}^*\end{pmatrix}$$

(14) **解**　$$\begin{pmatrix}\boldsymbol{O}&\boldsymbol{A}\\\boldsymbol{B}&\boldsymbol{O}\end{pmatrix}^*=\begin{vmatrix}\boldsymbol{O}&\boldsymbol{A}\\\boldsymbol{B}&\boldsymbol{O}\end{vmatrix}\begin{pmatrix}\boldsymbol{O}&\boldsymbol{A}\\\boldsymbol{B}&\boldsymbol{O}\end{pmatrix}^{-1}=(-1)^{mn}|\boldsymbol{A}||\boldsymbol{B}|\begin{pmatrix}\boldsymbol{O}&\boldsymbol{B}^{-1}\\\boldsymbol{A}^{-1}&\boldsymbol{O}\end{pmatrix}$$

$$=(-1)^{mn}\begin{pmatrix}\boldsymbol{O}&|\boldsymbol{A}|(|\boldsymbol{B}|\boldsymbol{B}^{-1})\\|\boldsymbol{B}|(|\boldsymbol{A}|\boldsymbol{A}^{-1})&\boldsymbol{O}\end{pmatrix}=(-1)^{mn}\begin{pmatrix}\boldsymbol{O}&a\boldsymbol{B}^*\\b\boldsymbol{A}^*&\boldsymbol{O}\end{pmatrix}$$

(15) **解**　由于$\boldsymbol{A}^2=\begin{pmatrix}0&0&1&0\\0&0&0&1\\0&0&0&0\\0&0&0&0\end{pmatrix}$，$\boldsymbol{A}^3=\begin{pmatrix}0&0&0&1\\0&0&0&0\\0&0&0&0\\0&0&0&0\end{pmatrix}$，因此$\boldsymbol{A}^3$的秩为1。

(16) **解**　由于$\boldsymbol{A}$与$\boldsymbol{B}$等价，因此$r(\boldsymbol{A})=r(\boldsymbol{B})$。由$\boldsymbol{B}=\begin{pmatrix}1&1&0\\0&-1&1\\1&0&1\end{pmatrix}\to\begin{pmatrix}1&1&0\\0&-1&1\\0&0&0\end{pmatrix}$，得$r(\boldsymbol{B})=2$，从而$r(\boldsymbol{A})=2$。由

$$0=|\boldsymbol{A}|=\begin{vmatrix}a&-1&-1\\-1&a&-1\\-1&-1&a\end{vmatrix}=(a-2)\begin{vmatrix}1&1&1\\-1&a&-1\\-1&-1&a\end{vmatrix}$$

$$=(a-2)\begin{vmatrix}1&1&1\\0&a+1&0\\0&0&a+1\end{vmatrix}=(a-2)(a+1)^2$$

得$a=2$或$a=-1$。当$a=-1$时，$r(\boldsymbol{A})=1\neq2$，故$a=2$。

(17) **解**　方法一　取$\boldsymbol{\alpha}=(1,0,0)^{\mathrm{T}}$，则

$$\boldsymbol{\alpha}\boldsymbol{\alpha}^{\mathrm{T}}=\begin{pmatrix}1\\0\\0\end{pmatrix}(1,0,0)=\begin{pmatrix}1&0&0\\0&0&0\\0&0&0\end{pmatrix},\quad \boldsymbol{E}-\boldsymbol{\alpha}\boldsymbol{\alpha}^{\mathrm{T}}=\begin{pmatrix}0&0&0\\0&1&0\\0&0&1\end{pmatrix}$$

从而$\boldsymbol{E}-\boldsymbol{\alpha}\boldsymbol{\alpha}^{\mathrm{T}}$的秩为2。

方法二　令$\boldsymbol{B}=\boldsymbol{\alpha}\boldsymbol{\alpha}^{\mathrm{T}}$，则$\boldsymbol{B}^2=\boldsymbol{\alpha}(\boldsymbol{\alpha}^{\mathrm{T}}\boldsymbol{\alpha})\boldsymbol{\alpha}^{\mathrm{T}}=\boldsymbol{\alpha}\boldsymbol{\alpha}^{\mathrm{T}}=\boldsymbol{B}$，从而$\boldsymbol{B}-\boldsymbol{B}^2=(\boldsymbol{E}-\boldsymbol{B})\boldsymbol{B}=\boldsymbol{O}$，故

$r(\boldsymbol{E}-\boldsymbol{B})+r(\boldsymbol{B})\leqslant 3$。由于 $r(\boldsymbol{E}-\boldsymbol{B})+r(\boldsymbol{B})\geqslant r(\boldsymbol{E})=3$，因此 $r(\boldsymbol{E}-\boldsymbol{B})+r(\boldsymbol{B})=3$。又 $r(\boldsymbol{B})=r(\boldsymbol{\alpha\alpha}^{\mathrm{T}})\leqslant r(\boldsymbol{\alpha})=1$，且 $\boldsymbol{B}$ 为非零矩阵，故 $r(\boldsymbol{B})\geqslant 1$，从而 $r(\boldsymbol{B})=1$，所以矩阵 $\boldsymbol{E}-\boldsymbol{\alpha\alpha}^{\mathrm{T}}$ 的秩为 2。

(18) **解** 由于

$$\boldsymbol{B}=\boldsymbol{E}_{12}\boldsymbol{A}$$

$$\begin{aligned}(\boldsymbol{A}^*)^{-1}\boldsymbol{B}^{-1}&=(\boldsymbol{A}^*)^{-1}(\boldsymbol{E}_{12}\boldsymbol{A})^{-1}=(\boldsymbol{A}^*)^{-1}\boldsymbol{A}^{-1}\boldsymbol{E}_{12}^{-1}\\&=(\boldsymbol{A}\boldsymbol{A}^*)^{-1}\boldsymbol{E}_{12}=(|\boldsymbol{A}|\boldsymbol{E})^{-1}\boldsymbol{E}_{12}=\frac{1}{|\boldsymbol{A}|}\boldsymbol{E}_{12}\end{aligned}$$

因此

$$|(\boldsymbol{A}^*)^{-1}\boldsymbol{B}^{-1}|=\left|\frac{1}{|\boldsymbol{A}|}\boldsymbol{E}_{12}\right|=\frac{1}{|\boldsymbol{A}|^3}|\boldsymbol{E}_{12}|=-\frac{1}{8}$$

(19) **解** 由 $\boldsymbol{ABA}^*=2\boldsymbol{BA}^*+\boldsymbol{E}$ 及 $|\boldsymbol{A}|=3$，得 $\boldsymbol{ABA}^*\boldsymbol{A}=2\boldsymbol{BA}^*\boldsymbol{A}+\boldsymbol{A}$，从而 $3\boldsymbol{AB}=6\boldsymbol{B}+\boldsymbol{A}$，即 $3(\boldsymbol{A}-2\boldsymbol{E})\boldsymbol{B}=\boldsymbol{A}$，两边取行列式，得 $3^3|\boldsymbol{A}-2\boldsymbol{E}||\boldsymbol{B}|=|\boldsymbol{A}|$，又 $|\boldsymbol{A}-2\boldsymbol{E}|=1$，故

$$|\boldsymbol{B}|=\frac{3}{27\times 1}=\frac{1}{9}$$

(20) **解** 由于

$$\boldsymbol{B}=(\boldsymbol{\alpha}_1+\boldsymbol{\alpha}_2+\boldsymbol{\alpha}_3,\ \boldsymbol{\alpha}_1+2\boldsymbol{\alpha}_2+4\boldsymbol{\alpha}_3,\ \boldsymbol{\alpha}_1+3\boldsymbol{\alpha}_2+9\boldsymbol{\alpha}_3)=(\boldsymbol{\alpha}_1,\boldsymbol{\alpha}_2,\boldsymbol{\alpha}_3)\begin{pmatrix}1&1&1\\1&2&3\\1&4&9\end{pmatrix}$$

因此

$$|\boldsymbol{B}|=|\boldsymbol{A}|\begin{vmatrix}1&1&1\\1&2&3\\1&4&9\end{vmatrix}=1\times(2-1)(3-2)(3-1)=2$$

3. 解答题

(1) **解** (ⅰ) 由题设，得 $\boldsymbol{AB}-2\boldsymbol{B}-4\boldsymbol{A}=\boldsymbol{O}$，从而 $(\boldsymbol{A}-2\boldsymbol{E})(\boldsymbol{B}-4\boldsymbol{E})=8\boldsymbol{E}$，故 $\boldsymbol{A}-2\boldsymbol{E}$ 可逆，并且 $(\boldsymbol{A}-2\boldsymbol{E})^{-1}=\frac{1}{8}(\boldsymbol{B}-4\boldsymbol{E})$。

(ⅱ) 由(ⅰ)得

$$\boldsymbol{A}=2\boldsymbol{E}+8(\boldsymbol{B}-4\boldsymbol{E})^{-1}=2\boldsymbol{E}+8\begin{pmatrix}-3&-2&0\\1&-2&0\\0&0&-2\end{pmatrix}^{-1}=2\boldsymbol{E}+8\begin{pmatrix}-\frac{1}{4}&\frac{1}{4}&0\\-\frac{1}{8}&-\frac{3}{8}&0\\0&0&-\frac{1}{2}\end{pmatrix}$$

$$=\begin{pmatrix}0&2&0\\-1&-1&0\\0&0&-2\end{pmatrix}$$

(2) **证** 由于 $\boldsymbol{A}^{-1}+\boldsymbol{B}^{-1}=\boldsymbol{B}^{-1}+\boldsymbol{A}^{-1}=\boldsymbol{B}^{-1}(\boldsymbol{A}+\boldsymbol{B})\boldsymbol{A}^{-1}$，因此 $\boldsymbol{A}^{-1}+\boldsymbol{B}^{-1}$ 可逆，且

$$(\boldsymbol{A}^{-1}+\boldsymbol{B}^{-1})^{-1}=[\boldsymbol{B}^{-1}(\boldsymbol{A}+\boldsymbol{B})\boldsymbol{A}^{-1}]^{-1}=\boldsymbol{A}(\boldsymbol{A}+\boldsymbol{B})^{-1}\boldsymbol{B}$$

又

$$\boldsymbol{A}^{-1}-\boldsymbol{A}^{-1}(\boldsymbol{A}^{-1}+\boldsymbol{B}^{-1})^{-1}\boldsymbol{A}^{-1}=\boldsymbol{A}^{-1}-\boldsymbol{A}^{-1}\boldsymbol{A}(\boldsymbol{A}+\boldsymbol{B})^{-1}\boldsymbol{B}\boldsymbol{A}^{-1}=\boldsymbol{A}^{-1}-(\boldsymbol{A}+\boldsymbol{B})^{-1}\boldsymbol{B}\boldsymbol{A}^{-1}$$

从而

$$\begin{aligned}(\boldsymbol{A}+\boldsymbol{B})[\boldsymbol{A}^{-1}-\boldsymbol{A}^{-1}(\boldsymbol{A}^{-1}+\boldsymbol{B}^{-1})^{-1}\boldsymbol{A}^{-1}]&=(\boldsymbol{A}+\boldsymbol{B})[\boldsymbol{A}^{-1}-(\boldsymbol{A}+\boldsymbol{B})^{-1}\boldsymbol{B}\boldsymbol{A}^{-1}]\\&=\boldsymbol{E}+\boldsymbol{B}\boldsymbol{A}^{-1}-\boldsymbol{B}\boldsymbol{A}^{-1}=\boldsymbol{E}\end{aligned}$$

故

$$(\boldsymbol{A}+\boldsymbol{B})^{-1}=\boldsymbol{A}^{-1}-\boldsymbol{A}^{-1}(\boldsymbol{A}^{-1}+\boldsymbol{B}^{-1})^{-1}\boldsymbol{A}^{-1}$$

(3) **证** 由于 $\boldsymbol{B}=\boldsymbol{E}_{ij}\boldsymbol{A}$，因此 $|\boldsymbol{B}|=|\boldsymbol{E}_{ij}\boldsymbol{A}|=|\boldsymbol{E}_{ij}||\boldsymbol{A}|=-|\boldsymbol{A}|\neq 0$，从而 $\boldsymbol{B}$ 可逆。

由于 $\boldsymbol{B}^{-1}=(\boldsymbol{E}_{ij}\boldsymbol{A})^{-1}=\boldsymbol{A}^{-1}\boldsymbol{E}_{ij}^{-1}=\boldsymbol{A}^{-1}\boldsymbol{E}_{ij}$，因此 $\boldsymbol{A}\boldsymbol{B}^{-1}=\boldsymbol{A}(\boldsymbol{A}^{-1}\boldsymbol{E}_{ij})=\boldsymbol{E}_{ij}$。

(4) **证** 方法一 由于 $r(\boldsymbol{A})=n-1$，因此 $r(\boldsymbol{A}^*)=1$，从而 $\boldsymbol{A}^*$ 中每两行对应元素成比例。不妨设 $\boldsymbol{A}^*=\begin{pmatrix}a_1b_1 & a_1b_2 & \cdots & a_1b_n\\ a_2b_1 & a_2b_2 & \cdots & a_2b_n\\ \vdots & \vdots & & \vdots\\ a_nb_1 & a_nb_2 & \cdots & a_nb_n\end{pmatrix}$，$(\boldsymbol{A}^*)^2=(b_{ij})_{n\times n}$，则由矩阵的乘法法则，得

$b_{ij}=\sum\limits_{k=1}^{n}a_ib_ka_kb_j=\left(\sum\limits_{k=1}^{n}a_kb_k\right)a_ib_j=ka_ib_j$，其中 $k=\left(\sum\limits_{k=1}^{n}a_kb_k\right)$，从而 $(\boldsymbol{A}^*)^2=k\boldsymbol{A}^*$。

方法二 由于 $r(\boldsymbol{A})=n-1$，因此 $r(\boldsymbol{A}^*)=1$，从而存在 n 维非零列向量 $\boldsymbol{\alpha}$，$\boldsymbol{\beta}$，使得 $\boldsymbol{A}^*=\boldsymbol{\alpha}\boldsymbol{\beta}^{\mathrm{T}}$，故 $(\boldsymbol{A}^*)^2=k\boldsymbol{A}^*$，其中 $k=(\boldsymbol{\alpha},\boldsymbol{\beta})$ 为 $\boldsymbol{\alpha}$，$\boldsymbol{\beta}$ 的内积。

(5) **证** 由于 $\boldsymbol{A}=\boldsymbol{E}-\boldsymbol{\alpha}\boldsymbol{\alpha}^{\mathrm{T}}$，因此 $(\boldsymbol{E}-\boldsymbol{A})^2=(\boldsymbol{\alpha}\boldsymbol{\alpha}^{\mathrm{T}})(\boldsymbol{\alpha}\boldsymbol{\alpha}^{\mathrm{T}})=\boldsymbol{\alpha}(\boldsymbol{\alpha}^{\mathrm{T}}\boldsymbol{\alpha})\boldsymbol{\alpha}^{\mathrm{T}}=\boldsymbol{\alpha}\boldsymbol{\alpha}^{\mathrm{T}}=\boldsymbol{E}-\boldsymbol{A}$，从而 $\boldsymbol{A}(\boldsymbol{E}-\boldsymbol{A})=\boldsymbol{O}$，所以 $r(\boldsymbol{A})+r(\boldsymbol{E}-\boldsymbol{A})\leqslant n$。

又 $r(\boldsymbol{A})+r(\boldsymbol{E}-\boldsymbol{A})\geqslant r(\boldsymbol{A}+\boldsymbol{E}-\boldsymbol{A})=r(\boldsymbol{E})=n$，故 $r(\boldsymbol{A})+r(\boldsymbol{E}-\boldsymbol{A})=n$。由 $\boldsymbol{A}=\boldsymbol{E}-\boldsymbol{\alpha}\boldsymbol{\alpha}^{\mathrm{T}}$，得 $r(\boldsymbol{E}-\boldsymbol{A})=r(\boldsymbol{\alpha}\boldsymbol{\alpha}^{\mathrm{T}})\leqslant r(\boldsymbol{\alpha})=1$。由于 $\boldsymbol{E}-\boldsymbol{A}=\boldsymbol{\alpha}\boldsymbol{\alpha}^{\mathrm{T}}\neq\boldsymbol{O}$，因此 $r(\boldsymbol{E}-\boldsymbol{A})=r(\boldsymbol{\alpha}\boldsymbol{\alpha}^{\mathrm{T}})\geqslant 1$，从而 $r(\boldsymbol{E}-\boldsymbol{A})=1$，故 $r(\boldsymbol{A})=n-1$。

(6) **解** 令 $\boldsymbol{A}_1=\begin{pmatrix}2&1\\0&2\end{pmatrix}$，$\boldsymbol{A}_2=\begin{pmatrix}2&4\\1&2\end{pmatrix}$，则 $\boldsymbol{A}=\begin{bmatrix}\boldsymbol{A}_1&\boldsymbol{O}\\\boldsymbol{O}&\boldsymbol{A}_2\end{bmatrix}$。又 $\boldsymbol{A}_1=2\boldsymbol{E}+\begin{pmatrix}0&1\\0&0\end{pmatrix}$，且 $\begin{pmatrix}0&1\\0&0\end{pmatrix}^k=\boldsymbol{O}(k\geqslant 2)$，故 $\boldsymbol{A}_1^n=2^n\boldsymbol{E}+\mathrm{C}_n^1\cdot 2^{n-1}\begin{pmatrix}0&1\\0&0\end{pmatrix}=\begin{bmatrix}2^n & n\cdot 2^{n-1}\\0&2^n\end{bmatrix}$。由于 $\boldsymbol{A}_2$ 两行成比例，即 $\boldsymbol{A}_2=\begin{pmatrix}2&4\\1&2\end{pmatrix}=\begin{pmatrix}2\\1\end{pmatrix}(1,2)$，因此 $\boldsymbol{A}_2^n=4^{n-1}\begin{pmatrix}2&4\\1&2\end{pmatrix}=\begin{bmatrix}2\cdot 4^{n-1} & 4\cdot 4^{n-1}\\4^{n-1} & 2\cdot 4^{n-1}\end{bmatrix}$，从而

$$\boldsymbol{A}^n=\begin{bmatrix}\boldsymbol{A}_1^n&\boldsymbol{O}\\\boldsymbol{O}&\boldsymbol{A}_2^n\end{bmatrix}=\begin{bmatrix}2^n & n\cdot 2^{n-1} & 0 & 0\\0 & 2^n & 0 & 0\\0&0&2\cdot 4^{n-1} & 4\cdot 4^{n-1}\\0&0&4^{n-1}&2\cdot 4^{n-1}\end{bmatrix}$$

(7) **解** (i) 令 $\boldsymbol{P}=(\boldsymbol{\alpha}_1,\boldsymbol{\alpha}_2,\boldsymbol{\alpha}_3)$，则

$$\boldsymbol{A}\boldsymbol{P}=\boldsymbol{A}(\boldsymbol{\alpha}_1,\boldsymbol{\alpha}_2,\boldsymbol{\alpha}_3)=(\boldsymbol{A}\boldsymbol{\alpha}_1,\boldsymbol{A}\boldsymbol{\alpha}_2,\boldsymbol{A}\boldsymbol{\alpha}_3)=(-\boldsymbol{\alpha}_1,\boldsymbol{\alpha}_2,2\boldsymbol{\alpha}_3)=\boldsymbol{P}\begin{bmatrix}-1&0&0\\0&1&0\\0&0&2\end{bmatrix}$$

从而 $\boldsymbol{A}=\boldsymbol{P}\begin{bmatrix}-1&0&0\\0&1&0\\0&0&2\end{bmatrix}\boldsymbol{P}^{-1}$。由

$$\begin{pmatrix}1&0&0&\vdots&1&0&0\\-1&1&1&\vdots&0&1&0\\0&0&1&\vdots&0&0&1\end{pmatrix}\to\begin{pmatrix}1&0&0&\vdots&1&0&0\\0&1&1&\vdots&1&1&0\\0&0&1&\vdots&0&0&1\end{pmatrix}\to\begin{pmatrix}1&0&0&\vdots&1&0&0\\0&1&0&\vdots&1&1&-1\\0&0&1&\vdots&0&0&1\end{pmatrix}$$

得 $\boldsymbol{P}^{-1}=\begin{pmatrix}1&0&0\\1&1&-1\\0&0&1\end{pmatrix}$，从而

$$\boldsymbol{A}=\boldsymbol{P}\begin{pmatrix}-1&0&0\\0&1&0\\0&0&2\end{pmatrix}\boldsymbol{P}^{-1}=\begin{pmatrix}1&0&0\\-1&1&1\\0&0&1\end{pmatrix}\begin{pmatrix}-1&0&0\\0&1&0\\0&0&2\end{pmatrix}\begin{pmatrix}1&0&0\\1&1&-1\\0&0&1\end{pmatrix}=\begin{pmatrix}-1&0&0\\2&1&1\\0&0&2\end{pmatrix}$$

（ⅱ）方法一 由

$$(\boldsymbol{P}\vdots\boldsymbol{\beta})=\begin{pmatrix}1&0&0&\vdots&1\\-1&1&1&\vdots&-2\\0&0&1&\vdots&3\end{pmatrix}\to\begin{pmatrix}1&0&0&\vdots&1\\0&1&1&\vdots&-1\\0&0&1&\vdots&3\end{pmatrix}\to\begin{pmatrix}1&0&0&\vdots&1\\0&1&0&\vdots&-4\\0&0&1&\vdots&3\end{pmatrix}$$

得 $\boldsymbol{\beta}=\boldsymbol{\alpha}_1-4\boldsymbol{\alpha}_2+3\boldsymbol{\alpha}_3$，从而

$$\boldsymbol{A}^{100}\boldsymbol{\beta}=\boldsymbol{A}^{100}\boldsymbol{\alpha}_1-4\boldsymbol{A}^{100}\boldsymbol{\alpha}_2+3\boldsymbol{A}^{100}\boldsymbol{\alpha}_3=(-1)^{100}\boldsymbol{\alpha}_1-4\boldsymbol{\alpha}_2+3\times2^{100}\boldsymbol{\alpha}_3=\begin{pmatrix}1\\3\times2^{100}-5\\3\times2^{100}\end{pmatrix}$$

方法二 由于 $\boldsymbol{A}=\boldsymbol{P}\begin{pmatrix}-1&0&0\\0&1&0\\0&0&2\end{pmatrix}\boldsymbol{P}^{-1}$，因此

$$\begin{aligned}\boldsymbol{A}^{100}&=\boldsymbol{P}\begin{pmatrix}(-1)^{100}&0&0\\0&1&0\\0&0&2^{100}\end{pmatrix}\boldsymbol{P}^{-1}\\&=\begin{pmatrix}1&0&0\\-1&1&1\\0&0&1\end{pmatrix}\begin{pmatrix}(-1)^{100}&0&0\\0&1&0\\0&0&2^{100}\end{pmatrix}\begin{pmatrix}1&0&0\\1&1&-1\\0&0&1\end{pmatrix}\\&=\begin{pmatrix}1&0&0\\0&1&2^{100}-1\\0&0&2^{100}\end{pmatrix}\end{aligned}$$

故

$$\boldsymbol{A}^{100}\boldsymbol{\beta}=\begin{pmatrix}1&0&0\\0&1&2^{100}-1\\0&0&2^{100}\end{pmatrix}\begin{pmatrix}1\\-2\\3\end{pmatrix}=\begin{pmatrix}1\\3\times2^{100}-5\\3\times2^{100}\end{pmatrix}$$

（8）解 令 $\boldsymbol{B}=\begin{pmatrix}1&0&\cdots&0\\0&2&\cdots&0\\\vdots&\vdots&&\vdots\\0&0&\cdots&n-1\end{pmatrix}$，$\boldsymbol{C}=(n)$，则 $\boldsymbol{A}=\begin{pmatrix}\boldsymbol{O}&\boldsymbol{B}\\\boldsymbol{C}&\boldsymbol{O}\end{pmatrix}$，$|\boldsymbol{A}|=(-1)^{n-1}n!$，

从而

$$A^*=|A|A^{-1}=(-1)^{n-1}n!\begin{pmatrix}O & C^{-1}\\ B^{-1} & O\end{pmatrix}=(-1)^{n-1}n!\begin{pmatrix}0 & 0 & \cdots & 0 & \frac{1}{n}\\ 1 & 0 & \cdots & 0 & 0\\ 0 & \frac{1}{2} & \cdots & 0 & 0\\ \vdots & \vdots & & \vdots & \vdots\\ 0 & 0 & \cdots & \frac{1}{n-1} & 0\end{pmatrix}$$

故

$$A_{k1}+A_{k2}+\cdots+A_{kn}=\frac{(-1)^{n-1}n!}{k}$$

(9) **解** (ⅰ) 由 $A^3=O$，得 $|A|=0$，即

$$0=\begin{vmatrix}a & 1 & 0\\ 1 & a & -1\\ 0 & 1 & a\end{vmatrix}=\begin{vmatrix}a & 1 & 0\\ 0 & a & -1\\ a & 1 & a\end{vmatrix}=a\begin{vmatrix}1 & 1 & 0\\ 0 & a & -1\\ 1 & 1 & a\end{vmatrix}=a^3$$

解之，得 $a=0$。

(ⅱ) 当 $a=0$ 时，$A=\begin{pmatrix}0 & 1 & 0\\ 1 & 0 & -1\\ 0 & 1 & 0\end{pmatrix}$，由 $X-XA^2-AX+AXA^2=E$，得

$$(E-A)X-(E-A)XA^2=E,\quad (E-A)X(E-A^2)=E$$

从而 $X=(E-A)^{-1}(E-A^2)^{-1}$，又

$$A^2=\begin{pmatrix}1 & 0 & -1\\ 0 & 0 & 0\\ 1 & 0 & -1\end{pmatrix},\quad E-A=\begin{pmatrix}1 & -1 & 0\\ -1 & 1 & 1\\ 0 & -1 & 1\end{pmatrix},\quad E-A^2=\begin{pmatrix}0 & 0 & 1\\ 0 & 1 & 0\\ -1 & 0 & 2\end{pmatrix}$$

由

$$(E-A\vdots E)=\begin{pmatrix}1 & -1 & 0 & \vdots & 1 & 0 & 0\\ -1 & 1 & 1 & \vdots & 0 & 1 & 0\\ 0 & -1 & 1 & \vdots & 0 & 0 & 1\end{pmatrix}\to\begin{pmatrix}1 & -1 & 0 & \vdots & 1 & 0 & 0\\ 0 & 0 & 1 & \vdots & 1 & 1 & 0\\ 0 & -1 & 0 & \vdots & -1 & -1 & 1\end{pmatrix}$$

$$\to\begin{pmatrix}1 & 0 & 0 & \vdots & 2 & 1 & -1\\ 0 & 1 & 0 & \vdots & 1 & 1 & -1\\ 0 & 0 & 1 & \vdots & 1 & 1 & 0\end{pmatrix}$$

得

$$(E-A)^{-1}=\begin{pmatrix}2 & 1 & -1\\ 1 & 1 & -1\\ 1 & 1 & 0\end{pmatrix}$$

再由

$$(E-A^2\vdots E)=\begin{pmatrix}0 & 0 & 1 & \vdots & 1 & 0 & 0\\ 0 & 1 & 0 & \vdots & 0 & 1 & 0\\ -1 & 0 & 2 & \vdots & 0 & 0 & 1\end{pmatrix}\to\begin{pmatrix}1 & 0 & -2 & \vdots & 0 & 0 & -1\\ 0 & 1 & 0 & \vdots & 0 & 1 & 0\\ 0 & 0 & 1 & \vdots & 1 & 0 & 0\end{pmatrix}$$

$$\rightarrow\begin{pmatrix}1&0&0&\vdots&2&0&-1\\0&1&0&\vdots&0&1&0\\0&0&1&\vdots&1&0&0\end{pmatrix}$$

得

$$(\boldsymbol{E}-\boldsymbol{A}^2)^{-1}=\begin{pmatrix}2&0&-1\\0&1&0\\1&0&0\end{pmatrix}$$

故

$$\boldsymbol{X}=(\boldsymbol{E}-\boldsymbol{A})^{-1}(\boldsymbol{E}-\boldsymbol{A}^2)^{-1}=\begin{pmatrix}2&1&-1\\1&1&-1\\1&1&0\end{pmatrix}\begin{pmatrix}2&0&-1\\0&1&0\\1&0&0\end{pmatrix}=\begin{pmatrix}3&1&-2\\1&1&-1\\2&1&-1\end{pmatrix}$$

(10) **解**　(ⅰ) 由于 $\boldsymbol{A}=\begin{pmatrix}1&2&a\\1&3&0\\2&7&-a\end{pmatrix}\rightarrow\begin{pmatrix}1&2&a\\1&3&0\\3&9&0\end{pmatrix}\rightarrow\begin{pmatrix}1&2&a\\1&3&0\\0&0&0\end{pmatrix}$，因此 $r(\boldsymbol{A})=2$，由初等变换不改变矩阵的秩，得 $r(\boldsymbol{B})=2$，从而

$$0=|\boldsymbol{B}|=\begin{vmatrix}1&a&2\\0&1&1\\-1&1&1\end{vmatrix}=\begin{vmatrix}1&a&2\\0&1&1\\-1&0&0\end{vmatrix}=-\begin{vmatrix}a&2\\1&1\end{vmatrix}=2-a$$

解之，得 $a=2$。

(ⅱ) 方法一　由 $\boldsymbol{AP}=\boldsymbol{B}$，得 $\boldsymbol{P}^{\mathrm{T}}\boldsymbol{A}^{\mathrm{T}}=\boldsymbol{B}^{\mathrm{T}}$，即 $\boldsymbol{A}^{\mathrm{T}}$ 经过初等行变换化为 $\boldsymbol{B}^{\mathrm{T}}$。由分块矩阵的乘法，得 $\boldsymbol{P}^{\mathrm{T}}(\boldsymbol{A}^{\mathrm{T}},\boldsymbol{E})=(\boldsymbol{P}^{\mathrm{T}}\boldsymbol{A}^{\mathrm{T}},\boldsymbol{P}^{\mathrm{T}})=(\boldsymbol{B}^{\mathrm{T}},\boldsymbol{P}^{\mathrm{T}})$，即 $(\boldsymbol{A}^{\mathrm{T}},\boldsymbol{E})$ 经过初等行变换化为 $(\boldsymbol{B}^{\mathrm{T}},\boldsymbol{P}^{\mathrm{T}})$，又

$$(\boldsymbol{A}^{\mathrm{T}},\boldsymbol{E})=\begin{pmatrix}1&1&2&\vdots&1&0&0\\2&3&7&\vdots&0&1&0\\2&0&-2&\vdots&0&0&1\end{pmatrix}\rightarrow\begin{pmatrix}1&1&2&\vdots&1&0&0\\0&1&3&\vdots&-2&1&0\\0&-2&-6&\vdots&-2&0&1\end{pmatrix}$$

$$\rightarrow\begin{pmatrix}1&1&2&\vdots&1&0&0\\0&1&3&\vdots&-2&1&0\\0&0&0&\vdots&-6&2&1\end{pmatrix}\rightarrow\begin{pmatrix}1&0&-1&\vdots&3&-1&0\\0&1&3&\vdots&-2&1&0\\0&0&0&\vdots&-6&2&1\end{pmatrix}$$

$$\rightarrow\begin{pmatrix}1&0&-1&\vdots&3&-1&0\\2&1&1&\vdots&4&-1&0\\0&0&0&\vdots&-6&2&1\end{pmatrix}\rightarrow\begin{pmatrix}1&0&-1&\vdots&3&-1&0\\2&1&1&\vdots&4&-1&0\\2&1&1&\vdots&-2&1&1\end{pmatrix}$$

故 $\boldsymbol{P}^{\mathrm{T}}=\begin{pmatrix}3&-1&0\\4&-1&0\\-2&1&1\end{pmatrix}$，从而 $\boldsymbol{P}=\begin{pmatrix}3&4&-2\\-1&-1&1\\0&0&1\end{pmatrix}$。

方法二　设 $\boldsymbol{P}=(\boldsymbol{p}_1,\boldsymbol{p}_2,\boldsymbol{p}_3)$，对 $(\boldsymbol{A},\boldsymbol{B})$ 作初等行变换，得

$$(\boldsymbol{A},\boldsymbol{B})=\begin{pmatrix}1&2&2&\vdots&1&2&2\\1&3&0&\vdots&0&1&1\\2&7&-2&\vdots&-1&1&1\end{pmatrix}\rightarrow\begin{pmatrix}1&2&2&\vdots&1&2&2\\0&1&-2&\vdots&-1&-1&-1\\0&3&-6&\vdots&-3&-3&-3\end{pmatrix}$$

$$\rightarrow\begin{pmatrix}1&2&2&\vdots&1&2&2\\0&1&-2&\vdots&-1&-1&-1\\0&0&0&\vdots&0&0&0\end{pmatrix}\rightarrow\begin{pmatrix}1&0&6&\vdots&3&4&4\\0&1&-2&\vdots&-1&-1&-1\\0&0&0&\vdots&0&0&0\end{pmatrix}$$

解之，得

$$\boldsymbol{p}_1=k_1(-6,2,1)^{\mathrm{T}}+(3,-1,0)^{\mathrm{T}}$$
$$\boldsymbol{p}_2=k_2(-6,2,1)^{\mathrm{T}}+(4,-1,0)^{\mathrm{T}}$$
$$\boldsymbol{p}_3=k_3(-6,2,1)^{\mathrm{T}}+(4,-1,0)^{\mathrm{T}}$$

从而 $\boldsymbol{P}=\begin{pmatrix}3-6k_1&4-6k_2&4-6k_3\\-1+2k_1&-1+2k_2&-1+2k_3\\k_1&k_2&k_3\end{pmatrix}$，其中 k_1，k_2，$k_3(k_2\neq k_3)$ 为任意常数。由于

$$|\boldsymbol{P}|=\begin{vmatrix}3-6k_1&4-6k_2&4-6k_3\\-1+2k_1&-1+2k_2&-1+2k_3\\k_1&k_2&k_3\end{vmatrix}=(k_3-k_2)\begin{vmatrix}3-6k_1&4-6k_2&-6\\-1+2k_1&-1+2k_2&2\\k_1&k_2&1\end{vmatrix}$$
$$=(k_3-k_2)\begin{vmatrix}3&4&0\\-1&-1&0\\k_1&k_2&1\end{vmatrix}=(k_3-k_2)\begin{vmatrix}3&4\\-1&-1\end{vmatrix}$$
$$=k_3-k_2\neq 0$$

因此 $\boldsymbol{P}$ 为可逆矩阵，且 $\boldsymbol{P}$ 满足 $\boldsymbol{AP}=\boldsymbol{B}$。

需要指出的是：方法一求出的是满足条件的一个可逆矩阵 $\boldsymbol{P}$，而方法二求出的是满足条件的所有可逆矩阵 $\boldsymbol{P}$。

(11) **解** 设 $\begin{pmatrix}x_1&x_2\\x_3&x_4\end{pmatrix}$ 与 $\boldsymbol{A}$ 可交换，即 $\begin{pmatrix}x_1&x_2\\x_3&x_4\end{pmatrix}\begin{pmatrix}1&2\\1&-1\end{pmatrix}=\begin{pmatrix}1&2\\1&-1\end{pmatrix}\begin{pmatrix}x_1&x_2\\x_3&x_4\end{pmatrix}$，则

$$\begin{pmatrix}x_1+x_2&2x_1-x_2\\x_3+x_4&2x_3-x_4\end{pmatrix}=\begin{pmatrix}x_1+2x_3&x_2+2x_4\\x_1-x_3&x_2-x_4\end{pmatrix}$$

即 $\begin{cases}x_2-2x_3=0\\2x_1-2x_2-2x_4=0\\x_1-2x_3-x_4=0\end{cases}$，解之，得 $\begin{pmatrix}x_1\\x_2\\x_3\\x_4\end{pmatrix}=k_1\begin{pmatrix}2\\2\\1\\0\end{pmatrix}+k_2\begin{pmatrix}1\\0\\0\\1\end{pmatrix}$，$x_1=2k_1+k_2$，$x_2=2k_1$，$x_3=k_1$，$x_4=k_2$，故所求矩阵为 $\begin{pmatrix}2k_1+k_2&2k_1\\k_1&k_2\end{pmatrix}$，其中 k_1，k_2 为任意常数。

(12) **证** 对矩阵 $\begin{pmatrix}\boldsymbol{A}&\boldsymbol{O}\\\boldsymbol{O}&\boldsymbol{B}\end{pmatrix}$ 的前 m 行作初等行变换，将其化为 $\begin{pmatrix}\boldsymbol{J}_p&\boldsymbol{O}\\\boldsymbol{O}&\boldsymbol{O}\\\boldsymbol{O}&\boldsymbol{B}\end{pmatrix}$，其中 $p=r(\boldsymbol{A})$，$\boldsymbol{J}_p$ 为 $p\times n$ 行阶梯形矩阵。再对矩阵 $\begin{pmatrix}\boldsymbol{J}_r&\boldsymbol{O}\\\boldsymbol{O}&\boldsymbol{O}\\\boldsymbol{O}&\boldsymbol{B}\end{pmatrix}$ 的后 s 行作初等行变换，将其化为 $\begin{pmatrix}\boldsymbol{J}_p&\boldsymbol{O}\\\boldsymbol{O}&\boldsymbol{O}\\\boldsymbol{O}&\boldsymbol{J}_q\\\boldsymbol{O}&\boldsymbol{O}\end{pmatrix}$，

其中 $q=r(\boldsymbol{B})$，$\boldsymbol{J}_q$ 为 $q\times t$ 行阶梯形矩阵。最后对矩阵 $\begin{pmatrix}\boldsymbol{J}_p & \boldsymbol{O}\\ \boldsymbol{O} & \boldsymbol{O}\\ \boldsymbol{O} & \boldsymbol{J}_q\\ \boldsymbol{O} & \boldsymbol{O}\end{pmatrix}$ 作若干次两行交换的初等行变换，将其化为行阶梯形矩阵 $\begin{pmatrix}\boldsymbol{J}_p & \boldsymbol{O}\\ \boldsymbol{O} & \boldsymbol{J}_q\\ \boldsymbol{O} & \boldsymbol{O}\\ \boldsymbol{O} & \boldsymbol{O}\end{pmatrix}$。因此

$$r\begin{pmatrix}\boldsymbol{A} & \boldsymbol{O}\\ \boldsymbol{O} & \boldsymbol{B}\end{pmatrix}=r\begin{pmatrix}\boldsymbol{J}_p & \boldsymbol{O}\\ \boldsymbol{O} & \boldsymbol{J}_q\\ \boldsymbol{O} & \boldsymbol{O}\\ \boldsymbol{O} & \boldsymbol{O}\end{pmatrix}=p+q=r(\boldsymbol{A})+r(\boldsymbol{B})$$

(13) **证**　设 $r(\boldsymbol{A})=p$，$r(\boldsymbol{B})=q$，则 $\boldsymbol{A}$ 存在一个 p 阶子式 $\boldsymbol{A}_1$，使得 $|\boldsymbol{A}_1|\neq 0$，$\boldsymbol{B}$ 存在一个 q 阶子式 $\boldsymbol{B}_1$，使得 $|\boldsymbol{B}_1|\neq 0$，从而 $\begin{pmatrix}\boldsymbol{A} & \boldsymbol{C}\\ \boldsymbol{O} & \boldsymbol{B}\end{pmatrix}$ 存在 $p+q$ 阶子式 $\begin{vmatrix}\boldsymbol{A}_1 & \boldsymbol{C}_1\\ \boldsymbol{O} & \boldsymbol{B}_1\end{vmatrix}=|\boldsymbol{A}_1||\boldsymbol{B}_1|\neq 0$，故 $r\begin{pmatrix}\boldsymbol{A} & \boldsymbol{C}\\ \boldsymbol{O} & \boldsymbol{B}\end{pmatrix}\geqslant p+q=r(\boldsymbol{A})+r(\boldsymbol{B})$。又 $\begin{pmatrix}\boldsymbol{A} & \boldsymbol{C}\\ \boldsymbol{O} & \boldsymbol{B}\end{pmatrix}=\begin{pmatrix}\boldsymbol{A} & \boldsymbol{O}\\ \boldsymbol{O} & \boldsymbol{B}\end{pmatrix}+\begin{pmatrix}\boldsymbol{O} & \boldsymbol{C}\\ \boldsymbol{O} & \boldsymbol{O}\end{pmatrix}$，故

$$r\begin{pmatrix}\boldsymbol{A} & \boldsymbol{C}\\ \boldsymbol{O} & \boldsymbol{B}\end{pmatrix}\leqslant r\begin{pmatrix}\boldsymbol{A} & \boldsymbol{O}\\ \boldsymbol{O} & \boldsymbol{B}\end{pmatrix}+r\begin{pmatrix}\boldsymbol{O} & \boldsymbol{C}\\ \boldsymbol{O} & \boldsymbol{O}\end{pmatrix}=r(\boldsymbol{A})+r(\boldsymbol{B})+r(\boldsymbol{C})$$

综上可知

$$r(\boldsymbol{A})+r(\boldsymbol{B})\leqslant r\begin{pmatrix}\boldsymbol{A} & \boldsymbol{C}\\ \boldsymbol{O} & \boldsymbol{B}\end{pmatrix}\leqslant r(\boldsymbol{A})+r(\boldsymbol{B})+r(\boldsymbol{C})$$

(14) **证**　方法一　由于 $r\begin{pmatrix}\boldsymbol{E}_n & \boldsymbol{O}\\ \boldsymbol{O} & \boldsymbol{AB}\end{pmatrix}=r(\boldsymbol{E}_n)+r(\boldsymbol{AB})=n+r(\boldsymbol{AB})$，又

$$\begin{pmatrix}\boldsymbol{E}_n & \boldsymbol{O}\\ \boldsymbol{O} & \boldsymbol{AB}\end{pmatrix}\xrightarrow{r_2+\boldsymbol{A}r_1}\begin{pmatrix}\boldsymbol{E}_n & \boldsymbol{O}\\ \boldsymbol{A} & \boldsymbol{AB}\end{pmatrix}\xrightarrow{c_2+c_1(-\boldsymbol{B})}\begin{pmatrix}\boldsymbol{E}_n & -\boldsymbol{B}\\ \boldsymbol{A} & \boldsymbol{O}\end{pmatrix}\xrightarrow{c_2(-\boldsymbol{E}_s)}\begin{pmatrix}\boldsymbol{E}_n & \boldsymbol{B}\\ \boldsymbol{A} & \boldsymbol{O}\end{pmatrix}$$
$$\xrightarrow{c_1\leftrightarrow c_2}\begin{pmatrix}\boldsymbol{B} & \boldsymbol{E}_n\\ \boldsymbol{O} & \boldsymbol{A}\end{pmatrix}$$

故 $r\begin{pmatrix}\boldsymbol{E}_n & \boldsymbol{O}\\ \boldsymbol{O} & \boldsymbol{AB}\end{pmatrix}=r\begin{pmatrix}\boldsymbol{B} & \boldsymbol{E}_n\\ \boldsymbol{O} & \boldsymbol{A}\end{pmatrix}\geqslant r(\boldsymbol{B})+r(\boldsymbol{A})$，从而 $n+r(\boldsymbol{AB})\geqslant r(\boldsymbol{A})+r(\boldsymbol{B})$，即

$$r(\boldsymbol{AB})\geqslant r(\boldsymbol{A})+r(\boldsymbol{B})-n$$

方法二　设 $r(\boldsymbol{A})=r$，则存在可逆矩阵 $\boldsymbol{P}$，$\boldsymbol{Q}$，使得 $\boldsymbol{PAQ}=\begin{pmatrix}\boldsymbol{E}_r & \boldsymbol{O}\\ \boldsymbol{O} & \boldsymbol{O}\end{pmatrix}$，从而

$$\boldsymbol{PAB}=\boldsymbol{PAQQ}^{-1}\boldsymbol{B}=\begin{pmatrix}\boldsymbol{E}_r & \boldsymbol{O}\\ \boldsymbol{O} & \boldsymbol{O}\end{pmatrix}\begin{pmatrix}\boldsymbol{C}_1\\ \boldsymbol{C}_2\end{pmatrix}=\begin{pmatrix}\boldsymbol{C}_1\\ \boldsymbol{O}\end{pmatrix}$$

且 $r\begin{pmatrix}\boldsymbol{C}_1\\ \boldsymbol{O}\end{pmatrix}=r(\boldsymbol{C}_1)\geqslant r\begin{pmatrix}\boldsymbol{C}_1\\ \boldsymbol{C}_2\end{pmatrix}-(n-r)=r(\boldsymbol{Q}^{-1}\boldsymbol{B})+r-n=r(\boldsymbol{B})+r(\boldsymbol{A})-n$，故

$$r(\boldsymbol{AB})=r(\boldsymbol{PAB})=r\begin{pmatrix}\boldsymbol{C}_1\\ \boldsymbol{O}\end{pmatrix}\geqslant r(\boldsymbol{A})+r(\boldsymbol{B})-n$$

方法三　当 $\boldsymbol{AB}=\boldsymbol{O}$ 时，则 $r(\boldsymbol{AB})=0$，且 $r(\boldsymbol{A})+r(\boldsymbol{B})\leqslant n$，从而

$$r(\boldsymbol{AB})\geqslant r(\boldsymbol{A})+r(\boldsymbol{B})-n$$

当 $\boldsymbol{AB}\neq\boldsymbol{O}$ 时，则 $\boldsymbol{A}\neq\boldsymbol{O}$ 且 $\boldsymbol{B}\neq\boldsymbol{O}$。令 $\boldsymbol{B}=(\boldsymbol{\beta}_1,\boldsymbol{\beta}_2,\cdots,\boldsymbol{\beta}_s)$，则 $\boldsymbol{AB}=(\boldsymbol{A\beta}_1,\boldsymbol{A\beta}_2,\cdots,\boldsymbol{A\beta}_s)$。设 $\boldsymbol{AB}$ 的列向量组的一个极大无关组为 $(\boldsymbol{A\beta}_{i_1},\boldsymbol{A\beta}_{i_2},\cdots,\boldsymbol{A\beta}_{i_t})$，则 $r(\boldsymbol{AB})=t$，且

$$\boldsymbol{A\beta}_j=b_{1j}\boldsymbol{A\beta}_{i_1}+b_{2j}\boldsymbol{A\beta}_{i_2}+\cdots+b_{tj}\boldsymbol{A\beta}_{i_t}\quad(j=1,2,\cdots,s)$$

即

$$\boldsymbol{A}[\boldsymbol{\beta}_j-(b_{1j}\boldsymbol{\beta}_{i_1}+b_{2j}\boldsymbol{\beta}_{i_2}+\cdots+b_{tj}\boldsymbol{\beta}_{i_t})]=\boldsymbol{0}\quad(j=1,2,\cdots,s)$$

从而 $\boldsymbol{\beta}_j-(b_{1j}\boldsymbol{\beta}_{i_1}+b_{2j}\boldsymbol{\beta}_{i_2}+\cdots+b_{tj}\boldsymbol{\beta}_{i_t})(j=1,2,\cdots,s)$ 是齐次线性方程组 $\boldsymbol{Ax}=\boldsymbol{0}$ 的解。设 $r(\boldsymbol{A})=r$，齐次线性方程组 $\boldsymbol{Ax}=\boldsymbol{0}$ 的一个基础解系为 $\boldsymbol{\eta}_1,\boldsymbol{\eta}_2,\cdots,\boldsymbol{\eta}_{n-r}$，则

$$\boldsymbol{\beta}_j-(b_{1j}\boldsymbol{\beta}_{i_1}+b_{2j}\boldsymbol{\beta}_{i_2}+\cdots+b_{tj}\boldsymbol{\beta}_{i_t})=k_1\boldsymbol{\eta}_1+k_2\boldsymbol{\eta}_2+\cdots+k_r\boldsymbol{\eta}_{n-r}\quad(j=1,2,\cdots,s)$$

从而向量组 $\boldsymbol{\beta}_1,\boldsymbol{\beta}_2,\cdots,\boldsymbol{\beta}_s$ 可由向量组 $\boldsymbol{\beta}_{i_1},\boldsymbol{\beta}_{i_2},\cdots,\boldsymbol{\beta}_{i_t},\boldsymbol{\eta}_1,\boldsymbol{\eta}_2,\cdots,\boldsymbol{\eta}_{n-r}$ 线性表示，故

$$r(\boldsymbol{\beta}_1,\boldsymbol{\beta}_2,\cdots,\boldsymbol{\beta}_s)\leqslant r(\boldsymbol{\beta}_{i_1},\boldsymbol{\beta}_{i_2},\cdots,\boldsymbol{\beta}_{i_t},\boldsymbol{\eta}_1,\boldsymbol{\eta}_2,\cdots,\boldsymbol{\eta}_{n-r})\leqslant t+n-r$$

即 $r(\boldsymbol{AB})\geqslant r(\boldsymbol{A})+r(\boldsymbol{B})-n$。

(15) **证**　(ⅰ) 需证齐次线性方程组 $\boldsymbol{ABx}=\boldsymbol{0}$ 与 $\boldsymbol{Bx}=\boldsymbol{0}$ 同解。设 $\boldsymbol{\xi}$ 是 $\boldsymbol{Bx}=\boldsymbol{0}$ 的解，则 $\boldsymbol{B\xi}=\boldsymbol{0}$，从而 $\boldsymbol{AB\xi}=\boldsymbol{0}$，故 $\boldsymbol{\xi}$ 是 $\boldsymbol{ABx}=\boldsymbol{0}$ 的解。设 $\boldsymbol{\xi}$ 是 $\boldsymbol{ABx}=\boldsymbol{0}$ 的解，则 $\boldsymbol{AB\xi}=\boldsymbol{0}$。由于 $r(\boldsymbol{A})=n$，因此齐次线性方程组 $\boldsymbol{Ax}=\boldsymbol{0}$ 仅有零解，从而 $\boldsymbol{B\xi}=\boldsymbol{0}$，故 $\boldsymbol{\xi}$ 是 $\boldsymbol{Bx}=\boldsymbol{0}$ 的解，由此可知齐次线性方程组 $\boldsymbol{ABx}=\boldsymbol{0}$ 与 $\boldsymbol{Bx}=\boldsymbol{0}$ 同解，所以它们的基础解系所含解向量的个数相等，即

$$s-r(\boldsymbol{AB})=s-r(\boldsymbol{B})$$

故 $r(\boldsymbol{AB})=r(\boldsymbol{B})$。

(ⅱ) 同理可证齐次线性方程组 $(\boldsymbol{AB})^{\mathrm{T}}\boldsymbol{x}=\boldsymbol{0}$ 与 $\boldsymbol{A}^{\mathrm{T}}\boldsymbol{x}=\boldsymbol{0}$ 同解，从而 $r[(\boldsymbol{AB})^{\mathrm{T}}]=r(\boldsymbol{A}^{\mathrm{T}})$，故 $r(\boldsymbol{AB})=r(\boldsymbol{A})$。

(16) **证**　(反证法)　假设 $\boldsymbol{A}$ 不可逆，则 $|\boldsymbol{A}|=0$，从而齐次线性方程组 $\boldsymbol{Ax}=\boldsymbol{0}$ 有非零解。设 $\boldsymbol{\xi}=(\mu_1,\mu_2,\cdots,\mu_n)^{\mathrm{T}}\neq\boldsymbol{0}$ 是 $\boldsymbol{Ax}=\boldsymbol{0}$ 的解，令 $|\mu_k|=\max\limits_{1\leqslant i\leqslant n}\{|\mu_i|\}$，由于

$$a_{k1}\mu_1+a_{k2}\mu_2+\cdots+a_{kn}\mu_n=0$$

因此

$$0=\left|\sum_{j=1}^{n}a_{kj}\mu_j\right|=\left|a_{kk}\mu_k+\sum_{\substack{j=1\\ j\neq k}}^{n}a_{kj}\mu_j\right|\geqslant a_{kk}|\mu_k|-\sum_{\substack{j=1\\ j\neq k}}^{n}a_{kj}|\mu_j|\geqslant a_{kk}|\mu_k|-|\mu_k|\sum_{\substack{j=1\\ j\neq k}}^{n}a_{kj}$$

$$>a_{kk}|\mu_k|-a_{kk}|\mu_k|=0$$

矛盾，故 $\boldsymbol{A}$ 为可逆矩阵。

(17) **解**　(ⅰ) $|\boldsymbol{A}|=\begin{vmatrix}1+a&1&1&1\\1&1+a&1&1\\1&1&1+a&1\\1&1&1&1+a\end{vmatrix}=(4+a)\begin{vmatrix}1&1&1&1\\1&1+a&1&1\\1&1&1+a&1\\1&1&1&1+a\end{vmatrix}$

$$=(4+a)\begin{vmatrix}1&1&1&1\\0&a&0&0\\0&0&a&0\\0&0&0&a\end{vmatrix}=a^3(4+a)$$

令 $\boldsymbol{\alpha}=(1,1,1,1)^{\mathrm{T}}$，则 $\boldsymbol{A}=a\boldsymbol{E}+\boldsymbol{\alpha}\boldsymbol{\alpha}^{\mathrm{T}}$，从而

$$\boldsymbol{A}^2=(a\boldsymbol{E}+\boldsymbol{\alpha}\boldsymbol{\alpha}^{\mathrm{T}})(a\boldsymbol{E}+\boldsymbol{\alpha}\boldsymbol{\alpha}^{\mathrm{T}})=a^2\boldsymbol{E}+(2a+\boldsymbol{\alpha}^{\mathrm{T}}\boldsymbol{\alpha})\boldsymbol{\alpha}\boldsymbol{\alpha}^{\mathrm{T}}=a^2\boldsymbol{E}+(2a+4)\boldsymbol{\alpha}\boldsymbol{\alpha}^{\mathrm{T}}$$

（ⅱ）由（ⅰ）知当 $a\neq 0$ 且 $a\neq -4$ 时，$\boldsymbol{A}$ 可逆，再由（ⅰ）知

$$\boldsymbol{A}^2=a^2\boldsymbol{E}+(2a+4)\boldsymbol{\alpha}\boldsymbol{\alpha}^{\mathrm{T}}=(2a+4)(a\boldsymbol{E}+\boldsymbol{\alpha}\boldsymbol{\alpha}^{\mathrm{T}})-(a^2+4a)\boldsymbol{E}=(2a+4)\boldsymbol{A}-(a^2+4a)\boldsymbol{E}$$

从而 $\boldsymbol{A}[\boldsymbol{A}-(2a+4)\boldsymbol{E}]=-(a^2+4a)\boldsymbol{E}$，故

$$\boldsymbol{A}^{-1}=\frac{2a+4}{a^2+4a}\boldsymbol{E}-\frac{1}{a^2+4a}\boldsymbol{A}$$

(18) **解**　（ⅰ）由于 $\boldsymbol{A}$ 为非奇异矩阵，因此 $\boldsymbol{A}^*=|\boldsymbol{A}|\boldsymbol{A}^{-1}$，从而

$$\boldsymbol{PQ}=\begin{pmatrix}\boldsymbol{E} & \boldsymbol{O}\\ -\boldsymbol{\alpha}^{\mathrm{T}}\boldsymbol{A}^* & |\boldsymbol{A}|\end{pmatrix}\begin{pmatrix}\boldsymbol{A} & \boldsymbol{\alpha}\\ \boldsymbol{\alpha}^{\mathrm{T}} & b\end{pmatrix}=\begin{pmatrix}\boldsymbol{A} & \boldsymbol{\alpha}\\ -\boldsymbol{\alpha}^{\mathrm{T}}\boldsymbol{A}^*\boldsymbol{A}+|\boldsymbol{A}|\boldsymbol{\alpha}^{\mathrm{T}} & -\boldsymbol{\alpha}^{\mathrm{T}}\boldsymbol{A}^*\boldsymbol{\alpha}+|\boldsymbol{A}|b\end{pmatrix}$$

$$=\begin{pmatrix}\boldsymbol{A} & \boldsymbol{\alpha}\\ \boldsymbol{O} & |\boldsymbol{A}|(b-\boldsymbol{\alpha}^{\mathrm{T}}\boldsymbol{A}^{-1}\boldsymbol{\alpha})\end{pmatrix}$$

（ⅱ）由于 $\boldsymbol{PQ}=\begin{pmatrix}\boldsymbol{A} & \boldsymbol{\alpha}\\ \boldsymbol{O} & |\boldsymbol{A}|(b-\boldsymbol{\alpha}^{\mathrm{T}}\boldsymbol{A}^{-1}\boldsymbol{\alpha})\end{pmatrix}$，因此

$$|\boldsymbol{P}||\boldsymbol{Q}|=|\boldsymbol{A}|^2(b-\boldsymbol{\alpha}^{\mathrm{T}}\boldsymbol{A}^{-1}\boldsymbol{\alpha})$$

又 $|\boldsymbol{P}|=|\boldsymbol{E}||\boldsymbol{A}|=|\boldsymbol{A}|\neq 0$，故 $\boldsymbol{Q}$ 可逆的充分必要条件是 $\boldsymbol{\alpha}^{\mathrm{T}}\boldsymbol{A}^{-1}\boldsymbol{\alpha}\neq b$。

第3章 向 量

一、考点内容讲解

1. 向量的概念与运算

(1) 定义：n 个实数 $a_1, a_2, \cdots, a_n$ 组成的有序数组 $(a_1, a_2, \cdots, a_n)$ 称为一个 n 维向量，常用希腊字母 $\boldsymbol{\alpha}, \boldsymbol{\beta}, \boldsymbol{\gamma}, \cdots$ 表示。称 $\boldsymbol{\alpha}=(a_1, a_2, \cdots, a_n)$ 为 n 维行向量，其中 a_i 称为向量 $\boldsymbol{\alpha}$ 的第 i 个分量。称 $\boldsymbol{\beta}=\begin{pmatrix} b_1 \\ b_2 \\ \vdots \\ b_n \end{pmatrix}$ 为 n 维列向量，也可记为 $\boldsymbol{\beta}=(b_1, b_2, \cdots, b_n)^{\mathrm{T}}$。如果在行文中没有特别指出，那么可通过题意或上下文确定所涉及的向量是行向量还是列向量。

(2) 几个特殊的向量(仅以行向量给出，对于列向量类似)：

(ⅰ) 相等向量：称两个对应分量都相等的 n 维向量为相等向量。即设

$$\boldsymbol{\alpha}=(a_1, a_2, \cdots, a_n), \quad \boldsymbol{\beta}=(b_1, b_2, \cdots, b_n)$$

则 $\boldsymbol{\alpha}=\boldsymbol{\beta} \Leftrightarrow a_i=b_i(i=1, 2, \cdots, n)$。

(ⅱ) 零向量：称所有分量都为零的向量为零向量，记作 $\mathbf{0}=(0, 0, \cdots, 0)$。

(ⅲ) 负向量：称由 n 维向量 $\boldsymbol{\alpha}=(a_1, a_2, \cdots, a_n)$ 的各分量的相反数组成的 n 维向量为 $\boldsymbol{\alpha}$ 的负向量，记作 $-\boldsymbol{\alpha}$，即 $-\boldsymbol{\alpha}=(-a_1, -a_2, \cdots, -a_n)$。

(ⅳ) 向量组：由若干个同维数向量组成的集合称为向量组。

(3) 运算：

(ⅰ) 和差运算：设 $\boldsymbol{\alpha}=(a_1, a_2, \cdots, a_n)$，$\boldsymbol{\beta}=(b_1, b_2, \cdots, b_n)$，则

$$\boldsymbol{\alpha}\pm\boldsymbol{\beta}=(a_1\pm b_1, a_2\pm b_2, \cdots, a_n\pm b_n)$$

(ⅱ) 数乘运算：设 $\boldsymbol{\alpha}=(a_1, a_2, \cdots, a_n)$，$k$ 是数，则

$$k\boldsymbol{\alpha}=(ka_1, ka_2, \cdots, ka_n)$$

2. 向量间的线性关系

(1) 线性组合与线性表示：

(ⅰ) 定义：设 $\boldsymbol{\alpha}_1, \boldsymbol{\alpha}_2, \cdots, \boldsymbol{\alpha}_s$ 是向量组，$k_1, k_2, \cdots, k_s$ 是数，称 $k_1\boldsymbol{\alpha}_1+k_2\boldsymbol{\alpha}_2+\cdots+k_s\boldsymbol{\alpha}_s$ 为向量组 $\boldsymbol{\alpha}_1, \boldsymbol{\alpha}_2, \cdots, \boldsymbol{\alpha}_s$ 的一个线性组合。

设 $\boldsymbol{\alpha}_1, \boldsymbol{\alpha}_2, \cdots, \boldsymbol{\alpha}_s, \boldsymbol{\beta}$ 是向量组，如果存在一组数 $k_1, k_2, \cdots, k_s$，使得

$$\boldsymbol{\beta}=k_1\boldsymbol{\alpha}_1+k_2\boldsymbol{\alpha}_2+\cdots+k_s\boldsymbol{\alpha}_s$$

成立，则称向量 $\boldsymbol{\beta}$ 是向量组 $\boldsymbol{\alpha}_1, \boldsymbol{\alpha}_2, \cdots, \boldsymbol{\alpha}_s$ 的一个线性组合，或者称向量 $\boldsymbol{\beta}$ 可由向量组 $\boldsymbol{\alpha}_1, \boldsymbol{\alpha}_2, \cdots, \boldsymbol{\alpha}_s$ 线性表示。

（ⅱ）若干结论：

① 零向量是任何向量组的一个线性组合或零向量可以由任何向量组线性表示。

② 向量组 $\boldsymbol{\alpha}_1$，$\boldsymbol{\alpha}_2$，…，$\boldsymbol{\alpha}_s$ 中的任何一个向量 $\boldsymbol{\alpha}_j$ $(1\leqslant j\leqslant s)$都是该向量组的一个线性组合，或向量组 $\boldsymbol{\alpha}_1$，$\boldsymbol{\alpha}_2$，…，$\boldsymbol{\alpha}_s$ 中的任何一个向量 $\boldsymbol{\alpha}_j$ $(1\leqslant j\leqslant s)$都可由该向量组线性表示。

③ 任何一个 n 维向量 $\boldsymbol{\alpha}=(a_1, a_2, \cdots, a_n)$都是 n 维基本单位向量组 $\boldsymbol{\varepsilon}_1=(1, 0, \cdots, 0)$，$\boldsymbol{\varepsilon}_2=(0, 1, \cdots, 0)$，…，$\boldsymbol{\varepsilon}_n=(0, 0, \cdots, 1)$的一个线性组合，且

$$\boldsymbol{\alpha}=a_1\boldsymbol{\varepsilon}_1+a_2\boldsymbol{\varepsilon}_2+\cdots+a_n\boldsymbol{\varepsilon}_n$$

（2）线性相关与线性无关：

（ⅰ）定义：设 $\boldsymbol{\alpha}_1$，$\boldsymbol{\alpha}_2$，…，$\boldsymbol{\alpha}_s$ 是向量组，如果存在一组不全为零的数 k_1，k_2，…，k_s，使得

$$k_1\boldsymbol{\alpha}_1+k_2\boldsymbol{\alpha}_2+\cdots+k_s\boldsymbol{\alpha}_s=\mathbf{0}$$

则称向量组 $\boldsymbol{\alpha}_1$，$\boldsymbol{\alpha}_2$，…，$\boldsymbol{\alpha}_s$ 线性相关。如果上式仅当 $k_1=k_2=\cdots=k_s=0$ 时成立，则称向量组 $\boldsymbol{\alpha}_1$，$\boldsymbol{\alpha}_2$，…，$\boldsymbol{\alpha}_s$ 线性无关。

（ⅱ）若干结论：

① 单个非零向量线性无关。

② $\boldsymbol{\alpha}_1$，$\boldsymbol{\alpha}_2$，…，$\boldsymbol{\alpha}_s$ 线性无关$\Leftrightarrow$若 k_1，k_2，…，k_s 不全为零，则 $k_1\boldsymbol{\alpha}_1+k_2\boldsymbol{\alpha}_2+\cdots+k_s\boldsymbol{\alpha}_s\neq\mathbf{0}$。

③ 含有零向量的向量组一定线性相关。

④ 基本单位向量组一定线性无关。

⑤ 阶梯向量组一定线性无关。

⑥ 两个向量线性相关的充要条件是对应分量成比例。

⑦ 向量组 $\boldsymbol{\alpha}_1$，$\boldsymbol{\alpha}_2$，…，$\boldsymbol{\alpha}_s$ 中如果有一个部分组线性相关，则整个向量组线性相关；如果向量组 $\boldsymbol{\alpha}_1$，$\boldsymbol{\alpha}_2$，…，$\boldsymbol{\alpha}_s$ 线性无关，则其任一部分组也线性无关。

⑧ 设 r 维向量组 $\boldsymbol{\alpha}_i=(a_{i1}, a_{i2}, \cdots, a_{ir})(i=1, 2, \cdots, s)$线性无关，则在每个向量上再添加 $n-r$ 个分量所得到的 n 维向量组 $\boldsymbol{\alpha}'_i=(a_{i1}, a_{i2}, \cdots, a_{ir}, a_{i,r+1}, a_{i,r+2}, \cdots, a_{in})$ $(i=1, 2, \cdots, s)$(称为向量组 $\boldsymbol{\alpha}_i=(a_{i1}, a_{i2}, \cdots, a_{ir})(i=1, 2, \cdots, s)$的延伸组)也线性无关。

⑨ n 个 n 维向量 $\boldsymbol{\alpha}_1$，$\boldsymbol{\alpha}_2$，…，$\boldsymbol{\alpha}_n$ 线性相关$\Leftrightarrow|\boldsymbol{\alpha}_1, \boldsymbol{\alpha}_2, \cdots, \boldsymbol{\alpha}_n|=0$；$n$ 个 n 维向量 $\boldsymbol{\alpha}_1$，$\boldsymbol{\alpha}_2$，…，$\boldsymbol{\alpha}_n$ 线性无关 $\Leftrightarrow$ $|\boldsymbol{\alpha}_1, \boldsymbol{\alpha}_2, \cdots, \boldsymbol{\alpha}_n|\neq0$。

⑩ $n+m(m\geqslant1)$个 n 维向量必线性相关。

⑪ 向量组 $\boldsymbol{\alpha}_1$，$\boldsymbol{\alpha}_2$，…，$\boldsymbol{\alpha}_s(s\geqslant2)$线性相关的充要条件是向量组中至少有一个向量可由其余向量线性表示；向量组 $\boldsymbol{\alpha}_1$，$\boldsymbol{\alpha}_2$，…，$\boldsymbol{\alpha}_s(s\geqslant2)$线性无关的充要条件是向量组中每一个向量都不能由其余向量线性表示。

⑫ 如果向量组 $\boldsymbol{\alpha}_1$，$\boldsymbol{\alpha}_2$，…，$\boldsymbol{\alpha}_s$ 线性无关，而向量组 $\boldsymbol{\alpha}_1$，$\boldsymbol{\alpha}_2$，…，$\boldsymbol{\alpha}_s$，$\boldsymbol{\beta}$ 线性相关，则 $\boldsymbol{\beta}$ 可由 $\boldsymbol{\alpha}_1$，$\boldsymbol{\alpha}_2$，…，$\boldsymbol{\alpha}_s$ 线性表示，且表示式唯一。

⑬ 若向量组 $\boldsymbol{\alpha}_1$，$\boldsymbol{\alpha}_2$，…，$\boldsymbol{\alpha}_s$ 可由向量组 $\boldsymbol{\beta}_1$，$\boldsymbol{\beta}_2$，…，$\boldsymbol{\beta}_t$ 线性表示，且 $s>t$，则 $\boldsymbol{\alpha}_1$，$\boldsymbol{\alpha}_2$，…，$\boldsymbol{\alpha}_s$ 线性相关；若向量组 $\boldsymbol{\alpha}_1$，$\boldsymbol{\alpha}_2$，…，$\boldsymbol{\alpha}_s$ 可由向量组 $\boldsymbol{\beta}_1$，$\boldsymbol{\beta}_2$，…，$\boldsymbol{\beta}_t$ 线性表示，且 $\boldsymbol{\alpha}_1$，$\boldsymbol{\alpha}_2$，…，$\boldsymbol{\alpha}_s$ 线性无关，则 $s\leqslant t$。

⑭ $\boldsymbol{\alpha}_1$，$\boldsymbol{\alpha}_2$，…，$\boldsymbol{\alpha}_s$ 线性相关的充要条件是齐次线性方程组 $x_1\boldsymbol{\alpha}_1+x_2\boldsymbol{\alpha}_2+\cdots+x_s\boldsymbol{\alpha}_s=\mathbf{0}$ 有非零解；$\boldsymbol{\alpha}_1$，$\boldsymbol{\alpha}_2$，…，$\boldsymbol{\alpha}_s$ 线性无关的充要条件是齐次线性方程组 $x_1\boldsymbol{\alpha}_1+x_2\boldsymbol{\alpha}_2+\cdots+x_s\boldsymbol{\alpha}_s=\mathbf{0}$ 只有零解。

⑮ 设 $\boldsymbol{A}=(\boldsymbol{\alpha}_1, \boldsymbol{\alpha}_2, \cdots, \boldsymbol{\alpha}_s)$，则 $\boldsymbol{\alpha}_1, \boldsymbol{\alpha}_2, \cdots, \boldsymbol{\alpha}_s$ 线性相关的充要条件是 $r(\boldsymbol{A})<s$；$\boldsymbol{\alpha}_1, \boldsymbol{\alpha}_2, \cdots, \boldsymbol{\alpha}_s$ 线性无关的充要条件是 $r(\boldsymbol{A})=s$。

⑯ 设 $\boldsymbol{A}=(\boldsymbol{\alpha}_1, \boldsymbol{\alpha}_2, \cdots, \boldsymbol{\alpha}_s)$，则 $\boldsymbol{\alpha}_1, \boldsymbol{\alpha}_2, \cdots, \boldsymbol{\alpha}_s$ 线性相关的充要条件是齐次线性方程组 $\boldsymbol{Ax}=\boldsymbol{0}$ 有非零解；$\boldsymbol{\alpha}_1, \boldsymbol{\alpha}_2, \cdots, \boldsymbol{\alpha}_s$ 线性无关的充要条件是齐次线性方程组 $\boldsymbol{Ax}=\boldsymbol{0}$ 只有零解。

⑰ $\boldsymbol{\alpha}_1, \boldsymbol{\alpha}_2, \cdots, \boldsymbol{\alpha}_s$ 线性相关的充要条件是 $r(\boldsymbol{\alpha}_1, \boldsymbol{\alpha}_2, \cdots, \boldsymbol{\alpha}_s)<s$；$\boldsymbol{\alpha}_1, \boldsymbol{\alpha}_2, \cdots, \boldsymbol{\alpha}_s$ 线性无关的充要条件是 $r(\boldsymbol{\alpha}_1, \boldsymbol{\alpha}_2, \cdots, \boldsymbol{\alpha}_s)=s$。

3. 向量组的秩

(1) 极大无关组：

(ⅰ) 定义：设 $\boldsymbol{\alpha}_1, \boldsymbol{\alpha}_2, \cdots, \boldsymbol{\alpha}_s$ 为一个向量组，如果向量组中有 r 个向量线性无关，且向量组的任意 $r+1$ 个向量线性相关，则称这 r 个线性无关的向量为向量组 $\boldsymbol{\alpha}_1, \boldsymbol{\alpha}_2, \cdots, \boldsymbol{\alpha}_s$ 的一个极大无关组。

(ⅱ) 若干结论：

① 设 $\boldsymbol{\alpha}_{j_1}, \boldsymbol{\alpha}_{j_2}, \cdots, \boldsymbol{\alpha}_{j_r}$ 是 $\boldsymbol{\alpha}_1, \boldsymbol{\alpha}_2, \cdots, \boldsymbol{\alpha}_s$ 的线性无关部分组，则 $\boldsymbol{\alpha}_{j_1}, \boldsymbol{\alpha}_{j_2}, \cdots, \boldsymbol{\alpha}_{j_r}$ 是极大无关组的充分必要条件是 $\boldsymbol{\alpha}_1, \boldsymbol{\alpha}_2, \cdots, \boldsymbol{\alpha}_s$ 中每一个向量都可由 $\boldsymbol{\alpha}_{j_1}, \boldsymbol{\alpha}_{j_2}, \cdots, \boldsymbol{\alpha}_{j_r}$ 线性表示。

② 含有非零向量的向量组一定存在极大无关组，但极大无关组通常不唯一。

③ 若 $\boldsymbol{\alpha}_1, \boldsymbol{\alpha}_2, \cdots, \boldsymbol{\alpha}_s$ 线性无关，则其极大无关组就是自身。

(2) 等价向量组：

(ⅰ) 定义：设(Ⅰ)$\boldsymbol{\alpha}_1, \boldsymbol{\alpha}_2, \cdots, \boldsymbol{\alpha}_s$，(Ⅱ)$\boldsymbol{\beta}_1, \boldsymbol{\beta}_2, \cdots, \boldsymbol{\beta}_t$ 是向量组，如果向量组(Ⅰ)的每个向量都可由向量组(Ⅱ)线性表示，则称向量组(Ⅰ)可由向量组(Ⅱ)线性表示。如果向量组(Ⅰ)可由向量组(Ⅱ)线性表示，同时向量组(Ⅱ)也可由向量组(Ⅰ)线性表示，则称向量组(Ⅰ)与向量组(Ⅱ)等价。

(ⅱ) 若干结论：

① 向量组的等价具有自反性、对称性、传递性。

② 任一向量组与它的极大无关组等价；一个向量组的所有极大无关组等价。

③ 两个等价的线性无关的向量组所含向量的个数相同。

④ 向量组 $\boldsymbol{\alpha}_1, \boldsymbol{\alpha}_2, \cdots, \boldsymbol{\alpha}_s$ 的任意两个极大无关组所含的向量个数相同。

(3) 向量组的秩：

(ⅰ) 定义：称向量组 $\boldsymbol{\alpha}_1, \boldsymbol{\alpha}_2, \cdots, \boldsymbol{\alpha}_s$ 的极大无关组中所含向量的个数为该向量组的秩，记作 $r(\boldsymbol{\alpha}_1, \boldsymbol{\alpha}_2, \cdots, \boldsymbol{\alpha}_s)$。只含零向量的向量组的秩规定为零。

(ⅱ) 若干结论：

① 等价的向量组具有相同的秩，但秩相同的两个向量组不一定等价。

② 若向量组(Ⅰ)可由向量组(Ⅱ)线性表示，且 r(Ⅰ)$=r$(Ⅱ)，则向量组(Ⅰ)与向量组(Ⅱ)等价。

③ 向量组 $\boldsymbol{\beta}_1, \boldsymbol{\beta}_2, \cdots, \boldsymbol{\beta}_t$ 可由向量组 $\boldsymbol{\alpha}_1, \boldsymbol{\alpha}_2, \cdots, \boldsymbol{\alpha}_s$ 线性表示的充要条件是

$$r(\boldsymbol{\alpha}_1, \boldsymbol{\alpha}_2, \cdots, \boldsymbol{\alpha}_s)=r(\boldsymbol{\alpha}_1, \boldsymbol{\alpha}_2, \cdots, \boldsymbol{\alpha}_s, \boldsymbol{\beta}_1, \boldsymbol{\beta}_2, \cdots, \boldsymbol{\beta}_t)$$

④ 若向量组 $\boldsymbol{\alpha}_1, \boldsymbol{\alpha}_2, \cdots, \boldsymbol{\alpha}_s$ 可由向量组 $\boldsymbol{\beta}_1, \boldsymbol{\beta}_2, \cdots, \boldsymbol{\beta}_t$ 线性表示，则

$$r(\boldsymbol{\alpha}_1, \boldsymbol{\alpha}_2, \cdots, \boldsymbol{\alpha}_s)\leqslant r(\boldsymbol{\beta}_1, \boldsymbol{\beta}_2, \cdots, \boldsymbol{\beta}_t)$$

⑤ 矩阵的秩就是矩阵的行(列)向量组的极大无关组向量的个数。

⑥ 向量组的秩就是以向量组中的向量为行(列)的矩阵的秩。

⑦ 矩阵的秩就是矩阵的行(列)向量组的秩，前者称为矩阵的行秩，后者称为矩阵的列秩。矩阵的行秩等于矩阵的列秩，都等于矩阵的秩。

4. 向量空间

(1) 向量空间的概念(仅数学一)：

(ⅰ) 定义：设 V 为向量的集合，如果集合 V 非空，且集合 V 中的向量对于加法及数乘两种运算封闭，则称集合 V 为向量空间。

(ⅱ) 子空间：设 V_1 和 V_2 是向量空间，如果 $V_1 \subset V_2$，则称 V_1 是 V_2 的子空间。

(ⅲ) 设 $\boldsymbol{\alpha}_1, \boldsymbol{\alpha}_2, \cdots, \boldsymbol{\alpha}_s$ 是向量组，称 $V=\{\boldsymbol{x} \mid \boldsymbol{x}=\lambda_1\boldsymbol{\alpha}_1+\lambda_2\boldsymbol{\alpha}_2+\cdots+\lambda_s\boldsymbol{\alpha}_s, \lambda_1, \lambda_2, \cdots, \lambda_s$ 是数$\}$为由向量组 $\boldsymbol{\alpha}_1, \boldsymbol{\alpha}_2, \cdots, \boldsymbol{\alpha}_s$ 生成的向量空间。

(ⅳ) 基(基底)：设 V 是向量空间，如果 r 个向量 $\boldsymbol{\alpha}_1, \boldsymbol{\alpha}_2, \cdots, \boldsymbol{\alpha}_r \in V$，且满足 $\boldsymbol{\alpha}_1, \boldsymbol{\alpha}_2, \cdots, \boldsymbol{\alpha}_r$ 线性无关，V 中任一向量都可由 $\boldsymbol{\alpha}_1, \boldsymbol{\alpha}_2, \cdots, \boldsymbol{\alpha}_r$ 线性表示，则称向量组 $\boldsymbol{\alpha}_1, \boldsymbol{\alpha}_2, \cdots, \boldsymbol{\alpha}_r$ 为向量空间 V 的一个基(基底)，r 称为向量空间 V 的维数，记为 $\dim V=r$，并称 V 为 r 维向量空间。

(ⅴ) 坐标：设向量组 $\boldsymbol{\alpha}_1, \boldsymbol{\alpha}_2, \cdots, \boldsymbol{\alpha}_r$ 是向量空间 V 的一个基，向量 $\boldsymbol{\alpha} \in V$，则

$$\boldsymbol{\alpha}=x_1\boldsymbol{\alpha}_1+x_2\boldsymbol{\alpha}_2+\cdots+x_r\boldsymbol{\alpha}_r$$

称$(x_1, x_2, \cdots, x_r)^{\mathrm{T}}$为向量 $\boldsymbol{\alpha}$ 在基 $\boldsymbol{\alpha}_1, \boldsymbol{\alpha}_2, \cdots, \boldsymbol{\alpha}_r$ 下的坐标。

(2) 基变换与坐标变换公式(仅数学一)：

(ⅰ) 基变换与过渡矩阵：设 $\boldsymbol{\alpha}_1, \boldsymbol{\alpha}_2, \cdots, \boldsymbol{\alpha}_r$ 与 $\boldsymbol{\beta}_1, \boldsymbol{\beta}_2, \cdots, \boldsymbol{\beta}_r$ 都是向量空间 V 的基，则

$$\begin{cases} \boldsymbol{\beta}_1=c_{11}\boldsymbol{\alpha}_1+c_{21}\boldsymbol{\alpha}_2+\cdots+c_{r1}\boldsymbol{\alpha}_r \\ \boldsymbol{\beta}_2=c_{12}\boldsymbol{\alpha}_1+c_{22}\boldsymbol{\alpha}_2+\cdots+c_{r2}\boldsymbol{\alpha}_r \\ \quad\vdots \\ \boldsymbol{\beta}_r=c_{1r}\boldsymbol{\alpha}_1+c_{2r}\boldsymbol{\alpha}_2+\cdots+c_{rr}\boldsymbol{\alpha}_r \end{cases}$$

即

$$(\boldsymbol{\beta}_1, \boldsymbol{\beta}_2, \cdots, \boldsymbol{\beta}_r)=(\boldsymbol{\alpha}_1, \boldsymbol{\alpha}_2, \cdots, \boldsymbol{\alpha}_r)\boldsymbol{C}$$

其中 $\boldsymbol{C}=(c_{ij})_{r\times r}$，称上式为从基 $\boldsymbol{\alpha}_1, \boldsymbol{\alpha}_2, \cdots, \boldsymbol{\alpha}_r$ 到基 $\boldsymbol{\beta}_1, \boldsymbol{\beta}_2, \cdots, \boldsymbol{\beta}_r$ 的基变换公式，称矩阵 $\boldsymbol{C}$ 为从基 $\boldsymbol{\alpha}_1, \boldsymbol{\alpha}_2, \cdots, \boldsymbol{\alpha}_r$ 到基 $\boldsymbol{\beta}_1, \boldsymbol{\beta}_2, \cdots, \boldsymbol{\beta}_r$ 的过渡矩阵。由于$(\boldsymbol{\alpha}_1, \boldsymbol{\alpha}_2, \cdots, \boldsymbol{\alpha}_r)$可逆，因此可以通过求逆矩阵得到过渡矩阵，即 $\boldsymbol{C}=(\boldsymbol{\alpha}_1, \boldsymbol{\alpha}_2, \cdots, \boldsymbol{\alpha}_r)^{-1}(\boldsymbol{\beta}_1, \boldsymbol{\beta}_2, \cdots, \boldsymbol{\beta}_r)$；初等行变换也可求得过渡矩阵，即$(\boldsymbol{\alpha}_1, \boldsymbol{\alpha}_2, \cdots, \boldsymbol{\alpha}_r \vdots \boldsymbol{\beta}_1, \boldsymbol{\beta}_2, \cdots, \boldsymbol{\beta}_r) \xrightarrow{\text{初等行变换}} (\boldsymbol{E} \vdots \boldsymbol{C})$。

(ⅱ) 坐标变换公式：设 V 是向量空间，向量 $\boldsymbol{\alpha}$ 在基 $\boldsymbol{\alpha}_1, \boldsymbol{\alpha}_2, \cdots, \boldsymbol{\alpha}_r$ 下的坐标为$(x_1, x_2, \cdots, x_r)^{\mathrm{T}}$，$\boldsymbol{\alpha}$ 在基 $\boldsymbol{\beta}_1, \boldsymbol{\beta}_2, \cdots, \boldsymbol{\beta}_r$ 下的坐标为$(y_1, y_2, \cdots, y_r)^{\mathrm{T}}$，矩阵 $\boldsymbol{C}$ 为从基 $\boldsymbol{\alpha}_1, \boldsymbol{\alpha}_2, \cdots, \boldsymbol{\alpha}_r$ 到基 $\boldsymbol{\beta}_1, \boldsymbol{\beta}_2, \cdots, \boldsymbol{\beta}_r$ 的过渡矩阵，则称

$$\begin{pmatrix} x_1 \\ x_2 \\ \vdots \\ x_r \end{pmatrix}=\boldsymbol{C}\begin{pmatrix} y_1 \\ y_2 \\ \vdots \\ y_r \end{pmatrix}$$

为坐标变换公式。

(3) 向量内积：

(ⅰ) 定义：设 n 维向量 $\boldsymbol{\alpha}=(x_1, x_2, \cdots, x_n)^{\mathrm{T}}$，$\boldsymbol{\beta}=(y_1, y_2, \cdots, y_n)^{\mathrm{T}}$，则称

$$\boldsymbol{\alpha}^{\mathrm{T}}\boldsymbol{\beta}=\sum_{i=1}^{n}x_iy_i$$

为向量 $\boldsymbol{\alpha}$ 与 $\boldsymbol{\beta}$ 的内积，记为$(\boldsymbol{\alpha}, \boldsymbol{\beta})$。

(ⅱ) 内积的性质：

① 对称性：$(\boldsymbol{\alpha}, \boldsymbol{\beta})=(\boldsymbol{\beta}, \boldsymbol{\alpha})$；

② 双线性：$(\lambda\boldsymbol{\alpha}+\mu\boldsymbol{\beta}, \boldsymbol{\gamma})=\lambda(\boldsymbol{\alpha}, \boldsymbol{\gamma})+\mu(\boldsymbol{\beta}, \boldsymbol{\gamma})$；

③ 正定性：$(\boldsymbol{\alpha}, \boldsymbol{\alpha})\geqslant 0$，等号成立当且仅当 $\boldsymbol{\alpha}=\boldsymbol{0}$。

(ⅲ) 向量的长度(范数、模)：称 $\sqrt{(\boldsymbol{\alpha}, \boldsymbol{\alpha})}$ 为向量 $\boldsymbol{\alpha}$ 的长度，记作 $\|\boldsymbol{\alpha}\|$。长度为 1 的向量称为单位向量，则 $\dfrac{\boldsymbol{\alpha}}{\|\boldsymbol{\alpha}\|}$ 为非零向量 $\boldsymbol{\alpha}$ 的单位(化)向量；零向量的长度为零。向量长度具有以下性质：

① 非负性：$\|\boldsymbol{\alpha}\|\geqslant 0$，等号成立当且仅当 $\boldsymbol{\alpha}=\boldsymbol{0}$；

② 齐次性：$\|k\boldsymbol{\alpha}\|=|k|\,\|\boldsymbol{\alpha}\|$；

③ 三角不等式：$\|\boldsymbol{\alpha}+\boldsymbol{\beta}\|\leqslant\|\boldsymbol{\alpha}\|+\|\boldsymbol{\beta}\|$。

(ⅳ) 正交：设 $\boldsymbol{\alpha}$，$\boldsymbol{\beta}$ 是非零向量，称 $\theta=\arccos\dfrac{(\boldsymbol{\alpha}, \boldsymbol{\beta})}{\|\boldsymbol{\alpha}\|\,\|\boldsymbol{\beta}\|}$ $(0\leqslant\theta\leqslant\pi)$ 为向量 $\boldsymbol{\alpha}$ 与 $\boldsymbol{\beta}$ 的夹角。如果向量 $\boldsymbol{\alpha}$ 与 $\boldsymbol{\beta}$ 的夹角是直角，则称向量 $\boldsymbol{\alpha}$ 与 $\boldsymbol{\beta}$ 正交。显然，零向量和任何向量都正交。

如果 $\boldsymbol{\alpha}_1, \boldsymbol{\alpha}_2, \cdots, \boldsymbol{\alpha}_r$ 是一组两两正交的非零向量组，则称 $\boldsymbol{\alpha}_1, \boldsymbol{\alpha}_2, \cdots, \boldsymbol{\alpha}_r$ 为正交向量组。

如果向量空间的基中的向量两两正交，则称该基为正交基；若正交基中的向量均为单位向量，则称该基为标准正交基或规范正交基或单位正交基。

(ⅴ) 若干结论：

① 向量 $\boldsymbol{\alpha}$ 与 $\boldsymbol{\beta}$ 正交的充分必要条件是$(\boldsymbol{\alpha}, \boldsymbol{\beta})=0$。

② 正交向量组一定线性无关。

(4) 线性无关向量组正交规范化的施密特(Schmidt)方法：设向量 $\boldsymbol{\alpha}_1, \boldsymbol{\alpha}_2, \cdots, \boldsymbol{\alpha}_r$ 线性无关，令

$$\boldsymbol{\beta}_1=\boldsymbol{\alpha}_1$$

$$\boldsymbol{\beta}_2=\boldsymbol{\alpha}_2-\frac{(\boldsymbol{\alpha}_2, \boldsymbol{\beta}_1)}{(\boldsymbol{\beta}_1, \boldsymbol{\beta}_1)}\boldsymbol{\beta}_1$$

$$\vdots$$

$$\boldsymbol{\beta}_i=\boldsymbol{\alpha}_i-\frac{(\boldsymbol{\alpha}_i, \boldsymbol{\beta}_1)}{(\boldsymbol{\beta}_1, \boldsymbol{\beta}_1)}\boldsymbol{\beta}_1-\frac{(\boldsymbol{\alpha}_i, \boldsymbol{\beta}_2)}{(\boldsymbol{\beta}_2, \boldsymbol{\beta}_2)}\boldsymbol{\beta}_2-\cdots-\frac{(\boldsymbol{\alpha}_i, \boldsymbol{\beta}_{i-1})}{(\boldsymbol{\beta}_{i-1}, \boldsymbol{\beta}_{i-1})}\boldsymbol{\beta}_{i-1}\quad(i=1, 2, \cdots, r)$$

则向量组 $\boldsymbol{\beta}_1, \boldsymbol{\beta}_2, \cdots, \boldsymbol{\beta}_r$ 为正交向量组，且与向量组 $\boldsymbol{\alpha}_1, \boldsymbol{\alpha}_2, \cdots, \boldsymbol{\alpha}_r$ 等价，再令 $\boldsymbol{\varepsilon}_i=\dfrac{\boldsymbol{\beta}_i}{\|\boldsymbol{\beta}_i\|}$ $(i=1, 2, \cdots, r)$，则 $\boldsymbol{\varepsilon}_1, \boldsymbol{\varepsilon}_2, \cdots, \boldsymbol{\varepsilon}_r$ 为一单位正交向量组。

(5) 正交矩阵：

(ⅰ) 定义：设 $\boldsymbol{A}$ 为 n 阶方阵，如果 $\boldsymbol{A}^{\mathrm{T}}\boldsymbol{A}=\boldsymbol{E}$(或 $\boldsymbol{A}\boldsymbol{A}^{\mathrm{T}}=\boldsymbol{E}$)，则称 $\boldsymbol{A}$ 为正交矩阵。显然，

单位矩阵是正交矩阵。

(ⅱ) 正交矩阵的性质:

① 设 $\boldsymbol{A}$ 为正交矩阵，则 $\boldsymbol{A}^{-1}=\boldsymbol{A}^{\mathrm{T}}$。

② 设 $\boldsymbol{A}$ 为正交矩阵，则 $|\boldsymbol{A}|=1$ 或 -1，从而 $\boldsymbol{A}^{*}=\boldsymbol{A}^{\mathrm{T}}$ 或 $\boldsymbol{A}^{*}=-\boldsymbol{A}^{\mathrm{T}}$。

③ 有限个正交矩阵的乘积仍是正交矩阵。

④ n 阶方阵 $\boldsymbol{A}$ 为正交矩阵当且仅当 $\boldsymbol{A}$ 的 n 个行(列)向量是 n 维向量空间的一组规范正交基。

⑤ $\boldsymbol{A}$，$\boldsymbol{B}$ 分别为 m 阶和 n 阶正交矩阵当且仅当 $\begin{pmatrix}\boldsymbol{A} & \boldsymbol{O}\\ \boldsymbol{O} & \boldsymbol{B}\end{pmatrix}$ 为 $m+n$ 阶正交矩阵。

二、考点题型解析

常考题型：● 线性组合与线性相关的判别；● 线性相关与线性无关的证明；● 求秩与极大无关组；● 关于秩、$\boldsymbol{AB}=\boldsymbol{O}$ 与 $\boldsymbol{A}=\boldsymbol{O}$ 的证明；● 向量空间的判定；● 向量坐标、过渡矩阵与坐标变换；● 正交基与规范正交基；● 秩与直线、平面的综合问题。

1. 选择题

例 1　下列向量组线性无关的是(　　)。

(A) $(1, 2, 3, 4)$，$(4, 3, 2, 1)$，$(0, 0, 0, 0)$

(B) (a, b, c)，(b, c, d)，(c, d, e)，(d, e, f)

(C) $(a, 1, b, 0, 0)$，$(c, 0, d, 2, 3)$，$(e, 4, f, 5, 6)$

(D) $(a, 1, 2, 3)$，$(b, 1, 2, 3)$，$(c, 4, 2, 3)$，$(d, 0, 0, 0)$

解　应选(C)。

方法一　由于含零向量的向量组线性相关，任意 $n+1$ 个 n 维向量线性相关，因此选项(A)、(B)不正确。对于选项(D)，若 $d=0$，则向量中有零向量线性相关，若 $d\neq 0$，则

$$(a, 1, 2, 3)-(b, 1, 2, 3)=\frac{a-b}{d}(d, 0, 0, 0)$$

从而向量组 $(a, 1, 2, 3)$，$(b, 1, 2, 3)$，$(d, 0, 0, 0)$ 线性相关，故向量组 $(a, 1, 2, 3)$，$(b, 1, 2, 3)$，$(c, 4, 2, 3)$，$(d, 0, 0, 0)$ 线性相关，所以选项(D)不正确。故选(C)。

方法二　由于向量组 $\boldsymbol{\beta}_1=(1, 0, 0)$，$\boldsymbol{\beta}_2=(0, 2, 3)$，$\boldsymbol{\beta}_3=(4, 5, 6)$ 所构成的行列式

$$\begin{vmatrix}1 & 0 & 0\\ 0 & 2 & 3\\ 4 & 5 & 6\end{vmatrix}\neq 0$$

因此向量组 $\boldsymbol{\beta}_1=(1, 0, 0)$，$\boldsymbol{\beta}_2=(0, 2, 3)$，$\boldsymbol{\beta}_3=(4, 5, 6)$ 线性无关，则其延伸组 $(a, 1, b, 0, 0)$，$(c, 0, d, 2, 3)$，$(e, 4, f, 5, 6)$ 线性无关，故选(C)。

例 2　设 $\boldsymbol{\alpha}_1$，$\boldsymbol{\alpha}_2$，…，$\boldsymbol{\alpha}_s$ 均为 n 维列向量，$\boldsymbol{A}$ 是 $m\times n$ 矩阵，则下列命题正确的是(　　)。

(A) 若 $\boldsymbol{\alpha}_1$，$\boldsymbol{\alpha}_2$，…，$\boldsymbol{\alpha}_s$ 线性相关，则 $\boldsymbol{A\alpha}_1$，$\boldsymbol{A\alpha}_2$，…，$\boldsymbol{A\alpha}_s$ 线性相关

(B) 若 $\boldsymbol{\alpha}_1$，$\boldsymbol{\alpha}_2$，…，$\boldsymbol{\alpha}_s$ 线性相关，则 $\boldsymbol{A\alpha}_1$，$\boldsymbol{A\alpha}_2$，…，$\boldsymbol{A\alpha}_s$ 线性无关

(C) 若 $\boldsymbol{\alpha}_1$，$\boldsymbol{\alpha}_2$，…，$\boldsymbol{\alpha}_s$ 线性无关，则 $\boldsymbol{A\alpha}_1$，$\boldsymbol{A\alpha}_2$，…，$\boldsymbol{A\alpha}_s$ 线性相关

(D) 若 $\boldsymbol{\alpha}_1$，$\boldsymbol{\alpha}_2$，…，$\boldsymbol{\alpha}_s$ 线性无关，则 $\boldsymbol{A\alpha}_1$，$\boldsymbol{A\alpha}_2$，…，$\boldsymbol{A\alpha}_s$ 线性无关

解　应选(A)。

方法一　设 $\boldsymbol{\alpha}_1$，$\boldsymbol{\alpha}_2$，…，$\boldsymbol{\alpha}_s$ 线性相关，则存在不全为零的数 k_1，k_2，…，k_s，使得

$$k_1\boldsymbol{\alpha}_1+k_2\boldsymbol{\alpha}_2+\cdots+k_s\boldsymbol{\alpha}_s=\mathbf{0}$$

由于 $k_1\boldsymbol{A\alpha}_1+k_2\boldsymbol{A\alpha}_2+\cdots+k_s\boldsymbol{A\alpha}_s=\boldsymbol{A}(k_1\boldsymbol{\alpha}_1+k_2\boldsymbol{\alpha}_2+\cdots+k_s\boldsymbol{\alpha}_s)=\mathbf{0}$，因此 $\boldsymbol{A\alpha}_1$，$\boldsymbol{A\alpha}_2$，…，$\boldsymbol{A\alpha}_s$ 线性相关，故选(A)。

方法二　设 $\boldsymbol{\alpha}_1$，$\boldsymbol{\alpha}_2$，…，$\boldsymbol{\alpha}_s$ 线性相关，则 $r(\boldsymbol{\alpha}_1,\boldsymbol{\alpha}_2,\cdots,\boldsymbol{\alpha}_s)<s$，从而

$$r(\boldsymbol{A\alpha}_1,\boldsymbol{A\alpha}_2,\cdots,\boldsymbol{A\alpha}_s)=r[\boldsymbol{A}(\boldsymbol{\alpha}_1,\boldsymbol{\alpha}_2,\cdots,\boldsymbol{\alpha}_s)]\leqslant r(\boldsymbol{\alpha}_1,\boldsymbol{\alpha}_2,\cdots,\boldsymbol{\alpha}_s)<s$$

因此 $\boldsymbol{A\alpha}_1$，$\boldsymbol{A\alpha}_2$，…，$\boldsymbol{A\alpha}_s$ 线性相关，故选(A)。

例 3　设向量组 $\boldsymbol{\alpha}$，$\boldsymbol{\beta}$，$\boldsymbol{\gamma}$ 线性无关，$\boldsymbol{\alpha}$，$\boldsymbol{\beta}$，$\boldsymbol{\delta}$ 线性相关，则(　　)。

(A) $\boldsymbol{\alpha}$ 必可由 $\boldsymbol{\beta}$，$\boldsymbol{\gamma}$，$\boldsymbol{\delta}$ 线性表示　　(B) $\boldsymbol{\beta}$ 必不可由 $\boldsymbol{\alpha}$，$\boldsymbol{\gamma}$，$\boldsymbol{\delta}$ 线性表示

(C) $\boldsymbol{\delta}$ 必可由 $\boldsymbol{\alpha}$，$\boldsymbol{\beta}$，$\boldsymbol{\gamma}$ 线性表示　　(D) $\boldsymbol{\delta}$ 必不可由 $\boldsymbol{\alpha}$，$\boldsymbol{\beta}$，$\boldsymbol{\gamma}$ 线性表示

解　应选(C)。

由于 $\boldsymbol{\alpha}$，$\boldsymbol{\beta}$，$\boldsymbol{\gamma}$ 线性无关，因此 $\boldsymbol{\alpha}$，$\boldsymbol{\beta}$ 线性无关，又 $\boldsymbol{\alpha}$，$\boldsymbol{\beta}$，$\boldsymbol{\delta}$ 线性相关，故 $\boldsymbol{\delta}$ 可由 $\boldsymbol{\alpha}$，$\boldsymbol{\beta}$ 线性表示，从而 $\boldsymbol{\delta}$ 可由 $\boldsymbol{\alpha}$，$\boldsymbol{\beta}$，$\boldsymbol{\gamma}$ 线性表示，故选(C)。

例 4　已知向量组 $\boldsymbol{\alpha}_1$，$\boldsymbol{\alpha}_2$，$\boldsymbol{\alpha}_3$，$\boldsymbol{\alpha}_4$ 线性无关，则(　　)。

(A) $\boldsymbol{\alpha}_1+\boldsymbol{\alpha}_2$，$\boldsymbol{\alpha}_2+\boldsymbol{\alpha}_3$，$\boldsymbol{\alpha}_3+\boldsymbol{\alpha}_4$，$\boldsymbol{\alpha}_4+\boldsymbol{\alpha}_1$ 线性无关

(B) $\boldsymbol{\alpha}_1-\boldsymbol{\alpha}_2$，$\boldsymbol{\alpha}_2-\boldsymbol{\alpha}_3$，$\boldsymbol{\alpha}_3-\boldsymbol{\alpha}_4$，$\boldsymbol{\alpha}_4-\boldsymbol{\alpha}_1$ 线性无关

(C) $\boldsymbol{\alpha}_1+\boldsymbol{\alpha}_2$，$\boldsymbol{\alpha}_2+\boldsymbol{\alpha}_3$，$\boldsymbol{\alpha}_3-\boldsymbol{\alpha}_4$，$\boldsymbol{\alpha}_4-\boldsymbol{\alpha}_1$ 线性无关

(D) $\boldsymbol{\alpha}_1+\boldsymbol{\alpha}_2$，$\boldsymbol{\alpha}_2-\boldsymbol{\alpha}_3$，$\boldsymbol{\alpha}_3-\boldsymbol{\alpha}_4$，$\boldsymbol{\alpha}_4-\boldsymbol{\alpha}_1$ 线性无关

解　应选(D)。

方法一　由于

$$(\boldsymbol{\alpha}_1+\boldsymbol{\alpha}_2)-(\boldsymbol{\alpha}_2+\boldsymbol{\alpha}_3)+(\boldsymbol{\alpha}_3+\boldsymbol{\alpha}_4)-(\boldsymbol{\alpha}_4+\boldsymbol{\alpha}_1)=\mathbf{0}$$

因此 $\boldsymbol{\alpha}_1+\boldsymbol{\alpha}_2$，$\boldsymbol{\alpha}_2+\boldsymbol{\alpha}_3$，$\boldsymbol{\alpha}_3+\boldsymbol{\alpha}_4$，$\boldsymbol{\alpha}_4+\boldsymbol{\alpha}_1$ 线性相关，从而选项(A)不正确。又

$$(\boldsymbol{\alpha}_1-\boldsymbol{\alpha}_2)+(\boldsymbol{\alpha}_2-\boldsymbol{\alpha}_3)+(\boldsymbol{\alpha}_3-\boldsymbol{\alpha}_4)+(\boldsymbol{\alpha}_4-\boldsymbol{\alpha}_1)=\mathbf{0}$$

故 $\boldsymbol{\alpha}_1-\boldsymbol{\alpha}_2$，$\boldsymbol{\alpha}_2-\boldsymbol{\alpha}_3$，$\boldsymbol{\alpha}_3-\boldsymbol{\alpha}_4$，$\boldsymbol{\alpha}_4-\boldsymbol{\alpha}_1$ 线性相关，从而选项(B)不正确。因为

$$(\boldsymbol{\alpha}_1+\boldsymbol{\alpha}_2)-(\boldsymbol{\alpha}_2+\boldsymbol{\alpha}_3)+(\boldsymbol{\alpha}_3-\boldsymbol{\alpha}_4)+(\boldsymbol{\alpha}_4-\boldsymbol{\alpha}_1)=\mathbf{0}$$

所以 $\boldsymbol{\alpha}_1+\boldsymbol{\alpha}_2$，$\boldsymbol{\alpha}_2+\boldsymbol{\alpha}_3$，$\boldsymbol{\alpha}_3-\boldsymbol{\alpha}_4$，$\boldsymbol{\alpha}_4-\boldsymbol{\alpha}_1$ 线性相关，从而选项(C)不正确。故选(D)。

方法二　由于

$$(\boldsymbol{\alpha}_1+\boldsymbol{\alpha}_2,\boldsymbol{\alpha}_2-\boldsymbol{\alpha}_3,\boldsymbol{\alpha}_3-\boldsymbol{\alpha}_4,\boldsymbol{\alpha}_4-\boldsymbol{\alpha}_1)=(\boldsymbol{\alpha}_1,\boldsymbol{\alpha}_2,\boldsymbol{\alpha}_3,\boldsymbol{\alpha}_4)\begin{pmatrix}1&0&0&-1\\1&1&0&0\\0&-1&1&0\\0&0&-1&1\end{pmatrix}$$

且 $\begin{vmatrix}1&0&0&-1\\1&1&0&0\\0&-1&1&0\\0&0&-1&1\end{vmatrix}=2$，即 $\begin{pmatrix}1&0&0&-1\\1&1&0&0\\0&-1&1&0\\0&0&-1&1\end{pmatrix}$ 可逆，$\boldsymbol{\alpha}_1$，$\boldsymbol{\alpha}_2$，$\boldsymbol{\alpha}_3$，$\boldsymbol{\alpha}_4$ 线性无关，因此 $r(\boldsymbol{\alpha}_1+\boldsymbol{\alpha}_2,\boldsymbol{\alpha}_2-\boldsymbol{\alpha}_3,\boldsymbol{\alpha}_3-\boldsymbol{\alpha}_4,\boldsymbol{\alpha}_4-\boldsymbol{\alpha}_1)=4$，从而 $\boldsymbol{\alpha}_1+\boldsymbol{\alpha}_2$，$\boldsymbol{\alpha}_2-\boldsymbol{\alpha}_3$，$\boldsymbol{\alpha}_3-\boldsymbol{\alpha}_4$，$\boldsymbol{\alpha}_4-\boldsymbol{\alpha}_1$ 线性无关，故选(D)。

例 5　设 $\boldsymbol{\alpha}_1$，$\boldsymbol{\alpha}_2$，$\boldsymbol{\alpha}_3$，$\boldsymbol{\alpha}_4$ 均是 3 维非零向量，则下列结论正确的是(　　)。

(A) 若 $\boldsymbol{\alpha}_1$，$\boldsymbol{\alpha}_2$ 线性相关，$\boldsymbol{\alpha}_3$，$\boldsymbol{\alpha}_4$ 线性相关，则 $\boldsymbol{\alpha}_1+\boldsymbol{\alpha}_3$，$\boldsymbol{\alpha}_2+\boldsymbol{\alpha}_4$ 线性无关

(B) 若 $\boldsymbol{\alpha}_1$，$\boldsymbol{\alpha}_2$，$\boldsymbol{\alpha}_3$ 线性无关，则 $\boldsymbol{\alpha}_1+\boldsymbol{\alpha}_4$，$\boldsymbol{\alpha}_2+\boldsymbol{\alpha}_4$，$\boldsymbol{\alpha}_3+\boldsymbol{\alpha}_4$ 线性无关

(C) 若 $\boldsymbol{\alpha}_4$ 不能由 $\boldsymbol{\alpha}_1$，$\boldsymbol{\alpha}_2$，$\boldsymbol{\alpha}_3$ 线性表示，则 $\boldsymbol{\alpha}_1$，$\boldsymbol{\alpha}_2$，$\boldsymbol{\alpha}_3$ 线性相关

(D) 若 $\boldsymbol{\alpha}_1$，$\boldsymbol{\alpha}_2$，$\boldsymbol{\alpha}_3$，$\boldsymbol{\alpha}_4$ 中任意三个向量均线性无关，则 $\boldsymbol{\alpha}_1$，$\boldsymbol{\alpha}_2$，$\boldsymbol{\alpha}_3$，$\boldsymbol{\alpha}_4$ 线性无关

解 应选(C)。

方法一 由于4个3维向量必线性相关，若 $\boldsymbol{\alpha}_1$，$\boldsymbol{\alpha}_2$，$\boldsymbol{\alpha}_3$ 线性无关，则 $\boldsymbol{\alpha}_4$ 必可由 $\boldsymbol{\alpha}_1$，$\boldsymbol{\alpha}_2$，$\boldsymbol{\alpha}_3$ 线性表示，但 $\boldsymbol{\alpha}_4$ 不能由 $\boldsymbol{\alpha}_1$，$\boldsymbol{\alpha}_2$，$\boldsymbol{\alpha}_3$ 线性表示，因此 $\boldsymbol{\alpha}_1$，$\boldsymbol{\alpha}_2$，$\boldsymbol{\alpha}_3$ 必线性相关，故选(C)。

方法二 取 $\boldsymbol{\alpha}_1=(1, 0, 0)$，$\boldsymbol{\alpha}_2=(2, 0, 0)$，$\boldsymbol{\alpha}_3=(0, 2, 0)$，$\boldsymbol{\alpha}_4=(0, 3, 0)$，则 $\boldsymbol{\alpha}_1$，$\boldsymbol{\alpha}_2$ 线性相关，$\boldsymbol{\alpha}_3$，$\boldsymbol{\alpha}_4$ 线性相关，但 $\boldsymbol{\alpha}_1+\boldsymbol{\alpha}_3=(1, 2, 0)$，$\boldsymbol{\alpha}_2+\boldsymbol{\alpha}_4=(2, 3, 0)$线性无关，从而选项(A)不正确。取 $\boldsymbol{\alpha}_4=-\boldsymbol{\alpha}_1$，则 $\boldsymbol{\alpha}_1+\boldsymbol{\alpha}_4$，$\boldsymbol{\alpha}_2+\boldsymbol{\alpha}_4$，$\boldsymbol{\alpha}_3+\boldsymbol{\alpha}_4$ 线性相关，从而选项(B)不正确。取 $\boldsymbol{\alpha}_1=(1, 0, 0)$，$\boldsymbol{\alpha}_2=(0, 1, 0)$，$\boldsymbol{\alpha}_3=(0, 0, 1)$，$\boldsymbol{\alpha}_4=(1, 1, 1)$，则 $\boldsymbol{\alpha}_1$，$\boldsymbol{\alpha}_2$，$\boldsymbol{\alpha}_3$，$\boldsymbol{\alpha}_4$ 中任意三个向量均线性无关，但 $\boldsymbol{\alpha}_1$，$\boldsymbol{\alpha}_2$，$\boldsymbol{\alpha}_3$，$\boldsymbol{\alpha}_4$ 线性相关，从而选项(D)不正确。故选(C)。

例6 向量组 $\boldsymbol{\alpha}_1$，$\boldsymbol{\alpha}_2$，…，$\boldsymbol{\alpha}_s$ 线性无关的充分必要条件是( )。

(A) $\boldsymbol{\alpha}_1$，$\boldsymbol{\alpha}_2$，…，$\boldsymbol{\alpha}_s$ 均不是零向量

(B) $\boldsymbol{\alpha}_1$，$\boldsymbol{\alpha}_2$，…，$\boldsymbol{\alpha}_s$ 中任意两个向量的分量不成比例

(C) $\boldsymbol{\alpha}_1$，$\boldsymbol{\alpha}_2$，…，$\boldsymbol{\alpha}_s$，$\boldsymbol{\alpha}_{s+1}$线性无关

(D) $\boldsymbol{\alpha}_1$，$\boldsymbol{\alpha}_2$，…，$\boldsymbol{\alpha}_s$ 中任一个向量均不能由其余 $s-1$ 个向量线性表示

解 应选(D)。

方法一 由于向量组 $\boldsymbol{\alpha}_1$，$\boldsymbol{\alpha}_2$，…，$\boldsymbol{\alpha}_s$ 线性无关的充分必要条件是$\boldsymbol{\alpha}_1$，$\boldsymbol{\alpha}_2$，…，$\boldsymbol{\alpha}_s$ 中任一个向量均不能由其余 $s-1$ 个向量线性表示，故选(D)。

方法二 由于选项(A)、(B)均是 $\boldsymbol{\alpha}_1$，$\boldsymbol{\alpha}_2$，…，$\boldsymbol{\alpha}_s$ 线性无关的必要条件，取 $\boldsymbol{\alpha}_1=(1, 1, 1)$，$\boldsymbol{\alpha}_2=(1, 2, 3)$，$\boldsymbol{\alpha}_3=(2, 3, 4)$，则 $\boldsymbol{\alpha}_1$，$\boldsymbol{\alpha}_2$，$\boldsymbol{\alpha}_3$ 均不是零向量且任意两个向量的分量不成比例，但 $\boldsymbol{\alpha}_1+\boldsymbol{\alpha}_2-\boldsymbol{\alpha}_3=\mathbf{0}$，即 $\boldsymbol{\alpha}_1$，$\boldsymbol{\alpha}_2$，$\boldsymbol{\alpha}_3$ 线性相关，因此选项(A)、(B)不正确。因为选项(C)是 $\boldsymbol{\alpha}_1$，$\boldsymbol{\alpha}_2$，…，$\boldsymbol{\alpha}_s$ 线性无关的充分条件，若 $\boldsymbol{\alpha}_1$，$\boldsymbol{\alpha}_2$，…，$\boldsymbol{\alpha}_s$，$\boldsymbol{\alpha}_{s+1}$线性无关，则 $\boldsymbol{\alpha}_1$，$\boldsymbol{\alpha}_2$，…，$\boldsymbol{\alpha}_s$ 线性无关，但若 $\boldsymbol{\alpha}_1$，$\boldsymbol{\alpha}_2$，…，$\boldsymbol{\alpha}_s$ 线性无关，则 $\boldsymbol{\alpha}_1$，$\boldsymbol{\alpha}_2$，…，$\boldsymbol{\alpha}_s$，$\boldsymbol{\alpha}_{s+1}$不一定线性无关，如取 $\boldsymbol{\alpha}_1=(1, 0)^{\mathrm{T}}$，$\boldsymbol{\alpha}_2=(0, 1)^{\mathrm{T}}$，$\boldsymbol{\alpha}_3=(1, 1)^{\mathrm{T}}$，则 $\boldsymbol{\alpha}_1$，$\boldsymbol{\alpha}_2$ 线性无关，但 $\boldsymbol{\alpha}_1$，$\boldsymbol{\alpha}_2$，$\boldsymbol{\alpha}_3$ 线性相关，从而选项(C)不正确。故选(D)。

例7 设 $\boldsymbol{\alpha}_1$，$\boldsymbol{\alpha}_2$，…，$\boldsymbol{\alpha}_s$ 为 n 维向量，则下列命题正确的是( )。

(A) 若 $\boldsymbol{\alpha}_s$ 不能用 $\boldsymbol{\alpha}_1$，$\boldsymbol{\alpha}_2$，…，$\boldsymbol{\alpha}_{s-1}$线性表示，则 $\boldsymbol{\alpha}_1$，$\boldsymbol{\alpha}_2$，…，$\boldsymbol{\alpha}_s$ 线性无关

(B) 若 $\boldsymbol{\alpha}_1$，$\boldsymbol{\alpha}_2$，…，$\boldsymbol{\alpha}_s$ 线性相关，$\boldsymbol{\alpha}_s$ 不能用 $\boldsymbol{\alpha}_1$，$\boldsymbol{\alpha}_2$，…，$\boldsymbol{\alpha}_{s-1}$线性表示，则 $\boldsymbol{\alpha}_1$，$\boldsymbol{\alpha}_2$，…，$\boldsymbol{\alpha}_{s-1}$线性相关

(C) 若 $\boldsymbol{\alpha}_1$，$\boldsymbol{\alpha}_2$，…，$\boldsymbol{\alpha}_s$ 中任意 $s-1$ 个向量都线性无关，则 $\boldsymbol{\alpha}_1$，$\boldsymbol{\alpha}_2$，…，$\boldsymbol{\alpha}_s$ 线性无关

(D) 零向量 $\mathbf{0}$ 不能用 $\boldsymbol{\alpha}_1$，$\boldsymbol{\alpha}_2$，…，$\boldsymbol{\alpha}_s$ 线性表示

解 应选(B)。

方法一 由于 $\boldsymbol{\alpha}_1$，$\boldsymbol{\alpha}_2$，…，$\boldsymbol{\alpha}_s$ 线性相关，因此存在不全为零的常数 k_1，k_2，…，k_s，使得

$$k_1\boldsymbol{\alpha}_1+k_2\boldsymbol{\alpha}_2+\cdots+k_s\boldsymbol{\alpha}_s=\mathbf{0}$$

从而 $k_s=0$，否则 $\boldsymbol{\alpha}_s$ 能用 $\boldsymbol{\alpha}_1$，$\boldsymbol{\alpha}_2$，…，$\boldsymbol{\alpha}_{s-1}$线性表示，所以 $\boldsymbol{\alpha}_1$，$\boldsymbol{\alpha}_2$，…，$\boldsymbol{\alpha}_{s-1}$线性相关，故选(B)。

方法二 若 $\boldsymbol{\alpha}_s$ 不能用 $\boldsymbol{\alpha}_1$，$\boldsymbol{\alpha}_2$，…，$\boldsymbol{\alpha}_{s-1}$线性表示，则不能保证每一个向量 $\boldsymbol{\alpha}_i(i=1, 2, \cdots, s-1)$都不能用其余向量线性表示，如取 $\boldsymbol{\alpha}_1=(1, 0)$，$\boldsymbol{\alpha}_2=(2, 0)$，$\boldsymbol{\alpha}_3=(0, 3)$，则 $\boldsymbol{\alpha}_3$ 不

能用$\boldsymbol{\alpha}_1$，$\boldsymbol{\alpha}_2$线性表示，但$2\boldsymbol{\alpha}_1-\boldsymbol{\alpha}_2+0\boldsymbol{\alpha}_3=\mathbf{0}$，即$\boldsymbol{\alpha}_1$，$\boldsymbol{\alpha}_2$，$\boldsymbol{\alpha}_3$线性相关，从而选项(A)不正确。若$\boldsymbol{\alpha}_1$，$\boldsymbol{\alpha}_2$，…，$\boldsymbol{\alpha}_s$线性无关，则它的任一部分组均线性无关，但任一部分组线性无关并不能保证该向量组线性无关，如取$\boldsymbol{\varepsilon}_1=(1, 0, \cdots, 0)$，$\boldsymbol{\varepsilon}_2=(0, 1, \cdots, 0)$，…，$\boldsymbol{\varepsilon}_n=(0, 0, \cdots, 1)$，$\boldsymbol{\alpha}=(1, 1, \cdots, 1)$，则其中任意$n$个向量都是线性无关的，但这$n+1$个向量是线性相关的，从而选项(C)不正确。由于零向量可以由任何向量组线性表示，即$\mathbf{0}=0\boldsymbol{\alpha}_1+0\boldsymbol{\alpha}_2+\cdots+0\boldsymbol{\alpha}_s$，因此选项(D)不正确。故选(B)。

例 8 设向量组(Ⅰ)$\boldsymbol{\alpha}_1$，$\boldsymbol{\alpha}_2$，…，$\boldsymbol{\alpha}_s$可由向量组(Ⅱ)$\boldsymbol{\beta}_1$，$\boldsymbol{\beta}_2$，…，$\boldsymbol{\beta}_t$线性表示，则下列命题正确的是(　　)。

(A) 若向量组(Ⅰ)线性无关，则$s\leqslant t$　　(B) 若向量组(Ⅰ)线性相关，则$s>t$

(C) 若向量组(Ⅱ)线性无关，则$s\leqslant t$　　(D) 若向量组(Ⅱ)线性相关，则$s>t$

解 应选(A)。

方法一　由于向量组(Ⅰ)$\boldsymbol{\alpha}_1$，$\boldsymbol{\alpha}_2$，…，$\boldsymbol{\alpha}_s$可由向量组(Ⅱ)$\boldsymbol{\beta}_1$，$\boldsymbol{\beta}_2$，…，$\boldsymbol{\beta}_t$线性表示，因此r(Ⅰ)$\leqslant r$(Ⅱ)，当向量组(Ⅰ)$\boldsymbol{\alpha}_1$，$\boldsymbol{\alpha}_2$，…，$\boldsymbol{\alpha}_s$线性无关时，r(Ⅰ)$=r(\boldsymbol{\alpha}_1, \boldsymbol{\alpha}_2, \cdots, \boldsymbol{\alpha}_s)=s$，由向量组秩的概念，得$r$(Ⅱ)$=r(\boldsymbol{\beta}_1, \boldsymbol{\beta}_2, \cdots, \boldsymbol{\beta}_t)\leqslant t$，从而$s\leqslant t$，故选(A)。

方法二　取$\boldsymbol{\alpha}_1=(1, 0, 0)$，$\boldsymbol{\alpha}_2=(2, 0, 0)$，$\boldsymbol{\beta}_1=(1, 0, 0)$，$\boldsymbol{\beta}_2=(0, 1, 0)$，$\boldsymbol{\beta}_3=(0, 0, 0)$，则选项(B)、(D)均不正确。取$\boldsymbol{\alpha}_1=(1, 0, 0)$，$\boldsymbol{\alpha}_2=(2, 0, 0)$，$\boldsymbol{\alpha}_3=(3, 0, 0)$，$\boldsymbol{\beta}_1=(1, 0, 0)$，$\boldsymbol{\beta}_2=(0, 1, 0)$，则选项(C)不正确。故选(A)。

例 9 设向量组(Ⅰ)$\boldsymbol{\alpha}_1$，$\boldsymbol{\alpha}_2$，…，$\boldsymbol{\alpha}_s$可由向量组(Ⅱ)$\boldsymbol{\beta}_1$，$\boldsymbol{\beta}_2$，…，$\boldsymbol{\beta}_t$线性表示，则下列命题正确的是(　　)。

(A) 当$s<t$时，向量组(Ⅱ)必线性相关

(B) 当$s>t$时，向量组(Ⅱ)必线性相关

(C) 当$s<t$时，向量组(Ⅰ)必线性相关

(D) 当$s>t$时，向量组(Ⅰ)必线性相关

解 应选(D)。

方法一　若向量个数多的向量组可由向量个数少的向量组线性表示，则向量个数多的向量组一定线性相关，故选(D)。

方法二　取$\boldsymbol{\alpha}_1=(1, 0, 0)$，$\boldsymbol{\alpha}_2=(0, 2, 0)$，$\boldsymbol{\beta}_1=(1, 0, 0)$，$\boldsymbol{\beta}_2=(0, 1, 0)$，$\boldsymbol{\beta}_3=(0, 0, 1)$，则选项(A)、(C)均不正确。取$\boldsymbol{\alpha}_1=(1, 0, 0)$，$\boldsymbol{\alpha}_2=(2, 0, 0)$，$\boldsymbol{\alpha}_3=(3, 0, 0)$，$\boldsymbol{\beta}_1=(1, 0, 0)$，$\boldsymbol{\beta}_2=(0, 1, 0)$，则选项(B)不正确。故选(D)。

例 10 设$\boldsymbol{\alpha}_1$，$\boldsymbol{\alpha}_2$，…，$\boldsymbol{\alpha}_m$为一向量组，则下列命题正确的是(　　)。

(A) 若$k_1\boldsymbol{\alpha}_1+k_2\boldsymbol{\alpha}_2+\cdots+k_m\boldsymbol{\alpha}_m=\mathbf{0}$，则$\boldsymbol{\alpha}_1$，$\boldsymbol{\alpha}_2$，…，$\boldsymbol{\alpha}_m$线性相关

(B) 对任意的不全为零的k_1，k_2，…，k_m，均有$k_1\boldsymbol{\alpha}_1+k_2\boldsymbol{\alpha}_2+\cdots+k_m\boldsymbol{\alpha}_m\neq\mathbf{0}$，则$\boldsymbol{\alpha}_1$，$\boldsymbol{\alpha}_2$，…，$\boldsymbol{\alpha}_m$线性无关

(C) 设$\boldsymbol{\alpha}_1$，$\boldsymbol{\alpha}_2$，…，$\boldsymbol{\alpha}_m$线性相关，则对于任意不全为零的k_1，k_2，…，k_m，均有

$$k_1\boldsymbol{\alpha}_1+k_2\boldsymbol{\alpha}_2+\cdots+k_m\boldsymbol{\alpha}_m=\mathbf{0}$$

(D) 由于$0\boldsymbol{\alpha}_1+0\boldsymbol{\alpha}_2+\cdots+0\boldsymbol{\alpha}_m=\mathbf{0}$，因此$\boldsymbol{\alpha}_1$，$\boldsymbol{\alpha}_2$，…，$\boldsymbol{\alpha}_m$线性无关

解 应选(B)。

$\boldsymbol{\alpha}_1$，$\boldsymbol{\alpha}_2$，…，$\boldsymbol{\alpha}_m$线性无关$\Leftrightarrow$若$k_1\boldsymbol{\alpha}_1+k_2\boldsymbol{\alpha}_2+\cdots+k_m\boldsymbol{\alpha}_m=\mathbf{0}$，则$k_i=0\ (i=1, 2, \cdots, m)$$\Leftrightarrow$对任意的不全为零的$k_1$，$k_2$，…，$k_m$，均有$k_1\boldsymbol{\alpha}_1+k_2\boldsymbol{\alpha}_2+\cdots+k_m\boldsymbol{\alpha}_m\neq\mathbf{0}$，故选(B)。

例 11 设 $\boldsymbol{\alpha}_1$，$\boldsymbol{\alpha}_2$，…，$\boldsymbol{\alpha}_m$ 与 $\boldsymbol{\beta}_1$，$\boldsymbol{\beta}_2$，…，$\boldsymbol{\beta}_m$ 是向量组，若存在两组不全为零的数 λ_1，λ_2，…，λ_m 和 k_1，k_2，…，k_m，使

$$(\lambda_1+k_1)\boldsymbol{\alpha}_1+(\lambda_2+k_2)\boldsymbol{\alpha}_2+\cdots+(\lambda_m+k_m)\boldsymbol{\alpha}_m+(\lambda_1-k_1)\boldsymbol{\beta}_1+(\lambda_2-k_2)\boldsymbol{\beta}_2+\cdots+(\lambda_m-k_m)\boldsymbol{\beta}_m=\mathbf{0}$$

则(　　)。

(A) $\boldsymbol{\alpha}_1$，$\boldsymbol{\alpha}_2$，…，$\boldsymbol{\alpha}_m$ 和 $\boldsymbol{\beta}_1$，$\boldsymbol{\beta}_2$，…，$\boldsymbol{\beta}_m$ 都线性相关

(B) $\boldsymbol{\alpha}_1$，$\boldsymbol{\alpha}_2$，…，$\boldsymbol{\alpha}_m$ 和 $\boldsymbol{\beta}_1$，$\boldsymbol{\beta}_2$，…，$\boldsymbol{\beta}_m$ 都线性无关

(C) $\boldsymbol{\alpha}_1+\boldsymbol{\beta}_1$，$\boldsymbol{\alpha}_2+\boldsymbol{\beta}_2$，…，$\boldsymbol{\alpha}_m+\boldsymbol{\beta}_m$，$\boldsymbol{\alpha}_1-\boldsymbol{\beta}_1$，$\boldsymbol{\alpha}_2-\boldsymbol{\beta}_2$，…，$\boldsymbol{\alpha}_m-\boldsymbol{\beta}_m$ 线性无关

(D) $\boldsymbol{\alpha}_1+\boldsymbol{\beta}_1$，$\boldsymbol{\alpha}_2+\boldsymbol{\beta}_2$，…，$\boldsymbol{\alpha}_m+\boldsymbol{\beta}_m$，$\boldsymbol{\alpha}_1-\boldsymbol{\beta}_1$，$\boldsymbol{\alpha}_2-\boldsymbol{\beta}_2$，…，$\boldsymbol{\alpha}_m-\boldsymbol{\beta}_m$ 线性相关

解 应选(D)。

由

$$(\lambda_1+k_1)\boldsymbol{\alpha}_1+(\lambda_2+k_2)\boldsymbol{\alpha}_2+\cdots+(\lambda_m+k_m)\boldsymbol{\alpha}_m+(\lambda_1-k_1)\boldsymbol{\beta}_1+(\lambda_2-k_2)\boldsymbol{\beta}_2+\cdots+(\lambda_m-k_m)\boldsymbol{\beta}_m=\mathbf{0}$$

得

$$\lambda_1(\boldsymbol{\alpha}_1+\boldsymbol{\beta}_1)+\lambda_2(\boldsymbol{\alpha}_2+\boldsymbol{\beta}_2)+\cdots+\lambda_m(\boldsymbol{\alpha}_m+\boldsymbol{\beta}_m)+k_1(\boldsymbol{\alpha}_1-\boldsymbol{\beta}_1)+k_2(\boldsymbol{\alpha}_2-\boldsymbol{\beta}_2)+\cdots+k_m(\boldsymbol{\alpha}_m-\boldsymbol{\beta}_m)=\mathbf{0}$$

从而 $\boldsymbol{\alpha}_1+\boldsymbol{\beta}_1$，$\boldsymbol{\alpha}_2+\boldsymbol{\beta}_2$，…，$\boldsymbol{\alpha}_m+\boldsymbol{\beta}_m$，$\boldsymbol{\alpha}_1-\boldsymbol{\beta}_1$，$\boldsymbol{\alpha}_2-\boldsymbol{\beta}_2$，…，$\boldsymbol{\alpha}_m-\boldsymbol{\beta}_m$ 线性相关，故选(D)。

例 12 设 $\boldsymbol{\alpha}_1$，$\boldsymbol{\alpha}_2$，$\boldsymbol{\alpha}_3$ 线性无关，则下列选项线性无关的是(　　)。

(A) $\boldsymbol{\alpha}_1+\boldsymbol{\alpha}_2$，$\boldsymbol{\alpha}_2+\boldsymbol{\alpha}_3$，$\boldsymbol{\alpha}_3-\boldsymbol{\alpha}_1$

(B) $\boldsymbol{\alpha}_1+\boldsymbol{\alpha}_2$，$\boldsymbol{\alpha}_2+\boldsymbol{\alpha}_3$，$\boldsymbol{\alpha}_1+2\boldsymbol{\alpha}_2+\boldsymbol{\alpha}_3$

(C) $\boldsymbol{\alpha}_1+2\boldsymbol{\alpha}_2$，$2\boldsymbol{\alpha}_2+3\boldsymbol{\alpha}_3$，$3\boldsymbol{\alpha}_3+\boldsymbol{\alpha}_1$

(D) $\boldsymbol{\alpha}_1+\boldsymbol{\alpha}_2+\boldsymbol{\alpha}_3$，$2\boldsymbol{\alpha}_1-3\boldsymbol{\alpha}_2+2\boldsymbol{\alpha}_3$，$3\boldsymbol{\alpha}_1-2\boldsymbol{\alpha}_2+3\boldsymbol{\alpha}_3$

解 应选(C)。

方法一　由于$(\boldsymbol{\alpha}_1+\boldsymbol{\alpha}_2)-(\boldsymbol{\alpha}_2+\boldsymbol{\alpha}_3)+(\boldsymbol{\alpha}_3-\boldsymbol{\alpha}_1)=\mathbf{0}$，因此 $\boldsymbol{\alpha}_1+\boldsymbol{\alpha}_2$，$\boldsymbol{\alpha}_2+\boldsymbol{\alpha}_3$，$\boldsymbol{\alpha}_3-\boldsymbol{\alpha}_1$ 线性相关，从而选项(A)不正确。又$(\boldsymbol{\alpha}_1+\boldsymbol{\alpha}_2)+(\boldsymbol{\alpha}_2+\boldsymbol{\alpha}_3)-(\boldsymbol{\alpha}_1+2\boldsymbol{\alpha}_2+\boldsymbol{\alpha}_3)=\mathbf{0}$，故 $\boldsymbol{\alpha}_1+\boldsymbol{\alpha}_2$，$\boldsymbol{\alpha}_2+\boldsymbol{\alpha}_3$，$\boldsymbol{\alpha}_1+2\boldsymbol{\alpha}_2+\boldsymbol{\alpha}_3$ 线性相关，从而选项(B)不正确。因为

$$(\boldsymbol{\alpha}_1+\boldsymbol{\alpha}_2+\boldsymbol{\alpha}_3)+(2\boldsymbol{\alpha}_1-3\boldsymbol{\alpha}_2+2\boldsymbol{\alpha}_3)-(3\boldsymbol{\alpha}_1-2\boldsymbol{\alpha}_2+3\boldsymbol{\alpha}_3)=\mathbf{0}$$

所以 $\boldsymbol{\alpha}_1+\boldsymbol{\alpha}_2+\boldsymbol{\alpha}_3$，$2\boldsymbol{\alpha}_1-3\boldsymbol{\alpha}_2+2\boldsymbol{\alpha}_3$，$3\boldsymbol{\alpha}_1-2\boldsymbol{\alpha}_2+3\boldsymbol{\alpha}_3$ 线性相关，从而选项(D)不正确。故选(C)。

方法二　由于$(\boldsymbol{\alpha}_1+2\boldsymbol{\alpha}_2,\ 2\boldsymbol{\alpha}_2+3\boldsymbol{\alpha}_3,\ 3\boldsymbol{\alpha}_3+\boldsymbol{\alpha}_1)=(\boldsymbol{\alpha}_1,\ \boldsymbol{\alpha}_2,\ \boldsymbol{\alpha}_3)\begin{pmatrix}1&0&1\\2&2&0\\0&3&3\end{pmatrix}$，且 $\begin{vmatrix}1&0&1\\2&2&0\\0&3&3\end{vmatrix}\neq 0$，即 $\begin{pmatrix}1&0&1\\2&2&0\\0&3&3\end{pmatrix}$ 可逆，$\boldsymbol{\alpha}_1$，$\boldsymbol{\alpha}_2$，$\boldsymbol{\alpha}_3$ 线性无关，因此

$$r(\boldsymbol{\alpha}_1+2\boldsymbol{\alpha}_2,\ 2\boldsymbol{\alpha}_2+3\boldsymbol{\alpha}_3,\ 3\boldsymbol{\alpha}_3+\boldsymbol{\alpha}_1)=3$$

从而 $\boldsymbol{\alpha}_1+2\boldsymbol{\alpha}_2$，$2\boldsymbol{\alpha}_2+3\boldsymbol{\alpha}_3$，$3\boldsymbol{\alpha}_3+\boldsymbol{\alpha}_1$ 线性无关，故选(C)。

例 13 设 $\boldsymbol{\alpha}_1$，$\boldsymbol{\alpha}_2$，…，$\boldsymbol{\alpha}_s$ 均是 n 维列向量，则下列命题正确的是(　　)。

(A) 若 $\boldsymbol{\alpha}_1$，$\boldsymbol{\alpha}_2$，…，$\boldsymbol{\alpha}_s$ 线性无关，则 $\boldsymbol{\alpha}_1+\boldsymbol{\alpha}_2$，$\boldsymbol{\alpha}_2+\boldsymbol{\alpha}_3$，…，$\boldsymbol{\alpha}_{s-1}+\boldsymbol{\alpha}_s$，$\boldsymbol{\alpha}_s+\boldsymbol{\alpha}_1$ 线性无关

(B) 若 $\boldsymbol{\alpha}_1$，$\boldsymbol{\alpha}_2$，…，$\boldsymbol{\alpha}_s$ 线性无关，则和它等价的向量组线性无关

(C) 若 $\boldsymbol{\alpha}_1$，$\boldsymbol{\alpha}_2$，…，$\boldsymbol{\alpha}_s$ 线性相关，$\boldsymbol{A}$ 是 $m\times n$ 非零矩阵，则 $\boldsymbol{A}\boldsymbol{\alpha}_1$，$\boldsymbol{A}\boldsymbol{\alpha}_2$，…，$\boldsymbol{A}\boldsymbol{\alpha}_s$ 线性相关

(D) 若 $\boldsymbol{\alpha}_1$，$\boldsymbol{\alpha}_2$，…，$\boldsymbol{\alpha}_s$ 线性相关，则 $\boldsymbol{\alpha}_s$ 可由 $\boldsymbol{\alpha}_1$，$\boldsymbol{\alpha}_2$，…，$\boldsymbol{\alpha}_{s-1}$ 线性表示

解 应选(C)。

方法一 若$\boldsymbol{\alpha}_1,\boldsymbol{\alpha}_2,\cdots,\boldsymbol{\alpha}_s$线性相关，则存在不全为零的数$k_1,k_2,\cdots,k_s$，使得

$$k_1\boldsymbol{\alpha}_1+k_2\boldsymbol{\alpha}_2+\cdots+k_s\boldsymbol{\alpha}_s=\mathbf{0}$$
$$\boldsymbol{A}(k_1\boldsymbol{\alpha}_1+k_2\boldsymbol{\alpha}_2+\cdots+k_s\boldsymbol{\alpha}_s)=\mathbf{0}$$
$$k_1\boldsymbol{A}\boldsymbol{\alpha}_1+k_2\boldsymbol{A}\boldsymbol{\alpha}_2+\cdots+k_s\boldsymbol{A}\boldsymbol{\alpha}_s=\mathbf{0}$$

从而$\boldsymbol{A}\boldsymbol{\alpha}_1,\boldsymbol{A}\boldsymbol{\alpha}_2,\cdots,\boldsymbol{A}\boldsymbol{\alpha}_s$线性相关，故选(C)。

方法二 若$\boldsymbol{\alpha}_1,\boldsymbol{\alpha}_2,\cdots,\boldsymbol{\alpha}_s$线性相关，则$r(\boldsymbol{\alpha}_1,\boldsymbol{\alpha}_2,\cdots,\boldsymbol{\alpha}_s)<s$，从而

$$r(\boldsymbol{A}\boldsymbol{\alpha}_1,\boldsymbol{A}\boldsymbol{\alpha}_2,\cdots,\boldsymbol{A}\boldsymbol{\alpha}_s)=r[\boldsymbol{A}(\boldsymbol{\alpha}_1,\boldsymbol{\alpha}_2,\cdots,\boldsymbol{\alpha}_s)]<r(\boldsymbol{\alpha}_1,\boldsymbol{\alpha}_2,\cdots,\boldsymbol{\alpha}_s)<s$$

因此$\boldsymbol{A}\boldsymbol{\alpha}_1,\boldsymbol{A}\boldsymbol{\alpha}_2,\cdots,\boldsymbol{A}\boldsymbol{\alpha}_s$线性相关，故选(C)。

方法三 当s为偶数时，$\boldsymbol{\alpha}_1+\boldsymbol{\alpha}_2,\boldsymbol{\alpha}_2+\boldsymbol{\alpha}_3,\cdots,\boldsymbol{\alpha}_{s-1}+\boldsymbol{\alpha}_s,\boldsymbol{\alpha}_s+\boldsymbol{\alpha}_1$线性相关，取$s=4$，则$\boldsymbol{\alpha}_1+\boldsymbol{\alpha}_2,\boldsymbol{\alpha}_2+\boldsymbol{\alpha}_3,\boldsymbol{\alpha}_3+\boldsymbol{\alpha}_4,\boldsymbol{\alpha}_4+\boldsymbol{\alpha}_1$线性相关，故选项(A)不正确。取$\boldsymbol{\alpha}_1=(1,0)^{\mathrm{T}}$，$\boldsymbol{\alpha}_2=(0,1)^{\mathrm{T}}$，$\boldsymbol{\beta}_1=(1,0)^{\mathrm{T}}$，$\boldsymbol{\beta}_2=(0,1)^{\mathrm{T}}$，$\boldsymbol{\beta}_3=(1,1)^{\mathrm{T}}$，则$\boldsymbol{\alpha}_1,\boldsymbol{\alpha}_2$线性无关，向量组$\boldsymbol{\alpha}_1,\boldsymbol{\alpha}_2$与向量组$\boldsymbol{\beta}_1,\boldsymbol{\beta}_2,\boldsymbol{\beta}_3$等价，但$\boldsymbol{\beta}_1,\boldsymbol{\beta}_2,\boldsymbol{\beta}_3$线性相关，故选项(B)不正确。若$\boldsymbol{\alpha}_1,\boldsymbol{\alpha}_2,\cdots,\boldsymbol{\alpha}_s$线性相关，则$\boldsymbol{\alpha}_1,\boldsymbol{\alpha}_2,\cdots,\boldsymbol{\alpha}_s$中至少有一个向量可由其余向量线性表示，存在的向量不一定是$\boldsymbol{\alpha}_s$，如取$\boldsymbol{\alpha}_1=(1,0,0)^{\mathrm{T}}$，$\boldsymbol{\alpha}_2=(2,0,0)^{\mathrm{T}}$，$\boldsymbol{\alpha}_3=(0,1,0)^{\mathrm{T}}$，则$\boldsymbol{\alpha}_1,\boldsymbol{\alpha}_2,\boldsymbol{\alpha}_3$线性相关，但$\boldsymbol{\alpha}_3$不能由$\boldsymbol{\alpha}_1,\boldsymbol{\alpha}_2$线性表示，从而选项(D)不正确。故选(C)。

例 14 设$\boldsymbol{\beta}$可由向量组$\boldsymbol{\alpha}_1,\boldsymbol{\alpha}_2,\cdots,\boldsymbol{\alpha}_m$线性表示，但不能由向量组(Ⅰ)$\boldsymbol{\alpha}_1,\boldsymbol{\alpha}_2,\cdots,\boldsymbol{\alpha}_{m-1}$线性表示，记向量组(Ⅱ)$\boldsymbol{\alpha}_1,\boldsymbol{\alpha}_2,\cdots,\boldsymbol{\alpha}_{m-1},\boldsymbol{\beta}$，则( )。

(A) $\boldsymbol{\alpha}_m$不能由向量组(Ⅰ)及向量组(Ⅱ)线性表示

(B) $\boldsymbol{\alpha}_m$不能由向量组(Ⅰ)线性表示，但可由向量组(Ⅱ)线性表示

(C) $\boldsymbol{\alpha}_m$可由向量组(Ⅰ)线性表示，也可由向量组(Ⅱ)线性表示

(D) $\boldsymbol{\alpha}_m$可由向量组(Ⅰ)线性表示，但不能由向量组(Ⅱ)线性表示

解 应选(B)。

由于$\boldsymbol{\beta}$可由向量组$\boldsymbol{\alpha}_1,\boldsymbol{\alpha}_2,\cdots,\boldsymbol{\alpha}_m$线性表示，但不能由向量组(Ⅰ)$\boldsymbol{\alpha}_1,\boldsymbol{\alpha}_2,\cdots,\boldsymbol{\alpha}_{m-1}$线性表示，因此$\boldsymbol{\alpha}_m$不能由向量组(Ⅰ)线性表示，否则$\boldsymbol{\beta}$可由向量组(Ⅰ)$\boldsymbol{\alpha}_1,\boldsymbol{\alpha}_2,\cdots,\boldsymbol{\alpha}_{m-1}$线性表示，这与题设矛盾。

再由$\boldsymbol{\beta}$可由向量组$\boldsymbol{\alpha}_1,\boldsymbol{\alpha}_2,\cdots,\boldsymbol{\alpha}_m$线性表示，但不能由向量组(Ⅰ)$\boldsymbol{\alpha}_1,\boldsymbol{\alpha}_2,\cdots,\boldsymbol{\alpha}_{m-1}$线性表示，得$\boldsymbol{\beta}=k_1\boldsymbol{\alpha}_1+k_2\boldsymbol{\alpha}_2+\cdots+k_m\boldsymbol{\alpha}_m$，且$k_m\neq0$，从而

$$\boldsymbol{\alpha}_m=-\frac{k_1}{k_m}\boldsymbol{\alpha}_1-\frac{k_2}{k_m}\boldsymbol{\alpha}_2-\cdots-\frac{k_{m-1}}{k_m}\boldsymbol{\alpha}_{m-1}+\frac{1}{k_m}\boldsymbol{\beta}$$

即$\boldsymbol{\alpha}_m$可由向量组(Ⅱ)线性表示，故选(B)。

例 15 设$r(\boldsymbol{\alpha}_1,\boldsymbol{\alpha}_2,\cdots,\boldsymbol{\alpha}_s)=r$，则( )。

(A) 向量组中任意$r-1$个向量均线性无关

(B) 向量组中任意r个向量均线性无关

(C) 向量组中任意$r+1$个向量均线性相关

(D) 向量组中向量的个数必大于r

解 应选(C)。

由于$r(\boldsymbol{\alpha}_1,\boldsymbol{\alpha}_2,\cdots,\boldsymbol{\alpha}_s)=r$，因此向量组$\boldsymbol{\alpha}_1,\boldsymbol{\alpha}_2,\cdots,\boldsymbol{\alpha}_s$的极大无关组中有$r$个向量，从而向量组$\boldsymbol{\alpha}_1,\boldsymbol{\alpha}_2,\cdots,\boldsymbol{\alpha}_s$有$r$个向量线性无关，且任意$r+1$个向量必线性相关，故选(C)。

例 16 设$\boldsymbol{A}$是$m\times n$矩阵，$r(\boldsymbol{A})=m<n$，则下列命题不正确的是( )。

(A) $\boldsymbol{A}$经过初等行变换必可化为$(\boldsymbol{E}_m,\boldsymbol{O})$

(B) 设 $\boldsymbol{\beta}$ 为 m 维列向量，则非齐次线性方程组 $\boldsymbol{Ax}=\boldsymbol{\beta}$ 必有无穷多解

(C) 设 m 阶矩阵 $\boldsymbol{B}$ 满足 $\boldsymbol{BA}=\boldsymbol{O}$，则 $\boldsymbol{B}=\boldsymbol{O}$

(D) 行列式 $|\boldsymbol{A}^{\mathrm{T}}\boldsymbol{A}|=0$

解　应选(A)。

方法一　经过初等变换可以把矩阵 $\boldsymbol{A}$ 化为标准形，但一般应当既有初等行变换也有初等列变换，只用一种变换不一定能把矩阵 $\boldsymbol{A}$ 化为标准形，如取 $\boldsymbol{A}=\begin{pmatrix}0&1&0\\0&0&1\end{pmatrix}$，则只用初等行变换就不能把 $\boldsymbol{A}$ 化为标准形$(\boldsymbol{E}_2,\boldsymbol{O})$，故选(A)。

方法二　由于 $r(\boldsymbol{A})=m$，因此 $\boldsymbol{A}$ 的行向量组线性无关，从而其延伸组线性无关，故 $r(\boldsymbol{A})=r(\boldsymbol{A},\boldsymbol{\beta})=m<n$，从而选项(B)命题正确。由 $\boldsymbol{BA}=\boldsymbol{O}$，得 $r(\boldsymbol{B})+r(\boldsymbol{A})\leqslant m$，又 $r(\boldsymbol{A})=m$，故 $r(\boldsymbol{B})=0$，即 $\boldsymbol{B}=\boldsymbol{O}$，从而选项(C)命题正确。由于 $\boldsymbol{A}^{\mathrm{T}}\boldsymbol{A}$ 是 n 阶矩阵，且 $r(\boldsymbol{A}^{\mathrm{T}}\boldsymbol{A})=r(\boldsymbol{A})=m<n$，因此 $|\boldsymbol{A}^{\mathrm{T}}\boldsymbol{A}|=0$，从而选项(D)命题正确。故选(A)。

例 17　设矩阵 $\begin{bmatrix}a_1&b_1&c_1\\a_2&b_2&c_2\\a_3&b_3&c_3\end{bmatrix}$ 是满秩矩阵，则直线 $\dfrac{x-a_3}{a_1-a_2}=\dfrac{y-b_3}{b_1-b_2}=\dfrac{z-c_3}{c_1-c_2}$ 与直线 $\dfrac{x-a_1}{a_2-a_3}=\dfrac{y-b_1}{b_2-b_3}=\dfrac{z-c_1}{c_2-c_3}$(　　)。

(A) 相交于一点　　(B) 重合　　(C) 平行但不重合　　(D) 异面

解　应选(A)。

由于初等变换不改变矩阵的秩，由

$$\begin{bmatrix}a_1&b_1&c_1\\a_2&b_2&c_2\\a_3&b_3&c_3\end{bmatrix}\rightarrow\begin{bmatrix}a_1&b_1&c_1\\a_2-a_1&b_2-b_1&c_2-c_1\\a_3-a_2&b_3-b_2&c_3-c_2\end{bmatrix}$$

知，后者矩阵的秩仍应是 3，因此两条直线的方向向量

$$\boldsymbol{s}_1=(a_1-a_2,\ b_1-b_2,\ c_1-c_2),\quad \boldsymbol{s}_2=(a_2-a_3,\ b_2-b_3,\ c_2-c_3)$$

线性无关，从而选项(B)、(C)不正确。在两条直线上各取一点(a_3,b_3,c_3)与(a_1,b_1,c_1)，可构造向量 $\boldsymbol{s}=(a_3-a_1,\ b_3-b_1,\ c_3-c_1)$，如果 $\boldsymbol{s}$，$\boldsymbol{s}_1$，$\boldsymbol{s}_2$ 共面，则两条直线相交，如果 $\boldsymbol{s}$，$\boldsymbol{s}_1$，$\boldsymbol{s}_2$ 不共面，则两条直线异面。由于三个向量共面可用向量的混合积或线性相关性来判定，且三个向量的混合积为

$$\boldsymbol{s}\cdot(\boldsymbol{s}_1\times\boldsymbol{s}_2)=\begin{vmatrix}a_3-a_1&b_3-b_1&c_3-c_1\\a_1-a_2&b_1-b_2&c_1-c_2\\a_2-a_3&b_2-b_3&c_2-c_3\end{vmatrix}=0$$

或 $\boldsymbol{s}+\boldsymbol{s}_1+\boldsymbol{s}_2=\boldsymbol{0}$，因此两条直线相交于一点，故选(A)。

例 18　设 $\boldsymbol{\alpha}_i=(a_i,\ b_i,\ c_i)^{\mathrm{T}}(i=1,\ 2,\ 3)$，则平面上三条直线

$$a_1x+a_2y+a_3=0,\quad b_1x+b_2y+b_3=0,\quad c_1x+c_2y+c_3=0$$

相交于一点的充分必要条件是(　　)。

(A) $|\boldsymbol{\alpha}_1,\boldsymbol{\alpha}_2,\boldsymbol{\alpha}_3|=0$　　(B) $|\boldsymbol{\alpha}_1,\boldsymbol{\alpha}_2,\boldsymbol{\alpha}_3|\neq0$

(C) $r(\boldsymbol{\alpha}_1,\boldsymbol{\alpha}_2,\boldsymbol{\alpha}_3)=r(\boldsymbol{\alpha}_1,\boldsymbol{\alpha}_2)$　　(D) $\boldsymbol{\alpha}_1$，$\boldsymbol{\alpha}_2$ 线性无关，但 $\boldsymbol{\alpha}_1$，$\boldsymbol{\alpha}_2$，$\boldsymbol{\alpha}_3$ 线性相关

解 应选(D)。

方法一 由于选项(B)表示 $\boldsymbol{\alpha}_1$，$\boldsymbol{\alpha}_2$，$\boldsymbol{\alpha}_3$ 线性无关，因此三条直线方程构成的非齐次线性方程组无解，即三条直线不能交于一点，从而选项(B)不正确。而选项(A)、(C)均是三条直线交于一点的必要条件，$|\boldsymbol{\alpha}_1,\boldsymbol{\alpha}_2,\boldsymbol{\alpha}_3|=0$ 不能排除其中有平行直线，若 $r(\boldsymbol{\alpha}_1,\boldsymbol{\alpha}_2,\boldsymbol{\alpha}_3)=r(\boldsymbol{\alpha}_1,\boldsymbol{\alpha}_2)=1$，也可能有平行直线，从而作为充分必要条件选项(A)、(C)均不正确。故选(D)。

方法二 三条直线交于一点的充分必要条件是三条直线方程构成的非齐次线性方程组有唯一解，即 $\boldsymbol{\alpha}_3$ 可由 $\boldsymbol{\alpha}_1$，$\boldsymbol{\alpha}_2$ 线性表示且表示法唯一，故选(D)。

例 19 设 $\boldsymbol{A}=(\boldsymbol{\alpha}_1,\boldsymbol{\alpha}_2,\cdots,\boldsymbol{\alpha}_n)$，其中 $\boldsymbol{\alpha}_1$，$\boldsymbol{\alpha}_2$，…，$\boldsymbol{\alpha}_n$ 为 n 维单位正交列向量组，则(　　)。

(A) $|\boldsymbol{A}|=1$　　(B) $|\boldsymbol{A}|=-1$

(C) $\boldsymbol{A}$ 为对称矩阵　　(D) $\boldsymbol{A}$ 与 $\boldsymbol{A}^{\mathrm{T}}$ 为可换矩阵

解 应选(D)。

方法一 由于 $\boldsymbol{\alpha}_1$，$\boldsymbol{\alpha}_2$，…，$\boldsymbol{\alpha}_n$ 为单位正交列向量组，因此 $\boldsymbol{A}$ 为正交矩阵，从而 $\boldsymbol{A}\boldsymbol{A}^{\mathrm{T}}=\boldsymbol{A}^{\mathrm{T}}\boldsymbol{A}=\boldsymbol{E}$，$\boldsymbol{A}$ 与 $\boldsymbol{A}^{\mathrm{T}}$ 为可换矩阵，故选(D)。

方法二 取 $\boldsymbol{\alpha}_1=(1,0)^{\mathrm{T}}$，$\boldsymbol{\alpha}_2=(0,-1)^{\mathrm{T}}$，则 $\boldsymbol{\alpha}_1$，$\boldsymbol{\alpha}_2$ 为单位正交列向量组，$|\boldsymbol{A}|=-1$，从而选项(A)不正确。取 $\boldsymbol{\alpha}_1=(1,0)^{\mathrm{T}}$，$\boldsymbol{\alpha}_2=(0,1)^{\mathrm{T}}$，则 $\boldsymbol{\alpha}_1$，$\boldsymbol{\alpha}_2$ 为单位正交列向量组，$|\boldsymbol{A}|=1$，从而选项(B)不正确。取 $\boldsymbol{\alpha}_1=\left(\frac{1}{\sqrt{2}},\frac{1}{\sqrt{2}}\right)^{\mathrm{T}}$，$\boldsymbol{\alpha}_2=\left(-\frac{1}{\sqrt{2}},\frac{1}{\sqrt{2}}\right)^{\mathrm{T}}$，则 $\boldsymbol{\alpha}_1$，$\boldsymbol{\alpha}_2$ 为单位正交列向量组，$\boldsymbol{A}=(\boldsymbol{\alpha}_1,\boldsymbol{\alpha}_2)$不是对称矩阵，从而选项(C)不正确。故选(D)。

例 20 设 3 维向量空间 $\mathbf{R}^3$ 中的向量 $\boldsymbol{\xi}$ 在基 $\boldsymbol{\alpha}_1=(1,-2,1)^{\mathrm{T}}$，$\boldsymbol{\alpha}_2=(0,1,1)^{\mathrm{T}}$，$\boldsymbol{\alpha}_3=(3,2,1)^{\mathrm{T}}$ 下的坐标为$(x_1,x_2,x_3)^{\mathrm{T}}$，在基 $\boldsymbol{\beta}_1$，$\boldsymbol{\beta}_2$，$\boldsymbol{\beta}_3$ 下的坐标为$(y_1,y_2,y_3)^{\mathrm{T}}$，且 $y_1=x_1-x_2-x_3$，$y_2=-x_1+x_2$，$y_3=x_1+2x_3$，则由基 $\boldsymbol{\beta}_1,\boldsymbol{\beta}_2,\boldsymbol{\beta}_3$ 到基 $\boldsymbol{\alpha}_1$，$\boldsymbol{\alpha}_2$，$\boldsymbol{\alpha}_3$ 的过渡矩阵为(　　)。

(A) $\begin{pmatrix}1 & -1 & -1\\ -1 & 1 & 0\\ 1 & 0 & 2\end{pmatrix}$　　(B) $\begin{pmatrix}1 & -1 & 1\\ -1 & 1 & 0\\ -1 & 0 & 2\end{pmatrix}$

(C) $\begin{pmatrix}2 & 2 & 1\\ 2 & 3 & 1\\ -1 & -1 & 0\end{pmatrix}$　　(D) $\begin{pmatrix}2 & 2 & -1\\ 2 & 3 & -1\\ 1 & 1 & 0\end{pmatrix}$

解 应选(A)。

由于

$$\boldsymbol{\xi}=(\boldsymbol{\alpha}_1,\boldsymbol{\alpha}_2,\boldsymbol{\alpha}_3)\begin{pmatrix}x_1\\ x_2\\ x_3\end{pmatrix}=(\boldsymbol{\beta}_1,\boldsymbol{\beta}_2,\boldsymbol{\beta}_3)\begin{pmatrix}y_1\\ y_2\\ y_3\end{pmatrix}$$

由 $y_1=x_1-x_2-x_3$，$y_2=-x_1+x_2$，$y_3=x_1+2x_3$，得

$$\begin{pmatrix}y_1\\ y_2\\ y_3\end{pmatrix}=\begin{pmatrix}1 & -1 & -1\\ -1 & 1 & 0\\ 1 & 0 & 2\end{pmatrix}\begin{pmatrix}x_1\\ x_2\\ x_3\end{pmatrix}$$

因此

$$(\boldsymbol{\alpha}_1, \boldsymbol{\alpha}_2, \boldsymbol{\alpha}_3)\begin{pmatrix} x_1 \\ x_2 \\ x_3 \end{pmatrix} = (\boldsymbol{\beta}_1, \boldsymbol{\beta}_2, \boldsymbol{\beta}_3)\begin{pmatrix} y_1 \\ y_2 \\ y_3 \end{pmatrix} = (\boldsymbol{\beta}_1, \boldsymbol{\beta}_2, \boldsymbol{\beta}_3)\begin{pmatrix} 1 & -1 & -1 \\ -1 & 1 & 0 \\ 1 & 0 & 2 \end{pmatrix}\begin{pmatrix} x_1 \\ x_2 \\ x_3 \end{pmatrix}$$

从而

$$(\boldsymbol{\alpha}_1, \boldsymbol{\alpha}_2, \boldsymbol{\alpha}_3) = (\boldsymbol{\beta}_1, \boldsymbol{\beta}_2, \boldsymbol{\beta}_3)\begin{pmatrix} 1 & -1 & -1 \\ -1 & 1 & 0 \\ 1 & 0 & 2 \end{pmatrix}$$

即由基 $\boldsymbol{\beta}_1$，$\boldsymbol{\beta}_2$，$\boldsymbol{\beta}_3$ 到基 $\boldsymbol{\alpha}_1$，$\boldsymbol{\alpha}_2$，$\boldsymbol{\alpha}_3$ 的过渡矩阵为 $\begin{pmatrix} 1 & -1 & -1 \\ -1 & 1 & 0 \\ 1 & 0 & 2 \end{pmatrix}$，故选(A)。

2. 填空题

例 1　设 $\boldsymbol{\beta}=(1, 2, t)^{\mathrm{T}}$ 可由 $\boldsymbol{\alpha}_1=(2, 1, 1)^{\mathrm{T}}$，$\boldsymbol{\alpha}_2=(-1, 2, 7)^{\mathrm{T}}$，$\boldsymbol{\alpha}_3=(1, -1, -4)^{\mathrm{T}}$ 线性表示，则 $t=$______。

解　$\boldsymbol{\beta}$ 可由 $\boldsymbol{\alpha}_1$，$\boldsymbol{\alpha}_2$，$\boldsymbol{\alpha}_3$ 线性表示的充分必要条件是线性方程组 $x_1\boldsymbol{\alpha}_1+x_2\boldsymbol{\alpha}_2+x_3\boldsymbol{\alpha}_3=\boldsymbol{\beta}$ 有解或 $r(\boldsymbol{\alpha}_1, \boldsymbol{\alpha}_2, \boldsymbol{\alpha}_3)=r(\boldsymbol{\alpha}_1, \boldsymbol{\alpha}_2, \boldsymbol{\alpha}_3 \vdots \boldsymbol{\beta})$。对增广矩阵$(\boldsymbol{\alpha}_1, \boldsymbol{\alpha}_2, \boldsymbol{\alpha}_3 \vdots \boldsymbol{\beta})$作初等行变换，得

$$\begin{pmatrix} 2 & -1 & 1 & \vdots & 1 \\ 1 & 2 & -1 & \vdots & 2 \\ 1 & 7 & -4 & \vdots & t \end{pmatrix} \to \begin{pmatrix} 1 & 2 & -1 & \vdots & 2 \\ 2 & -1 & 1 & \vdots & 1 \\ 1 & 7 & -4 & \vdots & t \end{pmatrix} \to \begin{pmatrix} 1 & 2 & -1 & \vdots & 2 \\ 0 & -5 & 3 & \vdots & -3 \\ 0 & 5 & -3 & \vdots & t-2 \end{pmatrix}$$

$$\to \begin{pmatrix} 1 & 2 & -1 & \vdots & 2 \\ 0 & -5 & 3 & \vdots & -3 \\ 0 & 0 & 0 & \vdots & t-5 \end{pmatrix}$$

由于方程组有解，因此 $r(\boldsymbol{\alpha}_1, \boldsymbol{\alpha}_2, \boldsymbol{\alpha}_3)=r(\boldsymbol{\alpha}_1, \boldsymbol{\alpha}_2, \boldsymbol{\alpha}_3 \vdots \boldsymbol{\beta})$，故 $t=5$。

例 2　设向量组 $\boldsymbol{\alpha}_1$，$\boldsymbol{\alpha}_2$，$\boldsymbol{\alpha}_3$ 线性无关，$\boldsymbol{\alpha}_1+\boldsymbol{\alpha}_2$，$a\boldsymbol{\alpha}_2-\boldsymbol{\alpha}_3$，$\boldsymbol{\alpha}_1-\boldsymbol{\alpha}_2+\boldsymbol{\alpha}_3$ 线性相关，则 $a=$______。

解　由于$(\boldsymbol{\alpha}_1+\boldsymbol{\alpha}_2, a\boldsymbol{\alpha}_2-\boldsymbol{\alpha}_3, \boldsymbol{\alpha}_1-\boldsymbol{\alpha}_2+\boldsymbol{\alpha}_3)=(\boldsymbol{\alpha}_1, \boldsymbol{\alpha}_2, \boldsymbol{\alpha}_3)\begin{pmatrix} 1 & 0 & 1 \\ 1 & a & -1 \\ 0 & -1 & 1 \end{pmatrix}$，且向量组 $\boldsymbol{\alpha}_1+\boldsymbol{\alpha}_2$，$a\boldsymbol{\alpha}_2-\boldsymbol{\alpha}_3$，$\boldsymbol{\alpha}_1-\boldsymbol{\alpha}_2+\boldsymbol{\alpha}_3$ 线性相关的充分必要条件是 $\begin{vmatrix} 1 & 0 & 1 \\ 1 & a & -1 \\ 0 & -1 & 1 \end{vmatrix}=0$，因此 $a=2$。

例 3　设向量组 $\boldsymbol{\alpha}_1=(a, a, a)^{\mathrm{T}}$，$\boldsymbol{\alpha}_2=(-a, a, b)^{\mathrm{T}}$，$\boldsymbol{\alpha}_3=(-a, -a, -b)^{\mathrm{T}}$ 线性相关，则 a、b 满足关系式________。

解　由于 $\boldsymbol{\alpha}_1$，$\boldsymbol{\alpha}_2$，$\boldsymbol{\alpha}_3$ 线性相关，因此 $\begin{vmatrix} a & -a & -a \\ a & a & -a \\ a & b & -b \end{vmatrix} = \begin{vmatrix} a & -a & 0 \\ a & a & 0 \\ a & b & a-b \end{vmatrix} = 2a^2(a-b)=0$，从而 a、b 满足关系式 $a=0$ 或 $a=b$。

例 4　设向量组 $\boldsymbol{\alpha}_1=(1, 0, 1, 2)^{\mathrm{T}}$，$\boldsymbol{\alpha}_2=(1, 1, 3, 1)^{\mathrm{T}}$，$\boldsymbol{\alpha}_3=(2, -1, a+1, 5)^{\mathrm{T}}$ 线性相关，则 $a=$________。

解 由于向量组 $\boldsymbol{\alpha}_1, \boldsymbol{\alpha}_2, \boldsymbol{\alpha}_3$ 线性相关，因此齐次线性方程组 $x_1\boldsymbol{\alpha}_1+x_2\boldsymbol{\alpha}_2+x_3\boldsymbol{\alpha}_3=\mathbf{0}$ 有非零解，即 $r(\boldsymbol{\alpha}_1, \boldsymbol{\alpha}_2, \boldsymbol{\alpha}_3)<3$，由

$$(\boldsymbol{\alpha}_1, \boldsymbol{\alpha}_2, \boldsymbol{\alpha}_3)=\begin{pmatrix}1 & 1 & 2\\0 & 1 & -1\\1 & 3 & a+1\\2 & 1 & 5\end{pmatrix}\to\begin{pmatrix}1 & 1 & 2\\0 & 1 & -1\\0 & 2 & a-1\\0 & -1 & 1\end{pmatrix}\to\begin{pmatrix}1 & 1 & 2\\0 & 1 & -1\\0 & 0 & a+1\\0 & 0 & 0\end{pmatrix}$$

得 $a=-1$。

例 5 设 $\boldsymbol{\alpha}_1=(1, -1, 2, 4)^{\mathrm{T}}$，$\boldsymbol{\alpha}_2=(0, 3, 1, 2)^{\mathrm{T}}$，$\boldsymbol{\alpha}_3=(3, 0, 7, a)^{\mathrm{T}}$，$\boldsymbol{\alpha}_4=(1, -2, 2, 0)^{\mathrm{T}}$ 线性无关，则 a 的取值范围为________。

解 由于 n 个 n 维向量 $\boldsymbol{\alpha}_1, \boldsymbol{\alpha}_2, \cdots, \boldsymbol{\alpha}_n$ 线性无关的充分必要条件是

$$|\boldsymbol{\alpha}_1, \boldsymbol{\alpha}_2, \cdots, \boldsymbol{\alpha}_n|\neq 0$$

且

$$|\boldsymbol{\alpha}_1, \boldsymbol{\alpha}_2, \boldsymbol{\alpha}_3, \boldsymbol{\alpha}_4|=\begin{vmatrix}1 & 0 & 3 & 1\\-1 & 3 & 0 & -2\\2 & 1 & 7 & 2\\4 & 2 & a & 0\end{vmatrix}=\begin{vmatrix}1 & 0 & 3 & 1\\0 & 3 & 3 & -1\\0 & 1 & 1 & 0\\0 & 2 & a-12 & -4\end{vmatrix}$$

$$=\begin{vmatrix}3 & 3 & -1\\1 & 1 & 0\\2 & a-12 & -4\end{vmatrix}=\begin{vmatrix}3 & 0 & -1\\1 & 0 & 0\\2 & a-14 & -4\end{vmatrix}=14-a$$

因此 $a\neq 14$。

> **评注：** $m(m<n)$ 个 n 维向量线性相关性的判定可用齐次线性方程组有无非零解来讨论，特别地，当 $m=n$ 时，也可用行列式是否为零来讨论。

例 6 设 $\boldsymbol{\alpha}_1=(1, 2, 3, 4)$，$\boldsymbol{\alpha}_2=(2, 3, 4, 5)$，$\boldsymbol{\alpha}_3=(3, 4, 5, 6)$，$\boldsymbol{\alpha}_4=(4, 5, 6, 7)$，则此向量组的秩为______。

解 对 $\boldsymbol{\alpha}_1, \boldsymbol{\alpha}_2, \boldsymbol{\alpha}_3, \boldsymbol{\alpha}_4$ 为行向量的矩阵作初等行变换，得

$$\begin{pmatrix}\boldsymbol{\alpha}_1\\\boldsymbol{\alpha}_2\\\boldsymbol{\alpha}_3\\\boldsymbol{\alpha}_4\end{pmatrix}=\begin{pmatrix}1 & 2 & 3 & 4\\2 & 3 & 4 & 5\\3 & 4 & 5 & 6\\4 & 5 & 6 & 7\end{pmatrix}\to\begin{pmatrix}1 & 2 & 3 & 4\\1 & 1 & 1 & 1\\1 & 1 & 1 & 1\\1 & 1 & 1 & 1\end{pmatrix}\to\begin{pmatrix}1 & 2 & 3 & 4\\0 & -1 & -2 & -3\\0 & 0 & 0 & 0\\0 & 0 & 0 & 0\end{pmatrix}$$

从而向量组 $\boldsymbol{\alpha}_1, \boldsymbol{\alpha}_2, \boldsymbol{\alpha}_3, \boldsymbol{\alpha}_4$ 的秩为 2。

例 7 设向量组 $\boldsymbol{\alpha}_1=(1, 2, -1, 1)$，$\boldsymbol{\alpha}_2=(2, 0, t, 0)$，$\boldsymbol{\alpha}_3=(0, -4, 5, -2)$ 的秩为 2，则 $t=$_______。

解 对 $\boldsymbol{\alpha}_1, \boldsymbol{\alpha}_2, \boldsymbol{\alpha}_3$ 为行向量的矩阵作初等行变换，得

$$\begin{pmatrix}1 & 2 & -1 & 1\\2 & 0 & t & 0\\0 & -4 & 5 & -2\end{pmatrix}\to\begin{pmatrix}1 & 2 & -1 & 1\\2 & 0 & t & 0\\2 & 0 & 3 & 0\end{pmatrix}$$

由 $r(\boldsymbol{\alpha}_1, \boldsymbol{\alpha}_2, \boldsymbol{\alpha}_3)=2$，得 $t=3$。

例8 设$\boldsymbol{\alpha}_1=(1,2,3,4)^T$，$\boldsymbol{\alpha}_2=(2,0,-1,1)^T$，$\boldsymbol{\alpha}_3=(6,0,0,5)^T$，则向量组的秩$r(\boldsymbol{\alpha}_1,\boldsymbol{\alpha}_2,\boldsymbol{\alpha}_3)=$______，极大无关组是______。

解 由于$(\boldsymbol{\alpha}_1,\boldsymbol{\alpha}_2,\boldsymbol{\alpha}_3)=\begin{pmatrix}1&2&6\\2&0&0\\3&-1&0\\4&1&5\end{pmatrix}$，且$\begin{vmatrix}2&0&0\\3&-1&0\\4&1&5\end{vmatrix}\neq 0$，因此向量组$(2,3,4)^T$，$(0,-1,1)^T$，$(0,0,5)^T$线性无关，从而其延伸组$\boldsymbol{\alpha}_1,\boldsymbol{\alpha}_2,\boldsymbol{\alpha}_3$线性无关，故$r(\boldsymbol{\alpha}_1,\boldsymbol{\alpha}_2,\boldsymbol{\alpha}_3)=3$，其极大无关组是本身$\boldsymbol{\alpha}_1,\boldsymbol{\alpha}_2,\boldsymbol{\alpha}_3$。

例9 设$r(\boldsymbol{\alpha}_1,\boldsymbol{\alpha}_2,\cdots,\boldsymbol{\alpha}_s)=r(\boldsymbol{\alpha}_1,\boldsymbol{\alpha}_2,\cdots,\boldsymbol{\alpha}_s,\boldsymbol{\beta})=r$，$r(\boldsymbol{\alpha}_1,\boldsymbol{\alpha}_2,\cdots,\boldsymbol{\alpha}_s,\boldsymbol{\gamma})=r+1$，则$r(\boldsymbol{\alpha}_1,\boldsymbol{\alpha}_2,\cdots,\boldsymbol{\alpha}_s,\boldsymbol{\beta},\boldsymbol{\gamma})=$________。

解 由于$r(\boldsymbol{\alpha}_1,\boldsymbol{\alpha}_2,\cdots,\boldsymbol{\alpha}_s)=r(\boldsymbol{\alpha}_1,\boldsymbol{\alpha}_2,\cdots,\boldsymbol{\alpha}_s,\boldsymbol{\beta})=r$，因此$\boldsymbol{\beta}$可由$\boldsymbol{\alpha}_1,\boldsymbol{\alpha}_2,\cdots,\boldsymbol{\alpha}_s$线性表示，又$r(\boldsymbol{\alpha}_1,\boldsymbol{\alpha}_2,\cdots,\boldsymbol{\alpha}_s,\boldsymbol{\gamma})=r+1$，故$\boldsymbol{\gamma}$不能由$\boldsymbol{\alpha}_1,\boldsymbol{\alpha}_2,\cdots,\boldsymbol{\alpha}_s$线性表示。作初等列变换，得

$$(\boldsymbol{\alpha}_1,\boldsymbol{\alpha}_2,\cdots,\boldsymbol{\alpha}_s,\boldsymbol{\beta},\boldsymbol{\gamma})\rightarrow(\boldsymbol{\alpha}_1,\boldsymbol{\alpha}_2,\cdots,\boldsymbol{\alpha}_s,\boldsymbol{0},\boldsymbol{\gamma})$$

从而

$$r(\boldsymbol{\alpha}_1,\boldsymbol{\alpha}_2,\cdots,\boldsymbol{\alpha}_s,\boldsymbol{\beta},\boldsymbol{\gamma})=r+1$$

评注：

(1) $\boldsymbol{\beta}$可由$\boldsymbol{\alpha}_1,\boldsymbol{\alpha}_2,\cdots,\boldsymbol{\alpha}_s$线性表示的充分必要条件是

$$r(\boldsymbol{\alpha}_1,\boldsymbol{\alpha}_2,\cdots,\boldsymbol{\alpha}_s)=r(\boldsymbol{\alpha}_1,\boldsymbol{\alpha}_2,\cdots,\boldsymbol{\alpha}_s,\boldsymbol{\beta})$$

且表示唯一的充分必要条件是

$$r(\boldsymbol{\alpha}_1,\boldsymbol{\alpha}_2,\cdots,\boldsymbol{\alpha}_s)=r(\boldsymbol{\alpha}_1,\boldsymbol{\alpha}_2,\cdots,\boldsymbol{\alpha}_s,\boldsymbol{\beta})=s$$

(2) $\boldsymbol{\beta}$不可由$\boldsymbol{\alpha}_1,\boldsymbol{\alpha}_2,\cdots,\boldsymbol{\alpha}_s$线性表示的充分必要条件是

$$r(\boldsymbol{\alpha}_1,\boldsymbol{\alpha}_2,\cdots,\boldsymbol{\alpha}_s)<r(\boldsymbol{\alpha}_1,\boldsymbol{\alpha}_2,\cdots,\boldsymbol{\alpha}_s,\boldsymbol{\beta})$$

或

$$r(\boldsymbol{\alpha}_1,\boldsymbol{\alpha}_2,\cdots,\boldsymbol{\alpha}_s)+1=r(\boldsymbol{\alpha}_1,\boldsymbol{\alpha}_2,\cdots,\boldsymbol{\alpha}_s,\boldsymbol{\beta})$$

例10 设$\boldsymbol{\alpha}_1=(1,2,1)^T$，$\boldsymbol{\alpha}_2=(2,3,a)^T$，$\boldsymbol{\alpha}_3=(1,a+2,-2)^T$，若$\boldsymbol{\beta}_1=(1,3,4)^T$可由$\boldsymbol{\alpha}_1,\boldsymbol{\alpha}_2,\boldsymbol{\alpha}_3$线性表示，$\boldsymbol{\beta}_2=(0,1,2)^T$不能由$\boldsymbol{\alpha}_1,\boldsymbol{\alpha}_2,\boldsymbol{\alpha}_3$线性表示，则$a=$______。

解 对矩阵$(\boldsymbol{\alpha}_1,\boldsymbol{\alpha}_2,\boldsymbol{\alpha}_3,\boldsymbol{\beta}_1,\boldsymbol{\beta}_2)$作初等行变换，得

$$(\boldsymbol{\alpha}_1,\boldsymbol{\alpha}_2,\boldsymbol{\alpha}_3,\boldsymbol{\beta}_1,\boldsymbol{\beta}_2)=\begin{pmatrix}1&2&1&1&0\\2&3&a+2&3&1\\1&a&-2&4&2\end{pmatrix}\rightarrow\begin{pmatrix}1&2&1&1&0\\0&-1&a&1&1\\0&a-2&-3&3&2\end{pmatrix}$$

$$\rightarrow\begin{pmatrix}1&2&1&1&0\\0&1&-a&-1&-1\\0&0&(a+1)(a-3)&a+1&a\end{pmatrix}$$

由于$\boldsymbol{\beta}_1$可由$\boldsymbol{\alpha}_1,\boldsymbol{\alpha}_2,\boldsymbol{\alpha}_3$线性表示，$\boldsymbol{\beta}_2$不能由$\boldsymbol{\alpha}_1,\boldsymbol{\alpha}_2,\boldsymbol{\alpha}_3$线性表示，因此

$$r(\boldsymbol{\alpha}_1,\boldsymbol{\alpha}_2,\boldsymbol{\alpha}_3)=r(\boldsymbol{\alpha}_1,\boldsymbol{\alpha}_2,\boldsymbol{\alpha}_3,\boldsymbol{\beta}_1),\quad r(\boldsymbol{\alpha}_1,\boldsymbol{\alpha}_2,\boldsymbol{\alpha}_3)<r(\boldsymbol{\alpha}_1,\boldsymbol{\alpha}_2,\boldsymbol{\alpha}_3,\boldsymbol{\beta}_2)$$

从而$a=-1$。

例11 设任意3维向量均可由$\boldsymbol{\alpha}_1=(1,0,1)^T$，$\boldsymbol{\alpha}_2=(1,-2,3)^T$，$\boldsymbol{\alpha}_3=(a,1,2)^T$线

性表示，则 a 满足条件______。

解 方法一 由于任意 3 维向量 $\boldsymbol{\beta}$ 均可由 $\boldsymbol{\alpha}_1, \boldsymbol{\alpha}_2, \boldsymbol{\alpha}_3$ 线性表示，因此

$$r(\boldsymbol{\alpha}_1, \boldsymbol{\alpha}_2, \boldsymbol{\alpha}_3)=r(\boldsymbol{\alpha}_1, \boldsymbol{\alpha}_2, \boldsymbol{\alpha}_3, \boldsymbol{\beta})$$

由 $\boldsymbol{\beta}$ 的任意性，得 $r(\boldsymbol{\alpha}_1, \boldsymbol{\alpha}_2, \boldsymbol{\alpha}_3)=3$，从而

$$\begin{vmatrix} 1 & 1 & a \\ 0 & -2 & 1 \\ 1 & 3 & 2 \end{vmatrix}=\begin{vmatrix} 1 & 1 & a \\ 0 & -2 & 1 \\ 0 & 2 & 2-a \end{vmatrix}=2(a-3)\neq 0$$

即 $a\neq 3$。

方法二 由于任意 3 维向量均可由 $\boldsymbol{\alpha}_1, \boldsymbol{\alpha}_2, \boldsymbol{\alpha}_3$ 线性表示，因此 3 维基本单位向量 $\boldsymbol{\varepsilon}_1=(1, 0, 0)^{\mathrm{T}}$，$\boldsymbol{\varepsilon}_2=(0, 1, 0)^{\mathrm{T}}$，$\boldsymbol{\varepsilon}_3=(0, 0, 1)^{\mathrm{T}}$ 可由 $\boldsymbol{\alpha}_1, \boldsymbol{\alpha}_2, \boldsymbol{\alpha}_3$ 线性表示，但 $\boldsymbol{\alpha}_1, \boldsymbol{\alpha}_2, \boldsymbol{\alpha}_3$ 显然可由 $\boldsymbol{\varepsilon}_1, \boldsymbol{\varepsilon}_2, \boldsymbol{\varepsilon}_3$ 线性表示，从而向量组 $\boldsymbol{\alpha}_1, \boldsymbol{\alpha}_2, \boldsymbol{\alpha}_3$ 与 $\boldsymbol{\varepsilon}_1, \boldsymbol{\varepsilon}_2, \boldsymbol{\varepsilon}_3$ 等价，故

$$r(\boldsymbol{\alpha}_1, \boldsymbol{\alpha}_2, \boldsymbol{\alpha}_3)=r(\boldsymbol{\varepsilon}_1, \boldsymbol{\varepsilon}_2, \boldsymbol{\varepsilon}_3)=3$$

从而 $\begin{vmatrix} 1 & 1 & a \\ 0 & -2 & 1 \\ 1 & 3 & 2 \end{vmatrix}=\begin{vmatrix} 1 & 1 & a \\ 0 & -2 & 1 \\ 0 & 2 & 2-a \end{vmatrix}=2(a-3)\neq 0$，即 $a\neq 3$。

例 12 设矩阵 $\boldsymbol{A}=\begin{pmatrix} 1 & 2 & 3 \\ 0 & 4 & 5 \\ 0 & 0 & 6 \end{pmatrix}$，$\boldsymbol{B}=\begin{pmatrix} 1 & 2 & -2 \\ 2 & a & 0 \\ -1 & -3 & 3 \end{pmatrix}$，且 $\boldsymbol{AXA}^*=\boldsymbol{B}$，$r(\boldsymbol{X})=2$，则 $a=$______。

解 由 $\boldsymbol{A}$ 可逆，知 $\boldsymbol{A}^*$ 可逆，从而 $r(\boldsymbol{B})=r(\boldsymbol{AXA}^*)=r(\boldsymbol{X})=2$，故 $|\boldsymbol{B}|=0$。由于

$$|\boldsymbol{B}|=\begin{vmatrix} 1 & 2 & -2 \\ 2 & a & 0 \\ -1 & -3 & 3 \end{vmatrix}=\begin{vmatrix} 1 & 0 & -2 \\ 2 & a & 0 \\ -1 & 0 & 3 \end{vmatrix}=a$$

因此 $a=0$。

例 13 设 $\boldsymbol{A}=\begin{pmatrix} 2 & 2 & 3 \\ 1 & -1 & a \\ -1 & 2 & 3 \end{pmatrix}$，$\boldsymbol{B}$ 是 3 阶非零矩阵，且 $\boldsymbol{BA}^{\mathrm{T}}=\boldsymbol{O}$，则 $a=$______。

解 由 $\boldsymbol{BA}^{\mathrm{T}}=\boldsymbol{O}$，得 $r(\boldsymbol{B})+r(\boldsymbol{A}^{\mathrm{T}})\leqslant 3$，即 $r(\boldsymbol{B})+r(\boldsymbol{A})\leqslant 3$。由 $\boldsymbol{B}\neq\boldsymbol{O}$，得 $r(\boldsymbol{B})\geqslant 1$，从而 $r(\boldsymbol{A})\leqslant 2<3$，故 $|\boldsymbol{A}|=0$。由于

$$|\boldsymbol{A}|=\begin{vmatrix} 2 & 2 & 3 \\ 1 & -1 & a \\ -1 & 2 & 3 \end{vmatrix}=\begin{vmatrix} 3 & 0 & 0 \\ 1 & -1 & a \\ -1 & 2 & 3 \end{vmatrix}=3(-2a-3)$$

因此 $a=-\dfrac{3}{2}$。

例 14 设 $\boldsymbol{A}$ 为 3 阶矩阵，$\boldsymbol{\alpha}_1, \boldsymbol{\alpha}_2, \boldsymbol{\alpha}_3$ 为 3 维线性无关的列向量，

$$\boldsymbol{A\alpha}_1=\boldsymbol{\alpha}_1+\boldsymbol{\alpha}_2,\quad \boldsymbol{A\alpha}_2=\boldsymbol{\alpha}_2+\boldsymbol{\alpha}_3,\quad \boldsymbol{A\alpha}_3=\boldsymbol{\alpha}_1+\boldsymbol{\alpha}_3$$

则 $|\boldsymbol{A}|=$______。

解 由于 $\boldsymbol{A}(\boldsymbol{\alpha}_1, \boldsymbol{\alpha}_2, \boldsymbol{\alpha}_3)=(\boldsymbol{\alpha}_1, \boldsymbol{\alpha}_2, \boldsymbol{\alpha}_3)\begin{pmatrix} 1 & 0 & 1 \\ 1 & 1 & 0 \\ 0 & 1 & 1 \end{pmatrix}$，又 $\boldsymbol{\alpha}_1, \boldsymbol{\alpha}_2, \boldsymbol{\alpha}_3$ 为 3 维线性无关的列

向量，因此3阶行列式$|\boldsymbol{\alpha}_1, \boldsymbol{\alpha}_2, \boldsymbol{\alpha}_3| \neq 0$。由

$$|\boldsymbol{A}||\boldsymbol{\alpha}_1, \boldsymbol{\alpha}_2, \boldsymbol{\alpha}_3| = |\boldsymbol{\alpha}_1, \boldsymbol{\alpha}_2, \boldsymbol{\alpha}_3|\begin{vmatrix}1 & 0 & 1\\1 & 1 & 0\\0 & 1 & 1\end{vmatrix}$$

得

$$|\boldsymbol{A}| = \begin{vmatrix}1 & 0 & 1\\1 & 1 & 0\\0 & 1 & 1\end{vmatrix} = \begin{vmatrix}1 & 0 & 1\\0 & 1 & -1\\0 & 1 & 1\end{vmatrix} = 2$$

例 15 设$\boldsymbol{\alpha}_1 = (1, 1, 0)^{\mathrm{T}}$，$\boldsymbol{\alpha}_2 = (1, 0, 1)^{\mathrm{T}}$，$\boldsymbol{\alpha}_3 = (0, 1, 1)^{\mathrm{T}}$是$\mathbf{R}^3$的一组基，则$\boldsymbol{\beta} = (2, 0, 0)^{\mathrm{T}}$在这组基下的坐标为______。

解 方法一 由于$\boldsymbol{\beta} = \boldsymbol{\alpha}_1 + \boldsymbol{\alpha}_2 - \boldsymbol{\alpha}_3$，因此$\boldsymbol{\beta} = (2, 0, 0)^{\mathrm{T}}$在这组基下的坐标为$(1, 1, -1)^{\mathrm{T}}$。

方法二 对矩阵$(\boldsymbol{\alpha}_1, \boldsymbol{\alpha}_2, \boldsymbol{\alpha}_3 \vdots \boldsymbol{\beta})$作初等行变换，得

$$(\boldsymbol{\alpha}_1, \boldsymbol{\alpha}_2, \boldsymbol{\alpha}_3 \vdots \boldsymbol{\beta}) = \begin{pmatrix}1 & 1 & 0 & \vdots & 2\\1 & 0 & 1 & \vdots & 0\\0 & 1 & 1 & \vdots & 0\end{pmatrix} \to \begin{pmatrix}1 & 1 & 0 & \vdots & 2\\0 & -1 & 1 & \vdots & -2\\0 & 1 & 1 & \vdots & 0\end{pmatrix}$$

$$\to \begin{pmatrix}1 & 1 & 0 & \vdots & 2\\0 & -1 & 1 & \vdots & -2\\0 & 0 & 1 & \vdots & -1\end{pmatrix}$$

从而$\boldsymbol{\beta} = \boldsymbol{\alpha}_1 + \boldsymbol{\alpha}_2 - \boldsymbol{\alpha}_3$，故$\boldsymbol{\beta} = (2, 0, 0)^{\mathrm{T}}$在这组基下的坐标为$(1, 1, -1)^{\mathrm{T}}$。

例 16 已知$\mathbf{R}^3$的两组基为$\boldsymbol{\alpha}_1 = (1, 1, 1)^{\mathrm{T}}$，$\boldsymbol{\alpha}_2 = (1, 0, -1)^{\mathrm{T}}$，$\boldsymbol{\alpha}_3 = (1, 0, 1)^{\mathrm{T}}$与$\boldsymbol{\beta}_1 = (1, 2, 1)^{\mathrm{T}}$，$\boldsymbol{\beta}_2 = (2, 3, 4)^{\mathrm{T}}$，$\boldsymbol{\beta}_3 = (3, 4, 3)^{\mathrm{T}}$，则由基$\boldsymbol{\alpha}_1, \boldsymbol{\alpha}_2, \boldsymbol{\alpha}_3$到基$\boldsymbol{\beta}_1, \boldsymbol{\beta}_2, \boldsymbol{\beta}_3$的过渡矩阵为______。

解 由于基$\boldsymbol{\alpha}_1, \boldsymbol{\alpha}_2, \boldsymbol{\alpha}_3$到基$\boldsymbol{\beta}_1, \boldsymbol{\beta}_2, \boldsymbol{\beta}_3$的过渡矩阵$\boldsymbol{C}$满足$(\boldsymbol{\beta}_1, \boldsymbol{\beta}_2, \boldsymbol{\beta}_3) = (\boldsymbol{\alpha}_1, \boldsymbol{\alpha}_2, \boldsymbol{\alpha}_3)\boldsymbol{C}$，且$(\boldsymbol{\alpha}_1, \boldsymbol{\alpha}_2, \boldsymbol{\alpha}_3)$可逆，因此

$$\boldsymbol{C} = (\boldsymbol{\alpha}_1, \boldsymbol{\alpha}_2, \boldsymbol{\alpha}_3)^{-1}(\boldsymbol{\beta}_1, \boldsymbol{\beta}_2, \boldsymbol{\beta}_3) = \begin{pmatrix}2 & 3 & 4\\0 & -1 & 0\\-1 & 0 & -1\end{pmatrix}$$

3. 解答题

例 1 若向量组$\boldsymbol{\alpha}_1, \boldsymbol{\alpha}_2, \boldsymbol{\alpha}_3$线性相关，向量组$\boldsymbol{\alpha}_2, \boldsymbol{\alpha}_3, \boldsymbol{\alpha}_4$线性无关，试问$\boldsymbol{\alpha}_4$能否由$\boldsymbol{\alpha}_1, \boldsymbol{\alpha}_2, \boldsymbol{\alpha}_3$线性表示，并说明理由。

解 不能。由于$\boldsymbol{\alpha}_2, \boldsymbol{\alpha}_3, \boldsymbol{\alpha}_4$线性无关，因此$\boldsymbol{\alpha}_2, \boldsymbol{\alpha}_3$线性无关。又$\boldsymbol{\alpha}_1, \boldsymbol{\alpha}_2, \boldsymbol{\alpha}_3$线性相关，故$\boldsymbol{\alpha}_1$可由$\boldsymbol{\alpha}_2, \boldsymbol{\alpha}_3$线性表示。设$\boldsymbol{\alpha}_1 = l_2\boldsymbol{\alpha}_2 + l_3\boldsymbol{\alpha}_3$，假设$\boldsymbol{\alpha}_4$可由$\boldsymbol{\alpha}_1, \boldsymbol{\alpha}_2, \boldsymbol{\alpha}_3$线性表示，则

$$\boldsymbol{\alpha}_4 = k_1\boldsymbol{\alpha}_1 + k_2\boldsymbol{\alpha}_2 + k_3\boldsymbol{\alpha}_3 = (k_1 l_2 + k_2)\boldsymbol{\alpha}_2 + (k_1 l_3 + k_3)\boldsymbol{\alpha}_3$$

即$\boldsymbol{\alpha}_4$可由$\boldsymbol{\alpha}_2, \boldsymbol{\alpha}_3$线性表示，从而$\boldsymbol{\alpha}_2, \boldsymbol{\alpha}_3, \boldsymbol{\alpha}_4$线性相关，与已知矛盾，因此$\boldsymbol{\alpha}_4$不能由$\boldsymbol{\alpha}_1, \boldsymbol{\alpha}_2, \boldsymbol{\alpha}_3$线性表示。

例 2 已知线性方程组

$$\begin{cases} a_1x_1+a_2x_2+a_3x_3+a_4x_4=a_5 \\ b_1x_1+b_2x_2+b_3x_3+b_4x_4=b_5 \\ c_1x_1+c_2x_2+c_3x_3+c_4x_4=c_5 \\ d_1x_1+d_2x_2+d_3x_3+d_4x_4=d_5 \end{cases}$$

的通解是$(2, 1, 0, 3)^T+k(1, -1, 2, 0)^T$，设$\boldsymbol{\alpha}_i=(a_i, b_i, c_i, d_i)^T(i=1, 2, \cdots, 5)$，试问：

（ⅰ）$\boldsymbol{\alpha}_1$ 能否由 $\boldsymbol{\alpha}_2$，$\boldsymbol{\alpha}_3$，$\boldsymbol{\alpha}_4$ 线性表示；

（ⅱ）$\boldsymbol{\alpha}_4$ 能否由 $\boldsymbol{\alpha}_1$，$\boldsymbol{\alpha}_2$，$\boldsymbol{\alpha}_3$ 线性表示，并说明理由。

解 （ⅰ）$\boldsymbol{\alpha}_1$ 可由 $\boldsymbol{\alpha}_2$，$\boldsymbol{\alpha}_3$，$\boldsymbol{\alpha}_4$ 线性表示。由于 $k(1, -1, 2, 0)^T$ 是对应的齐次线性方程组 $\boldsymbol{Ax}=\boldsymbol{0}$ 的通解，因此

$$(\boldsymbol{\alpha}_1, \boldsymbol{\alpha}_2, \boldsymbol{\alpha}_3, \boldsymbol{\alpha}_4)\begin{pmatrix}1\\-1\\2\\0\end{pmatrix}=\boldsymbol{0}$$

即 $\boldsymbol{\alpha}_1-\boldsymbol{\alpha}_2+2\boldsymbol{\alpha}_3=\boldsymbol{0}$，从而 $\boldsymbol{\alpha}_1=\boldsymbol{\alpha}_2-2\boldsymbol{\alpha}_3+0\boldsymbol{\alpha}_4$，即 $\boldsymbol{\alpha}_1$ 可由 $\boldsymbol{\alpha}_2$，$\boldsymbol{\alpha}_3$，$\boldsymbol{\alpha}_4$ 线性表示。

（ⅱ）$\boldsymbol{\alpha}_4$ 不能由 $\boldsymbol{\alpha}_1$，$\boldsymbol{\alpha}_2$，$\boldsymbol{\alpha}_3$ 线性表示。假设 $\boldsymbol{\alpha}_4$ 可由 $\boldsymbol{\alpha}_1$，$\boldsymbol{\alpha}_2$，$\boldsymbol{\alpha}_3$ 线性表示，则

$$r(\boldsymbol{\alpha}_1, \boldsymbol{\alpha}_2, \boldsymbol{\alpha}_3)=r(\boldsymbol{\alpha}_1, \boldsymbol{\alpha}_2, \boldsymbol{\alpha}_3, \boldsymbol{\alpha}_4)=r(\boldsymbol{A})$$

由于 $\boldsymbol{Ax}=\boldsymbol{0}$ 的基础解系仅有一个向量，因此 $r(\boldsymbol{A})=n-1=3$，从而 $\boldsymbol{\alpha}_1$，$\boldsymbol{\alpha}_2$，$\boldsymbol{\alpha}_3$ 线性无关，这与 $\boldsymbol{\alpha}_1=\boldsymbol{\alpha}_2-2\boldsymbol{\alpha}_3$ 矛盾，故 $\boldsymbol{\alpha}_4$ 不能由 $\boldsymbol{\alpha}_1$，$\boldsymbol{\alpha}_2$，$\boldsymbol{\alpha}_3$ 线性表示。

例 3 设 $\boldsymbol{\alpha}_1=(1, -1, 1)^T$，$\boldsymbol{\alpha}_2=(1, t, -1)^T$，$\boldsymbol{\alpha}_3=(t, 1, 2)^T$，$\boldsymbol{\beta}=(4, t^2, -4)^T$，若 $\boldsymbol{\beta}$ 可由 $\boldsymbol{\alpha}_1$，$\boldsymbol{\alpha}_2$，$\boldsymbol{\alpha}_3$ 线性表示且表示法不唯一，求 t 及 $\boldsymbol{\beta}$ 的表示式。

证 对增广矩阵$(\boldsymbol{\alpha}_1, \boldsymbol{\alpha}_2, \boldsymbol{\alpha}_3 \vdots \boldsymbol{\beta})$作初等行变换，得

$$(\boldsymbol{\alpha}_1, \boldsymbol{\alpha}_2, \boldsymbol{\alpha}_3 \vdots \boldsymbol{\beta})=\left(\begin{array}{ccc:c}1&1&t&4\\-1&t&1&t^2\\1&-1&2&-4\end{array}\right)\to\left(\begin{array}{ccc:c}1&1&t&4\\0&t+1&t+1&t^2+4\\0&-2&2-t&-8\end{array}\right)$$

$$\to\left(\begin{array}{ccc:c}1&1&t&4\\0&1&\frac{1}{2}(t-2)&4\\0&t+1&t+1&t^2+4\end{array}\right)$$

$$\to\left(\begin{array}{ccc:c}1&1&t&4\\0&1&\frac{1}{2}(t-2)&4\\0&0&\frac{1}{2}(t+1)(4-t)&t(t-4)\end{array}\right)$$

由于 $\boldsymbol{\beta}$ 可由 $\boldsymbol{\alpha}_1$，$\boldsymbol{\alpha}_2$，$\boldsymbol{\alpha}_3$ 线性表示且表示法不唯一，因此 $r(\boldsymbol{\alpha}_1, \boldsymbol{\alpha}_2, \boldsymbol{\alpha}_3)=r(\boldsymbol{\alpha}_1, \boldsymbol{\alpha}_2, \boldsymbol{\alpha}_3 \vdots \boldsymbol{\beta})<3$，从而 $t=4$。当 $t=4$ 时，

$$(\boldsymbol{\alpha}_1, \boldsymbol{\alpha}_2, \boldsymbol{\alpha}_3 \vdots \boldsymbol{\beta})\to\left(\begin{array}{ccc:c}1&1&4&4\\0&1&1&4\\0&0&0&0\end{array}\right)\to\left(\begin{array}{ccc:c}1&0&3&0\\0&1&1&4\\0&0&0&0\end{array}\right)$$

从而 $\boldsymbol{\beta}$ 的表示式为 $\boldsymbol{\beta}=-3k\boldsymbol{\alpha}_1+(4-k)\boldsymbol{\alpha}_2+k\boldsymbol{\alpha}_3$，其中 k 为任意常数。

例 4 设 $\boldsymbol{\alpha}_1=(1,1,4,2)^{\mathrm{T}}$，$\boldsymbol{\alpha}_2=(1,-1,-2,b)^{\mathrm{T}}$，$\boldsymbol{\alpha}_3=(-3,-1,a,-9)^{\mathrm{T}}$，$\boldsymbol{\beta}=(1,3,10,a+b)^{\mathrm{T}}$。

（ⅰ）当 a，b 为何值时，$\boldsymbol{\beta}$ 不能由 $\boldsymbol{\alpha}_1$，$\boldsymbol{\alpha}_2$，$\boldsymbol{\alpha}_3$ 线性表示；

（ⅱ）当 a，b 为何值时，$\boldsymbol{\beta}$ 可由 $\boldsymbol{\alpha}_1$，$\boldsymbol{\alpha}_2$，$\boldsymbol{\alpha}_3$ 线性表示，写出表示式。

解 记 $\boldsymbol{A}=(\boldsymbol{\alpha}_1,\boldsymbol{\alpha}_2,\boldsymbol{\alpha}_3)$，$\bar{\boldsymbol{A}}=(\boldsymbol{\alpha}_1,\boldsymbol{\alpha}_2,\boldsymbol{\alpha}_3,\boldsymbol{\beta})$，对矩阵 $\bar{\boldsymbol{A}}$ 作初等行变换，得

$$\bar{\boldsymbol{A}}=\begin{pmatrix}1&1&-3&1\\1&-1&-1&3\\4&-2&a&10\\2&b&-9&a+b\end{pmatrix}\rightarrow\begin{pmatrix}1&1&-3&1\\0&-2&2&2\\0&-6&a+12&6\\0&b-2&-3&a+b-2\end{pmatrix}$$

$$\rightarrow\begin{pmatrix}1&1&-3&1\\0&1&-1&-1\\0&0&a+6&0\\0&0&b-5&a+2b-4\end{pmatrix}$$

（ⅰ）当 $a\neq-6$，$a+2b-4\neq0$ 时，由于 $r(\boldsymbol{A})\neq r(\bar{\boldsymbol{A}})$，因此 $\boldsymbol{\beta}$ 不能由 $\boldsymbol{\alpha}_1$，$\boldsymbol{\alpha}_2$，$\boldsymbol{\alpha}_3$ 线性表示。

（ⅱ）当 $a\neq-6$，$a+2b-4=0$ 时，$\bar{\boldsymbol{A}}\rightarrow\begin{pmatrix}1&1&-3&1\\0&1&-1&-1\\0&0&1&0\\0&0&b-5&a+2b-4\end{pmatrix}\rightarrow\begin{pmatrix}1&0&0&2\\0&1&0&-1\\0&0&1&0\\0&0&0&0\end{pmatrix}$，

$\boldsymbol{\beta}$ 可由 $\boldsymbol{\alpha}_1$，$\boldsymbol{\alpha}_2$，$\boldsymbol{\alpha}_3$ 唯一线性表示，且表示式为 $\boldsymbol{\beta}=2\boldsymbol{\alpha}_1-\boldsymbol{\alpha}_2+0\boldsymbol{\alpha}_3$。

当 $a=-6$ 时，

$$\bar{\boldsymbol{A}}=\begin{pmatrix}1&1&-3&1\\1&-1&-1&3\\4&-2&a&10\\2&b&-9&a+b\end{pmatrix}\rightarrow\begin{pmatrix}1&1&-3&1\\0&1&-1&-1\\0&0&b-5&2b-10\\0&0&0&0\end{pmatrix}$$

当 $a=-6$，$b\neq5$ 时，由于 $\bar{\boldsymbol{A}}\rightarrow\begin{pmatrix}1&0&0&6\\0&1&0&1\\0&0&1&2\\0&0&0&0\end{pmatrix}$，因此 $\boldsymbol{\beta}$ 可由 $\boldsymbol{\alpha}_1$，$\boldsymbol{\alpha}_2$，$\boldsymbol{\alpha}_3$ 唯一线性表示，表示式为 $\boldsymbol{\beta}=6\boldsymbol{\alpha}_1+\boldsymbol{\alpha}_2+2\boldsymbol{\alpha}_3$。

当 $a=-6$，$b=5$ 时，由于 $\bar{\boldsymbol{A}}\rightarrow\begin{pmatrix}1&0&-2&2\\0&1&-1&-1\\0&0&0&0\\0&0&0&0\end{pmatrix}$，因此 $\boldsymbol{\beta}$ 可由 $\boldsymbol{\alpha}_1$，$\boldsymbol{\alpha}_2$，$\boldsymbol{\alpha}_3$ 线性表示，表示式为 $\boldsymbol{\beta}=(2k+2)\boldsymbol{\alpha}_1+(k-1)\boldsymbol{\alpha}_2+k\boldsymbol{\alpha}_3$，其中 k 为任意常数。

例 5 设 $\boldsymbol{\alpha}_1=(1,2,0)^{\mathrm{T}}$，$\boldsymbol{\alpha}_2=(1,a+2,-3a)^{\mathrm{T}}$，$\boldsymbol{\alpha}_3=(-1,-b-2,a+2b)^{\mathrm{T}}$，$\boldsymbol{\beta}=(1,3,-3)^{\mathrm{T}}$，试讨论：

（ⅰ）当 a，b 为何值时，$\boldsymbol{\beta}$ 不能由 $\boldsymbol{\alpha}_1$，$\boldsymbol{\alpha}_2$，$\boldsymbol{\alpha}_3$ 线性表示；

（ⅱ）当 a，b 为何值时，$\boldsymbol{\beta}$ 可由 $\boldsymbol{\alpha}_1$，$\boldsymbol{\alpha}_2$，$\boldsymbol{\alpha}_3$ 线性表示且表示法唯一，并写出表示式；

(ⅲ) 当 a, b 为何值时, $\boldsymbol{\beta}$ 可由 $\boldsymbol{\alpha}_1$, $\boldsymbol{\alpha}_2$, $\boldsymbol{\alpha}_3$, $\boldsymbol{\alpha}_4$ 线性表示且表示法不唯一, 并写出表示式。

解 记 $\boldsymbol{A}=(\boldsymbol{\alpha}_1, \boldsymbol{\alpha}_2, \boldsymbol{\alpha}_3)$, $\overline{\boldsymbol{A}}=(\boldsymbol{\alpha}_1, \boldsymbol{\alpha}_2, \boldsymbol{\alpha}_3, \boldsymbol{\beta})$, 对矩阵 $\overline{\boldsymbol{A}}$ 作初等行变换, 得

$$\overline{\boldsymbol{A}}=(\boldsymbol{\alpha}_1, \boldsymbol{\alpha}_2, \boldsymbol{\alpha}_3, \boldsymbol{\beta})$$

$$=\begin{bmatrix}1 & 1 & -1 & 1\\ 2 & a+2 & -b-2 & 3\\ 0 & -3a & a+2b & -3\end{bmatrix}\to\begin{bmatrix}1 & 1 & -1 & 1\\ 0 & a & -b & 1\\ 0 & -3a & a+2b & -3\end{bmatrix}\to\begin{bmatrix}1 & 1 & -1 & 1\\ 0 & a & -b & 1\\ 0 & 0 & a-b & 0\end{bmatrix}$$

(ⅰ) 当 $a=0$, b 为任意常数时, $r(\boldsymbol{A})\neq r(\overline{\boldsymbol{A}})$, 故 $\boldsymbol{\beta}$ 不能由 $\boldsymbol{\alpha}_1$, $\boldsymbol{\alpha}_2$, $\boldsymbol{\alpha}_3$ 线性表示。

(ⅱ) 当 $a\neq 0$ 且 $a\neq b$ 时, 由 $\overline{\boldsymbol{A}}\to\begin{bmatrix}1 & 0 & 0 & 1-\dfrac{1}{a}\\ 0 & 1 & 0 & \dfrac{1}{a}\\ 0 & 0 & 1 & 0\end{bmatrix}$, 得 $r(\boldsymbol{A})=r(\overline{\boldsymbol{A}})=3$, 故 $\boldsymbol{\beta}$ 可由 $\boldsymbol{\alpha}_1$, $\boldsymbol{\alpha}_2$, $\boldsymbol{\alpha}_3$ 线性表示且表示法唯一, 此时表示式为 $\boldsymbol{\beta}=\left(1-\dfrac{1}{a}\right)\boldsymbol{\alpha}_1+\dfrac{1}{a}\boldsymbol{\alpha}_2+0\boldsymbol{\alpha}_3$。

(ⅲ) 当 $a\neq 0$ 且 $a=b$ 时, 由 $\overline{\boldsymbol{A}}\to\begin{bmatrix}1 & 1 & -1 & 1\\ 0 & 1 & -1 & \dfrac{1}{a}\\ 0 & 0 & 0 & 0\end{bmatrix}\to\begin{bmatrix}1 & 0 & 0 & 1-\dfrac{1}{a}\\ 0 & 1 & -1 & \dfrac{1}{a}\\ 0 & 0 & 0 & 0\end{bmatrix}$, 得 $r(\boldsymbol{A})=r(\overline{\boldsymbol{A}})=2$, 从而 $\boldsymbol{\beta}$ 可由 $\boldsymbol{\alpha}_1$, $\boldsymbol{\alpha}_2$, $\boldsymbol{\alpha}_3$, $\boldsymbol{\alpha}_4$ 线性表示且表示法不唯一, 此时表示式为

$$\boldsymbol{\beta}=\left(1-\frac{1}{a}\right)\boldsymbol{\alpha}_1+\left(k+\frac{1}{a}\right)\boldsymbol{\alpha}_2+k\boldsymbol{\alpha}_3$$

其中 k 为任意常数。

> **评注**: 向量 $\boldsymbol{\beta}$ 能否由向量组 $\boldsymbol{\alpha}_1$, $\boldsymbol{\alpha}_2$, $\cdots$, $\boldsymbol{\alpha}_s$ 线性表示有以下几种情况:
>
> (1) 当向量坐标给出时, 可用非齐次线性方程组 $x_1\boldsymbol{\alpha}_1+x_2\boldsymbol{\alpha}_2+\cdots+x_s\boldsymbol{\alpha}_s=\boldsymbol{\beta}$ 有没有解来讨论。若线性方程组有解, 则该解就是线性表示时的组合系数。若线性方程组有唯一解, 则表示法唯一; 若线性方程组有无穷多解, 则表示法不唯一。
>
> (2) $\boldsymbol{\beta}$ 可由向量组 $\boldsymbol{\alpha}_1$, $\boldsymbol{\alpha}_2$, $\cdots$, $\boldsymbol{\alpha}_s$ 线性表示的充分必要条件是
>
> $$r(\boldsymbol{\alpha}_1, \boldsymbol{\alpha}_2, \cdots, \boldsymbol{\alpha}_s)=r(\boldsymbol{\alpha}_1, \boldsymbol{\alpha}_2, \cdots, \boldsymbol{\alpha}_s, \boldsymbol{\beta})$$
>
> (3) 当向量坐标未给出时, 通常可用逻辑推理来分析判断, 其出发点是线性相关、线性无关、秩的基本原理及线性表示的概念、反证法等。

例 6 设 $\boldsymbol{\alpha}_1$, $\boldsymbol{\alpha}_2$, $\boldsymbol{\alpha}_3$ 线性无关, 证明 $2\boldsymbol{\alpha}_1+3\boldsymbol{\alpha}_2$, $\boldsymbol{\alpha}_2-\boldsymbol{\alpha}_3$, $\boldsymbol{\alpha}_1+\boldsymbol{\alpha}_2+\boldsymbol{\alpha}_3$ 线性无关。

证 方法一 设 $x_1(2\boldsymbol{\alpha}_1+3\boldsymbol{\alpha}_2)+x_2(\boldsymbol{\alpha}_2-\boldsymbol{\alpha}_3)+x_3(\boldsymbol{\alpha}_1+\boldsymbol{\alpha}_2+\boldsymbol{\alpha}_3)=\boldsymbol{0}$, 则

$$(2x_1+x_3)\boldsymbol{\alpha}_1+(3x_1+x_2+x_3)\boldsymbol{\alpha}_2+(-x_2+x_3)\boldsymbol{\alpha}_3=\boldsymbol{0}$$

由于 $\boldsymbol{\alpha}_1$, $\boldsymbol{\alpha}_2$, $\boldsymbol{\alpha}_3$ 线性无关, 因此 $\begin{cases}2x_1+x_3=0\\ 3x_1+x_2+x_3=0\\ -x_2+x_3=0\end{cases}$, 又系数行列式 $\begin{vmatrix}2 & 0 & 1\\ 3 & 1 & 1\\ 0 & -1 & 1\end{vmatrix}=1\neq 0$, 故齐次线性方程组只有零解, 即 $x_1=x_2=x_3=0$, 因此 $2\boldsymbol{\alpha}_1+3\boldsymbol{\alpha}_2$, $\boldsymbol{\alpha}_2-\boldsymbol{\alpha}_3$, $\boldsymbol{\alpha}_1+\boldsymbol{\alpha}_2+\boldsymbol{\alpha}_3$ 线性无关。

方法二　令 $\boldsymbol{\beta}_1=2\boldsymbol{\alpha}_1+3\boldsymbol{\alpha}_2$，$\boldsymbol{\beta}_2=\boldsymbol{\alpha}_2-\boldsymbol{\alpha}_3$，$\boldsymbol{\beta}_3=\boldsymbol{\alpha}_1+\boldsymbol{\alpha}_2+\boldsymbol{\alpha}_3$，则

$$\boldsymbol{\alpha}_1=2\boldsymbol{\beta}_1-3\boldsymbol{\beta}_2-3\boldsymbol{\beta}_3,\quad \boldsymbol{\alpha}_2=-\boldsymbol{\beta}_1+2\boldsymbol{\beta}_2+2\boldsymbol{\beta}_3,\quad \boldsymbol{\alpha}_3=-\boldsymbol{\beta}_1+\boldsymbol{\beta}_2+2\boldsymbol{\beta}_3$$

从而向量组 $\boldsymbol{\alpha}_1$，$\boldsymbol{\alpha}_2$，$\boldsymbol{\alpha}_3$ 与 $\boldsymbol{\beta}_1$，$\boldsymbol{\beta}_2$，$\boldsymbol{\beta}_3$ 可相互线性表示，即它们是等价向量组，所以有相同的秩。由于 $\boldsymbol{\alpha}_1$，$\boldsymbol{\alpha}_2$，$\boldsymbol{\alpha}_3$ 线性无关，因此 $r(\boldsymbol{\beta}_1,\boldsymbol{\beta}_2,\boldsymbol{\beta}_3)=r(\boldsymbol{\alpha}_1,\boldsymbol{\alpha}_2,\boldsymbol{\alpha}_3)=3$，从而 $\boldsymbol{\beta}_1$，$\boldsymbol{\beta}_2$，$\boldsymbol{\beta}_3$ 线性无关，即 $2\boldsymbol{\alpha}_1+3\boldsymbol{\alpha}_2$，$\boldsymbol{\alpha}_2-\boldsymbol{\alpha}_3$，$\boldsymbol{\alpha}_1+\boldsymbol{\alpha}_2+\boldsymbol{\alpha}_3$ 线性无关。

方法三　由于 $\boldsymbol{\alpha}_1$，$\boldsymbol{\alpha}_2$，$\boldsymbol{\alpha}_3$ 线性无关，因此 $r(\boldsymbol{\alpha}_1,\boldsymbol{\alpha}_2,\boldsymbol{\alpha}_3)=3$，又

$$(2\boldsymbol{\alpha}_1+3\boldsymbol{\alpha}_2,\ \boldsymbol{\alpha}_2-\boldsymbol{\alpha}_3,\ \boldsymbol{\alpha}_1+\boldsymbol{\alpha}_2+\boldsymbol{\alpha}_3)=(\boldsymbol{\alpha}_1,\ \boldsymbol{\alpha}_2,\ \boldsymbol{\alpha}_3)\begin{pmatrix}2&0&1\\3&1&1\\0&-1&1\end{pmatrix}$$

且矩阵 $\begin{pmatrix}2&0&1\\3&1&1\\0&-1&1\end{pmatrix}$ 可逆，故 $r(2\boldsymbol{\alpha}_1+3\boldsymbol{\alpha}_2,\boldsymbol{\alpha}_2-\boldsymbol{\alpha}_3,\boldsymbol{\alpha}_1+\boldsymbol{\alpha}_2+\boldsymbol{\alpha}_3)=r(\boldsymbol{\alpha}_1,\boldsymbol{\alpha}_2,\boldsymbol{\alpha}_3)=3$，从而 $2\boldsymbol{\alpha}_1+3\boldsymbol{\alpha}_2$，$\boldsymbol{\alpha}_2-\boldsymbol{\alpha}_3$，$\boldsymbol{\alpha}_1+\boldsymbol{\alpha}_2+\boldsymbol{\alpha}_3$ 线性无关。

> **评注：**证明线性无关的思路如下：
> (1) 定义法(同乘或拆项重组)；
> (2) 秩法(向量组的秩等于向量的个数)；
> (3) 齐次线性方程组只有零解法；
> (4) 反证法。

例 7　设 $\boldsymbol{A}$ 是 n 阶方阵，若存在正整数 k，使得齐次线性方程组 $\boldsymbol{A}^k\boldsymbol{x}=\boldsymbol{0}$ 有非零解向量 $\boldsymbol{\alpha}$，且 $\boldsymbol{A}^{k-1}\boldsymbol{\alpha}\neq\boldsymbol{0}$，证明向量组 $\boldsymbol{\alpha}$，$\boldsymbol{A\alpha}$，…，$\boldsymbol{A}^{k-1}\boldsymbol{\alpha}$ 线性无关。

证　方法一　设 $l_1\boldsymbol{\alpha}+l_2\boldsymbol{A\alpha}+\cdots+l_k\boldsymbol{A}^{k-1}\boldsymbol{\alpha}=\boldsymbol{0}$，两边左乘 $\boldsymbol{A}^{k-1}$，得

$$\boldsymbol{A}^{k-1}(l_1\boldsymbol{\alpha}+l_2\boldsymbol{A\alpha}+\cdots+l_k\boldsymbol{A}^{k-1}\boldsymbol{\alpha})=\boldsymbol{0}$$

由 $\boldsymbol{A}^k\boldsymbol{\alpha}=\boldsymbol{A}^{k+1}\boldsymbol{\alpha}=\cdots=\boldsymbol{0}$，得 $l_1\boldsymbol{A}^{k-1}\boldsymbol{\alpha}=\boldsymbol{0}$，又 $\boldsymbol{A}^{k-1}\boldsymbol{\alpha}\neq\boldsymbol{0}$，故 $l_1=0$。同理可得 $l_2=l_3=\cdots=l_k=0$，从而向量组 $\boldsymbol{\alpha}$，$\boldsymbol{A\alpha}$，…，$\boldsymbol{A}^{k-1}\boldsymbol{\alpha}$ 线性无关。

方法二　假设 $\boldsymbol{\alpha}$，$\boldsymbol{A\alpha}$，…，$\boldsymbol{A}^{k-1}\boldsymbol{\alpha}$ 线性相关，则存在不全为零的数 l_1，l_2，…，l_k，使得

$$l_1\boldsymbol{\alpha}+l_2\boldsymbol{A\alpha}+\cdots+l_k\boldsymbol{A}^{k-1}\boldsymbol{\alpha}=\boldsymbol{0}$$

设 l_1，l_2，…，l_k 中第一个不为零的数是 l_i，则 $l_i\boldsymbol{A}^{i-1}\boldsymbol{\alpha}+l_{i+1}\boldsymbol{A}^i\boldsymbol{\alpha}+\cdots+l_k\boldsymbol{A}^{k-1}\boldsymbol{\alpha}=\boldsymbol{0}$，两边左乘 $\boldsymbol{A}^{k-i}$，得 $\boldsymbol{A}^{k-i}(l_i\boldsymbol{A}^{i-1}\boldsymbol{\alpha}+l_{i+1}\boldsymbol{A}^i\boldsymbol{\alpha}+\cdots+l_k\boldsymbol{A}^{k-1}\boldsymbol{\alpha})=\boldsymbol{0}$，由 $\boldsymbol{A}^k\boldsymbol{\alpha}=\boldsymbol{A}^{k+1}\boldsymbol{\alpha}=\cdots=\boldsymbol{0}$，得 $l_i\boldsymbol{A}^{k-1}\boldsymbol{\alpha}=\boldsymbol{0}$，又 $l_i\neq0$，故 $\boldsymbol{A}^{k-1}\boldsymbol{\alpha}=\boldsymbol{0}$，这与 $\boldsymbol{A}^{k-1}\boldsymbol{\alpha}\neq\boldsymbol{0}$ 矛盾，故向量组 $\boldsymbol{\alpha}$，$\boldsymbol{A\alpha}$，…，$\boldsymbol{A}^{k-1}\boldsymbol{\alpha}$ 线性无关。

例 8　已知向量组 $\boldsymbol{\beta}_1=(0,1,-1)^{\mathrm{T}}$，$\boldsymbol{\beta}_2=(a,2,1)^{\mathrm{T}}$，$\boldsymbol{\beta}_3=(b,1,0)^{\mathrm{T}}$ 与向量组 $\boldsymbol{\alpha}_1=(1,2,-3)^{\mathrm{T}}$，$\boldsymbol{\alpha}_2=(3,0,1)^{\mathrm{T}}$，$\boldsymbol{\alpha}_3=(9,6,-7)^{\mathrm{T}}$ 具有相同的秩，且 $\boldsymbol{\beta}_3$ 可由 $\boldsymbol{\alpha}_1$，$\boldsymbol{\alpha}_2$，$\boldsymbol{\alpha}_3$ 线性表示，求 a 与 b 的值。

解　显然，$\boldsymbol{\alpha}_1$，$\boldsymbol{\alpha}_2$ 线性无关，$\boldsymbol{\alpha}_3=3\boldsymbol{\alpha}_1+2\boldsymbol{\alpha}_2$，所以 $\boldsymbol{\alpha}_1$，$\boldsymbol{\alpha}_2$，$\boldsymbol{\alpha}_3$ 线性相关，其秩为 2，$\boldsymbol{\alpha}_1$，$\boldsymbol{\alpha}_2$ 为它的一个极大无关组。由于 $\boldsymbol{\beta}_1$，$\boldsymbol{\beta}_2$，$\boldsymbol{\beta}_3$ 与 $\boldsymbol{\alpha}_1$，$\boldsymbol{\alpha}_2$，$\boldsymbol{\alpha}_3$ 有相同的秩，因此 $\boldsymbol{\beta}_1$，$\boldsymbol{\beta}_2$，$\boldsymbol{\beta}_3$ 线性相关，从而 $\begin{vmatrix}0&a&b\\1&2&1\\-1&1&0\end{vmatrix}=0$，解之，得 $a=3b$。

再由 $\boldsymbol{\beta}_3$ 可由 $\boldsymbol{\alpha}_1$，$\boldsymbol{\alpha}_2$，$\boldsymbol{\alpha}_3$ 线性表示，知 $\boldsymbol{\beta}_3$ 可由 $\boldsymbol{\alpha}_1$，$\boldsymbol{\alpha}_2$ 线性表示，即 $\boldsymbol{\alpha}_1$，$\boldsymbol{\alpha}_2$，$\boldsymbol{\beta}_3$ 线性相关，从而 $\begin{vmatrix} 1 & 3 & b \\ 2 & 0 & 1 \\ -3 & 1 & 0 \end{vmatrix}=0$，解之，得 $b=5$，从而 $a=15$。

例 9 求向量组 $\boldsymbol{\alpha}_1=(1,1,4,2)^{\mathrm{T}}$，$\boldsymbol{\alpha}_2=(1,-1,-2,4)^{\mathrm{T}}$，$\boldsymbol{\alpha}_3=(-3,2,3,-11)^{\mathrm{T}}$，$\boldsymbol{\alpha}_4=(1,3,10,0)^{\mathrm{T}}$ 的一个极大无关组，并把其余向量用该极大无关组线性表示。

解 方法一 对矩阵$(\boldsymbol{\alpha}_1,\boldsymbol{\alpha}_2,\boldsymbol{\alpha}_3,\boldsymbol{\alpha}_4)$作初等行变换，得

$$(\boldsymbol{\alpha}_1,\boldsymbol{\alpha}_2,\boldsymbol{\alpha}_3,\boldsymbol{\alpha}_4)=\begin{pmatrix} 1 & 1 & -3 & 1 \\ 1 & -1 & 2 & 3 \\ 4 & -2 & 3 & 10 \\ 2 & 4 & -11 & 0 \end{pmatrix} \to \begin{pmatrix} 1 & 1 & -3 & 1 \\ 0 & -2 & 5 & 2 \\ 0 & -6 & 15 & 6 \\ 0 & 2 & -5 & -2 \end{pmatrix} \to \begin{pmatrix} 1 & 1 & -3 & 1 \\ 0 & -2 & 5 & 2 \\ 0 & 0 & 0 & 0 \\ 0 & 0 & 0 & 0 \end{pmatrix}$$

故 $\boldsymbol{\alpha}_1$，$\boldsymbol{\alpha}_2$ 为向量组 $\boldsymbol{\alpha}_1$，$\boldsymbol{\alpha}_2$，$\boldsymbol{\alpha}_3$，$\boldsymbol{\alpha}_4$ 的一个极大无关组，且

$$\boldsymbol{\alpha}_3=-\frac{1}{2}\boldsymbol{\alpha}_1-\frac{5}{2}\boldsymbol{\alpha}_2, \quad \boldsymbol{\alpha}_4=2\boldsymbol{\alpha}_1-\boldsymbol{\alpha}_2$$

评注：由于

$$(-3,5,0,0)^{\mathrm{T}}=-\frac{1}{2}(1,0,0,0)^{\mathrm{T}}-\frac{5}{2}(1,-2,0,0)^{\mathrm{T}}$$

$$(1,2,0,0)^{\mathrm{T}}=2(1,0,0,0)^{\mathrm{T}}-(1,-2,0,0)^{\mathrm{T}}$$

因此 $\boldsymbol{\alpha}_3=-\frac{1}{2}\boldsymbol{\alpha}_1-\frac{5}{2}\boldsymbol{\alpha}_2$，$\boldsymbol{\alpha}_4=2\boldsymbol{\alpha}_1-\boldsymbol{\alpha}_2$。

方法二 对行向量组成矩阵，作初等行变换，将其化成行阶梯形矩阵，得

$$\begin{pmatrix} 1 & 1 & 4 & 2 \\ 1 & -1 & -2 & 4 \\ -3 & 2 & 3 & -11 \\ 1 & 3 & 10 & 0 \end{pmatrix}\begin{matrix} \boldsymbol{\alpha}_1 \\ \boldsymbol{\alpha}_2 \\ \boldsymbol{\alpha}_3 \\ \boldsymbol{\alpha}_4 \end{matrix} \to \begin{pmatrix} 1 & 1 & 4 & 2 \\ 0 & -2 & -6 & 2 \\ 0 & 5 & 15 & -5 \\ 0 & 2 & 6 & -2 \end{pmatrix}\begin{matrix} \boldsymbol{\alpha}_1 \\ \boldsymbol{\alpha}_2-\boldsymbol{\alpha}_1 \\ \boldsymbol{\alpha}_3+3\boldsymbol{\alpha}_1 \\ \boldsymbol{\alpha}_4-\boldsymbol{\alpha}_1 \end{matrix}$$

$$\to \begin{pmatrix} 1 & 1 & 4 & 2 \\ 0 & -1 & -3 & 1 \\ 0 & 1 & 5 & -1 \\ 0 & 0 & 0 & 0 \end{pmatrix}\begin{matrix} \boldsymbol{\alpha}_1 \\ \frac{1}{2}(\boldsymbol{\alpha}_2-\boldsymbol{\alpha}_1) \\ \frac{1}{5}(\boldsymbol{\alpha}_3+3\boldsymbol{\alpha}_1) \\ \boldsymbol{\alpha}_4-\boldsymbol{\alpha}_1+\boldsymbol{\alpha}_2-\boldsymbol{\alpha}_1 \end{matrix}$$

$$\to \begin{pmatrix} 1 & 1 & 4 & 2 \\ 0 & -1 & -3 & 1 \\ 0 & 0 & 0 & 0 \\ 0 & 0 & 0 & 0 \end{pmatrix}\begin{matrix} \boldsymbol{\alpha}_1 \\ \frac{1}{2}(\boldsymbol{\alpha}_2-\boldsymbol{\alpha}_1) \\ \frac{1}{5}(\boldsymbol{\alpha}_3+3\boldsymbol{\alpha}_1)+\frac{1}{2}(\boldsymbol{\alpha}_2-\boldsymbol{\alpha}_1) \\ \boldsymbol{\alpha}_4-2\boldsymbol{\alpha}_1+\boldsymbol{\alpha}_2 \end{matrix}$$

故 $\boldsymbol{\alpha}_1$，$\boldsymbol{\alpha}_2$ 为向量组 $\boldsymbol{\alpha}_1$，$\boldsymbol{\alpha}_2$，$\boldsymbol{\alpha}_3$，$\boldsymbol{\alpha}_4$ 的一个极大无关组，且

$$\boldsymbol{\alpha}_3=-\frac{1}{2}\boldsymbol{\alpha}_1-\frac{5}{2}\boldsymbol{\alpha}_2,\quad \boldsymbol{\alpha}_4=2\boldsymbol{\alpha}_1-\boldsymbol{\alpha}_2$$

评注： 由于行向量组成的矩阵化成的行阶梯形矩阵有两个非零行向量，因此向量组的秩为 2，非零向量是 $\boldsymbol{\alpha}_1$，$\frac{1}{2}(\boldsymbol{\alpha}_2-\boldsymbol{\alpha}_1)$，从而 $\boldsymbol{\alpha}_1$，$\boldsymbol{\alpha}_2$ 是极大线性无关组，第三行、第四行是零向量，从而 $\boldsymbol{\alpha}_3=-\frac{1}{2}\boldsymbol{\alpha}_1-\frac{5}{2}\boldsymbol{\alpha}_2$，$\boldsymbol{\alpha}_4=2\boldsymbol{\alpha}_1-\boldsymbol{\alpha}_2$。

例 10　已知 $\boldsymbol{\alpha}_1=(1, 1, 1, 3)^{\mathrm{T}}$，$\boldsymbol{\alpha}_2=(-1, -3, 5, 1)^{\mathrm{T}}$，$\boldsymbol{\alpha}_3=(3, 2, -1, p+2)^{\mathrm{T}}$，$\boldsymbol{\alpha}_4=(-2, -6, 10, p)^{\mathrm{T}}$。

（ⅰ）p 为何值时，该向量组线性无关，此时，将向量 $\boldsymbol{\alpha}=(4, 1, 6, 10)^{\mathrm{T}}$ 用它们线性表示；

（ⅱ）p 为何值时，该向量组线性相关，此时，求该向量组的秩和一个极大无关组。

解　对矩阵$(\boldsymbol{\alpha}_1, \boldsymbol{\alpha}_2, \boldsymbol{\alpha}_3, \boldsymbol{\alpha}_4, \boldsymbol{\alpha})$作初等行变换，得

$$(\boldsymbol{\alpha}_1, \boldsymbol{\alpha}_2, \boldsymbol{\alpha}_3, \boldsymbol{\alpha}_4, \boldsymbol{\alpha})=\begin{pmatrix}1 & -1 & 3 & -2 & 4\\ 1 & -3 & 2 & -6 & 1\\ 1 & 5 & -1 & 10 & 6\\ 3 & 1 & p+2 & p & 10\end{pmatrix}\xrightarrow[r_4-3r_1]{\substack{r_2-r_1\\ r_3-r_1}}\begin{pmatrix}1 & -1 & 3 & -2 & 4\\ 0 & -2 & -1 & -4 & -3\\ 0 & 6 & -4 & 12 & 2\\ 0 & 4 & p-7 & p+6 & -2\end{pmatrix}$$

$$\xrightarrow[r_4+2r_r]{r_3+3r_2}\begin{pmatrix}1 & -1 & 3 & -2 & 4\\ 0 & -2 & -1 & -4 & -3\\ 0 & 0 & -7 & 0 & -7\\ 0 & 0 & p-9 & p-2 & -8\end{pmatrix}$$

$$\xrightarrow[r_4-(p-9)r_3]{-\frac{1}{7}r_3}\begin{pmatrix}1 & -1 & 3 & -2 & 4\\ 0 & -2 & -1 & -4 & -3\\ 0 & 0 & 1 & 0 & 1\\ 0 & 0 & 0 & p-2 & 1-p\end{pmatrix}$$

（ⅰ）当 $p\neq 2$ 时，所给的向量组线性无关。$\boldsymbol{\alpha}=2\boldsymbol{\alpha}_1+\frac{3p-4}{p-2}\boldsymbol{\alpha}_2+\boldsymbol{\alpha}_3+\frac{1-p}{p-2}\boldsymbol{\alpha}_4$。

（ⅱ）当 $p=2$ 时，所给的向量组线性相关，此时，上述矩阵的前 4 列的秩即所给向量的秩为 3，$\boldsymbol{\alpha}_1$，$\boldsymbol{\alpha}_2$，$\boldsymbol{\alpha}_3$ 为其一个极大无关组。

例 11　设 $a_1, a_2, \cdots, a_s$ 是互不相同的数，n 维向量 $\boldsymbol{\alpha}_i=(1, a_i, a_i^2, \cdots, a_i^{n-1})^{\mathrm{T}}$ $(i=1, 2, \cdots, s)$，求 $\boldsymbol{\alpha}_1, \boldsymbol{\alpha}_2, \cdots, \boldsymbol{\alpha}_s$ 的秩。

解　当 $s>n$ 时，$\boldsymbol{\alpha}_1, \boldsymbol{\alpha}_2, \cdots, \boldsymbol{\alpha}_s$ 必线性相关，由于 $|\boldsymbol{\alpha}_1, \boldsymbol{\alpha}_2, \cdots, \boldsymbol{\alpha}_n|$ 是不为零的范德蒙行列式，因此 $\boldsymbol{\alpha}_1, \boldsymbol{\alpha}_2, \cdots, \boldsymbol{\alpha}_n$ 线性无关，故 $r(\boldsymbol{\alpha}_1, \boldsymbol{\alpha}_2, \cdots, \boldsymbol{\alpha}_s)=n$。

当 $s=n$ 时，$\boldsymbol{\alpha}_1, \boldsymbol{\alpha}_2, \cdots, \boldsymbol{\alpha}_s$ 线性无关，故 $r(\boldsymbol{\alpha}_1, \boldsymbol{\alpha}_2, \cdots, \boldsymbol{\alpha}_s)=r(\boldsymbol{\alpha}_1, \boldsymbol{\alpha}_2, \cdots, \boldsymbol{\alpha}_n)=n$。

当 $s<n$ 时，记

$$\boldsymbol{\alpha}_1'=(1, a_1, a_1^2, \cdots, a_1^{s-1})^{\mathrm{T}}, \boldsymbol{\alpha}_2'=(1, a_2, a_2^2, \cdots, a_2^{s-1})^{\mathrm{T}}, \cdots, \boldsymbol{\alpha}_s'=(1, a_s, a_s^2, \cdots, a_s^{s-1})^{\mathrm{T}}$$

则 $\boldsymbol{\alpha}_1', \boldsymbol{\alpha}_2', \cdots, \boldsymbol{\alpha}_s'$ 线性无关，从而其延伸组 $\boldsymbol{\alpha}_1, \boldsymbol{\alpha}_2, \cdots, \boldsymbol{\alpha}_s$ 线性无关，故

$$r(\boldsymbol{\alpha}_1, \boldsymbol{\alpha}_2, \cdots, \boldsymbol{\alpha}_s)=s$$

例 12 设 $r(\boldsymbol{\alpha}_1, \boldsymbol{\alpha}_2, \cdots, \boldsymbol{\alpha}_s)=r(\boldsymbol{\alpha}_1, \boldsymbol{\alpha}_2, \cdots, \boldsymbol{\alpha}_s, \boldsymbol{\alpha}_{s+1})$，证明 $\boldsymbol{\alpha}_{s+1}$ 可由 $\boldsymbol{\alpha}_1, \boldsymbol{\alpha}_2, \cdots, \boldsymbol{\alpha}_s$ 线性表示。

证 方法一 设 $r(\boldsymbol{\alpha}_1, \boldsymbol{\alpha}_2, \cdots, \boldsymbol{\alpha}_s)=r(\boldsymbol{\alpha}_1, \boldsymbol{\alpha}_2, \cdots, \boldsymbol{\alpha}_s, \boldsymbol{\alpha}_{s+1})=r$，$\boldsymbol{\alpha}_{i1}, \boldsymbol{\alpha}_{i2}, \cdots, \boldsymbol{\alpha}_{ir}$ 是 $\boldsymbol{\alpha}_1, \boldsymbol{\alpha}_2, \cdots, \boldsymbol{\alpha}_s$ 的极大无关组，则 $\boldsymbol{\alpha}_{i1}, \boldsymbol{\alpha}_{i2}, \cdots, \boldsymbol{\alpha}_{ir}$ 也是 $\boldsymbol{\alpha}_1, \boldsymbol{\alpha}_2, \cdots, \boldsymbol{\alpha}_s, \boldsymbol{\alpha}_{s+1}$ 的极大无关组，从而 $\boldsymbol{\alpha}_{s+1}$ 可由 $\boldsymbol{\alpha}_{i1}, \boldsymbol{\alpha}_{i2}, \cdots, \boldsymbol{\alpha}_{ir}$ 线性表示，故 $\boldsymbol{\alpha}_{s+1}$ 可由 $\boldsymbol{\alpha}_1, \boldsymbol{\alpha}_2, \cdots, \boldsymbol{\alpha}_s$ 线性表示。

方法二 设 $x_1\boldsymbol{\alpha}_1+x_2\boldsymbol{\alpha}_2+\cdots+x_s\boldsymbol{\alpha}_s=\boldsymbol{\alpha}_{s+1}$，由于

$$r(\boldsymbol{\alpha}_1, \boldsymbol{\alpha}_2, \cdots, \boldsymbol{\alpha}_s)=r(\boldsymbol{\alpha}_1, \boldsymbol{\alpha}_2, \cdots, \boldsymbol{\alpha}_s, \boldsymbol{\alpha}_{s+1})$$

因此线性方程组 $x_1\boldsymbol{\alpha}_1+x_2\boldsymbol{\alpha}_2+\cdots+x_s\boldsymbol{\alpha}_s=\boldsymbol{\alpha}_{s+1}$ 有解，故 $\boldsymbol{\alpha}_{s+1}$ 可由 $\boldsymbol{\alpha}_1, \boldsymbol{\alpha}_2, \cdots, \boldsymbol{\alpha}_s$ 线性表示。

例 13 设 $\boldsymbol{A}$ 为 n 阶非零矩阵，若 $\boldsymbol{A}^*=\boldsymbol{A}^{\mathrm{T}}$，证明任一 n 维列向量均可由矩阵 $\boldsymbol{A}$ 的列向量线性表示。

证 由于 $\boldsymbol{A}^*=\boldsymbol{A}^{\mathrm{T}}$，因此 $A_{ij}=a_{ij}(i, j=1, 2, \cdots, n)$，又 $\boldsymbol{A}\neq\boldsymbol{O}$，不妨设 $a_{11}\neq 0$，故

$$|\boldsymbol{A}|=a_{11}A_{11}+a_{12}A_{12}+\cdots+a_{1n}A_{1n}=a_{11}^2+a_{12}^2+\cdots+a_{1n}^2\neq 0$$

从而 $\boldsymbol{A}=(\boldsymbol{\alpha}_1, \boldsymbol{\alpha}_2, \cdots, \boldsymbol{\alpha}_n)$ 的 n 个列向量 $\boldsymbol{\alpha}_1, \boldsymbol{\alpha}_2, \cdots, \boldsymbol{\alpha}_n$ 线性无关，所以对于任一 n 维列向量 $\boldsymbol{\beta}$，向量组 $\boldsymbol{\alpha}_1, \boldsymbol{\alpha}_2, \cdots, \boldsymbol{\alpha}_n, \boldsymbol{\beta}$ 线性相关，故 $\boldsymbol{\beta}$ 必可由 $\boldsymbol{\alpha}_1, \boldsymbol{\alpha}_2, \cdots, \boldsymbol{\alpha}_n$ 线性表示。

例 14 设 $\boldsymbol{A}$ 为 $n\times m$ 矩阵，$\boldsymbol{B}$ 为 $m\times n$ 矩阵，其中 $n<m$，$\boldsymbol{E}$ 为 n 阶单位矩阵，证明如果 $\boldsymbol{AB}=\boldsymbol{E}$，则 $\boldsymbol{B}$ 的 n 个列向量线性无关。

证 方法一 由于 $n=r(\boldsymbol{E})=r(\boldsymbol{AB})\leqslant\min\{r(\boldsymbol{A}), r(\boldsymbol{B})\}\leqslant r(\boldsymbol{B})\leqslant\min\{m, n\}\leqslant n$，因此 $r(\boldsymbol{B})=n$，从而 $\boldsymbol{B}$ 的 n 个列向量线性无关。

方法二 记 $\boldsymbol{B}=(\boldsymbol{\beta}_1, \boldsymbol{\beta}_2, \cdots, \boldsymbol{\beta}_n)$，设 $x_1\boldsymbol{\beta}_1+x_2\boldsymbol{\beta}_2+\cdots+x_n\boldsymbol{\beta}_n=\boldsymbol{0}$，则

$$(\boldsymbol{\beta}_1, \boldsymbol{\beta}_2, \cdots, \boldsymbol{\beta}_n)\begin{pmatrix} x_1 \\ x_2 \\ \vdots \\ x_n \end{pmatrix}=\boldsymbol{0}$$

即 $\boldsymbol{Bx}=\boldsymbol{0}$，两边左乘 $\boldsymbol{A}$ 及 $\boldsymbol{AB}=\boldsymbol{E}$，得 $\boldsymbol{x}=\boldsymbol{0}$，故 $\boldsymbol{B}$ 的 n 个列向量线性无关。

方法三 对 $\boldsymbol{B}$ 与 $\boldsymbol{E}$ 按行分块，由 $\boldsymbol{AB}=\boldsymbol{E}$，得

$$\begin{pmatrix} a_{11} & a_{12} & \cdots & a_{1m} \\ a_{21} & a_{22} & \cdots & a_{2m} \\ \vdots & \vdots & & \vdots \\ a_{n1} & a_{n2} & \cdots & a_{nm} \end{pmatrix}\begin{pmatrix} \boldsymbol{\beta}_1 \\ \boldsymbol{\beta}_2 \\ \vdots \\ \boldsymbol{\beta}_m \end{pmatrix}=\begin{pmatrix} \boldsymbol{e}_1 \\ \boldsymbol{e}_2 \\ \vdots \\ \boldsymbol{e}_n \end{pmatrix}$$

其中 $\boldsymbol{\beta}_i=(b_{i1}, b_{i2}, \cdots, b_{in})$ 是 $\boldsymbol{B}$ 的第 $i(i=1, 2, \cdots, m)$ 行，$\boldsymbol{e}_i=(0, \cdots, 0, 1, 0\cdots, 0)$ $(i=1, 2, \cdots, n)$ 表示第 i 个分量为 1、其余分量为 0 的 n 维行向量，从而向量组 $\boldsymbol{e}_1, \boldsymbol{e}_2, \cdots, \boldsymbol{e}_n$ 可由 $\boldsymbol{\beta}_1, \boldsymbol{\beta}_2, \cdots, \boldsymbol{\beta}_m$ 线性表示。显然，向量组 $\boldsymbol{\beta}_1, \boldsymbol{\beta}_2, \cdots, \boldsymbol{\beta}_m$ 可由 n 维基本单位向量组 $\boldsymbol{e}_1, \boldsymbol{e}_2, \cdots, \boldsymbol{e}_n$ 线性表示，从而等价，故 $r(\boldsymbol{\beta}_1, \boldsymbol{\beta}_2, \cdots, \boldsymbol{\beta}_m)=r(\boldsymbol{e}_1, \boldsymbol{e}_2, \cdots, \boldsymbol{e}_n)=n$。又矩阵的行秩等于矩阵的列秩等于矩阵的秩，故 $r(\boldsymbol{B})=n$，从而 $\boldsymbol{B}$ 的 n 个列向量线性无关。

例 15 设 $\boldsymbol{A}$ 为 $m\times n$ 矩阵，$\boldsymbol{B}$ 为 $n\times s$ 矩阵，$\boldsymbol{AB}=\boldsymbol{C}$，$r(\boldsymbol{C})=m$，证明 $\boldsymbol{A}$ 的行向量线性无关。

证 方法一 由于 $\boldsymbol{AB}=\boldsymbol{C}$，因此 $r(\boldsymbol{AB})\leqslant r(\boldsymbol{A})$，即 $r(\boldsymbol{A})\geqslant r(\boldsymbol{C})=m$，又 $\boldsymbol{A}$ 是 $m\times n$ 矩阵，故 $r(\boldsymbol{A})\leqslant m$，从而 $r(\boldsymbol{A})=m$，所以 $\boldsymbol{A}$ 的行向量线性无关。

方法二 设 $\boldsymbol{A}=\begin{pmatrix}\boldsymbol{\alpha}_1\\ \boldsymbol{\alpha}_2\\ \vdots\\ \boldsymbol{\alpha}_m\end{pmatrix}$，则 $\boldsymbol{A}^{\mathrm{T}}=(\boldsymbol{\alpha}_1^{\mathrm{T}},\boldsymbol{\alpha}_2^{\mathrm{T}},\cdots,\boldsymbol{\alpha}_m^{\mathrm{T}})$。若 $k_1\boldsymbol{\alpha}_1^{\mathrm{T}}+k_2\boldsymbol{\alpha}_2^{\mathrm{T}}+\cdots+k_m\boldsymbol{\alpha}_m^{\mathrm{T}}=\boldsymbol{0}$，则

$$(\boldsymbol{\alpha}_1^{\mathrm{T}},\boldsymbol{\alpha}_2^{\mathrm{T}},\cdots,\boldsymbol{\alpha}_m^{\mathrm{T}})\begin{pmatrix}k_1\\ k_2\\ \vdots\\ k_m\end{pmatrix}=\boldsymbol{0}，即 \boldsymbol{A}^{\mathrm{T}}\begin{pmatrix}k_1\\ k_2\\ \vdots\\ k_m\end{pmatrix}=\boldsymbol{0}，从而 \boldsymbol{B}^{\mathrm{T}}\boldsymbol{A}^{\mathrm{T}}\begin{pmatrix}k_1\\ k_2\\ \vdots\\ k_m\end{pmatrix}=\boldsymbol{0}，即 \boldsymbol{C}^{\mathrm{T}}\begin{pmatrix}k_1\\ k_2\\ \vdots\\ k_m\end{pmatrix}=\boldsymbol{0}。$$

由于 $\boldsymbol{C}$ 是 $m\times s$ 矩阵，因此 $\boldsymbol{C}^{\mathrm{T}}$ 是 $s\times m$ 矩阵，又 $r(\boldsymbol{C}^{\mathrm{T}})=r(\boldsymbol{C})=m$，故齐次线性方程组 $\boldsymbol{C}^{\mathrm{T}}\boldsymbol{x}=\boldsymbol{0}$ 只有零解，从而 $k_1=k_2=\cdots=k_m=0$，所以 $\boldsymbol{\alpha}_1,\boldsymbol{\alpha}_2,\cdots,\boldsymbol{\alpha}_m$ 线性无关，即 $\boldsymbol{A}$ 的行向量线性无关。

例 16 设 $\boldsymbol{A}$ 是 $m\times n$ 矩阵，$\boldsymbol{B}$ 是 $n\times s$ 矩阵，证明：

（ⅰ）$r(\boldsymbol{AB})\leqslant r(\boldsymbol{B})$；

（ⅱ）$r(\boldsymbol{AB})\leqslant r(\boldsymbol{A})$。

证 （ⅰ）方法一 设 $\boldsymbol{AB}=\boldsymbol{C}$，对 $\boldsymbol{B}$ 与 $\boldsymbol{C}$ 按行分块，得

$$\begin{pmatrix}a_{11}&a_{12}&\cdots&a_{1n}\\ a_{21}&a_{22}&\cdots&a_{2n}\\ \vdots&\vdots&&\vdots\\ a_{m1}&a_{m2}&\cdots&a_{mn}\end{pmatrix}\begin{pmatrix}\boldsymbol{\beta}_1\\ \boldsymbol{\beta}_2\\ \vdots\\ \boldsymbol{\beta}_n\end{pmatrix}=\begin{pmatrix}\boldsymbol{\gamma}_1\\ \boldsymbol{\gamma}_2\\ \vdots\\ \boldsymbol{\gamma}_m\end{pmatrix}$$

从而向量组 $\boldsymbol{\gamma}_1,\boldsymbol{\gamma}_2,\cdots,\boldsymbol{\gamma}_m$ 可由 $\boldsymbol{\beta}_1,\boldsymbol{\beta}_2,\cdots,\boldsymbol{\beta}_n$ 线性表示，故

$$r(\boldsymbol{AB})=r(\boldsymbol{C})=r(\boldsymbol{\gamma}_1,\boldsymbol{\gamma}_2,\cdots,\boldsymbol{\gamma}_m)\leqslant r(\boldsymbol{\beta}_1,\boldsymbol{\beta}_2,\cdots,\boldsymbol{\beta}_n)=r(\boldsymbol{B})$$

方法二 由于方程组（Ⅰ）$\boldsymbol{Bx}=\boldsymbol{0}$ 的解必是方程组（Ⅱ）$\boldsymbol{ABx}=\boldsymbol{0}$的解，因此方程组（Ⅰ）的基础解系所含解向量的个数不超过方程组（Ⅱ）的基础解系所含解向量的个数，从而 $s-r(\boldsymbol{B})\leqslant s-r(\boldsymbol{AB})$，即 $r(\boldsymbol{AB})\leqslant r(\boldsymbol{B})$。

方法三 设 $r(\boldsymbol{B})=r$，则存在可逆矩阵 $\boldsymbol{P}$，$\boldsymbol{Q}$，使得

$$\boldsymbol{PBQ}=\begin{pmatrix}\boldsymbol{E}_r&\boldsymbol{O}\\ \boldsymbol{O}&\boldsymbol{O}\end{pmatrix},\quad \boldsymbol{BQ}=\boldsymbol{P}^{-1}\begin{pmatrix}\boldsymbol{E}_r&\boldsymbol{O}\\ \boldsymbol{O}&\boldsymbol{O}\end{pmatrix},\quad \boldsymbol{ABQ}=\boldsymbol{AP}^{-1}\begin{pmatrix}\boldsymbol{E}_r&\boldsymbol{O}\\ \boldsymbol{O}&\boldsymbol{O}\end{pmatrix}$$

将 $m\times n$ 矩阵 $\boldsymbol{AP}^{-1}$ 分块为$(\boldsymbol{C}_1,\boldsymbol{C}_2)$，其中 $\boldsymbol{C}_1$ 为 $m\times r$ 矩阵，$\boldsymbol{C}_2$ 为 $m\times(n-r)$矩阵，则

$$\boldsymbol{ABQ}=(\boldsymbol{C}_1,\boldsymbol{C}_2)\begin{pmatrix}\boldsymbol{E}_r&\boldsymbol{O}\\ \boldsymbol{O}&\boldsymbol{O}\end{pmatrix}=(\boldsymbol{C}_1,\boldsymbol{O})$$

从而 $r(\boldsymbol{AB})=r(\boldsymbol{ABQ})=r(\boldsymbol{C}_1,\boldsymbol{O})=r(\boldsymbol{C}_1)$，又 $\boldsymbol{C}_1$ 是 $m\times r$ 矩阵，故 $r(\boldsymbol{C}_1)\leqslant r=r(\boldsymbol{B})$，从而 $r(\boldsymbol{AB})\leqslant r(\boldsymbol{B})$。

（ⅱ）由（ⅰ），得 $r(\boldsymbol{AB})=r((\boldsymbol{AB})^{\mathrm{T}})=r(\boldsymbol{B}^{\mathrm{T}}\boldsymbol{A}^{\mathrm{T}})\leqslant r(\boldsymbol{A}^{\mathrm{T}})=r(\boldsymbol{A})$。

例 17 设 $\boldsymbol{A}$ 是 n 阶反对称矩阵，$\boldsymbol{x}$ 是 n 维列向量，$\boldsymbol{Ax}=\boldsymbol{y}$，证明 $\boldsymbol{x}$ 与 $\boldsymbol{y}$ 正交。

证 由于 $\boldsymbol{A}^{\mathrm{T}}=-\boldsymbol{A}$，$\boldsymbol{Ax}=\boldsymbol{y}$，因此

$$(\boldsymbol{x},\ \boldsymbol{y})=\boldsymbol{x}^{\mathrm{T}}\boldsymbol{y}=\boldsymbol{x}^{\mathrm{T}}\boldsymbol{A}\boldsymbol{x}$$

又$(\boldsymbol{y},\ \boldsymbol{x})=\boldsymbol{y}^{\mathrm{T}}\boldsymbol{x}=(\boldsymbol{A}\boldsymbol{x})^{\mathrm{T}}\boldsymbol{x}=-\boldsymbol{x}^{\mathrm{T}}\boldsymbol{A}\boldsymbol{x}$，故$\boldsymbol{x}^{\mathrm{T}}\boldsymbol{A}\boldsymbol{x}=-\boldsymbol{x}^{\mathrm{T}}\boldsymbol{A}\boldsymbol{x}$，从而$\boldsymbol{x}^{\mathrm{T}}\boldsymbol{A}\boldsymbol{x}=0$，所以$(\boldsymbol{x},\ \boldsymbol{y})=0$，即$\boldsymbol{x}$与$\boldsymbol{y}$正交。

例 18 若向量组（Ⅰ）可由向量组（Ⅱ）线性表示，且r(Ⅰ)$=r$(Ⅱ)，证明向量组（Ⅰ）与向量组（Ⅱ）等价。

证 方法一 设向量组（Ⅰ）、（Ⅱ）的极大无关组分别为$\boldsymbol{\alpha}_1,\ \boldsymbol{\alpha}_2,\ \cdots,\ \boldsymbol{\alpha}_r$与$\boldsymbol{\beta}_1,\ \boldsymbol{\beta}_2,\ \cdots,\ \boldsymbol{\beta}_r$，构造新的向量组（Ⅲ）$\boldsymbol{\alpha}_1,\ \boldsymbol{\alpha}_2,\ \cdots,\ \boldsymbol{\alpha}_r,\ \boldsymbol{\beta}_1,\ \boldsymbol{\beta}_2,\ \cdots,\ \boldsymbol{\beta}_r$，由于向量组（Ⅰ）可由向量组（Ⅱ）线性表示，因此$\boldsymbol{\alpha}_1,\ \boldsymbol{\alpha}_2,\ \cdots,\ \boldsymbol{\alpha}_r$可由$\boldsymbol{\beta}_1,\ \boldsymbol{\beta}_2,\ \cdots,\ \boldsymbol{\beta}_r$线性表示，且$\boldsymbol{\beta}_1,\ \boldsymbol{\beta}_2,\ \cdots,\ \boldsymbol{\beta}_r$线性无关，从而$\boldsymbol{\beta}_1,\ \boldsymbol{\beta}_2,\ \cdots,\ \boldsymbol{\beta}_r$是向量组（Ⅲ）的一个极大无关组，故$r$(Ⅲ)$=r$。又$\boldsymbol{\alpha}_1,\ \boldsymbol{\alpha}_2,\ \cdots,\ \boldsymbol{\alpha}_r$是向量组（Ⅲ）中的$r$个线性无关向量组，故$\boldsymbol{\alpha}_1,\ \boldsymbol{\alpha}_2,\ \cdots,\ \boldsymbol{\alpha}_r$也是向量组（Ⅲ）的一个极大无关组，从而$\boldsymbol{\alpha}_1,\ \boldsymbol{\alpha}_2,\ \cdots,\ \boldsymbol{\alpha}_r$与$\boldsymbol{\beta}_1,\ \boldsymbol{\beta}_2,\ \cdots,\ \boldsymbol{\beta}_r$等价。所以，向量组（Ⅰ）与向量组（Ⅱ）等价。

方法二 设向量组（Ⅰ）、（Ⅱ）的极大无关组分别为$\boldsymbol{\alpha}_1,\ \boldsymbol{\alpha}_2,\ \cdots,\ \boldsymbol{\alpha}_r$与$\boldsymbol{\beta}_1,\ \boldsymbol{\beta}_2,\ \cdots,\ \boldsymbol{\beta}_r$，$\boldsymbol{A}=(\boldsymbol{\alpha}_1,\ \boldsymbol{\alpha}_2,\ \cdots,\ \boldsymbol{\alpha}_r)$，$\boldsymbol{B}=(\boldsymbol{\beta}_1,\ \boldsymbol{\beta}_2,\ \cdots,\ \boldsymbol{\beta}_r)$，由于$\boldsymbol{\alpha}_1,\ \boldsymbol{\alpha}_2,\ \cdots,\ \boldsymbol{\alpha}_r$可由$\boldsymbol{\beta}_1,\ \boldsymbol{\beta}_2,\ \cdots,\ \boldsymbol{\beta}_r$线性表示，因此存在$r$阶矩阵$\boldsymbol{P}$，使得$\boldsymbol{A}=\boldsymbol{B}\boldsymbol{P}$。因为$r\geqslant r(\boldsymbol{P})\geqslant r(\boldsymbol{B}\boldsymbol{P})=r(\boldsymbol{A})=r$，所以$r(\boldsymbol{P})=r$，从而$\boldsymbol{P}$可逆。由$\boldsymbol{A}=\boldsymbol{B}\boldsymbol{P}$，得$\boldsymbol{B}=\boldsymbol{A}\boldsymbol{P}^{-1}$，从而$\boldsymbol{\beta}_1,\ \boldsymbol{\beta}_2,\ \cdots,\ \boldsymbol{\beta}_r$可由$\boldsymbol{\alpha}_1,\ \boldsymbol{\alpha}_2,\ \cdots,\ \boldsymbol{\alpha}_r$线性表示，故$\boldsymbol{\alpha}_1,\ \boldsymbol{\alpha}_2,\ \cdots,\ \boldsymbol{\alpha}_r$与$\boldsymbol{\beta}_1,\ \boldsymbol{\beta}_2,\ \cdots,\ \boldsymbol{\beta}_r$等价，从而向量组（Ⅰ）与向量组（Ⅱ）等价。

例 19 设$\boldsymbol{A}$是$m\times n$矩阵，$\boldsymbol{B}$是$n\times s$矩阵，$r(\boldsymbol{B})=n$，$\boldsymbol{A}\boldsymbol{B}=\boldsymbol{O}$，证明$\boldsymbol{A}=\boldsymbol{O}$。

证 方法一 由$\boldsymbol{A}\boldsymbol{B}=\boldsymbol{O}$，得$r(\boldsymbol{A})+r(\boldsymbol{B})\leqslant n$。由于$r(\boldsymbol{B})=n$，因此$r(\boldsymbol{A})\leqslant 0$，又$r(\boldsymbol{A})\geqslant 0$，故$r(\boldsymbol{A})=0$，从而$\boldsymbol{A}=\boldsymbol{O}$。

方法二 由$r(\boldsymbol{B})=n$，知$\boldsymbol{B}$的列向量中有n个是线性无关的，设为$\boldsymbol{\beta}_1,\ \boldsymbol{\beta}_2,\ \cdots,\ \boldsymbol{\beta}_n$。令$\boldsymbol{B}_1=(\boldsymbol{\beta}_1,\ \boldsymbol{\beta}_2,\ \cdots,\ \boldsymbol{\beta}_n)$，则$\boldsymbol{B}_1$是$n$阶矩阵，且$r(\boldsymbol{B}_1)=n$，从而$\boldsymbol{B}_1$可逆。由$\boldsymbol{A}\boldsymbol{B}=\boldsymbol{O}$，知$\boldsymbol{A}\boldsymbol{B}_1=\boldsymbol{O}$，右乘$\boldsymbol{B}_1^{-1}$，得$\boldsymbol{A}=(\boldsymbol{A}\boldsymbol{B}_1)\boldsymbol{B}_1^{-1}=\boldsymbol{O}\boldsymbol{B}_1^{-1}=\boldsymbol{O}$。

方法三 由$\boldsymbol{A}\boldsymbol{B}=\boldsymbol{O}$，知$\boldsymbol{B}=(\boldsymbol{\beta}_1,\ \boldsymbol{\beta}_2,\ \cdots,\ \boldsymbol{\beta}_s)$的列向量都是齐次线性方程组$\boldsymbol{A}\boldsymbol{x}=\boldsymbol{0}$的解，由于$r(\boldsymbol{B})=n$，因此$\boldsymbol{A}\boldsymbol{x}=\boldsymbol{0}$至少有$n$个线性无关的解，但$\boldsymbol{A}\boldsymbol{x}=\boldsymbol{0}$最多有$n-r(\boldsymbol{A})$个线性无关的解，从而$n-r(\boldsymbol{A})\geqslant n$，即$r(\boldsymbol{A})\leqslant 0$，又$r(\boldsymbol{A})\geqslant 0$，故$r(\boldsymbol{A})=0$，从而$\boldsymbol{A}=\boldsymbol{O}$。

方法四 对矩阵$\boldsymbol{B}$按行分块，得

$$\boldsymbol{A}\boldsymbol{B}=\begin{pmatrix} a_{11} & a_{12} & \cdots & a_{1n} \\ a_{21} & a_{22} & \cdots & a_{2n} \\ \vdots & \vdots & & \vdots \\ a_{m1} & a_{m2} & \cdots & a_{mn} \end{pmatrix}\begin{pmatrix} \boldsymbol{\beta}_1 \\ \boldsymbol{\beta}_2 \\ \vdots \\ \boldsymbol{\beta}_n \end{pmatrix}=\begin{pmatrix} a_{11}\boldsymbol{\beta}_1+a_{12}\boldsymbol{\beta}_2+\cdots+a_{1n}\boldsymbol{\beta}_n \\ a_{21}\boldsymbol{\beta}_1+a_{22}\boldsymbol{\beta}_2+\cdots+a_{2n}\boldsymbol{\beta}_n \\ \vdots \\ a_{m1}\boldsymbol{\beta}_1+a_{m2}\boldsymbol{\beta}_2+\cdots+a_{mn}\boldsymbol{\beta}_n \end{pmatrix}=\boldsymbol{O}$$

从而$a_{i1}\boldsymbol{\beta}_1+a_{i2}\boldsymbol{\beta}_2+\cdots+a_{in}\boldsymbol{\beta}_n=\boldsymbol{0}$ $(i=1,\ 2,\ \cdots,\ m)$。由于$r(\boldsymbol{B})=n$，因此$\boldsymbol{\beta}_1,\ \boldsymbol{\beta}_2,\ \cdots,\ \boldsymbol{\beta}_n$线性无关，从而$a_{i1}=a_{i2}=\cdots=a_{in}=0$ $(i=1,\ 2,\ \cdots,\ m)$，即$a_{ij}=0$ $(i=1,\ 2,\ \cdots,\ m;\ j=1,\ 2,\ \cdots,\ n)$，故$\boldsymbol{A}=\boldsymbol{O}$。

例 20 已知3阶矩阵$\boldsymbol{A}$与3维列向量$\boldsymbol{\alpha}$，使得向量组$\boldsymbol{\alpha},\ \boldsymbol{A}\boldsymbol{\alpha},\ \boldsymbol{A}^2\boldsymbol{\alpha}$线性无关，且满足$\boldsymbol{A}^3\boldsymbol{\alpha}=3\boldsymbol{A}\boldsymbol{\alpha}-2\boldsymbol{A}^2\boldsymbol{\alpha}$。

（ⅰ）记$\boldsymbol{P}=(\boldsymbol{\alpha},\ \boldsymbol{A}\boldsymbol{\alpha},\ \boldsymbol{A}^2\boldsymbol{\alpha})$，求3阶矩阵$\boldsymbol{B}$，使得$\boldsymbol{A}=\boldsymbol{P}\boldsymbol{B}\boldsymbol{P}^{-1}$；

（ⅱ）计算行列式$|\boldsymbol{A}+\boldsymbol{E}|$。

解 (ⅰ) $AP=A(\alpha,A\alpha,A^2\alpha)=(A\alpha,A^2\alpha,A^3\alpha)=(A\alpha,A^2\alpha,3A\alpha-2A^2\alpha)$

$$=(\alpha,A\alpha,A^2\alpha)\begin{pmatrix}0&0&0\\1&0&3\\0&1&-2\end{pmatrix}$$

取 $B=\begin{pmatrix}0&0&0\\1&0&3\\0&1&-2\end{pmatrix}$，由于 α，$A\alpha$，$A^2\alpha$ 线性无关，因此 P 为可逆矩阵，使得 $A=PBP^{-1}$。

(ⅱ) 由于 $A=PBP^{-1}$，因此 $A+E=P(B+E)P^{-1}$，从而

$$|A+E|=|P||B+E||P^{-1}|=|B+E|=\begin{vmatrix}1&0&0\\1&1&3\\0&1&-1\end{vmatrix}=-4$$

三、经典习题与解答

经典习题

1. 选择题

(1) 设向量组 α_1，α_2，α_3 线性无关，则下列向量组线性相关的是(　　)。

(A) $\alpha_1-\alpha_2$，$\alpha_2-\alpha_3$，$\alpha_3-\alpha_1$　　(B) $\alpha_1+\alpha_2$，$\alpha_2+\alpha_3$，$\alpha_3+\alpha_1$

(C) $\alpha_1-2\alpha_2$，$\alpha_2-2\alpha_3$，$\alpha_3-2\alpha_1$　　(D) $\alpha_1+2\alpha_2$，$\alpha_2+2\alpha_3$，$\alpha_3+2\alpha_1$

(2) 设 $\alpha_1=(0,0,c_1)^T$，$\alpha_2=(0,1,c_2)^T$，$\alpha_3=(1,-1,c_3)^T$，$\alpha_4=(-1,1,c_4)^T$，其中 c_1，c_2，c_3，c_4 为任意常数，则下列向量组线性相关的是(　　)。

(A) α_1，α_2，α_3　　(B) α_1，α_2，α_4

(C) α_1，α_3，α_4　　(D) α_2，α_3，α_4

(3) 设 β 可由向量组 α_1，α_2，…，α_m 线性表示，但不能由 α_1，α_2，…，α_{m-1} 线性表示，则(　　)。

(A) 向量组 α_1，α_2，…，α_{m-1}，β 可由向量组 α_1，α_2，…，α_{m-1} 线性表示

(B) 向量组 α_1，α_2，…，α_{m-1}，β 与向量组 α_1，α_2，…，α_{m-1} 等价

(C) 向量组 α_1，α_2，…，α_{m-1}，α_m 可由向量组 α_1，α_2，…，α_{m-1}，β 线性表示

(D) 向量组 α_1，α_2，…，α_{m-1}，α_m 与向量组 α_1，α_2，…，α_{m-1} 等价

(4) 设 A，B，C 均为 n 阶矩阵，若 $AB=C$，且 B 可逆，则(　　)。

(A) 矩阵 C 的行向量组与矩阵 A 的行向量组等价

(B) 矩阵 C 的列向量组与矩阵 A 的列向量组等价

(C) 矩阵 C 的行向量组与矩阵 B 的行向量组等价

(D) 矩阵 C 的列向量组与矩阵 B 的列向量组等价

(5) 设 A，B 为满足 $AB=O$ 的任意两个非零矩阵，则(　　)。

(A) A 的列向量组线性相关，B 的行向量组线性相关

(B) $\boldsymbol{A}$ 的列向量组线性相关，$\boldsymbol{B}$ 的列向量组线性相关

(C) $\boldsymbol{A}$ 的行向量组线性相关，$\boldsymbol{B}$ 的行向量组线性相关

(D) $\boldsymbol{A}$ 的行向量组线性相关，$\boldsymbol{B}$ 的列向量组线性相关

(6) 设 $\boldsymbol{\alpha}_1$，$\boldsymbol{\alpha}_2$，$\boldsymbol{\alpha}_3$ 线性无关，向量 $\boldsymbol{\beta}_1$ 可由 $\boldsymbol{\alpha}_1$，$\boldsymbol{\alpha}_2$，$\boldsymbol{\alpha}_3$ 线性表示，而 $\boldsymbol{\beta}_2$ 不能由 $\boldsymbol{\alpha}_1$，$\boldsymbol{\alpha}_2$，$\boldsymbol{\alpha}_3$ 线性表示，则对于任意常数 k，必有(　　)。

(A) $\boldsymbol{\alpha}_1$，$\boldsymbol{\alpha}_2$，$\boldsymbol{\alpha}_3$，$k\boldsymbol{\beta}_1+\boldsymbol{\beta}_2$ 线性无关　　(B) $\boldsymbol{\alpha}_1$，$\boldsymbol{\alpha}_2$，$\boldsymbol{\alpha}_3$，$k\boldsymbol{\beta}_1+\boldsymbol{\beta}_2$ 线性相关

(C) $\boldsymbol{\alpha}_1$，$\boldsymbol{\alpha}_2$，$\boldsymbol{\alpha}_3$，$\boldsymbol{\beta}_1+k\boldsymbol{\beta}_2$ 线性无关　　(D) $\boldsymbol{\alpha}_1$，$\boldsymbol{\alpha}_2$，$\boldsymbol{\alpha}_3$，$\boldsymbol{\beta}_1+k\boldsymbol{\beta}_2$ 线性相关

(7) 设 n 维列向量组(Ⅰ)$\boldsymbol{\alpha}_1$，$\boldsymbol{\alpha}_2$，…，$\boldsymbol{\alpha}_m(m<n)$线性无关，则 n 维列向量组(Ⅱ)$\boldsymbol{\beta}_1$，$\boldsymbol{\beta}_2$，…，$\boldsymbol{\beta}_m$ 线性无关的充分必要条件是(　　)。

(A) 向量组(Ⅰ)可由向量组(Ⅱ)线性表示

(B) 向量组(Ⅱ)可由向量组(Ⅰ)线性表示

(C) 向量组(Ⅰ)与向量组(Ⅱ)等价

(D) 矩阵 $\boldsymbol{A}=(\boldsymbol{\alpha}_1,\boldsymbol{\alpha}_2,\cdots,\boldsymbol{\alpha}_m)$与矩阵 $\boldsymbol{B}=(\boldsymbol{\beta}_1,\boldsymbol{\beta}_2,\cdots,\boldsymbol{\beta}_m)$等价

(8) 设 $\boldsymbol{\alpha}_1$，$\boldsymbol{\alpha}_2$，$\boldsymbol{\alpha}_3$ 是 3 维列向量，则对于任意的常数 k，l，向量组 $\boldsymbol{\alpha}_1+k\boldsymbol{\alpha}_3$，$\boldsymbol{\alpha}_2+l\boldsymbol{\alpha}_3$ 线性无关是向量组 $\boldsymbol{\alpha}_1$，$\boldsymbol{\alpha}_2$，$\boldsymbol{\alpha}_3$ 线性无关的(　　)。

(A) 必要非充分条件　　(B) 充分非必要条件

(C) 充分必要条件　　(D) 既非充分又非必要条件

(9) 下列命题正确的是(　　)。

(A) 若 $\boldsymbol{\alpha}_1$，$\boldsymbol{\alpha}_2$，…，$\boldsymbol{\alpha}_n$ 两两正交，则 $\boldsymbol{\alpha}_1$，$\boldsymbol{\alpha}_2$，…，$\boldsymbol{\alpha}_n$ 一定线性无关

(B) 若 $\boldsymbol{\alpha}_1$，$\boldsymbol{\alpha}_2$，…，$\boldsymbol{\alpha}_n$ 线性无关，则 $\boldsymbol{\alpha}_1$，$\boldsymbol{\alpha}_2$，…，$\boldsymbol{\alpha}_n$ 一定两两正交

(C) 设 $\boldsymbol{\alpha}_1$，$\boldsymbol{\alpha}_2$，$\boldsymbol{\alpha}_3$，$\boldsymbol{\alpha}_4$ 是 3 维向量，且两两正交，则其中至少有一个零向量

(D) 若 $\boldsymbol{\alpha}_1$，$\boldsymbol{\alpha}_2$，…，$\boldsymbol{\alpha}_n$ 线性相关，则其中任何一个向量都可由其余向量线性表示

(10) 设 $\boldsymbol{A}$ 是 $m\times n$ 矩阵，且 $r(\boldsymbol{A})=m<n$，则下列命题不正确的是(　　)。

(A) $\boldsymbol{A}$ 的任意 m 个列向量线性无关

(B) 若矩阵 $\boldsymbol{B}$ 满足 $\boldsymbol{BA}=\boldsymbol{O}$，则 $\boldsymbol{B}=\boldsymbol{O}$

(C) 对任意的非零列向量 $\boldsymbol{\beta}$，非齐次线性方程组 $\boldsymbol{Ax}=\boldsymbol{\beta}$ 有无穷多解

(D) $\boldsymbol{A}$ 通过初等变换可化为$(\boldsymbol{E}_m\,\vdots\,\boldsymbol{O})$

(11) 设 $\boldsymbol{Q}=\begin{pmatrix}1&2&3\\2&4&t\\3&6&9\end{pmatrix}$，3 阶非零矩阵 $\boldsymbol{P}$ 满足 $\boldsymbol{PQ}=\boldsymbol{O}$，则(　　)。

(A) 当 $t=6$ 时，$r(\boldsymbol{P})=1$　　(B) 当 $t=6$ 时，$r(\boldsymbol{P})=2$

(C) 当 $t\neq6$ 时，$r(\boldsymbol{P})=1$　　(D) 当 $t\neq6$ 时，$r(\boldsymbol{P})=2$

(12) 设 $\boldsymbol{\alpha}_0=(x_1-x_2,\ y_1-y_2,\ z_1-z_2)$，$\boldsymbol{\alpha}_1=(l_1,\ m_1,\ n_1)$，$\boldsymbol{\alpha}_2=(l_2,\ m_2,\ n_2)$，则空间中两条直线 L_1：$\dfrac{x-x_1}{l_1}=\dfrac{y-y_1}{m_1}=\dfrac{z-z_1}{n_1}$与 L_2：$\dfrac{x-x_2}{l_2}=\dfrac{y-y_2}{m_2}=\dfrac{z-z_2}{n_2}$交于一点的充分必要条件是(　　)。

(A) $r(\boldsymbol{\alpha}_0,\boldsymbol{\alpha}_1,\boldsymbol{\alpha}_2)=2$　　(B) $r(\boldsymbol{\alpha}_0,\boldsymbol{\alpha}_1,\boldsymbol{\alpha}_2)=r(\boldsymbol{\alpha}_1,\boldsymbol{\alpha}_2)=1$

(C) $r(\boldsymbol{\alpha}_0,\boldsymbol{\alpha}_1,\boldsymbol{\alpha}_2)=2$，$r(\boldsymbol{\alpha}_1,\boldsymbol{\alpha}_2)=1$　　(D) $r(\boldsymbol{\alpha}_0,\boldsymbol{\alpha}_1,\boldsymbol{\alpha}_2)=r(\boldsymbol{\alpha}_1,\boldsymbol{\alpha}_2)=2$

(13) 设 $\boldsymbol{\alpha}_1$，$\boldsymbol{\alpha}_2$，$\boldsymbol{\alpha}_3$ 是 3 维向量空间 $\mathbf{R}^3$ 的一组基，则由基 $\boldsymbol{\alpha}_1$，$\dfrac{1}{2}\boldsymbol{\alpha}_2$，$\dfrac{1}{3}\boldsymbol{\alpha}_3$ 到基 $\boldsymbol{\alpha}_1+\boldsymbol{\alpha}_2$，

$\boldsymbol{\alpha}_2+\boldsymbol{\alpha}_3$，$\boldsymbol{\alpha}_3+\boldsymbol{\alpha}_1$ 的过渡矩阵为(　　)。

(A) $\begin{pmatrix}1&0&1\\2&2&0\\0&3&3\end{pmatrix}$　　(B) $\begin{pmatrix}1&2&0\\0&2&3\\1&0&3\end{pmatrix}$

(C) $\begin{pmatrix}\frac{1}{2}&\frac{1}{4}&-\frac{1}{6}\\-\frac{1}{2}&\frac{1}{4}&\frac{1}{6}\\\frac{1}{2}&-\frac{1}{4}&\frac{1}{6}\end{pmatrix}$　　(D) $\begin{pmatrix}\frac{1}{2}&-\frac{1}{2}&\frac{1}{2}\\\frac{1}{4}&\frac{1}{4}&-\frac{1}{4}\\-\frac{1}{6}&\frac{1}{6}&\frac{1}{6}\end{pmatrix}$

(14) 设 $\boldsymbol{\alpha}_1$，$\boldsymbol{\alpha}_2$，$\boldsymbol{\alpha}_3$ 线性无关，向量 $\boldsymbol{\beta}_1$ 不可由 $\boldsymbol{\alpha}_1$，$\boldsymbol{\alpha}_2$，$\boldsymbol{\alpha}_3$ 线性表示，$\boldsymbol{\beta}_2$ 可由 $\boldsymbol{\alpha}_1$，$\boldsymbol{\alpha}_2$，$\boldsymbol{\alpha}_3$ 线性表示，则(　　)。

(A) $\boldsymbol{\alpha}_1$，$\boldsymbol{\alpha}_2$，$\boldsymbol{\beta}_2$ 线性相关　　(B) $\boldsymbol{\alpha}_1$，$\boldsymbol{\alpha}_2$，$\boldsymbol{\beta}_2$ 线性无关

(C) $\boldsymbol{\alpha}_1$，$\boldsymbol{\alpha}_2$，$\boldsymbol{\alpha}_3$，$\boldsymbol{\beta}_1+\boldsymbol{\beta}_2$ 线性相关　　(D) $\boldsymbol{\alpha}_1$，$\boldsymbol{\alpha}_2$，$\boldsymbol{\alpha}_3$，$\boldsymbol{\beta}_1+\boldsymbol{\beta}_2$ 线性无关

(15) 设 $\boldsymbol{\alpha}$，$\boldsymbol{\beta}$ 为 4 维非零正交向量，且 $\boldsymbol{A}=\boldsymbol{\alpha}\boldsymbol{\beta}^{\mathrm{T}}$，则 $\boldsymbol{A}$ 的线性无关的特征向量的个数为(　　)。

(A) 1　　(B) 2

(C) 3　　(D) 4

(16) 设 3 阶矩阵 $\boldsymbol{A}$ 的特征值为 $\lambda_1=\lambda_2=1$，$\lambda_3=2$，其对应的线性无关的特征向量为 $\boldsymbol{\alpha}_1$，$\boldsymbol{\alpha}_2$，$\boldsymbol{\alpha}_3$，令 $\boldsymbol{P}_1=(\boldsymbol{\alpha}_1-\boldsymbol{\alpha}_3,\ \boldsymbol{\alpha}_2+\boldsymbol{\alpha}_3,\ \boldsymbol{\alpha}_3)$，则 $\boldsymbol{P}_1^{-1}\boldsymbol{A}^*\boldsymbol{P}_1=$(　　)。

(A) $\begin{pmatrix}2&0&0\\0&2&0\\1&-1&1\end{pmatrix}$　　(B) $\begin{pmatrix}2&0&1\\0&0&2\\2&1&1\end{pmatrix}$

(C) $\begin{pmatrix}0&0&1\\1&-1&1\\0&0&0\end{pmatrix}$　　(D) $\begin{pmatrix}1&-1&0\\1&2&0\\0&1&1\end{pmatrix}$

(17) 设矩阵 $\boldsymbol{B}$ 的列向量线性无关，且 $\boldsymbol{BA}=\boldsymbol{C}$，则(　　)。

(A) 若矩阵 $\boldsymbol{C}$ 的列向量组线性无关，则矩阵 $\boldsymbol{A}$ 的列向量组线性相关

(B) 若矩阵 $\boldsymbol{C}$ 的列向量组线性无关，则矩阵 $\boldsymbol{A}$ 的行向量组线性相关

(C) 若矩阵 $\boldsymbol{A}$ 的列向量组线性无关，则矩阵 $\boldsymbol{C}$ 的列向量组线性相关

(D) 若矩阵 $\boldsymbol{C}$ 的列向量组线性无关，则矩阵 $\boldsymbol{A}$ 的列向量组线性无关

(18) 设 $\boldsymbol{A}=(\boldsymbol{\alpha}_1,\ \boldsymbol{\alpha}_2,\ \boldsymbol{\alpha}_3,\ \boldsymbol{\alpha}_4)$经初等行变换可化为 $\begin{pmatrix}1&1&1&3\\0&1&1&2\\0&0&1&1\end{pmatrix}$，则(　　)。

(A) $\boldsymbol{\alpha}_4=\boldsymbol{\alpha}_1+\boldsymbol{\alpha}_2+\boldsymbol{\alpha}_3$

(B) $\boldsymbol{\alpha}_4=3\boldsymbol{\alpha}_1+2\boldsymbol{\alpha}_2+\boldsymbol{\alpha}_3$

(C) $\boldsymbol{\alpha}_1$，$\boldsymbol{\alpha}_2$，$\boldsymbol{\alpha}_3$，$\boldsymbol{\alpha}_4$ 线性无关

(D) $\boldsymbol{\alpha}_1$，$\boldsymbol{\alpha}_2$，$\boldsymbol{\alpha}_3$，$\boldsymbol{\alpha}_4$ 线性相关，但无法给出其关系

2. 填空题

(1) 设 $\boldsymbol{\alpha}_1=(1,1,3)^{\mathrm{T}}$，$\boldsymbol{\alpha}_2=(3,a+2,5)^{\mathrm{T}}$，$\boldsymbol{\alpha}_3=(1,-1,a)^{\mathrm{T}}$，$\boldsymbol{\beta}=(1,1,4)^{\mathrm{T}}$，若 $\boldsymbol{\beta}$ 不能由 $\boldsymbol{\alpha}_1$，$\boldsymbol{\alpha}_2$，$\boldsymbol{\alpha}_3$ 线性表示，则 $a=$______。

(2) 设 $\boldsymbol{\alpha}_1=(1,2,1)^{\mathrm{T}}$，$\boldsymbol{\alpha}_2=(1,1,2)^{\mathrm{T}}$，$\boldsymbol{\alpha}_3=(1,-1,4)^{\mathrm{T}}$，$\boldsymbol{\beta}=(1,0,a)^{\mathrm{T}}$，若 $\boldsymbol{\beta}$ 可由向量组 $\boldsymbol{\alpha}_1$，$\boldsymbol{\alpha}_2$，$\boldsymbol{\alpha}_3$ 线性表示，则 $a=$______。

(3) 设 $\boldsymbol{\alpha}$ 为 3 维列向量，$\boldsymbol{\alpha}^{\mathrm{T}}$ 是 $\boldsymbol{\alpha}$ 的转置，若 $\boldsymbol{\alpha\alpha}^{\mathrm{T}}=\begin{pmatrix}1 & -1 & 1\\ -1 & 1 & -1\\ 1 & -1 & 1\end{pmatrix}$，则 $\boldsymbol{\alpha}^{\mathrm{T}}\boldsymbol{\alpha}=$______。

(4) 设 3 阶矩阵 $\boldsymbol{A}=\begin{bmatrix}1 & 2 & -2\\ 2 & 1 & 2\\ 3 & 0 & 4\end{bmatrix}$，3 维列向量 $\boldsymbol{\alpha}=(a,1,1)^{\mathrm{T}}$，已知 $\boldsymbol{A\alpha}$ 与 $\boldsymbol{\alpha}$ 线性相关，则 $a=$______。

(5) 设 $\boldsymbol{\alpha}_1=(1,2,-1,1)$，$\boldsymbol{\alpha}_2=(2,0,3,0)$，$\boldsymbol{\alpha}_3=(0,-4,5,-2)$，则此向量组的秩为______。

(6) 设向量组 $\boldsymbol{\alpha}_1=(1,2,3,4)^{\mathrm{T}}$，$\boldsymbol{\alpha}_2=(2,3,t,5)^{\mathrm{T}}$，$\boldsymbol{\alpha}_3=(3,4,5,6)^{\mathrm{T}}$，$\boldsymbol{\alpha}_4=(4,5,6,7)^{\mathrm{T}}$ 的秩为 2，则 $t=$______。

(7) 设矩阵 $\boldsymbol{A}=\begin{bmatrix}1 & 0 & 1\\ 1 & 1 & 2\\ 0 & 1 & 1\end{bmatrix}$，$\boldsymbol{\alpha}_1$，$\boldsymbol{\alpha}_2$，$\boldsymbol{\alpha}_3$ 为线性无关的 3 维列向量，则向量组 $\boldsymbol{A\alpha}_1$，$\boldsymbol{A\alpha}_2$，$\boldsymbol{A\alpha}_3$ 的秩为______。

(8) 设向量组(Ⅰ)$\boldsymbol{\alpha}_1$，$\boldsymbol{\alpha}_2$，$\boldsymbol{\alpha}_3$，(Ⅱ)$\boldsymbol{\alpha}_1$，$\boldsymbol{\alpha}_2$，$\boldsymbol{\alpha}_3$，$\boldsymbol{\alpha}_4$，(Ⅲ)$\boldsymbol{\alpha}_1$，$\boldsymbol{\alpha}_2$，$\boldsymbol{\alpha}_3$，$\boldsymbol{\alpha}_5$，若 r(Ⅰ)$=r$(Ⅱ)$=3$，r(Ⅲ)$=4$，则 $r(\boldsymbol{\alpha}_1,\boldsymbol{\alpha}_2,\boldsymbol{\alpha}_3,\boldsymbol{\alpha}_4+\boldsymbol{\alpha}_5)=$______。

(9) 设 4 维行向量 $\boldsymbol{\alpha}_1$，$\boldsymbol{\alpha}_2$，$\boldsymbol{\alpha}_3$ 线性无关，$\boldsymbol{\beta}_1$，$\boldsymbol{\beta}_2$，$\boldsymbol{\beta}_3$ 均为 4 维非零列向量，且 $\boldsymbol{\beta}_j(j=1,2,3)$与$\boldsymbol{\alpha}_i(i=1,2,3)$正交，则向量组 $\boldsymbol{\beta}_1$，$\boldsymbol{\beta}_2$，$\boldsymbol{\beta}_3$ 的秩为______。

(10) 设 $\boldsymbol{\alpha}_1=(1,0,0)^{\mathrm{T}}$，$\boldsymbol{\alpha}_2=(1,1,0)^{\mathrm{T}}$，$\boldsymbol{\alpha}_3=(1,1,1)^{\mathrm{T}}$ 是一组基，则 $\boldsymbol{\beta}=(2,0,0)^{\mathrm{T}}$ 在这组基下的坐标为______。

(11) 设 $\boldsymbol{\alpha}_1=(1,2,-1,0)^{\mathrm{T}}$，$\boldsymbol{\alpha}_2=(1,1,0,2)^{\mathrm{T}}$，$\boldsymbol{\alpha}_3=(2,1,1,a)^{\mathrm{T}}$，若由 $\boldsymbol{\alpha}_1$，$\boldsymbol{\alpha}_2$，$\boldsymbol{\alpha}_3$ 生成的向量空间的维数为 2，则 $a=$______。

(12) 设 $\boldsymbol{\alpha}_1=(1,1)^{\mathrm{T}}$，$\boldsymbol{\alpha}_2=(1,0)^{\mathrm{T}}$ 与 $\boldsymbol{\beta}_1=(2,3)^{\mathrm{T}}$，$\boldsymbol{\beta}_2=(3,1)^{\mathrm{T}}$ 是 $\mathbf{R}^2$ 的两组基，则 $\boldsymbol{\alpha}_1$，$\boldsymbol{\alpha}_2$ 到 $\boldsymbol{\beta}_1$，$\boldsymbol{\beta}_2$ 的过渡矩阵为______。

3. 解答题

(1) 设 $\boldsymbol{\alpha}_1=(1,1,0,2)^{\mathrm{T}}$，$\boldsymbol{\alpha}_2=(-1,1,2,4)^{\mathrm{T}}$，$\boldsymbol{\alpha}_3=(2,3,a,7)^{\mathrm{T}}$，$\boldsymbol{\alpha}_4=(-1,5,-3,a+6)^{\mathrm{T}}$，$\boldsymbol{\beta}=(1,0,2,b)^{\mathrm{T}}$，问：

(ⅰ) a，b 为何值时，$\boldsymbol{\beta}$ 不能由 $\boldsymbol{\alpha}_1$，$\boldsymbol{\alpha}_2$，$\boldsymbol{\alpha}_3$，$\boldsymbol{\alpha}_4$ 线性表示；

(ⅱ) a，b 为何值时，$\boldsymbol{\beta}$ 可由 $\boldsymbol{\alpha}_1$，$\boldsymbol{\alpha}_2$，$\boldsymbol{\alpha}_3$，$\boldsymbol{\alpha}_4$ 线性表示且表示法唯一；

(ⅲ) a，b 为何值时，$\boldsymbol{\beta}$ 可由 $\boldsymbol{\alpha}_1$，$\boldsymbol{\alpha}_2$，$\boldsymbol{\alpha}_3$，$\boldsymbol{\alpha}_4$ 线性表示且表示法不唯一，并写出表示式。

(2) 已知向量组 $\boldsymbol{\beta}_1=(0,1,-1)^{\mathrm{T}}$，$\boldsymbol{\beta}_2=(a,2,1)^{\mathrm{T}}$，$\boldsymbol{\beta}_3=(b,1,0)^{\mathrm{T}}$ 与向量组

$\boldsymbol{\alpha}_1=(1, 2, -3)^{\mathrm{T}}$，$\boldsymbol{\alpha}_2=(3, 0, 1)^{\mathrm{T}}$，$\boldsymbol{\alpha}_3=(9, 6, c)^{\mathrm{T}}$ 的秩均为 2，且 $\boldsymbol{\beta}_3$ 可由 $\boldsymbol{\alpha}_1$，$\boldsymbol{\alpha}_2$，$\boldsymbol{\alpha}_3$ 线性表示，求 a，b，c 的值。

(3) 设 $\boldsymbol{A}$ 为 n 阶矩阵，$\boldsymbol{\alpha}_1$，$\boldsymbol{\alpha}_2$，$\boldsymbol{\alpha}_3$ 为 n 维向量组，且 $\boldsymbol{\alpha}_1\neq\boldsymbol{0}$，$\boldsymbol{A}\boldsymbol{\alpha}_1=2\boldsymbol{\alpha}_1$，$\boldsymbol{A}\boldsymbol{\alpha}_2=\boldsymbol{\alpha}_1+2\boldsymbol{\alpha}_2$，$\boldsymbol{A}\boldsymbol{\alpha}_3=\boldsymbol{\alpha}_2+2\boldsymbol{\alpha}_3$，证明：

(ⅰ) $\boldsymbol{\alpha}_1$，$\boldsymbol{\alpha}_2$，$\boldsymbol{\alpha}_3$ 线性无关；

(ⅱ) $\boldsymbol{A}$ 不可相似对角化。

(4) 设 $\boldsymbol{\alpha}_1$，$\boldsymbol{\alpha}_2$ 和 $\boldsymbol{\beta}_1$，$\boldsymbol{\beta}_2$ 都是 3 维线性无关的向量组，证明存在非零向量 $\boldsymbol{\gamma}$，使得 $\boldsymbol{\gamma}$ 既可由 $\boldsymbol{\alpha}_1$，$\boldsymbol{\alpha}_2$ 线性表示，又可由 $\boldsymbol{\beta}_1$，$\boldsymbol{\beta}_2$ 线性表示。

(5) 设 $\boldsymbol{A}$ 为 n 阶矩阵，$\boldsymbol{\alpha}_1$，$\boldsymbol{\alpha}_2$，…，$\boldsymbol{\alpha}_n$ 为 n 个 n 维线性无关的向量，证明 $\boldsymbol{A}\boldsymbol{\alpha}_1$，$\boldsymbol{A}\boldsymbol{\alpha}_2$，…，$\boldsymbol{A}\boldsymbol{\alpha}_n$ 线性无关的充要条件是 $r(\boldsymbol{A})=n$。

(6) 证明 n 维列向量 $\boldsymbol{\alpha}_1$，$\boldsymbol{\alpha}_2$，…，$\boldsymbol{\alpha}_n$ 线性无关的充要条件是 $\begin{vmatrix} \boldsymbol{\alpha}_1^{\mathrm{T}}\boldsymbol{\alpha}_1 & \boldsymbol{\alpha}_1^{\mathrm{T}}\boldsymbol{\alpha}_2 & \cdots & \boldsymbol{\alpha}_1^{\mathrm{T}}\boldsymbol{\alpha}_n \\ \boldsymbol{\alpha}_2^{\mathrm{T}}\boldsymbol{\alpha}_1 & \boldsymbol{\alpha}_2^{\mathrm{T}}\boldsymbol{\alpha}_2 & \cdots & \boldsymbol{\alpha}_2^{\mathrm{T}}\boldsymbol{\alpha}_n \\ \vdots & \vdots & & \vdots \\ \boldsymbol{\alpha}_n^{\mathrm{T}}\boldsymbol{\alpha}_1 & \boldsymbol{\alpha}_n^{\mathrm{T}}\boldsymbol{\alpha}_2 & \cdots & \boldsymbol{\alpha}_n^{\mathrm{T}}\boldsymbol{\alpha}_n \end{vmatrix}\neq 0$。

(7) 设 n 维列向量 $\boldsymbol{\alpha}_1$，$\boldsymbol{\alpha}_2$，…，$\boldsymbol{\alpha}_n$ 线性无关，且 $\boldsymbol{\beta}$ 与 $\boldsymbol{\alpha}_1$，$\boldsymbol{\alpha}_2$，…，$\boldsymbol{\alpha}_n$ 正交，证明 $\boldsymbol{\beta}=\boldsymbol{0}$；设 n 维列向量 $\boldsymbol{\alpha}_1$，$\boldsymbol{\alpha}_2$，…，$\boldsymbol{\alpha}_{n-1}$ 线性无关，且与非零向量 $\boldsymbol{\beta}_1$，$\boldsymbol{\beta}_2$ 正交，证明 $\boldsymbol{\beta}_1$，$\boldsymbol{\beta}_2$ 线性相关，且 $\boldsymbol{\alpha}_1$，$\boldsymbol{\alpha}_2$，…，$\boldsymbol{\alpha}_{n-1}$，$\boldsymbol{\beta}_1$ 线性无关。

(8) 设 $\boldsymbol{\alpha}_1=(a_{11}, a_{12}, \cdots, a_{1n})^{\mathrm{T}}$，$\boldsymbol{\alpha}_2=(a_{21}, a_{22}, \cdots, a_{2n})^{\mathrm{T}}$，…，$\boldsymbol{\alpha}_r=(a_{r1}, a_{r2}, \cdots, a_{rn})^{\mathrm{T}}$ $(r<n)$为线性无关的向量组，$\boldsymbol{\beta}=(b_1, b_2, \cdots, b_n)^{\mathrm{T}}$ 为齐次线性方程组 $\begin{cases} a_{11}x_1+a_{12}x_2+\cdots+a_{1n}x_n=0 \\ a_{21}x_1+a_{22}x_2+\cdots+a_{2n}x_n=0 \\ \qquad\vdots \\ a_{r1}x_1+a_{r2}x_2+\cdots+a_{rn}x_n=0 \end{cases}$ 的非零解，证明向量组 $\boldsymbol{\alpha}_1$，$\boldsymbol{\alpha}_2$，…，$\boldsymbol{\alpha}_r$，$\boldsymbol{\beta}$ 线性无关。

(9) 已知 $\boldsymbol{\alpha}_1=(1, 1, 1, 3)^{\mathrm{T}}$，$\boldsymbol{\alpha}_2=(-1, -3, 5, 1)^{\mathrm{T}}$，$\boldsymbol{\alpha}_3=(3, 2, -1, 2)^{\mathrm{T}}$，$\boldsymbol{\alpha}_4=(-2, -6, 10, 0)^{\mathrm{T}}$。问向量 $\boldsymbol{\alpha}=(4, 1, 6, 10)^{\mathrm{T}}$ 可否由 $\boldsymbol{\alpha}_1$，$\boldsymbol{\alpha}_2$，$\boldsymbol{\alpha}_3$，$\boldsymbol{\alpha}_4$ 线性表示，说明理由，若 $\boldsymbol{\alpha}$ 能由 $\boldsymbol{\alpha}_1$，$\boldsymbol{\alpha}_2$，$\boldsymbol{\alpha}_3$，$\boldsymbol{\alpha}_4$ 线性表示，则将 $\boldsymbol{\alpha}$ 用它们线性表示。

(10) 设向量组(Ⅰ)$\boldsymbol{\alpha}_1=(1, 0, 2)^{\mathrm{T}}$，$\boldsymbol{\alpha}_2=(1, 1, 3)^{\mathrm{T}}$，$\boldsymbol{\alpha}_3=(1, -1, a+2)^{\mathrm{T}}$ 和向量组(Ⅱ)$\boldsymbol{\beta}_1=(1, 2, a+3)^{\mathrm{T}}$，$\boldsymbol{\beta}_2=(2, 1, a+6)^{\mathrm{T}}$，$\boldsymbol{\beta}_3=(2, 1, a+4)^{\mathrm{T}}$，试问：

(ⅰ) 当 a 为何值时，向量组(Ⅰ)与向量组(Ⅱ)等价；

(ⅱ) 当 a 为何值时，向量组(Ⅰ)与向量组(Ⅱ)不等价。

(11) 设向量组 $\boldsymbol{\alpha}_1=(1, 0, 1)^{\mathrm{T}}$，$\boldsymbol{\alpha}_2=(0, 1, 1)^{\mathrm{T}}$，$\boldsymbol{\alpha}_3=(1, 3, 5)^{\mathrm{T}}$ 不能由向量组 $\boldsymbol{\beta}_1=(1, 1, 1)^{\mathrm{T}}$，$\boldsymbol{\beta}_2=(1, 2, 3)^{\mathrm{T}}$，$\boldsymbol{\beta}_3=(3, 4, a)^{\mathrm{T}}$ 线性表示。

(ⅰ) 求 a 的值；

(ⅱ) 将 $\boldsymbol{\beta}_1$，$\boldsymbol{\beta}_2$，$\boldsymbol{\beta}_3$ 由 $\boldsymbol{\alpha}_1$，$\boldsymbol{\alpha}_2$，$\boldsymbol{\alpha}_3$ 线性表示。

(12) 确定常数 a，使向量组 $\boldsymbol{\alpha}_1=(1, 1, a)^{\mathrm{T}}$，$\boldsymbol{\alpha}_2=(1, a, 1)^{\mathrm{T}}$，$\boldsymbol{\alpha}_3=(a, 1, 1)^{\mathrm{T}}$ 可由向量组 $\boldsymbol{\beta}_1=(1, 1, a)^{\mathrm{T}}$，$\boldsymbol{\beta}_2=(-2, a, 4)^{\mathrm{T}}$，$\boldsymbol{\beta}_3=(-2, a, a)^{\mathrm{T}}$ 线性表示，但向量组 $\boldsymbol{\beta}_1$，$\boldsymbol{\beta}_2$，$\boldsymbol{\beta}_3$ 不能由向量组 $\boldsymbol{\alpha}_1$，$\boldsymbol{\alpha}_2$，$\boldsymbol{\alpha}_3$ 线性表示。

(13) 设 $\boldsymbol{\alpha}$，$\boldsymbol{\beta}$ 为 3 维列向量，矩阵 $\boldsymbol{A}=\boldsymbol{\alpha}\boldsymbol{\alpha}^{\mathrm{T}}+\boldsymbol{\beta}\boldsymbol{\beta}^{\mathrm{T}}$，其中 $\boldsymbol{\alpha}^{\mathrm{T}}$，$\boldsymbol{\beta}^{\mathrm{T}}$ 分别为 $\boldsymbol{\alpha}$，$\boldsymbol{\beta}$ 的转置，

证明：

（ⅰ）$r(\boldsymbol{A})\leqslant 2$；

（ⅱ）若 $\boldsymbol{\alpha}$，$\boldsymbol{\beta}$ 线性相关，则 $r(\boldsymbol{A})<2$。

（14）设 4 维向量组 $\boldsymbol{\alpha}_1=(1+a, 1, 1, 1)^{\mathrm{T}}$，$\boldsymbol{\alpha}_2=(2, 2+a, 2, 2)^{\mathrm{T}}$，$\boldsymbol{\alpha}_3=(3, 3, 3+a, 3)^{\mathrm{T}}$，$\boldsymbol{\alpha}_4=(4, 4, 4, 4+a)^{\mathrm{T}}$，问 a 为何值时，$\boldsymbol{\alpha}_1$，$\boldsymbol{\alpha}_2$，$\boldsymbol{\alpha}_3$，$\boldsymbol{\alpha}_4$ 线性相关？当 $\boldsymbol{\alpha}_1$，$\boldsymbol{\alpha}_2$，$\boldsymbol{\alpha}_3$，$\boldsymbol{\alpha}_4$ 线性相关时，求其一个极大线性无关组，并将其余向量用该极大线性无关组线性表示。

（15）已知向量组（Ⅰ）$\boldsymbol{\alpha}_1=(1, 1, 4)^{\mathrm{T}}$，$\boldsymbol{\alpha}_2=(1, 0, 4)^{\mathrm{T}}$，$\boldsymbol{\alpha}_3=(1, 2, a^2+3)^{\mathrm{T}}$，向量组（Ⅱ）$\boldsymbol{\beta}_1=(1, 1, a+3)^{\mathrm{T}}$，$\boldsymbol{\beta}_2=(0, 2, 1-a)^{\mathrm{T}}$，$\boldsymbol{\beta}_3=(1, 3, a^2+3)^{\mathrm{T}}$，若向量组（Ⅰ）与向量组（Ⅱ）等价，求 a 的取值，并将 $\boldsymbol{\beta}_3$ 由 $\boldsymbol{\alpha}_1$，$\boldsymbol{\alpha}_2$，$\boldsymbol{\alpha}_3$ 线性表示。

（16）已知 $\mathbf{R}^3$ 的两个基为 $\boldsymbol{\alpha}_1=(1, 1, 1)^{\mathrm{T}}$，$\boldsymbol{\alpha}_2=(1, 0, -1)^{\mathrm{T}}$，$\boldsymbol{\alpha}_3=(1, 0, 1)^{\mathrm{T}}$ 与 $\boldsymbol{\beta}_1=(1, 2, 1)^{\mathrm{T}}$，$\boldsymbol{\beta}_2=(2, 3, 4)^{\mathrm{T}}$，$\boldsymbol{\beta}_3=(3, 4, 3)^{\mathrm{T}}$，求由 $\boldsymbol{\alpha}_1$，$\boldsymbol{\alpha}_2$，$\boldsymbol{\alpha}_3$ 到 $\boldsymbol{\beta}_1$，$\boldsymbol{\beta}_2$，$\boldsymbol{\beta}_3$ 的过渡矩阵。

（17）设向量组 $\boldsymbol{\alpha}_1$，$\boldsymbol{\alpha}_2$，$\boldsymbol{\alpha}_3$ 是 $\mathbf{R}^3$ 的一个基，$\boldsymbol{\beta}_1=2\boldsymbol{\alpha}_1+2k\boldsymbol{\alpha}_3$，$\boldsymbol{\beta}_2=2\boldsymbol{\alpha}_2$，$\boldsymbol{\beta}_3=\boldsymbol{\alpha}_1+(k+1)\boldsymbol{\alpha}_3$。证明：

（ⅰ）$\boldsymbol{\beta}_1$，$\boldsymbol{\beta}_2$，$\boldsymbol{\beta}_3$ 是 $\mathbf{R}^3$ 的一个基；

（ⅱ）当 k 为何值时，存在非零向量 $\boldsymbol{\xi}$ 在基 $\boldsymbol{\alpha}_1$，$\boldsymbol{\alpha}_2$，$\boldsymbol{\alpha}_3$ 与基 $\boldsymbol{\beta}_1$，$\boldsymbol{\beta}_2$，$\boldsymbol{\beta}_3$ 下的坐标相同，并求所有的 $\boldsymbol{\xi}$。

（18）设 $\boldsymbol{\alpha}_1=(1, 2, 1)^{\mathrm{T}}$，$\boldsymbol{\alpha}_2=(1, 3, 2)^{\mathrm{T}}$，$\boldsymbol{\alpha}_3=(1, a, 3)^{\mathrm{T}}$ 为 $\mathbf{R}^3$ 的一个基，$\boldsymbol{\beta}=(1, 1, 1)^{\mathrm{T}}$ 在这个基下的坐标为 $(b, c, 1)^{\mathrm{T}}$。

（ⅰ）求 a，b，c；

（ⅱ）证明 $\boldsymbol{\alpha}_2$，$\boldsymbol{\alpha}_3$，$\boldsymbol{\beta}$ 为 $\mathbf{R}^3$ 的一个基，并求由基 $\boldsymbol{\alpha}_2$，$\boldsymbol{\alpha}_3$，$\boldsymbol{\beta}$ 到基 $\boldsymbol{\alpha}_1$，$\boldsymbol{\alpha}_2$，$\boldsymbol{\alpha}_3$ 的过渡矩阵。

经典习题解答

1. 选择题

（1）解　应选（A）。

方法一　由于

$$(\boldsymbol{\alpha}_1-\boldsymbol{\alpha}_2)+(\boldsymbol{\alpha}_2-\boldsymbol{\alpha}_3)+(\boldsymbol{\alpha}_3-\boldsymbol{\alpha}_1)=\mathbf{0}$$

因此向量组 $\boldsymbol{\alpha}_1-\boldsymbol{\alpha}_2$，$\boldsymbol{\alpha}_2-\boldsymbol{\alpha}_3$，$\boldsymbol{\alpha}_3-\boldsymbol{\alpha}_1$ 线性相关，故选（A）。

方法二　由于

$$(\boldsymbol{\alpha}_1+\boldsymbol{\alpha}_2, \boldsymbol{\alpha}_2+\boldsymbol{\alpha}_3, \boldsymbol{\alpha}_3+\boldsymbol{\alpha}_1)=(\boldsymbol{\alpha}_1, \boldsymbol{\alpha}_2, \boldsymbol{\alpha}_3)\begin{pmatrix}1 & 0 & 1\\ 1 & 1 & 0\\ 0 & 1 & 1\end{pmatrix}$$

且 $\begin{vmatrix}1 & 0 & 1\\ 1 & 1 & 0\\ 0 & 1 & 1\end{vmatrix}=2\neq 0$，即 $\begin{pmatrix}1 & 0 & 1\\ 1 & 1 & 0\\ 0 & 1 & 1\end{pmatrix}$ 可逆，因此

$$r(\boldsymbol{\alpha}_1+\boldsymbol{\alpha}_2, \boldsymbol{\alpha}_2+\boldsymbol{\alpha}_3, \boldsymbol{\alpha}_3+\boldsymbol{\alpha}_1)=3$$

故向量组$\boldsymbol{\alpha}_1+\boldsymbol{\alpha}_2$，$\boldsymbol{\alpha}_2+\boldsymbol{\alpha}_3$，$\boldsymbol{\alpha}_3+\boldsymbol{\alpha}_1$线性无关，因此选项(B)不正确，同理选项(C)、(D)不正确，故选(A)。

(2) **解** 应选(C)。

方法一 当$c_1=0$时，$\boldsymbol{\alpha}_1$为零向量，从而$\boldsymbol{\alpha}_1$，$\boldsymbol{\alpha}_3$，$\boldsymbol{\alpha}_4$线性相关；当$c_1\neq 0$时，存在不全为零的常数c_1与c_3+c_4，使得$(c_3+c_4)\boldsymbol{\alpha}_1-c_1(\boldsymbol{\alpha}_3+\boldsymbol{\alpha}_4)=\mathbf{0}$，从而$\boldsymbol{\alpha}_1$，$\boldsymbol{\alpha}_3$，$\boldsymbol{\alpha}_4$线性相关，即对于任意的常数$c_1$，$c_3$，$c_4$，向量组$\boldsymbol{\alpha}_1$，$\boldsymbol{\alpha}_3$，$\boldsymbol{\alpha}_4$线性相关，故选(C)。

方法二 取$c_1=1$，则行列式

$$|\boldsymbol{\alpha}_1,\boldsymbol{\alpha}_2,\boldsymbol{\alpha}_3|=\begin{vmatrix}0&0&1\\0&1&-1\\1&c_2&c_3\end{vmatrix}=-1,\quad |\boldsymbol{\alpha}_1,\boldsymbol{\alpha}_2,\boldsymbol{\alpha}_4|=\begin{vmatrix}0&0&-1\\0&1&1\\1&c_2&c_4\end{vmatrix}=1$$

从而向量组$\boldsymbol{\alpha}_1$，$\boldsymbol{\alpha}_2$，$\boldsymbol{\alpha}_3$与$\boldsymbol{\alpha}_1$，$\boldsymbol{\alpha}_2$，$\boldsymbol{\alpha}_4$都线性无关，所以选项(A)与选项(B)都不正确。

取$c_2=0$，$c_3=c_4=1$，则行列式

$$|\boldsymbol{\alpha}_2,\boldsymbol{\alpha}_3,\boldsymbol{\alpha}_4|=\begin{vmatrix}0&1&-1\\1&-1&1\\0&1&1\end{vmatrix}=-2$$

从而向量组$\boldsymbol{\alpha}_2$，$\boldsymbol{\alpha}_3$，$\boldsymbol{\alpha}_4$线性无关，所以选项(D)不正确，故选(C)。

(3) **解** 应选(C)。

由于$\boldsymbol{\beta}$可由向量组$\boldsymbol{\alpha}_1$，$\boldsymbol{\alpha}_2$，…，$\boldsymbol{\alpha}_m$线性表示，但不能由$\boldsymbol{\alpha}_1$，$\boldsymbol{\alpha}_2$，…，$\boldsymbol{\alpha}_{m-1}$线性表示，设$\boldsymbol{\beta}=k_1\boldsymbol{\alpha}_1+k_2\boldsymbol{\alpha}_2+\cdots+k_m\boldsymbol{\alpha}_m$，则$k_m\neq 0$，否则，$\boldsymbol{\beta}$可由$\boldsymbol{\alpha}_1$，$\boldsymbol{\alpha}_2$，…，$\boldsymbol{\alpha}_{m-1}$线性表示，这与题设矛盾，因此$\boldsymbol{\alpha}_m=-\dfrac{k_1}{k_m}\boldsymbol{\alpha}_1-\dfrac{k_2}{k_m}\boldsymbol{\alpha}_2-\cdots-\dfrac{k_{m-1}}{k_m}\boldsymbol{\alpha}_{m-1}+\dfrac{1}{k_m}\boldsymbol{\beta}$，即$\boldsymbol{\alpha}_m$可由$\boldsymbol{\alpha}_1$，$\boldsymbol{\alpha}_2$，…，$\boldsymbol{\alpha}_{m-1}$，$\boldsymbol{\beta}$线性表示，从而向量组$\boldsymbol{\alpha}_1$，$\boldsymbol{\alpha}_2$，…，$\boldsymbol{\alpha}_{m-1}$，$\boldsymbol{\alpha}_m$可由向量组$\boldsymbol{\alpha}_1$，$\boldsymbol{\alpha}_2$，…，$\boldsymbol{\alpha}_{m-1}$，$\boldsymbol{\beta}$线性表示，故选(C)。

(4) **解** 应选(B)。

方法一 将矩阵$\boldsymbol{A}$，$\boldsymbol{C}$按列分块，得$\boldsymbol{A}=(\boldsymbol{\alpha}_1,\boldsymbol{\alpha}_2,\cdots,\boldsymbol{\alpha}_n)$，$\boldsymbol{C}=(\boldsymbol{\gamma}_1,\boldsymbol{\gamma}_2,\cdots,\boldsymbol{\gamma}_n)$，由于$\boldsymbol{AB}=\boldsymbol{C}$，因此$(\boldsymbol{\alpha}_1,\boldsymbol{\alpha}_2,\cdots,\boldsymbol{\alpha}_n)\boldsymbol{B}=(\boldsymbol{\gamma}_1,\boldsymbol{\gamma}_2,\cdots,\boldsymbol{\gamma}_n)$，从而向量组$\boldsymbol{\gamma}_1$，$\boldsymbol{\gamma}_2$，…，$\boldsymbol{\gamma}_n$可由向量组$\boldsymbol{\alpha}_1$，$\boldsymbol{\alpha}_2$，…，$\boldsymbol{\alpha}_n$线性表示，即矩阵$\boldsymbol{C}$的列向量组可由矩阵$\boldsymbol{A}$的列向量组线性表示。又$\boldsymbol{B}$可逆，故$(\boldsymbol{\alpha}_1,\boldsymbol{\alpha}_2,\cdots,\boldsymbol{\alpha}_n)=(\boldsymbol{\gamma}_1,\boldsymbol{\gamma}_2,\cdots,\boldsymbol{\gamma}_n)\boldsymbol{B}^{-1}$，从而向量组$\boldsymbol{\alpha}_1$，$\boldsymbol{\alpha}_2$，…，$\boldsymbol{\alpha}_n$可由向量组$\boldsymbol{\gamma}_1$，$\boldsymbol{\gamma}_2$，…，$\boldsymbol{\gamma}_n$线性表示，即矩阵$\boldsymbol{A}$的列向量组可由矩阵$\boldsymbol{C}$的列向量组线性表示，故选(B)。

方法二 取$\boldsymbol{A}=\begin{pmatrix}1&1\\0&0\end{pmatrix}$，$\boldsymbol{B}=\begin{pmatrix}1&1\\1&0\end{pmatrix}$，则$\boldsymbol{AB}=\begin{pmatrix}1&1\\0&0\end{pmatrix}\begin{pmatrix}1&1\\1&0\end{pmatrix}=\begin{pmatrix}2&1\\0&0\end{pmatrix}=\boldsymbol{C}$，从而$\boldsymbol{A}=\begin{pmatrix}1&1\\0&0\end{pmatrix}$的行向量组(1, 1)，(0, 0)与矩阵$\boldsymbol{C}=\begin{pmatrix}2&1\\0&0\end{pmatrix}$的行向量组(2, 1)，(0, 0)是不等价的，故选项(A)不正确。由于$\boldsymbol{B}$可逆，因此其行向量组与列向量组分别都是线性无关的。由$\boldsymbol{AB}=\boldsymbol{C}$，得矩阵$\boldsymbol{A}$的秩与矩阵$\boldsymbol{C}$的秩相等。因为矩阵$\boldsymbol{A}$是任意的$n$阶矩阵，从而当矩阵$\boldsymbol{A}$的秩小于$n$时，矩阵$\boldsymbol{C}$的秩也小于$n$，即矩阵$\boldsymbol{C}$的行向量组与列向量组分别都是线性相关的，所以选项(C)和选项(D)都不正确。故选(B)。

(5) **解** 应选(A)。

方法一 设$\boldsymbol{A}=(\boldsymbol{\alpha}_1,\boldsymbol{\alpha}_2,\cdots,\boldsymbol{\alpha}_n)$，其中$\boldsymbol{\alpha}_i(i=1,2,\cdots,n)$均为$m$维列向量，由于$\boldsymbol{B}$为

非零矩阵，因此不妨设 $\boldsymbol{B}$ 的第 j 列 $(b_{1j}, b_{2j}, \cdots, b_{nj})^{\mathrm{T}}$ 是非零列。由于 $\boldsymbol{AB}=\boldsymbol{O}$，因此

$$b_{1j}\boldsymbol{\alpha}_1+b_{2j}\boldsymbol{\alpha}_2+\cdots+b_{nj}\boldsymbol{\alpha}_n=\boldsymbol{0}$$

从而 $\boldsymbol{A}$ 的列向量组线性相关。由 $\boldsymbol{AB}=\boldsymbol{O}$，得 $\boldsymbol{B}^{\mathrm{T}}\boldsymbol{A}^{\mathrm{T}}=\boldsymbol{O}$，同理，$\boldsymbol{B}^{\mathrm{T}}$ 的列向量组即 $\boldsymbol{B}$ 的行向量组线性相关，故选(A)。

方法二　设 $\boldsymbol{A}$ 是 $m\times n$ 矩阵，$\boldsymbol{B}$ 是 $n\times s$ 矩阵，由于 $\boldsymbol{AB}=\boldsymbol{O}$，因此 $r(\boldsymbol{A})+r(\boldsymbol{B})\leqslant n$，又 $\boldsymbol{A}\neq\boldsymbol{O}$，$\boldsymbol{B}\neq\boldsymbol{O}$，故 $r(\boldsymbol{A})<n$，$r(\boldsymbol{B})<n$，从而 $\boldsymbol{A}$ 的列向量组的秩小于 n，$\boldsymbol{B}$ 的行向量组的秩小于 n，即 $\boldsymbol{A}$ 的列向量组线性相关，$\boldsymbol{B}$ 的行向量组线性相关，故选(A)。

方法三　由于 $\boldsymbol{AB}=\boldsymbol{O}$，$\boldsymbol{B}\neq\boldsymbol{O}$，因此齐次线性方程组 $\boldsymbol{Ax}=\boldsymbol{0}$ 有非零解，从而 $\boldsymbol{A}$ 的列向量组线性相关。由 $\boldsymbol{AB}=\boldsymbol{O}$，得 $\boldsymbol{B}^{\mathrm{T}}\boldsymbol{A}^{\mathrm{T}}=\boldsymbol{O}$，同理，$\boldsymbol{B}^{\mathrm{T}}$ 的列向量组即 $\boldsymbol{B}$ 的行向量组线性相关，故选(A)。

(6) **解**　应选(A)。

由题设，知 $\boldsymbol{\beta}_1=l_1\boldsymbol{\alpha}_1+l_2\boldsymbol{\alpha}_2+l_3\boldsymbol{\alpha}_3$，设 $k_1\boldsymbol{\alpha}_1+k_2\boldsymbol{\alpha}_2+k_3\boldsymbol{\alpha}_3+k_4(k\boldsymbol{\beta}_1+\boldsymbol{\beta}_2)=\boldsymbol{0}$，则

$$k_1\boldsymbol{\alpha}_1+k_2\boldsymbol{\alpha}_2+k_3\boldsymbol{\alpha}_3+k_4(k(l_1\boldsymbol{\alpha}_1+l_2\boldsymbol{\alpha}_2+l_3\boldsymbol{\alpha}_3)+\boldsymbol{\beta}_2)=\boldsymbol{0}$$

$$(k_1+k_4kl_1)\boldsymbol{\alpha}_1+(k_2+k_4kl_2)\boldsymbol{\alpha}_2+(k_3+k_4kl_3)\boldsymbol{\alpha}_3+k_4\boldsymbol{\beta}_2=\boldsymbol{0}$$

由于 $\boldsymbol{\beta}_2$ 不能由 $\boldsymbol{\alpha}_1, \boldsymbol{\alpha}_2, \boldsymbol{\alpha}_3$ 线性表示，因此 $k_4=0$，从而 $k_1\boldsymbol{\alpha}_1+k_2\boldsymbol{\alpha}_2+k_3\boldsymbol{\alpha}_3=\boldsymbol{0}$，再由 $\boldsymbol{\alpha}_1, \boldsymbol{\alpha}_2, \boldsymbol{\alpha}_3$ 线性无关，得 $k_1=k_2=k_3=0$，即 $\boldsymbol{\alpha}_1, \boldsymbol{\alpha}_2, \boldsymbol{\alpha}_3, k\boldsymbol{\beta}_1+\boldsymbol{\beta}_2$ 线性无关，故选(A)。

(7) **解**　应选(D)。

方法一　若 $\boldsymbol{\beta}_1, \boldsymbol{\beta}_2, \cdots, \boldsymbol{\beta}_m$ 线性无关，则矩阵 $\boldsymbol{A}$，$\boldsymbol{B}$ 有相同的最简形，从而矩阵 $\boldsymbol{A}$，$\boldsymbol{B}$ 等价；反之，若矩阵 $\boldsymbol{A}$，$\boldsymbol{B}$ 等价，则 $r(\boldsymbol{A})=r(\boldsymbol{B})=m$，从而 $\boldsymbol{\beta}_1, \boldsymbol{\beta}_2, \cdots, \boldsymbol{\beta}_m$ 线性无关。

方法二　若向量组(Ⅰ)可由向量组(Ⅱ)线性表示，则 $m=r(\text{Ⅰ})\leqslant r(\text{Ⅱ})\leqslant m$，从而 $r(\text{Ⅱ})=m$，故向量组(Ⅱ)线性无关；取向量组(Ⅰ)$\boldsymbol{\alpha}_1=(1, 0, 0, 0)^{\mathrm{T}}$，$\boldsymbol{\alpha}_2=(0, 1, 0, 0)^{\mathrm{T}}$，向量组(Ⅱ)$\boldsymbol{\beta}_1=(0, 0, 1, 0)^{\mathrm{T}}$，$\boldsymbol{\beta}_2=(0, 0, 0, 1)^{\mathrm{T}}$，则向量组(Ⅰ)与向量组(Ⅱ)均线性无关，但向量组(Ⅰ)不能由向量组(Ⅱ)线性表示，从而选项(A)是向量组(Ⅱ)线性无关的充分非必要条件，故选项(A)不正确。同理，选项(C)也是向量组(Ⅱ)线性无关的充分非必要条件，故选项(C)不正确。取向量组(Ⅰ)$\boldsymbol{\alpha}_1=(1, 0, 0)^{\mathrm{T}}$，$\boldsymbol{\alpha}_2=(0, 1, 0)^{\mathrm{T}}$，向量组(Ⅱ)$\boldsymbol{\beta}_1=(1, 1, 0)^{\mathrm{T}}$，$\boldsymbol{\beta}_2=(2, 2, 0)^{\mathrm{T}}$，则向量组(Ⅱ)可由向量组(Ⅰ)线性表示，但向量组(Ⅱ)线性相关；取向量组(Ⅰ)$\boldsymbol{\alpha}_1=(1, 0, 0)^{\mathrm{T}}$，$\boldsymbol{\alpha}_2=(0, 1, 0)^{\mathrm{T}}$，向量组(Ⅱ)$\boldsymbol{\beta}_1=(0, 0, 1)^{\mathrm{T}}$，$\boldsymbol{\beta}_2=(1, 0, 1)^{\mathrm{T}}$，则向量组(Ⅱ)线性无关，但向量组(Ⅱ)不能由向量组(Ⅰ)线性表示，因此选项(B)既不是向量组(Ⅱ)线性无关的充分条件也不是必要条件，从而选项(B)不正确。故选(D)。

(8) **解**　应选(A)。

设 $\boldsymbol{\alpha}_1, \boldsymbol{\alpha}_2, \boldsymbol{\alpha}_3$ 线性无关，$k_1(\boldsymbol{\alpha}_1+k\boldsymbol{\alpha}_3)+k_2(\boldsymbol{\alpha}_2+l\boldsymbol{\alpha}_3)=\boldsymbol{0}$，即 $k_1\boldsymbol{\alpha}_1+k_2\boldsymbol{\alpha}_2+(k_1k+k_2l)\boldsymbol{\alpha}_3=\boldsymbol{0}$，则 $k_1=0$，$k_2=0$，从而对于任意的常数 k，l，向量组 $\boldsymbol{\alpha}_1+k\boldsymbol{\alpha}_3$，$\boldsymbol{\alpha}_2+l\boldsymbol{\alpha}_3$ 线性无关。

反过来，取 $\boldsymbol{\alpha}_1=(1, 0, 0)^{\mathrm{T}}$，$\boldsymbol{\alpha}_2=(0, 1, 0)^{\mathrm{T}}$，$\boldsymbol{\alpha}_3=(0, 0, 0)^{\mathrm{T}}$，则对于任意的常数 k，l，向量组 $\boldsymbol{\alpha}_1+k\boldsymbol{\alpha}_3$，$\boldsymbol{\alpha}_2+l\boldsymbol{\alpha}_3$ 线性无关，但向量组 $\boldsymbol{\alpha}_1, \boldsymbol{\alpha}_2, \boldsymbol{\alpha}_3$ 线性相关，从而对于任意的常数 k，l，向量组 $\boldsymbol{\alpha}_1+k\boldsymbol{\alpha}_3$，$\boldsymbol{\alpha}_2+l\boldsymbol{\alpha}_3$ 线性无关是向量组 $\boldsymbol{\alpha}_1, \boldsymbol{\alpha}_2, \boldsymbol{\alpha}_3$ 线性无关的必要非充分条件，故选(A)。

(9) **解**　应选(C)。

方法一　假设 $\boldsymbol{\alpha}_1, \boldsymbol{\alpha}_2, \boldsymbol{\alpha}_3, \boldsymbol{\alpha}_4$ 是非零向量组，且两两正交，则 $\boldsymbol{\alpha}_1, \boldsymbol{\alpha}_2, \boldsymbol{\alpha}_3, \boldsymbol{\alpha}_4$ 线性无

关，但 $\boldsymbol{\alpha}_1$，$\boldsymbol{\alpha}_2$，$\boldsymbol{\alpha}_3$，$\boldsymbol{\alpha}_4$ 是 4 个 3 维向量，从而 $\boldsymbol{\alpha}_1$，$\boldsymbol{\alpha}_2$，$\boldsymbol{\alpha}_3$，$\boldsymbol{\alpha}_4$ 线性相关，矛盾，因此 $\boldsymbol{\alpha}_1$，$\boldsymbol{\alpha}_2$，$\boldsymbol{\alpha}_3$，$\boldsymbol{\alpha}_4$ 中至少有一个零向量，故选(C)。

方法二　取 $\boldsymbol{\alpha}_1=(1,0,0)^{\mathrm{T}}$，$\boldsymbol{\alpha}_2=(0,1,0)^{\mathrm{T}}$，$\boldsymbol{\alpha}_3=(0,0,0)^{\mathrm{T}}$，则 $\boldsymbol{\alpha}_1$，$\boldsymbol{\alpha}_2$，$\boldsymbol{\alpha}_3$ 两两正交，但 $\boldsymbol{\alpha}_1$，$\boldsymbol{\alpha}_2$，$\boldsymbol{\alpha}_3$ 线性相关，从而选项(A)不正确。取 $\boldsymbol{\alpha}_1=(1,0,0)^{\mathrm{T}}$，$\boldsymbol{\alpha}_2=(1,1,0)^{\mathrm{T}}$，$\boldsymbol{\alpha}_3=(1,1,1)^{\mathrm{T}}$，则 $\boldsymbol{\alpha}_1$，$\boldsymbol{\alpha}_2$，$\boldsymbol{\alpha}_3$ 线性无关，但 $\boldsymbol{\alpha}_1$，$\boldsymbol{\alpha}_2$，$\boldsymbol{\alpha}_3$ 不两两正交，从而选项(B)不正确。取 $\boldsymbol{\alpha}_1=(1,0)^{\mathrm{T}}$，$\boldsymbol{\alpha}_2=(0,1)^{\mathrm{T}}$，$\boldsymbol{\alpha}_3=(0,2)^{\mathrm{T}}$，则 $\boldsymbol{\alpha}_1$，$\boldsymbol{\alpha}_2$，$\boldsymbol{\alpha}_3$ 线性相关，但 $\boldsymbol{\alpha}_1$ 不能由 $\boldsymbol{\alpha}_2$，$\boldsymbol{\alpha}_3$ 线性表示，故选(C)。

评注：设向量组 $\boldsymbol{\alpha}_1$，$\boldsymbol{\alpha}_2$，…，$\boldsymbol{\alpha}_s$ 线性相关且两两正交，则 $\boldsymbol{\alpha}_1$，$\boldsymbol{\alpha}_2$，…，$\boldsymbol{\alpha}_s$ 中必含零向量。

(10) **解**　应选(A)。

方法一　由于 $\boldsymbol{A}$ 是 $m\times n$ 矩阵，且 $r(\boldsymbol{A})=m<n$，因此 $\boldsymbol{A}$ 的列向量组中有 n 个向量，其秩为 m，从而 $\boldsymbol{A}$ 的列向量组中有 m 个向量线性无关，而不是任意 m 个向量线性无关，故选(A)。

方法二　若矩阵 $\boldsymbol{B}$ 满足 $\boldsymbol{BA}=\boldsymbol{O}$，且 $\boldsymbol{A}$ 行满秩，则 $0=r(\boldsymbol{BA})=r(\boldsymbol{B})$，故 $\boldsymbol{B}=\boldsymbol{O}$，从而选项(B)命题正确。又 $r(\boldsymbol{A}\vdots\boldsymbol{\beta})=r(\boldsymbol{A})=m<n$，故非齐次线性方程组 $\boldsymbol{Ax}=\boldsymbol{\beta}$ 有无穷多解，从而选项(C)命题正确。由于 $\boldsymbol{A}$ 是 $m\times n$ 矩阵，且 $r(\boldsymbol{A})=m<n$，即 $\boldsymbol{A}$ 行满秩，因此 $\boldsymbol{A}$ 经过初等行变换可化为 m 个非零阶梯行矩阵，再经过初等列变换可化为 $(\boldsymbol{E}_m\vdots\boldsymbol{O})$，从而选项(D)命题正确。故选(A)。

(11) **解**　应选(C)。

由于 $\boldsymbol{PQ}=\boldsymbol{O}$，因此 $r(\boldsymbol{P})+r(\boldsymbol{Q})\leqslant 3$，又 $\boldsymbol{P}\neq\boldsymbol{O}$，故 $r(\boldsymbol{P})\geqslant 1$，从而 $r(\boldsymbol{Q})\leqslant 2$，当 $t\neq 6$ 时，由于 $\boldsymbol{Q}$ 有 2 阶子式 $\begin{vmatrix}2 & 3\\4 & t\end{vmatrix}\neq 0$，因此 $r(\boldsymbol{Q})=2$，从而 $r(\boldsymbol{P})=1$，故选(C)。

(12) **解**　应选(D)。

由于 $r(\boldsymbol{\alpha}_0,\boldsymbol{\alpha}_1,\boldsymbol{\alpha}_2)=2$ 表明向量 $\boldsymbol{\alpha}_0$，$\boldsymbol{\alpha}_1$，$\boldsymbol{\alpha}_2$ 共面，因此两条直线 L_1，L_2 共面但不会重合，否则 $r(\boldsymbol{\alpha}_0,\boldsymbol{\alpha}_1,\boldsymbol{\alpha}_2)=1$，从而 L_1 与 L_2 可能平行也可能交于一点。又 $r(\boldsymbol{\alpha}_1,\boldsymbol{\alpha}_2)=1$ 表明 $\boldsymbol{\alpha}_1$，$\boldsymbol{\alpha}_2$ 共线，故两条直线 L_1，L_2 平行或重合。由于 $r(\boldsymbol{\alpha}_1,\boldsymbol{\alpha}_2)=2$ 表明 $\boldsymbol{\alpha}_1$，$\boldsymbol{\alpha}_2$ 不平行，因此两条直线 L_1，L_2 相交或为异面直线，从而选项(A)为两条直线交于一点的必要条件，选项(B)为两条直线重合的充分必要条件，选项(C)为两条直线平行的充分必要条件，故选(D)。

(13) **解**　应选(A)。

由于 $\left(\boldsymbol{\alpha}_1,\dfrac{1}{2}\boldsymbol{\alpha}_2,\dfrac{1}{3}\boldsymbol{\alpha}_3\right)=(\boldsymbol{\alpha}_1,\boldsymbol{\alpha}_2,\boldsymbol{\alpha}_3)\begin{pmatrix}1 & 0 & 0\\0 & \dfrac{1}{2} & 0\\0 & 0 & \dfrac{1}{3}\end{pmatrix}$，因此

$$(\boldsymbol{\alpha}_1,\boldsymbol{\alpha}_2,\boldsymbol{\alpha}_3)=\left(\boldsymbol{\alpha}_1,\frac{1}{2}\boldsymbol{\alpha}_2,\frac{1}{3}\boldsymbol{\alpha}_3\right)\begin{pmatrix}1 & 0 & 0\\0 & 2 & 0\\0 & 0 & 3\end{pmatrix}$$

从而

$$(\boldsymbol{\alpha}_1+\boldsymbol{\alpha}_2,\boldsymbol{\alpha}_2+\boldsymbol{\alpha}_3,\boldsymbol{\alpha}_3+\boldsymbol{\alpha}_1)=(\boldsymbol{\alpha}_1,\boldsymbol{\alpha}_2,\boldsymbol{\alpha}_3)\begin{pmatrix}1&0&1\\1&1&0\\0&1&1\end{pmatrix}$$

$$=\left(\boldsymbol{\alpha}_1,\frac{1}{2}\boldsymbol{\alpha}_2,\frac{1}{3}\boldsymbol{\alpha}_3\right)\begin{pmatrix}1&0&0\\0&2&0\\0&0&3\end{pmatrix}\begin{pmatrix}1&0&1\\1&1&0\\0&1&1\end{pmatrix}$$

$$=\left(\boldsymbol{\alpha}_1,\frac{1}{2}\boldsymbol{\alpha}_2,\frac{1}{3}\boldsymbol{\alpha}_3\right)\begin{pmatrix}1&0&1\\2&2&0\\0&3&3\end{pmatrix}$$

故选(A)。

(14) **解** 应选(D)。

由于 $\boldsymbol{\beta}_1$ 不可由 $\boldsymbol{\alpha}_1,\boldsymbol{\alpha}_2,\boldsymbol{\alpha}_3$ 线性表示，$\boldsymbol{\beta}_2$ 可由 $\boldsymbol{\alpha}_1,\boldsymbol{\alpha}_2,\boldsymbol{\alpha}_3$ 线性表示，因此 $\boldsymbol{\beta}_1+\boldsymbol{\beta}_2$ 不能由 $\boldsymbol{\alpha}_1,\boldsymbol{\alpha}_2,\boldsymbol{\alpha}_3$ 线性表示，从而 $\boldsymbol{\alpha}_1,\boldsymbol{\alpha}_2,\boldsymbol{\alpha}_3,\boldsymbol{\beta}_1+\boldsymbol{\beta}_2$ 线性无关，故选(D)。

(15) **解** 应选(C)。

令 $\boldsymbol{A}\boldsymbol{x}=\lambda\boldsymbol{x}$，则 $\boldsymbol{A}^2\boldsymbol{x}=\lambda^2\boldsymbol{x}$。由于 $\boldsymbol{\alpha}$，$\boldsymbol{\beta}$ 正交，因此 $\boldsymbol{\alpha}^{\mathrm{T}}\boldsymbol{\beta}=\boldsymbol{\beta}^{\mathrm{T}}\boldsymbol{\alpha}=0$，从而

$$\boldsymbol{A}^2=(\boldsymbol{\alpha}\boldsymbol{\beta}^{\mathrm{T}})(\boldsymbol{\alpha}\boldsymbol{\beta}^{\mathrm{T}})=\boldsymbol{\alpha}(\boldsymbol{\beta}^{\mathrm{T}}\boldsymbol{\alpha})\boldsymbol{\beta}^{\mathrm{T}}=\boldsymbol{O}$$

所以 $\lambda^2\boldsymbol{x}=\boldsymbol{0}$，故 $\lambda_1=\lambda_2=\lambda_3=\lambda_4=0$。由于 $\boldsymbol{\alpha}$，$\boldsymbol{\beta}$ 为非零向量，因此 $r(\boldsymbol{A})\geqslant1$，又

$$r(\boldsymbol{A})=r(\boldsymbol{\alpha}\boldsymbol{\beta}^{\mathrm{T}})\leqslant r(\boldsymbol{\alpha})=1$$

从而 $r(\boldsymbol{A})=1$。因为 $4-r(0\boldsymbol{E}-\boldsymbol{A})=4-r(\boldsymbol{A})=3$，所以 $\boldsymbol{A}$ 有 3 个线性无关的特征向量，故选(C)。

(16) **解** 应选(A)。

由 $\boldsymbol{A}$ 的特征值得 $\boldsymbol{A}^*$ 的特征值为 2，2，1，其对应的线性无关的特征向量为 $\boldsymbol{\alpha}_1,\boldsymbol{\alpha}_2,\boldsymbol{\alpha}_3$，令 $\boldsymbol{P}=(\boldsymbol{\alpha}_1,\boldsymbol{\alpha}_2,\boldsymbol{\alpha}_3)$，则

$$\boldsymbol{P}^{-1}\boldsymbol{A}^*\boldsymbol{P}=\begin{pmatrix}2&0&0\\0&2&0\\0&0&1\end{pmatrix}$$

由 $\boldsymbol{P}_1=(\boldsymbol{\alpha}_1-\boldsymbol{\alpha}_3,\boldsymbol{\alpha}_2+\boldsymbol{\alpha}_3,\boldsymbol{\alpha}_3)=P\begin{pmatrix}1&0&0\\0&1&0\\-1&1&1\end{pmatrix}$，得

$$\boldsymbol{P}_1^{-1}\boldsymbol{A}^*\boldsymbol{P}_1=\begin{pmatrix}1&0&0\\0&1&0\\-1&1&1\end{pmatrix}^{-1}\boldsymbol{P}^{-1}\boldsymbol{A}^*\boldsymbol{P}\begin{pmatrix}1&0&0\\0&1&0\\-1&1&1\end{pmatrix}$$

$$=\begin{pmatrix}1&0&0\\0&1&0\\-1&1&1\end{pmatrix}^{-1}\begin{pmatrix}2&0&0\\0&2&0\\0&0&1\end{pmatrix}\begin{pmatrix}1&0&0\\0&1&0\\-1&1&1\end{pmatrix}=\begin{pmatrix}2&0&0\\0&2&0\\1&-1&1\end{pmatrix}$$

故选(A)。

(17) **解** 应选(D)。

方法一 设 $\boldsymbol{B}$ 为 $m\times n$ 矩阵，$\boldsymbol{A}$ 为 $n\times s$ 矩阵，$\boldsymbol{C}$ 为 $m\times s$ 矩阵，则 $r(\boldsymbol{B})=n$。由于 $\boldsymbol{BA}=\boldsymbol{C}$，因此 $r(\boldsymbol{C})\leqslant r(\boldsymbol{A})$，$r(\boldsymbol{C})\leqslant r(\boldsymbol{B})$。若 $r(\boldsymbol{C})=s$，则 $r(\boldsymbol{A})\geqslant s$，又 $r(\boldsymbol{A})\leqslant s$，故 $r(\boldsymbol{A})=s$，从而 $\boldsymbol{A}$

的列向量组线性无关，所以选项(A)不正确。若 $r(\boldsymbol{C})=s$，则 $r(\boldsymbol{A})=s$，从而 $\boldsymbol{A}$ 的行向量组秩为 s，故 $n\geqslant s$，若 $n>s$，则 $\boldsymbol{A}$ 的行向量组线性相关，若 $n=s$，则 $\boldsymbol{A}$ 的行向量组线性无关，故选项(B)不正确。若 $r(\boldsymbol{A})=s$，则 $r(\boldsymbol{C})\leqslant s$，从而不能断定 $\boldsymbol{C}$ 的列向量组是线性相关还是线性无关，所以选项(C)不正确。故选(D)。

方法二　设 $\boldsymbol{B}$ 为 $m\times n$ 矩阵，$\boldsymbol{A}$ 为 $n\times s$ 矩阵，$\boldsymbol{C}$ 为 $m\times s$ 矩阵，则 $r(\boldsymbol{B})=n$。由于 $\boldsymbol{BA}=\boldsymbol{C}$，因此 $r(\boldsymbol{C})\leqslant r(\boldsymbol{A})$，$r(\boldsymbol{C})\leqslant r(\boldsymbol{B})$。若矩阵 $\boldsymbol{C}$ 的列向量组线性无关，则 $r(\boldsymbol{C})=s$，由 $r(\boldsymbol{A})\geqslant s$ 及 $r(\boldsymbol{A})\leqslant s$，得 $r(\boldsymbol{A})=s$，从而 $\boldsymbol{A}$ 的列向量组线性无关，故选(D)。

(18) **解**　应选(A)。

由对 $\boldsymbol{A}$ 作初等行变换 $\boldsymbol{A}\rightarrow\begin{pmatrix}1&1&1&3\\0&1&1&2\\0&0&1&1\end{pmatrix}$，得 $\boldsymbol{\alpha}_1,\boldsymbol{\alpha}_2,\boldsymbol{\alpha}_3$ 线性无关，且 $\boldsymbol{\alpha}_4=\boldsymbol{\alpha}_1+\boldsymbol{\alpha}_2+\boldsymbol{\alpha}_3$，故选(A)。

2. 填空题

(1) **解**　对增广矩阵 $(\boldsymbol{\alpha}_1,\boldsymbol{\alpha}_2,\boldsymbol{\alpha}_3\vdots\boldsymbol{\beta})$ 作初等变换，得

$$(\boldsymbol{\alpha}_1,\boldsymbol{\alpha}_2,\boldsymbol{\alpha}_3\vdots\boldsymbol{\beta})=\begin{pmatrix}1&3&1&\vdots&1\\1&a+2&-1&\vdots&1\\3&5&a&\vdots&4\end{pmatrix}\rightarrow\begin{pmatrix}1&3&1&\vdots&1\\0&a-1&-2&\vdots&0\\0&-4&a-3&\vdots&1\end{pmatrix}$$

由于 $r(\boldsymbol{\alpha}_1,\boldsymbol{\alpha}_2,\boldsymbol{\alpha}_3\vdots\boldsymbol{\beta})=3$，且 $\boldsymbol{\beta}$ 不能由 $\boldsymbol{\alpha}_1,\boldsymbol{\alpha}_2,\boldsymbol{\alpha}_3$ 线性表示，因此 $r(\boldsymbol{\alpha}_1,\boldsymbol{\alpha}_2,\boldsymbol{\alpha}_3)\leqslant 2$，从而

$$|\boldsymbol{\alpha}_1,\boldsymbol{\alpha}_2,\boldsymbol{\alpha}_3|=\begin{vmatrix}1&3&1\\1&a+2&-1\\3&5&a\end{vmatrix}=\begin{vmatrix}1&3&1\\0&a-1&-2\\0&-4&a-3\end{vmatrix}=\begin{vmatrix}a-1&-2\\-4&a-3\end{vmatrix}=a^2-4a-5=0$$

解之，得 $a=-1$ 或 $a=5$。

(2) **解**　对增广矩阵 $(\boldsymbol{\alpha}_1,\boldsymbol{\alpha}_2,\boldsymbol{\alpha}_3\vdots\boldsymbol{\beta})$ 作初等行变换，得

$$(\boldsymbol{\alpha}_1,\boldsymbol{\alpha}_2,\boldsymbol{\alpha}_3\vdots\boldsymbol{\beta})=\begin{pmatrix}1&1&1&\vdots&1\\2&1&-1&\vdots&0\\1&2&4&\vdots&a\end{pmatrix}\rightarrow\begin{pmatrix}1&1&1&\vdots&1\\0&-1&-3&\vdots&-2\\0&1&3&\vdots&a-1\end{pmatrix}\rightarrow\begin{pmatrix}1&1&1&\vdots&1\\0&-1&-3&\vdots&-2\\0&0&0&\vdots&a-3\end{pmatrix}$$

故当 $a=3$ 时，$\boldsymbol{\beta}$ 可由向量组 $\boldsymbol{\alpha}_1,\boldsymbol{\alpha}_2,\boldsymbol{\alpha}_3$ 线性表示。当 $a=3$ 时，

$$(\boldsymbol{\alpha}_1,\boldsymbol{\alpha}_2,\boldsymbol{\alpha}_3\vdots\beta)\rightarrow\begin{pmatrix}1&1&1&\vdots&1\\0&1&3&\vdots&2\\0&0&0&\vdots&0\end{pmatrix}$$

故 $\boldsymbol{\beta}=(2k-1)\boldsymbol{\alpha}_1+(2-3k)\boldsymbol{\alpha}_2+k\boldsymbol{\alpha}_3$，其中 k 为任意常数。

(3) **解**　$\boldsymbol{\alpha}^{\mathrm{T}}\boldsymbol{\alpha}$ 是 $\boldsymbol{\alpha}$ 坐标的平方和，即为 $\boldsymbol{\alpha}\boldsymbol{\alpha}^{\mathrm{T}}$ 的主对角线元素的和，故

$$\boldsymbol{\alpha}^{\mathrm{T}}\boldsymbol{\alpha}=1+1+1=3$$

(4) **解**　由于 $\boldsymbol{A\alpha}=\begin{pmatrix}1&2&-2\\2&1&2\\3&0&4\end{pmatrix}\begin{pmatrix}a\\1\\1\end{pmatrix}=\begin{pmatrix}a\\2a+3\\3a+4\end{pmatrix}$，由题设知 $(a,2a+3,3a+4)^{\mathrm{T}}$ 与 $(a,1,1)^{\mathrm{T}}$ 线性相关，从而其对应坐标成比例，故 $a=-1$。

(5) **解**　对矩阵$\begin{pmatrix}\boldsymbol{\alpha}_1\\ \boldsymbol{\alpha}_2\\ \boldsymbol{\alpha}_3\end{pmatrix}$作初等行变换，得

$$\begin{pmatrix}\boldsymbol{\alpha}_1\\ \boldsymbol{\alpha}_2\\ \boldsymbol{\alpha}_3\end{pmatrix}=\begin{pmatrix}1&2&-1&1\\2&0&3&0\\0&-4&5&-2\end{pmatrix}\to\begin{pmatrix}1&2&-1&1\\0&-4&5&-2\\0&-4&5&-2\end{pmatrix}\to\begin{pmatrix}1&2&-1&1\\0&-4&5&-2\\0&0&0&0\end{pmatrix}$$

从而该向量组的秩为2。

(6) **解**　对矩阵$(\boldsymbol{\alpha}_1,\boldsymbol{\alpha}_2,\boldsymbol{\alpha}_3,\boldsymbol{\alpha}_4)$作初等行变换，得

$$(\boldsymbol{\alpha}_1,\boldsymbol{\alpha}_2,\boldsymbol{\alpha}_3,\boldsymbol{\alpha}_4)=\begin{pmatrix}1&2&3&4\\2&3&4&5\\3&t&5&6\\4&5&6&7\end{pmatrix}\to\begin{pmatrix}1&2&3&4\\0&-1&-2&-3\\0&t-6&-4&-6\\0&-3&-6&-9\end{pmatrix}\to\begin{pmatrix}1&2&3&4\\0&-1&-2&-3\\0&t-4&0&0\\0&0&0&0\end{pmatrix}$$

由于向量组$\boldsymbol{\alpha}_1,\boldsymbol{\alpha}_2,\boldsymbol{\alpha}_3,\boldsymbol{\alpha}_4$的秩为2，因此$t=4$。

(7) **解**　由于$(\boldsymbol{A}\boldsymbol{\alpha}_1,\boldsymbol{A}\boldsymbol{\alpha}_2,\boldsymbol{A}\boldsymbol{\alpha}_3)=\boldsymbol{A}(\boldsymbol{\alpha}_1,\boldsymbol{\alpha}_2,\boldsymbol{\alpha}_3)$，且$(\boldsymbol{\alpha}_1,\boldsymbol{\alpha}_2,\boldsymbol{\alpha}_3)$可逆，因此

$$r(\boldsymbol{A}\boldsymbol{\alpha}_1,\boldsymbol{A}\boldsymbol{\alpha}_2,\boldsymbol{A}\boldsymbol{\alpha}_3)=r(\boldsymbol{A})$$

又

$$\boldsymbol{A}=\begin{pmatrix}1&0&1\\1&1&2\\0&1&1\end{pmatrix}\to\begin{pmatrix}1&0&1\\0&1&1\\0&1&1\end{pmatrix}\to\begin{pmatrix}1&0&1\\0&1&1\\0&0&0\end{pmatrix}$$

故$r(\boldsymbol{A})=2$，从而$r(\boldsymbol{A}\boldsymbol{\alpha}_1,\boldsymbol{A}\boldsymbol{\alpha}_2,\boldsymbol{A}\boldsymbol{\alpha}_3)=2$。

(8) **解**　方法一　由$r(\text{Ⅰ})=r(\text{Ⅱ})=3$，知$\boldsymbol{\alpha}_1,\boldsymbol{\alpha}_2,\boldsymbol{\alpha}_3$线性无关，$\boldsymbol{\alpha}_1,\boldsymbol{\alpha}_2,\boldsymbol{\alpha}_3,\boldsymbol{\alpha}_4$线性相关，故$\boldsymbol{\alpha}_4$可由$\boldsymbol{\alpha}_1,\boldsymbol{\alpha}_2,\boldsymbol{\alpha}_3$线性表示，从而设$\boldsymbol{\alpha}_4=l_1\boldsymbol{\alpha}_1+l_2\boldsymbol{\alpha}_2+l_3\boldsymbol{\alpha}_3$。假设$\boldsymbol{\alpha}_4+\boldsymbol{\alpha}_5$可由$\boldsymbol{\alpha}_1,\boldsymbol{\alpha}_2,\boldsymbol{\alpha}_3$线性表示，设$\boldsymbol{\alpha}_4+\boldsymbol{\alpha}_5=k_1\boldsymbol{\alpha}_1+k_2\boldsymbol{\alpha}_2+k_3\boldsymbol{\alpha}_3$，则

$$\boldsymbol{\alpha}_5=(k_1-l_1)\boldsymbol{\alpha}_1+(k_2-l_2)\boldsymbol{\alpha}_2+(k_3-l_3)\boldsymbol{\alpha}_3$$

从而$\boldsymbol{\alpha}_5$可由$\boldsymbol{\alpha}_1,\boldsymbol{\alpha}_2,\boldsymbol{\alpha}_3$线性表示，即$\boldsymbol{\alpha}_1,\boldsymbol{\alpha}_2,\boldsymbol{\alpha}_3,\boldsymbol{\alpha}_5$线性相关，这与$r(\text{Ⅲ})=4$矛盾，故$\boldsymbol{\alpha}_4+\boldsymbol{\alpha}_5$不能由$\boldsymbol{\alpha}_1,\boldsymbol{\alpha}_2,\boldsymbol{\alpha}_3$线性表示，从而$r(\boldsymbol{\alpha}_1,\boldsymbol{\alpha}_2,\boldsymbol{\alpha}_3,\boldsymbol{\alpha}_4+\boldsymbol{\alpha}_5)=4$。

方法二　由$r(\text{Ⅰ})=r(\text{Ⅱ})=3$，知$\boldsymbol{\alpha}_1,\boldsymbol{\alpha}_2,\boldsymbol{\alpha}_3$线性无关，$\boldsymbol{\alpha}_1,\boldsymbol{\alpha}_2,\boldsymbol{\alpha}_3,\boldsymbol{\alpha}_4$线性相关，故$\boldsymbol{\alpha}_4$可由$\boldsymbol{\alpha}_1,\boldsymbol{\alpha}_2,\boldsymbol{\alpha}_3$线性表示，设$\boldsymbol{\alpha}_4=l_1\boldsymbol{\alpha}_1+l_2\boldsymbol{\alpha}_2+l_3\boldsymbol{\alpha}_3$，$x_1\boldsymbol{\alpha}_1+x_2\boldsymbol{\alpha}_2+x_3\boldsymbol{\alpha}_3+x_4(\boldsymbol{\alpha}_4+\boldsymbol{\alpha}_5)=\boldsymbol{0}$，则

$$(x_1+l_1x_4)\boldsymbol{\alpha}_1+(x_2+l_2x_4)\boldsymbol{\alpha}_2+(x_3+l_3x_4)\boldsymbol{\alpha}_3+x_4\boldsymbol{\alpha}_5=\boldsymbol{0}$$

由$r(\text{Ⅲ})=4$，知$\boldsymbol{\alpha}_1,\boldsymbol{\alpha}_2,\boldsymbol{\alpha}_3,\boldsymbol{\alpha}_5$线性无关，从而

$$x_1+l_1x_4=0,\ x_2+l_2x_4=0,\ x_3+l_3x_4=0,\ x_4=0$$

即$x_1=x_2=x_3=x_4=0$，故$\boldsymbol{\alpha}_1,\boldsymbol{\alpha}_2,\boldsymbol{\alpha}_3,\boldsymbol{\alpha}_4+\boldsymbol{\alpha}_5$线性无关，从而$r(\boldsymbol{\alpha}_1,\boldsymbol{\alpha}_2,\boldsymbol{\alpha}_3,\boldsymbol{\alpha}_4+\boldsymbol{\alpha}_5)=4$。

(9) **解**　记$\boldsymbol{A}=\begin{pmatrix}\boldsymbol{\alpha}_1\\ \boldsymbol{\alpha}_2\\ \boldsymbol{\alpha}_3\end{pmatrix}$，则$r(\boldsymbol{A})=3$。由于$\boldsymbol{\alpha}_i\boldsymbol{\beta}_j=\boldsymbol{0}$，因此$\boldsymbol{\beta}_j(j=1,2,3)$是方程组$\boldsymbol{A}\boldsymbol{x}=\boldsymbol{0}$的解向量，又方程组$\boldsymbol{A}\boldsymbol{x}=\boldsymbol{0}$的基础解系含有$n-r(\boldsymbol{A})=4-3=1$个线性无关解向量，故$r(\boldsymbol{\beta}_1,\boldsymbol{\beta}_2,\boldsymbol{\beta}_3)\leqslant 1$。由于$\boldsymbol{\beta}_j(j=1,2,3)$为非零向量，因此$r(\boldsymbol{\beta}_1,\boldsymbol{\beta}_2,\boldsymbol{\beta}_3)\geqslant 1$，从而向量组$\boldsymbol{\beta}_1,\boldsymbol{\beta}_2,\boldsymbol{\beta}_3$的秩为1。

(10) **解**　由于 $\boldsymbol{\beta}=2\boldsymbol{\alpha}_1+0\boldsymbol{\alpha}_2+0\boldsymbol{\alpha}_3$，因此 $\boldsymbol{\beta}=(2,0,0)^T$ 在这组基下的坐标为 $(2,0,0)^T$。

(11) **解**　由于由 $\boldsymbol{\alpha}_1$，$\boldsymbol{\alpha}_2$，$\boldsymbol{\alpha}_3$ 生成的向量空间的维数为 2，因此向量组的秩

$$r(\boldsymbol{\alpha}_1,\boldsymbol{\alpha}_2,\boldsymbol{\alpha}_3)=2$$

对 $(\boldsymbol{\alpha}_1,\boldsymbol{\alpha}_2,\boldsymbol{\alpha}_3)$ 作初等行变换，得

$$(\boldsymbol{\alpha}_1,\boldsymbol{\alpha}_2,\boldsymbol{\alpha}_3)=\begin{pmatrix}1&1&2\\2&1&1\\-1&0&1\\0&2&a\end{pmatrix}\to\begin{pmatrix}1&1&2\\0&-1&-3\\0&1&3\\0&2&a\end{pmatrix}\to\begin{pmatrix}1&1&2\\0&1&3\\0&0&a-6\\0&0&0\end{pmatrix}$$

故 $a=6$。

(12) **解**　方法一　由于 $\boldsymbol{\beta}_1=3\boldsymbol{\alpha}_1-\boldsymbol{\alpha}_2$，$\boldsymbol{\beta}_2=\boldsymbol{\alpha}_1+2\boldsymbol{\alpha}_2$，因此由 $\boldsymbol{\alpha}_1$，$\boldsymbol{\alpha}_2$ 到 $\boldsymbol{\beta}_1$，$\boldsymbol{\beta}_2$ 的过渡矩阵为 $\boldsymbol{C}=\begin{pmatrix}3&1\\-1&2\end{pmatrix}$。

方法二　$$\boldsymbol{C}=(\boldsymbol{\alpha}_1,\boldsymbol{\alpha}_2)^{-1}(\boldsymbol{\beta}_1,\boldsymbol{\beta}_2)=\begin{pmatrix}1&1\\1&0\end{pmatrix}^{-1}\begin{pmatrix}2&3\\3&1\end{pmatrix}=\begin{pmatrix}0&1\\1&-1\end{pmatrix}\begin{pmatrix}2&3\\3&1\end{pmatrix}=\begin{pmatrix}3&1\\-1&2\end{pmatrix}$$

方法三　对 $(\boldsymbol{\alpha}_1,\boldsymbol{\alpha}_2\vdots\boldsymbol{\beta}_1,\boldsymbol{\beta}_2)$ 作初等行变换，得

$$(\boldsymbol{\alpha}_1,\boldsymbol{\alpha}_2\vdots\boldsymbol{\beta}_1,\boldsymbol{\beta}_2)=\begin{pmatrix}1&1&\vdots&2&3\\1&0&\vdots&3&1\end{pmatrix}\to\begin{pmatrix}1&1&\vdots&2&3\\0&-1&\vdots&1&-2\end{pmatrix}\to\begin{pmatrix}1&0&\vdots&3&1\\0&1&\vdots&-1&2\end{pmatrix}$$

故 $C=\begin{pmatrix}3&1\\-1&2\end{pmatrix}$。

3. 解答题

(1) **解**　对矩阵 $(\boldsymbol{\alpha}_1,\boldsymbol{\alpha}_2,\boldsymbol{\alpha}_3,\boldsymbol{\alpha}_4\vdots\boldsymbol{\beta})$ 作初等行变换，得

$$(\boldsymbol{\alpha}_1,\boldsymbol{\alpha}_2,\boldsymbol{\alpha}_3,\boldsymbol{\alpha}_4\vdots\boldsymbol{\beta})=\begin{pmatrix}1&-1&2&-1&\vdots&1\\1&1&3&5&\vdots&0\\0&2&a&-3&\vdots&2\\2&4&7&a+6&\vdots&b\end{pmatrix}\to\begin{pmatrix}1&-1&2&-1&\vdots&1\\0&2&1&6&\vdots&-1\\0&2&a&-3&\vdots&2\\0&6&3&a+8&\vdots&b-2\end{pmatrix}$$

$$\to\begin{pmatrix}1&-1&2&-1&\vdots&1\\0&2&1&6&\vdots&-1\\0&0&a-1&-9&\vdots&3\\0&0&0&a-10&\vdots&b+1\end{pmatrix}$$

(ⅰ) 当 $a=1$，$b\neq2$ 或 $a=10$，$b\neq-1$ 时，$r(\boldsymbol{\alpha}_1,\boldsymbol{\alpha}_2,\boldsymbol{\alpha}_3,\boldsymbol{\alpha}_4)<r(\boldsymbol{\alpha}_1,\boldsymbol{\alpha}_2,\boldsymbol{\alpha}_3,\boldsymbol{\alpha}_4\vdots\boldsymbol{\beta})$，从而 $\boldsymbol{\beta}$ 不能由 $\boldsymbol{\alpha}_1$，$\boldsymbol{\alpha}_2$，$\boldsymbol{\alpha}_3$，$\boldsymbol{\alpha}_4$ 线性表示。

(ⅱ) 当 $a\neq1$ 且 $a\neq10$ 时，$r(\boldsymbol{\alpha}_1,\boldsymbol{\alpha}_2,\boldsymbol{\alpha}_3,\boldsymbol{\alpha}_4)=r(\boldsymbol{\alpha}_1,\boldsymbol{\alpha}_2,\boldsymbol{\alpha}_3,\boldsymbol{\alpha}_4\vdots\boldsymbol{\beta})=4$，从而 $\boldsymbol{\beta}$ 可由 $\boldsymbol{\alpha}_1$，$\boldsymbol{\alpha}_2$，$\boldsymbol{\alpha}_3$，$\boldsymbol{\alpha}_4$ 线性表示且表示唯一。

(ⅲ) ① 当 $a=10$，$b=-1$ 时，$r(\boldsymbol{\alpha}_1,\boldsymbol{\alpha}_2,\boldsymbol{\alpha}_3,\boldsymbol{\alpha}_4)=r(\boldsymbol{\alpha}_1,\boldsymbol{\alpha}_2,\boldsymbol{\alpha}_3,\boldsymbol{\alpha}_4\vdots\boldsymbol{\beta})=3<4$，从而 $\boldsymbol{\beta}$ 可由 $\boldsymbol{\alpha}_1$，$\boldsymbol{\alpha}_2$，$\boldsymbol{\alpha}_3$，$\boldsymbol{\alpha}_4$ 线性表示且表示不唯一，此时表示式为

$$\boldsymbol{\beta}=\left(-\frac{9}{2}k-\frac{1}{3}\right)\boldsymbol{\alpha}_1+\left(-\frac{7}{2}k-\frac{2}{3}\right)\boldsymbol{\alpha}_2+\left(k+\frac{1}{3}\right)\boldsymbol{\alpha}_3+k\boldsymbol{\alpha}_4$$

其中 k 为任意常数。

② 当 $a=1$，$b=2$ 时，$r(\boldsymbol{\alpha}_1, \boldsymbol{\alpha}_2, \boldsymbol{\alpha}_3, \boldsymbol{\alpha}_4)=r(\boldsymbol{\alpha}_1, \boldsymbol{\alpha}_2, \boldsymbol{\alpha}_3, \boldsymbol{\alpha}_4 \vdots \boldsymbol{\beta})=3<4$，从而 $\boldsymbol{\beta}$ 可由 $\boldsymbol{\alpha}_1, \boldsymbol{\alpha}_2, \boldsymbol{\alpha}_3, \boldsymbol{\alpha}_4$ 线性表示且表示不唯一，此时表示式为

$$\boldsymbol{\beta}=\left(5k-\frac{4}{3}\right)\boldsymbol{\alpha}_1+k\boldsymbol{\alpha}_2+(1-2k)\boldsymbol{\alpha}_3-\frac{1}{3}\boldsymbol{\alpha}_4$$

其中 k 为任意常数。

(2) **解** 由于 $r(\boldsymbol{\beta}_1, \boldsymbol{\beta}_2, \boldsymbol{\beta}_3)=r(\boldsymbol{\alpha}_1, \boldsymbol{\alpha}_2, \boldsymbol{\alpha}_3)=2$，因此 $\begin{vmatrix} 0 & a & b \\ 1 & 2 & 1 \\ -1 & 1 & 0 \end{vmatrix}=0$，$\begin{vmatrix} 1 & 3 & 9 \\ 2 & 0 & 6 \\ -3 & 1 & c \end{vmatrix}=0$，解之，得 $a=3b$，$c=-7$。

又 $r(\boldsymbol{\alpha}_1, \boldsymbol{\alpha}_2, \boldsymbol{\alpha}_3)=2$，$\boldsymbol{\alpha}_1, \boldsymbol{\alpha}_2$ 线性无关，故 $\boldsymbol{\alpha}_1, \boldsymbol{\alpha}_2$ 为 $\boldsymbol{\alpha}_1, \boldsymbol{\alpha}_2, \boldsymbol{\alpha}_3$ 的一个极大无关组。再由 $\boldsymbol{\beta}_3$ 可由 $\boldsymbol{\alpha}_1, \boldsymbol{\alpha}_2, \boldsymbol{\alpha}_3$ 线性表示，知 $\boldsymbol{\beta}_3$ 可由 $\boldsymbol{\alpha}_1, \boldsymbol{\alpha}_2$ 线性表示，即 $\boldsymbol{\alpha}_1, \boldsymbol{\alpha}_2, \boldsymbol{\beta}_3$ 线性相关，从而

$$\begin{vmatrix} 1 & 3 & b \\ 2 & 0 & 1 \\ -3 & 1 & 0 \end{vmatrix}=0$$

解之，得 $b=5$，故 $a=15$。

(3) **证** (ⅰ) 方法一 由 $\boldsymbol{A\alpha}_1=2\boldsymbol{\alpha}_1$，$\boldsymbol{A\alpha}_2=\boldsymbol{\alpha}_1+2\boldsymbol{\alpha}_2$，$\boldsymbol{A\alpha}_3=\boldsymbol{\alpha}_2+2\boldsymbol{\alpha}_3$，得

$$(\boldsymbol{A}-2\boldsymbol{E})\boldsymbol{\alpha}_1=\boldsymbol{0},\ (\boldsymbol{A}-2\boldsymbol{E})\boldsymbol{\alpha}_2=\boldsymbol{\alpha}_1,\ (\boldsymbol{A}-2\boldsymbol{E})\boldsymbol{\alpha}_3=\boldsymbol{\alpha}_2$$

设

$$k_1\boldsymbol{\alpha}_1+k_2\boldsymbol{\alpha}_2+k_3\boldsymbol{\alpha}_3=\boldsymbol{0} \tag{1}$$

在式(1)两边左乘 $\boldsymbol{A}-2\boldsymbol{E}$，得

$$k_2\boldsymbol{\alpha}_1+k_3\boldsymbol{\alpha}_2=\boldsymbol{0} \tag{2}$$

在式(2)两边左乘 $\boldsymbol{A}-2\boldsymbol{E}$，得

$$k_3\boldsymbol{\alpha}_1=\boldsymbol{0} \tag{3}$$

由于 $\boldsymbol{\alpha}_1\neq\boldsymbol{0}$，因此 $k_3=0$，由式(2)，得 $k_2\boldsymbol{\alpha}_1=\boldsymbol{0}$，从而 $k_2=0$，再由式(1)，得 $k_1=0$，故 $\boldsymbol{\alpha}_1, \boldsymbol{\alpha}_2, \boldsymbol{\alpha}_3$ 线性无关。

方法二 设 $k_1\boldsymbol{\alpha}_1+k_2\boldsymbol{\alpha}_2+k_3\boldsymbol{\alpha}_3=\boldsymbol{0}$，两边左乘 $\boldsymbol{A}$，得 $k_1\boldsymbol{A\alpha}_1+k_2\boldsymbol{A\alpha}_2+k_3\boldsymbol{A\alpha}_3=\boldsymbol{0}$，即 $2k_1\boldsymbol{\alpha}_1+k_2(\boldsymbol{\alpha}_1+2\boldsymbol{\alpha}_2)+k_3(\boldsymbol{\alpha}_2+2\boldsymbol{\alpha}_3)=\boldsymbol{0}$，从而

$$k_2\boldsymbol{\alpha}_1+k_3\boldsymbol{\alpha}_2=\boldsymbol{0}$$

两边再左乘 $\boldsymbol{A}$，得 $k_2\boldsymbol{A\alpha}_1+k_3\boldsymbol{A\alpha}_2=\boldsymbol{0}$，即 $2k_2\boldsymbol{\alpha}_1+k_3(\boldsymbol{\alpha}_1+2\boldsymbol{\alpha}_2)=\boldsymbol{0}$，从而

$$k_3\boldsymbol{\alpha}_1=\boldsymbol{0}$$

又 $\boldsymbol{\alpha}_1\neq\boldsymbol{0}$，故 $k_3=0$，从而

$$k_2\boldsymbol{\alpha}_1=\boldsymbol{0}$$

再由 $\boldsymbol{\alpha}_1\neq\boldsymbol{0}$，得 $k_2=0$，由 $k_1\boldsymbol{\alpha}_1+k_2\boldsymbol{\alpha}_2+k_3\boldsymbol{\alpha}_3=\boldsymbol{0}$ 及 $\boldsymbol{\alpha}_1\neq\boldsymbol{0}$，得 $k_1=0$，故 $\boldsymbol{\alpha}_1, \boldsymbol{\alpha}_2, \boldsymbol{\alpha}_3$ 线性无关。

(ⅱ) 记 $P=(\boldsymbol{\alpha}_1, \boldsymbol{\alpha}_2, \boldsymbol{\alpha}_3)$，由于 $(\boldsymbol{A\alpha}_1, \boldsymbol{A\alpha}_2, \boldsymbol{A\alpha}_3)=(2\boldsymbol{\alpha}_1, \boldsymbol{\alpha}_1+2\boldsymbol{\alpha}_2, \boldsymbol{\alpha}_2+2\boldsymbol{\alpha}_3)$，因此

$$\boldsymbol{AP}=\boldsymbol{P}\begin{pmatrix} 2 & 1 & 0 \\ 0 & 2 & 1 \\ 0 & 0 & 2 \end{pmatrix}$$

从而

$$P^{-1}AP=\begin{pmatrix}2&1&0\\0&2&1\\0&0&2\end{pmatrix}=B,$$

故 A 与 B 相似。

由 $|\lambda E-B|=(\lambda-2)^3=0$，得 B 的特征值为 $\lambda_1=\lambda_2=\lambda_3=1$。由于

$$E-B=\begin{pmatrix}0&-1&0\\0&0&-1\\0&0&0\end{pmatrix}$$

因此 $r(E-B)=2$，从而 B 的对应于特征值 $\lambda_1=\lambda_2=\lambda_3=1$ 只有一个线性无关的特征向量，即 B 不可相似对角化，又 A 与 B 相似，故 A 不可相似对角化。

(4) **证**　由于 $\boldsymbol{\alpha}_1$，$\boldsymbol{\alpha}_2$，$\boldsymbol{\beta}_1$，$\boldsymbol{\beta}_2$ 是 4 个 3 维向量，因此 $\boldsymbol{\alpha}_1$，$\boldsymbol{\alpha}_2$，$\boldsymbol{\beta}_1$，$\boldsymbol{\beta}_2$ 线性相关，从而存在不全为零的数 k_1，k_2，l_1，l_2，使得 $k_1\boldsymbol{\alpha}_1+k_2\boldsymbol{\alpha}_2+l_1\boldsymbol{\beta}_1+l_2\boldsymbol{\beta}_2=\mathbf{0}$，即

$$k_1\boldsymbol{\alpha}_1+k_2\boldsymbol{\alpha}_2=-l_1\boldsymbol{\beta}_1-l_2\boldsymbol{\beta}_2$$

令 $\boldsymbol{\gamma}=k_1\boldsymbol{\alpha}_1+k_2\boldsymbol{\alpha}_2=-l_1\boldsymbol{\beta}_1-l_2\boldsymbol{\beta}_2$，则 $\boldsymbol{\gamma}$ 既可由 $\boldsymbol{\alpha}_1$，$\boldsymbol{\alpha}_2$ 线性表示，又可由 $\boldsymbol{\beta}_1$，$\boldsymbol{\beta}_2$ 线性表示，且 $\boldsymbol{\gamma}\neq\mathbf{0}$。若 $\boldsymbol{\gamma}=\mathbf{0}$，则 $k_1\boldsymbol{\alpha}_1+k_2\boldsymbol{\alpha}_2=-l_1\boldsymbol{\beta}_1-l_2\boldsymbol{\beta}_2=\mathbf{0}$。由 $\boldsymbol{\alpha}_1$，$\boldsymbol{\alpha}_2$ 和 $\boldsymbol{\beta}_1$，$\boldsymbol{\beta}_2$ 都是线性无关的向量组，得 $k_1=k_2=0$，$l_1=l_2=0$，这与 k_1，k_2，l_1，l_2 不全为零矛盾，故 $\boldsymbol{\gamma}\neq\mathbf{0}$。

(5) **证**　必要性　设 $A\boldsymbol{\alpha}_1$，$A\boldsymbol{\alpha}_2$，…，$A\boldsymbol{\alpha}_n$ 线性无关，则

$$r(A\boldsymbol{\alpha}_1, A\boldsymbol{\alpha}_2, \cdots, A\boldsymbol{\alpha}_n)=r[A(\boldsymbol{\alpha}_1, \boldsymbol{\alpha}_2, \cdots, \boldsymbol{\alpha}_n)]=n$$

由于 $r[A(\boldsymbol{\alpha}_1, \boldsymbol{\alpha}_2, \cdots, \boldsymbol{\alpha}_n)]\leqslant r(A)$，因此 $r(A)\geqslant n$，又 $r(A)\leqslant n$，故 $r(A)=n$。

充分性　设 $r(A)=n$，则 A 可逆，从而

$$r(A\boldsymbol{\alpha}_1, A\boldsymbol{\alpha}_2, \cdots, A\boldsymbol{\alpha}_n)=r[A(\boldsymbol{\alpha}_1, \boldsymbol{\alpha}_2, \cdots, \boldsymbol{\alpha}_n)]=r(\boldsymbol{\alpha}_1, \boldsymbol{\alpha}_2, \cdots, \boldsymbol{\alpha}_n)$$

由于 $\boldsymbol{\alpha}_1$，$\boldsymbol{\alpha}_2$，…，$\boldsymbol{\alpha}_n$ 线性无关，因此 $r(\boldsymbol{\alpha}_1, \boldsymbol{\alpha}_2, \cdots, \boldsymbol{\alpha}_n)=n$，从而 $r(A\boldsymbol{\alpha}_1, A\boldsymbol{\alpha}_2, \cdots, A\boldsymbol{\alpha}_n)=n$，故 $A\boldsymbol{\alpha}_1$，$A\boldsymbol{\alpha}_2$，…，$A\boldsymbol{\alpha}_n$ 线性无关。

(6) **证**　方法一　令 $A=(\boldsymbol{\alpha}_1, \boldsymbol{\alpha}_2, \cdots, \boldsymbol{\alpha}_n)$，$B=\begin{pmatrix}\boldsymbol{\alpha}_1^{\mathrm{T}}\boldsymbol{\alpha}_1&\boldsymbol{\alpha}_1^{\mathrm{T}}\boldsymbol{\alpha}_2&\cdots&\boldsymbol{\alpha}_1^{\mathrm{T}}\boldsymbol{\alpha}_n\\\boldsymbol{\alpha}_2^{\mathrm{T}}\boldsymbol{\alpha}_1&\boldsymbol{\alpha}_2^{\mathrm{T}}\boldsymbol{\alpha}_2&\cdots&\boldsymbol{\alpha}_2^{\mathrm{T}}\boldsymbol{\alpha}_n\\\vdots&\vdots&&\vdots\\\boldsymbol{\alpha}_n^{\mathrm{T}}\boldsymbol{\alpha}_1&\boldsymbol{\alpha}_n^{\mathrm{T}}\boldsymbol{\alpha}_2&\cdots&\boldsymbol{\alpha}_n^{\mathrm{T}}\boldsymbol{\alpha}_n\end{pmatrix}$，则 $B=A^{\mathrm{T}}A$，又 $r(B)=r(A^{\mathrm{T}}A)=r(A)$，因此

$$\boldsymbol{\alpha}_1, \boldsymbol{\alpha}_2, \cdots, \boldsymbol{\alpha}_n \text{ 线性无关} \Leftrightarrow r(A)=n\Leftrightarrow r(B)=n\Leftrightarrow |B|\neq 0$$

方法二　令 $A=(\boldsymbol{\alpha}_1, \boldsymbol{\alpha}_2, \cdots, \boldsymbol{\alpha}_n)$，$B=\begin{pmatrix}\boldsymbol{\alpha}_1^{\mathrm{T}}\boldsymbol{\alpha}_1&\boldsymbol{\alpha}_1^{\mathrm{T}}\boldsymbol{\alpha}_2&\cdots&\boldsymbol{\alpha}_1^{\mathrm{T}}\boldsymbol{\alpha}_n\\\boldsymbol{\alpha}_2^{\mathrm{T}}\boldsymbol{\alpha}_1&\boldsymbol{\alpha}_2^{\mathrm{T}}\boldsymbol{\alpha}_2&\cdots&\boldsymbol{\alpha}_2^{\mathrm{T}}\boldsymbol{\alpha}_n\\\vdots&\vdots&&\vdots\\\boldsymbol{\alpha}_n^{\mathrm{T}}\boldsymbol{\alpha}_1&\boldsymbol{\alpha}_n^{\mathrm{T}}\boldsymbol{\alpha}_2&\cdots&\boldsymbol{\alpha}_n^{\mathrm{T}}\boldsymbol{\alpha}_n\end{pmatrix}$，则 $B=A^{\mathrm{T}}A$，从而 $|B|=|A^{\mathrm{T}}A|=|A^{\mathrm{T}}||A|=|A|^2$，故 $\boldsymbol{\alpha}_1$，$\boldsymbol{\alpha}_2$，…，$\boldsymbol{\alpha}_n$ 线性无关 $\Leftrightarrow|A|\neq 0\Leftrightarrow|B|\neq 0$。

方法三　设 $x_1\boldsymbol{\alpha}_1+x_2\boldsymbol{\alpha}_2+\cdots+x_n\boldsymbol{\alpha}_n=\mathbf{0}$，分别用 $\boldsymbol{\alpha}_1$，$\boldsymbol{\alpha}_2$，…，$\boldsymbol{\alpha}_n$ 作内积，得

$$\begin{cases}(\boldsymbol{\alpha}_1, \boldsymbol{\alpha}_1)x_1+(\boldsymbol{\alpha}_1, \boldsymbol{\alpha}_2)x_2+\cdots+(\boldsymbol{\alpha}_1, \boldsymbol{\alpha}_n)x_n=0\\(\boldsymbol{\alpha}_2, \boldsymbol{\alpha}_1)x_1+(\boldsymbol{\alpha}_2, \boldsymbol{\alpha}_2)x_2+\cdots+(\boldsymbol{\alpha}_2, \boldsymbol{\alpha}_n)x_n=0\\\qquad\vdots\\(\boldsymbol{\alpha}_n, \boldsymbol{\alpha}_1)x_1+(\boldsymbol{\alpha}_n, \boldsymbol{\alpha}_2)x_2+\cdots+(\boldsymbol{\alpha}_n, \boldsymbol{\alpha}_n)x_n=0\end{cases}$$

从而 $\boldsymbol{\alpha}_1, \boldsymbol{\alpha}_2, \cdots, \boldsymbol{\alpha}_n$ 线性无关$\Leftrightarrow x_1=x_2=\cdots=x_n=0\Leftrightarrow$齐次线性方程组仅有零解$\Leftrightarrow$系数行列式不等于零。

(7) **证** 记 $\boldsymbol{A}=\begin{pmatrix}\boldsymbol{\alpha}_1^{\mathrm{T}}\\\boldsymbol{\alpha}_2^{\mathrm{T}}\\\vdots\\\boldsymbol{\alpha}_n^{\mathrm{T}}\end{pmatrix}$，由于 $\boldsymbol{\alpha}_1, \boldsymbol{\alpha}_2, \cdots, \boldsymbol{\alpha}_n$ 线性无关，因此 $r(\boldsymbol{A})=n$，又 $\boldsymbol{\alpha}_1, \boldsymbol{\alpha}_2, \cdots, \boldsymbol{\alpha}_n$ 与 $\boldsymbol{\beta}$ 正交，因此 $\boldsymbol{A\beta}=\boldsymbol{0}$，从而 $r(\boldsymbol{A})+r(\boldsymbol{\beta})\leqslant n$，故 $r(\boldsymbol{\beta})=0$，即 $\boldsymbol{\beta}=\boldsymbol{0}$。

记 $\boldsymbol{A}=\begin{pmatrix}\boldsymbol{\alpha}_1^{\mathrm{T}}\\\boldsymbol{\alpha}_2^{\mathrm{T}}\\\vdots\\\boldsymbol{\alpha}_{n-1}^{\mathrm{T}}\end{pmatrix}$，由于 $\boldsymbol{\alpha}_1, \boldsymbol{\alpha}_2, \cdots, \boldsymbol{\alpha}_{n-1}$ 线性无关，且与非零向量 $\boldsymbol{\beta}_1, \boldsymbol{\beta}_2$ 正交，因此 $r(\boldsymbol{A})=n-1$，且 $\boldsymbol{A\beta}_1=0$，$\boldsymbol{A\beta}_2=0$，即 $\boldsymbol{\beta}_1, \boldsymbol{\beta}_2$ 是齐次线性方程组 $\boldsymbol{Ax}=\boldsymbol{0}$ 的两个非零解。又 $r(\boldsymbol{A})=n-1$，故 $\boldsymbol{Ax}=\boldsymbol{0}$ 的基础解系只含一个线性无关的解向量，从而 $\boldsymbol{\beta}_1, \boldsymbol{\beta}_2$ 线性相关。

设 $k_1\boldsymbol{\alpha}_1+k_2\boldsymbol{\alpha}_2+\cdots+k_{n-1}\boldsymbol{\alpha}_{n-1}+l\boldsymbol{\beta}_1=\boldsymbol{0}$，用 $\boldsymbol{\beta}_1$ 作内积，得

$$k_1(\boldsymbol{\beta}_1, \boldsymbol{\alpha}_1)+k_2(\boldsymbol{\beta}_2, \boldsymbol{\alpha}_2)+\cdots+k_{n-1}(\boldsymbol{\beta}_1, \boldsymbol{\alpha}_{n-1})+l(\boldsymbol{\beta}_1, \boldsymbol{\beta}_1)=0$$

由于$(\boldsymbol{\beta}_1, \boldsymbol{\alpha}_i)=0(i=1, 2, n-1)$，$\|\boldsymbol{\beta}_1\|\neq 0$，因此 $l(\boldsymbol{\beta}_1, \boldsymbol{\beta}_1)=l\|\boldsymbol{\beta}_1\|^2=0$，从而 $l=0$，所以 $k_1\boldsymbol{\alpha}_1+k_2\boldsymbol{\alpha}_2+\cdots+k_{n-1}\boldsymbol{\alpha}_{n-1}=\boldsymbol{0}$；又 $\boldsymbol{\alpha}_1, \boldsymbol{\alpha}_2, \cdots, \boldsymbol{\alpha}_{n-1}$ 线性无关，故 $k_1=k_2=\cdots=k_{n-1}=0$，从而 $\boldsymbol{\alpha}_1, \boldsymbol{\alpha}_2, \cdots, \boldsymbol{\alpha}_{n-1}, \boldsymbol{\beta}_1$ 线性无关。

(8) **证** 齐次线性方程组的系数矩阵 $\boldsymbol{A}=\begin{pmatrix}a_{11}&a_{12}&\cdots&a_{1n}\\a_{21}&a_{22}&\cdots&a_{2n}\\\vdots&\vdots&&\vdots\\a_{r1}&a_{r2}&\cdots&a_{rn}\end{pmatrix}=\begin{pmatrix}\boldsymbol{\alpha}_1^{\mathrm{T}}\\\boldsymbol{\alpha}_2^{\mathrm{T}}\\\vdots\\\boldsymbol{\alpha}_r^{\mathrm{T}}\end{pmatrix}$，$\boldsymbol{x}=\begin{pmatrix}x_1\\x_2\\\vdots\\x_n\end{pmatrix}$，则齐次线性方程组可写成 $\boldsymbol{Ax}=\boldsymbol{0}$，从而 $\boldsymbol{A\beta}=\boldsymbol{0}$，即 $\boldsymbol{\alpha}_1^{\mathrm{T}}\boldsymbol{\beta}=0$，$\boldsymbol{\alpha}_2^{\mathrm{T}}\boldsymbol{\beta}=0$，$\cdots$，$\boldsymbol{\alpha}_r^{\mathrm{T}}\boldsymbol{\beta}=0$，故 $\boldsymbol{\alpha}_1, \boldsymbol{\alpha}_2, \cdots, \boldsymbol{\alpha}_r$ 与 $\boldsymbol{\beta}$ 正交。设 $k_1\boldsymbol{\alpha}_1+k_2\boldsymbol{\alpha}_2+\cdots+k_r\boldsymbol{\alpha}_r+k\boldsymbol{\beta}=\boldsymbol{0}$，则

$$(k_1\boldsymbol{\alpha}_1+k_2\boldsymbol{\alpha}_2+\cdots+k_r\boldsymbol{\alpha}_r+k\boldsymbol{\beta}, \boldsymbol{\beta})=0$$

从而 $k(\boldsymbol{\beta}, \boldsymbol{\beta})=0$，但 $\boldsymbol{\beta}\neq\boldsymbol{0}$，故 $k=0$，从而 $k_1\boldsymbol{\alpha}_1+k_2\boldsymbol{\alpha}_2+\cdots+k_r\boldsymbol{\alpha}_r=\boldsymbol{0}$。由 $\boldsymbol{\alpha}_1, \boldsymbol{\alpha}_2, \cdots, \boldsymbol{\alpha}_r$ 线性无关，得 $k_1=k_2=\cdots=k_r=0$，故 $\boldsymbol{\alpha}_1, \boldsymbol{\alpha}_2, \cdots, \boldsymbol{\alpha}_r, \boldsymbol{\beta}$ 线性无关。

(9) **解** 对矩阵$(\boldsymbol{\alpha}_1, \boldsymbol{\alpha}_2, \boldsymbol{\alpha}_3, \boldsymbol{\alpha}_4, \boldsymbol{\alpha})$作初等行变换，得

$$(\boldsymbol{\alpha}_1, \boldsymbol{\alpha}_2, \boldsymbol{\alpha}_3, \boldsymbol{\alpha}_4, \boldsymbol{\alpha})=\begin{pmatrix}1&-1&3&-2&4\\1&-3&2&-6&1\\1&5&-1&10&6\\3&1&2&0&10\end{pmatrix}\xrightarrow[r_4-3r_1]{\substack{r_2-r_1\\r_3-r_1}}\begin{pmatrix}1&-1&3&-2&4\\0&-2&-1&-4&-3\\0&6&-4&12&2\\0&4&-7&6&-2\end{pmatrix}$$

$$\xrightarrow[r_4+2r_2]{r_3+3r_2}\begin{pmatrix}1&-1&3&-2&4\\0&-2&-1&-4&-3\\0&0&-7&0&-7\\0&0&-9&-2&-8\end{pmatrix}\xrightarrow[r_4+9r_3]{-\frac{1}{7}r_3}\begin{pmatrix}1&-1&3&-2&4\\0&-2&-1&-4&-3\\0&0&1&0&1\\0&0&0&-2&1\end{pmatrix}$$

由于向量组 $\boldsymbol{\alpha}_1$，$\boldsymbol{\alpha}_2$，$\boldsymbol{\alpha}_3$，$\boldsymbol{\alpha}_4$ 的秩为 4，因此向量组 $\boldsymbol{\alpha}_1$，$\boldsymbol{\alpha}_2$，$\boldsymbol{\alpha}_3$，$\boldsymbol{\alpha}_4$ 线性无关。又 5 个 4 维向量线性相关，故 $\boldsymbol{\alpha}$ 可由 $\boldsymbol{\alpha}_1$，$\boldsymbol{\alpha}_2$，$\boldsymbol{\alpha}_3$，$\boldsymbol{\alpha}_4$ 线性表示，且 $\boldsymbol{\alpha}=2\boldsymbol{\alpha}_1+2\boldsymbol{\alpha}_2+\boldsymbol{\alpha}_3-\frac{1}{2}\boldsymbol{\alpha}_4$。

(10) **解** 对矩阵$(\boldsymbol{\alpha}_1,\boldsymbol{\alpha}_2,\boldsymbol{\alpha}_3\vdots\boldsymbol{\beta}_1,\boldsymbol{\beta}_2,\boldsymbol{\beta}_3)$作初等行变换，得

$$(\boldsymbol{\alpha}_1,\boldsymbol{\alpha}_2,\boldsymbol{\alpha}_3\vdots\boldsymbol{\beta}_1,\boldsymbol{\beta}_2,\boldsymbol{\beta}_3)=\begin{pmatrix}1&1&1&\vdots&1&2&2\\0&1&-1&\vdots&2&1&1\\2&3&a+2&\vdots&a+3&a+6&a+4\end{pmatrix}$$
$$\to\begin{pmatrix}1&0&2&\vdots&-1&1&1\\0&1&-1&\vdots&2&1&1\\0&0&a+1&\vdots&a-1&a+1&a-1\end{pmatrix}$$

(ⅰ) 当 $a\neq-1$ 时，$|\boldsymbol{\alpha}_1,\boldsymbol{\alpha}_2,\boldsymbol{\alpha}_3|=a+1\neq0$，则 $r(\boldsymbol{\alpha}_1,\boldsymbol{\alpha}_2,\boldsymbol{\alpha}_3)=3$，从而非齐次线性方程组 $x_1\boldsymbol{\alpha}_1+x_2\boldsymbol{\alpha}_2+x_3\boldsymbol{\alpha}_3=\boldsymbol{\beta}_i(i=1,2,3)$均有唯一解，所以 $\boldsymbol{\beta}_1$，$\boldsymbol{\beta}_2$，$\boldsymbol{\beta}_3$ 可由向量组(Ⅰ)线性表示。同样，$|\boldsymbol{\beta}_1,\boldsymbol{\beta}_2,\boldsymbol{\beta}_3|=6\neq0$，则 $r(\boldsymbol{\beta}_1,\boldsymbol{\beta}_2,\boldsymbol{\beta}_3)=3$，故 $\boldsymbol{\alpha}_1$，$\boldsymbol{\alpha}_2$，$\boldsymbol{\alpha}_3$ 可由向量组(Ⅱ)线性表示，因此向量组(Ⅰ)与向量组(Ⅱ)等价。

(ⅱ) 当 $a=-1$ 时，对矩阵$(\boldsymbol{\alpha}_1,\boldsymbol{\alpha}_2,\boldsymbol{\alpha}_3\vdots\boldsymbol{\beta}_1,\boldsymbol{\beta}_2,\boldsymbol{\beta}_3)$作初等行变换，得

$$(\boldsymbol{\alpha}_1,\boldsymbol{\alpha}_2,\boldsymbol{\alpha}_3\vdots\boldsymbol{\beta}_1,\boldsymbol{\beta}_2,\boldsymbol{\beta}_3)\to\begin{pmatrix}1&0&2&\vdots&-1&1&1\\0&1&-1&\vdots&2&1&1\\0&0&0&\vdots&-2&0&-2\end{pmatrix}$$

由于 $r(\boldsymbol{\alpha}_1,\boldsymbol{\alpha}_2,\boldsymbol{\alpha}_3)\neq r(\boldsymbol{\alpha}_1,\boldsymbol{\alpha}_2,\boldsymbol{\alpha}_3\vdots\boldsymbol{\beta}_1)$，非齐次线性方程组 $x_1\boldsymbol{\alpha}_1+x_2\boldsymbol{\alpha}_2+x_3\boldsymbol{\alpha}_3=\boldsymbol{\beta}_1$ 无解，故向量 $\boldsymbol{\beta}_1$ 不能由 $\boldsymbol{\alpha}_1$，$\boldsymbol{\alpha}_2$，$\boldsymbol{\alpha}_3$ 线性表示，因此向量组(Ⅰ)与向量组(Ⅱ)不等价。

(11) **解** (ⅰ) 由于 4 个 3 维向量 $\boldsymbol{\beta}_1$，$\boldsymbol{\beta}_2$，$\boldsymbol{\beta}_3$，$\boldsymbol{\alpha}_i(i=1,2,3)$线性相关，若 $\boldsymbol{\beta}_1$，$\boldsymbol{\beta}_2$，$\boldsymbol{\beta}_3$ 线性无关，则 $\boldsymbol{\alpha}_i$ 可由 $\boldsymbol{\beta}_1$，$\boldsymbol{\beta}_2$，$\boldsymbol{\beta}_3$ 线性表示，这与题设矛盾，因此 $\boldsymbol{\beta}_1$，$\boldsymbol{\beta}_2$，$\boldsymbol{\beta}_3$ 线性相关，从而

$$|\boldsymbol{\beta}_1,\boldsymbol{\beta}_2,\boldsymbol{\beta}_3|=\begin{vmatrix}1&1&3\\1&2&4\\1&3&a\end{vmatrix}=a-5=0$$

解之，得 $a=5$。此时，$\boldsymbol{\alpha}_1$ 不能由 $\boldsymbol{\beta}_1$，$\boldsymbol{\beta}_2$，$\boldsymbol{\beta}_3$ 线性表示。

(ⅱ) 令 $\overline{\boldsymbol{A}}=(\boldsymbol{\alpha}_1,\boldsymbol{\alpha}_2,\boldsymbol{\alpha}_3\vdots\boldsymbol{\beta}_1,\boldsymbol{\beta}_2,\boldsymbol{\beta}_3)$，对 $\overline{\boldsymbol{A}}$ 作初等行变换，得

$$\overline{\boldsymbol{A}}=\begin{pmatrix}1&0&1&\vdots&1&1&3\\0&1&3&\vdots&1&2&4\\1&1&5&\vdots&1&3&5\end{pmatrix}\to\begin{pmatrix}1&0&0&\vdots&2&1&5\\0&1&0&\vdots&4&2&10\\0&0&1&\vdots&-1&0&-2\end{pmatrix}$$

从而 $\boldsymbol{\beta}_1=2\boldsymbol{\alpha}_1+4\boldsymbol{\alpha}_2-\boldsymbol{\alpha}_3$，$\boldsymbol{\beta}_2=\boldsymbol{\alpha}_1+2\boldsymbol{\alpha}_2$，$\boldsymbol{\beta}_3=5\boldsymbol{\alpha}_1+10\boldsymbol{\alpha}_2-2\boldsymbol{\alpha}_3$。

(12) **解** 记 $\boldsymbol{A}=(\boldsymbol{\alpha}_1,\boldsymbol{\alpha}_2,\boldsymbol{\alpha}_3)$，$\boldsymbol{B}=(\boldsymbol{\beta}_1,\boldsymbol{\beta}_2,\boldsymbol{\beta}_3)$，由于向量组 $\boldsymbol{\beta}_1$，$\boldsymbol{\beta}_2$，$\boldsymbol{\beta}_3$ 不能由向量组 $\boldsymbol{\alpha}_1$，$\boldsymbol{\alpha}_2$，$\boldsymbol{\alpha}_3$ 线性表示，因此 $r(\boldsymbol{A})<3$，从而 $0=|\boldsymbol{A}|=\begin{vmatrix}1&1&a\\1&a&1\\a&1&1\end{vmatrix}=-(a-1)^2(a+2)$，解之，

得 $a=1$ 或 $a=-2$。

当 $a=1$ 时，$\boldsymbol{\alpha}_1=\boldsymbol{\alpha}_2=\boldsymbol{\alpha}_3=\boldsymbol{\beta}_1=(1,1,1)^T$，从而 $\boldsymbol{\alpha}_1,\boldsymbol{\alpha}_2,\boldsymbol{\alpha}_3$ 可由 $\boldsymbol{\beta}_1,\boldsymbol{\beta}_2,\boldsymbol{\beta}_3$ 线性表示，且 $\boldsymbol{\beta}_2=(-2,1,4)^T$ 不能由 $\boldsymbol{\alpha}_1,\boldsymbol{\alpha}_2,\boldsymbol{\alpha}_3$ 线性表示。

当 $a=-2$ 时，由于

$$(\boldsymbol{\beta}_1,\boldsymbol{\beta}_2,\boldsymbol{\beta}_3,\boldsymbol{\alpha}_1,\boldsymbol{\alpha}_2,\boldsymbol{\alpha}_3)=\begin{pmatrix}1&-2&-2&1&1&-2\\1&-2&-2&1&-2&1\\-2&4&-2&-2&1&1\end{pmatrix}\to\begin{pmatrix}1&-2&-2&1&1&-2\\0&0&-6&0&3&-3\\0&0&0&0&-3&3\end{pmatrix}$$

因此 $r(\boldsymbol{\beta}_1,\boldsymbol{\beta}_2,\boldsymbol{\beta}_3)=2$，$r(\boldsymbol{\beta}_1,\boldsymbol{\beta}_2,\boldsymbol{\beta}_3,\boldsymbol{\alpha}_2)=3$，从而 $\boldsymbol{\alpha}_2$ 不能由 $\boldsymbol{\beta}_1,\boldsymbol{\beta}_2,\boldsymbol{\beta}_3$ 线性表示，这与题设矛盾，故 $a=1$。

(13) **证** 方法一 (ⅰ)

$$r(\boldsymbol{A})=r(\boldsymbol{\alpha}\boldsymbol{\alpha}^T+\boldsymbol{\beta}\boldsymbol{\beta}^T)\leqslant r(\boldsymbol{\alpha}\boldsymbol{\alpha}^T)+r(\boldsymbol{\beta}\boldsymbol{\beta}^T)\leqslant r(\boldsymbol{\alpha})+r(\boldsymbol{\beta})\leqslant 1+1=2$$

(ⅱ) 若 $\boldsymbol{\alpha},\boldsymbol{\beta}$ 线性相关，不妨设 $\boldsymbol{\alpha}=k\boldsymbol{\beta}$，则

$$r(\boldsymbol{A})=r(\boldsymbol{\alpha}\boldsymbol{\alpha}^T+\boldsymbol{\beta}\boldsymbol{\beta}^T)=r((1+k^2)\boldsymbol{\beta}\boldsymbol{\beta}^T)\leqslant r(\boldsymbol{\beta})\leqslant 1<2$$

方法二 (ⅰ) 由于 $\boldsymbol{\alpha},\boldsymbol{\beta}$ 均为 3 维列向量，因此存在非零向量 $\boldsymbol{x}$ 与 $\boldsymbol{\alpha},\boldsymbol{\beta}$ 均正交，即 $\boldsymbol{\alpha}^T\boldsymbol{x}=0$，$\boldsymbol{\beta}^T\boldsymbol{x}=0$，从而 $\boldsymbol{\alpha}\boldsymbol{\alpha}^T\boldsymbol{x}=\boldsymbol{0}$，$\boldsymbol{\beta}\boldsymbol{\beta}^T\boldsymbol{x}=\boldsymbol{0}$，故 $(\boldsymbol{\alpha}\boldsymbol{\alpha}^T+\boldsymbol{\beta}\boldsymbol{\beta}^T)\boldsymbol{x}=\boldsymbol{0}$，从而齐次线性方程组 $\boldsymbol{A}\boldsymbol{x}=\boldsymbol{0}$ 有非零解，故 $r(\boldsymbol{A})\leqslant 2$。

(ⅱ) 当 $\boldsymbol{\alpha}=\boldsymbol{0}$ 时，显然 $r(\boldsymbol{A})=r(\boldsymbol{\beta}\boldsymbol{\beta}^T)\leqslant r(\boldsymbol{\beta})\leqslant 1<2$。当 $\boldsymbol{\alpha}\neq\boldsymbol{0}$ 时，则 $r(\boldsymbol{\alpha}^T)=1$，从而齐次线性方程组 $\boldsymbol{\alpha}^T\boldsymbol{x}=0$ 的基础解系有 2 个解向量，设其基础解系为 $\boldsymbol{\xi}_1,\boldsymbol{\xi}_2$，则 $\boldsymbol{\alpha}^T\boldsymbol{\xi}_1=0$，$\boldsymbol{\alpha}^T\boldsymbol{\xi}_2=0$。若 $\boldsymbol{\alpha},\boldsymbol{\beta}$ 线性相关，不妨设 $\boldsymbol{\beta}=k\boldsymbol{\alpha}$，则

$$\boldsymbol{\beta}^T\boldsymbol{\xi}_1=(k\boldsymbol{\alpha})^T\boldsymbol{\xi}_1=k\boldsymbol{\alpha}^T\boldsymbol{\xi}_1=0,\ \boldsymbol{\beta}^T\boldsymbol{\xi}_2=(k\boldsymbol{\alpha})^T\boldsymbol{\xi}_2=k\boldsymbol{\alpha}^T\boldsymbol{\xi}_2=0$$

从而 $\boldsymbol{A}\boldsymbol{\xi}_1=(\boldsymbol{\alpha}\boldsymbol{\alpha}^T+\boldsymbol{\beta}\boldsymbol{\beta}^T)\boldsymbol{\xi}_1=\boldsymbol{0}$，$\boldsymbol{A}\boldsymbol{\xi}_2=(\boldsymbol{\alpha}\boldsymbol{\alpha}^T+\boldsymbol{\beta}\boldsymbol{\beta}^T)\boldsymbol{\xi}_2=\boldsymbol{0}$，即齐次线性方程组 $\boldsymbol{A}\boldsymbol{x}=0$ 至少有 2 个线性无关的解向量，故 $3-r(\boldsymbol{A})\geqslant 2$，即 $r(\boldsymbol{A})\leqslant 1<2$。

(14) **解** 方法一 记 $\boldsymbol{A}=(\boldsymbol{\alpha}_1,\boldsymbol{\alpha}_2,\boldsymbol{\alpha}_3,\boldsymbol{\alpha}_4)$，则

$$|\boldsymbol{A}|=\begin{vmatrix}1+a&2&3&4\\1&2+a&3&4\\1&2&3+a&4\\1&2&3&4+a\end{vmatrix}=(a+10)a^3$$

当 $a=0$ 或 $a=-10$ 时，$\boldsymbol{\alpha}_1,\boldsymbol{\alpha}_2,\boldsymbol{\alpha}_3,\boldsymbol{\alpha}_4$ 线性相关。

当 $a=0$ 时，$\boldsymbol{\alpha}_1$ 为 $\boldsymbol{\alpha}_1,\boldsymbol{\alpha}_2,\boldsymbol{\alpha}_3,\boldsymbol{\alpha}_4$ 的一个极大线性无关组，且

$$\boldsymbol{\alpha}_2=2\boldsymbol{\alpha}_1,\ \boldsymbol{\alpha}_3=3\boldsymbol{\alpha}_1,\ \boldsymbol{\alpha}_4=4\boldsymbol{\alpha}_1$$

当 $\alpha=-10$ 时，对 $\boldsymbol{A}$ 作初等行变换，得

$$\boldsymbol{A}=\begin{pmatrix}-9&2&3&4\\1&-8&3&4\\1&2&-7&4\\1&2&3&-6\end{pmatrix}\to\begin{pmatrix}-9&2&3&4\\10&-10&0&0\\10&0&-10&0\\10&0&0&-10\end{pmatrix}\to\begin{pmatrix}-9&2&3&4\\1&-1&0&0\\1&0&-1&0\\1&0&0&-1\end{pmatrix}$$

$$\to\begin{pmatrix}0&0&0&0\\1&-1&0&0\\1&0&-1&0\\1&0&0&-1\end{pmatrix}=(\boldsymbol{\beta}_1,\boldsymbol{\beta}_2,\boldsymbol{\beta}_3,\boldsymbol{\beta}_4)$$

由于 $\boldsymbol{\beta}_2$，$\boldsymbol{\beta}_3$，$\boldsymbol{\beta}_4$ 为 $\boldsymbol{\beta}_1$，$\boldsymbol{\beta}_2$，$\boldsymbol{\beta}_3$，$\boldsymbol{\beta}_4$ 的一个极大线性无关组，且 $\boldsymbol{\beta}_1=-\boldsymbol{\beta}_2-\boldsymbol{\beta}_3-\boldsymbol{\beta}_4$，因此 $\boldsymbol{\alpha}_2$，$\boldsymbol{\alpha}_3$，$\boldsymbol{\alpha}_4$ 为 $\boldsymbol{\alpha}_1$，$\boldsymbol{\alpha}_2$，$\boldsymbol{\alpha}_3$，$\boldsymbol{\alpha}_4$ 的一个极大线性无关组，且 $\boldsymbol{\alpha}_1=-\boldsymbol{\alpha}_2-\boldsymbol{\alpha}_3-\boldsymbol{\alpha}_4$。

方法二　记 $\boldsymbol{A}=(\boldsymbol{\alpha}_1,\boldsymbol{\alpha}_2,\boldsymbol{\alpha}_3,\boldsymbol{\alpha}_4)$，对 $\boldsymbol{A}$ 作初等行变换，得

$$\boldsymbol{A}=\begin{pmatrix}1+a & 2 & 3 & 4\\ 1 & 2+a & 3 & 4\\ 1 & 2 & 3+a & 4\\ 1 & 2 & 3 & 4+a\end{pmatrix}\to\begin{pmatrix}1+a & 2 & 3 & 4\\ -a & a & 0 & 0\\ -a & 0 & a & 0\\ -a & 0 & 0 & a\end{pmatrix}=\boldsymbol{B}$$

当 $a=0$ 时，$r(\boldsymbol{A})=1$，$\boldsymbol{\alpha}_1$，$\boldsymbol{\alpha}_2$，$\boldsymbol{\alpha}_3$，$\boldsymbol{\alpha}_4$ 线性相关，$\boldsymbol{\alpha}_1$ 为 $\boldsymbol{\alpha}_1$，$\boldsymbol{\alpha}_2$，$\boldsymbol{\alpha}_3$，$\boldsymbol{\alpha}_4$ 的一个极大线性无关组，且 $\boldsymbol{\alpha}_2=2\boldsymbol{\alpha}_1$，$\boldsymbol{\alpha}_3=3\boldsymbol{\alpha}_1$，$\boldsymbol{\alpha}_4=4\boldsymbol{\alpha}_1$。

当 $a\neq 0$ 时，对 $\boldsymbol{B}$ 作初等行变换，得

$$\boldsymbol{B}\to\begin{pmatrix}1+a & 2 & 3 & 4\\ -1 & 1 & 0 & 0\\ -1 & 0 & 1 & 0\\ -1 & 0 & 0 & 1\end{pmatrix}\to\begin{pmatrix}a+10 & 0 & 0 & 0\\ -1 & 1 & 0 & 0\\ -1 & 0 & 1 & 0\\ -1 & 0 & 0 & 1\end{pmatrix}=\boldsymbol{C}=(\boldsymbol{\gamma}_1,\boldsymbol{\gamma}_2,\boldsymbol{\gamma}_3,\boldsymbol{\gamma}_4)$$

若 $a\neq-10$，则 $r(\boldsymbol{C})=4$，从而 $\boldsymbol{\alpha}_1$，$\boldsymbol{\alpha}_2$，$\boldsymbol{\alpha}_3$，$\boldsymbol{\alpha}_4$ 线性无关。若 $a=-10$，则 $r(\boldsymbol{C})=3$，从而 $\boldsymbol{\alpha}_1$，$\boldsymbol{\alpha}_2$，$\boldsymbol{\alpha}_3$，$\boldsymbol{\alpha}_4$ 线性相关。由于 $\boldsymbol{\gamma}_2$，$\boldsymbol{\gamma}_3$，$\boldsymbol{\gamma}_4$ 为 $\boldsymbol{\gamma}_1$，$\boldsymbol{\gamma}_2$，$\boldsymbol{\gamma}_3$，$\boldsymbol{\gamma}_4$ 的一个极大线性无关组，且 $\boldsymbol{\gamma}_1=-\boldsymbol{\gamma}_2-\boldsymbol{\gamma}_3-\boldsymbol{\gamma}_4$，因此 $\boldsymbol{\alpha}_2$，$\boldsymbol{\alpha}_3$，$\boldsymbol{\alpha}_4$ 为 $\boldsymbol{\alpha}_1$，$\boldsymbol{\alpha}_2$，$\boldsymbol{\alpha}_3$，$\boldsymbol{\alpha}_4$ 的一个极大线性无关组，且 $\boldsymbol{\alpha}_1=-\boldsymbol{\alpha}_2-\boldsymbol{\alpha}_3-\boldsymbol{\alpha}_4$。

(15) **解**　记 $\boldsymbol{A}=(\boldsymbol{\alpha}_1,\boldsymbol{\alpha}_2,\boldsymbol{\alpha}_3)$，$\boldsymbol{B}=(\boldsymbol{\beta}_1,\boldsymbol{\beta}_2,\boldsymbol{\beta}_3)$，对矩阵 $(\boldsymbol{A}\vdots\boldsymbol{B})$ 作初等行变换，得

$$(\boldsymbol{A}\vdots\boldsymbol{B})=\begin{pmatrix}1 & 1 & 1 & \vdots & 1 & 0 & 1\\ 1 & 0 & 2 & \vdots & 1 & 2 & 3\\ 4 & 4 & a^2+3 & \vdots & a+3 & 1-a & a^2+3\end{pmatrix}$$

$$\to\begin{pmatrix}1 & 1 & 1 & \vdots & 1 & 0 & 1\\ 0 & -1 & 1 & \vdots & 0 & 2 & 2\\ 0 & 0 & a^2-1 & \vdots & a-1 & 1-a & a^2-1\end{pmatrix}$$

当 $a=1$ 时，$r(\boldsymbol{A})=r(\boldsymbol{B})=r(\boldsymbol{A}\vdots\boldsymbol{B})=2$，则向量组(Ⅰ)与向量组(Ⅱ)等价。

当 $a=-1$ 时，$r(\boldsymbol{A})=r(\boldsymbol{B})=2$，$r(\boldsymbol{A}\vdots\boldsymbol{\beta}_1)=3$，则 $\boldsymbol{\beta}_1$ 不能由 $\boldsymbol{\alpha}_1$，$\boldsymbol{\alpha}_2$，$\boldsymbol{\alpha}_3$ 线性表示，从而向量组(Ⅰ)与向量组(Ⅱ)不等价。

当 $a\neq\pm1$ 时，$r(\boldsymbol{A})=r(\boldsymbol{B})=r(\boldsymbol{A}\vdots\boldsymbol{B})=3$，则向量组(Ⅰ)与向量组(Ⅱ)等价，所以当 $a\neq-1$ 时，向量组(Ⅰ)与向量组(Ⅱ)等价。

当 $a=1$ 时，对矩阵 $(\boldsymbol{A}\vdots\boldsymbol{\beta}_3)$ 作初等行变换，得

$$(\boldsymbol{A}\vdots\boldsymbol{\beta}_3)\to\begin{pmatrix}1 & 1 & 1 & \vdots & 1\\ 0 & -1 & 1 & \vdots & 2\\ 0 & 0 & 0 & \vdots & 0\end{pmatrix}\to\begin{pmatrix}1 & 0 & 2 & \vdots & 3\\ 0 & 1 & -1 & \vdots & -2\\ 0 & 0 & 0 & \vdots & 0\end{pmatrix}$$

从而非齐次线性方程组 $\boldsymbol{Ax}=\boldsymbol{\beta}_3$ 的通解为 $(3,-2,0)^{\mathrm{T}}+k(-2,1,1)^{\mathrm{T}}$，其中 k 为任意常数，故 $\boldsymbol{\beta}_3=(3-2k)\boldsymbol{\alpha}_1+(k-2)\boldsymbol{\alpha}_2+k\boldsymbol{\alpha}_3$，其中 k 为任意常数。

当 $a\neq\pm1$ 时，对矩阵 $(\boldsymbol{A}\vdots\boldsymbol{\beta}_3)$ 作初等行变换，得

$$(\boldsymbol{A}\vdots\boldsymbol{\beta}_3)\to\begin{pmatrix}1&1&1&\vdots&1\\0&-1&1&\vdots&2\\0&0&a^2-1&\vdots&a^2-1\end{pmatrix}\to\begin{pmatrix}1&1&1&\vdots&1\\0&1&-1&\vdots&-2\\0&0&1&\vdots&1\end{pmatrix}\to\begin{pmatrix}1&0&0&\vdots&1\\0&1&0&\vdots&-1\\0&0&1&\vdots&1\end{pmatrix}$$

从而非齐次线性方程组 $\boldsymbol{Ax}=\boldsymbol{\beta}_3$ 的解为$(1,-1,1)^{\mathrm{T}}$，故 $\boldsymbol{\beta}_3=\boldsymbol{\alpha}_1-\boldsymbol{\alpha}_2+\boldsymbol{\alpha}_3$。

(16) **解**　由于 $\boldsymbol{\alpha}_1,\boldsymbol{\alpha}_2,\boldsymbol{\alpha}_3$ 到 $\boldsymbol{\beta}_1,\boldsymbol{\beta}_2,\boldsymbol{\beta}_3$ 的过渡矩阵 $\boldsymbol{C}$ 满足$(\boldsymbol{\beta}_1,\boldsymbol{\beta}_2,\boldsymbol{\beta}_3)=(\boldsymbol{\alpha}_1,\boldsymbol{\alpha}_2,\boldsymbol{\alpha}_3)\boldsymbol{C}$，且$(\boldsymbol{\alpha}_1,\boldsymbol{\alpha}_2,\boldsymbol{\alpha}_3)$可逆，因此 $\boldsymbol{C}=(\boldsymbol{\alpha}_1,\boldsymbol{\alpha}_2,\boldsymbol{\alpha}_3)^{-1}(\boldsymbol{\beta}_1,\boldsymbol{\beta}_2,\boldsymbol{\beta}_3)=\begin{pmatrix}2&3&4\\0&-1&0\\-1&0&-1\end{pmatrix}$。

(17) **证**　(ⅰ) 由于

$$(\boldsymbol{\beta}_1,\boldsymbol{\beta}_2,\boldsymbol{\beta}_3)=(\boldsymbol{\alpha}_1,\boldsymbol{\alpha}_2,\boldsymbol{\alpha}_3)\begin{pmatrix}2&0&1\\0&2&0\\2k&0&k+1\end{pmatrix}$$

且 $\begin{vmatrix}2&0&1\\0&2&0\\2k&0&k+1\end{vmatrix}=4\neq0$，因此 $r(\boldsymbol{\beta}_1,\boldsymbol{\beta}_2,\boldsymbol{\beta}_3)=r(\boldsymbol{\alpha}_1,\boldsymbol{\alpha}_2,\boldsymbol{\alpha}_3)=3$，即 $\boldsymbol{\beta}_1,\boldsymbol{\beta}_2,\boldsymbol{\beta}_3$ 线性无关，从而 $\boldsymbol{\beta}_1,\boldsymbol{\beta}_2,\boldsymbol{\beta}_3$ 是 $\mathbf{R}^3$ 的一个基。

(ⅱ) 设 $\boldsymbol{\xi}$ 在两组基下的坐标均为$(x_1,x_2,x_3)^{\mathrm{T}}$，则

$$x_1\boldsymbol{\alpha}_1+x_2\boldsymbol{\alpha}_2+x_3\boldsymbol{\alpha}_3=x_1\boldsymbol{\beta}_1+x_2\boldsymbol{\beta}_2+x_3\boldsymbol{\beta}_3$$

即

$$x_1(\boldsymbol{\beta}_1-\boldsymbol{\alpha}_1)+x_2(\boldsymbol{\beta}_2-\boldsymbol{\alpha}_2)+x_3(\boldsymbol{\beta}_3-\boldsymbol{\alpha}_3)=\mathbf{0}$$

由于 $\boldsymbol{\beta}_1=2\boldsymbol{\alpha}_1+2k\boldsymbol{\alpha}_3$，$\boldsymbol{\beta}_2=2\boldsymbol{\alpha}_2$，$\boldsymbol{\beta}_3=\boldsymbol{\alpha}_1+(k+1)\boldsymbol{\alpha}_3$，因此

$$x_1(\boldsymbol{\alpha}_1+2k\boldsymbol{\alpha}_3)+x_2\boldsymbol{\alpha}_2+x_3(\boldsymbol{\alpha}_1+k\boldsymbol{\alpha}_3)=\mathbf{0}$$

又 $\boldsymbol{\xi}$ 为非零向量，故齐次线性方程组 $x_1(\boldsymbol{\alpha}_1+2k\boldsymbol{\alpha}_3)+x_2\boldsymbol{\alpha}_2+x_3(\boldsymbol{\alpha}_1+k\boldsymbol{\alpha}_3)=\mathbf{0}$ 有非零解，从而

$$0=|\boldsymbol{\alpha}_1+2k\boldsymbol{\alpha}_3,\boldsymbol{\alpha}_2,\boldsymbol{\alpha}_1+k\boldsymbol{\alpha}_3|=\left|(\boldsymbol{\alpha}_1,\boldsymbol{\alpha}_2,\boldsymbol{\alpha}_3)\begin{pmatrix}1&0&1\\0&1&0\\2k&0&k\end{pmatrix}\right|=|\boldsymbol{\alpha}_1,\boldsymbol{\alpha}_2,\boldsymbol{\alpha}_3|\begin{vmatrix}1&0&1\\0&1&0\\2k&0&k\end{vmatrix}$$

由于 $|\boldsymbol{\alpha}_1,\boldsymbol{\alpha}_2,\boldsymbol{\alpha}_3|\neq0$，因此 $\begin{vmatrix}1&0&1\\0&1&0\\2k&0&k\end{vmatrix}=0$，解之，得 $k=0$。

当 $k=0$ 时，由 $x_1(\boldsymbol{\alpha}_1+2k\boldsymbol{\alpha}_3)+x_2\boldsymbol{\alpha}_2+x_3(\boldsymbol{\alpha}_1+k\boldsymbol{\alpha}_3)=\mathbf{0}$，得 $x_1\boldsymbol{\alpha}_1+x_2\boldsymbol{\alpha}_2+x_3\boldsymbol{\alpha}_1=\mathbf{0}$，即 $(\boldsymbol{\alpha}_1,\boldsymbol{\alpha}_2,\boldsymbol{\alpha}_3)\begin{pmatrix}1&0&1\\0&1&0\\0&0&0\end{pmatrix}\begin{pmatrix}x_1\\x_2\\x_3\end{pmatrix}=\mathbf{0}$，又 $\boldsymbol{\alpha}_1,\boldsymbol{\alpha}_2,\boldsymbol{\alpha}_3$ 是一个基，故$(\boldsymbol{\alpha}_1,\boldsymbol{\alpha}_2,\boldsymbol{\alpha}_3)$可逆，从而 $\begin{pmatrix}1&0&1\\0&1&0\\0&0&0\end{pmatrix}\begin{pmatrix}x_1\\x_2\\x_3\end{pmatrix}=\mathbf{0}$，解此齐次线性方程组得所有 $\boldsymbol{\xi}$ 在基 $\boldsymbol{\alpha}_1,\boldsymbol{\alpha}_2,\boldsymbol{\alpha}_3$ 与基 $\boldsymbol{\beta}_1,\boldsymbol{\beta}_2,\boldsymbol{\beta}_3$ 下的坐标为$(x_1,x_2,x_3)^{\mathrm{T}}=k(-1,0,1)^{\mathrm{T}}$，其中 k 为任意常数。

(18) **解**　(ⅰ) 由于 $\boldsymbol{\beta}=b\boldsymbol{\alpha}_1+c\boldsymbol{\alpha}_2+\boldsymbol{\alpha}_3$，因此

$$(1, 1, 1)^{\mathrm{T}}=b(1, 2, 1)^{\mathrm{T}}+c(1, 3, 2)^{\mathrm{T}}+(1, a, 3)^{\mathrm{T}}$$

从而 $\begin{cases} b+c=0 \\ a+2b+3c=1 \\ b+2c=-2 \end{cases}$，即 $\begin{pmatrix} 0 & 1 & 1 \\ 1 & 2 & 3 \\ 0 & 1 & 2 \end{pmatrix}\begin{pmatrix} a \\ b \\ c \end{pmatrix}=\begin{pmatrix} 0 \\ 1 \\ -2 \end{pmatrix}$。记 $\boldsymbol{A}=\begin{pmatrix} 0 & 1 & 1 \\ 1 & 2 & 3 \\ 0 & 1 & 2 \end{pmatrix}$，$\boldsymbol{\beta}_0=(0, 1, -2)^{\mathrm{T}}$，则 a，b，c 是非齐次线性方程组 $\boldsymbol{Ax}=\boldsymbol{\beta}_0$ 的解。对增广矩阵 $(\boldsymbol{A} \vdots \boldsymbol{\beta}_0)$ 作初等行变换，得

$$(\boldsymbol{A} \vdots \boldsymbol{\beta}_0)=\left(\begin{array}{ccc:c} 0 & 1 & 1 & 0 \\ 1 & 2 & 3 & 1 \\ 0 & 1 & 2 & -2 \end{array}\right) \to \left(\begin{array}{ccc:c} 1 & 2 & 3 & 1 \\ 0 & 1 & 1 & 0 \\ 0 & 1 & 2 & -2 \end{array}\right) \to \left(\begin{array}{ccc:c} 1 & 2 & 3 & 1 \\ 0 & 1 & 1 & 0 \\ 0 & 0 & 1 & -2 \end{array}\right)$$

$$\to \left(\begin{array}{ccc:c} 1 & 2 & 0 & 7 \\ 0 & 1 & 0 & 2 \\ 0 & 0 & 1 & -2 \end{array}\right) \to \left(\begin{array}{ccc:c} 1 & 0 & 0 & 3 \\ 0 & 1 & 0 & 2 \\ 0 & 0 & 1 & -2 \end{array}\right)$$

故 $a=3$，$b=2$，$c=-2$。

(ⅱ) 当 $a=3$ 时，由于 $|\boldsymbol{\alpha}_2, \boldsymbol{\alpha}_3, \boldsymbol{\beta}|=\begin{vmatrix} 1 & 1 & 1 \\ 3 & 3 & 1 \\ 2 & 3 & 1 \end{vmatrix}=\begin{vmatrix} 1 & 1 & 1 \\ 0 & 0 & -2 \\ 2 & 3 & 1 \end{vmatrix}=2\begin{vmatrix} 1 & 1 \\ 2 & 3 \end{vmatrix}=2\neq 0$，因此向量组 $\boldsymbol{\alpha}_2$，$\boldsymbol{\alpha}_3$，$\boldsymbol{\beta}$ 线性无关，故 $\boldsymbol{\alpha}_2$，$\boldsymbol{\alpha}_3$，$\boldsymbol{\beta}$ 为 $\mathbf{R}^3$ 的一个基。

又 $(\boldsymbol{\alpha}_2, \boldsymbol{\alpha}_3, \boldsymbol{\beta})=(\boldsymbol{\alpha}_2, \boldsymbol{\alpha}_3, 2\boldsymbol{\alpha}_1-2\boldsymbol{\alpha}_2+\boldsymbol{\alpha}_3)=(\boldsymbol{\alpha}_1, \boldsymbol{\alpha}_2, \boldsymbol{\alpha}_3)\begin{pmatrix} 0 & 0 & 2 \\ 1 & 0 & -2 \\ 0 & 1 & 1 \end{pmatrix}$，故

$$(\boldsymbol{\alpha}_1, \boldsymbol{\alpha}_2, \boldsymbol{\alpha}_3)=(\boldsymbol{\alpha}_2, \boldsymbol{\alpha}_3, \boldsymbol{\beta})\begin{pmatrix} 0 & 0 & 2 \\ 1 & 0 & -2 \\ 0 & 1 & 1 \end{pmatrix}^{-1}$$

即由基 $\boldsymbol{\alpha}_2$，$\boldsymbol{\alpha}_3$，$\boldsymbol{\beta}$ 到基 $\boldsymbol{\alpha}_1$，$\boldsymbol{\alpha}_2$，$\boldsymbol{\alpha}_3$ 的过渡矩阵为 $\begin{pmatrix} 0 & 0 & 2 \\ 1 & 0 & -2 \\ 0 & 1 & 1 \end{pmatrix}^{-1}$。

由 $\left(\begin{array}{ccc:ccc} 0 & 0 & 2 & 1 & 0 & 0 \\ 1 & 0 & -2 & 0 & 1 & 0 \\ 0 & 1 & 1 & 0 & 0 & 1 \end{array}\right) \to \left(\begin{array}{ccc:ccc} 1 & 0 & -2 & 0 & 1 & 0 \\ 0 & 1 & 1 & 0 & 0 & 1 \\ 0 & 0 & 2 & 1 & 0 & 0 \end{array}\right) \to \left(\begin{array}{ccc:ccc} 1 & 0 & 0 & 1 & 1 & 0 \\ 0 & 1 & 0 & -\frac{1}{2} & 0 & 1 \\ 0 & 0 & 1 & \frac{1}{2} & 0 & 0 \end{array}\right)$，

得 $\begin{pmatrix} 0 & 0 & 2 \\ 1 & 0 & -2 \\ 0 & 1 & 1 \end{pmatrix}^{-1}=\begin{pmatrix} 1 & 1 & 0 \\ -\frac{1}{2} & 0 & 1 \\ \frac{1}{2} & 0 & 0 \end{pmatrix}$，故由基 $\boldsymbol{\alpha}_2$，$\boldsymbol{\alpha}_3$，$\boldsymbol{\beta}$ 到基 $\boldsymbol{\alpha}_1$，$\boldsymbol{\alpha}_2$，$\boldsymbol{\alpha}_3$ 的过渡矩阵为 $\begin{pmatrix} 1 & 1 & 0 \\ -\frac{1}{2} & 0 & 1 \\ \frac{1}{2} & 0 & 0 \end{pmatrix}$。

第4章　线性方程组

一、考点内容讲解

1. 线性方程组的基本概念

(1) 非齐次线性方程组：

(ⅰ) 一般表示式：

$$\begin{cases} a_{11}x_1+a_{12}x_2+\cdots+a_{1n}x_n=b_1 \\ a_{21}x_1+a_{22}x_2+\cdots+a_{2n}x_n=b_2 \\ \quad\vdots \\ a_{m1}x_1+a_{m2}x_2+\cdots+a_{mn}x_n=b_m \end{cases}$$

称为 m 个方程 n 个未知变量的非齐次线性方程组。记 $\boldsymbol{\alpha}_j=(a_{1j}, a_{2j}, \cdots, a_{mj})^{\mathrm{T}}(j=1, 2, \cdots, n)$，$\boldsymbol{\beta}=(b_1, b_2, \cdots, b_m)^{\mathrm{T}}$，称 $\mathbf{A}=(\boldsymbol{\alpha}_1, \boldsymbol{\alpha}_2, \cdots, \boldsymbol{\alpha}_n)$ 为非齐次线性方程组的系数矩阵，称 $\overline{\mathbf{A}}=(\boldsymbol{\alpha}_1, \boldsymbol{\alpha}_2, \cdots, \boldsymbol{\alpha}_n, \boldsymbol{\beta})$ 为方程组的增广矩阵。

(ⅱ) 矩阵表示式：记 $\boldsymbol{x}=(x_1, x_2, \cdots, x_n)^{\mathrm{T}}$，则非齐次线性方程组的矩阵表示式为

$$\mathbf{A}\boldsymbol{x}=\boldsymbol{\beta}$$

(ⅲ) 向量表示式：

$$x_1\boldsymbol{\alpha}_1+x_2\boldsymbol{\alpha}_2+\cdots+x_n\boldsymbol{\alpha}_n=\boldsymbol{\beta}$$

(2) 齐次线性方程组($\boldsymbol{\beta}=\mathbf{0}$)：

(ⅰ) 一般表示式：

$$\begin{cases} a_{11}x_1+a_{12}x_2+\cdots+a_{1n}x_n=0 \\ a_{21}x_1+a_{22}x_2+\cdots+a_{2n}x_n=0 \\ \quad\vdots \\ a_{m1}x_1+a_{m2}x_2+\cdots+a_{mn}x_n=0 \end{cases}$$

称为 m 个方程 n 个未知变量的齐次线性方程组。

(ⅱ) 矩阵表示式：记 $\boldsymbol{x}=(x_1, x_2, \cdots, x_n)^{\mathrm{T}}$，则齐次线性方程组的矩阵表示式为

$$\mathbf{A}\boldsymbol{x}=\mathbf{0}$$

(ⅲ) 向量表示式：

$$x_1\boldsymbol{\alpha}_1+x_2\boldsymbol{\alpha}_2+\cdots+x_n\boldsymbol{\alpha}_n=\mathbf{0}$$

2. 齐次线性方程组的解

(1) 齐次线性方程组一定有解(至少有零解)。

(2) 若 $r(\mathbf{A})=n$，则齐次线性方程组仅有零解。

(3) 齐次线性方程组有非零解的条件：

（ⅰ）齐次线性方程组 $\boldsymbol{Ax}=\boldsymbol{0}$ 有非零解$\Leftrightarrow\boldsymbol{A}$ 的列向量组线性相关$\Leftrightarrow r(\boldsymbol{A})<n$。

（ⅱ）若齐次线性方程组中方程的个数少于未知变量的个数，则齐次线性方程组有非零解。

（ⅲ）若 $\boldsymbol{A}$ 是方阵，则齐次线性方程组 $\boldsymbol{Ax}=\boldsymbol{0}$ 有非零解$\Leftrightarrow|\boldsymbol{A}|=0$。

(4) 齐次线性方程组解的性质：

（ⅰ）若 $\boldsymbol{\xi}_1$，$\boldsymbol{\xi}_2$ 是齐次线性方程组 $\boldsymbol{Ax}=\boldsymbol{0}$ 的解，则 $\boldsymbol{\xi}_1+\boldsymbol{\xi}_2$ 也是 $\boldsymbol{Ax}=\boldsymbol{0}$ 的解。

（ⅱ）若 $\boldsymbol{\xi}$ 是齐次线性方程组 $\boldsymbol{Ax}=\boldsymbol{0}$ 的解，k 是常数，则 $k\boldsymbol{\xi}$ 也是 $\boldsymbol{Ax}=\boldsymbol{0}$的解。

(5) 齐次线性方程组的解的结构：

（ⅰ）解空间：由于齐次线性方程组 $\boldsymbol{Ax}=\boldsymbol{0}$ 必有零解，并且其解向量对于向量的加法和数乘封闭，因此齐次线性方程组 $\boldsymbol{Ax}=\boldsymbol{0}$的解的集合构成一向量空间，称为解空间。

（ⅱ）基础解系：设 $\boldsymbol{\xi}_1$，$\boldsymbol{\xi}_2$，…，$\boldsymbol{\xi}_s$ 是齐次线性方程组 $\boldsymbol{Ax}=\boldsymbol{0}$ 的一组线性无关的解，如果齐次线性方程组 $\boldsymbol{Ax}=\boldsymbol{0}$的任一解均可由 $\boldsymbol{\xi}_1$，$\boldsymbol{\xi}_2$，…，$\boldsymbol{\xi}_s$ 线性表示，则称 $\boldsymbol{\xi}_1$，$\boldsymbol{\xi}_2$，…，$\boldsymbol{\xi}_s$ 为齐次线性方程组 $\boldsymbol{Ax}=\boldsymbol{0}$ 的一个基础解系。显然，基础解系就是解空间的一个基。

（ⅲ）通解：设 $\boldsymbol{A}$ 是 $m\times n$ 矩阵，若 $r(\boldsymbol{A})=r<n$，则齐次线性方程组 $\boldsymbol{Ax}=\boldsymbol{0}$ 存在基础解系，且基础解系包含 $n-r$ 个线性无关的解向量 $\boldsymbol{\xi}_1$，$\boldsymbol{\xi}_2$，…，$\boldsymbol{\xi}_{n-r}$，此时，齐次线性方程组 $\boldsymbol{Ax}=\boldsymbol{0}$ 的解向量可表示为 $\boldsymbol{\xi}=k_1\boldsymbol{\xi}_1+k_2\boldsymbol{\xi}_2+\cdots+k_{n-r}\boldsymbol{\xi}_{n-r}$（其中 k_1，k_2，…，k_{n-r}为任意常数），称之为齐次线性方程组 $\boldsymbol{Ax}=\boldsymbol{0}$ 的通解。

（ⅳ）基础解系的求法：对于齐次线性方程组 $\boldsymbol{Ax}=\boldsymbol{0}$，若 $r(\boldsymbol{A})=r<n$，不妨设 $\boldsymbol{A}$ 的前 r 列向量线性无关，对 $\boldsymbol{A}$ 作初等行变换，得

$$\boldsymbol{A}\to\cdots\to\begin{pmatrix}1 & 0 & \cdots & 0 & \bar{a}_{1,\,r+1} & \cdots & \bar{a}_{1n}\\ 0 & 1 & \cdots & 0 & \bar{a}_{2,\,r+1} & \cdots & \bar{a}_{2n}\\ \vdots & \vdots & & \vdots & \vdots & & \vdots\\ 0 & 0 & \cdots & 1 & \bar{a}_{r,\,r+1} & \cdots & \bar{a}_{rn}\\ 0 & 0 & \cdots & 0 & 0 & \cdots & 0\\ \vdots & \vdots & & \vdots & \vdots & & \vdots\\ 0 & 0 & \cdots & 0 & 0 & \cdots & 0\end{pmatrix}$$

则对应的与齐次线性方程组 $\boldsymbol{Ax}=\boldsymbol{0}$ 同解的齐次线性方程组为

$$\begin{cases}x_1=-\bar{a}_{1,\,r+1}x_{r+1}-\cdots-\bar{a}_{1n}x_n\\ x_2=-\bar{a}_{2,\,r+1}x_{r+1}-\cdots-\bar{a}_{2n}x_n\\ \qquad\vdots\\ x_r=-\bar{a}_{r,\,r+1}x_{r+1}-\cdots-\bar{a}_{rn}x_n\end{cases}$$

其中 x_{r+1}，x_{r+2}，…，x_n 为自由变量。显然，给定自由变量 x_{r+1}，x_{r+2}，…，x_n 一组值，就可唯一地确定 x_1，x_2，…，x_r 的一组值，从而得到齐次线性方程组 $\boldsymbol{Ax}=\boldsymbol{0}$ 的一个解。分别取

$$\begin{pmatrix}x_{r+1}\\ x_{r+2}\\ \vdots\\ x_n\end{pmatrix}=\begin{pmatrix}1\\ 0\\ \vdots\\ 0\end{pmatrix},\ \begin{pmatrix}0\\ 1\\ \vdots\\ 0\end{pmatrix},\ \cdots,\ \begin{pmatrix}0\\ 0\\ \vdots\\ 1\end{pmatrix}\quad(\text{共 } n-r \text{ 个})$$

得齐次线性方程组 $\boldsymbol{Ax}=\boldsymbol{0}$ 的 $n-r$ 个线性无关的解

$$\boldsymbol{\xi}_1=\begin{pmatrix}-\bar{a}_{1,r+1}\\-\bar{a}_{2,r+1}\\\vdots\\-\bar{a}_{r,r+1}\\1\\0\\\vdots\\0\end{pmatrix},\ \boldsymbol{\xi}_2=\begin{pmatrix}-\bar{a}_{1,r+2}\\-\bar{a}_{2,r+2}\\\vdots\\-\bar{a}_{r,r+2}\\0\\1\\\vdots\\0\end{pmatrix},\ \cdots,\ \boldsymbol{\xi}_{n-r}=\begin{pmatrix}-\bar{a}_{1n}\\-\bar{a}_{2n}\\\vdots\\-\bar{a}_{rn}\\0\\0\\\vdots\\1\end{pmatrix}$$

则 $\boldsymbol{\xi}_1, \boldsymbol{\xi}_2, \cdots, \boldsymbol{\xi}_{n-r}$ 为齐次线性方程组 $\boldsymbol{Ax}=\boldsymbol{0}$ 的基础解系。

3. 非齐次线性方程组的解

(1) 非齐次线性方程组有解的条件：

(ⅰ) 非齐次线性方程组 $\boldsymbol{Ax}=\boldsymbol{\beta}$ 有解$\Leftrightarrow\boldsymbol{\beta}$ 可由 $\boldsymbol{A}$ 的列向量组 $\boldsymbol{\alpha}_1, \boldsymbol{\alpha}_2, \cdots, \boldsymbol{\alpha}_n$ 线性表示$\Leftrightarrow$向量组 $\boldsymbol{\alpha}_1, \boldsymbol{\alpha}_2, \cdots, \boldsymbol{\alpha}_n$ 与向量组 $\boldsymbol{\alpha}_1, \boldsymbol{\alpha}_2, \cdots, \boldsymbol{\alpha}_n, \boldsymbol{\beta}$ 等价$\Leftrightarrow r(\boldsymbol{\alpha}_1, \boldsymbol{\alpha}_2, \cdots, \boldsymbol{\alpha}_n)=r(\boldsymbol{\alpha}_1, \boldsymbol{\alpha}_2, \cdots, \boldsymbol{\alpha}_n, \boldsymbol{\beta})$。

(ⅱ) 非齐次线性方程组 $\boldsymbol{Ax}=\boldsymbol{\beta}$ 有解$\Leftrightarrow r(\boldsymbol{A})=r(\bar{\boldsymbol{A}})$，即系数矩阵的秩和增广矩阵的秩相等。或等价地，非齐次线性方程组 $\boldsymbol{Ax}=\boldsymbol{\beta}$ 无解$\Leftrightarrow r(\boldsymbol{A})\neq r(\bar{\boldsymbol{A}})$ $(r(\boldsymbol{A})<r(\bar{\boldsymbol{A}}))$。

(ⅲ) 非齐次线性方程组 $\boldsymbol{Ax}=\boldsymbol{\beta}$ 有唯一解$\Leftrightarrow r(\boldsymbol{A})=r(\bar{\boldsymbol{A}})=n$。

(ⅳ) 非齐次线性方程组 $\boldsymbol{Ax}=\boldsymbol{\beta}$ 有无穷多解$\Leftrightarrow r(\boldsymbol{A})=r(\bar{\boldsymbol{A}})<n$。

(2) 非齐次线性方程组解的性质：

(ⅰ) 若 $\boldsymbol{\eta}$ 是 $\boldsymbol{Ax}=\boldsymbol{\beta}$ 的一个解，ξ 是对应的齐次线性方程组 $\boldsymbol{Ax}=\boldsymbol{0}$ 的一个解，则 $\boldsymbol{\eta}+\xi$ 是 $\boldsymbol{Ax}=\boldsymbol{\beta}$ 的解。

(ⅱ) 若 $\boldsymbol{\eta}_1, \boldsymbol{\eta}_2$ 是非齐次线性方程组 $\boldsymbol{Ax}=\boldsymbol{\beta}$ 的两个解，则 $\boldsymbol{\eta}_1-\boldsymbol{\eta}_2$ 是对应的齐次线性方程组 $\boldsymbol{Ax}=\boldsymbol{0}$ 的解。

(ⅲ) 若 $\boldsymbol{\eta}_1, \boldsymbol{\eta}_2$ 是非齐次线性方程组 $\boldsymbol{Ax}=\boldsymbol{\beta}$ 的两个解，则 $\boldsymbol{\eta}_1+\boldsymbol{\eta}_2$ 一定不是非齐次线性方程组 $\boldsymbol{Ax}=\boldsymbol{\beta}$ 的解。

(ⅳ) 若 $\boldsymbol{\eta}_1, \boldsymbol{\eta}_2, \cdots, \boldsymbol{\eta}_s$ 是非齐次线性方程组 $\boldsymbol{Ax}=\boldsymbol{\beta}$ 的解，则 $a_1\boldsymbol{\eta}_1+a_2\boldsymbol{\eta}_2+\cdots+a_s\boldsymbol{\eta}_s$ $(a_1+a_2+\cdots+a_s=1)$是非齐次线性方程组 $\boldsymbol{Ax}=\boldsymbol{\beta}$ 的解。

(3) 非齐次线性方程组解的结构：非齐次线性方程组 $\boldsymbol{Ax}=\boldsymbol{\beta}$ 的任意一个解都可表示为非齐次线性方程组 $\boldsymbol{Ax}=\boldsymbol{\beta}$ 的一个特解与对应的齐次线性方程组 $\boldsymbol{Ax}=\boldsymbol{0}$ 的某个解之和。

当非齐次线性方程组有无穷多解时，其通解可表示为

$$\boldsymbol{\eta}=\boldsymbol{\eta}^*+k_1\boldsymbol{\xi}_1+k_2\boldsymbol{\xi}_2+\cdots+k_{n-r}\boldsymbol{\xi}_{n-r}$$

其中 $\boldsymbol{\eta}^*$ 为 $\boldsymbol{Ax}=\boldsymbol{\beta}$ 的一个特解，$\boldsymbol{\xi}_1, \boldsymbol{\xi}_2, \cdots, \boldsymbol{\xi}_{n-r}$ 为对应的齐次线性方程组 $\boldsymbol{Ax}=\boldsymbol{0}$ 的一个基础解系，$k_1, k_2, \cdots, k_{n-r}$ 为任意常数，r 为系数矩阵 $\boldsymbol{A}$ 的秩。

二、考点题型解析

常考题型：● 线性方程组解的基本概念；● 线性方程组的求解问题；● 含有参数的线性方程组解的讨论；● 线性方程组公共解与同解问题；● 有关基础解系问题；● 有关线性方程组的证明题。

1. 选择题

例 1　设 $\boldsymbol{\beta}_1$，$\boldsymbol{\beta}_2$ 是非齐次线性方程组 $\boldsymbol{Ax}=\boldsymbol{\beta}$ 的两个不同的解，$\boldsymbol{\alpha}_1$，$\boldsymbol{\alpha}_2$ 是对应的齐次线性方程组 $\boldsymbol{Ax}=\boldsymbol{0}$ 的基础解系，则非齐次线性方程组 $\boldsymbol{Ax}=\boldsymbol{\beta}$ 的通解是(　　)。

(A) $k_1\boldsymbol{\alpha}_1+k_2(\boldsymbol{\alpha}_1+\boldsymbol{\alpha}_2)+\frac{1}{2}(\boldsymbol{\beta}_1-\boldsymbol{\beta}_2)$　　(B) $k_1\boldsymbol{\alpha}_1+k_2(\boldsymbol{\alpha}_1-\boldsymbol{\alpha}_2)+\frac{1}{2}(\boldsymbol{\beta}_1+\boldsymbol{\beta}_2)$

(C) $k_1\boldsymbol{\alpha}_1+k_2(\boldsymbol{\beta}_1+\boldsymbol{\beta}_2)+\frac{1}{2}(\boldsymbol{\beta}_1-\boldsymbol{\beta}_2)$　　(D) $k_1\boldsymbol{\alpha}_1+k_2(\boldsymbol{\beta}_1-\boldsymbol{\beta}_2)+\frac{1}{2}(\boldsymbol{\beta}_1+\boldsymbol{\beta}_2)$

解　应选(B)。

方法一　从 4 个选项的构造看，前两项试图表示对应的齐次线性方程组的通解，第 3 项表示非齐次线性方程组的一个特解，因此从第 3 项来看选项(A)、(C)都不正确。由于无法断定 $\boldsymbol{\alpha}_1$ 与 $\boldsymbol{\beta}_1-\boldsymbol{\beta}_2$ 线性无关，因此选项(D)的前两项不能作为对应的齐次线性方程组 $\boldsymbol{Ax}=\boldsymbol{0}$ 的通解，从而选项(D)不正确。故选(B)。

方法二　由于 $\boldsymbol{\alpha}_1$，$\boldsymbol{\alpha}_2$ 线性无关，因此 $\boldsymbol{\alpha}_1$ 与 $\boldsymbol{\alpha}_1-\boldsymbol{\alpha}_2$ 线性无关，又 $\boldsymbol{\beta}_1$，$\boldsymbol{\beta}_2$ 是非齐次线性方程组 $\boldsymbol{Ax}=\boldsymbol{\beta}$ 的两个不同的解，故 $\frac{1}{2}(\boldsymbol{\beta}_1+\boldsymbol{\beta}_2)$ 是非齐次线性方程组 $\boldsymbol{Ax}=\boldsymbol{\beta}$ 的解，从而 $k_1\boldsymbol{\alpha}_1+k_2(\boldsymbol{\alpha}_1-\boldsymbol{\alpha}_2)+\frac{1}{2}(\boldsymbol{\beta}_1+\boldsymbol{\beta}_2)$ 是非齐次线性方程组 $\boldsymbol{Ax}=\boldsymbol{\beta}$ 的通解，故选(B)。

例 2　设 $\boldsymbol{A}$ 为 n 阶矩阵，$r(\boldsymbol{A})=n-1$，$\boldsymbol{\alpha}_1$，$\boldsymbol{\alpha}_2$ 是齐次线性方程组 $\boldsymbol{Ax}=\boldsymbol{0}$ 的两个不同的解，k 为任意常数，则齐次线性方程组 $\boldsymbol{Ax}=\boldsymbol{0}$的通解为(　　)。

(A) $\boldsymbol{\alpha}_1+\boldsymbol{\alpha}_2$　　(B) $k\boldsymbol{\alpha}_1$　　(C) $k(\boldsymbol{\alpha}_1+\boldsymbol{\alpha}_2)$　　(D) $k(\boldsymbol{\alpha}_1-\boldsymbol{\alpha}_2)$

解　应选(D)。

方法一　由于 $r(\boldsymbol{A})=n-1$，因此齐次线性方程组 $\boldsymbol{Ax}=\boldsymbol{0}$ 的基础解系含有一个解向量，又 $\boldsymbol{\alpha}_1$，$\boldsymbol{\alpha}_2$ 是齐次线性方程组 $\boldsymbol{Ax}=\boldsymbol{0}$ 的两个不同的解，故 $\boldsymbol{\alpha}_1-\boldsymbol{\alpha}_2$ 是齐次线性方程组 $\boldsymbol{Ax}=\boldsymbol{0}$ 的一个非零解，从而其通解为 $k(\boldsymbol{\alpha}_1-\boldsymbol{\alpha}_2)$，故选(D)。

方法二　由于通解中必有任意常数，因此选项(A)不正确。又 $\boldsymbol{\alpha}_1$ 与 $\boldsymbol{\alpha}_1+\boldsymbol{\alpha}_2$ 有可能为零向量，故不一定是齐次线性方程组 $\boldsymbol{Ax}=\boldsymbol{0}$ 的基础解系，从而选项(B)、(C)不正确，故选(D)。

例 3　要使 $\boldsymbol{\xi}_1=(1,\ 0,\ 2)^{\mathrm{T}}$，$\boldsymbol{\xi}_2=(0,\ 1,\ -1)^{\mathrm{T}}$ 都是齐次线性方程组 $\boldsymbol{Ax}=\boldsymbol{0}$ 的解，只要 $\boldsymbol{A}$ 为(　　)。

(A) $(-2\quad 1\quad 1)$　　(B) $\begin{pmatrix}2 & 0 & -1\\0 & 1 & 1\end{pmatrix}$

(C) $\begin{pmatrix}-1 & 0 & 2\\0 & 1 & -1\end{pmatrix}$　　(D) $\begin{bmatrix}0 & 1 & -1\\4 & -2 & -2\\0 & 1 & 1\end{bmatrix}$

解　应选(A)。

由于两个 3 维解向量 $\boldsymbol{\xi}_1$，$\boldsymbol{\xi}_2$ 线性无关，因此齐次线性方程组 $\boldsymbol{Ax}=\boldsymbol{0}$ 为 3 元齐次线性方程组且至少有两个线性无关解，从而 $3-r(\boldsymbol{A})\geqslant 2$，即 $r(\boldsymbol{A})\leqslant 1$，又选项(B)、(C)中的矩阵的秩为 2，故选项(B)、(C)不正确。由于选项(D)中的矩阵的秩为 3，因此选项(D)不正确。故选(A)。

例 4　设 $\boldsymbol{A}$ 是 $m\times n$ 矩阵，$\boldsymbol{B}$ 是 $n\times m$ 矩阵，则齐次线性方程组$(\boldsymbol{AB})\boldsymbol{x}=\boldsymbol{0}$(　　)。

(A) 当 $n>m$ 时仅有零解　　(B) 当 $n>m$ 时必有非零解

(C) 当 $m>n$ 时仅有零解　　　　(D) 当 $m>n$ 时必有非零解

解　应选(D)。

由于 $(\boldsymbol{AB})\boldsymbol{x}=\boldsymbol{0}$ 是 m 元齐次线性方程组，当 $m>n$ 时，$r(\boldsymbol{AB})\leqslant r(\boldsymbol{A})\leqslant \min\{m, n\}=n$，因此当 $m>n$ 时，$r(\boldsymbol{AB})\leqslant n<m$，从而齐次线性方程组 $(\boldsymbol{AB})\boldsymbol{x}=\boldsymbol{0}$ 必有非零解，故选(D)。

例 5　设 $\boldsymbol{A}$ 是 $m\times n$ 矩阵，$\boldsymbol{Ax}=\boldsymbol{0}$ 是非齐次线性方程组 $\boldsymbol{Ax}=\boldsymbol{\beta}$ 的对应的齐次线性方程组，则(　　)。

(A) 若 $\boldsymbol{Ax}=\boldsymbol{0}$ 仅有零解，则 $\boldsymbol{Ax}=\boldsymbol{\beta}$ 有唯一解

(B) 若 $\boldsymbol{Ax}=\boldsymbol{0}$ 有非零解，则 $\boldsymbol{Ax}=\boldsymbol{\beta}$ 有无穷多解

(C) 若 $\boldsymbol{Ax}=\boldsymbol{\beta}$ 有无穷多解，则 $\boldsymbol{Ax}=\boldsymbol{0}$ 仅有零解

(D) 若 $\boldsymbol{Ax}=\boldsymbol{\beta}$ 有无穷多解，则 $\boldsymbol{Ax}=\boldsymbol{0}$ 有非零解

解　应选(D)。

若非齐次线性方程组 $\boldsymbol{Ax}=\boldsymbol{\beta}$ 有无穷多解(唯一解)，则对应的齐次线性方程组 $\boldsymbol{Ax}=\boldsymbol{0}$ 有非零解(仅有零解)，但反之不成立。由于当 $r(\boldsymbol{A})<n(=n)$ 时，未必有 $r(\boldsymbol{A})=r(\overline{\boldsymbol{A}})$，因此非齐次线性方程组 $\boldsymbol{Ax}=\boldsymbol{\beta}$ 未必有解。取 $\begin{cases}x_1+x_2=1\\ x_2+x_3=1\\ x_1-x_3=2\end{cases}$，则对应的齐次线性方程组有非零解，但非齐次线性方程组无解，故选(D)。

例 6　齐次线性方程组 $\boldsymbol{Ax}=\boldsymbol{0}$ 有非零解的充分必要条件是(　　)。

(A) 系数矩阵 $\boldsymbol{A}$ 的任意两个列向量线性相关

(B) 系数矩阵 $\boldsymbol{A}$ 的任意两个列向量线性无关

(C) 系数矩阵 $\boldsymbol{A}$ 必有一列向量是其余列向量的线性组合

(D) 系数矩阵 $\boldsymbol{A}$ 的任一列向量都是其余列向量的线性组合

解　应选(C)。

齐次线性方程组 $\boldsymbol{Ax}=\boldsymbol{0}$ 有非零解的充分必要条件是系数矩阵 $\boldsymbol{A}$ 的列向量组线性相关，即系数矩阵 $\boldsymbol{A}$ 必有一列向量是其余列向量的线性组合，故选(C)。

例 7　设 $\boldsymbol{\xi}_1, \boldsymbol{\xi}_2, \boldsymbol{\xi}_3, \boldsymbol{\xi}_4$ 是齐次线性方程组 $\boldsymbol{Ax}=\boldsymbol{0}$ 的基础解系，则此方程组的基础解系还可以选用(　　)。

(A) $\boldsymbol{\xi}_1+\boldsymbol{\xi}_2, \boldsymbol{\xi}_2+\boldsymbol{\xi}_3, \boldsymbol{\xi}_3+\boldsymbol{\xi}_4, \boldsymbol{\xi}_4+\boldsymbol{\xi}_1$

(B) $\boldsymbol{\xi}_1, \boldsymbol{\xi}_2, \boldsymbol{\xi}_3, \boldsymbol{\xi}_4$ 的等价向量组 $\boldsymbol{\eta}_1, \boldsymbol{\eta}_2, \boldsymbol{\eta}_3, \boldsymbol{\eta}_4$

(C) $\boldsymbol{\xi}_1, \boldsymbol{\xi}_2, \boldsymbol{\xi}_3, \boldsymbol{\xi}_4$ 的等秩向量组 $\boldsymbol{\eta}_1, \boldsymbol{\eta}_2, \boldsymbol{\eta}_3, \boldsymbol{\eta}_4$

(D) $\boldsymbol{\xi}_1+\boldsymbol{\xi}_2, \boldsymbol{\xi}_2+\boldsymbol{\xi}_3, \boldsymbol{\xi}_3-\boldsymbol{\xi}_4, \boldsymbol{\xi}_4-\boldsymbol{\xi}_1$

解　应选(B)。

方法一　由于选项(A)、(D)中的向量线性相关，即

$$(\boldsymbol{\xi}_1+\boldsymbol{\xi}_2)-(\boldsymbol{\xi}_2+\boldsymbol{\xi}_3)+(\boldsymbol{\xi}_3+\boldsymbol{\xi}_4)-(\boldsymbol{\xi}_4+\boldsymbol{\xi}_1)=\boldsymbol{0}$$

$$(\boldsymbol{\xi}_1+\boldsymbol{\xi}_2)-(\boldsymbol{\xi}_2+\boldsymbol{\xi}_3)+(\boldsymbol{\xi}_3-\boldsymbol{\xi}_4)+(\boldsymbol{\xi}_4-\boldsymbol{\xi}_1)=\boldsymbol{0}$$

因此选项(A)、(D)不正确。因为与 $\boldsymbol{\xi}_1, \boldsymbol{\xi}_2, \boldsymbol{\xi}_3, \boldsymbol{\xi}_4$ 等秩的向量组 $\boldsymbol{\eta}_1, \boldsymbol{\eta}_2, \boldsymbol{\eta}_3, \boldsymbol{\eta}_4$ 不能保证 $\boldsymbol{\eta}_i(i=1, 2, 3, 4)$ 是齐次线性方程组的解，也就不可能是基础解系，所以选项(C)不正确，故选(B)。

方法二　由于解向量组 $\boldsymbol{\xi}_1, \boldsymbol{\xi}_2, \boldsymbol{\xi}_3, \boldsymbol{\xi}_4$ 与向量组 $\boldsymbol{\eta}_1, \boldsymbol{\eta}_2, \boldsymbol{\eta}_3, \boldsymbol{\eta}_4$ 等价，因此 $\boldsymbol{\eta}_1, \boldsymbol{\eta}_2, \boldsymbol{\eta}_3, \boldsymbol{\eta}_4$

是方程组的解，由 $r(\boldsymbol{\eta}_1,\boldsymbol{\eta}_2,\boldsymbol{\eta}_3,\boldsymbol{\eta}_4)=r(\xi_1,\xi_2,\xi_3,\xi_4)=4$，知 $\boldsymbol{\eta}_1,\boldsymbol{\eta}_2,\boldsymbol{\eta}_3,\boldsymbol{\eta}_4$ 线性无关，从而 $\boldsymbol{\eta}_1,\boldsymbol{\eta}_2,\boldsymbol{\eta}_3,\boldsymbol{\eta}_4$ 是齐次线性方程组 $\boldsymbol{Ax}=\boldsymbol{0}$ 的基础解系，故选(B)。

例 8　设 ξ_1,ξ_2,ξ_3,ξ_4 是齐次线性方程组 $\boldsymbol{Ax}=\boldsymbol{0}$ 的基础解系，则此方程组的基础解系还可以选用(　　)。

(A) $\xi_1+\xi_2,\ \xi_2+\xi_3,\ \xi_3+\xi_4,\ \xi_4+\xi_1$

(B) $\xi_1,\ \xi_2,\ \xi_3+\xi_4,\ \xi_3-\xi_4$

(C) ξ_1,ξ_2,ξ_3,ξ_4 的一个等价向量组

(D) ξ_1,ξ_2,ξ_3,ξ_4 的一个等秩向量组

解　应选(B)。

方法一　由于向量组 $\xi_1+\xi_2,\xi_2+\xi_3,\xi_3+\xi_4,\xi_4+\xi_1$ 线性相关，因此选项(A)不正确。因为 $\xi_1,\xi_2,\xi_3,\xi_4,\xi_1+\xi_2$ 与 ξ_1,ξ_2,ξ_3,ξ_4 等价，但 $\xi_1,\xi_2,\xi_3,\xi_4,\xi_1+\xi_2$ 线性相关，所以 $\xi_1,\xi_2,\xi_3,\xi_4,\xi_1+\xi_2$ 不是基础解系，从而选项(C)不正确。由于等秩的向量组不一定能互相线性表示，因此可能不是齐次线性方程组的解，从而选项(D)不正确。故选(B)。

方法二　由于 $\xi_1,\xi_2,\xi_3+\xi_4,\xi_3-\xi_4$ 是齐次线性方程组 $\boldsymbol{Ax}=\boldsymbol{0}$ 的解，且

$$(\xi_1,\xi_2,\xi_3+\xi_4,\xi_3-\xi_4)=(\xi_1,\xi_2,\xi_3,\xi_4)\begin{pmatrix}1&0&0&0\\0&1&0&0\\0&0&1&1\\0&0&1&-1\end{pmatrix}$$

因此 $r(\xi_1,\xi_2,\xi_3+\xi_4,\xi_3-\xi_4)=4$，即 $\xi_1,\xi_2,\xi_3+\xi_4,\xi_3-\xi_4$ 线性无关，从而 $\xi_1,\xi_2,\xi_3+\xi_4,\xi_3-\xi_4$ 是齐次线性方程组 $\boldsymbol{Ax}=\boldsymbol{0}$ 的基础解系，故选(B)。

例 9　设 n 阶矩阵 $\boldsymbol{A}$ 的伴随矩阵 $\boldsymbol{A}^*\neq\boldsymbol{O}$，若 ξ_1,ξ_2,ξ_3,ξ_4 是非齐次线性方程组 $\boldsymbol{Ax}=\boldsymbol{\beta}$ 的互不相等的解，则对应的齐次线性方程组 $\boldsymbol{Ax}=\boldsymbol{0}$ 的基础解系(　　)。

(A) 不存在　　　　(B) 仅含一个非零解向量

(C) 含两个线性无关的解向量　　　　(D) 含三个线性无关的解向量

解　应选(B)。

由于 $\boldsymbol{A}^*\neq\boldsymbol{O}$，因此 $r(\boldsymbol{A}^*)\geqslant1$，由 $r(\boldsymbol{A}^*)=\begin{cases}n, & r(\boldsymbol{A})=n\\1, & r(\boldsymbol{A})=n-1\\0, & r(\boldsymbol{A})<n-1\end{cases}$，得 $r(\boldsymbol{A})=n$ 或 $r(\boldsymbol{A})=n-1$，由 ξ_1,ξ_2,ξ_3,ξ_4 是非齐次线性方程组 $\boldsymbol{Ax}=\boldsymbol{\beta}$ 的互不相等的解，得 $\xi_1-\xi_2$ 是对应的齐次线性方程组 $\boldsymbol{Ax}=\boldsymbol{0}$ 的非零解，从而 $r(\boldsymbol{A})<n$，故 $r(\boldsymbol{A})=n-1$，又 $n-r(\boldsymbol{A})=n-(n-1)=1$，即对应的齐次线性方程组 $\boldsymbol{Ax}=\boldsymbol{0}$ 的基础解系仅含一个非零解向量，故选(B)。

例 10　设 $\boldsymbol{A}$ 是 5×4 矩阵，$\boldsymbol{A}=(\boldsymbol{\alpha}_1,\boldsymbol{\alpha}_2,\boldsymbol{\alpha}_3,\boldsymbol{\alpha}_4)$，若 $\boldsymbol{\eta}_1=(1,1,-2,1)^{\mathrm{T}}$，$\boldsymbol{\eta}_2=(0,1,0,1)^{\mathrm{T}}$ 是齐次线性方程组 $\boldsymbol{Ax}=\boldsymbol{0}$ 的基础解系，则 $\boldsymbol{A}$ 的列向量组的极大无关组是(　　)。

(A) $\boldsymbol{\alpha}_1,\boldsymbol{\alpha}_3$　　(B) $\boldsymbol{\alpha}_2,\boldsymbol{\alpha}_4$　　(C) $\boldsymbol{\alpha}_2,\boldsymbol{\alpha}_3$　　(D) $\boldsymbol{\alpha}_1,\boldsymbol{\alpha}_2,\boldsymbol{\alpha}_4$

解　应选(C)。

由 $\boldsymbol{A\eta}_1=\boldsymbol{0}$，得 $\boldsymbol{\alpha}_1+\boldsymbol{\alpha}_2-2\boldsymbol{\alpha}_3+\boldsymbol{\alpha}_4=\boldsymbol{0}$，再由 $\boldsymbol{A\eta}_2=\boldsymbol{0}$，得 $\boldsymbol{\alpha}_2+\boldsymbol{\alpha}_4=\boldsymbol{0}$，从而 $\boldsymbol{\alpha}_1-2\boldsymbol{\alpha}_3=\boldsymbol{0}$，所以 $\boldsymbol{\alpha}_1,\boldsymbol{\alpha}_3$ 线性相关，$\boldsymbol{\alpha}_2,\boldsymbol{\alpha}_4$ 线性相关，$\boldsymbol{\alpha}_1,\boldsymbol{\alpha}_2,\boldsymbol{\alpha}_4$ 线性相关，从而选项(A)、(B)、(D)不正确，故选(C)。

例 11 设 $\boldsymbol{A}$、$\boldsymbol{B}$ 是 $m\times n$ 矩阵，则对于齐次线性方程组 $\boldsymbol{Ax}=\boldsymbol{0}$ 与齐次线性方程组 $\boldsymbol{Bx}=\boldsymbol{0}$，下列命题中正确的是（　）。

① 若齐次线性方程组 $\boldsymbol{Ax}=\boldsymbol{0}$ 的解均是齐次线性方程组 $\boldsymbol{Bx}=\boldsymbol{0}$ 的解，则 $r(\boldsymbol{A})\geqslant r(\boldsymbol{B})$

② 若 $r(\boldsymbol{A})\geqslant r(\boldsymbol{B})$，则齐次线性方程组 $\boldsymbol{Ax}=\boldsymbol{0}$ 的解均是齐次线性方程组 $\boldsymbol{Bx}=\boldsymbol{0}$ 的解

③ 若齐次线性方程组 $\boldsymbol{Ax}=\boldsymbol{0}$ 与齐次线性方程组 $\boldsymbol{Bx}=\boldsymbol{0}$ 同解，则 $r(\boldsymbol{A})=r(\boldsymbol{B})$

④ 若 $r(\boldsymbol{A})=r(\boldsymbol{B})$，则齐次线性方程组 $\boldsymbol{Ax}=\boldsymbol{0}$ 与齐次线性方程组 $\boldsymbol{Bx}=\boldsymbol{0}$ 同解

(A) ①，②　　(B) ①，③　　(C) ②，④　　(D) ③，④

解 应选(B)。

方法一　若齐次线性方程组 $\boldsymbol{Ax}=\boldsymbol{0}$ 的解均是齐次线性方程组 $\boldsymbol{Bx}=\boldsymbol{0}$ 的解，则齐次线性方程组 $\boldsymbol{Ax}=\boldsymbol{0}$ 的基础解系可由齐次线性方程组 $\boldsymbol{Bx}=\boldsymbol{0}$ 的基础解系线性表示，从而

$$n-r(\boldsymbol{A})\leqslant n-r(\boldsymbol{B})$$

即 $r(\boldsymbol{A})\geqslant r(\boldsymbol{B})$，所以命题①正确。若齐次线性方程组 $\boldsymbol{Ax}=\boldsymbol{0}$ 与齐次线性方程组 $\boldsymbol{Bx}=\boldsymbol{0}$ 同解，则齐次线性方程组 $\boldsymbol{Ax}=\boldsymbol{0}$ 的基础解系与齐次线性方程组 $\boldsymbol{Bx}=\boldsymbol{0}$ 的基础解系等价，从而

$$n-r(\boldsymbol{A})=n-r(\boldsymbol{B})$$

即 $r(\boldsymbol{A})=r(\boldsymbol{B})$，所以命题③正确。故选(B)。

方法二　取 $\boldsymbol{A}=\begin{pmatrix}1&1&1\\0&1&1\\0&0&0\end{pmatrix}$，$\boldsymbol{B}=\begin{pmatrix}1&1&0\\0&0&0\\0&0&0\end{pmatrix}$，则 $r(\boldsymbol{A})\geqslant r(\boldsymbol{B})$。由于齐次线性方程组 $\boldsymbol{Ax}=\boldsymbol{0}$ 的基础解系为 $(0,1,-1)^{\mathrm{T}}$，齐次线性方程组 $\boldsymbol{Bx}=\boldsymbol{0}$ 的基础解系为 $(0,0,1)^{\mathrm{T}}$，$(1,-1,0)^{\mathrm{T}}$，因此 $(0,1,-1)^{\mathrm{T}}$ 不是齐次线性方程组 $\boldsymbol{Bx}=\boldsymbol{0}$ 的解，从而命题②不正确。

取 $\boldsymbol{A}=\begin{pmatrix}1&0\\0&0\end{pmatrix}$，$\boldsymbol{B}=\begin{pmatrix}0&1\\0&0\end{pmatrix}$，则 $r(\boldsymbol{A})=r(\boldsymbol{B})$，由于齐次线性方程组 $\boldsymbol{Ax}=\boldsymbol{0}$ 的基础解系为 $(0,1)^{\mathrm{T}}$，齐次线性方程组 $\boldsymbol{Bx}=\boldsymbol{0}$ 的基础解系为 $(1,0)^{\mathrm{T}}$，因此齐次线性方程组 $\boldsymbol{Ax}=\boldsymbol{0}$ 与齐次线性方程组 $\boldsymbol{Bx}=\boldsymbol{0}$ 不同解，从而命题④不正确，所以选项(A)、(C)、(D)不正确，故选(B)。

> **评注：** 矩阵 $\boldsymbol{A}_{m\times n}$ 与矩阵 $\boldsymbol{B}_{s\times n}$ 的行向量组等价的充分必要条件是齐次线性方程组 $\boldsymbol{Ax}=\boldsymbol{0}$ 与齐次线性方程组 $\boldsymbol{Bx}=\boldsymbol{0}$ 同解。

例 12 如图所示有 3 张平面两两相交，交线相互平行，它们的方程

$$a_{i1}x+a_{i2}y+a_{i3}z=d_i\quad(i=1,2,3)$$

组成的非齐次线性方程组的系数矩阵和增广矩阵分别记为 $\boldsymbol{A}$ 与 $\overline{\boldsymbol{A}}$，则（　）。

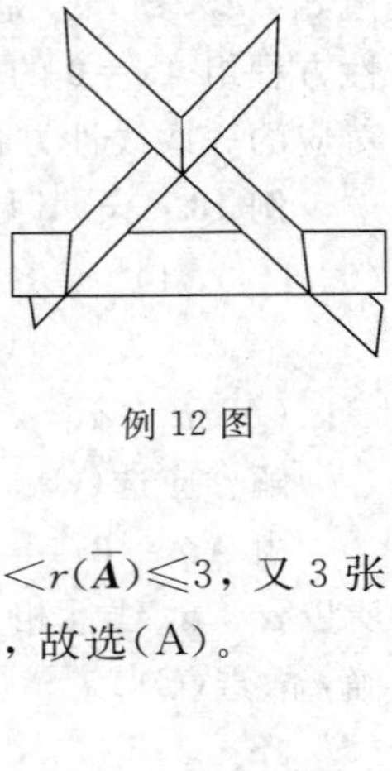

例 12 图

(A) $r(\boldsymbol{A})=2$，$r(\overline{\boldsymbol{A}})=3$　　(B) $r(\boldsymbol{A})=2$，$r(\overline{\boldsymbol{A}})=2$

(C) $r(\boldsymbol{A})=1$，$r(\overline{\boldsymbol{A}})=2$　　(D) $r(\boldsymbol{A})=1$，$r(\overline{\boldsymbol{A}})=1$

解 应选(A)。

由于 3 张平面没有公共点，因此非齐次线性方程组无解，从而 $r(\boldsymbol{A})<r(\overline{\boldsymbol{A}})\leqslant 3$，又 3 张平面两两相交且交线相互平行，所以 $r(\boldsymbol{A})=2$，从而 $r(\boldsymbol{A})=2$，$r(\overline{\boldsymbol{A}})=3$，故选(A)。

2. 填空题

例 1　设 n 阶矩阵 $\boldsymbol{A}$ 的各行元素之和均为零，且 $r(\boldsymbol{A})=n-1$，则齐次线性方程组 $\boldsymbol{A}\boldsymbol{x}=\boldsymbol{0}$ 的通解为______。

解　由 $r(\boldsymbol{A})=n-1$，知齐次线性方程组 $\boldsymbol{A}\boldsymbol{x}=\boldsymbol{0}$ 的基础解系中只有一个解向量，由于 $\boldsymbol{A}(1,1,\cdots,1)^{\mathrm{T}}=\boldsymbol{0}$，因此齐次线性方程组 $\boldsymbol{A}\boldsymbol{x}=\boldsymbol{0}$的通解为 $k(1,1,\cdots,1)^{\mathrm{T}}$，其中 k 为任意常数。

例 2　设 $\boldsymbol{A}$ 是 n 阶矩阵，$r(\boldsymbol{A})=n-1$，且 $\boldsymbol{A}$ 的元素 a_{11} 的代数余子式 $A_{11}\neq 0$，则齐次线性方程组 $\boldsymbol{A}\boldsymbol{x}=\boldsymbol{0}$ 的通解为______。

解　由 $r(\boldsymbol{A})=n-1$，知齐次线性方程组 $\boldsymbol{A}\boldsymbol{x}=\boldsymbol{0}$ 的基础解系中只有一个解向量，由于 $\boldsymbol{A}\boldsymbol{A}^*=|\boldsymbol{A}|\boldsymbol{E}=\boldsymbol{O}$，因此 $\boldsymbol{A}^*$ 的列向量都是齐次线性方程组 $\boldsymbol{A}\boldsymbol{x}=\boldsymbol{0}$ 的解向量，又 $A_{11}\neq\boldsymbol{0}$，故 $(A_{11},A_{12},\cdots,A_{1n})^{\mathrm{T}}$ 是齐次线性方程组 $\boldsymbol{A}\boldsymbol{x}=\boldsymbol{0}$ 的基础解系，从而齐次线性方程组 $\boldsymbol{A}\boldsymbol{x}=\boldsymbol{0}$ 的通解为 $k(A_{11},A_{12},\cdots,A_{1n})^{\mathrm{T}}$，其中 k 为任意常数。

例 3　设 $\boldsymbol{A}$ 是 $n(n\geqslant 3)$阶矩阵，$r(\boldsymbol{A})=n-1$，且 $\boldsymbol{A}$ 的元素 a_{11} 的代数余子式 $A_{11}\neq 0$，则齐次线性方程组$(\boldsymbol{A}^*)^*\boldsymbol{x}=\boldsymbol{0}$ 的通解为。

解　由 $r(\boldsymbol{A})=n-1$，知 $r(\boldsymbol{A}^*)=1$，则 $r(\boldsymbol{A}^*)^*=0\ (n\geqslant 3)$，从而任意 n 个线性无关的 n 维列向量都是齐次线性方程组$(\boldsymbol{A}^*)^*\boldsymbol{x}=\boldsymbol{0}$ 的基础解系。取齐次线性方程组$(\boldsymbol{A}^*)^*\boldsymbol{x}=\boldsymbol{0}$ 的基础解系为 $\boldsymbol{\varepsilon}_1=(1,0,\cdots,0)^{\mathrm{T}}$，$\boldsymbol{\varepsilon}_2=(0,1,\cdots,0)^{\mathrm{T}}$，$\cdots$，$\boldsymbol{\varepsilon}_n=(0,0,\cdots,1)^{\mathrm{T}}$，则齐次线性方程组$(\boldsymbol{A}^*)^*\boldsymbol{x}=\boldsymbol{0}$ 的通解为 $k_1\boldsymbol{\varepsilon}_1+k_2\boldsymbol{\varepsilon}_2+\cdots+k_n\boldsymbol{\varepsilon}_n$，其中 $k_1,k_2,\cdots,k_n$ 为任意常数。

例 4　设 $\boldsymbol{A}=\begin{pmatrix} a_{11} & a_{12} \\ a_{21} & a_{22}\end{pmatrix}$，$r(\boldsymbol{A})=1$，且 $a_{22}\neq 0$，则齐次线性方程组$(\boldsymbol{A}^*)^*\boldsymbol{x}=\boldsymbol{0}$ 的通解为______。

解　由于 $\boldsymbol{A}^*=\begin{pmatrix} a_{22} & -a_{12} \\ -a_{21} & a_{11}\end{pmatrix}$，因此

$$(\boldsymbol{A}^*)^*=\begin{pmatrix} a_{11} & a_{12} \\ a_{21} & a_{22}\end{pmatrix}=\boldsymbol{A}$$

又$(\boldsymbol{A}^*)^*\boldsymbol{A}^*=\boldsymbol{A}\boldsymbol{A}^*=|\boldsymbol{A}|\boldsymbol{E}=\boldsymbol{O}$，故 $\boldsymbol{A}^*$ 的列向量都是齐次线性方程组$(\boldsymbol{A}^*)^*\boldsymbol{x}=\boldsymbol{0}$ 的解向量。由 $r(\boldsymbol{A})=1$，得$r(\boldsymbol{A}^*)^*=r(\boldsymbol{A})=1$，从而齐次线性方程组$(\boldsymbol{A}^*)^*\boldsymbol{x}=\boldsymbol{0}$ 的基础解系中只有一个解向量。由于 $a_{22}\neq 0$，因此齐次线性方程组$(\boldsymbol{A}^*)^*\boldsymbol{x}=\boldsymbol{0}$ 的通解为 $k(a_{22},-a_{21})^{\mathrm{T}}$，其中 k 为任意常数。

例 5　设 $\boldsymbol{A}$ 是 n 阶矩阵，若每个 n 维向量都是齐次线性方程组 $\boldsymbol{A}\boldsymbol{x}=\boldsymbol{0}$的解向量，则 $r(\boldsymbol{A})=$______。

解　由于每个 n 维向量都是齐次线性方程组 $\boldsymbol{A}\boldsymbol{x}=\boldsymbol{0}$ 的解，因此存在 n 个 n 维线性无关的向量是齐次线性方程组 $\boldsymbol{A}\boldsymbol{x}=\boldsymbol{0}$的解向量，从而 $n-r(\boldsymbol{A})\geqslant n$，即 $r(\boldsymbol{A})\leqslant 0$，又 $r(\boldsymbol{A})\geqslant 0$，故 $r(\boldsymbol{A})=0$。

例 6　设 $x_1+x_2=-a_1$，$x_2+x_3=a_2$，$x_3+x_4=-a_3$，$x_4+x_1=a_4$ 有解，则 a_1,a_2,a_3,a_4 满足条件______。

解　对非齐次线性方程组的增广矩阵 $\overline{\boldsymbol{A}}$ 作初等行变换，得

$$\overline{A}=\begin{pmatrix}1&1&0&0&\vdots&-a_1\\0&1&1&0&\vdots&a_2\\0&0&1&1&\vdots&-a_3\\1&0&0&1&\vdots&a_4\end{pmatrix}\to\begin{pmatrix}1&1&0&0&\vdots&-a_1\\0&1&1&0&\vdots&a_2\\0&0&1&1&\vdots&-a_3\\0&0&0&0&\vdots&a_1+a_2+a_3+a_4\end{pmatrix}$$

由于非齐次线性方程组有解，因此 a_1，a_2，a_3，a_4 应满足 $a_1+a_2+a_3+a_4=0$。

例 7 设 $\boldsymbol{A}=\begin{pmatrix}-1&2&-1\\1&-1&0\\-2&1&1\end{pmatrix}$，则齐次线性方程组 $\boldsymbol{Ax}=\boldsymbol{0}$ 的通解为______。

解 方法一 由于 3 阶矩阵 $\boldsymbol{A}$ 的各行元素之和均为零，且 $r(\boldsymbol{A})=2$，因此齐次线性方程组 $\boldsymbol{Ax}=\boldsymbol{0}$ 的通解为 $k(1,1,1)^{\mathrm{T}}$，其中 k 为任意常数。

方法二 对齐次线性方程组 $\boldsymbol{Ax}=\boldsymbol{0}$ 的系数矩阵 $\boldsymbol{A}$ 作初等行变换，得

$$\boldsymbol{A}=\begin{pmatrix}-1&2&-1\\1&-1&0\\-2&1&1\end{pmatrix}\to\begin{pmatrix}1&-1&0\\-1&2&-1\\-2&1&1\end{pmatrix}\to\begin{pmatrix}1&-1&0\\0&1&-1\\0&-1&1\end{pmatrix}\to\begin{pmatrix}1&-1&0\\0&1&-1\\0&0&0\end{pmatrix}$$

从而齐次线性方程组 $\boldsymbol{Ax}=\boldsymbol{0}$ 的通解为 $k(1,1,1)^{\mathrm{T}}$，其中 k 为任意常数。

例 8 设 $\boldsymbol{A}=(\boldsymbol{\alpha}_1,\boldsymbol{\alpha}_2,\boldsymbol{\alpha}_3,\boldsymbol{\alpha}_4)$，$\boldsymbol{A}^*$ 是 $\boldsymbol{A}$ 的伴随矩阵，$\boldsymbol{\alpha}_1$，$\boldsymbol{\alpha}_2$，$\boldsymbol{\alpha}_3$，$\boldsymbol{\alpha}_4$ 均为 4 维列向量，且 $\boldsymbol{\alpha}_1$，$\boldsymbol{\alpha}_2$，$\boldsymbol{\alpha}_3$ 线性无关，$\boldsymbol{\alpha}_4=\boldsymbol{\alpha}_1+\boldsymbol{\alpha}_2$，则齐次线性方程组 $\boldsymbol{A}^*\boldsymbol{x}=\boldsymbol{0}$ 的通解为______。

解 由题设，知 $r(\boldsymbol{A})=3$，从而 $r(\boldsymbol{A}^*)=1$，故齐次线性方程组 $\boldsymbol{A}^*\boldsymbol{x}=\boldsymbol{0}$ 的基础解系中含有 3 个线性无关的解向量。由于 $\boldsymbol{A}^*\boldsymbol{A}=|\boldsymbol{A}|\boldsymbol{E}=\boldsymbol{O}$，因此 $\boldsymbol{A}$ 的列向量 $\boldsymbol{\alpha}_1$，$\boldsymbol{\alpha}_2$，$\boldsymbol{\alpha}_3$，$\boldsymbol{\alpha}_4$ 均为齐次线性方程组 $\boldsymbol{A}^*\boldsymbol{x}=\boldsymbol{0}$ 的解，从而其基础解系为 $\boldsymbol{\alpha}_1$，$\boldsymbol{\alpha}_2$，$\boldsymbol{\alpha}_3$，故齐次线性方程组 $\boldsymbol{A}^*\boldsymbol{x}=\boldsymbol{0}$ 的通解为 $\boldsymbol{x}=k_1\boldsymbol{\alpha}_1+k_2\boldsymbol{\alpha}_2+k_3\boldsymbol{\alpha}_3$，其中 k_1，k_2，k_3 为任意常数。

例 9 设 $\boldsymbol{\eta}_1$，$\boldsymbol{\eta}_2$，…，$\boldsymbol{\eta}_s$ 是非齐次线性方程组 $\boldsymbol{Ax}=\boldsymbol{\beta}$ 的解，若 $k_1\boldsymbol{\eta}_1+k_2\boldsymbol{\eta}_2+\cdots+k_s\boldsymbol{\eta}_s$ 也是非齐次线性方程组 $\boldsymbol{Ax}=\boldsymbol{\beta}$ 的解，则 k_1，k_2，…，k_s 应满足条件______。

解 由于 $\boldsymbol{A\eta}_i=\boldsymbol{\beta}(i=1,2,\cdots,s)$，因此

$$\boldsymbol{A}(k_1\boldsymbol{\eta}_1+k_2\boldsymbol{\eta}_2+\cdots+k_s\boldsymbol{\eta}_s)=k_1\boldsymbol{\beta}+k_2\boldsymbol{\beta}+\cdots+k_s\boldsymbol{\beta}=(k_1+k_2+\cdots+k_s)\boldsymbol{\beta}=\boldsymbol{\beta}$$

从而 $k_1+k_2+\cdots+k_s=1$。

例 10 设非齐次线性方程组 $\begin{pmatrix}1&-1&-3\\0&1&a-2\\3&a&5\end{pmatrix}\begin{pmatrix}x_1\\x_2\\x_3\end{pmatrix}=\begin{pmatrix}2\\a\\16\end{pmatrix}$ 有无穷多解，则 $a=$______。

解 对非齐次线性方程组的增广矩阵作初等行变换，得

$$\begin{pmatrix}1&-1&-3&\vdots&2\\0&1&a-2&\vdots&a\\3&a&5&\vdots&16\end{pmatrix}\to\begin{pmatrix}1&-1&-3&\vdots&2\\0&1&a-2&\vdots&a\\0&a+3&14&\vdots&10\end{pmatrix}$$

$$\to\begin{pmatrix}1&-1&-3&\vdots&2\\0&1&a-2&\vdots&a\\0&0&20-a-a^2&\vdots&10-3a-a^2\end{pmatrix}$$

故当 $a=-5$ 时，$r(\boldsymbol{A})=r(\overline{\boldsymbol{A}})<3$，方程组有无穷多解。

例 11　设非齐次线性方程组 $\begin{pmatrix}2 & \lambda & -1\\ \lambda & -1 & 1\\ 4 & 5 & -5\end{pmatrix}\begin{pmatrix}x_1\\ x_2\\ x_3\end{pmatrix}=\begin{pmatrix}b_1\\ b_2\\ b_3\end{pmatrix}$ 总有解，则 λ 应满足______。

解　对于任意的 b_1，b_2，b_3，非齐次线性方程组有解 $\Leftrightarrow r(\boldsymbol{A})=3 \Leftrightarrow |\boldsymbol{A}|\neq 0$。

$$\begin{vmatrix}2 & \lambda & -1\\ \lambda & -1 & 1\\ 4 & 5 & -5\end{vmatrix}=\begin{vmatrix}2 & \lambda & -1\\ \lambda & -1 & 1\\ 5\lambda+4 & 0 & 0\end{vmatrix}=(5\lambda+4)(\lambda-1)$$

由 $|\boldsymbol{A}|\neq 0$，得 $\lambda\neq 1$ 且 $\lambda\neq -\dfrac{4}{5}$。

例 12　4 元非齐次线性方程组 $\boldsymbol{Ax}=\boldsymbol{\beta}$ 的三个解是 $\boldsymbol{\alpha}_1$，$\boldsymbol{\alpha}_2$，$\boldsymbol{\alpha}_3$，且 $\boldsymbol{\alpha}_1=(1, 1, 1, 1)^{\mathrm{T}}$，$\boldsymbol{\alpha}_2+\boldsymbol{\alpha}_3=(2, 3, 4, 5)^{\mathrm{T}}$，若 $r(\boldsymbol{A})=3$，则非齐次线性方程组 $\boldsymbol{Ax}=\boldsymbol{\beta}$ 的通解为________。

解　由于

$$(\boldsymbol{\alpha}_2-\boldsymbol{\alpha}_1)+(\boldsymbol{\alpha}_3-\boldsymbol{\alpha}_1)=(\boldsymbol{\alpha}_2+\boldsymbol{\alpha}_3)-2\boldsymbol{\alpha}_1=(2, 3, 4, 5)^{\mathrm{T}}-2(1, 1, 1, 1)^{\mathrm{T}}=(0, 1, 2, 3)^{\mathrm{T}}$$

是对应的齐次方程组 $\boldsymbol{Ax}=\boldsymbol{0}$ 的解，又 $r(\boldsymbol{A})=3$，故 $n-r(\boldsymbol{A})=4-r(\boldsymbol{A})=1$，因此非齐次线性方程组 $\boldsymbol{Ax}=\boldsymbol{\beta}$ 的通解为 $(1, 1, 1, 1)^{\mathrm{T}}+k(0, 1, 2, 3)^{\mathrm{T}}$，其中 k 为任意常数。

例 13　设 $\boldsymbol{A}$ 是 5×4 矩阵，$r(\boldsymbol{A})=3$，$\boldsymbol{\alpha}_1$，$\boldsymbol{\alpha}_2$，$\boldsymbol{\alpha}_3$ 是非齐次线性方程组 $\boldsymbol{Ax}=\boldsymbol{\beta}$ 的三个不同解，若 $\boldsymbol{\alpha}_1+\boldsymbol{\alpha}_2+2\boldsymbol{\alpha}_3=(2, 0, 0, 0)^{\mathrm{T}}$，$3\boldsymbol{\alpha}_1+\boldsymbol{\alpha}_2=(2, 4, 6, 8)^{\mathrm{T}}$，则非齐次线性方程组 $\boldsymbol{Ax}=\boldsymbol{\beta}$ 的通解为________。

解　由于 $r(\boldsymbol{A})=3$，因此对应的齐次线性方程组 $\boldsymbol{Ax}=\boldsymbol{0}$ 的基础解系含有 $4-r(\boldsymbol{A})=1$ 个解向量，又 $(\boldsymbol{\alpha}_1+\boldsymbol{\alpha}_2+2\boldsymbol{\alpha}_3)-(3\boldsymbol{\alpha}_1+\boldsymbol{\alpha}_2)=2(\boldsymbol{\alpha}_3-\boldsymbol{\alpha}_2)=(0, -4, -6, -8)^{\mathrm{T}}$ 是对应的齐次线性方程组 $\boldsymbol{Ax}=\boldsymbol{0}$ 的解，故对应的齐次线性方程组 $\boldsymbol{Ax}=\boldsymbol{0}$ 的基础解系为 $(0, 2, 3, 4)^{\mathrm{T}}$。由于

$$\boldsymbol{A}(\boldsymbol{\alpha}_1+\boldsymbol{\alpha}_2+2\boldsymbol{\alpha}_3)=\boldsymbol{A\alpha}_1+\boldsymbol{A\alpha}_2+2\boldsymbol{A\alpha}_3=4\boldsymbol{\beta}$$

因此 $\dfrac{1}{4}(\boldsymbol{\alpha}_1+\boldsymbol{\alpha}_2+2\boldsymbol{\alpha}_3)=\left(\dfrac{1}{2}, 0, 0, 0\right)^{\mathrm{T}}$ 是非齐次线性方程组 $\boldsymbol{Ax}=\boldsymbol{\beta}$ 的一个特解，从而非齐次线性方程组 $\boldsymbol{Ax}=\boldsymbol{\beta}$ 的通解为 $\left(\dfrac{1}{2}, 0, 0, 0\right)^{\mathrm{T}}+k(0, 2, 3, 4)^{\mathrm{T}}$，其中 k 为任意常数。

评注：

(1) 利用非齐次线性方程组解的性质和解的结构，通过减法求对应的齐次线性方程组的解。

(2) 利用非齐次线性方程组解的性质和解的结构，通过除法求非齐次线性方程组的一个特解。

例 14　设 $\boldsymbol{A}$ 是 3 阶非零矩阵，$\boldsymbol{B}=\begin{pmatrix}1 & 2 & -2\\ 4 & t & 3\\ 3 & -1 & 1\end{pmatrix}$，其中 t 为未知参数，且 $\boldsymbol{AB}=\boldsymbol{O}$，则齐次线性方程组 $\boldsymbol{Ax}=\boldsymbol{0}$ 的通解为________。

解　由于 $\boldsymbol{AB}=\boldsymbol{O}$，$\boldsymbol{A}\neq\boldsymbol{O}$，因此 $r(\boldsymbol{A})+r(\boldsymbol{B})\leqslant 3$，$r(\boldsymbol{A})\geqslant 1$，从而 $r(\boldsymbol{B})\leqslant 2$。又 $\boldsymbol{B}$ 中有 2 阶子式不为 0，故 $r(\boldsymbol{B})\geqslant 2$，从而 $r(\boldsymbol{B})=2$，$r(\boldsymbol{A})=1$，$n-r(\boldsymbol{A})=2$，即齐次线性方程组

$\boldsymbol{Ax}=\mathbf{0}$ 的基础解系中有两个解向量。由于 $\boldsymbol{AB}=\boldsymbol{O}$，因此 $\boldsymbol{B}$ 的列向量是齐次线性方程组 $\boldsymbol{Ax}=\mathbf{0}$的解，从而齐次线性方程组 $\boldsymbol{Ax}=\mathbf{0}$的通解为 $k_1(1, 4, 3)^{\mathrm{T}}+k_2(-2, 3, 1)^{\mathrm{T}}$，其中 k_1，k_2 为任意常数。

例 15 设 $\boldsymbol{A}=\begin{pmatrix}1&2&3\\4&5&6\\7&8&9\end{pmatrix}$，则齐次线性方程组 $\boldsymbol{A}^*\boldsymbol{x}=\mathbf{0}$ 的通解为________。

解 由于 $r(\boldsymbol{A})=2$，因此 $|\boldsymbol{A}|=0$，从而 $\boldsymbol{A}^*\boldsymbol{A}=|\boldsymbol{A}|\boldsymbol{E}=\boldsymbol{O}$，故 $\boldsymbol{A}$ 的列向量为齐次线性方程组 $\boldsymbol{A}^*\boldsymbol{x}=\mathbf{0}$ 的解。由 $r(\boldsymbol{A})=2$，得 $r(\boldsymbol{A}^*)=1$，故齐次线性方程组 $\boldsymbol{A}^*\boldsymbol{x}=\mathbf{0}$ 的通解为 $k_1(1, 4, 7)^{\mathrm{T}}+k_2(2, 5, 8)^{\mathrm{T}}$，其中 k_1，k_2 为任意常数。

例 16 设非齐次线性方程组 $\begin{cases}ax_1+x_2+bx_3+2x_4=c\\x_1+bx_2-x_3-2x_4=4\\-2x_1+x_2-x_3-5x_4=1\end{cases}$ 的通解为 $(1, 2, -1, 0)^{\mathrm{T}}+k(-1, 2, -1, 1)^{\mathrm{T}}$，则 $a=$________。

解 由于$(1, 2, -1, 0)^{\mathrm{T}}$ 是非齐次线性方程组的解，因此 $1+2b+1=4$，解之，得 $b=1$。又$(-1, 2, -1, 1)^{\mathrm{T}}$ 是对应的齐次线性方程组的解，故$-a+2-1+2=0$，解之，得 $a=3$。

例 17 设 $\boldsymbol{\xi}_1=(-3, 2, 0)^{\mathrm{T}}$，$\boldsymbol{\xi}_2=(-1, 0, -2)^{\mathrm{T}}$ 是非齐次线性方程组 $\begin{cases}a_1x_1+a_2x_2+a_3x_3=a_4\\x_1+2x_2-x_3=1\\2x_1+x_2+x_3=-4\end{cases}$ 的两个解，则非齐次线性方程组的通解为______。

解 由于非齐次线性方程组的系数矩阵 $\boldsymbol{A}$ 中有 2 阶子式不为 0，因此 $r(\boldsymbol{A})\geqslant 2$。又 $\boldsymbol{\xi}_1-\boldsymbol{\xi}_2=(-2, 2, 2)^{\mathrm{T}}$ 是对应的齐次线性方程组的非零解，故 $r(\boldsymbol{A})<3$，从而 $r(\boldsymbol{A})=2$。由 $n-r(\boldsymbol{A})=1$，得非齐次线性方程组的通解为$(-3, 2, 0)^{\mathrm{T}}+k(-1, 1, 1)^{\mathrm{T}}$，其中 k 为任意常数。

例 18 设 $\boldsymbol{\eta}_1=(1, 0, 1)^{\mathrm{T}}$，$\boldsymbol{\eta}_2=(0, 1, -1)^{\mathrm{T}}$ 是齐次线性方程组 $\boldsymbol{Ax}=\mathbf{0}$ 的基础解系，则齐次线性方程组的一个系数矩阵可取 $\boldsymbol{A}=$______。

解 由于方程组 $\boldsymbol{Ax}=\mathbf{0}$ 为 3 元齐次线性方程组，并且其基础解系中有两个解向量，因此 $r(\boldsymbol{A})=1$。不妨设 $\boldsymbol{A}=(a, b, c)$，由 $\boldsymbol{A\eta}_1=\mathbf{0}$，$\boldsymbol{A\eta}_2=\mathbf{0}$，得 $\begin{cases}a+c=0\\b-c=0\end{cases}$，解之，得 $a=-1$，$b=1$（取 $c=1$），故齐次线性方程组的一个系数矩阵可取 $\boldsymbol{A}=(-1, 1, 1)$。

3. 解答题

例 1 解齐次线性方程组 $\begin{cases}2x_1-4x_2+2x_3+7x_4=0\\3x_1-6x_2+4x_3+3x_4=0\\5x_1-10x_2+4x_3+25x_4=0\end{cases}$。

解 对齐次线性方程组的系数矩阵 $\boldsymbol{A}$ 作初等行变换，得

$$\boldsymbol{A}=\begin{pmatrix}2&-4&2&7\\3&-6&4&3\\5&-10&4&25\end{pmatrix}\to\begin{pmatrix}-1&2&-2&4\\3&-6&4&3\\5&-10&4&25\end{pmatrix}\to\begin{pmatrix}-1&2&-2&4\\0&0&-2&15\\0&0&-6&45\end{pmatrix}$$

$$\rightarrow\begin{pmatrix}-1 & 2 & -2 & 4\\0 & 0 & -2 & 15\\0 & 0 & 0 & 0\end{pmatrix}$$

由于 $n-r(\boldsymbol{A})=4-2=2$，因此齐次线性方程组的基础解系中有两个解向量。

令 $x_2=1$，$x_4=0$，解之，得 $x_3=0$，$x_1=2$；令 $x_2=0$，$x_4=2$，解之，得 $x_3=15$，$x_1=-22$。因而齐次线性方程组的基础解系为 $\boldsymbol{\xi}_1=(2,1,0,0)^{\mathrm{T}}$，$\boldsymbol{\xi}_2=(-22,0,15,2)^{\mathrm{T}}$，故齐次线性方程组的通解为 $k_1\boldsymbol{\xi}_1+k_2\boldsymbol{\xi}_2$，其中 k_1，k_2 为任意常数。

例 2　设 $\boldsymbol{A}=(\boldsymbol{\alpha}_1,\boldsymbol{\alpha}_2,\boldsymbol{\alpha}_3,\boldsymbol{\alpha}_4)$，$r(\boldsymbol{A})=3$，$\boldsymbol{\alpha}_3=2\boldsymbol{\alpha}_1-\boldsymbol{\alpha}_2+3\boldsymbol{\alpha}_4$，$\boldsymbol{\beta}=\boldsymbol{\alpha}_2+\boldsymbol{\alpha}_3-\boldsymbol{\alpha}_4$，求非齐次线性方程组 $\boldsymbol{Ax}=\boldsymbol{\beta}$ 的通解。

解　由于 $r(\boldsymbol{A})=3$，因此对应的齐次线性方程组 $\boldsymbol{Ax}=\boldsymbol{0}$ 的基础解系中只有一个解向量，又 $\boldsymbol{\alpha}_3=2\boldsymbol{\alpha}_1-\boldsymbol{\alpha}_2+3\boldsymbol{\alpha}_4$，故 $\boldsymbol{A}\begin{pmatrix}2\\-1\\-1\\3\end{pmatrix}=\boldsymbol{0}$，从而对应的齐次线性方程组 $\boldsymbol{Ax}=\boldsymbol{0}$ 的基础解系为 $(2,-1,-1,3)^{\mathrm{T}}$。再由 $\boldsymbol{\beta}=\boldsymbol{\alpha}_2+\boldsymbol{\alpha}_3-\boldsymbol{\alpha}_4$，得 $\boldsymbol{A}\begin{pmatrix}0\\1\\1\\-1\end{pmatrix}=\boldsymbol{\beta}$，故非齐次线性方程组 $\boldsymbol{Ax}=\boldsymbol{\beta}$ 的通解为 $(0,1,1,-1)^{\mathrm{T}}+k(2,-1,-1,3)^{\mathrm{T}}$，其中 k 为任意常数。

例 3　设 $\boldsymbol{\xi}_1=(-9,1,2,11)^{\mathrm{T}}$，$\boldsymbol{\xi}_2=(1,-5,13,0)^{\mathrm{T}}$，$\boldsymbol{\xi}_3=(-7,-9,24,11)^{\mathrm{T}}$ 是非齐次线性方程组 $\begin{cases}2x_1+a_2x_2+3x_3+a_4x_4=d_1\\3x_1+b_2x_2+2x_3+b_4x_4=4\\9x_1+4x_2+x_3+c_4x_4=d_3\end{cases}$ 的三个解，求此非齐次线性方程组的通解。

解　由于非齐次线性方程组的系数矩阵 $\boldsymbol{A}$ 是 3×4 矩阵，因此 $r(\boldsymbol{A})\leqslant3$。又 $\boldsymbol{A}$ 的第 2、3 两行不成比例，故 $r(\boldsymbol{A})\geqslant2$。因为

$$\boldsymbol{\eta}_1=\boldsymbol{\xi}_1-\boldsymbol{\xi}_2=(-10,6,-11,11)^{\mathrm{T}},\quad \boldsymbol{\eta}_2=\boldsymbol{\xi}_2-\boldsymbol{\xi}_3=(8,4,-11,-11)^{\mathrm{T}}$$

是对应的齐次线性方程组 $\boldsymbol{Ax}=\boldsymbol{0}$ 的两个线性无关的解，所以 $n-r(\boldsymbol{A})\geqslant2$，从而 $r(\boldsymbol{A})=2$，故所求方程组的通解为 $\boldsymbol{\xi}_1+k_1\boldsymbol{\eta}_1+k_2\boldsymbol{\eta}_2$，其中 k_1，k_2 为任意常数。

例 4　求非齐次线性方程组 $\begin{cases}x_1+x_2+x_3+x_4+x_5=7\\3x_1+2x_2+x_3+x_4-3x_5=-2\\x_2+2x_3+2x_4+6x_5=23\\5x_1+4x_2+3x_3+3x_4-x_5=12\end{cases}$ 的通解。

解　对非齐次线性方程组的增广矩阵 $\overline{\boldsymbol{A}}$ 作初等行变换，得

$$\overline{\boldsymbol{A}}=(\boldsymbol{A}\vdots\boldsymbol{\beta})=\begin{pmatrix}1 & 1 & 1 & 1 & 1 & \vdots & 7\\3 & 2 & 1 & 1 & -3 & \vdots & -2\\0 & 1 & 2 & 2 & 6 & \vdots & 23\\5 & 4 & 3 & 3 & -1 & \vdots & 12\end{pmatrix}\rightarrow\begin{pmatrix}1 & 1 & 1 & 1 & 1 & \vdots & 7\\0 & 1 & 2 & 2 & 6 & \vdots & 23\\0 & 0 & 0 & 0 & 0 & \vdots & 0\\0 & 0 & 0 & 0 & 0 & \vdots & 0\end{pmatrix}$$

由于 $r(\boldsymbol{A})=r(\overline{\boldsymbol{A}})=2<5$，因此非齐次线性方程组有无穷多解，对应的齐次线性方程组的基

础解系中有 3 个解向量，同解方程组为

$$\begin{cases}x_1+x_2=-x_3-x_4-x_5+7\\ x_2=-2x_3-2x_4-6x_5+23\end{cases}$$

令 $x_3=x_4=x_5=0$，解之，得 $(x_1, x_2)^T=(-16, 23)^T$，从而非齐次线性方程组的一个特解为 $\boldsymbol{\eta}^*=(-16, 23, 0, 0, 0)^T$。令

$$(x_3, x_4, x_5)^T=(1, 0, 0)^T, (0, 1, 0)^T, (0, 0, 1)^T$$

解之，得 $(x_1, x_2)^T=(1, -2)^T, (1, -2)^T, (5, -6)^T$，从而对应的齐次线性方程组的基础解系为

$$\boldsymbol{\xi}_1=(1, -2, 1, 0, 0)^T, \boldsymbol{\xi}_2=(1, -2, 0, 1, 0)^T, \boldsymbol{\xi}_3=(5, -6, 0, 0, 1)^T$$

故非齐次线性方程组的通解为 $\boldsymbol{\eta}^*+k_1\boldsymbol{\xi}_1+k_2\boldsymbol{\xi}_2+k_3\boldsymbol{\xi}_3$，其中 k_1, k_2, k_3 为任意常数。

例 5 设 $\boldsymbol{A}=\begin{pmatrix}1 & -1 & -1\\ -1 & 1 & 1\\ 0 & -4 & -2\end{pmatrix}$，$\boldsymbol{\xi}_1=(-1, 1, -2)^T$。

（ⅰ）求满足 $\boldsymbol{A}\boldsymbol{\xi}_2=\boldsymbol{\xi}_1$，$\boldsymbol{A}^2\boldsymbol{\xi}_3=\boldsymbol{\xi}_1$ 的所有向量 $\boldsymbol{\xi}_2$，$\boldsymbol{\xi}_3$；

（ⅱ）对（ⅰ）中任意向量 $\boldsymbol{\xi}_2$，$\boldsymbol{\xi}_3$，证明 $\boldsymbol{\xi}_1$，$\boldsymbol{\xi}_2$，$\boldsymbol{\xi}_3$ 线性无关。

解 （ⅰ）对非齐次线性方程组 $\boldsymbol{A}\boldsymbol{x}=\boldsymbol{\xi}_1$ 的增广矩阵 $(\boldsymbol{A} \vdots \boldsymbol{\xi}_1)$ 作初等行变换，得

$$(\boldsymbol{A} \vdots \boldsymbol{\xi}_1)=\left(\begin{array}{ccc:c}1 & -1 & -1 & -1\\ -1 & 1 & 1 & 1\\ 0 & -4 & -2 & -2\end{array}\right)\to\left(\begin{array}{ccc:c}1 & -1 & -1 & -1\\ 0 & 2 & 1 & 1\\ 0 & 0 & 0 & 0\end{array}\right)$$

从而对应的齐次线性方程组 $\boldsymbol{A}\boldsymbol{x}=\boldsymbol{0}$ 的基础解系为 $(1, -1, 2)^T$，非齐次线性方程组 $\boldsymbol{A}\boldsymbol{x}=\boldsymbol{\xi}_1$ 的特解为 $(0, 0, 1)^T$，故 $\boldsymbol{\xi}_2=(0, 0, 1)^T+k(1, -1, 2)^T=(k, -k, 2k+1)^T$，其中 k 为任意常数。

由于 $\boldsymbol{A}^2=\begin{pmatrix}2 & 2 & 0\\ -2 & -2 & 0\\ 4 & 4 & 0\end{pmatrix}$，对非齐次线性方程组 $\boldsymbol{A}^2\boldsymbol{x}=\boldsymbol{\xi}_1$ 的增广矩阵 $(\boldsymbol{A}^2 \vdots \boldsymbol{\xi}_1)$ 作初等行变换，得

$$(\boldsymbol{A}^2 \vdots \boldsymbol{\xi}_1)=\left(\begin{array}{ccc:c}2 & 2 & 0 & -1\\ -2 & -2 & 0 & 1\\ 4 & 4 & 0 & -2\end{array}\right)\to\left(\begin{array}{ccc:c}1 & 1 & 0 & -\frac{1}{2}\\ 0 & 0 & 0 & 0\\ 0 & 0 & 0 & 0\end{array}\right)$$

从而对应的齐次线性方程组 $\boldsymbol{A}^2\boldsymbol{x}=\boldsymbol{0}$ 的基础解系为 $(-1, 1, 0)^T, (0, 0, 1)^T$，非齐次线性方程组 $\boldsymbol{A}^2\boldsymbol{x}=\boldsymbol{\xi}_1$ 的特解为 $\left(-\frac{1}{2}, 0, 0\right)^T$，故

$$\boldsymbol{\xi}_3=\left(-\frac{1}{2}, 0, 0\right)^T+t_1(-1, 1, 0)^T+t_2(0, 0, 1)^T=\left(-\frac{1}{2}-t_1, t_1, t_2\right)^T$$

其中 t_1，t_2 为任意常数。

（ⅱ）方法一　由于

$$|\boldsymbol{\xi}_1, \boldsymbol{\xi}_2, \boldsymbol{\xi}_3|=\begin{vmatrix}-1 & k & -\frac{1}{2}-t_1\\ 1 & -k & t_1\\ -2 & 2k+1 & t_2\end{vmatrix}=\begin{vmatrix}0 & 0 & -\frac{1}{2}\\ 1 & -k & t_1\\ -2 & 2k+1 & t_2\end{vmatrix}=-\frac{1}{2}\begin{vmatrix}1 & -k\\ -2 & 2k+1\end{vmatrix}=-\frac{1}{2}\neq 0$$

因此 $\boldsymbol{\xi}_1$，$\boldsymbol{\xi}_2$，$\boldsymbol{\xi}_3$ 线性无关。

方法二　设 $k_1\boldsymbol{\xi}_1+k_2\boldsymbol{\xi}_2+k_3\boldsymbol{\xi}_3=\mathbf{0}$，用 $\boldsymbol{A}$ 左乘两边及 $\boldsymbol{A}\boldsymbol{\xi}_1=\mathbf{0}$，$\boldsymbol{A}\boldsymbol{\xi}_2=\boldsymbol{\xi}_1$，得

$$k_2\boldsymbol{\xi}_1+k_3\boldsymbol{A}\boldsymbol{\xi}_3=\mathbf{0}$$

再用 $\boldsymbol{A}$ 左乘两边及 $\boldsymbol{A}\boldsymbol{\xi}_1=\mathbf{0}$，$\boldsymbol{A}^2\boldsymbol{\xi}_3=\boldsymbol{\xi}_1$，得 $k_3\boldsymbol{\xi}_1=\mathbf{0}$，又 $\boldsymbol{\xi}_1\neq\mathbf{0}$，故 $k_3=0$，逐次上代，得 $k_2=0$，$k_1=0$，从而 $\boldsymbol{\xi}_1$，$\boldsymbol{\xi}_2$，$\boldsymbol{\xi}_3$ 线性无关。

例 6　设 $\boldsymbol{A}$ 为 $(m-1)\times m$ 矩阵，$D_j(j=1, 2, \cdots, m)$ 表示 $\boldsymbol{A}$ 中去掉第 j 列后所得到的 $m-1$ 阶方阵的行列式，证明：

（ⅰ）$(-D_1, D_2, \cdots, (-1)^m D_m)^{\mathrm{T}}$ 是齐次线性方程组 $\boldsymbol{Ax}=\mathbf{0}$ 的一个解；

（ⅱ）若 D_1，D_2，…，D_m 不全为零，则 $(-D_1, D_2, \cdots, (-1)^m D_m)^{\mathrm{T}}$ 是齐次线性方程组 $\boldsymbol{Ax}=\mathbf{0}$ 的一个基础解系。

证　（ⅰ）若在 $\boldsymbol{A}$ 的最上方加一行元素得到的矩阵记作 $\boldsymbol{B}$，则 D_1，$-D_2$，…，$(-1)^{m+1}D_m$ 依次为矩阵 $\boldsymbol{B}$ 的第一行各元素的代数余子式，按行列式的性质，从矩阵 $\boldsymbol{B}$ 的第二行（即矩阵 $\boldsymbol{A}$ 的第一行）开始的每一行元素与元素 D_1，$-D_2$，…，$(-1)^{m+1}D_m$ 对应之积之和为 0，故 $(-D_1, D_2, \cdots, (-1)^m D_m)^{\mathrm{T}}$ 是方程组 $\boldsymbol{Ax}=\mathbf{0}$ 的解。

（ⅱ）若 D_1，D_2，…，D_m 不全为零，则 $r(\boldsymbol{A})=m-1$，从而齐次线性方程组 $\boldsymbol{Ax}=\mathbf{0}$ 的基础解系中只有一个解向量，因此 $(-D_1, D_2, \cdots, (-1)^m D_m)^{\mathrm{T}}$ 是齐次线性方程组 $\boldsymbol{Ax}=\mathbf{0}$ 的一个基础解系。

例 7　设 $\boldsymbol{\alpha}=(1, 2, 1)^{\mathrm{T}}$，$\boldsymbol{\beta}=\left(1, \dfrac{1}{2}, 0\right)^{\mathrm{T}}$，$\boldsymbol{\gamma}=(0, 0, 8)^{\mathrm{T}}$，$\boldsymbol{A}=\boldsymbol{\alpha}\boldsymbol{\beta}^{\mathrm{T}}$，$\boldsymbol{B}=\boldsymbol{\beta}^{\mathrm{T}}\boldsymbol{\alpha}$，解方程 $2\boldsymbol{B}^2\boldsymbol{A}^2\boldsymbol{x}=\boldsymbol{A}^4\boldsymbol{x}+\boldsymbol{B}^4\boldsymbol{x}+\boldsymbol{\gamma}$。

解　由题意知

$$\boldsymbol{A}=\begin{pmatrix}1\\2\\1\end{pmatrix}\left(1, \frac{1}{2}, 0\right)=\begin{pmatrix}1 & \frac{1}{2} & 0\\ 2 & 1 & 0\\ 1 & \frac{1}{2} & 0\end{pmatrix}, \quad \boldsymbol{B}=\left(1, \frac{1}{2}, 0\right)\begin{pmatrix}1\\2\\1\end{pmatrix}=2$$

$$\boldsymbol{A}^2=\boldsymbol{\alpha}\boldsymbol{\beta}^{\mathrm{T}}\boldsymbol{\alpha}\boldsymbol{\beta}^{\mathrm{T}}=\boldsymbol{\alpha}(\boldsymbol{\beta}^{\mathrm{T}}\boldsymbol{\alpha})\boldsymbol{\beta}^{\mathrm{T}}=2\boldsymbol{A}, \quad \boldsymbol{A}^4=8\boldsymbol{A}$$

将其代入原方程，得 $16\boldsymbol{Ax}=8\boldsymbol{Ax}+16\boldsymbol{x}+\boldsymbol{\gamma}$，即 $(\boldsymbol{A}-2\boldsymbol{E})\boldsymbol{x}=\dfrac{1}{8}\boldsymbol{\gamma}$。令 $\boldsymbol{x}=(x_1, x_2, x_3)^{\mathrm{T}}$，则 $\begin{cases}-x_1+\frac{1}{2}x_2=0\\ 2x_1-x_2=0\\ x_1+\frac{1}{2}x_2-2x_3=1\end{cases}$，从而非齐次线性方程组的一个特解为 $\boldsymbol{\eta}^*=\left(0, 0, -\dfrac{1}{2}\right)^{\mathrm{T}}$，对应的齐次线性方程组的基础解系为 $(1, 2, 1)^{\mathrm{T}}$，故原方程的通解为

$$\left(0, 0, -\frac{1}{2}\right)^{\mathrm{T}}+k(1, 2, 1)^{\mathrm{T}}$$

其中 k 为任意常数。

例 8　设 $\boldsymbol{A}=\begin{pmatrix}1 & 2 & 1\\ 2 & 3 & a+2\\ 1 & a & -2\end{pmatrix}$，$\boldsymbol{\beta}=(1, 3, 0)^{\mathrm{T}}$，已知非齐次线性方程组 $\boldsymbol{Ax}=\boldsymbol{\beta}$ 有无穷多

解，求 a 的值及齐次线性方程组 $\boldsymbol{Ax}=\boldsymbol{\beta}$ 的通解。

解 对非齐次线性方程组的增广矩阵 $\overline{\boldsymbol{A}}=(\boldsymbol{A}\vdots\boldsymbol{\beta})$ 作初等行变换，得

$$\overline{\boldsymbol{A}}=(\boldsymbol{A}\vdots\boldsymbol{\beta})=\begin{pmatrix}1&2&1&\vdots&1\\2&3&a+2&\vdots&3\\1&a&-2&\vdots&0\end{pmatrix}\to\begin{pmatrix}1&2&1&\vdots&1\\0&-1&a&\vdots&1\\0&a-2&-3&\vdots&-1\end{pmatrix}$$

$$\to\begin{pmatrix}1&2&1&\vdots&1\\0&1&-a&\vdots&-1\\0&0&a^2-2a-3&\vdots&a-3\end{pmatrix}$$

当 $a=3$ 时，$r(\boldsymbol{A})=r(\overline{\boldsymbol{A}})=2<3$，非齐次线性方程组有无穷多解。由

$$\overline{\boldsymbol{A}}\to\begin{pmatrix}1&2&1&\vdots&1\\0&1&-3&\vdots&-1\\0&0&0&\vdots&0\end{pmatrix}\to\begin{pmatrix}1&0&7&\vdots&3\\0&1&-3&\vdots&-1\\0&0&0&\vdots&0\end{pmatrix}$$

得非齐次线性方程组的通解为 $(3,-1,0)^{\mathrm{T}}+k(-7,3,1)^{\mathrm{T}}$，其中 k 为任意常数。

例 9 已知非齐次线性方程组 $\begin{cases}x_1+2x_3+2x_4=6\\2x_1+x_2+3x_3+ax_4=0\\3x_1+ax_3+6x_4=18\\4x_1-x_2+9x_3+13x_4=b\end{cases}$，讨论 a，b 取何值时，非齐次线性方程组无解、有唯一解、有无穷多解，有解时求出其解。

解 对非齐次线性方程组的增广矩阵 $(\boldsymbol{A}\vdots\boldsymbol{\beta})$ 作初等行变换，得

$$(\boldsymbol{A}\vdots\boldsymbol{\beta})=\begin{pmatrix}1&0&2&2&\vdots&6\\2&1&3&a&\vdots&0\\3&0&a&6&\vdots&18\\4&-1&9&13&\vdots&b\end{pmatrix}\to\begin{pmatrix}1&0&2&2&\vdots&6\\0&1&-1&a-4&\vdots&-12\\0&0&a-6&0&\vdots&0\\0&-1&1&5&\vdots&b-24\end{pmatrix}$$

$$\to\begin{pmatrix}1&0&2&2&\vdots&6\\0&1&-1&a-4&\vdots&-12\\0&0&a-6&0&\vdots&0\\0&0&0&a+1&\vdots&b-36\end{pmatrix}$$

（ⅰ）当 $a=-1$，$b\neq36$ 时，$r(\boldsymbol{A})=3$，$r(\overline{\boldsymbol{A}})=4$，非齐次线性方程组无解。

（ⅱ）当 $a\neq-1$，$a\neq6$ 时，$r(\boldsymbol{A})=r(\overline{\boldsymbol{A}})=4$，非齐次线性方程组有唯一解，解之，得

$$x_1=6-\frac{2(b-36)}{a+1},\quad x_2=-12-\frac{(a-4)(b-36)}{a+1},\quad x_3=0,\quad x_4=\frac{b-36}{a+1}$$

（ⅲ）当 $a=-1$，$b=36$ 时，$r(\boldsymbol{A})=r(\overline{\boldsymbol{A}})=3$，非齐次线性方程组有无穷多解。

$$\overline{\boldsymbol{A}}\to\begin{pmatrix}1&0&2&2&\vdots&6\\0&1&-1&-5&\vdots&-12\\0&0&-7&0&\vdots&0\\0&0&0&0&\vdots&0\end{pmatrix}$$

令 $x_4=0$，则 $x_1=6$，$x_2=-12$，$x_3=0$，从而非齐次线性方程组的特解为

$$\boldsymbol{\xi}^*=(6,-12,0,0)^{\mathrm{T}}$$

令 $x_4=1$，则 $x_1=-2$，$x_2=5$，$x_3=0$，从而对应的齐次线性方程组的基础解系为

$$\boldsymbol{\xi}=(-2,\ 5,\ 0,\ 1)^{\mathrm{T}}$$

因此非齐次线性方程组的通解为

$$\boldsymbol{\xi}^{*}+k\boldsymbol{\xi}=(6,\ -12,\ 0,\ 0)^{\mathrm{T}}+k(-2,\ 5,\ 0,\ 1)^{\mathrm{T}}$$

其中 k 为任意常数。

(ⅳ) 当 $a=6$ 时，$r(\boldsymbol{A})=r(\overline{\boldsymbol{A}})=3$，非齐次线性方程组有无穷多解。

$$\overline{\boldsymbol{A}}\rightarrow\begin{pmatrix}1 & 0 & 2 & 2 & \vdots & 6\\ 0 & 1 & -1 & 2 & \vdots & -12\\ 0 & 0 & 0 & 7 & \vdots & b-36\\ 0 & 0 & 0 & 0 & \vdots & 0\end{pmatrix}$$

令 $x_3=0$，则 $x_1=\frac{1}{7}(114-2b)$，$x_2=-\frac{1}{7}(12+2b)$，$x_4=\frac{1}{7}(b-36)$，从而非齐次线性方程组的特解为 $\boldsymbol{\xi}^{*}=\left(\frac{1}{7}(114-2b),\ -\frac{1}{7}(12+2b),\ 0,\ \frac{1}{7}(b-36)\right)^{\mathrm{T}}$。

令 $x_3=1$，则 $x_1=-2$，$x_2=1$，$x_4=0$，从而对应的齐次线性方程组的基础解系为 $\boldsymbol{\xi}=(-2,\ 1,\ 1,\ 0)^{\mathrm{T}}$，因此非齐次线性方程组的通解为

$$\boldsymbol{\xi}^{*}+k\boldsymbol{\xi}=\left(\frac{1}{7}(114-2b),\ -\frac{1}{7}(12+2b),\ 0,\ \frac{1}{7}(b-36)\right)^{\mathrm{T}}+k(-2,\ 1,\ 1,\ 0)^{\mathrm{T}}$$

其中 k 为任意常数。

例 10　设 $\boldsymbol{A}=\begin{pmatrix}a & 1 & 1\\ 0 & a-1 & 0\\ 1 & 1 & a\end{pmatrix}$，$\boldsymbol{\beta}=(b,\ 1,\ 1)^{\mathrm{T}}$，已知非齐次线性方程组 $\boldsymbol{Ax}=\boldsymbol{\beta}$ 有两个不同的解，求 a，b 的值及齐次线性方程组 $\boldsymbol{Ax}=\boldsymbol{\beta}$ 的通解。

解　由于非齐次线性方程组 $\boldsymbol{Ax}=\boldsymbol{\beta}$ 有两个不同的解，因此增广矩阵 $r(\boldsymbol{A})=r(\overline{\boldsymbol{A}})<3$，从而 $|\boldsymbol{A}|=0$，由 $|\boldsymbol{A}|=\begin{vmatrix}a & 1 & 1\\ 0 & a-1 & 0\\ 1 & 1 & a\end{vmatrix}=(a-1)\begin{vmatrix}a & 1\\ 1 & a\end{vmatrix}=(a+1)(a-1)^2=0$，得 $a=1$ 或 $a=-1$。

当 $a=1$ 时，$\overline{\boldsymbol{A}}=\begin{pmatrix}1 & 1 & 1 & \vdots & b\\ 0 & 0 & 0 & \vdots & 1\\ 1 & 1 & 1 & \vdots & 1\end{pmatrix}\rightarrow\begin{pmatrix}1 & 1 & 1 & \vdots & b\\ 0 & 0 & 0 & \vdots & 1\\ 0 & 0 & 0 & \vdots & 1-b\end{pmatrix}$，则 $r(\boldsymbol{A})=1$，$r(\overline{\boldsymbol{A}})=2$，从而非齐次线性方程组 $\boldsymbol{Ax}=\boldsymbol{\beta}$ 无解。

当 $a=-1$ 时，$\overline{\boldsymbol{A}}=\begin{pmatrix}-1 & 1 & 1 & \vdots & b\\ 0 & -2 & 0 & \vdots & 1\\ 1 & 1 & -1 & \vdots & 1\end{pmatrix}\rightarrow\begin{pmatrix}1 & 1 & -1 & \vdots & 1\\ 0 & -2 & 0 & \vdots & 1\\ 0 & 0 & 0 & \vdots & b+2\end{pmatrix}$，若 $b=-2$，则 $r(\boldsymbol{A})=r(\overline{\boldsymbol{A}})=2$，从而非齐次线性方程组 $\boldsymbol{Ax}=\boldsymbol{\beta}$ 有无穷多解，故 $a=-1$，$b=-2$。

当 $a=-1$，$b=-2$ 时，$\overline{\boldsymbol{A}}\rightarrow\begin{pmatrix}1 & 0 & -1 & \vdots & \frac{3}{2}\\ 0 & 1 & 0 & \vdots & -\frac{1}{2}\\ 0 & 0 & 0 & \vdots & 0\end{pmatrix}$，则非齐次线性方程组 $\boldsymbol{Ax}=\boldsymbol{\beta}$ 的通

解为$\left(\frac{3}{2}, -\frac{1}{2}, 0\right)^{\mathrm{T}}+k(1, 0, 1)^{\mathrm{T}}$，其中$k$为任意常数。

例 11 已知 3 阶矩阵$\boldsymbol{A}$的第 1 行为(a, b, c)，且a, b, c不全为零，矩阵$\boldsymbol{B}=\begin{pmatrix}1&2&3\\2&4&6\\3&6&k\end{pmatrix}$，其中$k$为常数，且$\boldsymbol{AB}=\boldsymbol{O}$，求齐次线性方程组$\boldsymbol{Ax}=\boldsymbol{0}$的通解。

解 由于$\boldsymbol{AB}=\boldsymbol{O}$，因此$r(\boldsymbol{A})+r(\boldsymbol{B})\leqslant n$。由$a, b, c$不全为零，得$r(\boldsymbol{A})\geqslant 1$。又当$k\neq 9$时，$r(\boldsymbol{B})=2$，从而$r(\boldsymbol{A})=1$；当$k=9$时，$r(\boldsymbol{B})=1$，从而$r(\boldsymbol{A})=1$或$r(\boldsymbol{A})=2$。

当$k\neq 9$时，由$\boldsymbol{AB}=\boldsymbol{O}$，得$\boldsymbol{A}\begin{pmatrix}1\\2\\3\end{pmatrix}=\boldsymbol{0}$，$\boldsymbol{A}\begin{pmatrix}3\\6\\k\end{pmatrix}=\boldsymbol{0}$，由于$\boldsymbol{\xi}_1=(1, 2, 3)^{\mathrm{T}}$，$\boldsymbol{\xi}_2=(3, 6, k)^{\mathrm{T}}$线性无关，故$\boldsymbol{\xi}_1$，$\boldsymbol{\xi}_2$为齐次线性方程组$\boldsymbol{Ax}=\boldsymbol{0}$的一个基础解系，从而齐次线性方程组$\boldsymbol{Ax}=\boldsymbol{0}$的通解为$\boldsymbol{x}=c_1\boldsymbol{\xi}_1+c_2\boldsymbol{\xi}_2$，其中$c_1$，$c_2$为任意常数。

当$k=9$，$r(\boldsymbol{A})=2$时，齐次线性方程组$\boldsymbol{Ax}=\boldsymbol{0}$的基础解系含$n-r(\boldsymbol{A})=3-2=1$个解向量，又$\boldsymbol{A}\begin{pmatrix}1\\2\\3\end{pmatrix}=\boldsymbol{0}$，故齐次线性方程组$\boldsymbol{Ax}=\boldsymbol{0}$的通解为$\boldsymbol{x}=c_3x(1, 2, 3)^{\mathrm{T}}$，其中$c_3$为任意常数。

当$k=9$，$r(\boldsymbol{A})=1$时，齐次线性方程组$\boldsymbol{Ax}=\boldsymbol{0}$的基础解系含$n-r(\boldsymbol{A})=3-1=2$个解向量，又$\boldsymbol{A}$的第一行元素$a, b, c$不全为零，故齐次线性方程组$\boldsymbol{Ax}=\boldsymbol{0}$与$ax_1+bx_2+cx_3=0$同解。不妨设$a\neq 0$，则$\boldsymbol{\eta}_1=(-b, a, 0)^{\mathrm{T}}$，$\boldsymbol{\eta}_2=(-c, 0, a)^{\mathrm{T}}$是齐次线性方程组$\boldsymbol{Ax}=\boldsymbol{0}$的两个线性无关解，故$\boldsymbol{Ax}=\boldsymbol{0}$的通解为$\boldsymbol{x}=c_4\boldsymbol{\eta}_1+c_5\boldsymbol{\eta}_2$，其中$c_4$，$c_5$为任意常数。

例 12 设有齐次线性方程组$\begin{cases}(1+a)x_1+x_2+\cdots+x_n=0\\2x_1+(2+a)x_2+\cdots+2x_n=0\\\qquad\vdots\\nx_1+nx_2+\cdots+(n+a)x_n=0\end{cases}$，试问当$a$为何值时，齐次线性方程组有非零解，并求出其通解。

解 对齐次线性方程组的系数矩阵$\boldsymbol{A}$作初等行变换，得

$$\boldsymbol{A}=\begin{pmatrix}1+a&1&1&\cdots&1\\2&2+a&2&\cdots&2\\\vdots&\vdots&\vdots&&\vdots\\n&n&n&\cdots&n+a\end{pmatrix}\rightarrow\begin{pmatrix}1+a&1&1&\cdots&1\\-2a&a&0&\cdots&0\\\vdots&\vdots&\vdots&&\vdots\\-na&0&0&\cdots&a\end{pmatrix}=\boldsymbol{B}$$

当$a=0$时，$r(\boldsymbol{A})=1<n$，齐次线性方程组有非零解，其同解方程为$x_1+x_2+\cdots+x_n=0$，从而齐次线性方程组的基础解系为

$\boldsymbol{\xi}_1=(-1, 1, 0, \cdots, 0)^{\mathrm{T}}$，$\boldsymbol{\xi}_2=(-1, 0, 1, \cdots, 0)^{\mathrm{T}}$，$\cdots$，$\boldsymbol{\xi}_{n-1}=(-1, 0, 0, \cdots, 1)^{\mathrm{T}}$

故齐次线性方程组的通解为$k_1\boldsymbol{\xi}_1+k_2\boldsymbol{\xi}_2+\cdots+k_{n-1}\boldsymbol{\xi}_{n-1}$，其中$k_1, k_2, \cdots, k_{n-1}$为任意常数。

当$a\neq 0$时，对矩阵$\boldsymbol{B}$继续作初等行变换，得

$$B\to\begin{pmatrix}1+a&1&1&\cdots&1\\-2&1&0&\cdots&0\\\vdots&\vdots&\vdots&&\vdots\\-n&0&0&\cdots&1\end{pmatrix}\to\begin{pmatrix}a+\frac{n(n+1)}{2}&0&0&\cdots&0\\-2&1&0&\cdots&0\\\vdots&\vdots&\vdots&&\vdots\\-n&0&0&\cdots&1\end{pmatrix}$$

当 $a=-\frac{n(n+1)}{2}$ 时，$r(\boldsymbol{A})=n-1<n$，齐次线性方程组有非零解，其同解方程为 $\begin{cases}-2x_1+x_2=0\\-3x_1+x_3=0\\\quad\vdots\\-nx_1+x_n=0\end{cases}$，即 $\begin{cases}x_2=2x_1\\x_3=3x_1\\\quad\vdots\\x_n=nx_1\end{cases}$，从而齐次线性方程组的基础解系为 $\boldsymbol{\xi}=(1, 2, \cdots, n)^{\mathrm{T}}$，故齐次线性方程组的通解为 $\boldsymbol{x}=k\boldsymbol{\xi}$，其中 k 为任意常数。

例 13　设方程组(Ⅰ)$\begin{cases}x_1+x_2+x_3=0\\x_1+2x_2+ax_3=0\\x_1+4x_2+a^2x_3=0\end{cases}$ 与方程(Ⅱ)$x_1+2x_2+x_3=a-1$ 有公共解，求 a 及所有公共解。

解　方法一　对方程组(Ⅰ)的系数矩阵作初等行变换，得

$$\begin{pmatrix}1&1&1\\1&2&a\\1&4&a^2\end{pmatrix}\to\begin{pmatrix}1&1&1\\0&1&a-1\\0&3&a^2-1\end{pmatrix}\to\begin{pmatrix}1&1&1\\0&1&a-1\\0&0&(a-1)(a-2)\end{pmatrix}$$

当 $a=1$ 时，方程组(Ⅰ)有非零解，且方程(Ⅱ)是方程组(Ⅰ)的第 2 个方程，故方程组(Ⅰ)的通解 $k(1, 0, -1)^{\mathrm{T}}$(k 为任意常数)便是方程组(Ⅰ)与方程(Ⅱ)的所有公共解。

当 $a=2$ 时，方程组(Ⅰ)的通解 $k(0, 1, -1)^{\mathrm{T}}$(k 为任意常数)，将其代入方程(Ⅱ)，得 $k=1$，则方程组(Ⅰ)与方程(Ⅱ)有唯一公共解 $(0, 1, -1)^{\mathrm{T}}$。

方法二　解非齐次线性方程组 $\begin{cases}x_1+x_2+x_3=0\\x_1+2x_2+ax_3=0\\x_1+4x_2+a^2x_3=0\\x_1+2x_2+x_3=a-1\end{cases}$，对其增广矩阵 $\overline{\boldsymbol{A}}$ 作初等行变换，得

$$\overline{\boldsymbol{A}}=\begin{pmatrix}1&1&1&0\\1&2&a&0\\1&4&a^2&0\\1&2&1&a-1\end{pmatrix}\to\begin{pmatrix}1&1&1&0\\0&1&a-1&0\\0&3&a^2-1&0\\0&1&0&a-1\end{pmatrix}\to\begin{pmatrix}1&1&1&0\\0&1&a-1&0\\0&0&(a-1)(a-2)&0\\0&0&1-a&a-1\end{pmatrix}$$

当 $a=1$ 时，$\overline{\boldsymbol{A}}\to\begin{pmatrix}1&1&1&0\\0&1&0&0\\0&0&0&0\\0&0&0&0\end{pmatrix}$，则方程组(Ⅰ)与方程(Ⅱ)的公共解为 $k(1, 0, -1)^{\mathrm{T}}$，

其中 k 为任意常数。

当 $a=2$ 时，$\overline{A}\to\begin{pmatrix}1&1&1&0\\0&1&1&0\\0&0&-1&1\\0&0&0&0\end{pmatrix}$，则方程组（Ⅰ）与方程（Ⅱ）有唯一的公共解 $(0,1,-1)^T$。

方法三　对方程组（Ⅰ）的系数矩阵作初等行变换，得

$$\begin{pmatrix}1&1&1\\1&2&a\\1&4&a^2\end{pmatrix}\to\begin{pmatrix}1&1&1\\0&1&a-1\\0&3&a^2-1\end{pmatrix}\to\begin{pmatrix}1&1&1\\0&1&a-1\\0&0&(a-1)(a-2)\end{pmatrix}$$

当 $a=1$ 时，方程组（Ⅰ）的通解为 $k_1(1,0,-1)^T$，其中 k_1 为任意常数。方程（Ⅱ）的通解为 $k_2(-2,1,0)^T+k_3(-1,0,1)^T$，其中 k_2，k_3 为任意常数。令

$$k_1(1,0,-1)^T=k_2(-2,1,0)^T+k_3(-1,0,1)^T$$

则 $\begin{cases}k_1+2k_2+k_3=0\\k_2=0\\k_1+k_3=0\end{cases}$，解之，得 $k_1=-k_3$，$k_2=0$。令 $k_1=k$，则 $k_2=0$，$k_3=-k$，从而方程组（Ⅰ）与方程（Ⅱ）的公共解为 $k(1,0,-1)^T$，其中 k 为任意常数。

当 $a=2$ 时，方程组（Ⅰ）的通解为 $k_1(0,1,-1)^T$，其中 k_1 为任意常数，方程（Ⅱ）的通解为 $k_2(-2,1,0)^T+k_3(-1,0,1)^T+(1,0,0)^T$，其中 k_2，k_3 为任意常数。令

$$k_1(0,1,-1)^T=k_2(-2,1,0)^T+k_3(-1,0,1)^T+(1,0,0)^T$$

则 $\begin{cases}2k_2+k_3=1\\k_1-k_2=0\\k_1+k_3=0\end{cases}$，解之，得 $k_1=k_2=1$，$k_3=-1$，从而方程组（Ⅰ）与方程（Ⅱ）的公共解为 $(0,1,-1)^T$。

评注： 求线性方程组 $\boldsymbol{Ax}=\boldsymbol{\alpha}$ 与 $\boldsymbol{Bx}=\boldsymbol{\beta}$ 的公共解的方法如下：

(1) 求线性方程组 $\begin{pmatrix}\boldsymbol{A}\\\boldsymbol{B}\end{pmatrix}\boldsymbol{x}=\begin{pmatrix}\boldsymbol{\alpha}\\\boldsymbol{\beta}\end{pmatrix}$ 的解，则得线性方程组 $\boldsymbol{Ax}=\boldsymbol{\alpha}$ 与 $\boldsymbol{Bx}=\boldsymbol{\beta}$ 的公共解。

(2) 将线性方程组 $\boldsymbol{Ax}=\boldsymbol{\alpha}$ 的通解代入 $\boldsymbol{Bx}=\boldsymbol{\beta}$，确定常数或常数间的关系，得线性方程组 $\boldsymbol{Ax}=\boldsymbol{\alpha}$ 与 $\boldsymbol{Bx}=\boldsymbol{\beta}$ 的公共解。

(3) 求出线性方程组 $\boldsymbol{Ax}=\boldsymbol{\alpha}$ 与 $\boldsymbol{Bx}=\boldsymbol{\beta}$ 的通解，令其相等，确定常数或常数间的关系，得线性方程组 $\boldsymbol{Ax}=\boldsymbol{\alpha}$ 与 $\boldsymbol{Bx}=\boldsymbol{\beta}$ 的公共解。

例 14　设 $\boldsymbol{\xi}_1=(0,0,1,0)^T$，$\boldsymbol{\xi}_2=(-1,1,0,1)^T$ 是齐次线性方程组（Ⅰ）的基础解系，$\boldsymbol{\eta}_1=(0,1,1,0)^T$，$\boldsymbol{\eta}_2=(-1,2,2,1)^T$ 是齐次线性方程组（Ⅱ）的基础解系，求齐次线性方程组（Ⅰ）与（Ⅱ）的公共解。

解　方法一　设齐次线性方程组（Ⅰ）与（Ⅱ）的公共解是 $\boldsymbol{\gamma}$，则

$$\boldsymbol{\gamma}=c_1\boldsymbol{\xi}_1+c_2\boldsymbol{\xi}_2=d_1\boldsymbol{\eta}_1+d_2\boldsymbol{\eta}_2$$

从而 $c_1\boldsymbol{\xi}_1+c_2\boldsymbol{\xi}_2-d_1\boldsymbol{\eta}_1-d_2\boldsymbol{\eta}_2=\mathbf{0}$，解齐次线性方程组(Ⅲ)$(\boldsymbol{\xi}_1,\boldsymbol{\xi}_2,-\boldsymbol{\eta}_1,-\boldsymbol{\eta}_2)\boldsymbol{x}=\mathbf{0}$，由

$$(\boldsymbol{\xi}_1,\boldsymbol{\xi}_2,-\boldsymbol{\eta}_1,-\boldsymbol{\eta}_2)=\begin{pmatrix}0&-1&0&1\\0&1&-1&-2\\1&0&-1&-2\\0&1&0&-1\end{pmatrix}\to\begin{pmatrix}1&0&0&-1\\0&1&0&-1\\0&0&1&1\\0&0&0&0\end{pmatrix}$$

得齐次线性方程组(Ⅲ)的通解为 $t(1,1,-1,1)^{\mathrm{T}}$，即 $c_1=c_2=t$，$d_1=-t$，$d_2=t$，从而齐次线性方程组(Ⅰ)与齐次线性方程组(Ⅱ)的所有公共解为 $t(\boldsymbol{\xi}_1+\boldsymbol{\xi}_2)=t(-1,1,1,1)^{\mathrm{T}}$，其中 t 为任意常数。

方法二　若齐次线性方程组(Ⅱ)的解 $l_1\boldsymbol{\eta}_1+l_2\boldsymbol{\eta}_2=(-l_2,l_1+2l_2,l_1+2l_2,l_2)^{\mathrm{T}}$ 是公共解，则它可由齐次线性方程组(Ⅰ)的基础解系线性表示。

$$(\boldsymbol{\xi}_1,\boldsymbol{\xi}_2,l_1\boldsymbol{\eta}_1+l_2\boldsymbol{\eta}_2)=\begin{pmatrix}0&-1&-l_2\\0&1&l_1+2l_2\\1&0&l_1+2l_2\\0&1&l_2\end{pmatrix}\to\begin{pmatrix}1&0&l_1+2l_2\\0&1&l_2\\0&0&l_1+l_2\\0&0&0\end{pmatrix}$$

当 $l_1=-l_2$ 时，$r(\boldsymbol{\xi}_1,\boldsymbol{\xi}_2,l_1\boldsymbol{\eta}_1+l_2\boldsymbol{\eta}_2)=r(\boldsymbol{\xi}_1,\boldsymbol{\xi}_2)=2$，令 $l_1=-l_2=l$，则齐次线性方程组(Ⅰ)与齐次线性方程组(Ⅱ)的所有公共解为 $l(\boldsymbol{\eta}_1-\boldsymbol{\eta}_2)=l(1,-1,-1,-1)^{\mathrm{T}}$，其中 l 为任意常数。

例 15　设有非齐次线性方程组

$$(\text{Ⅰ})\begin{cases}x_1+x_2-2x_4=-6\\4x_1-x_2-x_3-x_4=1,\\3x_1-x_2-x_3=3\end{cases}\qquad(\text{Ⅱ})\begin{cases}x_1+mx_2-x_3-x_4=-5\\nx_2-x_3-2x_4=-11\\x_3-2x_4=1-t\end{cases}$$

(ⅰ) 求非齐次线性方程组(Ⅰ)的通解；

(ⅱ) 当非齐次线性方程组(Ⅱ)中的参数 m，n，t 为何值时，非齐次线性方程组(Ⅰ)与(Ⅱ)同解。

解　(ⅰ) 对非齐次线性方程组(Ⅰ)的增广矩阵 $\overline{\boldsymbol{A}}_1$ 作初等行变换，得

$$\overline{\boldsymbol{A}}_1=\begin{pmatrix}1&1&0&-2&-6\\4&-1&-1&-1&1\\3&-1&-1&0&3\end{pmatrix}\to\begin{pmatrix}1&0&0&-1&-2\\0&1&0&-1&-4\\0&0&1&-2&-5\end{pmatrix}$$

由于 $r(\boldsymbol{A}_1)=r(\overline{\boldsymbol{A}}_1)=3<4$，因此非齐次线性方程组(Ⅰ)有无穷多解，其通解为 $(-2,-4,-5,0)^{\mathrm{T}}+k(1,1,2,1)^{\mathrm{T}}$，其中 k 为任意常数。

(ⅱ) 将非齐次线性方程组(Ⅰ)的通解代入非齐次线性方程组(Ⅱ)的第一个方程中，得

$$(-2+k)+m(-4+k)-(-5+2k)-k=-5$$

比较上式两端关于 k 的同次幂的系数，得 $m=2$。

再将非齐次线性方程组(Ⅰ)的通解代入非齐次线性方程组(Ⅱ)的第二个方程中，得

$$n(-4+k)-(-5+2k)-2k=-11$$

比较上式两端关于 k 的同次幂的系数，得 $n=4$。

再将非齐次线性方程组(Ⅰ)的通解代入非齐次线性方程组(Ⅱ)的第三个方程中，得

$$(-5+2k)-2k=-t+1$$

比较上式两端关于 k 的同次幂的系数，得 $t=6$。

当 $m=2$，$n=4$，$t=6$ 时，非齐次线性方程组(Ⅰ)的全部解都是非齐次线性方程组(Ⅱ)的解。当 $m=2$，$n=4$，$t=6$ 时，非齐次线性方程组(Ⅱ)为 $\begin{cases}x_1+2x_2-x_3-x_4=-5\\4x_2-x_3-2x_4=-11\\x_3-2x_4=-5\end{cases}$，对其增广矩阵 $\overline{\boldsymbol{A}}_2$ 作初等行变换，得

$$\overline{\boldsymbol{A}}_2=\begin{pmatrix}1&2&-1&-1&-5\\0&4&-1&-2&-11\\0&0&1&-2&-5\end{pmatrix}\to\begin{pmatrix}1&0&0&-1&-2\\0&1&0&-1&-4\\0&0&1&-2&-5\end{pmatrix}$$

从而非齐次线性方程组(Ⅱ)的通解为 $x=k(1, 1, 2, 1)^{\mathrm{T}}+(-2, -4, -5, 0)^{\mathrm{T}}$，其中 k 为任意常数，故非齐次线性方程组(Ⅱ)的解与非齐次线性方程组(Ⅰ)完全相同。所以当 $m=2$，$n=4$，$t=6$ 时，非齐次线性方程组(Ⅰ)与(Ⅱ)同解。

例 16 设 n 元齐次线性方程组 $\boldsymbol{Ax}=\boldsymbol{0}$ 的解全是齐次线性方程组 $\boldsymbol{Bx}=\boldsymbol{0}$ 的解，则 $\boldsymbol{B}$ 的行向量组可由 $\boldsymbol{A}$ 的行向量组线性表示。若非齐次线性方程组 $\boldsymbol{Ax}=\boldsymbol{\alpha}$ 与非齐次线性方程组 $\boldsymbol{Bx}=\boldsymbol{\beta}$ 都有解，且非齐次线性方程组 $\boldsymbol{Ax}=\boldsymbol{\alpha}$ 的解全是非齐次线性方程组 $\boldsymbol{Bx}=\boldsymbol{\beta}$ 的解，则 $(\boldsymbol{B}\vdots\boldsymbol{\beta})$ 的行向量组可由 $(\boldsymbol{A}\vdots\boldsymbol{\alpha})$ 的行向量组线性表示。

证 由于齐次线性方程组 $\boldsymbol{Ax}=\boldsymbol{0}$ 的解全是齐次线性方程组 $\boldsymbol{Bx}=\boldsymbol{0}$ 的解，因此齐次线性方程组 $\boldsymbol{Ax}=\boldsymbol{0}$ 与齐次线性方程组 $\begin{cases}\boldsymbol{Ax}=\boldsymbol{0}\\\boldsymbol{Bx}=\boldsymbol{0}\end{cases}$ 同解，从而 $n-r(\boldsymbol{A})=n-r\begin{pmatrix}\boldsymbol{A}\\\boldsymbol{B}\end{pmatrix}$，即 $r(\boldsymbol{A})=r\begin{pmatrix}\boldsymbol{A}\\\boldsymbol{B}\end{pmatrix}$，故 $\boldsymbol{B}$ 的行向量组可由 $\boldsymbol{A}$ 的行向量组线性表示。

由于非齐次线性方程组 $\boldsymbol{Ax}=\boldsymbol{\alpha}$ 的解全是非齐次线性方程组 $\boldsymbol{Bx}=\boldsymbol{\beta}$ 的解，因此非齐次线性方程组 $\boldsymbol{Ax}=\boldsymbol{\alpha}$ 与非齐次线性方程组 $\begin{cases}\boldsymbol{Ax}=\boldsymbol{\alpha}\\\boldsymbol{Bx}=\boldsymbol{\beta}\end{cases}$ 同解。设 $\boldsymbol{A\xi}=\boldsymbol{\alpha}$，$\boldsymbol{A\eta}=\boldsymbol{0}$，由于非齐次线性方程组 $\boldsymbol{Ax}=\boldsymbol{\alpha}$ 的解全是非齐次线性方程组 $\boldsymbol{Bx}=\boldsymbol{\beta}$ 的解，因此 $\boldsymbol{B\xi}=\boldsymbol{\beta}$，$\boldsymbol{B}(\boldsymbol{\xi}+\boldsymbol{\eta})=\boldsymbol{\beta}$，从而 $\boldsymbol{B\eta}=\boldsymbol{0}$，故对应的齐次线性方程组 $\boldsymbol{Ax}=\boldsymbol{0}$ 的解全是对应的齐次线性方程组 $\boldsymbol{Bx}=\boldsymbol{0}$ 的解，所以

$$r(\boldsymbol{A}\vdots\boldsymbol{\alpha})=r(\boldsymbol{A})=r\begin{pmatrix}\boldsymbol{A}\\\boldsymbol{B}\end{pmatrix}=r\begin{pmatrix}\boldsymbol{A}&\vdots&\boldsymbol{\alpha}\\\boldsymbol{B}&\vdots&\boldsymbol{\beta}\end{pmatrix}$$

$(\boldsymbol{B}\vdots\boldsymbol{\beta})$ 的行向量组可由 $(\boldsymbol{A}\vdots\boldsymbol{\alpha})$ 的行向量组线性表示。

例 17 求出一个齐次线性方程组，使得它的基础解系是 $\boldsymbol{\xi}_1=(2, -1, 1, 1)^{\mathrm{T}}$，$\boldsymbol{\xi}_2=(-1, 2, 4, 7)^{\mathrm{T}}$。

解 由于 $\boldsymbol{\xi}_1$，$\boldsymbol{\xi}_2$ 是齐次线性方程组 $\boldsymbol{Ax}=\boldsymbol{0}$ 的基础解系，因此 $n-r(\boldsymbol{A})=2$，从而 $r(\boldsymbol{A})=2$。对于齐次线性方程组 $\begin{pmatrix}\boldsymbol{\xi}_1^{\mathrm{T}}\\\boldsymbol{\xi}_2^{\mathrm{T}}\end{pmatrix}\boldsymbol{x}=\boldsymbol{0}$，由

$$\begin{pmatrix}2&-1&1&1\\-1&2&4&7\end{pmatrix}\to\begin{pmatrix}1&0&2&3\\0&1&3&5\end{pmatrix}$$

得基础解系$(-2, -3, 1, 0)^T$，$(-3, -5, 0, 1)^T$，从而所求的齐次线性方程组为

$$\begin{cases}2x_1+3x_2-x_3=0\\3x_1+5x_2-x_4=0\end{cases}$$

例 18　证明与基础解系等价的线性无关的向量组也是基础解系。

证　设齐次线性方程组 $\boldsymbol{Ax}=\boldsymbol{0}$ 的基础解系为 $\boldsymbol{\alpha}_1, \boldsymbol{\alpha}_2, \cdots, \boldsymbol{\alpha}_s$，若 $\boldsymbol{\beta}_1, \boldsymbol{\beta}_2, \cdots, \boldsymbol{\beta}_t$ 线性无关且与 $\boldsymbol{\alpha}_1, \boldsymbol{\alpha}_2, \cdots, \boldsymbol{\alpha}_s$ 等价，则 $\boldsymbol{\beta}_j(j=1, 2, \cdots, t)$可由 $\boldsymbol{\alpha}_1, \boldsymbol{\alpha}_2, \cdots, \boldsymbol{\alpha}_s$ 线性表示，从而 $\boldsymbol{\beta}_j(j=1, 2, \cdots, t)$是齐次线性方程组 $\boldsymbol{Ax}=\boldsymbol{0}$ 的解。又

$$t=r(\boldsymbol{\beta}_1, \boldsymbol{\beta}_2, \cdots, \boldsymbol{\beta}_t)=r(\boldsymbol{\alpha}_1, \boldsymbol{\alpha}_2, \cdots, \boldsymbol{\alpha}_s)=s$$

故 $\boldsymbol{\beta}_1, \boldsymbol{\beta}_2, \cdots, \boldsymbol{\beta}_t$ 是齐次线性方程组 $\boldsymbol{Ax}=\boldsymbol{0}$ 的基础解系。

例 19　设 n 元齐次线性方程组 $\boldsymbol{Ax}=\boldsymbol{0}$的一个基础解系为 $\boldsymbol{\xi}_1, \boldsymbol{\xi}_2, \cdots, \boldsymbol{\xi}_s(s=n-r(\boldsymbol{A}))$，令 $\boldsymbol{B}=(\boldsymbol{\xi}_1, \boldsymbol{\xi}_2, \cdots, \boldsymbol{\xi}_s)$，则对于任意的 s 阶可逆矩阵 $\boldsymbol{C}$，$\boldsymbol{BC}$ 的列向量组均是齐次线性方程组 $\boldsymbol{Ax}=\boldsymbol{0}$ 的基础解系。

证　设 $\boldsymbol{C}=(c_{ij})_{s\times s}$为 s 阶可逆矩阵，则

$$\boldsymbol{BC}=(\boldsymbol{\xi}_1, \boldsymbol{\xi}_2, \cdots, \boldsymbol{\xi}_s)\begin{pmatrix}c_{11} & c_{12} & \cdots & c_{1s}\\c_{21} & c_{22} & \cdots & c_{2s}\\\vdots & \vdots & & \vdots\\c_{s1} & c_{s2} & \cdots & c_{ss}\end{pmatrix}=\left(\sum_{i=1}^{s}c_{i1}\boldsymbol{\xi}_i, \sum_{i=1}^{s}c_{i2}\boldsymbol{\xi}_i, \cdots, \sum_{i=1}^{s}c_{is}\boldsymbol{\xi}_i\right)$$

令 $\boldsymbol{\eta}_1=\sum_{i=1}^{s}c_{i1}\boldsymbol{\xi}_i$，$\boldsymbol{\eta}_2=\sum_{i=1}^{s}c_{i2}\boldsymbol{\xi}_i$，$\cdots$，$\boldsymbol{\eta}_s=\sum_{i=1}^{s}c_{is}\boldsymbol{\xi}_i$，则 $\boldsymbol{BC}$ 的各列 $\boldsymbol{\eta}_i(i=1, 2, \cdots, s)$均是齐次线性方程组 $\boldsymbol{Ax}=\boldsymbol{0}$ 的解，又 $\boldsymbol{C}$ 可逆，故 $r(\boldsymbol{BC})=r(\boldsymbol{B})=s$，从而 $\boldsymbol{\eta}_1, \boldsymbol{\eta}_2, \cdots, \boldsymbol{\eta}_s$ 是齐次线性方程组 $\boldsymbol{Ax}=\boldsymbol{0}$ 的 $s=n-r(\boldsymbol{A})$个线性无关的解向量，所以 $\boldsymbol{BC}$ 的列向量组均是齐次线性方程组 $\boldsymbol{Ax}=\boldsymbol{0}$的基础解系。

例 20　设 n 阶矩阵

$$\boldsymbol{A}=\begin{pmatrix}2a & 1 & 0 & \cdots & 0 & 0 & 0\\a^2 & 2a & 1 & \cdots & 0 & 0 & 0\\0 & a^2 & 2a & \cdots & 0 & 0 & 0\\\vdots & \vdots & \vdots & & \vdots & \vdots & \vdots\\0 & 0 & 0 & \cdots & 2a & 1 & 0\\0 & 0 & 0 & \cdots & a^2 & 2a & 1\\0 & 0 & 0 & \cdots & 0 & a^2 & 2a\end{pmatrix}$$

满足 $\boldsymbol{Ax}=\boldsymbol{\beta}$，其中 $\boldsymbol{x}=(x_1, x_2, \cdots, x_n)^T$，$\boldsymbol{\beta}=(1, 0, \cdots, 0)^T$。

（ⅰ）证明$|\boldsymbol{A}|=(n+1)a^n$；

（ⅱ）当 a 为何值时，非齐次线性方程组 $\boldsymbol{Ax}=\boldsymbol{\beta}$ 有唯一解，并求 x_1；

（ⅲ）当 a 为何值时，非齐次线性方程组 $\boldsymbol{Ax}=\boldsymbol{\beta}$ 有无穷多解，并求通解。

解　（ⅰ）方法一　行列式$|\boldsymbol{A}|$的第 2 行减去第 1 行的$\frac{a}{2}$倍，第 3 行减去第 2 行的$\frac{2}{3}a$倍，…，第 n 行减去第 $n-1$ 行的$\frac{n-1}{n}a$ 倍，得

$$|\boldsymbol{A}|=\begin{vmatrix} 2a & 1 & 0 & \cdots & 0 & 0 & 0 \\ 0 & \frac{3}{2}a & 1 & \cdots & 0 & 0 & 0 \\ 0 & 0 & \frac{4}{3}a & \cdots & 0 & 0 & 0 \\ \vdots & \vdots & \vdots & & \vdots & \vdots & \vdots \\ 0 & 0 & 0 & \cdots & \frac{n-1}{n-2}a & 1 & 0 \\ 0 & 0 & 0 & \cdots & 0 & \frac{n}{n-1}a & 1 \\ 0 & 0 & 0 & \cdots & 0 & 0 & \frac{n+1}{n}a \end{vmatrix}=(n+1)a^n$$

方法二　记$|\boldsymbol{A}|=D_n$，将D_n按第1列展开，得$D_n=2aD_{n-1}-a^2D_{n-2}$，则

$$D_n-aD_{n-1}=a(D_{n-1}-aD_{n-2})=\cdots=a^{n-2}(D_2-aD_1)=a^n$$

从而

$$\begin{aligned} D_n&=a^n+aD_{n-1}=a^n+a(a^{n-1}+aD_{n-2})=2a^n+a^2D_{n-2} \\ &=\cdots=(n-1)a^n+a^{n-1}D_1=(n+1)a^n \end{aligned}$$

方法三(数学归纳法)　记$|\boldsymbol{A}|=D_n$，当$n=1$时，$|\boldsymbol{A}|=D_1=2a$，结论成立；当$n=2$时，$|\boldsymbol{A}|=D_2=\begin{vmatrix} 2a & 1 \\ a^2 & 2a \end{vmatrix}=3a^2=(2+1)a^2$，结论成立；假设当$n\leqslant k$时，$|\boldsymbol{A}|=D_k=(k+1)a^k$，当$n=k+1$时，将$|\boldsymbol{A}|=D_{k+1}$按第1列展开，得

$$|\boldsymbol{A}|=D_{k+1}=2aD_k-a^2D_{k-1}=2a(k+1)a^k-a^2[(k-1)+1]a^{k-1}=(k+2)a^{k+1}$$

故由数学归纳法，得对一切自然数n，有$|\boldsymbol{A}|=(n+1)a^n$。

(ⅱ) 方法一　当$a\neq0$时，$|\boldsymbol{A}|\neq0$，由Cramer法则，知非齐次线性方程组$\boldsymbol{Ax}=\boldsymbol{\beta}$有唯一解。记$|\boldsymbol{A}|=D_n$，将$|\boldsymbol{A}|$的第1列换成$\boldsymbol{\beta}$并按第1列展开，得$D_{n-1}=na^{n-1}$，由Cramer法则，得$x_1=\dfrac{D_{n-1}}{|\boldsymbol{A}|}=\dfrac{na^{n-1}}{(n+1)a^n}=\dfrac{n}{(n+1)a}$。

方法二　当$a\neq0$时，$|\boldsymbol{A}|\neq0$，即$r(\boldsymbol{A})=r(\boldsymbol{A},\boldsymbol{\beta})=n$，故非齐次线性方程组$\boldsymbol{Ax}=\boldsymbol{\beta}$有唯一解，且唯一解为$\boldsymbol{x}=\boldsymbol{A}^{-1}\boldsymbol{\beta}=\dfrac{1}{|\boldsymbol{A}|}\boldsymbol{A}^*\boldsymbol{\beta}=\dfrac{1}{|\boldsymbol{A}|}\begin{pmatrix} A_{11} & A_{21} & \cdots & A_{n1} \\ A_{12} & A_{22} & \cdots & A_{n2} \\ \vdots & \vdots & & \vdots \\ A_{1n} & A_{2n} & \cdots & A_{nn} \end{pmatrix}\begin{pmatrix} 1 \\ 0 \\ \vdots \\ 0 \end{pmatrix}=\dfrac{1}{|\boldsymbol{A}|}\begin{pmatrix} A_{11} \\ A_{12} \\ \vdots \\ A_{1n} \end{pmatrix}$，从而$x_1=\dfrac{1}{|\boldsymbol{A}|}A_{11}=\dfrac{D_{n-1}}{|\boldsymbol{A}|}=\dfrac{na^{n-1}}{(n+1)a^n}=\dfrac{n}{(n+1)a}$。

(ⅲ) 当$a=0$时，$|\boldsymbol{A}|=0$，则非齐次线性方程组$\boldsymbol{Ax}=\boldsymbol{\beta}$有无穷多解。当$a=0$时，非齐次线性方程组的增广矩阵$(\boldsymbol{A},\boldsymbol{\beta})=\begin{pmatrix} 0 & 1 & 0 & \cdots & 0 & 1 \\ 0 & 0 & 1 & \cdots & 0 & 0 \\ \vdots & \vdots & \vdots & & \vdots & \vdots \\ 0 & 0 & 0 & \cdots & 1 & 0 \\ 0 & 0 & 0 & \cdots & 0 & 0 \end{pmatrix}$，则非齐次线性方程组

$\boldsymbol{Ax}=\boldsymbol{\beta}$ 对应的齐次线性方程组 $\boldsymbol{Ax}=\boldsymbol{0}$ 的基础解系 $(1,0,\cdots,0)^T$，$(0,1,\cdots,0)^T$ 为非齐次线性方程组 $\boldsymbol{Ax}=\boldsymbol{\beta}$ 的一个特解，故非齐次线性方程组 $\boldsymbol{Ax}=\boldsymbol{\beta}$ 的通解为 $(0,1,\cdots,0)^T+k(1,0,\cdots,0)^T$，其中 k 为任意常数。

三、经典习题与解答

经典习题

1. 选择题

(1) 设 $\boldsymbol{A}$ 为 n 阶矩阵，$\boldsymbol{\alpha}$ 为 n 维列向量，若 $r\begin{pmatrix}\boldsymbol{A} & \boldsymbol{\alpha}\\ \boldsymbol{\alpha}^T & 0\end{pmatrix}=r(\boldsymbol{A})$，则线性方程组(　　)。

(A) $\boldsymbol{Ax}=\boldsymbol{\alpha}$ 必有无穷多解　　(B) $\boldsymbol{Ax}=\boldsymbol{\alpha}$ 必有唯一解

(C) $\begin{pmatrix}\boldsymbol{A} & \boldsymbol{\alpha}\\ \boldsymbol{\alpha}^T & 0\end{pmatrix}\begin{pmatrix}\boldsymbol{x}\\ \boldsymbol{y}\end{pmatrix}=\boldsymbol{0}$ 仅有零解　　(D) $\begin{pmatrix}\boldsymbol{A} & \boldsymbol{\alpha}\\ \boldsymbol{\alpha}^T & 0\end{pmatrix}\begin{pmatrix}\boldsymbol{x}\\ \boldsymbol{y}\end{pmatrix}=\boldsymbol{0}$ 必有非零解

(2) 设 $\boldsymbol{\alpha}_1$，$\boldsymbol{\alpha}_2$，$\boldsymbol{\alpha}_3$ 是 4 元非齐次线性方程组 $\boldsymbol{Ax}=\boldsymbol{\beta}$ 的三个解向量，且 $r(\boldsymbol{A})=3$，$\boldsymbol{\alpha}_1=(1,2,3,4)^T$，$\boldsymbol{\alpha}_2+\boldsymbol{\alpha}_3=(0,1,2,3)^T$，$k$ 为任意常数，则非齐次线性方程组 $\boldsymbol{Ax}=\boldsymbol{\beta}$ 的通解为(　　)。

(A) $\begin{pmatrix}1\\2\\3\\4\end{pmatrix}+k\begin{pmatrix}1\\1\\1\\1\end{pmatrix}$　　(B) $\begin{pmatrix}1\\2\\3\\4\end{pmatrix}+k\begin{pmatrix}0\\1\\2\\3\end{pmatrix}$　　(C) $\begin{pmatrix}1\\2\\3\\4\end{pmatrix}+k\begin{pmatrix}2\\3\\4\\5\end{pmatrix}$　　(D) $\begin{pmatrix}1\\2\\3\\4\end{pmatrix}+k\begin{pmatrix}3\\4\\5\\6\end{pmatrix}$

(3) 设 $\boldsymbol{A}$ 为 4×3 矩阵，$\boldsymbol{\alpha}_1$，$\boldsymbol{\alpha}_2$，$\boldsymbol{\alpha}_3$ 是非齐次线性方程组 $\boldsymbol{Ax}=\boldsymbol{\beta}$ 的三个线性无关的解，k_1，k_2 为任意常数，则非齐次线性方程组 $\boldsymbol{Ax}=\boldsymbol{\beta}$ 的通解为(　　)。

(A) $\dfrac{\boldsymbol{\alpha}_2+\boldsymbol{\alpha}_3}{2}+k_1(\boldsymbol{\alpha}_2-\boldsymbol{\alpha}_1)$　　(B) $\dfrac{\boldsymbol{\alpha}_2-\boldsymbol{\alpha}_3}{2}+k_2(\boldsymbol{\alpha}_2-\boldsymbol{\alpha}_1)$

(C) $\dfrac{\boldsymbol{\alpha}_2+\boldsymbol{\alpha}_3}{2}+k_1(\boldsymbol{\alpha}_2-\boldsymbol{\alpha}_1)+k_2(\boldsymbol{\alpha}_3-\boldsymbol{\alpha}_1)$　　(D) $\dfrac{\boldsymbol{\alpha}_2-\boldsymbol{\alpha}_3}{2}+k_1(\boldsymbol{\alpha}_2-\boldsymbol{\alpha}_1)+k_2(\boldsymbol{\alpha}_3-\boldsymbol{\alpha}_1)$

(4) 设 $\boldsymbol{A}$ 为 n 阶实矩阵，$\boldsymbol{A}^T$ 是 $\boldsymbol{A}$ 的转置矩阵，则对于齐次线性方程组(Ⅰ)$\boldsymbol{Ax}=\boldsymbol{0}$ 和齐次线性方程组(Ⅱ)$\boldsymbol{A}^T\boldsymbol{Ax}=\boldsymbol{0}$，必有(　　)。

(A) (Ⅱ)的解是(Ⅰ)的解，(Ⅰ)的解也是(Ⅱ)的解

(B) (Ⅱ)的解是(Ⅰ)的解，但(Ⅰ)的解不是(Ⅱ)的解

(C) (Ⅰ)的解不是(Ⅱ)的解，(Ⅱ)的解也不是(Ⅰ)的解

(D) (Ⅰ)的解是(Ⅱ)的解，但(Ⅱ)的解不是(Ⅰ)的解

(5) 设 $\boldsymbol{A}$ 为 n 阶实矩阵，$\boldsymbol{A}^T$ 是 $\boldsymbol{A}$ 的转置矩阵，则(　　)。

(A) $r(\boldsymbol{A})=r(\boldsymbol{A}^T\boldsymbol{A})$　　(B) $r(\boldsymbol{A})<r(\boldsymbol{A}^T\boldsymbol{A})$

(C) $r(\boldsymbol{A})>r(\boldsymbol{A}^T\boldsymbol{A})$　　(D) $r(\boldsymbol{A})$ 与 $r(\boldsymbol{A}^T\boldsymbol{A})$ 无关系

(6) 设 $\boldsymbol{A}=(\boldsymbol{\alpha}_1,\boldsymbol{\alpha}_2,\boldsymbol{\alpha}_3,\boldsymbol{\alpha}_4)$ 是 4 阶矩阵，$\boldsymbol{A}^*$ 是 $\boldsymbol{A}$ 的伴随矩阵，若 $(1,0,1,0)^T$ 是齐次线性方程组 $\boldsymbol{Ax}=\boldsymbol{0}$ 的一个基础解系，则齐次线性方程组 $\boldsymbol{A}^*\boldsymbol{x}=\boldsymbol{0}$ 的基础解系可为(　　)。

(A) $\boldsymbol{\alpha}_1$，$\boldsymbol{\alpha}_3$　　(B) $\boldsymbol{\alpha}_1$，$\boldsymbol{\alpha}_2$　　(C) $\boldsymbol{\alpha}_1$，$\boldsymbol{\alpha}_2$，$\boldsymbol{\alpha}_3$　　(D) $\boldsymbol{\alpha}_2$，$\boldsymbol{\alpha}_3$，$\boldsymbol{\alpha}_4$

(7) 设矩阵 $\boldsymbol{A}=\begin{pmatrix}1&1&1\\1&2&a\\1&4&a^2\end{pmatrix}$，$\boldsymbol{\beta}=(1, d, d^2)^{\mathrm{T}}$，若集合 $\Omega=\{1, 2\}$，则非齐次线性方程组 $\boldsymbol{Ax}=\boldsymbol{\beta}$ 有无穷多解的充分必要条件是(　　)。

(A) $a\notin\Omega$, $d\notin\Omega$　　(B) $a\notin\Omega$, $d\in\Omega$

(C) $a\in\Omega$, $d\notin\Omega$　　(D) $a\in\Omega$, $d\in\Omega$

(8) 设齐次线性方程组 $\boldsymbol{Ax}=\boldsymbol{0}$ 的解是齐次线性方程组 $\boldsymbol{Bx}=\boldsymbol{0}$的解，则(　　)。

(A) $r(\boldsymbol{A})\geqslant r(\boldsymbol{B})$　　(B) $r(\boldsymbol{A})\leqslant r(\boldsymbol{B})$

(C) $r(\boldsymbol{A})=r(\boldsymbol{B})$　　(D) 无法判别

(9) 设齐次线性方程组 $\boldsymbol{Ax}=\boldsymbol{0}$ 的解是齐次线性方程组 $\boldsymbol{Bx}=\boldsymbol{0}$的解，但齐次线性方程组 $\boldsymbol{Bx}=\boldsymbol{0}$的解不全是齐次线性方程组 $\boldsymbol{Ax}=\boldsymbol{0}$的解，则(　　)。

(A) $r(\boldsymbol{A})>r(\boldsymbol{B})$　　(B) $r(\boldsymbol{A})<r(\boldsymbol{B})$

(C) $r(\boldsymbol{A})=r(\boldsymbol{B})$　　(D) 无法判别

(10) 设 $\boldsymbol{A}$ 为 n 阶矩阵，且 $A_{11}\neq0$，若 $\boldsymbol{\eta}_1$，$\boldsymbol{\eta}_2$，$\boldsymbol{\eta}_3$ 是非齐次线性方程组 $\boldsymbol{Ax}=\boldsymbol{\beta}$ 的不同解，则对应的齐次线性方程组 $\boldsymbol{Ax}=\boldsymbol{0}$ 的基础解系所含线性无关的解向量的个数为(　　)。

(A) 1　　(B) 2　　(C) 3　　(D) 4

(11) 设 $\boldsymbol{A}$ 是 $m\times n$ 矩阵，则非齐次线性方程组 $\boldsymbol{Ax}=\boldsymbol{\beta}$ 有解的充分条件是(　　)。

(A) $r(\boldsymbol{A})<m$　　(B) $r(\boldsymbol{A})<n$　　(C) $r(\boldsymbol{A})=m$　　(D) $r(\boldsymbol{A})=n$

(12) 设 $\boldsymbol{A}$ 是 $m\times n(m<n)$矩阵，且 $\boldsymbol{A}$ 的行向量组线性无关，则下列命题不正确的是(　　)。

(A) 非齐次线性方程组 $\boldsymbol{Ax}=\boldsymbol{\beta}(\forall\boldsymbol{\beta})$必有无穷多解

(B) 齐次线性方程组 $\boldsymbol{A}^{\mathrm{T}}\boldsymbol{x}=\boldsymbol{0}$ 只有零解

(C) 齐次线性方程组 $\boldsymbol{A}^{\mathrm{T}}\boldsymbol{Ax}=\boldsymbol{0}$ 必有无穷多解

(D) 非齐次线性方程组 $\boldsymbol{A}^{\mathrm{T}}\boldsymbol{x}=\boldsymbol{\beta}(\forall\boldsymbol{\beta})$必有唯一解

(13) 设 $\boldsymbol{A}$ 是 $m\times n$ 矩阵，则下列命题正确的是(　　)。

(A) 若 $\boldsymbol{A}$ 经过初等变换可化为 $\boldsymbol{B}$，则齐次线性方程组 $\boldsymbol{Ax}=\boldsymbol{0}$与齐次线性方程组 $\boldsymbol{Bx}=\boldsymbol{0}$ 同解

(B) 非齐次线性方程组 $\boldsymbol{Ax}=\boldsymbol{\beta}(\boldsymbol{\beta}\neq\boldsymbol{0})$任意两个解之差仍是它的解

(C) 若存在 $n\times s$ 矩阵 $\boldsymbol{B}$，使得 $\boldsymbol{AB}=\boldsymbol{O}$，且 $r(\boldsymbol{B})=n-r(\boldsymbol{A})$，则 $\boldsymbol{B}$ 的列向量组是齐次线性方程组 $\boldsymbol{Ax}=\boldsymbol{0}$ 的一个基础解系

(D) 存在 n 阶矩阵 $\boldsymbol{B}$，使得 $\boldsymbol{AB}=\boldsymbol{O}$，且 $r(\boldsymbol{B})+r(\boldsymbol{A})=n$

(14) 设 $\boldsymbol{\alpha}_1$，$\boldsymbol{\alpha}_2$，$\boldsymbol{\alpha}_3$，$\boldsymbol{\alpha}_4$ 是非齐次线性方程组$\begin{cases}x_1+x_2+x_3=2\\2x_1+3x_2+4x_3=0\\3x_1+4x_2+5x_3=2\end{cases}$的四个不同的解向量，则向量组 $\boldsymbol{\alpha}_2-\boldsymbol{\alpha}_1$，$\boldsymbol{\alpha}_3-\boldsymbol{\alpha}_2$，$\boldsymbol{\alpha}_4-\boldsymbol{\alpha}_3$ 的秩为(　　)。

(A) 3　　(B) 2　　(C) 1　　(D) 无法确定

(15) 设非齐次线性方程组 $\boldsymbol{Ax}=\boldsymbol{\beta}$，$\boldsymbol{A}$ 为 3×5 矩阵，且 $\boldsymbol{A}$ 的行向量组线性无关，则下列结论不正确的是(　　)。

(A) 对于 3 维列向量 $\boldsymbol{\beta}$，非齐次线性方程组 $\boldsymbol{Ax}=\boldsymbol{\beta}$ 有无穷多解

(B) 齐次线性方程组 $\boldsymbol{A}^{\mathrm{T}}\boldsymbol{x}=\mathbf{0}$ 只有零解

(C) 齐次线性方程组 $\boldsymbol{A}^{\mathrm{T}}\boldsymbol{A}\boldsymbol{x}=\mathbf{0}$ 有非零解

(D) 对于 5 维列向量 $\boldsymbol{\beta}$，非齐次线性方程组 $\boldsymbol{A}^{\mathrm{T}}\boldsymbol{x}=\boldsymbol{\beta}$ 有唯一解

(16) 设 $\boldsymbol{A}$ 为 3 阶矩阵，$\boldsymbol{\alpha}_1=(1, 2, 3)^{\mathrm{T}}$，$\boldsymbol{\alpha}_2=(0, 2, 1)^{\mathrm{T}}$，$\boldsymbol{\alpha}_3=(0, t, 1)^{\mathrm{T}}$ 为非齐次线性方程组 $\boldsymbol{A}\boldsymbol{x}=\boldsymbol{\beta}$ 的解，其中 $\boldsymbol{\beta}=(1, 0, 0)^{\mathrm{T}}$，则(　　)。

(A) 当 $t\neq 2$ 时，$r(\boldsymbol{A})=1$　　(B) 当 $t\neq 2$ 时，$r(\boldsymbol{A})=2$

(C) 当 $t=2$ 时，$r(\boldsymbol{A})=1$　　(D) 当 $t=2$ 时，$r(\boldsymbol{A})=2$

(17) 设 $\boldsymbol{A}$，$\boldsymbol{B}$ 为 n 阶方阵，令 $\boldsymbol{A}=(\boldsymbol{\alpha}_1, \boldsymbol{\alpha}_2, \cdots, \boldsymbol{\alpha}_n)$，$\boldsymbol{B}=(\boldsymbol{\beta}_1, \boldsymbol{\beta}_2, \cdots, \boldsymbol{\beta}_n)$，则下列命题正确的是(　　)。

(A) 若 $\boldsymbol{A}$，$\boldsymbol{B}$ 等价，则向量组 $\boldsymbol{\alpha}_1, \boldsymbol{\alpha}_2, \cdots, \boldsymbol{\alpha}_n$ 与向量组 $\boldsymbol{\beta}_1, \boldsymbol{\beta}_2, \cdots, \boldsymbol{\beta}_n$ 等价

(B) 若 $\boldsymbol{A}$，$\boldsymbol{B}$ 的特征值相同，则 $\boldsymbol{A}$，$\boldsymbol{B}$ 等价

(C) 若齐次线性方程组 $\boldsymbol{A}\boldsymbol{x}=\mathbf{0}$ 与齐次线性方程组 $\boldsymbol{B}\boldsymbol{x}=\mathbf{0}$同解，则 $\boldsymbol{A}$，$\boldsymbol{B}$ 等价

(D) 若 $\boldsymbol{A}$，$\boldsymbol{B}$ 等价，则齐次线性方程组 $\boldsymbol{A}\boldsymbol{x}=\mathbf{0}$ 与齐次线性方程组 $\boldsymbol{B}\boldsymbol{x}=\mathbf{0}$同解

(18) 设 $\boldsymbol{A}=(\boldsymbol{\alpha}_1, \boldsymbol{\alpha}_2, \boldsymbol{\alpha}_3, \boldsymbol{\alpha}_4)$为 4 阶方阵，且 $\boldsymbol{\alpha}_1, \boldsymbol{\alpha}_2, \boldsymbol{\alpha}_3, \boldsymbol{\alpha}_4$ 为非零向量组，若齐次线性方程组 $\boldsymbol{A}\boldsymbol{x}=\mathbf{0}$ 的一个基础解系为$(1, 0, -4, 0)^{\mathrm{T}}$，则齐次线性方程组 $\boldsymbol{A}^*\boldsymbol{x}=\mathbf{0}$ 的基础解系为(　　)。

(A) $\boldsymbol{\alpha}_1, \boldsymbol{\alpha}_2, \boldsymbol{\alpha}_3$　　(B) $\boldsymbol{\alpha}_1, \boldsymbol{\alpha}_2+\boldsymbol{\alpha}_3, \boldsymbol{\alpha}_4$

(C) $\boldsymbol{\alpha}_1, \boldsymbol{\alpha}_3, \boldsymbol{\alpha}_4$　　(D) $\boldsymbol{\alpha}_1+\boldsymbol{\alpha}_2, \boldsymbol{\alpha}_2+2\boldsymbol{\alpha}_4, \boldsymbol{\alpha}_4$

(19) 设 $\boldsymbol{A}=\begin{pmatrix} 1 & 1 & 1 & 1 \\ a_1 & a_2 & a_3 & a_4 \\ a_1^2 & a_2^2 & a_3^2 & a_4^2 \end{pmatrix}$，其中 a_1, a_2, a_3, a_4 两两不等，则(　　)。

(A) 齐次线性方程组 $\boldsymbol{A}\boldsymbol{x}=\mathbf{0}$ 只有零解

(B) 齐次线性方程组 $\boldsymbol{A}^{\mathrm{T}}\boldsymbol{x}=\mathbf{0}$ 有非零解

(C) 齐次线性方程组 $\boldsymbol{A}^{\mathrm{T}}\boldsymbol{A}\boldsymbol{x}=\mathbf{0}$ 只有零解

(D) 齐次线性方程组 $\boldsymbol{A}\boldsymbol{A}^{\mathrm{T}}\boldsymbol{x}=\mathbf{0}$ 只有零解

(20) 设 $\boldsymbol{A}$ 是 $m\times n$ 矩阵，则非齐次线性方程组 $\boldsymbol{A}\boldsymbol{x}=\boldsymbol{\beta}$ 有无穷多解的充分条件为(　　)。

(A) $r(\boldsymbol{A})<n$　　(B) $r(\boldsymbol{A})<m$

(C) $m<n$　　(D) $m<n$，且 $r(\boldsymbol{A})=m$

2. 填空题

(1) 设 n 阶矩阵 $\boldsymbol{A}$ 的各行元素之和均为零，且 $\boldsymbol{A}^*\neq\boldsymbol{O}$，其中 $\boldsymbol{A}^*$ 是 $\boldsymbol{A}$ 的伴随矩阵，则齐次线性方程组 $\boldsymbol{A}\boldsymbol{x}=\mathbf{0}$ 的通解为______。

(2) 设 n 阶矩阵 $\boldsymbol{A}$ 的各行元素之和均为零，且 $\boldsymbol{A}^*\neq\boldsymbol{O}$，其中 $\boldsymbol{A}^*$ 是 $\boldsymbol{A}$ 的伴随矩阵，则齐次线性方程组 $\boldsymbol{A}^*\boldsymbol{x}=\mathbf{0}$ 的基础解系中解向量的个数为______。

(3) 设 n 阶矩阵 $\boldsymbol{A}$ 的各行元素之和均为零，且 $\boldsymbol{A}^*\neq\boldsymbol{O}$，其中 $\boldsymbol{A}^*$ 是 $\boldsymbol{A}$ 的伴随矩阵，则当矩阵 $\boldsymbol{A}$ 的元素 a_{11} 的代数余子式 $A_{11}\neq 0$ 时，齐次线性方程组 $\boldsymbol{A}^*\boldsymbol{x}=\mathbf{0}$ 的通解为______。

(4) 设 $\boldsymbol{A}=\begin{pmatrix} 1 & 2 & -2 \\ 4 & t & 3 \\ 3 & -1 & 1 \end{pmatrix}$，$\boldsymbol{B}$ 是 3 阶非零矩阵，且 $\boldsymbol{A}\boldsymbol{B}=\boldsymbol{O}$，则 $t=$______。

(5) 设 $A=\begin{pmatrix}1 & 2 & -2\\ 4 & t & 3\\ 3 & -1 & 1\end{pmatrix}$，$B$ 是 3 阶非零矩阵，且 $AB=O$，则齐次线性方程组 $B^{T}x=0$ 的通解为______。

(6) 已知非齐次线性方程组 $\begin{pmatrix}1 & 2 & 1\\ 2 & 3 & a+2\\ 1 & a & -2\end{pmatrix}\begin{pmatrix}x_1\\ x_2\\ x_3\end{pmatrix}=\begin{pmatrix}1\\ 3\\ 0\end{pmatrix}$ 无解，则 $a=$______。

(7) 设非齐次线性方程组 $\begin{pmatrix}a & 1 & 1\\ 1 & a & 1\\ 1 & 1 & a\end{pmatrix}\begin{pmatrix}x_1\\ x_2\\ x_3\end{pmatrix}=\begin{pmatrix}1\\ 1\\ -2\end{pmatrix}$ 有无穷多解，则 $a=$______。

(8) 设 $\boldsymbol{\eta}_1=(1,-2,1,2)^{T}$，$\boldsymbol{\eta}_2=(0,1,0,-1)^{T}$，$\boldsymbol{\eta}_3=(2,1,3,-2)^{T}$ 是非齐次线性方程组 $\begin{cases}x_1+a_2x_2+4x_3-x_4=d_1\\ b_1x_1+x_2+b_3x_3+b_4x_4=d_2\\ 2x_1+c_2x_2+c_3x_3+x_4=d_3\end{cases}$ 的三个解，则非齐次线性方程组的通解为______。

(9) 设 $A=\begin{pmatrix}1 & 1 & 1 & \cdots & 1\\ a_1 & a_2 & a_3 & \cdots & a_n\\ a_1^2 & a_2^2 & a_3^2 & \cdots & a_n^2\\ \vdots & \vdots & \vdots & & \vdots\\ a_1^{n-1} & a_2^{n-1} & a_3^{n-1} & \cdots & a_n^{n-1}\end{pmatrix}$，$\boldsymbol{\beta}=(1,1,\cdots,1)^{T}$，其中 $a_1,a_2,\cdots,a_n$ 两两不相等，则非齐次线性方程组 $A^{T}x=\boldsymbol{\beta}$ 的解为______。

(10) 设 $A=(a_{ij})_{3\times 3}$ 是实正交矩阵，且 $a_{11}=1$，$\boldsymbol{\beta}=(1,0,0)^{T}$，则非齐次线性方程组 $Ax=\boldsymbol{\beta}$ 的解为______。

(11) 设 A 为 3 阶实对称矩阵，$\boldsymbol{\alpha}_1=(m,-m,1)^{T}$ 是齐次线性方程组 $Ax=0$ 的解，$\boldsymbol{\alpha}_2=(m,1,1-m)^{T}$ 是齐次线性方程组 $(A+E)x=0$ 的一个解，则 $m=$______。

(12) 设 A 为 3 阶实对称矩阵，$\boldsymbol{\xi}_1=(k,-k,1)^{T}$ 是齐次线性方程组 $Ax=0$ 的解，$\boldsymbol{\xi}_2=(k,2,1)^{T}$ 是齐次线性方程组 $(2E-A)x=0$ 的解，$|E+A|=0$，则 $A=$______。

(13) 设 $A=(\boldsymbol{\alpha}_1,\boldsymbol{\alpha}_2,\boldsymbol{\alpha}_3)$ 为 3 阶矩阵，若 $\boldsymbol{\alpha}_1,\boldsymbol{\alpha}_2$ 线性无关，且 $\boldsymbol{\alpha}_3=-\boldsymbol{\alpha}_1+2\boldsymbol{\alpha}_2$，则齐次线性方程组 $Ax=0$ 的通解为______。

(14) 设 $A=\begin{pmatrix}1 & 0 & -1\\ 1 & 1 & -1\\ 0 & 1 & a^2-1\end{pmatrix}$，$\boldsymbol{\beta}=(0,1,a)^{T}$，非齐次线性方程组 $Ax=\boldsymbol{\beta}$ 有无穷多解，则 $a=$______。

3. 解答题

(1) 已知非齐次线性方程组 $\begin{cases}x_1+x_2+x_3+x_4=-1\\ 4x_1+3x_2+5x_3-x_4=-1\\ ax_1+x_2+3x_3+bx_4=1\end{cases}$ 有三个线性无关的解。

(ⅰ) 证明非齐次线性方程组系数矩阵的秩 $r(A)=2$；

（ⅱ）求 a，b 的值及非齐次线性方程组的通解。

（2）已知齐次线性方程组

$$\begin{cases}(a_1+b)x_1+a_2x_2+a_3x_3+\cdots+a_nx_n=0\\a_1x_1+(a_2+b)x_2+a_3x_3+\cdots+a_nx_n=0\\a_1x_1+a_2x_2+(a_3+b)x_3+\cdots+a_nx_n=0\\\qquad\vdots\\a_1x_1+a_2x_2+a_3x_3+\cdots+(a_n+b)x_n=0\end{cases}$$

其中 $\sum_{i=1}^{n}a_i\neq 0$，试讨论 a_1，a_2，…，a_n 和 b 满足何种关系时：

（ⅰ）齐次线性方程组仅有零解；

（ⅱ）齐次线性方程组有非零解，在有非零解时，求齐次线性方程组的一个基础解系。

（3）已知平面上三条不同直线的方程分别为

$$l_1: ax+2by+3c=0$$
$$l_2: bx+2cy+3a=0$$
$$l_3: cx+2ay+3b=0$$

试证这三条直线交于一点的充分必要条件为 $a+b+c=0$。

（4）设 $\boldsymbol{A}=(\boldsymbol{\alpha}_1, \boldsymbol{\alpha}_2, \boldsymbol{\alpha}_3, \boldsymbol{\alpha}_4, \boldsymbol{\alpha}_5)$，其中 $\boldsymbol{\alpha}_1$，$\boldsymbol{\alpha}_3$，$\boldsymbol{\alpha}_4$ 线性无关，且 $\boldsymbol{\alpha}_2=\boldsymbol{\alpha}_1-\boldsymbol{\alpha}_3+2\boldsymbol{\alpha}_4$，$\boldsymbol{\alpha}_5=\boldsymbol{\alpha}_3-4\boldsymbol{\alpha}_4$，求齐次线性方程组 $\boldsymbol{Ax}=\boldsymbol{0}$ 的通解。

（5）设向量组 $\boldsymbol{\alpha}_1=(a, 2, 10)^{\mathrm{T}}$，$\boldsymbol{\alpha}_2=(-2, 1, 5)^{\mathrm{T}}$，$\boldsymbol{\alpha}_3=(-1, 1, 4)^{\mathrm{T}}$，$\boldsymbol{\beta}=(1, b, c)^{\mathrm{T}}$，试问当 a，b，c 满足什么条件时：

（ⅰ）$\boldsymbol{\beta}$ 可由 $\boldsymbol{\alpha}_1$，$\boldsymbol{\alpha}_2$，$\boldsymbol{\alpha}_3$ 线性表示，且表示法唯一；

（ⅱ）$\boldsymbol{\beta}$ 不能由 $\boldsymbol{\alpha}_1$，$\boldsymbol{\alpha}_2$，$\boldsymbol{\alpha}_3$ 线性表示；

（ⅲ）$\boldsymbol{\beta}$ 可由 $\boldsymbol{\alpha}_1$，$\boldsymbol{\alpha}_2$，$\boldsymbol{\alpha}_3$ 线性表示，但表示法不唯一，并求出一般表示式。

（6）设 $\boldsymbol{\alpha}_1$，$\boldsymbol{\alpha}_2$，…，$\boldsymbol{\alpha}_s$ 为齐次线性方程组 $\boldsymbol{Ax}=\boldsymbol{0}$ 的一个基础解系，$\boldsymbol{\beta}_1=t_1\boldsymbol{\alpha}_1+t_2\boldsymbol{\alpha}_2$，$\boldsymbol{\beta}_2=t_1\boldsymbol{\alpha}_2+t_2\boldsymbol{\alpha}_3$，…，$\boldsymbol{\beta}_s=t_1\boldsymbol{\alpha}_s+t_2\boldsymbol{\alpha}_1$，其中 t_1，t_2 为实数，试问 t_1，t_2 满足什么关系时，$\boldsymbol{\beta}_1$，$\boldsymbol{\beta}_2$，…，$\boldsymbol{\beta}_s$ 也为齐次线性方程组 $\boldsymbol{Ax}=\boldsymbol{0}$ 的一个基础解系。

（7）设矩阵 $\boldsymbol{A}=\begin{pmatrix}1&1&a\\1&a&1\\a&1&1\end{pmatrix}$，$\boldsymbol{\beta}=(1, 1, -2)^{\mathrm{T}}$，已知非齐次线性方程组 $\boldsymbol{Ax}=\boldsymbol{\beta}$ 有解但不唯一，试求：

（ⅰ）a 的值；

（ⅱ）正交矩阵 $\boldsymbol{Q}$，使得 $\boldsymbol{Q}^{\mathrm{T}}\boldsymbol{AQ}$ 为对角矩阵。

（8）已知 4 阶方阵 $\boldsymbol{A}=(\boldsymbol{\alpha}_1, \boldsymbol{\alpha}_2, \boldsymbol{\alpha}_3, \boldsymbol{\alpha}_4)$，其中 $\boldsymbol{\alpha}_1$，$\boldsymbol{\alpha}_2$，$\boldsymbol{\alpha}_3$，$\boldsymbol{\alpha}_4$ 均为 4 维列向量，且 $\boldsymbol{\alpha}_2$，$\boldsymbol{\alpha}_3$，$\boldsymbol{\alpha}_4$ 线性无关，$\boldsymbol{\alpha}_1=2\boldsymbol{\alpha}_2-\boldsymbol{\alpha}_3$，如果 $\boldsymbol{\beta}=\boldsymbol{\alpha}_1+\boldsymbol{\alpha}_2+\boldsymbol{\alpha}_3+\boldsymbol{\alpha}_4$，求非齐次线性方程组 $\boldsymbol{Ax}=\boldsymbol{\beta}$ 的通解。

（9）设 4 元齐次线性方程组（Ⅰ）$\begin{cases}2x_1+3x_2-x_3=0\\x_1+2x_2+x_3-x_4=0\end{cases}$，且已知另一 4 元齐次线性方程

组(Ⅱ)的一个基础解系为 $\boldsymbol{\alpha}_1=(2,-1,a+2,1)^T$，$\boldsymbol{\alpha}_2=(-1,2,4,a+8)^T$。

(ⅰ) 求齐次线性方程组(Ⅰ)的一个基础解系；

(ⅱ) 当 a 为何值时，齐次线性方程组(Ⅰ)与(Ⅱ)有非零公共解？在有非零公共解时，求出全部非零公共解。

(10) 设齐次线性方程组(Ⅰ)$\begin{cases}x_1+x_2=0\\x_2-x_4=0\end{cases}$与(Ⅱ)$\begin{cases}x_1-x_2+x_3=0\\x_2-x_3+x_4=0\end{cases}$。

(ⅰ) 求齐次线性方程组(Ⅰ)与(Ⅱ)的基础解系；

(ⅱ) 求齐次线性方程组(Ⅰ)与(Ⅱ)的公共解。

(11) 设齐次线性方程组

$$\begin{cases}ax_1+bx_2+\cdots+bx_n=0\\bx_1+ax_2+\cdots+bx_n=0\\\qquad\vdots\\bx_1+bx_2+\cdots+ax_n=0\end{cases}$$

其中 $a\neq0$，$b\neq0$，$n\geqslant2$。试讨论 a，b 为何值时，齐次线性方程组仅有零解、有无穷多解。在有无穷多解时，求出全部解，并用基础解系表示全部解。

(12) 已知齐次线性方程组

$$(\text{Ⅰ})\begin{cases}x_1+2x_2+3x_3=0\\2x_1+3x_2+5x_3=0,\\x_1+x_2+ax_3=0\end{cases}\quad(\text{Ⅱ})\begin{cases}x_1+bx_2+cx_3=0\\2x_1+b^2x_2+(c+1)x_3=0\end{cases}$$

同解，求 a，b，c 的值。

(13) 设矩阵 $\boldsymbol{A}=\begin{pmatrix}1&-1&-1\\2&a&1\\-1&1&a\end{pmatrix}$，$\boldsymbol{B}=\begin{pmatrix}2&2\\1&a\\-a-1&-2\end{pmatrix}$，当 a 为何值时，方程 $\boldsymbol{AX}=\boldsymbol{B}$ 无解、有唯一解、有无穷多解。在有解时，求此方程的解。

(14) 设矩阵 $\boldsymbol{A}=\begin{pmatrix}1&1&1-a\\1&0&a\\a+1&1&a+1\end{pmatrix}$，$\boldsymbol{\beta}=(0,1,2a-2)^T$，且非齐次线性方程组 $\boldsymbol{Ax}=\boldsymbol{\beta}$ 无解。

(ⅰ) 求 a 的值；

(ⅱ) 求非齐次线性方程组 $\boldsymbol{A}^T\boldsymbol{Ax}=\boldsymbol{A}^T\boldsymbol{\beta}$ 的通解。

(15) 设矩阵 $\boldsymbol{A}=\begin{pmatrix}1&-2&3&-4\\0&1&-1&1\\1&2&0&-3\end{pmatrix}$，$\boldsymbol{E}$ 为 3 阶单位矩阵。

(ⅰ) 求齐次线性方程组 $\boldsymbol{Ax}=\boldsymbol{0}$ 的一个基础解系；

(ⅱ) 求满足 $\boldsymbol{AB}=\boldsymbol{E}$ 的所有矩阵 $\boldsymbol{B}$。

(16) 设 $\boldsymbol{A}=\begin{pmatrix}1&a\\1&0\end{pmatrix}$，$\boldsymbol{B}=\begin{pmatrix}0&1\\1&b\end{pmatrix}$，当 a，b 为何值时，存在矩阵 $\boldsymbol{C}$ 使得 $\boldsymbol{AC}-\boldsymbol{CA}=\boldsymbol{B}$，并求所有矩阵 $\boldsymbol{C}$。

(17) 设$A=\begin{pmatrix}1&a&0&0\\0&1&a&0\\0&0&1&a\\a&0&0&1\end{pmatrix}$，$\boldsymbol{\beta}=(1,\ -1,\ 0,\ 0)^T$，当实数 a 为何值时，非齐次线性方程组 $Ax=\boldsymbol{\beta}$ 有无穷多解，并求出其通解。

(18) 设 A 为 n 阶矩阵，非齐次线性方程组 $Ax=\boldsymbol{\beta}$ 满足 $r(A)=r(A\ \vdots\ \boldsymbol{\beta})=r<n$。

(ⅰ) 证明非齐次线性方程组 $Ax=\boldsymbol{\beta}$ 最多有 $n-r+1$ 个线性无关解；

(ⅱ) 设 $\boldsymbol{\eta}_1$，$\boldsymbol{\eta}_2$，…，$\boldsymbol{\eta}_{n-r+1}$是非齐次方程组 $Ax=\boldsymbol{\beta}$ 的一组线性无关解，证明非齐次线性方程组 $Ax=\boldsymbol{\beta}$ 的通解为

$$k_1\boldsymbol{\eta}_1+k_2\boldsymbol{\eta}_2+\cdots+k_{n-r+1}\boldsymbol{\eta}_{n-r+1}$$

其中 k_1，k_2，…，k_{n-r+1}为任意常数且满足 $k_1+k_2+\cdots+k_{n-r+1}=1$。

(19) 设 A 为 n 阶矩阵，且 $A_{11}\neq 0$，其中 A_{11} 为 A 的元素 a_{11} 的代数余子式，证明非齐次线性方程组 $Ax=\boldsymbol{\beta}$ 有无穷多解的充要条件是 $A^*\boldsymbol{\beta}=\mathbf{0}$，其中 A^* 是 A 的伴随矩阵。

(20) 设矩阵 $A=(\boldsymbol{\alpha}_1,\boldsymbol{\alpha}_2,\boldsymbol{\alpha}_3)$，非齐次线性方程组 $Ax=\boldsymbol{\beta}$ 的通解为 $\boldsymbol{\eta}+k\boldsymbol{\xi}$，其中 k 为任意常数，$\boldsymbol{\xi}=(-3,\ 4,\ 2)^T$，$\boldsymbol{\eta}=(1,\ 1,\ -1)^T$。若 $B=(\boldsymbol{\alpha}_1,\boldsymbol{\alpha}_2,\boldsymbol{\alpha}_3,\boldsymbol{\alpha}_4)$，$\boldsymbol{\alpha}_4=\boldsymbol{\alpha}_1+\boldsymbol{\alpha}_2+\boldsymbol{\beta}$，求非齐次线性方程组 $By=\boldsymbol{\beta}$ 的通解。

(21) 设矩阵 $A=\begin{pmatrix}1&3&9\\2&0&6\\-3&1&-7\end{pmatrix}$，$B$ 为 3 阶非零矩阵，$\boldsymbol{\alpha}_1=(0,\ 1,\ -1)^T$，$\boldsymbol{\alpha}_2=(a,\ 2,\ 1)^T$，$\boldsymbol{\alpha}_3=(b,\ 1,\ 0)^T$ 为齐次线性方程组 $Bx=\mathbf{0}$ 的解向量，且非齐次线性方程组 $Ax=\boldsymbol{\alpha}_3$ 有解。

(ⅰ) 求常数 a，b；

(ⅱ) 求齐次线性方程组 $Bx=\mathbf{0}$ 的通解。

(22) 设$A=\begin{pmatrix}1&1&2\\-1&1&0\\1&0&1\end{pmatrix}$，$B=\begin{pmatrix}a&4&0\\-1&0&c\\1&b&1\end{pmatrix}$，问 a，b，c 为何值时，矩阵方程 $AX=B$ 有解，有解时求出全部解。

(23) 设 A 为 3 阶实对称矩阵，其特征值为 $\lambda_1=0$，$\lambda_2=\lambda_3=1$，$\boldsymbol{\alpha}_1$，$\boldsymbol{\alpha}_2$ 为 A 的两个不同特征向量，且 $A(\boldsymbol{\alpha}_1+\boldsymbol{\alpha}_2)=\boldsymbol{\alpha}_2$。

(ⅰ) 证明 $\boldsymbol{\alpha}_1$，$\boldsymbol{\alpha}_2$ 正交；

(ⅱ) 求非齐次线性方程组 $Ax=\boldsymbol{\alpha}_2$ 的通解。

(24) 设 $A=(\boldsymbol{\alpha}_1,\boldsymbol{\alpha}_2,\boldsymbol{\alpha}_3,\boldsymbol{\alpha}_4)$是 4 阶矩阵，若非齐次线性方程组 $Ax=\boldsymbol{\beta}$ 的通解是 $k(1,\ -2,\ 4,\ 0)^T+(1,\ 2,\ 2,\ 1)^T$，$B=(\boldsymbol{\alpha}_3,\boldsymbol{\alpha}_2,\boldsymbol{\alpha}_1,\boldsymbol{\beta}-\boldsymbol{\alpha}_4)$，求非齐次线性方程组 $Bx=\boldsymbol{\alpha}_1-\boldsymbol{\alpha}_2$ 的通解。

经典习题解答

1. 选择题

(1) **解**　应选(D)。

方法一　若$\begin{vmatrix} \boldsymbol{A} & \boldsymbol{\alpha} \\ \boldsymbol{\alpha}^{\mathrm{T}} & 0 \end{vmatrix} \neq 0$，则$r\begin{bmatrix} \boldsymbol{A} & \boldsymbol{\alpha} \\ \boldsymbol{\alpha}^{\mathrm{T}} & 0 \end{bmatrix} = n+1 > r(\boldsymbol{A})$，这与题设矛盾，故$\begin{vmatrix} \boldsymbol{A} & \boldsymbol{\alpha} \\ \boldsymbol{\alpha}^{\mathrm{T}} & 0 \end{vmatrix} = 0$，从而齐次线性方程组$\begin{bmatrix} \boldsymbol{A} & \boldsymbol{\alpha} \\ \boldsymbol{\alpha}^{\mathrm{T}} & 0 \end{bmatrix}\begin{pmatrix} x \\ y \end{pmatrix} = \boldsymbol{0}$必有非零解，故选(D)。

方法二　取$\boldsymbol{A} = \begin{pmatrix} 1 & 1 \\ 0 & 1 \end{pmatrix}$，$\boldsymbol{\alpha} = \boldsymbol{0}$，则$|\boldsymbol{A}| \neq 0$，且$r\begin{bmatrix} \boldsymbol{A} & \boldsymbol{\alpha} \\ \boldsymbol{\alpha}^{\mathrm{T}} & 0 \end{bmatrix} = r(\boldsymbol{A})$，但$\boldsymbol{Ax} = \boldsymbol{\alpha}$仅有零解，从而选项(A)不正确。取$\boldsymbol{A} = \begin{pmatrix} 1 & 1 \\ 0 & 0 \end{pmatrix}$，$\boldsymbol{\alpha} = \boldsymbol{0}$，则$|\boldsymbol{A}| = 0$，且$r\begin{bmatrix} \boldsymbol{A} & \boldsymbol{\alpha} \\ \boldsymbol{\alpha}^{\mathrm{T}} & 0 \end{bmatrix} = r(\boldsymbol{A})$，但$\boldsymbol{Ax} = \boldsymbol{\alpha}$有无穷多解，从而选项(B)不正确。若$\begin{bmatrix} \boldsymbol{A} & \boldsymbol{\alpha} \\ \boldsymbol{\alpha}^{\mathrm{T}} & 0 \end{bmatrix}\begin{pmatrix} \boldsymbol{x} \\ \boldsymbol{y} \end{pmatrix} = \boldsymbol{0}$仅有零解，则$\begin{vmatrix} \boldsymbol{A} & \boldsymbol{\alpha} \\ \boldsymbol{\alpha}^{\mathrm{T}} & 0 \end{vmatrix} \neq 0$，从而$r\begin{bmatrix} \boldsymbol{A} & \boldsymbol{\alpha} \\ \boldsymbol{\alpha}^{\mathrm{T}} & 0 \end{bmatrix} = n+1 > r(\boldsymbol{A})$，这与题设矛盾，因此选项(C)不正确。故选(D)。

(2) **解**　应选(C)。

方法一　由于$r(\boldsymbol{A}) = 3$，因此对应的齐次线性方程组$\boldsymbol{Ax} = \boldsymbol{0}$的基础解系含有$4 - r(\boldsymbol{A}) = 1$个解向量，又$\boldsymbol{\alpha}_2$，$\boldsymbol{\alpha}_3$是$\boldsymbol{Ax} = \boldsymbol{\beta}$的解，故$\dfrac{\boldsymbol{\alpha}_2 + \boldsymbol{\alpha}_3}{2} = \left(0, \dfrac{1}{2}, 1, \dfrac{3}{2}\right)^{\mathrm{T}}$是$\boldsymbol{Ax} = \boldsymbol{\beta}$的解，由于$\boldsymbol{\alpha}_1 - \dfrac{\boldsymbol{\alpha}_2 + \boldsymbol{\alpha}_3}{2} = \left(1, \dfrac{3}{2}, 2, \dfrac{5}{2}\right)^{\mathrm{T}}$，因此$(2, 3, 4, 5)^{\mathrm{T}}$是对应的齐次线性方程组$\boldsymbol{Ax} = \boldsymbol{0}$的解，从而非齐次线性方程组$\boldsymbol{Ax} = \boldsymbol{\beta}$的通解为$(1, 2, 3, 4)^{\mathrm{T}} + k(2, 3, 4, 5)^{\mathrm{T}}$，故选(C)。

方法二　由于

$$(\boldsymbol{\alpha}_2 - \boldsymbol{\alpha}_1) + (\boldsymbol{\alpha}_3 - \boldsymbol{\alpha}_1) = (\boldsymbol{\alpha}_2 + \boldsymbol{\alpha}_3) - 2\boldsymbol{\alpha}_1 = (0, 1, 2, 3)^{\mathrm{T}} - 2(1, 2, 3, 4)^{\mathrm{T}} = (-2, -3, -4, -5)^{\mathrm{T}}$$

是对应的齐次线性方程组$\boldsymbol{Ax} = \boldsymbol{0}$的解，又$r(\boldsymbol{A}) = 3$，故$n - r(\boldsymbol{A}) = 1$，因此非齐次线性方程组$\boldsymbol{Ax} = \boldsymbol{\beta}$的通解为$(1, 2, 3, 4)^{\mathrm{T}} + k(2, 3, 4, 5)^{\mathrm{T}}$，其中$k$为任意常数，故选(C)。

(3) **解**　应选(C)。

由于$\boldsymbol{\alpha}_2 - \boldsymbol{\alpha}_1$，$\boldsymbol{\alpha}_3 - \boldsymbol{\alpha}_1$是$\boldsymbol{Ax} = \boldsymbol{0}$的两个线性无关解，因此对应的齐次线性方程组$\boldsymbol{Ax} = \boldsymbol{0}$的基础解系中解向量的个数为$3 - r(\boldsymbol{A}) \geqslant 2$，即$r(\boldsymbol{A}) \leqslant 1$，又$\boldsymbol{A} \neq \boldsymbol{O}$，故$r(\boldsymbol{A}) \geqslant 1$，从而$r(\boldsymbol{A}) = 1$，所以对应的齐次线性方程组$\boldsymbol{Ax} = \boldsymbol{0}$的基础解系中有两个解向量。由于$\dfrac{\boldsymbol{\alpha}_2 + \boldsymbol{\alpha}_3}{2}$是$\boldsymbol{Ax} = \boldsymbol{\beta}$的解，因此$\boldsymbol{Ax} = \boldsymbol{\beta}$的通解为$\dfrac{\boldsymbol{\alpha}_2 + \boldsymbol{\alpha}_3}{2} + k_1(\boldsymbol{\alpha}_2 - \boldsymbol{\alpha}_1) + k_2(\boldsymbol{\alpha}_3 - \boldsymbol{\alpha}_1)$，其中$k_1$，$k_2$为任意常数，故选(C)。

(4) **解**　应选(A)。

设$\boldsymbol{\xi}$是(Ⅰ)的解向量，则$\boldsymbol{A\xi} = \boldsymbol{0}$，从而$\boldsymbol{A}^{\mathrm{T}}\boldsymbol{A\xi} = \boldsymbol{0}$，即$\boldsymbol{\xi}$是(Ⅱ)的解向量，故(Ⅰ)的解是(Ⅱ)的解；若$\boldsymbol{\alpha}$是(Ⅱ)的解向量，则$\boldsymbol{A}^{\mathrm{T}}\boldsymbol{A\alpha} = \boldsymbol{0}$，两边左乘$\boldsymbol{\alpha}^{\mathrm{T}}$，得$\boldsymbol{\alpha}^{\mathrm{T}}\boldsymbol{A}^{\mathrm{T}}\boldsymbol{A\alpha} = \boldsymbol{0}$，即$(\boldsymbol{A\alpha})^{\mathrm{T}}(\boldsymbol{A\alpha}) = \boldsymbol{0}$，$\|\boldsymbol{A\alpha}\| = 0$，从而$\boldsymbol{A\alpha} = \boldsymbol{0}$，即$\boldsymbol{\alpha}$是(Ⅰ)的解，亦即(Ⅱ)的解是(Ⅰ)的解，故选(A)。

(5) **解**　应选(A)。

设$\boldsymbol{\xi}$是齐次线性方程组$\boldsymbol{Ax} = \boldsymbol{0}$的解向量，则$\boldsymbol{A\xi} = \boldsymbol{0}$，从而$\boldsymbol{A}^{\mathrm{T}}\boldsymbol{A\xi} = \boldsymbol{0}$，即$\boldsymbol{\xi}$是齐次线性方程组$\boldsymbol{A}^{\mathrm{T}}\boldsymbol{Ax} = \boldsymbol{0}$的解向量；若$\boldsymbol{\alpha}$是齐次线性方程组$\boldsymbol{A}^{\mathrm{T}}\boldsymbol{Ax} = \boldsymbol{0}$的解向量，则$\boldsymbol{A}^{\mathrm{T}}\boldsymbol{A\alpha} = \boldsymbol{0}$，两边左

乘 $\boldsymbol{\alpha}^{\mathrm{T}}$，得 $\boldsymbol{\alpha}^{\mathrm{T}}\boldsymbol{A}^{\mathrm{T}}\boldsymbol{A}\boldsymbol{\alpha}=0$，即$(\boldsymbol{A}\boldsymbol{\alpha})^{\mathrm{T}}(\boldsymbol{A}\boldsymbol{\alpha})=\boldsymbol{0}$，$\|\boldsymbol{A}\boldsymbol{\alpha}\|=0$，从而 $\boldsymbol{A}\boldsymbol{\alpha}=\boldsymbol{0}$，即 $\boldsymbol{\alpha}$ 是齐次线性方程组 $\boldsymbol{A}\boldsymbol{x}=\boldsymbol{0}$的解，故齐次线性方程组 $\boldsymbol{A}\boldsymbol{x}=\boldsymbol{0}$与齐次线性方程组 $\boldsymbol{A}^{\mathrm{T}}\boldsymbol{A}\boldsymbol{x}=\boldsymbol{0}$同解，由此可知它们的基础解系所含解向量的个数相等，即 $n-r(\boldsymbol{A})=n-r(\boldsymbol{A}^{\mathrm{T}}\boldsymbol{A})$，亦即 $r(\boldsymbol{A})=r(\boldsymbol{A}^{\mathrm{T}}\boldsymbol{A})$，故选(A)。

(6) **解**　应选(D)。

方法一　由于$(1,0,1,0)^{\mathrm{T}}$ 是齐次线性方程组 $\boldsymbol{A}\boldsymbol{x}=\boldsymbol{0}$ 的一个基础解系，因此 $r(\boldsymbol{A})=3$，从而 $r(\boldsymbol{A}^*)=1$，故 $\boldsymbol{A}^*\boldsymbol{x}=\boldsymbol{0}$ 的基础解系中有三个线性无关的解向量，由

$$(\boldsymbol{\alpha}_1,\boldsymbol{\alpha}_2,\boldsymbol{\alpha}_3,\boldsymbol{\alpha}_4)(1,0,1,0)^{\mathrm{T}}=\boldsymbol{0}$$

得 $\boldsymbol{\alpha}_1+\boldsymbol{\alpha}_3=\boldsymbol{0}$，即 $\boldsymbol{\alpha}_1,\boldsymbol{\alpha}_3$ 线性相关，又 $r(\boldsymbol{A})=3$，故 $\boldsymbol{\alpha}_2,\boldsymbol{\alpha}_3,\boldsymbol{\alpha}_4$ 线性无关；由

$$\boldsymbol{A}^*\boldsymbol{A}=|\boldsymbol{A}|\boldsymbol{E}=\boldsymbol{0}，即 \boldsymbol{A}^*(\boldsymbol{\alpha}_1,\boldsymbol{\alpha}_2,\boldsymbol{\alpha}_3,\boldsymbol{\alpha}_4)=\boldsymbol{0}$$

得 $\boldsymbol{\alpha}_2,\boldsymbol{\alpha}_3,\boldsymbol{\alpha}_4$ 是齐次线性方程组 $\boldsymbol{A}^*\boldsymbol{x}=\boldsymbol{0}$ 的三个线性无关的解向量，故选(D)。

方法二　由于$(1,0,1,0)^{\mathrm{T}}$ 是齐次线性方程组 $\boldsymbol{A}\boldsymbol{x}=\boldsymbol{0}$ 的一个基础解系，因此 $r(\boldsymbol{A})=3$，从而 $r(\boldsymbol{A}^*)=1$，故 $\boldsymbol{A}^*\boldsymbol{x}=\boldsymbol{0}$ 的基础解系中有三个线性无关的解向量，从而选项(A)、(B)不正确。由$(\boldsymbol{\alpha}_1,\boldsymbol{\alpha}_2,\boldsymbol{\alpha}_3,\boldsymbol{\alpha}_4)(1,0,1,0)^{\mathrm{T}}=\boldsymbol{0}$，得 $\boldsymbol{\alpha}_1+\boldsymbol{\alpha}_3=\boldsymbol{0}$，即 $\boldsymbol{\alpha}_1,\boldsymbol{\alpha}_3$ 线性相关，故 $\boldsymbol{\alpha}_1,\boldsymbol{\alpha}_2,\boldsymbol{\alpha}_3$ 线性相关，从而选项(C)不正确。故选(D)。

(7) **解**　应选(D)。

对非齐次线性方程组的增广矩阵$(\boldsymbol{A}\vdots\boldsymbol{\beta})$作初等行变换，得

$$(\boldsymbol{A}\vdots\boldsymbol{\beta})=\begin{pmatrix}1&1&1&\vdots&1\\1&2&a&\vdots&d\\1&4&a^2&\vdots&d^2\end{pmatrix}\to\begin{pmatrix}1&1&1&\vdots&1\\0&1&a-1&\vdots&d-1\\0&3&a^2-1&\vdots&d^2-1\end{pmatrix}$$

$$\to\begin{pmatrix}1&1&1&\vdots&1\\0&1&a-1&\vdots&d-1\\0&0&a^2-3a+2&\vdots&d^2-3d+2\end{pmatrix}$$

由于非齐次线性方程组 $\boldsymbol{A}\boldsymbol{x}=\boldsymbol{\beta}$ 有无穷多解的充分必要条件是 $r(\boldsymbol{A})=r(\boldsymbol{A}\vdots\boldsymbol{\beta})<3$，即

$$\begin{cases}a^2-3a+2=0\\d^2-3d+2=0\end{cases}$$

解之，得 $a=1$ 或 $a=2$ 及 $d=1$ 或 $d=2$，即 $a\in\Omega$，$d\in\Omega$，故选(D)。

(8) **解**　应选(A)。

设 $r(\boldsymbol{A})=r$，$\boldsymbol{\xi}_1,\boldsymbol{\xi}_2,\cdots,\boldsymbol{\xi}_{n-r}$为齐次线性方程组 $\boldsymbol{A}\boldsymbol{x}=\boldsymbol{0}$ 的基础解系，$r(\boldsymbol{B})=s$，$\boldsymbol{\eta}_1,\boldsymbol{\eta}_2,\cdots,\boldsymbol{\eta}_{n-s}$为齐次线性方程组 $\boldsymbol{B}\boldsymbol{x}=\boldsymbol{0}$ 的基础解系，由于齐次线性方程组 $\boldsymbol{A}\boldsymbol{x}=\boldsymbol{0}$的解是齐次线性方程组 $\boldsymbol{B}\boldsymbol{x}=\boldsymbol{0}$的解，因此 $\boldsymbol{\xi}_1,\boldsymbol{\xi}_2,\cdots,\boldsymbol{\xi}_{n-r}$ 可由 $\boldsymbol{\eta}_1,\boldsymbol{\eta}_2,\cdots,\boldsymbol{\eta}_{n-s}$ 线性表示，从而 $n-r\leqslant n-s$，即 $r\geqslant s$，故选(A)。

(9) **解**　应选(A)。

设 $r(\boldsymbol{A})=r$，$\boldsymbol{\xi}_1,\boldsymbol{\xi}_2,\cdots,\boldsymbol{\xi}_{n-r}$为齐次线性方程组 $\boldsymbol{A}\boldsymbol{x}=\boldsymbol{0}$ 的基础解系，$r(\boldsymbol{B})=s$，$\boldsymbol{\eta}_1,\boldsymbol{\eta}_2,\cdots,\boldsymbol{\eta}_{n-s}$为齐次线性方程组 $\boldsymbol{B}\boldsymbol{x}=\boldsymbol{0}$ 的基础解系，由于齐次线性方程组 $\boldsymbol{A}\boldsymbol{x}=\boldsymbol{0}$的解是齐次线性方程组 $\boldsymbol{B}\boldsymbol{x}=\boldsymbol{0}$的解，因此 $\boldsymbol{\xi}_1,\boldsymbol{\xi}_2,\cdots,\boldsymbol{\xi}_{n-r}$ 可由 $\boldsymbol{\eta}_1,\boldsymbol{\eta}_2,\cdots,\boldsymbol{\eta}_{n-s}$线性表示。又齐次线性方程组 $\boldsymbol{B}\boldsymbol{x}=\boldsymbol{0}$ 的解不全是齐次线性方程组 $\boldsymbol{A}\boldsymbol{x}=\boldsymbol{0}$的解，故 $\boldsymbol{\eta}_1,\boldsymbol{\eta}_2,\cdots,\boldsymbol{\eta}_{n-s}$不能由 $\boldsymbol{\xi}_1,\boldsymbol{\xi}_2,\cdots,\boldsymbol{\xi}_{n-r}$ 线性表示，从而 $n-r<n-s$，即 $r>s$，故选(A)。

评注：

(1) 若齐次线性方程组 $\boldsymbol{Ax}=\boldsymbol{0}$ 与 $\boldsymbol{Bx}=\boldsymbol{0}$ 同解，则 $r(\boldsymbol{A})=r(\boldsymbol{B})$，但反之不然。

(2) 若齐次线性方程组 $\boldsymbol{Ax}=\boldsymbol{0}$ 的解是 $\boldsymbol{Bx}=\boldsymbol{0}$ 的解，且 $r(\boldsymbol{A})=r(\boldsymbol{B})$，则 $\boldsymbol{Ax}=\boldsymbol{0}$ 与 $\boldsymbol{Bx}=\boldsymbol{0}$ 同解。

(10) **解** 应选(A)。

方法一 由于非齐次线性方程组 $\boldsymbol{Ax}=\boldsymbol{\beta}$ 的解不唯一，因此 $r(\boldsymbol{A})=r(\overline{\boldsymbol{A}})<n$，从而 $r(\boldsymbol{A}^*)=0$ 或 1，又 $A_{11}\neq 0$，故 $r(\boldsymbol{A}^*)=1$，从而 $r(\boldsymbol{A})=n-1$，于是对应的齐次线性方程组 $\boldsymbol{Ax}=\boldsymbol{0}$ 的基础解系只含一个线性无关的解向量，故选(A)。

方法二 由于 $A_{11}\neq 0$，因此 $r(\boldsymbol{A})\geqslant n-1$，由非零向量 $\boldsymbol{\eta}_2-\boldsymbol{\eta}_1$ 是对应的齐次线性方程组 $\boldsymbol{Ax}=\boldsymbol{0}$ 的解，得 $n-r(\boldsymbol{A})\geqslant 1$，即 $r(\boldsymbol{A})\leqslant n-1$，故 $r(\boldsymbol{A})=n-1$，从而对应的齐次线性方程组 $\boldsymbol{Ax}=\boldsymbol{0}$ 的基础解系只含一个线性无关的解向量，故选(A)。

(11) **解** 应选(C)。

方法一 由于 $r(\boldsymbol{A})=m$，$\overline{\boldsymbol{A}}=(\boldsymbol{A}\vdots\boldsymbol{\beta})$ 为 $m\times(n+1)$ 矩阵，因此 $m=r(\boldsymbol{A})\leqslant r(\overline{\boldsymbol{A}})\leqslant m$，即 $r(\boldsymbol{A})=r(\overline{\boldsymbol{A}})=m$，从而非齐次线性方程组 $\boldsymbol{Ax}=\boldsymbol{\beta}$ 有解，故选(C)。

方法二 取 $\boldsymbol{A}=\begin{pmatrix}1&1\\0&0\end{pmatrix}$，$\boldsymbol{\beta}=(1,1)^{\mathrm{T}}$，则 $r(\boldsymbol{A})=1<2$，$r(\overline{\boldsymbol{A}})=2$，从而非齐次线性方程组 $\boldsymbol{Ax}=\boldsymbol{\beta}$ 无解，所以选项(A)、(B)不正确。取 $\boldsymbol{A}=\begin{bmatrix}1&1\\0&1\\0&0\end{bmatrix}$，$\boldsymbol{\beta}=(1,1,1)^{\mathrm{T}}$，则 $r(\boldsymbol{A})=2$，$r(\overline{\boldsymbol{A}})=3$，从而非齐次线性方程组 $\boldsymbol{Ax}=\boldsymbol{\beta}$ 无解，所以选项(D)不正确。故选(C)。

评注： 设 $\boldsymbol{A}$ 是 $m\times n$ 矩阵，且 $r(\boldsymbol{A})=m$，则非齐次线性方程组 $\boldsymbol{Ax}=\boldsymbol{\beta}$ 一定有解。

(12) **解** 应选(D)。

方法一 取 $\boldsymbol{A}=\begin{pmatrix}1&0&0\\1&1&0\end{pmatrix}$，$\boldsymbol{\beta}=(1,1,1)^{\mathrm{T}}$，则 $\boldsymbol{A}^{\mathrm{T}}=\begin{bmatrix}1&1\\0&1\\0&0\end{bmatrix}$，$r(\boldsymbol{A}^{\mathrm{T}})=2$，$r(\boldsymbol{A}^{\mathrm{T}}\vdots\boldsymbol{\beta})=3$，从而非齐次线性方程组 $\boldsymbol{A}^{\mathrm{T}}\boldsymbol{x}=\boldsymbol{\beta}$ 无解，所以选项(D)的命题不正确，故选(D)。

方法二 由于 $\boldsymbol{A}$ 的行向量组线性无关，因此 $r(\boldsymbol{A})=m$，又 $\overline{\boldsymbol{A}}=(\boldsymbol{A}\vdots\boldsymbol{\beta})$ 为 $m\times(n+1)$ 矩阵，故 $m=r(\boldsymbol{A})\leqslant r(\overline{\boldsymbol{A}})\leqslant m$，即 $r(\boldsymbol{A})=r(\overline{\boldsymbol{A}})=m<n$，从而非齐次线性方程组 $\boldsymbol{Ax}=\boldsymbol{\beta}$ 必有无穷多解，所以选项(A)的命题正确。由于 $\boldsymbol{A}$ 的行向量组线性无关，因此 $\boldsymbol{A}^{\mathrm{T}}$ 的列向量组线性无关，从而齐次线性方程组 $\boldsymbol{A}^{\mathrm{T}}\boldsymbol{x}=\boldsymbol{0}$ 只有零解，所以选项(B)的命题正确。由于 $r(\boldsymbol{A}^{\mathrm{T}}\boldsymbol{A})=r(\boldsymbol{A})=m<n$，因此 $|\boldsymbol{A}^{\mathrm{T}}\boldsymbol{A}|=\boldsymbol{0}$，从而齐次线性方程组 $\boldsymbol{A}^{\mathrm{T}}\boldsymbol{Ax}=\boldsymbol{0}$ 必有无穷多解，所以选项(C)的命题正确。故选(D)。

(13) **解** 应选(D)。

设 $r(\boldsymbol{A})=r$，$\boldsymbol{\xi}_1,\boldsymbol{\xi}_2,\cdots,\boldsymbol{\xi}_{n-r}$ 是齐次线性方程组 $\boldsymbol{Ax}=\boldsymbol{0}$ 的一个基础解系，再加上 r 个 n 维零列向量构成 n 阶矩阵 $\boldsymbol{B}=(\boldsymbol{\xi}_1,\boldsymbol{\xi}_2,\cdots,\boldsymbol{\xi}_{n-r},\boldsymbol{0},\cdots,\boldsymbol{0})$，则 $\boldsymbol{AB}=\boldsymbol{O}$，且

$$r(\boldsymbol{B})=n-r=n-r(\boldsymbol{A})$$

即 $r(\boldsymbol{A})+r(\boldsymbol{B})=n$，故选(D)。

(14) **解**　应选(C)。

由于 $\boldsymbol{\alpha}_1$，$\boldsymbol{\alpha}_2$，$\boldsymbol{\alpha}_3$，$\boldsymbol{\alpha}_4$ 是非齐次线性方程组的四个不同的解向量，因此 $\boldsymbol{\alpha}_2-\boldsymbol{\alpha}_1$，$\boldsymbol{\alpha}_3-\boldsymbol{\alpha}_2$，$\boldsymbol{\alpha}_4-\boldsymbol{\alpha}_3$ 是对应的齐次线性方程组的非零解向量，又非齐次线性方程组的系数矩阵的秩为 2，未知变量的个数为 3，故对应的齐次线性方程组的基础解系含有一个非零向量，从而 $\boldsymbol{\alpha}_2-\boldsymbol{\alpha}_1$，$\boldsymbol{\alpha}_3-\boldsymbol{\alpha}_2$，$\boldsymbol{\alpha}_4-\boldsymbol{\alpha}_3$ 的秩为 1，故选(C)。

(15) **解**　应选(D)。

由于 $3=r(\boldsymbol{A})\leqslant r(\boldsymbol{A},\boldsymbol{\beta})\leqslant 3$，因此 $r(\boldsymbol{A})=r(\boldsymbol{A},\boldsymbol{\beta})=3<5=n$，所以选项(A)的结论正确。又 $\boldsymbol{A}^{\mathrm{T}}$ 列满秩，故 $\boldsymbol{A}^{\mathrm{T}}\boldsymbol{x}=\boldsymbol{0}$ 只有零解，从而选项(B)的结论正确。由于 $\boldsymbol{A}^{\mathrm{T}}\boldsymbol{A}$ 为 5 阶矩阵，且 $r(\boldsymbol{A}^{\mathrm{T}}\boldsymbol{A})=r(\boldsymbol{A})=3$，因此 $\boldsymbol{A}^{\mathrm{T}}\boldsymbol{A}\boldsymbol{x}=\boldsymbol{0}$ 有非零解，从而选项(C)的结论正确。故选(D)。

(16) **解**　应选(A)。

方法一　当 $t\neq 2$ 时，$\boldsymbol{\alpha}_1-\boldsymbol{\alpha}_2=(1,0,2)^{\mathrm{T}}$，$\boldsymbol{\alpha}_1-\boldsymbol{\alpha}_3=(1,2-t,2)^{\mathrm{T}}$ 为 $\boldsymbol{A}\boldsymbol{x}=\boldsymbol{0}$ 的两个线性无关的解，从而 $3-r(\boldsymbol{A})\geqslant 2$，$r(\boldsymbol{A})\leqslant 1$，又 $\boldsymbol{A}\neq\boldsymbol{O}$，因此 $r(\boldsymbol{A})\geqslant 1$，从而 $r(\boldsymbol{A})=1$，故选(A)。

方法二　记 $\boldsymbol{B}=\begin{pmatrix}1&0&0\\2&2&t\\3&1&1\end{pmatrix}$，则 $\boldsymbol{AB}=\begin{pmatrix}1&1&1\\0&0&0\\0&0&0\end{pmatrix}$，从而 $r(\boldsymbol{AB})=1$，又当 $t\neq 2$ 时，$\boldsymbol{B}$ 为可逆矩阵，则 $r(\boldsymbol{A})=r(\boldsymbol{AB})=1$，故选(A)。

(17) **解**　应选(C)。

方法一　取 $\boldsymbol{A}=\begin{pmatrix}1&0\\0&0\end{pmatrix}$，$\boldsymbol{B}=\begin{pmatrix}1&0\\1&0\end{pmatrix}$，则 $\boldsymbol{A}$，$\boldsymbol{B}$ 等价，但 $\boldsymbol{A}$，$\boldsymbol{B}$ 的列向量组不等价，从而选项(A)不正确。取 $\boldsymbol{A}=\begin{pmatrix}2&0&0\\0&0&0\\0&0&0\end{pmatrix}$，$\boldsymbol{B}=\begin{pmatrix}0&1&-1\\0&0&2\\0&0&2\end{pmatrix}$，则 $\boldsymbol{A}$，$\boldsymbol{B}$ 的特征值相同，由于 $r(\boldsymbol{A})=1\neq 2=r(\boldsymbol{B})$，因此 $\boldsymbol{A}$，$\boldsymbol{B}$ 不等价，从而选项(B)不正确。取 $\boldsymbol{A}=\begin{pmatrix}1&0\\0&0\end{pmatrix}$，$\boldsymbol{B}=\begin{pmatrix}0&1\\0&0\end{pmatrix}$，则 $\boldsymbol{A}$，$\boldsymbol{B}$ 等价，但齐次线性方程组 $\boldsymbol{A}\boldsymbol{x}=\boldsymbol{0}$ 与齐次线性方程组 $\boldsymbol{B}\boldsymbol{x}=\boldsymbol{0}$ 不同解，从而选项(D)不正确。故选(C)。

方法二　若 $\boldsymbol{A}\boldsymbol{x}=\boldsymbol{0}$ 与 $\boldsymbol{B}\boldsymbol{x}=\boldsymbol{0}$ 同解，则 $r(\boldsymbol{A})=r(\boldsymbol{B})$，从而 $\boldsymbol{A}$，$\boldsymbol{B}$ 等价，故选(C)。

(18) **解**　应选(D)。

由于 $\boldsymbol{A}\boldsymbol{x}=\boldsymbol{0}$ 的一个基础解系为 $(1,0,-4,0)^{\mathrm{T}}$，因此 $r(\boldsymbol{A})=3$，从而 $r(\boldsymbol{A}^*)=1$，所以 $\boldsymbol{A}^*\boldsymbol{x}=\boldsymbol{0}$ 的基础解系含有三个线性无关的解向量。又 $(1,0,-4,0)^{\mathrm{T}}$ 是齐次线性方程组 $\boldsymbol{A}\boldsymbol{x}=\boldsymbol{0}$ 的一个解，故 $\boldsymbol{\alpha}_1-4\boldsymbol{\alpha}_3=\boldsymbol{0}$，即 $\boldsymbol{\alpha}_1$，$\boldsymbol{\alpha}_3$ 线性相关，从而 $\boldsymbol{\alpha}_1$，$\boldsymbol{\alpha}_2$，$\boldsymbol{\alpha}_3$ 和 $\boldsymbol{\alpha}_1$，$\boldsymbol{\alpha}_2+\boldsymbol{\alpha}_3$，$\boldsymbol{\alpha}_4$ 以及 $\boldsymbol{\alpha}_1$，$\boldsymbol{\alpha}_3$，$\boldsymbol{\alpha}_4$ 线性相关，所以它们都不能是基础解系，即选项(A)、(B)、(C)都不正确，故选(D)。

(19) **解**　应选(D)。

方法一　由于 $\begin{vmatrix}1&1&1\\a_1&a_2&a_3\\a_1^2&a_2^2&a_3^2\end{vmatrix}=(a_3-a_1)(a_3-a_2)(a_2-a_1)\neq 0$，且 $\boldsymbol{A}$ 是 3×4 矩阵，因此

$r(\boldsymbol{A})=3$。由 $r(\boldsymbol{A})=3<4$ 知，齐次线性方程组 $\boldsymbol{Ax}=\boldsymbol{0}$ 有非零解，所以选项(A)不正确。又 $r(\boldsymbol{A})=r(\boldsymbol{A}^{\mathrm{T}})=3$，故齐次线性方程组 $\boldsymbol{A}^{\mathrm{T}}\boldsymbol{x}=\boldsymbol{0}$ 只有零解，从而选项(B)不正确。由于 $r(\boldsymbol{A}^{\mathrm{T}}\boldsymbol{A})=r(\boldsymbol{A})=3<4$，因此齐次线性方程组 $\boldsymbol{A}^{\mathrm{T}}\boldsymbol{Ax}=\boldsymbol{0}$ 有非零解，从而选项(C)不正确。故选(D)。

方法二　由于 $\begin{vmatrix}1 & 1 & 1\\ a_1 & a_2 & a_3\\ a_1^2 & a_2^2 & a_3^2\end{vmatrix}=(a_3-a_1)(a_3-a_2)(a_2-a_1)\neq 0$，且 $\boldsymbol{A}$ 是 3×4，因此 $r(\boldsymbol{A})=3$，从而 $r(\boldsymbol{AA}^{\mathrm{T}})=r(\boldsymbol{A})=3$，即 3 元齐次线性方程组 $\boldsymbol{A}^{\mathrm{T}}\boldsymbol{Ax}=\boldsymbol{0}$ 只有零解，故选(D)。

(20) **解**　应选(D)。

当 $r(\boldsymbol{A})=m$ 时，$r(\boldsymbol{A})=r(\boldsymbol{A},\boldsymbol{\beta})=m$，从而非齐次线性方程组 $\boldsymbol{Ax}=\boldsymbol{\beta}$ 一定有解，当 $m<n$ 时，$r(\boldsymbol{A})=r(\boldsymbol{A},\boldsymbol{\beta})=m<n$，从而非齐次线性方程组 $\boldsymbol{Ax}=\boldsymbol{\beta}$ 有无穷多解，故选(D)。

2. 填空题

(1) **解**　由于 $\boldsymbol{A}(1,1,\cdots,1)^{\mathrm{T}}=\boldsymbol{0}$，因此齐次线性方程组 $\boldsymbol{Ax}=\boldsymbol{0}$ 有非零解，从而 $r(\boldsymbol{A})<n$，再由 $\boldsymbol{A}^*\neq\boldsymbol{O}$，得 $r(\boldsymbol{A})\geqslant n-1$，故 $r(\boldsymbol{A})=n-1$，从而齐次线性方程组 $\boldsymbol{Ax}=\boldsymbol{0}$ 的基础解系中只有一个解向量。由于 $\boldsymbol{x}=(1,1,\cdots,1)^{\mathrm{T}}$ 是齐次线性方程组 $\boldsymbol{Ax}=\boldsymbol{0}$ 的解，因此齐次线性方程组 $\boldsymbol{Ax}=\boldsymbol{0}$ 的通解为 $k(1,1,\cdots,1)^{\mathrm{T}}$，其中 k 为任意常数。

(2) **解**　由于 $\boldsymbol{A}(1,1,\cdots,1)^{\mathrm{T}}=\boldsymbol{0}$，因此齐次线性方程组 $\boldsymbol{Ax}=\boldsymbol{0}$ 有非零解，从而 $r(\boldsymbol{A})<n$，再由 $\boldsymbol{A}^*\neq\boldsymbol{O}$，得 $r(\boldsymbol{A})\geqslant n-1$，故 $r(\boldsymbol{A})=n-1$，从而 $r(\boldsymbol{A}^*)=1$，因此齐次线性方程组 $\boldsymbol{A}^*\boldsymbol{x}=\boldsymbol{0}$ 的基础解系中有 $n-r(\boldsymbol{A}^*)=n-1$ 个解向量。

(3) **解**　由于 $\boldsymbol{A}(1,1,\cdots,1)^{\mathrm{T}}=\boldsymbol{0}$，因此齐次线性方程组 $\boldsymbol{Ax}=\boldsymbol{0}$ 有非零解，从而 $r(\boldsymbol{A})<n$，再由 $\boldsymbol{A}^*\neq\boldsymbol{O}$，得 $r(\boldsymbol{A})\geqslant n-1$，故 $r(\boldsymbol{A})=n-1$，从而 $r(\boldsymbol{A}^*)=1$，因此齐次线性方程组 $\boldsymbol{A}^*\boldsymbol{x}=\boldsymbol{0}$ 的基础解系中有 $n-r(\boldsymbol{A}^*)=n-1$ 个解向量。再由 $r(\boldsymbol{A})=n-1$，得 $|\boldsymbol{A}|=0$，从而 $\boldsymbol{A}^*\boldsymbol{A}=\boldsymbol{O}$，故 $\boldsymbol{A}$ 的列向量均为齐次线性方程组 $\boldsymbol{A}^*\boldsymbol{x}=\boldsymbol{0}$ 的解，由于 $A_{11}\neq 0$，因此 $\boldsymbol{\xi}_2=(a_{12},a_{22},\cdots,a_{n2})^{\mathrm{T}}$，$\boldsymbol{\xi}_3=(a_{13},a_{23},\cdots,a_{n3})^{\mathrm{T}}$，$\cdots$，$\boldsymbol{\xi}_n=(a_{1n},a_{2n},\cdots,a_{nn})^{\mathrm{T}}$ 是齐次线性方程组 $\boldsymbol{A}^*\boldsymbol{x}=\boldsymbol{0}$ 的 $n-1$ 个线性无关的解，从而 $\boldsymbol{A}^*\boldsymbol{x}=\boldsymbol{0}$ 的通解为 $k_2\boldsymbol{\xi}_2+k_3\boldsymbol{\xi}_3+\cdots+k_n\boldsymbol{\xi}_n$，其中 $k_2,k_3,\cdots,k_n$ 为任意常数。

(4) **解**　方法一　由于 $\boldsymbol{AB}=\boldsymbol{O}$，$\boldsymbol{B}\neq\boldsymbol{O}$，因此齐次线性方程组 $\boldsymbol{Ax}=\boldsymbol{0}$ 有非零解，从而

$$|\boldsymbol{A}|=\begin{vmatrix}1 & 2 & -2\\ 4 & t & 3\\ 3 & -1 & 1\end{vmatrix}=7(t+3)=0$$

解之，得 $t=-3$。

方法二　由于 $\boldsymbol{AB}=\boldsymbol{O}$，因此 $r(\boldsymbol{A})+r(\boldsymbol{B})\leqslant 3$，又 $\boldsymbol{B}\neq\boldsymbol{O}$，故 $r(\boldsymbol{B})\geqslant 1$，从而 $r(\boldsymbol{A})\leqslant 2$，

$$|\boldsymbol{A}|=\begin{vmatrix}1 & 2 & -2\\ 4 & t & 3\\ 3 & -1 & 1\end{vmatrix}=7(t+3)=0$$

解之，得 $t=-3$。

（5）**解**　由于 $\boldsymbol{AB}=\boldsymbol{O}$，因此 $r(\mathbf{A})+r(\boldsymbol{B})\leqslant 3$，又 $\boldsymbol{B}\neq\boldsymbol{O}$，故 $r(\boldsymbol{B})\geqslant 1$，从而 $r(\mathbf{A})\leqslant 2$，

$$|\mathbf{A}|=\begin{vmatrix}1 & 2 & -2\\4 & t & 3\\3 & -1 & 1\end{vmatrix}=7(t+3)=0$$

解之，得 $t=-3$。当 $t=-3$ 时，$r(\mathbf{A})=2$，$r(\boldsymbol{B})\leqslant 1$，则 $r(\boldsymbol{B})=1$，从而齐次线性方程组 $\boldsymbol{B}^{\mathrm{T}}\boldsymbol{x}=\mathbf{0}$ 的基础解系中有两个解向量，由 $\boldsymbol{AB}=\boldsymbol{O}$，得 $\boldsymbol{B}^{\mathrm{T}}\boldsymbol{A}^{\mathrm{T}}=\boldsymbol{O}$，从而 $\mathbf{A}^{\mathrm{T}}$ 的 3 个列向量都是齐次线性方程组 $\boldsymbol{B}^{\mathrm{T}}\boldsymbol{x}=\mathbf{0}$ 的解，又 $\mathbf{A}^{\mathrm{T}}$ 的第 1 列、第 2 列向量线性无关，故齐次线性方程组 $\boldsymbol{B}^{\mathrm{T}}\boldsymbol{x}=\mathbf{0}$ 的通解为 $k_1(1,\ 2,\ -2)^{\mathrm{T}}+k_2(4-3,\ 3)^{\mathrm{T}}$，其中 k_1，k_2 为任意常数。

（6）**解**　对非齐次线性方程组的增广矩阵 $\overline{\mathbf{A}}$ 作初等行变换，得

$$\overline{\mathbf{A}}=\left(\begin{array}{ccc:c}1 & 2 & 1 & 1\\2 & 3 & a+2 & 3\\1 & a & -2 & 0\end{array}\right)\rightarrow\left(\begin{array}{ccc:c}1 & 2 & 1 & 1\\0 & -1 & a & 1\\0 & a-2 & -3 & -1\end{array}\right)$$

$$\rightarrow\left(\begin{array}{ccc:c}1 & 2 & 1 & 1\\0 & -1 & a & 1\\0 & 0 & -3+a(a-2) & a-3\end{array}\right)$$

由于非齐次线性方程组无解，因此 $r(\mathbf{A})<r(\overline{\mathbf{A}})$，从而 $a=-1$。

（7）**解**　对非齐次线性方程组的增广矩阵 $\overline{\mathbf{A}}$ 作初等行变换，得

$$\overline{\mathbf{A}}=\left(\begin{array}{ccc:c}a & 1 & 1 & 1\\1 & a & 1 & 1\\1 & 1 & a & -2\end{array}\right)\rightarrow\left(\begin{array}{ccc:c}1 & a & 1 & 1\\a & 1 & 1 & 1\\1 & 1 & a & -2\end{array}\right)\rightarrow\left(\begin{array}{ccc:c}1 & a & 1 & 1\\0 & 1-a^2 & 1-a & 1-a\\0 & 1-a & a-1 & -3\end{array}\right)$$

$$\rightarrow\left(\begin{array}{ccc:c}1 & a & 1 & 1\\0 & 1-a & a-1 & -3\\0 & 1-a^2 & 1-a & 1-a\end{array}\right)\rightarrow\left(\begin{array}{ccc:c}1 & a & 1 & 1\\0 & 1-a & a-1 & -3\\0 & 0 & 2-a-a^2 & 4+2a\end{array}\right)$$

由于非齐次线性方程组有无穷多解，因此 $r(\mathbf{A})=r(\overline{\mathbf{A}})<3$，从而 $a=-2$。

（8）**解**　由于非齐次线性方程组的解不唯一，因此

$$r(\mathbf{A})=r(\overline{\mathbf{A}})<4,$$

又 $\boldsymbol{\eta}_1-\boldsymbol{\eta}_2=(1,\ -3,\ 1,\ 3)^{\mathrm{T}}$，$\boldsymbol{\eta}_1-\boldsymbol{\eta}_3=(-1,\ -3,\ -2,\ 4)^{\mathrm{T}}$ 是对应的齐次线性方程组的两个线性无关解，故 $4-r(\mathbf{A})\geqslant 2$，即 $r(\mathbf{A})\leqslant 2$。由非齐次线性方程组的系数矩阵 $\mathbf{A}$ 有一个 2 阶子式 $\begin{vmatrix}1 & -1\\2 & 1\end{vmatrix}\neq 0$，得 $r(\mathbf{A})\geqslant 2$，从而 $r(\mathbf{A})=2$，故非齐次线性方程组的通解为

$$k_1(1,\ -3,\ 1,\ 3)^{\mathrm{T}}+k_2(-1,\ -3,\ -2,\ 4)^{\mathrm{T}}+(1,\ -2,\ 1,\ 2)^{\mathrm{T}}$$

其中 k_1，k_2 为任意常数。

（9）**解**　由 $\boldsymbol{D}=|\mathbf{A}^{\mathrm{T}}|=\prod\limits_{1\leqslant j<i\leqslant n}(a_i-a_j)\neq 0$，$D_1=D$，$D_2=\cdots=D_n=0$ 及 Cramer 法则，得非齐次线性方程组 $\mathbf{A}^{\mathrm{T}}\boldsymbol{x}=\boldsymbol{\beta}$ 的解为 $\boldsymbol{x}=(1,\ 0,\ \cdots,\ 0)^{\mathrm{T}}$。

（10）**解**　设 $\mathbf{A}=\begin{pmatrix}1 & a_{12} & a_{13}\\a_{21} & a_{22} & a_{23}\\a_{31} & a_{32} & a_{33}\end{pmatrix}$，由题设知，$\mathbf{AA}^{\mathrm{T}}=\boldsymbol{E}$，即

$$AA^{\mathrm T}=\begin{pmatrix}1 & a_{12} & a_{13}\\ a_{21} & a_{22} & a_{23}\\ a_{31} & a_{32} & a_{33}\end{pmatrix}\begin{pmatrix}1 & a_{21} & a_{31}\\ a_{12} & a_{22} & a_{32}\\ a_{13} & a_{23} & a_{33}\end{pmatrix}=\begin{pmatrix}1&0&0\\0&1&0\\0&0&1\end{pmatrix}$$

所以 $1+a_{12}^2+a_{13}^2=1$，故 $a_{12}=a_{13}=0$，从而 $\boldsymbol{A}\begin{pmatrix}1\\a_{12}\\a_{13}\end{pmatrix}=\boldsymbol{A}\begin{pmatrix}1\\0\\0\end{pmatrix}=\begin{pmatrix}1\\0\\0\end{pmatrix}=\boldsymbol{\beta}$，因此 $\boldsymbol{x}=(1, 0, 0)^{\mathrm T}$ 是 $\boldsymbol{Ax}=\boldsymbol{\beta}$ 的解。

(11) **解**　由于齐次线性方程组 $\boldsymbol{Ax}=\boldsymbol{0}$ 有非零解，因此 $r(\boldsymbol{A})<3$，从而 $\lambda=0$ 为 $\boldsymbol{A}$ 的特征值，$\boldsymbol{\alpha}_1=(m, -m, 1)^{\mathrm T}$ 为其对应的特征向量。又 $(\boldsymbol{A}+\boldsymbol{E})\boldsymbol{x}=\boldsymbol{0}$ 有非零解，故 $r(\boldsymbol{A}+\boldsymbol{E})<3$，$|\boldsymbol{A}+\boldsymbol{E}|=\boldsymbol{0}$，从而 $\lambda=-1$ 为 $\boldsymbol{A}$ 的另一个特征值，其对应的特征向量为

$$\boldsymbol{\alpha}_2=(m, 1, 1-m)^{\mathrm T}$$

由于 $\boldsymbol{A}$ 为实对称矩阵，因此 $\boldsymbol{A}$ 的不同特征值对应的特征向量正交，从而 $\boldsymbol{\alpha}_1^{\mathrm T}\boldsymbol{\alpha}_2=0$，故 $m=1$。

(12) **解**　由题设知，$\boldsymbol{\xi}_1=(k, -k, 1)^{\mathrm T}$，$\boldsymbol{\xi}_2=(k, 2, 1)^{\mathrm T}$ 为 $\boldsymbol{A}$ 的特征向量，其对应的特征值分别为 $\lambda_1=0$，$\lambda_2=2$，由于 $\boldsymbol{A}$ 为实对称矩阵，因此 $\boldsymbol{A}$ 的不同特征值对应的特征向量正交，从而 $\boldsymbol{\xi}_1^{\mathrm T}\boldsymbol{\xi}_2=k^2-2k+1=0$，解之，得 $k=1$。当 $k=1$ 时，$\boldsymbol{\xi}_1=(1, -1, 1)^{\mathrm T}$，$\boldsymbol{\xi}_2=(1, 2, 1)^{\mathrm T}$，又 $|\boldsymbol{E}+\boldsymbol{A}|=\boldsymbol{0}$，故 $\lambda_3=-1$ 为 $\boldsymbol{A}$ 的特征值。设 $\boldsymbol{A}$ 的对应于特征值 $\lambda_3=-1$ 的特征向量为 $\boldsymbol{\xi}_3=(x_1, x_2, x_3)^{\mathrm T}$，则 $\begin{cases}\boldsymbol{\xi}_1^{\mathrm T}\boldsymbol{\xi}_3=0\\ \boldsymbol{\xi}_2^{\mathrm T}\boldsymbol{\xi}_3=0\end{cases}$，即 $\begin{cases}x_1-x_2+x_3=0\\ x_1+2x_2+x_3=0\end{cases}$，解之，得 $\boldsymbol{\xi}_3=(-1, 0, 1)^{\mathrm T}$。

取 $\boldsymbol{P}=(\boldsymbol{\xi}_1, \boldsymbol{\xi}_2, \boldsymbol{\xi}_3)=\begin{pmatrix}1&1&-1\\-1&2&0\\1&1&1\end{pmatrix}$，则 $\boldsymbol{P}$ 为可逆矩阵，使得 $\boldsymbol{P}^{-1}\boldsymbol{AP}=\begin{pmatrix}0&&\\&2&\\&&-1\end{pmatrix}$，从而

$$\boldsymbol{A}=\boldsymbol{P}\begin{pmatrix}0&&\\&2&\\&&-1\end{pmatrix}\boldsymbol{P}^{-1}=\begin{pmatrix}1&1&-1\\-1&2&0\\1&1&1\end{pmatrix}\begin{pmatrix}0&&\\&2&\\&&-1\end{pmatrix}\begin{pmatrix}\frac{1}{3}&-\frac{1}{3}&\frac{1}{3}\\ \frac{1}{6}&\frac{1}{3}&\frac{1}{6}\\ -\frac{1}{2}&0&\frac{1}{2}\end{pmatrix}=\frac{1}{6}\begin{pmatrix}-1&4&5\\4&8&4\\5&4&-1\end{pmatrix}$$

(13) **解**　由于 $\boldsymbol{\alpha}_1$，$\boldsymbol{\alpha}_2$ 线性无关，且 $\boldsymbol{\alpha}_3=-\boldsymbol{\alpha}_1+2\boldsymbol{\alpha}_2$，因此 $r(\boldsymbol{A})=2$，从而齐次线性方程组 $\boldsymbol{Ax}=\boldsymbol{0}$ 的基础解系含有 $n-r(\boldsymbol{A})=3-2=1$ 个解向量。由 $\boldsymbol{\alpha}_3=-\boldsymbol{\alpha}_1+2\boldsymbol{\alpha}_2$，即

$$\boldsymbol{\alpha}_1-2\boldsymbol{\alpha}_2+\boldsymbol{\alpha}_3=\boldsymbol{0}$$

得 $(\boldsymbol{\alpha}_1, \boldsymbol{\alpha}_2, \boldsymbol{\alpha}_3)\begin{pmatrix}1\\-2\\1\end{pmatrix}=\boldsymbol{0}$，即 $\boldsymbol{A}\begin{pmatrix}1\\-2\\1\end{pmatrix}=\boldsymbol{0}$，从而齐次线性方程组 $\boldsymbol{Ax}=\boldsymbol{0}$ 的基础解系为 $(1, -2, 1)^{\mathrm T}$，故齐次线性方程组 $\boldsymbol{Ax}=\boldsymbol{0}$ 的通解为 $k(1, -2, 1)^{\mathrm T}$，其中 k 为任意常数。

(14) **解**　由于非齐次线性方程组 $\boldsymbol{Ax}=\boldsymbol{\beta}$ 有无穷多解，因此 $r(\boldsymbol{A})=r(\boldsymbol{A}, \boldsymbol{\beta})<3$，对增广矩阵 $(\boldsymbol{A}, \boldsymbol{\beta})$ 作初等行变换，得

$$(\boldsymbol{A},\boldsymbol{\beta})=\begin{pmatrix}1&0&-1&0\\1&1&-1&1\\0&1&a^2-1&a\end{pmatrix}\to\begin{pmatrix}1&0&-1&0\\0&1&0&1\\0&1&a^2-1&a\end{pmatrix}\to\begin{pmatrix}1&0&-1&0\\0&1&0&1\\0&0&a^2-1&a-1\end{pmatrix}$$

由 $r(\boldsymbol{A})=r(\boldsymbol{A},\boldsymbol{\beta})<3$，得 $a^2-1=0$，$a-1=0$，故 $a=1$。

3. 解答题

(1) **解** (ⅰ) 设 $\boldsymbol{\xi}_1,\boldsymbol{\xi}_2,\boldsymbol{\xi}_3$ 是非齐次线性方程组 $\boldsymbol{Ax}=\boldsymbol{\beta}$ 的三个线性无关的解，则 $\boldsymbol{\xi}_1-\boldsymbol{\xi}_2$，$\boldsymbol{\xi}_1-\boldsymbol{\xi}_3$ 是对应的齐次线性方程组 $\boldsymbol{Ax}=\boldsymbol{0}$ 的两个线性无关的解，从而 $4-r(\boldsymbol{A})\geqslant 2$，即 $r(\boldsymbol{A})\leqslant 2$；又非齐次线性方程组系数矩阵 $\boldsymbol{A}$ 有一个 2 阶子式 $\begin{vmatrix}1&1\\4&3\end{vmatrix}\neq 0$，故 $r(\boldsymbol{A})\geqslant 2$，从而 $r(\boldsymbol{A})=2$。

(ⅱ) 对非齐次线性方程组的增广矩阵 $\overline{\boldsymbol{A}}$ 作初等行变换，得

$$\overline{\boldsymbol{A}}=\begin{pmatrix}1&1&1&1&\vdots&-1\\4&3&5&-1&\vdots&-1\\a&1&3&b&\vdots&1\end{pmatrix}\to\begin{pmatrix}1&1&1&1&\vdots&-1\\0&-1&1&-5&\vdots&3\\0&1-a&3-a&b-a&\vdots&1+a\end{pmatrix}$$

$$\to\begin{pmatrix}1&0&2&-4&\vdots&2\\0&1&-1&5&\vdots&-3\\0&0&4-2a&4a+b-5&\vdots&4-2a\end{pmatrix}=\boldsymbol{B}$$

由于 $r(\boldsymbol{A})=r(\overline{\boldsymbol{A}})=2$，因此 $4-2a=0$，$4a+b-5=0$，解之，得 $a=2$，$b=-3$。当 $a=2$，$b=-3$ 时，$\boldsymbol{B}=\begin{pmatrix}1&0&2&-4&\vdots&2\\0&1&-1&5&\vdots&-3\\0&0&0&0&\vdots&0\end{pmatrix}$，从而非齐次线性方程组 $\boldsymbol{Ax}=\boldsymbol{\beta}$ 的通解为 $(2,-3,0,0)^{\mathrm{T}}+k_1(-2,1,1,0)^{\mathrm{T}}+k_2(4,-5,0,1)^{\mathrm{T}}$，其中 k_1，k_2 为任意常数。

(2) **解** 齐次线性方程组系数矩阵 $\boldsymbol{A}$ 的行列式为

$$|\boldsymbol{A}|=\begin{vmatrix}a_1+b&a_2&a_3&\cdots&a_n\\a_1&a_2+b&a_3&\cdots&a_n\\a_1&a_2&a_3+b&\cdots&a_n\\\vdots&\vdots&\vdots&&\vdots\\a_1&a_2&a_3&\cdots&a_n+b\end{vmatrix}=b^{n-1}\left(b+\sum_{i=1}^{n}a_i\right)$$

(ⅰ) 当 $b\neq 0$ 且 $b+\sum\limits_{i=1}^{n}a_i\neq 0$ 时，$r(\boldsymbol{A})=n$，齐次线性方程组仅有零解。

(ⅱ) 当 $b=0$ 时，齐次线性方程组的同解方程组为 $a_1x_1+a_2x_2+a_3x_3+\cdots+a_nx_n=0$，由 $\sum\limits_{i=1}^{n}a_i\neq 0$，知 $a_i(i=1,2,\cdots,n)$不全为零，不妨设 $a_1\neq 0$，则齐次线性方程组的一个基础解系为 $\boldsymbol{\alpha}_1=\left(-\dfrac{a_2}{a_1},1,0,\cdots,0\right)^{\mathrm{T}}$，$\boldsymbol{\alpha}_2=\left(-\dfrac{a_3}{a_1},0,1,\cdots,0\right)^{\mathrm{T}}$，…，$\boldsymbol{\alpha}_{n-1}=\left(-\dfrac{a_n}{a_1},0,0,\cdots,1\right)^{\mathrm{T}}$。

当 $b=-\sum\limits_{i=1}^{n}a_i$ 时，$b\neq 0$，对齐次线性方程组的系数矩阵 $\boldsymbol{A}$ 作初等行变换，得

$$\boldsymbol{A}=\begin{pmatrix} a_1+b & a_2 & a_3 & \cdots & a_n \\ a_1 & a_2+b & a_3 & \cdots & a_n \\ a_1 & a_2 & a_3+b & \cdots & a_n \\ \vdots & \vdots & \vdots & & \vdots \\ a_1 & a_2 & a_3 & \cdots & a_n+b \end{pmatrix} \to \begin{pmatrix} a_1+b & a_2 & a_3 & \cdots & a_n \\ -b & b & 0 & \cdots & 0 \\ -b & 0 & b & \cdots & 0 \\ \vdots & \vdots & \vdots & & \vdots \\ -b & 0 & 0 & \cdots & b \end{pmatrix}$$

$$\to \begin{pmatrix} a_1+b & a_2 & a_3 & \cdots & a_n \\ -1 & 1 & 0 & \cdots & 0 \\ -1 & 0 & 1 & \cdots & 0 \\ \vdots & \vdots & \vdots & & \vdots \\ -1 & 0 & 0 & \cdots & 1 \end{pmatrix} \to \begin{pmatrix} \sum_{i=1}^{n} a_i + b & 0 & 0 & \cdots & 0 \\ -1 & 1 & 0 & \cdots & 0 \\ -1 & 0 & 1 & \cdots & 0 \\ \vdots & \vdots & \vdots & & \vdots \\ -1 & 0 & 0 & \cdots & 1 \end{pmatrix}$$

$$\to \begin{pmatrix} 0 & 0 & 0 & \cdots & 0 \\ -1 & 1 & 0 & \cdots & 0 \\ -1 & 0 & 1 & \cdots & 0 \\ \vdots & \vdots & \vdots & & \vdots \\ -1 & 0 & 0 & \cdots & 1 \end{pmatrix} \to \begin{pmatrix} -1 & 1 & 0 & \cdots & 0 \\ -1 & 0 & 1 & \cdots & 0 \\ \vdots & \vdots & \vdots & & \vdots \\ -1 & 0 & 0 & \cdots & 1 \\ 0 & 0 & 0 & \cdots & 0 \end{pmatrix}$$

从而齐次线性方程组的同解方程组为 $x_2=x_1$，$x_3=x_1$，…，$x_n=x_1$，故齐次线性方程组的一个基础解系为 $\boldsymbol{\alpha}=(1,1,1,\cdots,1)^{\mathrm{T}}$。

(3) **证** 必要性 设三条直线 l_1，l_2，l_3 交于一点，则非齐次线性方程组

$$\begin{cases} ax+2by=-3c \\ bx+2cy=-3a \\ cx+2ay=-3b \end{cases} \qquad (*)$$

有唯一解，从而系数矩阵 $\boldsymbol{A}=\begin{pmatrix} a & 2b \\ b & 2c \\ c & 2a \end{pmatrix}$ 与增广矩阵 $\overline{\boldsymbol{A}}=\begin{pmatrix} a & 2b & -3c \\ b & 2c & -3a \\ c & 2a & -3b \end{pmatrix}$ 的秩均为 2，故

$$|\overline{\boldsymbol{A}}|=\begin{vmatrix} a & 2b & -3c \\ b & 2c & -3a \\ c & 2a & -3b \end{vmatrix}=6(a+b+c)(a^2+b^2+c^2-ab-ac-bc)$$

$$=3(a+b+c)[(a-b)^2+(b-c)^2+(c-a)^2]=0$$

又 $(a-b)^2+(b-c)^2+(c-a)^2\neq 0$，因此 $a+b+c=0$。

充分性 设 $a+b+c=0$，则 $|\overline{\boldsymbol{A}}|=0$，从而 $r(\overline{\boldsymbol{A}})<3$，又

$$\begin{vmatrix} a & 2b \\ b & 2c \end{vmatrix}=2(ac-b^2)=-2[a(a+b)+b^2]=-2\left[\left(a+\frac{1}{2}b\right)^2+\frac{3}{4}b^2\right]\neq 0$$

故 $r(\boldsymbol{A})=2$，从而 $r(\boldsymbol{A})=r(\overline{\boldsymbol{A}})$，因此非齐次线性方程组(*)有唯一解，即三条直线 l_1，l_2，l_3 交于一点。

(4) **解** 由于 $\boldsymbol{\alpha}_1$，$\boldsymbol{\alpha}_3$，$\boldsymbol{\alpha}_4$ 线性无关，$\boldsymbol{\alpha}_2=\boldsymbol{\alpha}_1-\boldsymbol{\alpha}_3+2\boldsymbol{\alpha}_4$，$\boldsymbol{\alpha}_5=\boldsymbol{\alpha}_3-4\boldsymbol{\alpha}_4$，因此 $r(\boldsymbol{A})=3$，从而齐次线性方程组 $\boldsymbol{Ax}=\boldsymbol{0}$ 的基础解系含有两个线性无关的解向量，由 $\boldsymbol{\alpha}_2=\boldsymbol{\alpha}_1-\boldsymbol{\alpha}_3+2\boldsymbol{\alpha}_4$，$\boldsymbol{\alpha}_5=\boldsymbol{\alpha}_3-4\boldsymbol{\alpha}_4$，即 $\boldsymbol{\alpha}_1-\boldsymbol{\alpha}_2-\boldsymbol{\alpha}_3+2\boldsymbol{\alpha}_4+0\boldsymbol{\alpha}_5=\boldsymbol{0}$，$0\boldsymbol{\alpha}_1+0\boldsymbol{\alpha}_2+\boldsymbol{\alpha}_3-4\boldsymbol{\alpha}_4-\boldsymbol{\alpha}_5=\boldsymbol{0}$，得

$$(\boldsymbol{\alpha}_1, \boldsymbol{\alpha}_2, \boldsymbol{\alpha}_3, \boldsymbol{\alpha}_4, \boldsymbol{\alpha}_5)\begin{pmatrix}1\\-1\\-1\\2\\0\end{pmatrix}=\mathbf{0}, \quad (\boldsymbol{\alpha}_1, \boldsymbol{\alpha}_2, \boldsymbol{\alpha}_3, \boldsymbol{\alpha}_4, \boldsymbol{\alpha}_5)\begin{pmatrix}0\\0\\1\\-4\\-1\end{pmatrix}=\mathbf{0}$$

从而齐次线性方程组 $\boldsymbol{Ax}=\mathbf{0}$ 的基础解系为

$$\boldsymbol{\xi}_1=(1, -1, -1, 2, 0)^{\mathrm{T}}, \boldsymbol{\xi}_2=(0, 0, 1, -4, -1)^{\mathrm{T}}$$

故齐次线性方程组 $\boldsymbol{Ax}=\mathbf{0}$ 的通解为 $k_1\boldsymbol{\xi}_1+k_2\boldsymbol{\xi}_2$，其中 k_1，k_2 为任意常数。

(5) **解**　非齐次线性方程组 $x_1\boldsymbol{\alpha}_1+x_2\boldsymbol{\alpha}_2+x_3\boldsymbol{\alpha}_3=\boldsymbol{\beta}$ 的系数行列式为

$$|\boldsymbol{A}|=\begin{vmatrix}a & -2 & -1\\2 & 1 & 1\\10 & 5 & 4\end{vmatrix}=\begin{vmatrix}a+4 & -2 & -1\\0 & 1 & 1\\0 & 5 & 4\end{vmatrix}=-(a+4)$$

(ⅰ) 当 $a\neq-4$ 时，$|\boldsymbol{A}|\neq0$，非齐次线性方程组有唯一解，即 $\boldsymbol{\beta}$ 可由 $\boldsymbol{\alpha}_1$，$\boldsymbol{\alpha}_2$，$\boldsymbol{\alpha}_3$ 线性表示，且表示法唯一。

(ⅱ) 当 $a=-4$ 时，对非齐次线性方程组的增广矩阵 $\overline{\boldsymbol{A}}$ 作初等行变换，得

$$\overline{\boldsymbol{A}}=\begin{pmatrix}-4 & -2 & -1 & 1\\2 & 1 & 1 & b\\10 & 5 & 4 & c\end{pmatrix}\rightarrow\begin{pmatrix}2 & 1 & 0 & -b-1\\0 & 0 & 1 & 2b+1\\0 & 0 & 0 & 3b-c-1\end{pmatrix}$$

当 $3b-c\neq1$ 时，$r(\boldsymbol{A})\neq r(\overline{\boldsymbol{A}})$，非齐次线性方程组无解，即 $\boldsymbol{\beta}$ 不能由 $\boldsymbol{\alpha}_1$，$\boldsymbol{\alpha}_2$，$\boldsymbol{\alpha}_3$ 线性表示。

(ⅲ) 当 $a=-4$，且 $3b-c=1$ 时，$r(\boldsymbol{A})=r(\overline{\boldsymbol{A}})=2$，非齐次线性方程组有无穷多解，即 $\boldsymbol{\beta}$ 可由 $\boldsymbol{\alpha}_1$，$\boldsymbol{\alpha}_2$，$\boldsymbol{\alpha}_3$ 线性表示，但表示不唯一。解之，得 $x_1=t$，$x_2=-2t-b-1$，$x_3=2b+1$，从而一般表达式为 $\boldsymbol{\beta}=t\boldsymbol{\alpha}_1-(2t+b+1)\boldsymbol{\alpha}_2+(2b+1)\boldsymbol{\alpha}_3$，其中 t 为任意常数。

(6) **解**　由于 $\boldsymbol{\beta}_i(i=1, 2, \cdots, s)$ 为 $\boldsymbol{\alpha}_1$，$\boldsymbol{\alpha}_2$，…，$\boldsymbol{\alpha}_s$ 的线性组合，因此 $\boldsymbol{\beta}_i(i=1, 2, \cdots, s)$ 均为齐次线性方程组 $\boldsymbol{Ax}=\mathbf{0}$ 的解。设 $k_1\boldsymbol{\beta}_1+k_2\boldsymbol{\beta}_2+\cdots+k_s\boldsymbol{\beta}_s=\mathbf{0}$，即

$$(t_1k_1+t_2k_s)\boldsymbol{\alpha}_1+(t_2k_1+t_1k_2)\boldsymbol{\alpha}_2+\cdots+(t_2k_{s-1}+t_1k_s)\boldsymbol{\alpha}_s=\mathbf{0}$$

由于 $\boldsymbol{\alpha}_1$，$\boldsymbol{\alpha}_2$，…，$\boldsymbol{\alpha}_s$ 线性无关，因此 $\begin{cases}t_1k_1+t_2k_s=0\\t_2k_1+t_1k_2=0\\\vdots\\t_2k_{s-1}+t_1k_s=0\end{cases}$。因为齐次线性方程组的系数行列式为

$$\begin{vmatrix}t_1 & 0 & 0 & \cdots & t_2\\t_2 & t_1 & 0 & \cdots & 0\\0 & t_2 & t_1 & \cdots & 0\\\vdots & \vdots & \vdots & & \vdots\\0 & 0 & 0 & \cdots & t_1\end{vmatrix}=t_1^s+(-1)^{s+1}t_2^s$$

所以当 $t_1^s+(-1)^{s+1}t_2^s\neq0$，即当 s 为偶数，$t_1\neq\pm t_2$，s 为奇数，$t_1\neq-t_2$ 时，齐次线性方程组只有零解 $k_1=k_2=\cdots=k_s=0$，从而 $\boldsymbol{\beta}_1$，$\boldsymbol{\beta}_2$，…，$\boldsymbol{\beta}_s$ 线性无关，且 $\boldsymbol{\beta}_1$，$\boldsymbol{\beta}_2$，…，$\boldsymbol{\beta}_s$ 也为齐次线性方程组 $\boldsymbol{Ax}=\mathbf{0}$ 的一个基础解系。

(7) **解** (ⅰ) 对非齐次线性方程组 $\boldsymbol{Ax}=\boldsymbol{\beta}$ 的增广矩阵作初等行变换，得

$$(\boldsymbol{A}\vdots\boldsymbol{\beta})=\begin{pmatrix}1&1&a&\vdots&1\\1&a&1&\vdots&1\\a&1&1&\vdots&-2\end{pmatrix}\rightarrow\begin{pmatrix}1&1&a&\vdots&1\\0&a-1&1-a&\vdots&0\\0&0&(a-1)(a+2)&\vdots&a+2\end{pmatrix}$$

因为非齐次线性方程组 $\boldsymbol{Ax}=\boldsymbol{\beta}$ 有解但不唯一，所以 $r(\boldsymbol{A})=r(\boldsymbol{A}\vdots\boldsymbol{\beta})<3$，从而 $a=-2$。

(ⅱ) 当 $a=-2$ 时，$\boldsymbol{A}=\begin{pmatrix}1&1&-2\\1&-2&1\\-2&1&1\end{pmatrix}$。

$$|\lambda\boldsymbol{E}-\boldsymbol{A}|=\begin{vmatrix}\lambda-1&-1&2\\-1&\lambda+2&-1\\2&-1&\lambda-1\end{vmatrix}=\begin{vmatrix}\lambda&\lambda&\lambda\\-1&\lambda+2&-1\\2&-1&\lambda-1\end{vmatrix}=\lambda(\lambda-3)(\lambda+3)$$

由 $|\lambda\boldsymbol{E}-\boldsymbol{A}|=\boldsymbol{0}$，得 $\boldsymbol{A}$ 的特征值为 $\lambda_1=3$，$\lambda_2=-3$，$\lambda_3=0$。

将 $\lambda=3$ 代入 $(\lambda\boldsymbol{E}-\boldsymbol{A})\boldsymbol{x}=\boldsymbol{0}$，得 $(3\boldsymbol{E}-\boldsymbol{A})\boldsymbol{x}=\boldsymbol{0}$，由

$$3\boldsymbol{E}-\boldsymbol{A}=\begin{pmatrix}2&-1&2\\-1&5&-1\\2&-1&2\end{pmatrix}\rightarrow\begin{pmatrix}1&0&1\\0&1&0\\0&0&0\end{pmatrix}$$

得基础解系为 $\boldsymbol{\alpha}_1=(1,0,-1)^{\mathrm{T}}$，从而 $\boldsymbol{A}$ 的对应于特征值 $\lambda_1=3$ 的特征向量为 $\alpha_1=(1,0,-1)^{\mathrm{T}}$。

将 $\lambda=-3$ 代入 $(\lambda\boldsymbol{E}-\boldsymbol{A})\boldsymbol{x}=\boldsymbol{0}$，得 $(-3\boldsymbol{E}-\boldsymbol{A})\boldsymbol{x}=\boldsymbol{0}$，由

$$-3\boldsymbol{E}-\boldsymbol{A}=\begin{pmatrix}-4&-1&2\\-1&-1&-1\\2&-1&-4\end{pmatrix}\rightarrow\begin{pmatrix}1&0&-1\\0&1&2\\0&0&0\end{pmatrix}$$

得基础解系为 $\boldsymbol{\alpha}_2=(1,-2,1)^{\mathrm{T}}$，从而 $\boldsymbol{A}$ 的对应于特征值 $\lambda_2=-3$ 的特征向量为 $\boldsymbol{\alpha}_2=(1,-2,1)^{\mathrm{T}}$。

将 $\lambda=0$ 代入 $(\lambda\boldsymbol{E}-\boldsymbol{A})\boldsymbol{x}=\boldsymbol{0}$，得 $(0\boldsymbol{E}-\boldsymbol{A})\boldsymbol{x}=\boldsymbol{0}$，由

$$0\boldsymbol{E}-\boldsymbol{A}=\begin{pmatrix}-1&-1&2\\-1&2&-1\\2&-1&-1\end{pmatrix}\rightarrow\begin{pmatrix}1&0&-1\\0&1&-1\\0&0&0\end{pmatrix}$$

得基础解系为 $\boldsymbol{\alpha}_3=(1,1,1)^{\mathrm{T}}$，从而 $\boldsymbol{A}$ 的对应于特征值 $\lambda_3=0$ 的特征向量为 $\boldsymbol{\alpha}_3=(1,1,1)^{\mathrm{T}}$。

将 $\boldsymbol{\alpha}_1$，$\boldsymbol{\alpha}_2$，$\boldsymbol{\alpha}_3$ 单位化，得

$$\boldsymbol{\beta}_1=\left(\frac{1}{\sqrt{2}},0,-\frac{1}{\sqrt{2}}\right)^{\mathrm{T}},\quad\boldsymbol{\beta}_2=\left(\frac{1}{\sqrt{6}},-\frac{2}{\sqrt{6}},\frac{1}{\sqrt{6}}\right)^{\mathrm{T}},\quad\boldsymbol{\beta}_3=\left(\frac{1}{\sqrt{3}},\frac{1}{\sqrt{3}},\frac{1}{\sqrt{3}}\right)^{\mathrm{T}}$$

取 $\boldsymbol{Q}=(\boldsymbol{\beta}_1,\boldsymbol{\beta}_2,\boldsymbol{\beta}_3)=\begin{pmatrix}\frac{1}{\sqrt{2}}&\frac{1}{\sqrt{6}}&\frac{1}{\sqrt{3}}\\0&-\frac{2}{\sqrt{6}}&\frac{1}{\sqrt{3}}\\-\frac{1}{\sqrt{2}}&\frac{1}{\sqrt{6}}&\frac{1}{\sqrt{3}}\end{pmatrix}$，则 $\boldsymbol{Q}$ 为正交矩阵，使得

$$Q^{\mathrm{T}}AQ=\Lambda=\begin{pmatrix}3&0&0\\0&-3&0\\0&0&0\end{pmatrix}$$

(8) **解**　方法一　由于 $\boldsymbol{\alpha}_2$，$\boldsymbol{\alpha}_3$，$\boldsymbol{\alpha}_4$ 线性无关，且 $\boldsymbol{\alpha}_1=2\boldsymbol{\alpha}_2-\boldsymbol{\alpha}_3$，因此 $r(\boldsymbol{A})=3$，从而对应的齐次线性方程组 $\boldsymbol{Ax}=\boldsymbol{0}$ 的基础解系中只有一个解向量，又 $\boldsymbol{\alpha}_1=2\boldsymbol{\alpha}_2-\boldsymbol{\alpha}_3$，故

$$\boldsymbol{A}\begin{pmatrix}1\\-2\\1\\0\end{pmatrix}=\boldsymbol{0}$$

从而对应的齐次线性方程组 $\boldsymbol{Ax}=\boldsymbol{0}$的基础解系为$(1,-2,1,0)^{\mathrm{T}}$。再由 $\boldsymbol{\beta}=\boldsymbol{\alpha}_1+\boldsymbol{\alpha}_2+\boldsymbol{\alpha}_3+\boldsymbol{\alpha}_4$，得 $\boldsymbol{A}\begin{pmatrix}1\\1\\1\\1\end{pmatrix}=\boldsymbol{\beta}$，故非齐次线性方程组 $\boldsymbol{Ax}=\boldsymbol{\beta}$ 的通解为

$$(1,1,1,1)^{\mathrm{T}}+k(1,-2,1,0)^{\mathrm{T}}$$

其中 k 为任意常数。

方法二　令 $\boldsymbol{x}=(x_1,x_2,x_3,x_4)^{\mathrm{T}}$，由 $\boldsymbol{Ax}=(\boldsymbol{\alpha}_1,\boldsymbol{\alpha}_2,\boldsymbol{\alpha}_3,\boldsymbol{\alpha}_4)\begin{pmatrix}x_1\\x_2\\x_3\\x_4\end{pmatrix}=\boldsymbol{\beta}$，得

$$x_1\boldsymbol{\alpha}_1+x_2\boldsymbol{\alpha}_2+x_3\boldsymbol{\alpha}_3+x_4\boldsymbol{\alpha}_4=\boldsymbol{\alpha}_1+\boldsymbol{\alpha}_2+\boldsymbol{\alpha}_3+\boldsymbol{\alpha}_4$$

将 $\boldsymbol{\alpha}_1=2\boldsymbol{\alpha}_2-\boldsymbol{\alpha}_3$ 代入整理后，得

$$(2x_1+x_2-3)\boldsymbol{\alpha}_2+(-x_1+x_3)\boldsymbol{\alpha}_3+(x_4-1)\boldsymbol{\alpha}_4=\boldsymbol{0}$$

由于 $\boldsymbol{\alpha}_2$，$\boldsymbol{\alpha}_3$，$\boldsymbol{\alpha}_4$ 线性无关，因此

$$\begin{cases}2x_1+x_2-3=0\\-x_1+x_3=0\\x_4-1=0\end{cases}$$

解之，得非齐次线性方程组 $\boldsymbol{Ax}=\boldsymbol{\beta}$ 的通解为$(0,3,0,1)^{\mathrm{T}}+k(1,-2,1,0)^{\mathrm{T}}$，其中 k 为任意常数。

(9) **解**　方法一　(ⅰ) 对齐次线性方程组(Ⅰ)的系数矩阵 $\boldsymbol{A}$ 作初等行变换，得

$$\boldsymbol{A}=\begin{pmatrix}2&3&-1&0\\1&2&1&-1\end{pmatrix}\to\begin{pmatrix}1&0&-5&3\\0&1&3&-2\end{pmatrix}$$

从而齐次线性方程组(Ⅰ)的同解方程组为

$$\begin{cases}x_1=5x_3-3x_4\\x_2=-3x_3+2x_4\end{cases}$$

故齐次线性方程组(Ⅰ)的一个基础解系为 $\boldsymbol{\beta}_1=(5,-3,1,0)^{\mathrm{T}}$，$\boldsymbol{\beta}_2=(-3,2,0,1)^{\mathrm{T}}$。

(ⅱ) 由于齐次线性方程组(Ⅱ)的通解为

$$k_1\boldsymbol{\alpha}_1+k_2\boldsymbol{\alpha}_2=(2k_1-k_2,-k_1+2k_2,(a+2)k_1+4k_2,k_1+(a+8)k_2)^{\mathrm{T}}\qquad(1)$$

其中 k_1，k_2 为任意常数。将其代入齐次线性方程组(Ⅰ)，得

$$\begin{cases}(a+1)k_1=0\\(a+1)k_1-(a+1)k_2=0\end{cases}\tag{2}$$

要使齐次线性方程组(Ⅰ)与(Ⅱ)有非零公共解，只需关于 k_1，k_2 的齐次线性方程组(2)有非零解，又

$$\begin{vmatrix}a+1 & 0\\a+1 & -(a+1)\end{vmatrix}=-(a+1)^2$$

故当 $a\neq-1$ 时，齐次线性方程组(Ⅰ)与(Ⅱ)无非零公共解。当 $a=-1$ 时，齐次线性方程组(2)有非零解 k_1，k_2，由式(1)，得齐次线性方程组(Ⅰ)与(Ⅱ)的全部非零公共解为 $k_1(2,-1,1,1)^{\mathrm{T}}+k_2(-1,2,4,7)^{\mathrm{T}}$，其中 k_1，k_2 是不全为零的任意常数。

方法二 (ⅰ) 对齐次线性方程组(Ⅰ)的系数矩阵 $\boldsymbol{A}$ 作初等行变换，得

$$\boldsymbol{A}=\begin{pmatrix}2 & 3 & -1 & 0\\1 & 2 & 1 & -1\end{pmatrix}\to\begin{pmatrix}-2 & -3 & 1 & 0\\-3 & -5 & 0 & 1\end{pmatrix}$$

从而齐次线性方程组(Ⅰ)的同解方程组为

$$\begin{cases}x_3=2x_1+3x_2\\x_4=3x_1+5x_2\end{cases}$$

故齐次线性方程组(Ⅰ)的一个基础解系为 $\boldsymbol{\beta}_1=(1,0,2,3)^{\mathrm{T}}$，$\boldsymbol{\beta}_2=(0,1,3,5)^{\mathrm{T}}$。

(ⅱ) 设 $\boldsymbol{\eta}$ 为齐次线性方程组(Ⅰ)与(Ⅱ)的非零公共解，则存在常数 k_1，k_2，k_3，k_4，使得 $\boldsymbol{\eta}=k_1\boldsymbol{\beta}_1+k_2\boldsymbol{\beta}_2=k_3\boldsymbol{\alpha}_1+k_4\boldsymbol{\alpha}_2$，即 $-k_1\boldsymbol{\beta}_1-k_2\boldsymbol{\beta}_2+k_3\boldsymbol{\alpha}_1+k_4\boldsymbol{\alpha}_2=\boldsymbol{0}$，从而得齐次线性方程组

$$(\text{Ⅲ})\begin{cases}-k_1+2k_3-k_4=0\\-k_2-k_3+2k_4=0\\-2k_1-3k_2+(a+2)k_3+4k_4=0\\-3k_1-5k_2+k_3+(a+8)k_4=0\end{cases}$$

。对齐次线性方程组(Ⅲ)的系数矩阵作初等行变换，得

$$\begin{bmatrix}-1 & 0 & 2 & -1\\0 & -1 & -1 & 2\\-2 & -3 & a+2 & 4\\-3 & -5 & 1 & a+8\end{bmatrix}\to\begin{bmatrix}1 & 0 & -2 & 1\\0 & 1 & 1 & -2\\0 & -3 & a-2 & 6\\0 & -5 & -5 & a+11\end{bmatrix}\to\begin{bmatrix}1 & 0 & -2 & 1\\0 & 1 & 1 & -2\\0 & 0 & a+1 & 0\\0 & 0 & 0 & a+1\end{bmatrix}$$

从而当 $a\neq-1$ 时，齐次线性方程组(Ⅲ)仅有零解，故齐次线性方程组(Ⅰ)与(Ⅱ)无非零公共解。当 $a=-1$ 时，齐次线性方程组(Ⅲ)的同解方程组为

$$\begin{cases}k_1=2k_3-k_4\\k_2=-k_3+2k_4\end{cases}$$

令 $k_3=c_1$，$k_4=c_2$，则齐次线性方程组(Ⅰ)与(Ⅱ)的非零公共解为

$$c_1(2,-1,1,1)^{\mathrm{T}}+c_2(-1,2,4,7)^{\mathrm{T}}$$

其中，c_1，c_2 是不全为零的任意常数。

(10) **解** (ⅰ) 对齐次线性方程组(Ⅰ)的系数矩阵 $\boldsymbol{A}_1$ 作初等行变换，得

$$\boldsymbol{A}_1=\begin{pmatrix}1 & 1 & 0 & 0\\0 & 1 & 0 & -1\end{pmatrix}\to\begin{pmatrix}1 & 0 & 0 & 1\\0 & 1 & 0 & -1\end{pmatrix}$$

从而齐次线性方程组(Ⅰ)的基础解系为 $\boldsymbol{\xi}_1=(0,0,1,0)^{\mathrm{T}}$，$\boldsymbol{\xi}_2=(-1,1,0,1)^{\mathrm{T}}$。

对齐次线性方程组(Ⅱ)的系数矩阵 $\boldsymbol{A}_2$ 作初等行变换，得

$$\boldsymbol{A}_2=\begin{pmatrix}1&-1&1&0\\0&1&-1&1\end{pmatrix}\to\begin{pmatrix}1&0&0&1\\0&1&-1&1\end{pmatrix}$$

从而齐次线性方程组(Ⅱ)的基础解系为 $\boldsymbol{\eta}_1=(0,1,1,0)^{\mathrm{T}}$，$\boldsymbol{\eta}_2=(-1,-1,0,1)^{\mathrm{T}}$。

(ⅱ) 方法一　对齐次线性方程组 $\begin{pmatrix}\boldsymbol{A}_1\\\boldsymbol{A}_2\end{pmatrix}\boldsymbol{x}=\boldsymbol{0}$ 的系数矩阵 $\begin{pmatrix}\boldsymbol{A}_1\\\boldsymbol{A}_2\end{pmatrix}$ 作初等行变换，得

$$\begin{pmatrix}\boldsymbol{A}_1\\\boldsymbol{A}_2\end{pmatrix}=\begin{pmatrix}1&1&0&0\\0&1&0&-1\\1&-1&1&0\\0&1&-1&1\end{pmatrix}\to\begin{pmatrix}1&1&0&0\\0&1&0&-1\\0&-2&1&0\\0&1&-1&1\end{pmatrix}\to\begin{pmatrix}1&1&0&0\\0&1&0&-1\\0&0&1&-2\\0&0&-1&2\end{pmatrix}\to\begin{pmatrix}1&0&0&1\\0&1&0&-1\\0&0&1&-2\\0&0&0&0\end{pmatrix}$$

故齐次线性方程组(Ⅰ)与(Ⅱ)的公共解为 $k(-1,1,2,1)^{\mathrm{T}}$，其中 k 为任意常数。

方法二　将齐次线性方程组(Ⅰ)的通解 $k_1(0,0,1,0)^{\mathrm{T}}+k_2(-1,1,0,1)^{\mathrm{T}}=(-k_2,k_2,k_1,k_2)^{\mathrm{T}}$ 代入齐次线性方程组(Ⅱ)，得 $\begin{cases}-k_2-k_2+k_1=0\\k_2-k_1+k_2=0\end{cases}$，解之，得 $k_1=2k_2$。取 $k_2=k$，则齐次线性方程组(Ⅰ)与(Ⅱ)的公共解为 $(-k,k,2k,k)^{\mathrm{T}}=k(-1,1,2,1)^{\mathrm{T}}$，其中 k 为任意常数。

方法三　齐次线性方程组(Ⅰ)的通解为 $k_1\boldsymbol{\xi}_1+k_2\boldsymbol{\xi}_2=(-k_2,k_2,k_1,k_2)^{\mathrm{T}}$，齐次线性方程组(Ⅱ)的通解为 $l_1\boldsymbol{\eta}_1+l_2\boldsymbol{\eta}_2=(-l_2,l_1-l_2,l_1,l_2)^{\mathrm{T}}$，由 $k_1\boldsymbol{\xi}_1+k_2\boldsymbol{\xi}_2=l_1\boldsymbol{\eta}_1+l_2\boldsymbol{\eta}_2$，得 $\begin{cases}k_1=l_1=2k_2\\l_2=k_2\end{cases}$。取 $k_2=k$，则齐次线性方程组(Ⅰ)与(Ⅱ)的公共解为 $(-k,k,2k,k)^{\mathrm{T}}=k(-1,1,2,1)^{\mathrm{T}}$，其中 k 为任意常数。

(11) **解**　齐次线性方程组系数矩阵 $\boldsymbol{A}$ 的行列式为

$$|\boldsymbol{A}|=\begin{vmatrix}a&b&b&\cdots&b\\b&a&b&\cdots&b\\b&b&a&\cdots&b\\\vdots&\vdots&\vdots&&\vdots\\b&b&b&\cdots&a\end{vmatrix}=[a+(n-1)b](a-b)^{n-1}$$

(ⅰ) 当 $a\neq b$ 且 $a\neq(1-n)b$ 时，方程组仅有零解。

(ⅱ) 当 $a=b$ 时，对系数矩阵 $\boldsymbol{A}$ 作初等行变换，得

$$\boldsymbol{A}=\begin{pmatrix}a&a&a&\cdots&a\\a&a&a&\cdots&a\\a&a&a&\cdots&a\\\vdots&\vdots&\vdots&&\vdots\\a&a&a&\cdots&a\end{pmatrix}\to\begin{pmatrix}1&1&1&\cdots&1\\0&0&0&\cdots&0\\0&0&0&\cdots&0\\\vdots&\vdots&\vdots&&\vdots\\0&0&0&\cdots&0\end{pmatrix}$$

从而齐次线性方程组的同解方程组为

$$x_1+x_2+\cdots+x_n=0$$

故齐次线性方程组的基础解系为

$$\boldsymbol{\alpha}_1=(-1,1,0,\cdots,0)^{\mathrm{T}},\ \boldsymbol{\alpha}_2=(-1,0,1,\cdots,0)^{\mathrm{T}},\ \cdots,\ \boldsymbol{\alpha}_{n-1}=(-1,0,0,\cdots,1)^{\mathrm{T}}$$

从而齐次线性方程组的全部解为 $k_1\boldsymbol{\alpha}_1+k_2\boldsymbol{\alpha}_2+\cdots+k_{n-1}\boldsymbol{\alpha}_{n-1}$，其中 $k_1,k_2,\cdots,k_{n-1}$ 为任意常数。

（ⅲ）当 $a=(1-n)b$ 时，对系数矩阵 **A** 作初等行变换，得

$$\mathbf{A}=\begin{pmatrix}(1-n)b & b & b & \cdots & b & b\\ b & (1-n)b & b & \cdots & b & b\\ b & b & (1-n)b & \cdots & b & b\\ \vdots & \vdots & \vdots & & \vdots & \vdots\\ b & b & b & \cdots & (1-n)b & b\\ b & b & b & \cdots & b & (1-n)b\end{pmatrix}$$

$$\to\begin{pmatrix}1-n & 1 & 1 & \cdots & 1 & 1\\ 1 & 1-n & 1 & \cdots & 1 & 1\\ 1 & 1 & 1-n & \cdots & 1 & 1\\ \vdots & \vdots & \vdots & & \vdots & \vdots\\ 1 & 1 & 1 & \cdots & 1-n & 1\\ 1 & 1 & 1 & \cdots & 1 & 1-n\end{pmatrix}\to\begin{pmatrix}1-n & 1 & 1 & \cdots & 1 & 1\\ n & -n & 0 & \cdots & 0 & 0\\ n & 0 & -n & \cdots & 0 & 0\\ \vdots & \vdots & \vdots & & \vdots & \vdots\\ n & 0 & 0 & \cdots & -n & 0\\ n & 0 & 0 & \cdots & 0 & -n\end{pmatrix}$$

$$\to\begin{pmatrix}1-n & 1 & 1 & \cdots & 1 & 1\\ 1 & -1 & 0 & \cdots & 0 & 0\\ 1 & 0 & -1 & \cdots & 0 & 0\\ \vdots & \vdots & \vdots & & \vdots & \vdots\\ 1 & 0 & 0 & \cdots & -1 & 0\\ 1 & 0 & 0 & \cdots & 0 & -1\end{pmatrix}\to\begin{pmatrix}0 & 0 & 0 & \cdots & 0 & 0\\ 1 & -1 & 0 & \cdots & 0 & 0\\ 1 & 0 & -1 & \cdots & 0 & 0\\ \vdots & \vdots & \vdots & & \vdots & \vdots\\ 1 & 0 & 0 & \cdots & -1 & 0\\ 1 & 0 & 0 & \cdots & 0 & -1\end{pmatrix}$$

$$\to\begin{pmatrix}1 & 0 & 0 & \cdots & 0 & -1\\ 1 & -1 & 0 & \cdots & 0 & 0\\ 1 & 0 & -1 & \cdots & 0 & 0\\ \vdots & \vdots & \vdots & & \vdots & \vdots\\ 1 & 0 & 0 & \cdots & -1 & 0\\ 0 & 0 & 0 & \cdots & 0 & 0\end{pmatrix}\to\begin{pmatrix}1 & 0 & 0 & \cdots & 0 & -1\\ 0 & -1 & 0 & \cdots & 0 & 1\\ 0 & 0 & -1 & \cdots & 0 & 1\\ \vdots & \vdots & \vdots & & \vdots & \vdots\\ 0 & 0 & 0 & \cdots & -1 & 1\\ 0 & 0 & 0 & \cdots & 0 & 0\end{pmatrix}$$

$$\to\begin{pmatrix}1 & 0 & 0 & \cdots & 0 & -1\\ 0 & 1 & 0 & \cdots & 0 & -1\\ 0 & 0 & 1 & \cdots & 0 & -1\\ \vdots & \vdots & \vdots & & \vdots & \vdots\\ 0 & 0 & 0 & \cdots & 1 & -1\\ 0 & 0 & 0 & \cdots & 0 & 0\end{pmatrix}$$

从而齐次线性方程组的同解方程组为

$$\begin{cases}x_1=x_n\\ x_2=x_n\\ \quad\vdots\\ x_{n-1}=x_n\end{cases}$$

故齐次线性方程组的基础解系为 $(1,1,\cdots,1)^{\mathrm{T}}$，从而齐次线性方程组的全部解为 $k(1,1,\cdots,1)^{\mathrm{T}}$，其中 k 为任意常数。

(12) **解**　齐次线性方程组(Ⅱ)未知变量的个数多于方程的个数，故齐次线性方程组(Ⅱ)有无穷多解。由于齐次线性方程组(Ⅰ)与(Ⅱ)同解，因此齐次线性方程组(Ⅰ)系数矩阵的秩小于 3。

对齐次线性方程组(Ⅰ)的系数矩阵作初等行变换，得

$$\begin{pmatrix}1&2&3\\2&3&5\\1&1&a\end{pmatrix}\to\begin{pmatrix}1&0&1\\0&1&1\\0&0&a-2\end{pmatrix}$$

由齐次线性方程组系数矩阵的秩小于 3，得 $a=2$。当 $a=2$ 时，齐次线性方程组(Ⅰ)的系数矩阵可化为

$$\begin{pmatrix}1&2&3\\2&3&5\\1&1&2\end{pmatrix}\to\begin{pmatrix}1&0&1\\0&1&1\\0&0&0\end{pmatrix}$$

从而齐次线性方程组(Ⅰ)的基础解系为 $(-1, -1, 1)^{\mathrm{T}}$。将 $(-1, -1, 1)^{\mathrm{T}}$ 代入齐次线性方程组(Ⅱ)，得 $b=1$，$c=2$ 或 $b=0$，$c=1$。

当 $b=1$，$c=2$ 时，对齐次线性方程组(II)的系数矩阵作初等行变换，得

$$\begin{pmatrix}1&1&2\\2&1&3\end{pmatrix}\to\begin{pmatrix}1&0&1\\0&1&1\end{pmatrix}$$

从而齐次线性方程组(Ⅱ)的基础解系为 $(-1, -1, 1)^{\mathrm{T}}$，故齐次线性方程组(Ⅰ)与(Ⅱ)同解。

当 $b=0$，$c=1$ 时，对齐次线性方程组(Ⅱ)的系数矩阵作初等行变换，得

$$\begin{pmatrix}1&0&1\\2&0&2\end{pmatrix}\to\begin{pmatrix}1&0&1\\0&0&0\end{pmatrix}$$

从而齐次线性方程组(Ⅱ)的基础解系为 $(0, 1, 0)^{\mathrm{T}}$，故齐次线性方程组(Ⅰ)与(Ⅱ)不同解，所以当 $a=2$，$b=1$，$c=2$ 时，齐次线性方程组(Ⅰ)与(Ⅱ)同解。

(13) **解**　对矩阵 $(\boldsymbol{A} \vdots \boldsymbol{B})$ 作初等行变换，得

$$(\boldsymbol{A} \vdots \boldsymbol{B})=\left(\begin{array}{ccc|cc}1&-1&-1&2&2\\2&a&1&1&a\\-1&1&a&-a-1&-2\end{array}\right)\to\left(\begin{array}{ccc|cc}1&-1&-1&2&2\\0&a+2&3&-3&a-4\\0&0&a-1&-a+1&0\end{array}\right)$$

当 $a\neq-2$，$a\neq1$ 时，方程 $\boldsymbol{AX}=\boldsymbol{B}$ 有唯一解，且

$$(\boldsymbol{A} \vdots \boldsymbol{B})\to\left(\begin{array}{ccc|cc}1&-1&-1&2&2\\0&a+2&3&-3&a-4\\0&0&1&-1&0\end{array}\right)\to\left(\begin{array}{ccc|cc}1&0&0&1&\dfrac{3a}{a+2}\\0&1&0&0&\dfrac{a-4}{a+2}\\0&0&1&-1&0\end{array}\right)$$

故方程的解为 $\boldsymbol{X}=\begin{pmatrix}1&\dfrac{3a}{a+2}\\0&\dfrac{a-4}{a+2}\\-1&0\end{pmatrix}$。当 $a=1$ 时，由于

$$(\boldsymbol{A}\vdots\boldsymbol{B})\rightarrow\begin{pmatrix}1&-1&-1&\vdots&2&2\\0&3&3&\vdots&-3&-3\\0&0&0&\vdots&0&0\end{pmatrix}\rightarrow\begin{pmatrix}1&0&0&\vdots&1&1\\0&1&1&\vdots&-1&-1\\0&0&0&\vdots&0&0\end{pmatrix}$$

因此 $r(\boldsymbol{A})=r(\boldsymbol{A}\vdots\boldsymbol{B})=2<3$，从而方程 $\boldsymbol{AX}=\boldsymbol{B}$ 有无穷多解。设 $\boldsymbol{X}=(\boldsymbol{X}_1,\boldsymbol{X}_2)$，则

$$\boldsymbol{X}_1=k_1\begin{pmatrix}0\\-1\\1\end{pmatrix}+\begin{pmatrix}1\\-1\\0\end{pmatrix}=\begin{pmatrix}1\\-k_1-1\\k_1\end{pmatrix},\boldsymbol{X}_2=k_2\begin{pmatrix}0\\-1\\1\end{pmatrix}+\begin{pmatrix}1\\-1\\0\end{pmatrix}=\begin{pmatrix}1\\-k_2-1\\k_2\end{pmatrix}$$

从而方程的通解为 $\boldsymbol{X}=\begin{pmatrix}1&1\\-k_1-1&-k_2-1\\k_1&k_2\end{pmatrix}$，其中 k_1，k_2 为任意常数。

当 $a=-2$ 时，由于

$$(\boldsymbol{A}\vdots\boldsymbol{B})\rightarrow\begin{pmatrix}1&-1&-1&\vdots&2&2\\0&0&3&\vdots&-3&-6\\0&0&-3&\vdots&3&0\end{pmatrix}\rightarrow\begin{pmatrix}1&-1&-1&\vdots&2&2\\0&0&1&\vdots&-1&0\\0&0&0&\vdots&0&1\end{pmatrix}$$

因此 $r(\boldsymbol{A})=2\neq3=r(\boldsymbol{A}\vdots\boldsymbol{B})$，从而方程无解。

(14) **解** (ⅰ) 对非齐次线性方程组 $\boldsymbol{Ax}=\boldsymbol{\beta}$ 的增广矩阵 $(\boldsymbol{A}\vdots\boldsymbol{\beta})$ 作初等行变换，得

$$(\boldsymbol{A}\vdots\boldsymbol{\beta})=\begin{pmatrix}1&1&1-a&\vdots&0\\1&0&a&\vdots&1\\a+1&1&a+1&\vdots&2a-2\end{pmatrix}\rightarrow\begin{pmatrix}1&1&1-a&\vdots&0\\0&-1&2a-1&\vdots&1\\0&0&-a^2+2a&\vdots&a-2\end{pmatrix}$$

由于齐次线性方程组 $\boldsymbol{Ax}=\boldsymbol{\beta}$ 无解，因此 $r(\boldsymbol{A})\neq r(\boldsymbol{A}\vdots\boldsymbol{\beta})$，从而 $-a^2+2a=0$ 且 $a\neq2$，故 $a=0$。

(ⅱ) 当 $a=0$ 时，$\boldsymbol{A}=\begin{pmatrix}1&1&1\\1&0&0\\1&1&1\end{pmatrix}$，$\boldsymbol{A}^{\mathrm{T}}\boldsymbol{A}=\begin{pmatrix}3&2&2\\2&2&2\\2&2&2\end{pmatrix}$，$\boldsymbol{A}^{\mathrm{T}}\boldsymbol{\beta}=\begin{pmatrix}-1\\-2\\-2\end{pmatrix}$。

对非齐次线性方程组 $\boldsymbol{A}^{\mathrm{T}}\boldsymbol{Ax}=\boldsymbol{A}^{\mathrm{T}}\boldsymbol{\beta}$ 的增广矩阵 $(\boldsymbol{A}^{\mathrm{T}}\boldsymbol{A}\vdots\boldsymbol{A}^{\mathrm{T}}\boldsymbol{\beta})$ 作初等行变换，得

$$(\boldsymbol{A}^{\mathrm{T}}\boldsymbol{A}\vdots\boldsymbol{A}^{\mathrm{T}}\boldsymbol{\beta})=\begin{pmatrix}3&2&2&\vdots&-1\\2&2&2&\vdots&-2\\2&2&2&\vdots&-2\end{pmatrix}\rightarrow\begin{pmatrix}1&0&0&\vdots&1\\0&1&1&\vdots&-2\\0&0&0&\vdots&0\end{pmatrix}$$

从而非齐次线性方程组 $\boldsymbol{A}^{\mathrm{T}}\boldsymbol{Ax}=\boldsymbol{A}^{\mathrm{T}}\boldsymbol{\beta}$ 的通解为 $k(0,-1,1)^{\mathrm{T}}+(1,-2,0)^{\mathrm{T}}$，其中 k 为任意常数。

(15) **解** (ⅰ) 对齐次线性方程组 $\boldsymbol{Ax}=\boldsymbol{0}$ 的系数矩阵 $\boldsymbol{A}$ 作初等行变换，得

$$\boldsymbol{A}=\begin{pmatrix}1&-2&3&-4\\0&1&-1&1\\1&2&0&-3\end{pmatrix}\rightarrow\begin{pmatrix}1&-2&3&-4\\0&1&-1&1\\0&4&-3&1\end{pmatrix}\rightarrow\begin{pmatrix}1&-2&3&-4\\0&1&-1&1\\0&0&1&-3\end{pmatrix}$$

$$\rightarrow\begin{pmatrix}1&-2&0&5\\0&1&0&-2\\0&0&1&-3\end{pmatrix}\rightarrow\begin{pmatrix}1&0&0&1\\0&1&0&-2\\0&0&1&-3\end{pmatrix}$$

从而齐次线性方程组 $\boldsymbol{Ax}=\boldsymbol{0}$ 的一个基础解系为 $\boldsymbol{\xi}=(-1,2,3,1)^{\mathrm{T}}$。

(ⅱ) 对矩阵 $(\boldsymbol{A}\vdots\boldsymbol{E})$ 作初等行变换，得

$$(\boldsymbol{A} \vdots \boldsymbol{E})=\begin{pmatrix}1 & -2 & 3 & -4 & \vdots & 1 & 0 & 0\\0 & 1 & -1 & 1 & \vdots & 0 & 1 & 0\\1 & 2 & 0 & -3 & \vdots & 0 & 0 & 1\end{pmatrix}\rightarrow\begin{pmatrix}1 & -2 & 3 & -4 & \vdots & 1 & 0 & 0\\0 & 1 & -1 & 1 & \vdots & 0 & 1 & 0\\0 & 4 & -3 & 1 & \vdots & -1 & 0 & 1\end{pmatrix}$$

$$\rightarrow\begin{pmatrix}1 & -2 & 3 & -4 & \vdots & 1 & 0 & 0\\0 & 1 & -1 & 1 & \vdots & 0 & 1 & 0\\0 & 0 & 1 & -3 & \vdots & -1 & -4 & 1\end{pmatrix}\rightarrow\begin{pmatrix}1 & -2 & 0 & 5 & \vdots & 4 & 12 & -3\\0 & 1 & 0 & -2 & \vdots & -1 & -3 & 1\\0 & 0 & 1 & -3 & \vdots & -1 & -4 & 1\end{pmatrix}$$

$$\rightarrow\begin{pmatrix}1 & 0 & 0 & 1 & \vdots & 2 & 6 & -1\\0 & 1 & 0 & -2 & \vdots & -1 & -3 & 1\\0 & 0 & 1 & -3 & \vdots & -1 & -4 & 1\end{pmatrix}$$

设 $\boldsymbol{B}=(\boldsymbol{\beta}_1, \boldsymbol{\beta}_2, \boldsymbol{\beta}_3)$，则

$$\boldsymbol{\beta}_1=k_1(-1, 2, 3, 1)^{\mathrm{T}}+(2, -1, -1, 0)^{\mathrm{T}}=(2-k_1, 2k_1-1, 3k_1-1, k_1)^{\mathrm{T}}$$

$$\boldsymbol{\beta}_2=k_2(-1, 2, 3, 1)^{\mathrm{T}}+(6, -3, -4, 0)^{\mathrm{T}}=(6-k_2, 2k_2-3, 3k_2-4, k_2)^{\mathrm{T}}$$

$$\boldsymbol{\beta}_3=k_3(-1, 2, 3, 1)^{\mathrm{T}}+(-1, 1, 1, 0)^{\mathrm{T}}=(-1-k_3, 2k_3+1, 3k_3+1, k_3)^{\mathrm{T}}$$

从而 $\boldsymbol{B}=\begin{pmatrix}2-k_1 & 6-k_2 & -1-k_3\\2k_1-1 & 2k_2-3 & 2k_3+1\\3k_1-1 & 3k_2-4 & 3k_3+1\\k_1 & k_2 & k_3\end{pmatrix}$，其中 k_1，k_2，k_3 为任意常数。

(16) **解**　设矩阵 $\boldsymbol{C}=\begin{pmatrix}x_1 & x_2\\x_3 & x_4\end{pmatrix}$，将其代入 $\boldsymbol{AC}-\boldsymbol{CA}=\boldsymbol{B}$，得非齐次线性方程组

$$\begin{cases}-x_2+ax_3=0\\-ax_1+x_2+ax_4=1\\x_1-x_3-x_4=1\\x_2-ax_3=b\end{cases}$$

对非齐次线性方程组的增广矩阵作初等行变换，得

$$\begin{pmatrix}0 & -1 & a & 0 & \vdots & 0\\-a & 1 & 0 & a & \vdots & 1\\1 & 0 & -1 & -1 & \vdots & 1\\0 & 1 & -a & 0 & \vdots & b\end{pmatrix}\rightarrow\begin{pmatrix}1 & 0 & -1 & -1 & \vdots & 1\\0 & 1 & -a & 0 & \vdots & 0\\0 & 0 & 0 & 0 & \vdots & a+1\\0 & 0 & 0 & 0 & \vdots & b\end{pmatrix}$$

从而当 $a\neq-1$ 或 $b\neq0$ 时，非齐次线性方程组无解；当 $a=-1$ 且 $b=0$ 时，非齐次线性方程组有无穷多解，其通解为 $(1, 0, 0, 0)^{\mathrm{T}}+k_1(1, -1, 1, 0)^{\mathrm{T}}+k_2(1, 0, 0, 1)^{\mathrm{T}}$，其中 k_1，k_2 为任意常数。故当 $a=-1$ 且 $b=0$ 时，存在矩阵 $\boldsymbol{C}$，使得 $\boldsymbol{AC}-\boldsymbol{CA}=\boldsymbol{B}$，且满足条件的所有矩阵 $\boldsymbol{C}$ 为 $\boldsymbol{C}=\begin{pmatrix}1+k_1+k_2 & -k_1\\k_1 & k_2\end{pmatrix}$，其中 k_1，k_2 为任意常数。

(17) **解**　方法一　由于非齐次线性方程组 $\boldsymbol{Ax}=\boldsymbol{\beta}$ 有无穷多解，因此 $r(\boldsymbol{A})=r(\boldsymbol{A} \vdots \boldsymbol{\beta})<4$，从而 $|\boldsymbol{A}|=0$，由 $|\boldsymbol{A}|=\begin{vmatrix}1 & a & 0 & 0\\0 & 1 & a & 0\\0 & 0 & 1 & a\\a & 0 & 0 & 1\end{vmatrix}=\begin{vmatrix}1 & a & 0\\0 & 1 & a\\0 & 0 & 1\end{vmatrix}-a\begin{vmatrix}0 & a & 0\\0 & 1 & a\\a & 0 & 1\end{vmatrix}=1-a^4=0$，得 $a=1$ 或

$a=-1$。

当 $a=1$ 时，对非齐次线性方程组 $\boldsymbol{Ax}=\boldsymbol{\beta}$ 的增广矩阵 $(\boldsymbol{A}\vdots\boldsymbol{\beta})$ 作初等行变换，得

$$(\boldsymbol{A}\vdots\boldsymbol{\beta})=\begin{pmatrix}1&1&0&0&\vdots&1\\0&1&1&0&\vdots&-1\\0&0&1&1&\vdots&0\\1&0&0&1&\vdots&0\end{pmatrix}\rightarrow\begin{pmatrix}1&1&0&0&\vdots&1\\0&1&1&0&\vdots&-1\\0&0&1&1&\vdots&0\\0&-1&0&1&\vdots&-1\end{pmatrix}\rightarrow\begin{pmatrix}1&1&0&0&\vdots&1\\0&1&1&0&\vdots&-1\\0&0&1&1&\vdots&0\\0&0&0&0&\vdots&-2\end{pmatrix}$$

从而 $r(\boldsymbol{A})=3$，$r(\boldsymbol{A}\vdots\boldsymbol{\beta})=4$，$r(\boldsymbol{A})\neq r(\boldsymbol{A}\vdots\boldsymbol{\beta})$，故当 $a=1$ 时，非齐次线性方程组 $\boldsymbol{Ax}=\boldsymbol{\beta}$ 无解。

当 $a=-1$ 时，对非齐次线性方程组 $\boldsymbol{Ax}=\boldsymbol{\beta}$ 的增广矩阵 $(\boldsymbol{A}\vdots\boldsymbol{\beta})$ 作初等行变换，得

$$(\boldsymbol{A}\vdots\boldsymbol{\beta})=\begin{pmatrix}1&-1&0&0&\vdots&1\\0&1&-1&0&\vdots&-1\\0&0&1&-1&\vdots&0\\-1&0&0&1&\vdots&0\end{pmatrix}\rightarrow\begin{pmatrix}1&-1&0&0&\vdots&1\\0&1&-1&0&\vdots&-1\\0&0&1&-1&\vdots&0\\0&-1&0&1&\vdots&1\end{pmatrix}$$

$$\rightarrow\begin{pmatrix}1&-1&0&0&\vdots&1\\0&1&-1&0&\vdots&-1\\0&0&1&-1&\vdots&0\\0&0&0&0&\vdots&0\end{pmatrix}\rightarrow\begin{pmatrix}1&0&0&-1&\vdots&0\\0&1&0&-1&\vdots&-1\\0&0&1&-1&\vdots&0\\0&0&0&0&\vdots&0\end{pmatrix}$$

从而 $r(\boldsymbol{A})=r(\boldsymbol{A}\vdots\boldsymbol{\beta})=3<4$，故当 $a=-1$ 时，非齐次线性方程组 $\boldsymbol{Ax}=\boldsymbol{\beta}$ 有无穷多解，其通解为 $\boldsymbol{x}=k(1,1,1,1)^{\mathrm{T}}+(0,-1,0,0)^{\mathrm{T}}$，其中 k 为任意常数。

方法二　对非齐次线性方程组 $\boldsymbol{Ax}=\boldsymbol{\beta}$ 的增广矩阵 $(\boldsymbol{A}\vdots\boldsymbol{\beta})$ 作初等行变换，得

$$(\boldsymbol{A}\vdots\boldsymbol{\beta})=\begin{pmatrix}1&a&0&0&\vdots&1\\0&1&a&0&\vdots&-1\\0&0&1&a&\vdots&0\\a&0&0&1&\vdots&0\end{pmatrix}\rightarrow\begin{pmatrix}1&a&0&0&\vdots&1\\0&1&a&0&\vdots&-1\\0&0&1&a&\vdots&0\\0&-a^2&0&1&\vdots&-a\end{pmatrix}$$

$$\rightarrow\begin{pmatrix}1&a&0&0&\vdots&1\\0&1&a&0&\vdots&-1\\0&0&1&a&\vdots&0\\0&0&a^3&1&\vdots&-a-a^2\end{pmatrix}\rightarrow\begin{pmatrix}1&a&0&0&\vdots&1\\0&1&a&0&\vdots&-1\\0&0&1&a&\vdots&0\\0&0&0&1-a^4&\vdots&-a-a^2\end{pmatrix}$$

故当 $1-a^4=0$ 且 $-a-a^2=0$，即 $a=-1$ 时，方程组 $\boldsymbol{Ax}=\boldsymbol{\beta}$ 有无穷多解。当 $a=-1$ 时，

$$(\boldsymbol{A}\vdots\boldsymbol{\beta})\rightarrow\begin{pmatrix}1&-1&0&0&\vdots&1\\0&1&-1&0&\vdots&-1\\0&0&1&-1&\vdots&0\\0&0&0&0&\vdots&0\end{pmatrix}\rightarrow\begin{pmatrix}1&0&0&-1&\vdots&0\\0&1&0&-1&\vdots&-1\\0&0&1&-1&\vdots&0\\0&0&0&0&\vdots&0\end{pmatrix}$$

故非齐次线性方程组 $\boldsymbol{Ax}=\boldsymbol{\beta}$ 的通解为 $\boldsymbol{x}=k(1,1,1,1)^{\mathrm{T}}+(0,-1,0,0)^{\mathrm{T}}$，其中 k 为任意常数。

(18) **证**　(i) 由于 $r(\boldsymbol{A})=r(\boldsymbol{A}\vdots\boldsymbol{\beta})=r<n$，因此非齐次线性方程组 $\boldsymbol{Ax}=\boldsymbol{\beta}$ 有解，且对应的齐次线性方程组 $\boldsymbol{Ax}=\boldsymbol{0}$ 的基础解系含有 $n-r$ 个线性无关的解向量。不妨设 $\boldsymbol{\eta}^*$ 是非齐次线性方程组 $\boldsymbol{Ax}=\boldsymbol{\beta}$ 的一个特解，$\boldsymbol{\xi}_1,\boldsymbol{\xi}_2,\cdots,\boldsymbol{\xi}_{n-r}$ 是对应的齐次线性方程组 $\boldsymbol{Ax}=\boldsymbol{0}$ 的一个

基础解系，令 $\boldsymbol{\beta}_0=\boldsymbol{\eta}^*$，$\boldsymbol{\beta}_1=\boldsymbol{\xi}_1+\boldsymbol{\eta}^*$，$\boldsymbol{\beta}_2=\boldsymbol{\xi}_2+\boldsymbol{\eta}^*$，…，$\boldsymbol{\beta}_{n-r}=\boldsymbol{\xi}_{n-r}+\boldsymbol{\eta}^*$，则 $\boldsymbol{\beta}_0$，$\boldsymbol{\beta}_1$，…，$\boldsymbol{\beta}_{n-r}$ 是非齐次线性方程组 $\boldsymbol{Ax}=\boldsymbol{\beta}$ 的一组解。设 $k_0\boldsymbol{\beta}_0+k_1\boldsymbol{\beta}_1+\cdots+k_{n-r}\boldsymbol{\beta}_{n-r}=\boldsymbol{0}$，即

$$(k_0+k_1+k_2+\cdots+k_{n-r})\boldsymbol{\eta}^*+k_1\boldsymbol{\xi}_1+k_2\boldsymbol{\xi}_2+\cdots+k_{n-r}\boldsymbol{\xi}_{n-r}=\boldsymbol{0}$$

两边左乘 $\boldsymbol{A}$，由 $\boldsymbol{A\xi}_i=\boldsymbol{0}(i=1,2,\cdots,n-r)$，得

$$(k_0+k_1+k_2+\cdots+k_{n-r})\boldsymbol{A\eta}^*=\boldsymbol{0}$$

但 $\boldsymbol{A\eta}^*=\boldsymbol{\beta}\neq\boldsymbol{0}$，则 $k_0+k_1+k_2+\cdots+k_{n-r}=0$，从而

$$k_1\boldsymbol{\xi}_1+k_2\boldsymbol{\xi}_2+\cdots+k_{n-r}\boldsymbol{\xi}_{n-r}=\boldsymbol{0}$$

又 $\boldsymbol{\xi}_1$，$\boldsymbol{\xi}_2$，…，$\boldsymbol{\xi}_{n-r}$线性无关，故 $k_1=k_2=\cdots=k_{n-r}=0$，从而

$$k_0=k_1=k_2=\cdots=k_{n-r}=0$$

所以 $\boldsymbol{\beta}_0$，$\boldsymbol{\beta}_1$，…，$\boldsymbol{\beta}_{n-r}$线性无关，即非齐次线性方程组 $\boldsymbol{Ax}=\boldsymbol{\beta}$ 存在 $n-r+1$ 个线性无关解。

假设 $\boldsymbol{\eta}_1$，$\boldsymbol{\eta}_2$，…，$\boldsymbol{\eta}_{n-r+2}$ 是非齐次线性方程组 $\boldsymbol{Ax}=\boldsymbol{\beta}$ 的 $n-r+2$ 个线性无关解，则 $\boldsymbol{\eta}_1-\boldsymbol{\eta}_{n-r+2}$，$\boldsymbol{\eta}_2-\boldsymbol{\eta}_{n-r+2}$，…，$\boldsymbol{\eta}_{n-r+1}-\boldsymbol{\eta}_{n-r+2}$是对应的齐次线性方程组 $\boldsymbol{Ax}=\boldsymbol{0}$ 的解。

设 $k_1(\boldsymbol{\eta}_1-\boldsymbol{\eta}_{n-r+2})+k_2(\boldsymbol{\eta}_2-\boldsymbol{\eta}_{n-r+2})+\cdots+k_{n-r+1}(\boldsymbol{\eta}_{n-r+1}-\boldsymbol{\eta}_{n-r+2})=\boldsymbol{0}$，即

$$k_1\boldsymbol{\eta}_1+k_2\boldsymbol{\eta}_2+\cdots+k_{n-r+1}\boldsymbol{\eta}_{n-r+1}-(k_1+k_2+k_{n-r+1})\boldsymbol{\eta}_{n-r+2}=\boldsymbol{0}$$

由于 $\boldsymbol{\eta}_1$，$\boldsymbol{\eta}_2$，…，$\boldsymbol{\eta}_{n-r+2}$线性无关，因此 $k_1=k_2=\cdots=k_{n-r+1}=k_1+k_2+\cdots+k_{n-r+1}=0$，从而 $\boldsymbol{\eta}_1-\boldsymbol{\eta}_{n-r+2}$，$\boldsymbol{\eta}_2-\boldsymbol{\eta}_{n-r+2}$，…，$\boldsymbol{\eta}_{n-r+1}-\boldsymbol{\eta}_{n-r+2}$线性无关，这与 $\boldsymbol{Ax}=\boldsymbol{0}$ 最多有 $n-r$ 个线性无关的解向量矛盾，故非齐次线性方程组 $\boldsymbol{Ax}=\boldsymbol{\beta}$ 最多有 $n-r+1$ 个线性无关的解向量。

（ⅱ）由于 $\boldsymbol{\eta}_1$，$\boldsymbol{\eta}_2$，…，$\boldsymbol{\eta}_{n-r+1}$是非齐次线性方程组 $\boldsymbol{Ax}=\boldsymbol{\beta}$ 的$n-r+1$ 个线性无关解，由（ⅰ）证明，知 $\boldsymbol{\eta}_1-\boldsymbol{\eta}_{n-r+1}$，$\boldsymbol{\eta}_2-\boldsymbol{\eta}_{n-r+1}$，…，$\boldsymbol{\eta}_{n-r}-\boldsymbol{\eta}_{n-r+1}$是对应的齐次线性方程组 $\boldsymbol{Ax}=\boldsymbol{0}$ 的 $n-r$ 个线性无关解，即 $\boldsymbol{\eta}_1-\boldsymbol{\eta}_{n-r+1}$，$\boldsymbol{\eta}_2-\boldsymbol{\eta}_{n-r+1}$，…，$\boldsymbol{\eta}_{n-r}-\boldsymbol{\eta}_{n-r+1}$是对应的齐次线性方程组 $\boldsymbol{Ax}=\boldsymbol{0}$ 的一个基础解系，从而非齐次线性方程组 $\boldsymbol{Ax}=\boldsymbol{\beta}$ 的通解为

$$k_1(\boldsymbol{\eta}_1-\boldsymbol{\eta}_{n-r+1})+k_2(\boldsymbol{\eta}_2-\boldsymbol{\eta}_{n-r+1})+\cdots+k_{n-r}(\boldsymbol{\eta}_{n-r}-\boldsymbol{\eta}_{n-r+1})+\boldsymbol{\eta}_{n-r+1}$$

即 $k_1\boldsymbol{\eta}_1+k_2\boldsymbol{\eta}_2+\cdots+k_{n-r}\boldsymbol{\eta}_{n-r}+k_{n-r+1}\boldsymbol{\eta}_{n-r+1}$，其中 k_1，k_2，…，k_{n-r}，k_{n-r+1}为任意常数，且满足 $k_1+k_2+\cdots+k_{n-r}+k_{n-r+1}=1$。

(19) **证**　必要性　设非齐次线性方程组 $\boldsymbol{Ax}=\boldsymbol{\beta}$ 有无穷多解，则 $r(\boldsymbol{A})=r(\boldsymbol{A}\vdots\boldsymbol{\beta})<n$，从而 $|\boldsymbol{A}|=0$，$\boldsymbol{A}^*\boldsymbol{\beta}=\boldsymbol{A}^*\boldsymbol{Ax}=|\boldsymbol{A}|\boldsymbol{x}=\boldsymbol{0}$。

充分性　设 $\boldsymbol{A}^*\boldsymbol{\beta}=\boldsymbol{0}$，则齐次线性方程组 $\boldsymbol{A}^*\boldsymbol{x}=\boldsymbol{0}$有非零解，从而 $r(\boldsymbol{A}^*)<n$，又 $A_{11}\neq0$，故 $r(\boldsymbol{A})=n-1$，从而 $\boldsymbol{A}^*\boldsymbol{A}=|\boldsymbol{A}|\boldsymbol{E}=\boldsymbol{O}$。令 $\boldsymbol{A}=(\boldsymbol{\alpha}_1,\boldsymbol{\alpha}_2,\cdots,\boldsymbol{\alpha}_n)$，则 $\boldsymbol{\alpha}_1$，$\boldsymbol{\alpha}_2$，…，$\boldsymbol{\alpha}_n$ 是齐次线性方程组 $\boldsymbol{A}^*\boldsymbol{x}=\boldsymbol{0}$ 的解，由 $A_{11}\neq0$，得 $\boldsymbol{\alpha}_2$，$\boldsymbol{\alpha}_3$，…，$\boldsymbol{\alpha}_n$ 线性无关。由于 $r(\boldsymbol{A})=n-1$，因此 $r(\boldsymbol{A}^*)=1$，从而齐次线性方程组 $\boldsymbol{A}^*\boldsymbol{x}=\boldsymbol{0}$ 的基础解系含有 $n-1$ 个线性无关的解向量，所以 $\boldsymbol{\alpha}_2$，$\boldsymbol{\alpha}_3$，…，$\boldsymbol{\alpha}_n$ 是 $\boldsymbol{A}^*\boldsymbol{x}=\boldsymbol{0}$ 的一个基础解系，故 $\boldsymbol{\beta}$ 可由 $\boldsymbol{\alpha}_2$，$\boldsymbol{\alpha}_3$，…，$\boldsymbol{\alpha}_n$ 线性表示，从而也可由 $\boldsymbol{\alpha}_1$，$\boldsymbol{\alpha}_2$，…，$\boldsymbol{\alpha}_n$ 线性表示，所以 $r(\boldsymbol{A})=r(\boldsymbol{A}\vdots\boldsymbol{\beta})<n$，非齐次线性方程组 $\boldsymbol{Ax}=\boldsymbol{\beta}$ 有无穷多解。

(20) **解**　由题设知，$r(\boldsymbol{A})=2$，且 $\boldsymbol{A\xi}=\boldsymbol{0}$，$\boldsymbol{A\eta}=\boldsymbol{\beta}$，即

$$-3\boldsymbol{\alpha}_1+4\boldsymbol{\alpha}_2+2\boldsymbol{\alpha}_3=\boldsymbol{0},\quad \boldsymbol{\beta}=\boldsymbol{\alpha}_1+\boldsymbol{\alpha}_2-\boldsymbol{\alpha}_3$$

又

$$\boldsymbol{\alpha}_4=\boldsymbol{\alpha}_1+\boldsymbol{\alpha}_2+\boldsymbol{\beta}=2\boldsymbol{\alpha}_1+2\boldsymbol{\alpha}_2-\boldsymbol{\alpha}_3$$

故 $r(\boldsymbol{B})=2$，从而对应的齐次线性方程组 $\boldsymbol{By}=\boldsymbol{0}$ 的基础解系中含有 2 个线性无关的解向量。

由$-3\boldsymbol{\alpha}_1+4\boldsymbol{\alpha}_2+2\boldsymbol{\alpha}_3=\mathbf{0}$及$\boldsymbol{\alpha}_4=2\boldsymbol{\alpha}_1+2\boldsymbol{\alpha}_2-\boldsymbol{\alpha}_3$，得

$$\boldsymbol{B}\begin{pmatrix}-3\\4\\2\\0\end{pmatrix}=\mathbf{0},\quad \boldsymbol{B}\begin{pmatrix}2\\2\\-1\\-1\end{pmatrix}=\mathbf{0}$$

由于$\boldsymbol{\xi}_1=(-3,4,2,0)^{\mathrm{T}}$，$\boldsymbol{\xi}_2=(2,2,-1,-1)^{\mathrm{T}}$线性无关，因此$\boldsymbol{\xi}_1$，$\boldsymbol{\xi}_2$为对应的齐次线性方程组$\boldsymbol{By}=\mathbf{0}$的一个基础解系。由$\boldsymbol{\beta}=\boldsymbol{\alpha}_1+\boldsymbol{\alpha}_2-\boldsymbol{\alpha}_3$，得

$$\boldsymbol{B}\begin{pmatrix}1\\1\\-1\\0\end{pmatrix}=\boldsymbol{\beta}$$

从而$\boldsymbol{\eta}^*=(1,1,-1,0)^{\mathrm{T}}$为非齐次线性方程组$\boldsymbol{By}=\boldsymbol{\beta}$的一个特解，故非齐次线性方程组$\boldsymbol{By}=\boldsymbol{\beta}$的通解为$\boldsymbol{y}=\boldsymbol{\eta}^*+k_1\boldsymbol{\xi}_1+k_2\boldsymbol{\xi}_2$，其中$k_1$，$k_2$为任意常数。

(21) **解**　(ⅰ) 由于$\boldsymbol{B}\neq\boldsymbol{O}$，因此$r(\boldsymbol{B})\geqslant 1$，从而$\boldsymbol{Bx}=\mathbf{0}$的基础解系最多含有两个线性无关的解向量，所以$\boldsymbol{\alpha}_1$，$\boldsymbol{\alpha}_2$，$\boldsymbol{\alpha}_3$线性相关，故

$$\begin{vmatrix}0&a&b\\1&2&1\\-1&1&0\end{vmatrix}=0$$

解之，得$a=3b$。由于$\boldsymbol{Ax}=\boldsymbol{\alpha}_3$有解，因此$r(\boldsymbol{A})=r(\boldsymbol{A}\vdots\boldsymbol{\alpha}_3)$。对增广矩阵$(\boldsymbol{A}\vdots\boldsymbol{\alpha}_3)$作初等行变换，得

$$(\boldsymbol{A}\vdots\boldsymbol{\alpha}_3)=\begin{pmatrix}1&3&9&b\\2&0&6&1\\-3&1&-7&0\end{pmatrix}\rightarrow\begin{pmatrix}1&3&9&b\\0&-6&-12&1-2b\\0&10&20&3b\end{pmatrix}$$

$$\rightarrow\begin{pmatrix}1&3&9&b\\0&-6&-12&1-2b\\0&0&0&3b+\dfrac{5}{3}(1-2b)\end{pmatrix}$$

由$3b+\dfrac{5}{3}(1-2b)=0$，得$b=5$，从而$a=15$。

(ⅱ) 由于$\boldsymbol{\alpha}_1$，$\boldsymbol{\alpha}_2$为$\boldsymbol{Bx}=\mathbf{0}$的两个线性无关的向量，因此$3-r(\boldsymbol{B})\geqslant 2$，从而$r(\boldsymbol{B})\leqslant 1$，再由$r(\boldsymbol{B})\geqslant 1$，得$r(\boldsymbol{B})=1$，故$\boldsymbol{\alpha}_1$，$\boldsymbol{\alpha}_2$为$\boldsymbol{Bx}=\mathbf{0}$的一个基础解系，从而$\boldsymbol{Bx}=\mathbf{0}$的通解为$k_1(0,1,-1)^{\mathrm{T}}+k_2(15,2,1)^{\mathrm{T}}$，其中$k_1$，$k_2$为任意常数。

(22) **解**　令$\boldsymbol{X}=(\boldsymbol{x}_1,\boldsymbol{x}_2,\boldsymbol{x}_3)$，$\boldsymbol{B}=(\boldsymbol{\beta}_1,\boldsymbol{\beta}_2,\boldsymbol{\beta}_3)$，则矩阵方程可化为

$$\boldsymbol{A}(\boldsymbol{x}_1,\boldsymbol{x}_2,\boldsymbol{x}_3)=(\boldsymbol{\beta}_1,\boldsymbol{\beta}_2,\boldsymbol{\beta}_3)$$

即$\begin{cases}\boldsymbol{Ax}_1=\boldsymbol{\beta}_1\\\boldsymbol{Ax}_2=\boldsymbol{\beta}_2\\\boldsymbol{Ax}_3=\boldsymbol{\beta}_3\end{cases}$，对矩阵方程的系数矩阵$(\boldsymbol{A},\boldsymbol{B})$作初等行变换，得

$$(\boldsymbol{A},\boldsymbol{B})=\begin{pmatrix}1&1&2&a&4&0\\-1&1&0&-1&0&c\\1&0&1&1&b&1\end{pmatrix}\to\begin{pmatrix}1&1&2&a&4&0\\0&2&2&a-1&4&c\\0&-1&-1&1-a&b-4&1\end{pmatrix}$$

$$\to\begin{pmatrix}1&1&2&a&4&0\\0&1&1&\dfrac{a-1}{2}&2&\dfrac{c}{2}\\0&0&0&-\dfrac{a-1}{2}&b-2&1+\dfrac{c}{2}\end{pmatrix}$$

当 $a=1$，$b=2$，$c=-2$ 时，矩阵方程有解，且

$$(\boldsymbol{A},\boldsymbol{B})\to\begin{pmatrix}1&1&2&1&4&0\\0&1&1&0&2&-1\\0&0&0&0&0&0\end{pmatrix}\to\begin{pmatrix}1&0&1&1&2&1\\0&1&1&0&2&-1\\0&0&0&0&0&0\end{pmatrix}$$

从而非齐次线性方程组 $\boldsymbol{Ax}_1=\boldsymbol{\beta}_1$ 的通解为

$$k(-1,-1,1)^{\mathrm{T}}+(1,0,0)^{\mathrm{T}}=(1-k,-k,k)^{\mathrm{T}}$$

其中 k 为任意常数。非齐次线性方程组 $\boldsymbol{Ax}_2=\boldsymbol{\beta}_2$ 的通解为

$$l(-1,-1,1)^{\mathrm{T}}+(2,2,0)^{\mathrm{T}}=(2-l,2-l,l)^{\mathrm{T}}$$

其中 l 为任意常数。非齐次线性方程组 $\boldsymbol{Ax}_3=\boldsymbol{\beta}_3$ 的通解为

$$t(-1,-1,1)^{\mathrm{T}}+(1,-1,0)^{\mathrm{T}}=(1-t,-1-t,t)^{\mathrm{T}}$$

其中 t 为任意常数。故矩阵方程 $\boldsymbol{Ax}=\boldsymbol{B}$ 的通解为 $\boldsymbol{X}=\begin{pmatrix}1-k&2-l&1-t\\-k&2-l&-1-t\\k&l&t\end{pmatrix}$，其中 k，l，t 为任意常数。

(23) **解**　(ⅰ) 若 $\boldsymbol{\alpha}_1$，$\boldsymbol{\alpha}_2$ 是对应于特征值 $\lambda_1=0$ 的特征向量，则

$$\boldsymbol{A}(\boldsymbol{\alpha}_1+\boldsymbol{\alpha}_2)=\boldsymbol{A\alpha}_1+\boldsymbol{A\alpha}_2=\boldsymbol{0}\neq\boldsymbol{\alpha}_2$$

矛盾。若 $\boldsymbol{\alpha}_1$，$\boldsymbol{\alpha}_2$ 是对应于特征值 $\lambda_2=\lambda_3=1$ 的特征向量，则

$$\boldsymbol{A}(\boldsymbol{\alpha}_1+\boldsymbol{\alpha}_2)=\boldsymbol{A\alpha}_1+\boldsymbol{A\alpha}_2=\boldsymbol{\alpha}_1+\boldsymbol{\alpha}_2\neq\boldsymbol{\alpha}_2$$

矛盾，从而 $\boldsymbol{\alpha}_1$，$\boldsymbol{\alpha}_2$ 是分属于两个不同特征值对应的特征向量。由于 $\boldsymbol{A}$ 是实对称矩阵，因此不同特征值对应的特征向量正交，故 $\boldsymbol{\alpha}_1$，$\boldsymbol{\alpha}_2$ 正交。

(ⅱ) 由于 $\boldsymbol{A}$ 是实对称矩阵，因此 $\boldsymbol{A}$ 与对角矩阵 $\begin{pmatrix}0&0&0\\0&1&0\\0&0&1\end{pmatrix}$ 相似，故 $r(\boldsymbol{A})=2$，从而齐次线性方程组 $\boldsymbol{Ax}=\boldsymbol{0}$ 的基础解系含有一个线性无关的解向量。

若 $\boldsymbol{\alpha}_1$ 为对应于特征值 1 的特征向量，$\boldsymbol{\alpha}_2$ 为对应于特征值 0 的特征向量，则

$$\boldsymbol{A}(\boldsymbol{\alpha}_1+\boldsymbol{\alpha}_2)=\boldsymbol{A\alpha}_1+\boldsymbol{A\alpha}_2=\boldsymbol{\alpha}_1\neq\boldsymbol{\alpha}_2$$

从而 $\boldsymbol{\alpha}_1$ 为对应于特征值 0 的特征向量，$\boldsymbol{\alpha}_2$ 为对应于特征值 1 的特征向量，由 $\boldsymbol{A\alpha}_1=\boldsymbol{0}$，$\boldsymbol{A\alpha}_2=\boldsymbol{\alpha}_2$，得 $\boldsymbol{Ax}=\boldsymbol{\alpha}_2$ 的通解为 $\boldsymbol{x}=k\boldsymbol{\alpha}_1+\boldsymbol{\alpha}_2$，其中 k 为任意常数。

(24) **解**　由于非齐次线性方程组 $\boldsymbol{Ax}=\boldsymbol{\beta}$ 对应的齐次方程组的基础解系含有一个线性无关的解向量，因此

$$r(\boldsymbol{A})=3$$

且

$$\boldsymbol{\alpha}_1-2\boldsymbol{\alpha}_2+4\boldsymbol{\alpha}_3=\boldsymbol{0},\ \boldsymbol{\alpha}_1+2\boldsymbol{\alpha}_2+2\boldsymbol{\alpha}_3+\boldsymbol{\alpha}_4=\boldsymbol{\beta}$$

又

$$\boldsymbol{B}=(\boldsymbol{\alpha}_3,\ \boldsymbol{\alpha}_2,\ \boldsymbol{\alpha}_1,\ \boldsymbol{\beta}-\boldsymbol{\alpha}_4)=(\boldsymbol{\alpha}_3,\ \boldsymbol{\alpha}_2,\ \boldsymbol{\alpha}_1,\ \boldsymbol{\alpha}_1+2\boldsymbol{\alpha}_2+2\boldsymbol{\alpha}_3)$$

且 $\boldsymbol{\alpha}_1$，$\boldsymbol{\alpha}_2$，$\boldsymbol{\alpha}_3$ 线性相关，故 $r(\boldsymbol{B})=2$。由于 $\boldsymbol{B}\begin{pmatrix}0\\-1\\1\\0\end{pmatrix}=\boldsymbol{\alpha}_1-\boldsymbol{\alpha}_2$，因此 $(0,\ -1,\ 1,\ 0)^{\mathrm{T}}$ 是非齐次线性方程组 $\boldsymbol{Bx}=\boldsymbol{\alpha}_1-\boldsymbol{\alpha}_2$ 的一个特解。

再由 $\boldsymbol{B}\begin{pmatrix}4\\-2\\1\\0\end{pmatrix}=4\boldsymbol{\alpha}_3-2\boldsymbol{\alpha}_2+\boldsymbol{\alpha}_1=\boldsymbol{0}$，$\boldsymbol{B}\begin{pmatrix}2\\-4\\0\\1\end{pmatrix}=\boldsymbol{\alpha}_1-2\boldsymbol{\alpha}_2+4\boldsymbol{\alpha}_3=\boldsymbol{0}$，知 $(4,\ -2,\ 1,\ 0)^{\mathrm{T}}$，$(2,\ -4,\ 0,\ 1)^{\mathrm{T}}$ 是对应的齐次线性方程组 $\boldsymbol{Bx}=\boldsymbol{0}$ 的两个线性无关的解，故非齐次线性方程组 $\boldsymbol{Bx}=\boldsymbol{\alpha}_1-\boldsymbol{\alpha}_2$ 的通解为 $k_1(4,\ -2,\ 1,\ 0)^{\mathrm{T}}+k_2(2,\ -4,\ 0,\ 1)^{\mathrm{T}}+(0,\ -1,\ 1,\ 0)^{\mathrm{T}}$，其中 k_1，k_2 为任意常数。

第 5 章　矩阵的特征值与特征向量

一、考点内容讲解

1. 矩阵的特征值与特征向量

（1）定义：设 $\boldsymbol{A}$ 是 n 阶矩阵，如果存在数 λ 和 n 维非零列向量 $\boldsymbol{x}$，使得

$$\boldsymbol{A}\boldsymbol{x}=\lambda\boldsymbol{x}$$

则称数 λ 为矩阵 $\boldsymbol{A}$ 的特征值，称非零向量 $\boldsymbol{x}$ 为 $\boldsymbol{A}$ 的对应于特征值 λ 的特征向量。

（2）特征多项式：

（ⅰ）定义：设 $\boldsymbol{A}$ 是 n 阶矩阵，则称 $f(\lambda)=|\lambda\boldsymbol{E}-\boldsymbol{A}|$ 为 $\boldsymbol{A}$ 的特征多项式；称 $f(\lambda)=|\lambda\boldsymbol{E}-\boldsymbol{A}|=0$ 为 $\boldsymbol{A}$ 的特征方程。显然，方阵 $\boldsymbol{A}$ 的特征方程的根就是方阵 $\boldsymbol{A}$ 的特征值。

（ⅱ）根与系数的关系：设 n 阶矩阵 $\boldsymbol{A}=(a_{ij})_{n\times n}$ 的特征值为 λ_1，λ_2，…，λ_n，则

① $\lambda_1+\lambda_2+\cdots+\lambda_n=a_{11}+a_{22}+\cdots+a_{nn}=\mathrm{tr}(\boldsymbol{A})$（矩阵 $\boldsymbol{A}$ 的迹）；

② $\lambda_1\lambda_2\cdots\lambda_n=|\boldsymbol{A}|$。

（3）特征值和特征向量的性质：

（ⅰ）n 阶矩阵 $\boldsymbol{A}$ 可逆 $\Leftrightarrow\boldsymbol{A}$ 的所有特征值都不等于零或 $\boldsymbol{A}$ 没有零特征值；n 阶矩阵 $\boldsymbol{A}$ 不可逆 $\Leftrightarrow 0$ 是 $\boldsymbol{A}$ 的特征值或 $\boldsymbol{A}$ 有零特征值。

（ⅱ）对应于方阵 $\boldsymbol{A}$ 的特征值 λ 的特征向量 $\boldsymbol{\xi}_1$，$\boldsymbol{\xi}_2$，…，$\boldsymbol{\xi}_s$ 的任意非零线性组合仍是 $\boldsymbol{A}$ 的对应于 λ 的特征向量。

（ⅲ）方阵 $\boldsymbol{A}$ 的对应于不同特征值的特征向量必线性无关。

（ⅳ）设 λ_0 是方阵 $\boldsymbol{A}$ 的 k 重特征值，则 $\boldsymbol{A}$ 的对应于 λ_0 的线性无关的特征向量的个数不超过 k 个或最多是 k 个。

（ⅴ）设 $h(\boldsymbol{A})$ 是方阵 $\boldsymbol{A}$ 的矩阵多项式，λ 是 $\boldsymbol{A}$ 的特征值，$\boldsymbol{\xi}$ 是对应于 λ 的特征向量，则 $h(\lambda)$ 是 $h(\boldsymbol{A})$ 的特征值，且 $\boldsymbol{\xi}$ 是 $h(\boldsymbol{A})$ 的对应于 $h(\lambda)$ 的特征向量。若 $h(\boldsymbol{A})=\boldsymbol{O}$，则 $\boldsymbol{A}$ 的特征值 λ 满足 $h(\lambda)=0$，但 $h(\lambda)=0$ 的根未必是 $\boldsymbol{A}$ 的特征值。

（ⅵ）若 λ 是可逆方阵 $\boldsymbol{A}$ 的特征值，$\boldsymbol{\xi}$ 是 $\boldsymbol{A}$ 的对应于 λ 的特征向量，则 $\dfrac{1}{\lambda}$ 是 $\boldsymbol{A}^{-1}$ 的特征值，$\boldsymbol{\xi}$ 是 $\boldsymbol{A}^{-1}$ 的对应于 $\dfrac{1}{\lambda}$ 的特征向量；$\dfrac{1}{\lambda}|\boldsymbol{A}|$ 是 $\boldsymbol{A}^*$ 的特征值，$\boldsymbol{\xi}$ 是 $\boldsymbol{A}^*$ 的对应于 $\dfrac{1}{\lambda}|\boldsymbol{A}|$ 的特征向量；$\dfrac{1}{|\boldsymbol{A}|}\lambda$ 是 $(\boldsymbol{A}^*)^{-1}$ 的特征值，$\boldsymbol{\xi}$ 是 $(\boldsymbol{A}^*)^{-1}$ 的对应于 $\dfrac{1}{|\boldsymbol{A}|}\lambda$ 的特征向量；λ^m 是 $\boldsymbol{A}^m$ 的特征值，$\boldsymbol{\xi}$ 是 $\boldsymbol{A}^m$ 的对应于 λ^m 的特征向量。

（ⅶ）设 $\boldsymbol{A}$ 是 n 阶矩阵，则 $\boldsymbol{A}$ 与 $\boldsymbol{A}^{\mathrm{T}}$ 有相同的特征值（但未必有相同的特征向量）；设 $\boldsymbol{A}$，$\boldsymbol{B}$ 是同阶方阵，则 $\boldsymbol{AB}$ 与 $\boldsymbol{BA}$ 有相同的特征值。

(ⅷ) 设 λ_1，λ_2 是方阵 $\boldsymbol{A}$ 的两个不同的特征值，$\boldsymbol{\xi}_1$，$\boldsymbol{\xi}_2$ 是 $\boldsymbol{A}$ 的分别对应于 λ_1，λ_2 的特征向量，则 $\boldsymbol{\xi}_1+\boldsymbol{\xi}_2$ 一定不是 $\boldsymbol{A}$ 的特征向量。

(ⅸ) 设 $\boldsymbol{A}$ 是正交矩阵，则 $\boldsymbol{A}$ 的特征值只能为 1 或 -1，且当 $|\boldsymbol{A}|=-1$ 时，$\lambda=-1$ 是 $\boldsymbol{A}$ 的特征值；当 $|\boldsymbol{A}|=1$，$\boldsymbol{A}$ 为奇数阶矩阵时，$\lambda=1$ 是 $\boldsymbol{A}$ 的特征值。

(4) 特征值和特征向量的求法：

(ⅰ) 定义法：适用于抽象矩阵。

(ⅱ) 特征值与特征向量性质法：适用于已知矩阵的特征值与特征向量、矩阵满足的某种特定性质及某些线性方程组的解。

(ⅲ) 计算特征多项式与解齐次线性方程组法：适用于数字矩阵。设 λ 是 $\boldsymbol{A}$ 的一个特征值，则 x 是 $\boldsymbol{A}$ 的对应于 λ 的特征向量的充要条件是 λ 是特征方程 $|\lambda\boldsymbol{E}-\boldsymbol{A}|=0$ 的根，$\boldsymbol{x}$ 是齐次方程组 $(\lambda\boldsymbol{E}-\boldsymbol{A})\boldsymbol{x}=\boldsymbol{0}$ 的非零解。求解步骤如下：

① 计算 $|\lambda\boldsymbol{E}-\boldsymbol{A}|$；

② 求 $|\lambda\boldsymbol{E}-\boldsymbol{A}|=0$ 的全部根，即为 $\boldsymbol{A}$ 的全部特征值；

③ 对于每一个特征值 λ_0，求出 $(\lambda_0\boldsymbol{E}-\boldsymbol{A})\boldsymbol{x}=\boldsymbol{0}$ 的一个基础解系 $\boldsymbol{\xi}_1$，$\boldsymbol{\xi}_2$，…，$\boldsymbol{\xi}_{n-r}$，其中 r 为 $\lambda_0\boldsymbol{E}-\boldsymbol{A}$ 的秩，则 $\boldsymbol{A}$ 的对应于特征值 λ_0 的全部特征向量为 $k_1\boldsymbol{\xi}_2+k_2\boldsymbol{\xi}_2+\cdots+k_{n-r}\boldsymbol{\xi}_{n-r}$，其中 k_1，k_2，…，k_{n-r} 是不全为零的任意常数。

2. 相似矩阵

(1) 定义：

(ⅰ) 相似矩阵：设 $\boldsymbol{A}$，$\boldsymbol{B}$ 为 $\boldsymbol{n}$ 阶矩阵，如果存在可逆矩阵 $\boldsymbol{P}$，使得

$$\boldsymbol{P}^{-1}\boldsymbol{A}\boldsymbol{P}=\boldsymbol{B}$$

则称 $\boldsymbol{B}$ 是 $\boldsymbol{A}$ 的相似矩阵，或称矩阵 $\boldsymbol{A}$ 与 $\boldsymbol{B}$ 相似。

(ⅱ) 相似变换：设 $\boldsymbol{A}$ 是 n 阶方阵，$\boldsymbol{P}$ 是 n 阶可逆矩阵，则称矩阵 $\boldsymbol{A}$ 的运算 $\boldsymbol{P}^{-1}\boldsymbol{A}\boldsymbol{P}$ 为 $\boldsymbol{A}$ 的相似变换，可逆矩阵 $\boldsymbol{P}$ 称为把 $\boldsymbol{A}$ 变成 $\boldsymbol{B}$ 的相似变换矩阵。

(2) 相似矩阵的性质：

(ⅰ) 矩阵相似具有反身性、对称性、传递性。

(ⅱ) 设 $\boldsymbol{A}$ 与 $\boldsymbol{B}$ 相似，则 $\boldsymbol{A}^{\mathrm{T}}$ 与 $\boldsymbol{B}^{\mathrm{T}}$ 相似。

(ⅲ) 设 $\boldsymbol{A}$ 与 $\boldsymbol{B}$ 可逆且相似，则 $\boldsymbol{A}^{-1}$ 与 $\boldsymbol{B}^{-1}$ 相似。

(ⅳ) 设 $\boldsymbol{A}$ 与 $\boldsymbol{B}$ 相似，则 $\boldsymbol{A}^k$ 与 $\boldsymbol{B}^k$(k 为正整数)相似，$\boldsymbol{A}+k\boldsymbol{E}$ 与 $\boldsymbol{B}+k\boldsymbol{E}$ 相似，$\lambda\boldsymbol{E}-\boldsymbol{A}$ 与 $\lambda\boldsymbol{E}-\boldsymbol{B}$ 相似，$h(\boldsymbol{A})$ 与 $h(\boldsymbol{B})$ 相似($h(\boldsymbol{A})$ 与 $h(\boldsymbol{B})$ 分别为矩阵 $\boldsymbol{A}$ 与 $\boldsymbol{B}$ 的矩阵多项式)。

(ⅴ) 设 $\boldsymbol{A}$ 与 $\boldsymbol{B}$ 相似，则 $\boldsymbol{A}^*$ 与 $\boldsymbol{B}^*$ 相似。

(ⅵ) 设 $\boldsymbol{A}$ 与 $\boldsymbol{B}$ 相似，则 $|\boldsymbol{A}|=|\boldsymbol{B}|$，从而 $\boldsymbol{A}$ 与 $\boldsymbol{B}$ 同时可逆或同时不可逆。

(ⅶ) 设 $\boldsymbol{A}$ 与 $\boldsymbol{B}$ 相似，$|\lambda\boldsymbol{E}-\boldsymbol{A}|=|\lambda\boldsymbol{E}-\boldsymbol{B}|$，从而相似矩阵有相同的特征值，但反之不然。若 $\boldsymbol{A}$ 与 $\boldsymbol{B}$ 的特征值相同且可对角化或均为实对称矩阵，则 $\boldsymbol{A}$ 与 $\boldsymbol{B}$ 相似。

(ⅷ) 设 $\boldsymbol{A}$ 与 $\boldsymbol{B}$ 相似，则 $r(\boldsymbol{A})=r(\boldsymbol{B})$，但反之不然。

(ⅸ) 设 $\boldsymbol{A}$ 与 $\boldsymbol{B}$ 相似，则 $\sum\limits_{i=1}^{n}a_{ii}=\sum\limits_{i=1}^{n}b_{ii}$。

(ⅹ) 设 $\boldsymbol{A}$ 与 $\boldsymbol{B}$ 相似，则 $\mathrm{tr}(\boldsymbol{A})=\mathrm{tr}(\boldsymbol{B})$。

(3) 矩阵可对角化：

(ⅰ) 定义：若 n 阶矩阵 $\boldsymbol{A}$ 与对角矩阵 $\boldsymbol{\Lambda}$ 相似，则称矩阵 $\boldsymbol{A}$ 可对角化。显然，对角矩阵 $\boldsymbol{\Lambda}$

的主对角元素就是 $\boldsymbol{A}$ 的特征值，能使 $\boldsymbol{P}^{-1}\boldsymbol{AP}=\boldsymbol{\Lambda}$ 的可逆矩阵 $\boldsymbol{P}$ 的列向量就是对应的特征向量。

（ⅱ）可对角化条件：

① n 阶矩阵 $\boldsymbol{A}$ 可对角化$\Leftrightarrow$$\boldsymbol{A}$ 有 n 个线性无关的特征向量。

② n 阶矩阵 $\boldsymbol{A}$ 可对角化$\Leftrightarrow$$\boldsymbol{A}$ 的每个特征值的重数与对应于该特征值的线性无关特征向量的最大个数相同(即若 λ_i 是 $\boldsymbol{A}$ 的 k_i 重特征值，则 $r(\lambda_i\boldsymbol{E}-\boldsymbol{A})=n-k_i$ 或 $n-r(\lambda_i\boldsymbol{E}-\boldsymbol{A})=k_i$)。

③ 若 $\boldsymbol{A}$ 有 n 个互不相同的特征值，则 $\boldsymbol{A}$ 可对角化，但反之不然。

④ 若 $\boldsymbol{A}$ 是实对称矩阵，则 $\boldsymbol{A}$ 可对角化，但反之不然。

（ⅲ）相似对角化 $\boldsymbol{A}$ 为对角矩阵 $\boldsymbol{\Lambda}$ 的解题步骤：

① 由特征方程 $|\lambda\boldsymbol{E}-\boldsymbol{A}|=0$ 求出 $\boldsymbol{A}$ 的 n 个特征值 $\lambda_1, \lambda_2, \cdots, \lambda_n$。

② 由齐次线性方程组 $(\lambda\boldsymbol{E}-\boldsymbol{A})\boldsymbol{x}=\boldsymbol{0}$ 求 $\boldsymbol{A}$ 的特征向量。

③ 对于 $\boldsymbol{A}$ 的各不相同的特征值所对应的特征向量已线性无关；对于 $\boldsymbol{A}$ 的 k_i 重特征值 λ_i，若能对应 k_i 个线性无关的特征向量，则此时 $\boldsymbol{A}$ 可对角化，若对应少于 k_i 个线性无关的特征向量，则此时 $\boldsymbol{A}$ 不能对角化。

④ 将所求得的 n 个线性无关的特征向量 $\boldsymbol{\alpha}_1, \boldsymbol{\alpha}_2, \cdots, \boldsymbol{\alpha}_n$ 拼成可逆矩阵 $\boldsymbol{P}=(\boldsymbol{\alpha}_1, \boldsymbol{\alpha}_2, \cdots, \boldsymbol{\alpha}_n)$。

⑤ 该矩阵 $\boldsymbol{P}$ 能将矩阵 $\boldsymbol{A}$ 化为对角矩阵 $\boldsymbol{\Lambda}$，即 $\boldsymbol{P}^{-1}\boldsymbol{AP}=\boldsymbol{\Lambda}=\begin{pmatrix}\lambda_1 & & & \\ & \lambda_2 & & \\ & & \ddots & \\ & & & \lambda_n\end{pmatrix}$。

3. 实对称矩阵

(1) 定义：设 $\boldsymbol{A}$ 是 n 阶实矩阵，如果 $\boldsymbol{A}^{\mathrm{T}}=\boldsymbol{A}$，则称 $\boldsymbol{A}$ 为实对称矩阵。

(2) 实对称矩阵的性质：

（ⅰ）设 $\boldsymbol{A}$ 是实对称矩阵，则 $\boldsymbol{A}$ 的特征值都是实数，且对应的特征向量为实向量。

（ⅱ）设 $\boldsymbol{A}$ 是实对称矩阵，则 $\boldsymbol{A}$ 的对应于不同特征值的特征向量是正交的。

（ⅲ）设 $\boldsymbol{A}$ 是实对称矩阵，则对于 $\boldsymbol{A}$ 的任意一个 k_i 重特征值 λ_i，必存在 $\boldsymbol{A}$ 的 k_i 个对应于特征值 λ_i 的线性无关的特征向量，即 $r(\lambda_i\boldsymbol{E}-\boldsymbol{A})=n-k_i$ 或 $n-r(\lambda_i\boldsymbol{E}-\boldsymbol{A})=k_i$，所以 $\boldsymbol{A}$ 必可对角化。

（ⅳ）设 $\boldsymbol{A}$ 是实对称矩阵，则存在正交矩阵 $\boldsymbol{Q}$，使得 $\boldsymbol{Q}^{-1}\boldsymbol{AQ}=\boldsymbol{Q}^{\mathrm{T}}\boldsymbol{AQ}=\boldsymbol{\Lambda}$，且 $\boldsymbol{\Lambda}$ 的主对角元素就是 $\boldsymbol{A}$ 的特征值，$\boldsymbol{Q}$ 的列向量就是对应的特征向量。

(3) 用正交矩阵 $\boldsymbol{Q}$ 化实对称矩阵 $\boldsymbol{A}$ 为 $\boldsymbol{\Lambda}$ 的解题步骤：与相似对角化 $\boldsymbol{A}$ 为对角矩阵 $\boldsymbol{\Lambda}$ 的解题步骤相同，只是要保证相似变换矩阵 $\boldsymbol{P}$ 是正交矩阵，记为 $\boldsymbol{Q}$，为此当求出特征向量后应改造特征向量。具体步骤如下：

① 由特征方程 $|\lambda\boldsymbol{E}-\boldsymbol{A}|=0$ 求出 $\boldsymbol{A}$ 的 n 个特征值 $\lambda_1, \lambda_2, \cdots, \lambda_n$。

② 由齐次线性方程组 $(\lambda\boldsymbol{E}-\boldsymbol{A})\boldsymbol{x}=\boldsymbol{0}$ 求 $\boldsymbol{A}$ 的特征向量。

③ 对于 $\boldsymbol{A}$ 的各不相同的特征值所对应的特征向量已正交，只需单位化；对于 $\boldsymbol{A}$ 的 k_i 重特征值 λ_i 对应的 k_i 个线性无关的特征向量，需用 Schmidt 正交化方法将其化成 k_i 个两两正交的向量，再将其单位化。

④ 将所求得的 n 个两两正交的单位向量 $\boldsymbol{\gamma}_1, \boldsymbol{\gamma}_2, \cdots, \boldsymbol{\gamma}_n$ 拼成正交矩阵 $\boldsymbol{Q}=(\boldsymbol{\gamma}_1, \boldsymbol{\gamma}_2, \cdots, \boldsymbol{\gamma}_n)$。

⑤ 该矩阵 Q 能将矩阵 A 化为对角矩阵 $\boldsymbol{\Lambda}$，即 $Q^{-1}AQ=Q^{\mathrm{T}}AQ=\boldsymbol{\Lambda}=\begin{pmatrix}\lambda_1 & & & \\ & \lambda_2 & & \\ & & \ddots & \\ & & & \lambda_n\end{pmatrix}$。

二、考点题型解析

常考题型：● 特征值与特征向量；● 方阵可对角化的判定；● 求相似变换的可逆矩阵；● 求矩阵中的参数；● 用矩阵特征值与特征向量反求矩阵；● 用相似对角化法求方阵的幂；● 实对称矩阵问题。

1. 选择题

例 1 下列 4 对矩阵中，不相似的是(　　)。

(A) $\begin{pmatrix}1&0&0\\0&2&0\\0&0&3\end{pmatrix}$与$\begin{pmatrix}3&0&0\\0&2&0\\0&0&1\end{pmatrix}$　　(B) $\begin{pmatrix}1&1\\0&1\end{pmatrix}$与$\begin{pmatrix}1&0\\1&1\end{pmatrix}$

(C) $\begin{pmatrix}1&1\\1&1\end{pmatrix}$与$\begin{pmatrix}1&0\\1&1\end{pmatrix}$　　(D) $\begin{pmatrix}1&1\\1&1\end{pmatrix}$与$\begin{pmatrix}2&0\\0&0\end{pmatrix}$

解 应选(C)。

方法一　由于选项(A)、(B)都可以看成一个矩阵经过一次行交换和一次相同的列交换得到另一个矩阵，因此它们是相似的，从而选项(A)、(B)不正确；选项(D)的第一个矩阵的两个特征值为 2 和 0 且可对角化，第二个矩阵恰好是它的相似对角矩阵，从而选项(D)不正确。故选(C)。

方法二　由于$\begin{pmatrix}1&1\\1&1\end{pmatrix}$是实对称矩阵，因此可以对角化，又 1 为矩阵$\begin{pmatrix}1&0\\1&1\end{pmatrix}$的二重特征值，且 $r\left(E-\begin{pmatrix}1&0\\1&1\end{pmatrix}\right)=1$，即矩阵$\begin{pmatrix}1&0\\1&1\end{pmatrix}$对应于二重特征值 1 只有一个线性无关的特征向量，则矩阵$\begin{pmatrix}1&0\\1&1\end{pmatrix}$不可对角化，从而矩阵$\begin{pmatrix}1&1\\1&1\end{pmatrix}$与$\begin{pmatrix}1&0\\1&1\end{pmatrix}$不相似，故选(C)。

例 2 矩阵 $A=\begin{pmatrix}1&-1&1\\2&4&-2\\-3&-3&5\end{pmatrix}$的特征向量是(　　)。

(A) $(1,2,-1)^{\mathrm{T}}$　　(B) $(1,-1,2)^{\mathrm{T}}$

(C) $(1,-2,3)^{\mathrm{T}}$　　(D) $(-1,1,-2)^{\mathrm{T}}$

解 应选(C)。

方法一　若$(1,-1,2)^{\mathrm{T}}$是矩阵 A 的特征向量，则$(-1,1,-2)^{\mathrm{T}}$也是矩阵 A 的特征向量，从而选项(B)、(D)不正确。由于

$$A\begin{pmatrix}1\\2\\-1\end{pmatrix}=\begin{pmatrix}1&-1&1\\2&4&-2\\-3&-3&5\end{pmatrix}\begin{pmatrix}1\\2\\-1\end{pmatrix}=\begin{pmatrix}-2\\12\\-14\end{pmatrix}\neq\lambda\begin{pmatrix}1\\2\\-1\end{pmatrix}$$

因此选项(A)不正确。故选(C)。

方法二　由于

$$A\begin{pmatrix}1\\-2\\3\end{pmatrix}=\begin{pmatrix}1&-1&1\\2&4&-2\\-3&-3&5\end{pmatrix}\begin{pmatrix}1\\-2\\3\end{pmatrix}=\begin{pmatrix}6\\-12\\18\end{pmatrix}=6\begin{pmatrix}1\\-2\\3\end{pmatrix}$$

因此$(1,-2,3)^T$是A的对应于特征值$\lambda=6$的特征向量，故选(C)。

例 3　设$\lambda=2$是非奇异矩阵A的一个特征值，则$\left(\frac{1}{3}A^2\right)^{-1}$有一个特征值是(　　)。

(A) $\frac{4}{3}$　　(B) $\frac{3}{4}$　　(C) $\frac{1}{2}$　　(D) $\frac{1}{4}$

解　应选(B)。

由于$\lambda=2$是非奇异矩阵A的一个特征值，因此A^2有一个特征值$2^2=4$，$\frac{1}{3}A^2$有一个特征值$\frac{4}{3}$，从而$\left(\frac{1}{3}A^2\right)^{-1}$有一个特征值$\left(\frac{4}{3}\right)^{-1}=\frac{3}{4}$，故选(B)。

例 4　设A为 3 阶方阵，$\lambda_1=1$，$\lambda_2=-1$，$\lambda_3=2$是A的特征值，其对应的特征向量分别为ξ_1，ξ_2，ξ_3，记$P=(2\xi_2,-3\xi_3,4\xi_1)$，则$P^{-1}AP=$(　　)。

(A) $\begin{pmatrix}-1&&\\&2&\\&&1\end{pmatrix}$　　(B) $\begin{pmatrix}2&&\\&1&\\&&-1\end{pmatrix}$　　(C) $\begin{pmatrix}1&&\\&-1&\\&&2\end{pmatrix}$　　(D) $\begin{pmatrix}-1&&\\&1&\\&&2\end{pmatrix}$

解　应选(A)。

令$\eta_2=2\xi_2$，$\eta_3=-3\xi_3$，$\eta_1=4\xi_1$，则η_2，η_3，η_1是A的对应于λ_2，λ_3，λ_1的特征向量，因此

$$AP=A(\eta_2,\eta_3,\eta_1)=(A\eta_2,A\eta_3,A\eta_1)=(\eta_2,\eta_3,\eta_1)\begin{pmatrix}\lambda_2&&\\&\lambda_3&\\&&\lambda_1\end{pmatrix}=P\begin{pmatrix}-1&&\\&2&\\&&1\end{pmatrix}$$

从而$P^{-1}AP=\begin{pmatrix}-1&&\\&2&\\&&1\end{pmatrix}$，故选(A)。

例 5　设A为n阶可逆矩阵，λ是A的一个特征值，则伴随矩阵A^*的一个特征值为(　　)。

(A) $\lambda^{-1}|A|^{n-1}$　　(B) $\lambda^{-1}|A|$　　(C) $\lambda|A|$　　(D) $\lambda|A|^{n-1}$

解　应选(B)。

方法一　设$A\alpha=\lambda\alpha$，则$A^{-1}\alpha=\frac{1}{\lambda}\alpha$，即$\frac{A^*}{|A|}\alpha=\frac{1}{\lambda}\alpha$，从而$A^*\alpha=\lambda^{-1}|A|\alpha$，故选(B)。

方法二　设$A\alpha=\lambda\alpha$，则$A^{-1}\alpha=\frac{1}{\lambda}\alpha$，由于$A^*=|A|A^{-1}$，因此

$$A^*\alpha=|A|A^{-1}\alpha=\lambda^{-1}|A|\alpha$$

故选(B)。

例 6　设A为 3 阶不可逆矩阵，α_1，α_2是$Ax=0$的基础解系，α_3是A的对应于特征值$\lambda=1$的特征向量，则下列不是A的特征向量的为(　　)。

(A) $\boldsymbol{\alpha}_1+3\boldsymbol{\alpha}_2$　　(B) $\boldsymbol{\alpha}_1-\boldsymbol{\alpha}_2$　　(C) $\boldsymbol{\alpha}_1+\boldsymbol{\alpha}_3$　　(D) $2\boldsymbol{\alpha}_3$

解　应选(C)。

方法一　由于 $\boldsymbol{A}\boldsymbol{\alpha}_1=\boldsymbol{0}$，$\boldsymbol{A}\boldsymbol{\alpha}_2=\boldsymbol{0}$，$\boldsymbol{A}\boldsymbol{\alpha}_3=\boldsymbol{\alpha}_3$，因此

$$\boldsymbol{A}(\boldsymbol{\alpha}_1+\boldsymbol{\alpha}_3)=\boldsymbol{A}\boldsymbol{\alpha}_1+\boldsymbol{A}\boldsymbol{\alpha}_3=\boldsymbol{\alpha}_3$$

若 $\boldsymbol{A}(\boldsymbol{\alpha}_1+\boldsymbol{\alpha}_3)=\mu(\boldsymbol{\alpha}_1+\boldsymbol{\alpha}_3)$，则 $\mu\boldsymbol{\alpha}_1+(\mu-1)\boldsymbol{\alpha}_3=\boldsymbol{0}$，这与 $\boldsymbol{\alpha}_1$，$\boldsymbol{\alpha}_3$ 线性无关矛盾，从而 $\boldsymbol{\alpha}_1+\boldsymbol{\alpha}_3$ 不是 $\boldsymbol{A}$ 的特征向量，故选(C)。

方法二　由于 $\boldsymbol{A}\boldsymbol{\alpha}_1=\boldsymbol{0}$，$\boldsymbol{A}\boldsymbol{\alpha}_2=\boldsymbol{0}$，$\boldsymbol{A}\boldsymbol{\alpha}_3=\boldsymbol{\alpha}_3$，因此 $\boldsymbol{\alpha}_1$，$\boldsymbol{\alpha}_2$，$\boldsymbol{\alpha}_3$ 是 $\boldsymbol{A}$ 的分别对应于特征值 0，0，1 的特征向量，从而 $\boldsymbol{\alpha}_1+3\boldsymbol{\alpha}_2$，$\boldsymbol{\alpha}_1-\boldsymbol{\alpha}_2$，$2\boldsymbol{\alpha}_3$ 是 $\boldsymbol{A}$ 的分别对应于特征值 0，0，2 的特征向量，故选(C)。

例 7　设 $\boldsymbol{\alpha}_0$ 是可逆矩阵 $\boldsymbol{A}$ 的对应于特征值 λ_0 的特征向量，则 $\boldsymbol{\alpha}_0$ 不一定是其特征向量的矩阵为(　　)。

(A) $(\boldsymbol{A}+\boldsymbol{E})^2$　　(B) $-2\boldsymbol{A}$　　(C) $\boldsymbol{A}^{\mathrm{T}}$　　(D) $\boldsymbol{A}^*$

解　应选(C)。

方法一　由于 $|\lambda\boldsymbol{E}-\boldsymbol{A}^{\mathrm{T}}|=|(\lambda\boldsymbol{E}-\boldsymbol{A})^{\mathrm{T}}|=|\lambda\boldsymbol{E}-\boldsymbol{A}|$，因此 $\boldsymbol{A}$ 与 $\boldsymbol{A}^{\mathrm{T}}$ 有相同的特征值，但齐次线性方程组 $(\lambda\boldsymbol{E}-\boldsymbol{A})\boldsymbol{x}=\boldsymbol{0}$ 与 $(\lambda\boldsymbol{E}-\boldsymbol{A}^{\mathrm{T}})\boldsymbol{x}=0$ 不一定同解，从而 $\boldsymbol{A}$ 与 $\boldsymbol{A}^{\mathrm{T}}$ 的特征向量不一定相同。取 $\boldsymbol{A}=\begin{pmatrix}1&1\\0&1\end{pmatrix}$，则 $\boldsymbol{A}$ 与 $\boldsymbol{A}^{\mathrm{T}}$ 的特征值均为 $\lambda_1=\lambda_2=1$，由于 $\boldsymbol{E}-\boldsymbol{A}=\begin{pmatrix}0&-1\\0&0\end{pmatrix}$，因此 $\boldsymbol{A}$ 的对应于特征值 $\lambda_1=\lambda_2=1$ 的特征向量为 $\boldsymbol{\alpha}=(1,0)^{\mathrm{T}}$，由于 $\boldsymbol{E}-\boldsymbol{A}^{\mathrm{T}}=\begin{pmatrix}0&0\\-1&0\end{pmatrix}$，因此 $\boldsymbol{A}^{\mathrm{T}}$ 的对应于特征值 $\lambda_1=\lambda_2=1$ 的特征向量为 $\boldsymbol{\beta}=(0,1)^{\mathrm{T}}$，故选(C)。

方法二　由于 $(\boldsymbol{A}+\boldsymbol{E})^2$，$-2\boldsymbol{A}$ 是 $\boldsymbol{A}$ 的矩阵多项式，$\boldsymbol{A}^*$ 是 $\boldsymbol{A}$ 的伴随矩阵，因此 $\boldsymbol{\alpha}_0$ 是 $(\boldsymbol{A}+\boldsymbol{E})^2$，$-2\boldsymbol{A}$，$\boldsymbol{A}^*$ 分别对应于特征值 $(\lambda_0+1)^2$，$-2\lambda_0$，$\dfrac{1}{\lambda}|\boldsymbol{A}|$ 的特征向量，从而选项(A)、(B)、(D)不正确，故选(C)。

例 8　n 阶矩阵 $\boldsymbol{A}$ 有 n 个不同的特征值是 $\boldsymbol{A}$ 与对角矩阵相似的(　　)。

(A) 充分必要条件　　(B) 充分非必要条件

(C) 必要非充分条件　　(D) 既非充分又非必要条件

解　应选(B)。

由于矩阵 $\boldsymbol{A}$ 有 n 个不同的特征值，因此 $\boldsymbol{A}$ 一定有 n 个线性无关的特征向量，从而 $\boldsymbol{A}$ 一定可对角化，但反之不然。取 $\boldsymbol{A}=\begin{pmatrix}1&0\\0&1\end{pmatrix}$，则 $\boldsymbol{A}$ 可对角化，但 $\boldsymbol{A}$ 的两个特征值相同，从而 $\boldsymbol{A}$ 有 n 个不同的特征值是 $\boldsymbol{A}$ 与对角矩阵相似的充分非必要条件，故选(B)。

例 9　下列矩阵中不能相似对角化的为(　　)。

(A) $\begin{pmatrix}1&2&0\\2&0&3\\0&3&0\end{pmatrix}$　　(B) $\begin{pmatrix}0&0&0\\0&0&0\\1&2&3\end{pmatrix}$

(C) $\begin{pmatrix}0&0&0\\0&1&0\\0&2&3\end{pmatrix}$　　(D) $\begin{pmatrix}0&0&0\\1&0&0\\0&2&3\end{pmatrix}$

解　应选(D)。

方法一　由于选项(D)的矩阵 $\boldsymbol{A}$ 的特征值为 0，0，3，且 $n-r(0\boldsymbol{E}-\boldsymbol{A})=1\neq 2$，因此 $\boldsymbol{A}$ 不可对角化，故选(D)。

方法二　由于选项(A)中的矩阵是实对称矩阵，因此可对角化，故选项(A)不正确。又选项(B)中的矩阵 $\boldsymbol{A}$ 的特征值为 0，0，3，且 $n-r(0\boldsymbol{E}-\boldsymbol{A})=2$(矩阵特征值的重数与对应于该特征值的线性无关特征向量的最大个数相同)，因此 $\boldsymbol{A}$ 可对角化，故选项(B)不正确。由于选项(C)中的矩阵有 3 个不同的特征值，因此可对角化，从而选项(C)不正确。故选(D)。

例 10　设 $\boldsymbol{A}$ 是 n 阶实对称矩阵，$\boldsymbol{P}$ 是 n 阶可逆矩阵，已知 n 维列向量 $\boldsymbol{\alpha}$ 是 $\boldsymbol{A}$ 的对应于特征值 λ 的特征向量，则矩阵 $(\boldsymbol{P}^{-1}\boldsymbol{A}\boldsymbol{P})^{\mathrm{T}}$ 的对应于特征值 λ 的特征向量是(　　)。

(A) $\boldsymbol{P}^{-1}\boldsymbol{\alpha}$　　(B) $\boldsymbol{P}^{\mathrm{T}}\boldsymbol{\alpha}$　　(C) $\boldsymbol{P}\boldsymbol{\alpha}$　　(D) $(\boldsymbol{P}^{-1})^{\mathrm{T}}\boldsymbol{\alpha}$

解　应选(B)。

由于 $\boldsymbol{A}$ 是实对称矩阵，$\boldsymbol{A}\boldsymbol{\alpha}=\lambda\boldsymbol{\alpha}$，$(\boldsymbol{P}^{-1}\boldsymbol{A}\boldsymbol{P})^{\mathrm{T}}=\boldsymbol{P}^{\mathrm{T}}\boldsymbol{A}(\boldsymbol{P}^{\mathrm{T}})^{-1}$，因此

$$(\boldsymbol{P}^{-1}\boldsymbol{A}\boldsymbol{P})^{\mathrm{T}}(\boldsymbol{P}^{\mathrm{T}}\boldsymbol{\alpha})=\boldsymbol{P}^{\mathrm{T}}\boldsymbol{A}(\boldsymbol{P}^{\mathrm{T}})^{-1}(\boldsymbol{P}^{\mathrm{T}}\boldsymbol{\alpha})=\boldsymbol{P}^{\mathrm{T}}\boldsymbol{A}\boldsymbol{\alpha}=\lambda(\boldsymbol{P}^{\mathrm{T}}\boldsymbol{\alpha})$$

故选(B)。

例 11　设 $\boldsymbol{A}$ 为 n 阶非零矩阵，$\boldsymbol{A}^m=\boldsymbol{O}$，则下列命题不一定正确的是(　　)。

(A) $\boldsymbol{A}$ 的特征值只有零　　(B) $\boldsymbol{A}$ 必不能对角化

(C) $\boldsymbol{E}+\boldsymbol{A}+\boldsymbol{A}^2+\cdots+\boldsymbol{A}^{m-1}$ 必可逆　　(D) $\boldsymbol{A}$ 只有一个线性无关的特征向量

解　应选(D)。

方法一　取 $\boldsymbol{A}=\begin{pmatrix}0&1&0\\0&0&0\\0&0&0\end{pmatrix}$，则 $\boldsymbol{A}\neq\boldsymbol{O}$，$\boldsymbol{A}^2=\boldsymbol{O}$，其特征值为 $\lambda=0$，由于 $r(0\boldsymbol{E}-\boldsymbol{A})=1$，因此 $\boldsymbol{A}$ 有两个线性无关的特征向量，故选(D)。

方法二　设 $\boldsymbol{A}\boldsymbol{\alpha}=\lambda\boldsymbol{\alpha}(\boldsymbol{\alpha}\neq\boldsymbol{0})$，则 $\boldsymbol{A}^m\boldsymbol{\alpha}=\lambda^m\boldsymbol{\alpha}=\boldsymbol{0}$，从而 $\lambda=0$，因此选项(A)命题正确。因为 $\boldsymbol{A}\neq\boldsymbol{O}$，$r(\mathrm{A})\geqslant 1$，所以 $\boldsymbol{A}\boldsymbol{x}=\boldsymbol{0}$ 的基础解系有 $n-r(\boldsymbol{A})<n$ 个线性无关的特征向量，从而 $\boldsymbol{A}$ 必不能对角化，故选项(B)命题正确。由

$$(\boldsymbol{E}-\boldsymbol{A})(\boldsymbol{E}+\boldsymbol{A}+\boldsymbol{A}^2+\cdots+\boldsymbol{A}^{m-1})=\boldsymbol{E}-\boldsymbol{A}^m=\boldsymbol{E}$$

知 $\boldsymbol{E}+\boldsymbol{A}+\boldsymbol{A}^2+\cdots+\boldsymbol{A}^{m-1}$ 可逆，从而选项(C)命题正确。故选(D)。

例 12　设 $\boldsymbol{A}$，$\boldsymbol{B}$ 均为 n 阶矩阵，且 $\boldsymbol{A}$ 与 $\boldsymbol{B}$ 相似，则下列选项不正确的是(　　)。

(A) $\boldsymbol{A}$，$\boldsymbol{B}$ 的特征值相同　　(B) $\boldsymbol{A}$，$\boldsymbol{B}$ 与同一个对角矩阵相似

(C) $r(\boldsymbol{A})=r(\boldsymbol{B})$　　(D) 若 $\boldsymbol{A}$ 可对角化，则 $\boldsymbol{B}$ 一定可对角化

解　应选(B)。

方法一　由于 $\boldsymbol{A}$ 与 $\boldsymbol{B}$ 相似，则 $\boldsymbol{A}$，$\boldsymbol{B}$ 的特征值相同，$r(\boldsymbol{A})=r(\boldsymbol{B})$，因此选项(A)、(C)正确。若 $\boldsymbol{A}$ 与 $\boldsymbol{B}$ 相似，则 $\boldsymbol{A}$，$\boldsymbol{B}$ 的特征值相同，设为 λ_1，λ_2，…，λ_n，又 $\boldsymbol{A}$ 可对角化，故 $\boldsymbol{A}$ 与主对角元素为 λ_1，λ_2，…，λ_n 的对角矩阵 $\boldsymbol{\Lambda}$ 相似，由相似的传递性，得 $\boldsymbol{B}$ 与 $\boldsymbol{\Lambda}$ 相似，即 $\boldsymbol{B}$ 可对角化，从而选项(D)正确。故选(B)。

方法二　取 $\boldsymbol{A}=\begin{pmatrix}1&1\\0&1\end{pmatrix}$，$\boldsymbol{B}=\begin{pmatrix}1&0\\1&1\end{pmatrix}$，则交换 $\boldsymbol{A}$ 的第 1 行与第 2 行后再交换第 1 列与第 2 列得 $\boldsymbol{B}$，即 $\boldsymbol{A}$ 与 $\boldsymbol{B}$ 相似，且 $\boldsymbol{A}$ 与 $\boldsymbol{B}$ 的特征值均为 $\lambda_1=\lambda_2=1$，由于 $r(\boldsymbol{E}-\boldsymbol{A})=1$，$r(\boldsymbol{E}-\boldsymbol{B})=1$，因此 $\boldsymbol{A}$ 与 $\boldsymbol{B}$ 均不可对角化，故选(B)。

2. 填空题

例 1 设 3 阶矩阵 $\boldsymbol{A}$ 的特征值为 2，3，λ，若行列式 $|2\boldsymbol{A}|=-48$，则 $\lambda=$________。

解 由 $|2\boldsymbol{A}|=-48$，得 $2^3|\boldsymbol{A}|=-48$，再由 $|\boldsymbol{A}|=2\times3\times\lambda$，得 $2^3\times6\lambda=-48$，解之，得 $\lambda=-1$。

例 2 矩阵 $\boldsymbol{A}=\begin{pmatrix}2&1&1\\1&2&1\\1&1&2\end{pmatrix}$ 的特征值为________。

解 方法一 $|\lambda\boldsymbol{E}-\boldsymbol{A}|=\begin{vmatrix}\lambda-2&-1&-1\\-1&\lambda-2&-1\\-1&-1&\lambda-2\end{vmatrix}=(\lambda-4)\begin{vmatrix}1&-1&-1\\1&\lambda-2&-1\\1&-1&\lambda-2\end{vmatrix}$

$$=(\lambda-4)\begin{vmatrix}1&0&0\\1&\lambda-1&0\\1&0&\lambda-1\end{vmatrix}=(\lambda-1)^2(\lambda-4)$$

由 $|\lambda\boldsymbol{E}-\boldsymbol{A}|=0$，得矩阵 $\boldsymbol{A}$ 的特征值为 1，1，4。

方法二 由于 $\boldsymbol{A}$ 的各行元素之和均为 4，因此 4 为 $\boldsymbol{A}$ 的特征值。

$$|\boldsymbol{A}|=\begin{vmatrix}2&1&1\\1&2&1\\1&1&2\end{vmatrix}=4\begin{vmatrix}1&1&1\\1&2&1\\1&1&2\end{vmatrix}=4\begin{vmatrix}1&0&0\\1&1&0\\1&0&1\end{vmatrix}=4$$

由 $\boldsymbol{A}$ 的 3 个特征值之和为 $\boldsymbol{A}$ 的迹 6，3 个特征值之积为 $\boldsymbol{A}$ 的行列式的值 4，得矩阵 $\boldsymbol{A}$ 另两个特征值为 1，1，即矩阵 $\boldsymbol{A}$ 的特征值为 1，1，4。

例 3 设 3 阶矩阵 $\boldsymbol{A}$ 的特征值为 1，-1，2，则分块矩阵 $\boldsymbol{B}=\begin{pmatrix}2\boldsymbol{A}^{-1}&\boldsymbol{O}\\\boldsymbol{O}&(\boldsymbol{A}^*)^{-1}\end{pmatrix}$ 的特征值为________。

解 由于 $|\lambda\boldsymbol{E}-\boldsymbol{B}|=|\lambda\boldsymbol{E}-2\boldsymbol{A}^{-1}||\lambda\boldsymbol{E}-(\boldsymbol{A}^*)^{-1}|$，因此 $\boldsymbol{B}$ 的特征值由 $2\boldsymbol{A}^{-1}$ 及 $(\boldsymbol{A}^*)^{-1}$ 的特征值构成。由 $\boldsymbol{A}$ 的特征值，得 $2\boldsymbol{A}^{-1}$ 的特征值为 2，-2，1，又 $|\boldsymbol{A}|=1\times(-1)\times2=-2$，故由 $\boldsymbol{A}$ 的特征值，得 $(\boldsymbol{A}^*)^{-1}$ 的特征值为 $-\frac{1}{2}$，$\frac{1}{2}$，-1。因此 $\boldsymbol{B}$ 的特征值为 2，-2，1，$-\frac{1}{2}$，$\frac{1}{2}$，-1。

例 4 若 n 阶矩阵 $\boldsymbol{A}$ 有 n 个对应于特征值 λ 的线性无关的特征向量，则 $\boldsymbol{A}=$________。

解 设 $\boldsymbol{\alpha}_1,\boldsymbol{\alpha}_2,\cdots,\boldsymbol{\alpha}_n$ 是 $\boldsymbol{A}$ 的对应于 λ 的 n 个线性无关的特征向量，则

$$\boldsymbol{A}(\boldsymbol{\alpha}_1,\boldsymbol{\alpha}_2,\cdots,\boldsymbol{\alpha}_n)=\lambda(\boldsymbol{\alpha}_1,\boldsymbol{\alpha}_2,\cdots,\boldsymbol{\alpha}_n)$$

且 $(\boldsymbol{\alpha}_1,\boldsymbol{\alpha}_2,\cdots,\boldsymbol{\alpha}_n)$ 是 n 阶可逆矩阵，从而 $\boldsymbol{A}=\lambda\boldsymbol{E}$。

例 5 设 $\boldsymbol{A}$ 为 n 阶方阵，齐次线性方程组 $\boldsymbol{Ax}=\boldsymbol{0}$ 有非零解，则 $\boldsymbol{A}$ 必有一特征值为________。

解 方法一 由于齐次线性方程组 $\boldsymbol{Ax}=\boldsymbol{0}$ 有非零解，因此 $|\boldsymbol{A}|=0$，由 $\boldsymbol{A}$ 的所有特征值之积等于 $|\boldsymbol{A}|$，知 $\boldsymbol{A}$ 必有一特征值为 0。

方法二 设 $\boldsymbol{\alpha}$ 为齐次线性方程组 $\boldsymbol{Ax}=\boldsymbol{0}$ 的非零解，则 $\boldsymbol{A\alpha}=\boldsymbol{0}=0\boldsymbol{\alpha}$，从而 $\lambda=0$ 是 $\boldsymbol{A}$ 的一个特征值。

例 6　设 $\lambda=12$ 是矩阵 $\boldsymbol{A}=\begin{pmatrix}7&4&-1\\4&7&-1\\-4&-4&a\end{pmatrix}$ 的特征值，则 $a=$________。

解　方法一　由于 $\lambda=12$ 是矩阵 $\boldsymbol{A}$ 的特征值，因此 $|12\boldsymbol{E}-\boldsymbol{A}|=0$，即

$$\begin{vmatrix}5&-4&1\\-4&5&1\\4&4&12-a\end{vmatrix}=\begin{vmatrix}9&-4&1\\-9&5&1\\0&4&12-a\end{vmatrix}=\begin{vmatrix}9&-4&1\\0&1&2\\0&4&12-a\end{vmatrix}=9(4-a)=0$$

故 $a=4$。

方法二　$$|\lambda\boldsymbol{E}-\boldsymbol{A}|=\begin{vmatrix}\lambda-7&-4&1\\-4&\lambda-7&1\\4&4&\lambda-a\end{vmatrix}=\begin{vmatrix}\lambda-3&3-\lambda&0\\-4&\lambda-7&1\\4&4&\lambda-a\end{vmatrix}$$

$$=(\lambda-3)\begin{vmatrix}1&-1&0\\-4&\lambda-7&1\\4&4&\lambda-a\end{vmatrix}=(\lambda-3)\begin{vmatrix}1&0&0\\-4&\lambda-11&1\\4&8&\lambda-a\end{vmatrix}$$

$$=(\lambda-3)[(\lambda-11)(\lambda-a)-8]$$

由 $\lambda=12$，得 $9(12-a-8)=0$，即 $a=4$。

例 7　设 $\boldsymbol{A}=\begin{pmatrix}0&0&1\\x&1&0\\1&0&0\end{pmatrix}$ 有三个线性无关的特征向量，则 $x=$________。

解　$$|\lambda\boldsymbol{E}-\boldsymbol{A}|=\begin{vmatrix}\lambda&0&-1\\-x&\lambda-1&0\\-1&0&\lambda\end{vmatrix}=\begin{vmatrix}\lambda-1&0&\lambda-1\\-x&\lambda-1&0\\-1&0&\lambda\end{vmatrix}=(\lambda-1)(\lambda^2-1)$$

由 $|\lambda\boldsymbol{E}=\boldsymbol{A}|=0$，得矩阵 $\boldsymbol{A}$ 的特征值为 $\lambda_1=-1$，$\lambda_2=\lambda_3=1$。因为矩阵 $\boldsymbol{A}$ 有三个线性无关的特征向量，所以 $\lambda_2=\lambda_3=1$ 必须有两个线性无关的特征向量，从而 $r(\boldsymbol{E}-\boldsymbol{A})=3-2=1$。由

$$\boldsymbol{E}-\boldsymbol{A}=\begin{pmatrix}1&0&-1\\-x&0&0\\-1&0&1\end{pmatrix}\to\begin{pmatrix}1&0&-1\\-x&0&0\\0&0&0\end{pmatrix}$$

知 $x=0$。

例 8　设 $\boldsymbol{\alpha}=(1,1,-1)^{\mathrm{T}}$ 是矩阵 $\boldsymbol{A}=\begin{pmatrix}7&4&-1\\4&7&-1\\-4&-4&x\end{pmatrix}$ 的特征向量，则 $x=$________。

解　设 $\boldsymbol{A\alpha}=\lambda\boldsymbol{\alpha}$，则

$$\begin{pmatrix}7&4&-1\\4&7&-1\\-4&-4&x\end{pmatrix}\begin{pmatrix}1\\1\\-1\end{pmatrix}=\lambda\begin{pmatrix}1\\1\\-1\end{pmatrix}，即\begin{cases}7+4+1=\lambda\\4+7+1=\lambda\\-4-4-x=-\lambda\end{cases}$$

解之，得 $x=4$。

例 9　设 $\boldsymbol{A}$ 是 3 阶实对称矩阵，特征值是 0，1，2，若 $\lambda=0$ 与 $\lambda=1$ 的特征向量分别是 $\boldsymbol{\alpha}_1=(1,2,1)^{\mathrm{T}}$，$\boldsymbol{\alpha}_2=(1,-1,1)^{\mathrm{T}}$，则 $\lambda=2$ 的特征向量为________。

解　由于 $\boldsymbol{A}$ 是实对称矩阵，因此 $\boldsymbol{A}$ 的不同特征值对应的特征向量正交。设 $\boldsymbol{A}$ 的对应于

特征值$\lambda=2$的特征向量为$\boldsymbol{\alpha}=(x_1, x_2, x_3)^{\mathrm{T}}$，则$\begin{cases}\boldsymbol{\alpha}_1^{\mathrm{T}}\boldsymbol{\alpha}=x_1+2x_2+x_3=0\\ \boldsymbol{\alpha}_2^{\mathrm{T}}\boldsymbol{\alpha}=x_1-x_2+x_3=0\end{cases}$，解之，得$x_3=k$，$x_2=0$，$x_1=-k$，从而$\lambda=2$的特征向量为$k(-1, 0, 1)^{\mathrm{T}}$，其中$k\neq 0$为任意常数。

例 10 设$\boldsymbol{\alpha}$，$\boldsymbol{\beta}$均为n维列向量，且$\boldsymbol{\alpha}^{\mathrm{T}}\boldsymbol{\beta}=2$，$\boldsymbol{A}=\boldsymbol{E}+\boldsymbol{\alpha\beta}^{\mathrm{T}}$，则$\boldsymbol{A}$的特征值为________，对应的特征向量为________。

解 令$\boldsymbol{B}=\boldsymbol{\alpha\beta}^{\mathrm{T}}=\begin{pmatrix}a_1\\a_2\\ \vdots\\a_n\end{pmatrix}(b_1, b_2, \cdots, b_n)$，则$\boldsymbol{B}^2=(\boldsymbol{\alpha\beta}^{\mathrm{T}})(\boldsymbol{\alpha\beta}^{\mathrm{T}})=\boldsymbol{\alpha}(\boldsymbol{\beta}^{\mathrm{T}}\boldsymbol{\alpha})\boldsymbol{\beta}^{\mathrm{T}}=2\boldsymbol{\alpha\beta}^{\mathrm{T}}=2\boldsymbol{B}$，从而$\boldsymbol{B}$的特征值为0或2。由于$r(\boldsymbol{B})=1$，因此齐次线性方程组$\boldsymbol{Bx}=\boldsymbol{0}$的基础解系中有$n-1$个解向量，又$\boldsymbol{\alpha}^{\mathrm{T}}\boldsymbol{\beta}=2$，故$\boldsymbol{\alpha}\neq\boldsymbol{0}$，$\boldsymbol{\beta}\neq\boldsymbol{0}$。不妨设$a_1\neq 0$，$b_1\neq 0$，将$\lambda=0$代入$(\lambda\boldsymbol{E}-\boldsymbol{B})\boldsymbol{x}=\boldsymbol{0}$，得$(0\boldsymbol{E}-\boldsymbol{B})\boldsymbol{x}=\boldsymbol{0}$，由

$$0\boldsymbol{E}-\boldsymbol{B}=\begin{pmatrix}-a_1b_1 & -a_1b_2 & \cdots & -a_1b_n\\ -a_2b_1 & -a_2b_2 & \cdots & -a_2b_n\\ \vdots & \vdots & & \vdots\\ -a_nb_1 & -a_nb_2 & \cdots & -a_nb_n\end{pmatrix}\rightarrow\begin{pmatrix}b_1 & b_2 & \cdots & b_n\\ 0 & 0 & \cdots & 0\\ \vdots & \vdots & & \vdots\\ 0 & 0 & \cdots & 0\end{pmatrix}$$

得齐次线性方程组$\boldsymbol{Bx}=\boldsymbol{0}$的基础解系为

$\boldsymbol{\xi}_1=(-b_2, b_1, 0, \cdots, 0)^{\mathrm{T}}$，$\boldsymbol{\xi}_2=(-b_3, 0, b_1, \cdots, 0)^{\mathrm{T}}$，$\cdots$，$\boldsymbol{\xi}_{n-1}=(-b_n, 0, 0, \cdots, b_1)^{\mathrm{T}}$

从而$\boldsymbol{B}$的对应于$\lambda_1=0$的特征向量为

$\boldsymbol{\xi}_1=(-b_2, b_1, 0, \cdots, 0)^{\mathrm{T}}$，$\boldsymbol{\xi}_2=(-b_3, 0, b_1, \cdots, 0)^{\mathrm{T}}$，$\cdots$，$\boldsymbol{\xi}_{n-1}=(-b_n, 0, 0, \cdots, b_1)^{\mathrm{T}}$

故$\boldsymbol{A}$的特征值$\lambda_1=1$且$\boldsymbol{A}$的对应于$\lambda_1=1$的特征向量为

$\boldsymbol{\xi}_1=(-b_2, b_1, 0, \cdots, 0)^{\mathrm{T}}$，$\boldsymbol{\xi}_2=(-b_3, 0, b_1, \cdots, 0)^{\mathrm{T}}$，$\cdots$，$\boldsymbol{\xi}_{n-1}=(-b_n, 0, 0, \cdots, b_1)^{\mathrm{T}}$

所以$\boldsymbol{A}$的对应于$\lambda_1=1$的全部特征向量为$k_1\boldsymbol{\xi}_1+k_2\boldsymbol{\xi}_2+\cdots+k_{n-1}\boldsymbol{\xi}_{n-1}$，其中$k_1, k_2, \cdots, k_{n-1}$是不全为零的任意常数。

由于$\boldsymbol{B}^2=2\boldsymbol{B}$，将$\boldsymbol{B}$按列分块，得$\boldsymbol{B}=(\boldsymbol{\eta}_1, \boldsymbol{\eta}_2, \cdots, \boldsymbol{\eta}_n)$，则$\boldsymbol{\beta\eta}_i=2\boldsymbol{\eta}_i(i=1, 2, \cdots, n)$，从而$\boldsymbol{B}$的对应于$\lambda_2=2$的特征向量为$\boldsymbol{\xi}_n=(a_1, a_2, \cdots, a_n)^{\mathrm{T}}$，故$\boldsymbol{A}$的特征值$\lambda_2=3$且$\boldsymbol{A}$的对应于$\lambda_2=3$的特征向量为$\boldsymbol{\xi}_n=(a_1, a_2, \cdots, a_n)^{\mathrm{T}}$，所以$\boldsymbol{A}$的对应于$\lambda_2=3$的全部特征向量为$k_n\boldsymbol{\xi}_n$，其中$k_n\neq 0$为任意常数。

例 11 设$\boldsymbol{A}=\begin{pmatrix}2&0&0\\0&0&1\\0&1&a\end{pmatrix}$与$\boldsymbol{B}=\begin{pmatrix}2&0&0\\0&b&0\\0&0&-1\end{pmatrix}$相似，则$a=$________，$b=$________。

解 方法一 由于$\boldsymbol{A}$与$\boldsymbol{B}$相似，2，b，-1是$\boldsymbol{B}$的特征值，因此2，b，-1是$\boldsymbol{A}$的特征值，从而$\begin{cases}2+0+a=2+b+(-1)\\ |-\boldsymbol{E}-\boldsymbol{A}|=-3a=0\end{cases}$，解之，得$a=0$，$b=1$。

方法二 由于$\boldsymbol{A}$与$\boldsymbol{B}$相似，2，b，-1是$\boldsymbol{B}$的特征值，因此2，b，-1是$\boldsymbol{A}$的特征值，又$|\boldsymbol{A}|=-2$，故$\begin{cases}2+0+a=2+b+(-1)\\ |\boldsymbol{A}|=2\times b\times(-1)\end{cases}$，解之，得$a=0$，$b=1$。

例 12　设 $\boldsymbol{\alpha}$，$\boldsymbol{\beta}$ 为 3 维列向量，若 $\boldsymbol{A}=\boldsymbol{\alpha}\boldsymbol{\beta}^{\mathrm{T}}$ 与 $\boldsymbol{B}=\begin{bmatrix}2&0&0\\0&0&0\\0&0&0\end{bmatrix}$ 相似，则 $\boldsymbol{\beta}^{\mathrm{T}}\boldsymbol{\alpha}=$______。

解　由于 $\boldsymbol{A}$ 与 $\boldsymbol{B}$ 相似，因此 $\mathrm{tr}(\boldsymbol{A})=\mathrm{tr}(\boldsymbol{B})$，从而 $\boldsymbol{\beta}^{\mathrm{T}}\boldsymbol{\alpha}=\mathrm{tr}(\boldsymbol{A})=\mathrm{tr}(\boldsymbol{B})=2$。

3. 解答题

例 1　求矩阵 $\boldsymbol{A}=\begin{pmatrix}3&-2&-4\\-2&6&-2\\-4&-2&3\end{pmatrix}$ 的特征值和特征向量。

解

$$|\lambda\boldsymbol{E}-\boldsymbol{A}|=\begin{vmatrix}\lambda-3&2&4\\2&\lambda-6&2\\4&2&\lambda-3\end{vmatrix}=\begin{vmatrix}\lambda-7&2&4\\0&\lambda-6&2\\7-\lambda&2&\lambda-3\end{vmatrix}$$

$$=(\lambda-7)\begin{vmatrix}1&2&4\\0&\lambda-6&2\\-1&2&\lambda-3\end{vmatrix}=(\lambda-7)\begin{vmatrix}1&2&4\\0&\lambda-6&2\\0&4&\lambda+1\end{vmatrix}$$

$$=(\lambda-7)(\lambda^2-5\lambda-14)=(\lambda-7)^2(\lambda+2)$$

由 $|\lambda\boldsymbol{E}-\boldsymbol{A}|=0$，得矩阵 $\boldsymbol{A}$ 的特征值为 $\lambda_1=\lambda_2=7$，$\lambda_3=-2$。

将 $\lambda=7$ 代入 $(\lambda\boldsymbol{E}-\boldsymbol{A})\boldsymbol{x}=\boldsymbol{0}$ 中，得 $(7\boldsymbol{E}-\boldsymbol{A})\boldsymbol{x}=\boldsymbol{0}$，由

$$7\boldsymbol{E}-\boldsymbol{A}=\begin{bmatrix}4&2&4\\2&1&2\\4&2&4\end{bmatrix}\to\begin{bmatrix}2&1&2\\0&0&0\\0&0&0\end{bmatrix}$$

得基础解系为 $\boldsymbol{\alpha}_1=(-1,\ 2,\ 0)^{\mathrm{T}}$，$\boldsymbol{\alpha}_2=(-1,\ 0,\ 1)^{\mathrm{T}}$，从而 $\boldsymbol{A}$ 的对应于 $\lambda_1=\lambda_2=7$ 的特征向量为 $k_1\boldsymbol{\alpha}_1+k_2\boldsymbol{\alpha}_2$，其中 k_1，k_2 是不全为零的常数。

将 $\lambda=-2$ 代入 $(\lambda\boldsymbol{E}-\boldsymbol{A})\boldsymbol{x}=\boldsymbol{0}$ 中，得 $(-2\boldsymbol{E}-\boldsymbol{A})\boldsymbol{x}=\boldsymbol{0}$，由

$$-2\boldsymbol{E}-\boldsymbol{A}=\begin{bmatrix}-5&2&4\\2&-8&2\\4&2&-5\end{bmatrix}\to\begin{bmatrix}1&-4&1\\-5&2&4\\4&2&-5\end{bmatrix}\to\begin{bmatrix}1&-4&1\\0&-18&9\\0&18&-9\end{bmatrix}\to\begin{bmatrix}1&-4&1\\0&2&-1\\0&0&0\end{bmatrix}$$

得基础解系为 $\boldsymbol{\alpha}_3=(2,\ 1,\ 2)^{\mathrm{T}}$，从而 $\boldsymbol{A}$ 的对应于 $\lambda_3=-2$ 的特征向量为 $k_3\boldsymbol{\alpha}_3$，其中 $k_3\neq0$ 为常数。

例 2　已知 $\boldsymbol{A}$ 是 n 阶矩阵，且 $\boldsymbol{A}^2-2\boldsymbol{A}-3\boldsymbol{E}=\boldsymbol{0}$，求矩阵 $\boldsymbol{A}$ 的特征值。

解　设 λ 是矩阵 $\boldsymbol{A}$ 的任一个特征值，$\boldsymbol{\alpha}$ 是矩阵 $\boldsymbol{A}$ 的对应于 λ 的特征向量，即 $\boldsymbol{A}\boldsymbol{\alpha}=\lambda\boldsymbol{\alpha}$ $(\boldsymbol{\alpha}\neq\boldsymbol{0})$，则 $(\boldsymbol{A}^2-2\boldsymbol{A}-3\boldsymbol{E})\boldsymbol{\alpha}=\boldsymbol{0}$，从而 $(\lambda^2-2\lambda-3)\boldsymbol{\alpha}=\boldsymbol{0}$，又 $\boldsymbol{\alpha}\neq\boldsymbol{0}$，故 $\lambda^2-2\lambda-3=0$，从而矩阵 $\boldsymbol{A}$ 的特征值为 3 或 -1。

评注：由于满足条件 $\boldsymbol{A}^2-2\boldsymbol{A}-3\boldsymbol{E}=\boldsymbol{0}$ 的矩阵不是唯一的，例如

$$\begin{pmatrix}-1&0\\0&-1\end{pmatrix},\begin{pmatrix}3&0\\0&3\end{pmatrix},\begin{pmatrix}1&-2\\-2&1\end{pmatrix},\begin{pmatrix}1&2\\2&1\end{pmatrix},\begin{bmatrix}-\frac{1}{5}&\frac{8}{5}\\\frac{8}{5}&\frac{11}{5}\end{bmatrix},\begin{pmatrix}3&0\\8&-1\end{pmatrix},\cdots$$

因此这里只是求出这一类矩阵特征值的取值范围，若要明确 $\boldsymbol{A}$ 的特征值有没有 3，有几个 3，有没有 -1，有几个 -1，则需要增加条件。

例3 设 $\boldsymbol{A}, \boldsymbol{B}$ 均是3阶非零矩阵，且 $\boldsymbol{A}^2=\boldsymbol{A}$，$\boldsymbol{B}^2=\boldsymbol{B}$，$\boldsymbol{AB}=\boldsymbol{BA}=\boldsymbol{O}$，证明0和1必是 $\boldsymbol{A}$ 与 $\boldsymbol{B}$ 的特征值，且若 $\boldsymbol{\alpha}$ 是 $\boldsymbol{A}$ 的对应于特征值 $\lambda=1$ 的特征向量，则 $\boldsymbol{\alpha}$ 必是 $\boldsymbol{B}$ 的对应于特征值 $\lambda=0$ 的特征向量。

证 由于 $\boldsymbol{A}^2=\boldsymbol{A}$，因此 $\boldsymbol{A}$ 的特征值只能是0或1，又 $(\boldsymbol{A}-\boldsymbol{E})\boldsymbol{A}=\boldsymbol{0}$，$\boldsymbol{A}\neq\boldsymbol{O}$，故齐次方程组 $(\boldsymbol{A}-\boldsymbol{E})\boldsymbol{x}=\boldsymbol{0}$ 有非零解，从而 $|\boldsymbol{A}-\boldsymbol{E}|=0$，即 $|\boldsymbol{E}-\boldsymbol{A}|=0$，故 $\lambda=1$ 必是 $\boldsymbol{A}$ 的特征值。

由 $\boldsymbol{AB}=\boldsymbol{O}$，$\boldsymbol{B}\neq\boldsymbol{O}$，知齐次线性方程组 $\boldsymbol{Ax}=\boldsymbol{0}$ 有非零解，从而 $|\boldsymbol{A}-0\boldsymbol{E}|=|\boldsymbol{A}|=0$，即 $|0\boldsymbol{E}-\boldsymbol{A}|=0$，故 $\lambda=0$ 必是 $\boldsymbol{A}$ 的特征值。由条件的对称性知，0和1必是 $\boldsymbol{B}$ 的特征值。

若 $\boldsymbol{\alpha}$ 是 $\boldsymbol{A}$ 的对应于特征值 $\lambda=1$ 的特征向量，则 $\boldsymbol{A\alpha}=\boldsymbol{\alpha}$，两边同时左乘矩阵 $\boldsymbol{B}$，得

$$\boldsymbol{B\alpha}=\boldsymbol{B}(\boldsymbol{A\alpha})=(\boldsymbol{BA})\boldsymbol{\alpha}=\boldsymbol{0}=0\boldsymbol{\alpha}$$

从而 $\boldsymbol{\alpha}$ 是 $\boldsymbol{B}$ 的对应于特征值 $\lambda=0$ 的特征向量。

例4 设 $\boldsymbol{A}=\begin{pmatrix} a & -1 & c \\ 5 & b & 3 \\ 1-c & 0 & -a \end{pmatrix}$，$|\boldsymbol{A}|=-1$，$\boldsymbol{A}$ 的伴随矩阵 $\boldsymbol{A}^*$ 有一个特征值为 λ_0，对应于 λ_0 的特征向量为 $\boldsymbol{\alpha}=(-1,\ -1,\ 1)^{\mathrm{T}}$，求 a，b，c，λ_0。

解 由于 $\boldsymbol{A}^*\boldsymbol{\alpha}=\lambda_0\boldsymbol{\alpha}$，$\boldsymbol{AA}^*=|\boldsymbol{A}|\boldsymbol{E}=-\boldsymbol{E}$，因此 $\boldsymbol{AA}^*\boldsymbol{\alpha}=\lambda_0\boldsymbol{A\alpha}$，从而 $\lambda_0\boldsymbol{A\alpha}=-\boldsymbol{\alpha}$，即 $\lambda_0\begin{pmatrix} a & -1 & c \\ 5 & b & 3 \\ 1-c & 0 & -a \end{pmatrix}\begin{pmatrix} -1 \\ -1 \\ 1 \end{pmatrix}=-\begin{pmatrix} -1 \\ -1 \\ 1 \end{pmatrix}$，从而 $\begin{cases} \lambda_0(-a+1+c)=1 \\ \lambda_0(-5-b+3)=1 \\ \lambda_0(-1+c-a)=-1 \end{cases}$，解之，得 $\lambda_0=1$，$b=-3$，$a=c$。再由 $|\boldsymbol{A}|=-1$，得 $-1=\begin{vmatrix} a & -1 & a \\ 5 & -3 & 3 \\ 1-a & 0 & -a \end{vmatrix}=a-3$，即 $a=c=2$，因此 $a=2$，$b=-3$，$c=2$，$\lambda_0=1$。

例5 设 $\boldsymbol{A}=\begin{pmatrix} -1 & 2 & 2 \\ 2 & -1 & -2 \\ 2 & -2 & -1 \end{pmatrix}$，求：

（ⅰ）矩阵 $\boldsymbol{A}$ 的特征值；

（ⅱ）矩阵 $\boldsymbol{E}+\boldsymbol{A}^{-1}$ 的特征值。

解 （ⅰ） $|\lambda\boldsymbol{E}-\boldsymbol{A}|=\begin{vmatrix} \lambda+1 & -2 & -2 \\ -2 & \lambda+1 & 2 \\ -2 & 2 & \lambda+1 \end{vmatrix}=\begin{vmatrix} \lambda+1 & -2 & -2 \\ \lambda-1 & \lambda-1 & 0 \\ -2 & 2 & \lambda+1 \end{vmatrix}$

$$=(\lambda-1)\begin{vmatrix} \lambda+1 & -2 & -2 \\ 1 & 1 & 0 \\ -2 & 2 & \lambda+1 \end{vmatrix}=(\lambda-1)^2(\lambda+5)$$

由 $|\lambda\boldsymbol{E}-\boldsymbol{A}|=0$，得矩阵 $\boldsymbol{A}$ 的特征值为1，1，-5。

（ⅱ）设矩阵 $\boldsymbol{A}$ 的对应于特征值 λ 的特征向量为 $\boldsymbol{x}$，则 $\boldsymbol{Ax}=\lambda\boldsymbol{x}$，从而

$$\boldsymbol{A}^{-1}\boldsymbol{x}=\lambda^{-1}\boldsymbol{x},\quad (\boldsymbol{E}+\boldsymbol{A}^{-1})\boldsymbol{x}=\boldsymbol{Ex}+\boldsymbol{A}^{-1}\boldsymbol{x}=(1+\lambda^{-1})\boldsymbol{x}$$

故 $1+\lambda^{-1}$ 是 $\boldsymbol{E}+\boldsymbol{A}^{-1}$ 的特征值，将 $\lambda=1$，1，-5 代入 $1+\lambda^{-1}$，得 $\boldsymbol{E}+\boldsymbol{A}^{-1}$ 的特征值为2，2，$\frac{4}{5}$。

例 6　设 3 阶矩阵 $\boldsymbol{A}=(\boldsymbol{\alpha}_1,\boldsymbol{\alpha}_2,\boldsymbol{\alpha}_3)$ 的各行元素之和均为零，且 $\boldsymbol{A}$ 的 3 个特征值各不相同。

（ⅰ）证明矩阵的秩 $r(\boldsymbol{A})=2$；

（ⅱ）若 $\boldsymbol{\beta}=-3\boldsymbol{\alpha}_1-2\boldsymbol{\alpha}_2$，求线性方程组 $\boldsymbol{Ax}=\boldsymbol{\beta}$ 的通解。

解　（ⅰ）由于矩阵 $\boldsymbol{A}$ 的各行元素之和为零，因此 0 是 $\boldsymbol{A}$ 的特征值，从而 $\boldsymbol{A}$ 的另外两个特征值不为零，又 $\boldsymbol{A}$ 的 3 个特征值各不相同，故 $\boldsymbol{A}$ 可对角化，从而 $r(\boldsymbol{A})=2$。

（ⅱ）由于 $r(\boldsymbol{A})=2$，因此齐次线性方程组 $\boldsymbol{Ax}=\boldsymbol{0}$ 的基础解系仅含一个解向量，又 $\boldsymbol{A}$ 的各行元素之和为零，故 $\boldsymbol{\xi}=(1,1,1)^{\mathrm{T}}$ 是 $\boldsymbol{Ax}=\boldsymbol{0}$ 的一个非零解，从而齐次线性方程组 $\boldsymbol{Ax}=\boldsymbol{0}$ 的基础解系为 $\boldsymbol{\xi}=(1,1,1)^{\mathrm{T}}$。由 $\boldsymbol{\beta}=-3\boldsymbol{\alpha}_1-2\boldsymbol{\alpha}_2$，得 $(\boldsymbol{\alpha}_1,\boldsymbol{\alpha}_2,\boldsymbol{\alpha}_3)\begin{pmatrix}-3\\-2\\0\end{pmatrix}=\boldsymbol{\beta}$，从而 $\boldsymbol{\xi}^*=(-3,-2,0)^{\mathrm{T}}$ 是非齐次线性方程组 $\boldsymbol{Ax}=\boldsymbol{\beta}$ 的一个特解，故非齐次线性方程组 $\boldsymbol{Ax}=\boldsymbol{\beta}$ 的通解为 $\boldsymbol{\xi}^*+k\boldsymbol{\xi}$，其中 k 为任意常数。

例 7　某生产线每年一月份进行熟练工与非熟练工的人数统计，然后将 $\frac{1}{6}$ 熟练工支援其他部门，其缺额由招收新的非熟练工补齐。新、老非熟练工经过培训与实践至年终考核有 $\frac{2}{5}$ 成为熟练工。设第 n 年一月份统计的熟练工与非熟练工所占百分比为 x_n 与 y_n，记为 $\boldsymbol{\alpha}_n=(x_n,y_n)^{\mathrm{T}}$。

（ⅰ）求 $\boldsymbol{\alpha}_{n+1}$ 与 $\boldsymbol{\alpha}_n$ 的关系式，并将其写成矩阵形式 $\boldsymbol{\alpha}_{n+1}=\boldsymbol{A\alpha}_n$；

（ⅱ）求 $\boldsymbol{A}$ 的特征值与特征向量；

（ⅲ）当 $\boldsymbol{\alpha}_0=\left(\frac{1}{2},\frac{1}{2}\right)^{\mathrm{T}}$ 时，求 $\boldsymbol{A}^n\boldsymbol{\alpha}_0$。

解　（ⅰ）依题设，得

$$\begin{cases}x_{n+1}=\dfrac{5}{6}x_n+\dfrac{2}{5}\left(\dfrac{1}{6}x_n+y_n\right)\\ y_{n+1}=\dfrac{3}{5}\left(\dfrac{1}{6}x_n+y_n\right)\end{cases}$$

即

$$\begin{cases}x_{n+1}=\dfrac{9}{10}x_n+\dfrac{2}{5}y_n\\ y_{n+1}=\dfrac{1}{10}x_n+\dfrac{3}{5}y_n\end{cases}\quad\text{或}\quad\begin{pmatrix}x_{n+1}\\y_{n+1}\end{pmatrix}=\begin{pmatrix}\dfrac{9}{10}&\dfrac{2}{5}\\ \dfrac{1}{10}&\dfrac{3}{5}\end{pmatrix}\begin{pmatrix}x_n\\y_n\end{pmatrix}$$

即 $\boldsymbol{\alpha}_{n+1}=\boldsymbol{A\alpha}_n$，其中 $\boldsymbol{A}=\begin{pmatrix}\dfrac{9}{10}&\dfrac{2}{5}\\ \dfrac{1}{10}&\dfrac{3}{5}\end{pmatrix}$。

（ⅱ）$|\lambda\boldsymbol{E}-\boldsymbol{A}|=\begin{vmatrix}\lambda-\dfrac{9}{10}&-\dfrac{2}{5}\\ -\dfrac{1}{10}&\lambda-\dfrac{3}{5}\end{vmatrix}=(\lambda-1)\left(\lambda-\dfrac{1}{2}\right)$，由 $|\lambda\boldsymbol{E}-\boldsymbol{A}|=0$，得 $\boldsymbol{A}$ 的特征值为

$\lambda_1=1$，$\lambda_2=\dfrac{1}{2}$。

将 $\lambda=1$ 代入 $(\lambda\boldsymbol{E}-\boldsymbol{A})\boldsymbol{x}=\boldsymbol{0}$，得 $(\boldsymbol{E}-\boldsymbol{A})\boldsymbol{x}=\boldsymbol{0}$，由

$$\boldsymbol{E}-\boldsymbol{A}=\begin{pmatrix}\dfrac{1}{10} & -\dfrac{2}{5}\\ -\dfrac{1}{10} & \dfrac{2}{5}\end{pmatrix}\rightarrow\begin{pmatrix}1 & -4\\ 0 & 0\end{pmatrix}$$

得基础解系为 $\boldsymbol{\xi}_1=(4,\ 1)^{\mathrm{T}}$，从而 $\boldsymbol{A}$ 的对应于特征值 $\lambda_1=1$ 的全部特征向量为 $k_1\boldsymbol{\xi}_1$，其中 $k\neq0$ 为任意常数。

将 $\lambda=\dfrac{1}{2}$ 代入 $(\lambda\boldsymbol{E}-\boldsymbol{A})\boldsymbol{x}=\boldsymbol{0}$，得 $\left(\dfrac{1}{2}\boldsymbol{E}-\boldsymbol{A}\right)\boldsymbol{x}=\boldsymbol{0}$，由

$$\frac{1}{2}\boldsymbol{E}-\boldsymbol{A}=\begin{pmatrix}-\dfrac{2}{5} & -\dfrac{2}{5}\\ -\dfrac{1}{10} & -\dfrac{1}{10}\end{pmatrix}\rightarrow\begin{pmatrix}1 & 1\\ 0 & 0\end{pmatrix}$$

得基础解系为 $\boldsymbol{\xi}_2=(-1,\ 1)^{\mathrm{T}}$，从而 $\boldsymbol{A}$ 的对应于特征值 $\lambda_2=\dfrac{1}{2}$ 的全部特征向量为 $k_2\boldsymbol{\xi}_2$，其中 $k_2\neq0$ 为任意常数。

（ⅲ）由于 $\boldsymbol{\xi}_1$，$\boldsymbol{\xi}_2$ 线性无关，因此 $\boldsymbol{\alpha}_0$ 可由 $\boldsymbol{\xi}_1$，$\boldsymbol{\xi}_2$ 线性表示。由

$$(\boldsymbol{\xi}_1,\ \boldsymbol{\xi}_2,\ \boldsymbol{\alpha}_0)=\begin{pmatrix}4 & -1 & \dfrac{1}{2}\\ 1 & 1 & \dfrac{1}{2}\end{pmatrix}\rightarrow\begin{pmatrix}1 & 1 & \dfrac{1}{2}\\ 4 & -1 & \dfrac{1}{2}\end{pmatrix}\rightarrow\begin{pmatrix}1 & 1 & \dfrac{1}{2}\\ 0 & 1 & \dfrac{3}{10}\end{pmatrix}\rightarrow\begin{pmatrix}1 & 0 & \dfrac{1}{5}\\ 0 & 1 & \dfrac{3}{10}\end{pmatrix}$$

得 $\boldsymbol{\alpha}_0=\dfrac{1}{5}\boldsymbol{\xi}_1+\dfrac{3}{10}\boldsymbol{\xi}_2$，从而

$$\boldsymbol{A}^n\boldsymbol{\alpha}_0=\frac{1}{5}\boldsymbol{A}^n\boldsymbol{\xi}_1+\frac{3}{10}\boldsymbol{A}^n\boldsymbol{\xi}_2=\frac{1}{5}\boldsymbol{\xi}_1+\frac{3}{10}\left(\frac{1}{2}\right)^n\boldsymbol{\xi}_2=\frac{1}{10}\left(8-3\left(\frac{1}{2}\right)^n,\ 2+3\left(\frac{1}{2}\right)^n\right)^{\mathrm{T}}$$

例 8 设 3 阶实对称矩阵 $\boldsymbol{A}$ 的每行元素之和为 3，且 $r(\boldsymbol{A})=1$，$\boldsymbol{\beta}=(-1,\ 2,\ 2)^{\mathrm{T}}$。

（ⅰ）求 $\boldsymbol{A}^n\boldsymbol{\beta}$；

（ⅱ）计算 $\left(\boldsymbol{A}-\dfrac{3}{2}\boldsymbol{E}\right)^{10}$。

解 （ⅰ）由于矩阵 $\boldsymbol{A}$ 的每行元素之和为 3，因此 $\boldsymbol{A}$ 有特征值 $\lambda_1=3$，且 $\boldsymbol{A}$ 的对应于特征值 $\lambda_1=3$ 的特征向量为 $\boldsymbol{\alpha}_1=(1,\ 1,\ 1)^{\mathrm{T}}$。又 $r(\boldsymbol{A})=1$ 且 $\boldsymbol{A}$ 可对角化，由此可知 $\boldsymbol{A}$ 有二重特征值 $\lambda_2=\lambda_3=0$。由于 $\boldsymbol{A}$ 是实对称矩阵，因此 $\boldsymbol{A}$ 的不同特征值对应的特征向量正交。设 $\boldsymbol{A}$ 的对应于特征值 $\lambda_2=\lambda_3=0$ 的特征向量为 $\boldsymbol{\alpha}=(x_1,\ x_2,\ x_3)^{\mathrm{T}}$，则 $\boldsymbol{\alpha}_1^{\mathrm{T}}\boldsymbol{\alpha}=0$，即 $x_1+x_2+x_3=0$，从而 $\boldsymbol{A}$ 的对应于特征值 $\lambda_2=\lambda_3=0$ 的特征向量为 $\boldsymbol{\alpha}_2=(-1,\ 1,\ 0)^{\mathrm{T}}$，$\boldsymbol{\alpha}_3=(-1,\ 0,\ 1)^{\mathrm{T}}$。

由于 $\boldsymbol{\alpha}_1$，$\boldsymbol{\alpha}_2$，$\boldsymbol{\alpha}_3$ 线性无关，因此 $\boldsymbol{\beta}$ 可由 $\boldsymbol{\alpha}_1$，$\boldsymbol{\alpha}_2$，$\boldsymbol{\alpha}_3$ 线性表示，即 $x_1\boldsymbol{\alpha}_1+x_2\boldsymbol{\alpha}_2+x_3\boldsymbol{\alpha}_3=\boldsymbol{\beta}$，解之，得 $x_1=1$，$x_2=1$，$x_3=1$，故 $\boldsymbol{\alpha}_1+\boldsymbol{\alpha}_2+\boldsymbol{\alpha}_3=\boldsymbol{\beta}$，从而

$$\begin{aligned}\boldsymbol{A}^n\boldsymbol{\beta}&=\boldsymbol{A}^n(\boldsymbol{\alpha}_1+\boldsymbol{\alpha}_2+\boldsymbol{\alpha}_3)=\boldsymbol{A}^n\boldsymbol{\alpha}_1+\boldsymbol{A}^n\boldsymbol{\alpha}_2+\boldsymbol{A}^n\boldsymbol{\alpha}_3\\&=\lambda_1^n\boldsymbol{\alpha}_1+\lambda_2^n\boldsymbol{\alpha}_2+\lambda_3^n\boldsymbol{\alpha}_3=3^n\boldsymbol{\alpha}_1=(3^n,\ 3^n,\ 3^n)^{\mathrm{T}}\end{aligned}$$

（ⅱ）由于 $\boldsymbol{A}$ 为实对称矩阵，因此令 $\boldsymbol{P}=(\boldsymbol{\alpha}_1,\ \boldsymbol{\alpha}_2,\ \boldsymbol{\alpha}_3)$，则 $\boldsymbol{P}$ 为可逆矩阵，使得 $\boldsymbol{P}^{-1}\boldsymbol{A}\boldsymbol{P}=\boldsymbol{\Lambda}$，故

$$\left(\boldsymbol{A}-\frac{3}{2}\boldsymbol{E}\right)^{10}=\left(\boldsymbol{P\Lambda P}^{-1}-\frac{3}{2}\boldsymbol{PP}^{-1}\right)^{10}=\boldsymbol{P}\left(\boldsymbol{\Lambda}-\frac{3}{2}\boldsymbol{E}\right)^{10}\boldsymbol{P}^{-1}$$

$$=\boldsymbol{P}\begin{pmatrix}\left(\frac{3}{2}\right)^{10} & & \\ & \left(-\frac{3}{2}\right)^{10} & \\ & & \left(-\frac{3}{2}\right)^{10}\end{pmatrix}\boldsymbol{P}^{-1}=\left(\frac{3}{2}\right)^{10}\boldsymbol{PP}^{-1}=\left(\frac{3}{2}\right)^{10}\boldsymbol{E}$$

例 9　设 $\boldsymbol{A}$ 是 3 阶矩阵，$\boldsymbol{\alpha}_1$，$\boldsymbol{\alpha}_2$，$\boldsymbol{\alpha}_3$ 是 3 维线性无关的列向量，且 $\boldsymbol{A\alpha}_1=\boldsymbol{\alpha}_1-\boldsymbol{\alpha}_2+3\boldsymbol{\alpha}_3$，$\boldsymbol{A\alpha}_2=4\boldsymbol{\alpha}_1-3\boldsymbol{\alpha}_2+5\boldsymbol{\alpha}_3$，$\boldsymbol{A\alpha}_3=\boldsymbol{0}$，求 $\boldsymbol{A}$ 的特征值与特征向量。

解　由于 $\boldsymbol{A\alpha}_1=\boldsymbol{\alpha}_1-\boldsymbol{\alpha}_2+3\boldsymbol{\alpha}_3$，$\boldsymbol{A\alpha}_2=4\boldsymbol{\alpha}_1-3\boldsymbol{\alpha}_2+5\boldsymbol{\alpha}_3$，$\boldsymbol{A\alpha}_3=\boldsymbol{0}$，因此

$$\boldsymbol{A}(\boldsymbol{\alpha}_1,\boldsymbol{\alpha}_2,\boldsymbol{\alpha}_3)=(\boldsymbol{\alpha}_1-\boldsymbol{\alpha}_2+3\boldsymbol{\alpha}_3,4\boldsymbol{\alpha}_1-3\boldsymbol{\alpha}_2+5\boldsymbol{\alpha}_3,\boldsymbol{0})=(\boldsymbol{\alpha}_1,\boldsymbol{\alpha}_2,\boldsymbol{\alpha}_3)\begin{pmatrix}1 & 4 & 0\\ -1 & -3 & 0\\ 3 & 5 & 0\end{pmatrix}$$

令 $\boldsymbol{P}=(\boldsymbol{\alpha}_1,\boldsymbol{\alpha}_2,\boldsymbol{\alpha}_3)$，由于 $\boldsymbol{\alpha}_1$，$\boldsymbol{\alpha}_2$，$\boldsymbol{\alpha}_3$ 线性无关，因此 $\boldsymbol{P}$ 为可逆矩阵，且

$$\boldsymbol{P}^{-1}\boldsymbol{AP}=\begin{pmatrix}1 & 4 & 0\\ -1 & -3 & 0\\ 3 & 5 & 0\end{pmatrix}=\boldsymbol{B}$$

从而 $\boldsymbol{A}$ 与 $\boldsymbol{B}$ 相似。$|\lambda\boldsymbol{E}-\boldsymbol{B}|=\begin{vmatrix}\lambda-1 & -4 & 0\\ 1 & \lambda+3 & 0\\ -3 & -5 & \lambda\end{vmatrix}=\lambda(\lambda+1)^2$，由 $|\lambda\boldsymbol{E}-\boldsymbol{B}|=0$，得矩阵 $\boldsymbol{B}$ 的特征值为 -1，-1，0，从而 $\boldsymbol{A}$ 的特征值为 -1，-1，0。

将 $\lambda=-1$ 代入 $(\lambda\boldsymbol{E}-\boldsymbol{B})\boldsymbol{x}=\boldsymbol{0}$，得 $(-\boldsymbol{E}-\boldsymbol{B})\boldsymbol{x}=\boldsymbol{0}$，由

$$-\boldsymbol{E}-\boldsymbol{B}=\begin{pmatrix}-2 & -4 & 0\\ 1 & 2 & 0\\ -3 & -5 & -1\end{pmatrix}\rightarrow\begin{pmatrix}1 & 2 & 0\\ 0 & 1 & -1\\ 0 & 0 & 0\end{pmatrix}$$

得基础解系为 $\boldsymbol{\beta}=(-2,1,1)^{\mathrm{T}}$，从而 $\boldsymbol{B}$ 的对应于特征值 $\lambda_1=\lambda_2=-1$ 的特征向量为 $\boldsymbol{\beta}=(-2,1,1)^{\mathrm{T}}$。

若 $\boldsymbol{Bx}=\lambda\boldsymbol{x}(\boldsymbol{x}\neq\boldsymbol{0})$，即 $\boldsymbol{P}^{-1}\boldsymbol{APx}=\lambda\boldsymbol{x}$，$\boldsymbol{A}(\boldsymbol{Px})=\lambda(\boldsymbol{Px})$，则 $\boldsymbol{A}$ 的对应于特征值 $\lambda_1=\lambda_2=-1$ 的特征向量为 $\boldsymbol{P\beta}=(\boldsymbol{\alpha}_1,\boldsymbol{\alpha}_2,\boldsymbol{\alpha}_3)\begin{pmatrix}-2\\ 1\\ 1\end{pmatrix}=-2\boldsymbol{\alpha}_1+\boldsymbol{\alpha}_2+\boldsymbol{\alpha}_3$，从而 $\boldsymbol{A}$ 的对应于特征值 $\lambda_1=\lambda_2=-1$ 的全部特征向量为 $k_1(-2\boldsymbol{\alpha}_1+\boldsymbol{\alpha}_2+\boldsymbol{\alpha}_3)$，其中 $k_1\neq0$ 为任意常数。

由 $\boldsymbol{A\alpha}_3=\boldsymbol{0}$，得 $\boldsymbol{A}$ 的对应于特征值 $\lambda_3=0$ 的特征向量为 $\boldsymbol{\alpha}_3$，从而 $\boldsymbol{A}$ 的对应于特征值 $\lambda_3=0$ 的全部特征向量为 $k_2\boldsymbol{\alpha}_3$，其中 $k_2\neq0$ 为任意常数。

例 10　设 $\boldsymbol{A}=\begin{pmatrix}2 & a & 2\\ 5 & b & 3\\ -1 & 1 & -1\end{pmatrix}$ 有特征值 ±1，问 $\boldsymbol{A}$ 能否对角化，并说明理由。

解　由于 ±1 是 $\boldsymbol{A}$ 的特征值，将其代入特征方程，得 $\begin{cases}|\boldsymbol{E}-\boldsymbol{A}|=-7(a+1)=0\\ |-\boldsymbol{E}-\boldsymbol{A}|=3a-2b-3=0\end{cases}$，解

之，得 $a=-1$，$b=-3$。因此 $\boldsymbol{A}=\begin{pmatrix}2 & -1 & 2\\ 5 & -3 & 3\\ -1 & 1 & -1\end{pmatrix}$。

由 $\sum_{i=1}^{3}\lambda_i=\sum_{i=1}^{3}a_{ij}$，得 $1+(-1)+\lambda_3=2+(-3)+(-1)$，从而 $\lambda_3=-2$，故 $\boldsymbol{A}$ 有三个不同的特征向量，所以 $\boldsymbol{A}$ 可以对角化。

例 11 设 $\boldsymbol{A}=\begin{pmatrix}1 & 2 & -3\\ -1 & 4 & -3\\ 1 & a & 5\end{pmatrix}$ 有一个二重特征值，求 a 的值，并讨论矩阵 $\boldsymbol{A}$ 是否可相似对角化。

解

$$|\lambda\boldsymbol{E}-\boldsymbol{A}|=\begin{vmatrix}\lambda-1 & -2 & 3\\ 1 & \lambda-4 & 3\\ -1 & -a & \lambda-5\end{vmatrix}=\begin{vmatrix}\lambda-2 & -(\lambda-2) & 0\\ 1 & \lambda-4 & 3\\ -1 & -a & \lambda-5\end{vmatrix}$$

$$=(\lambda-2)\begin{vmatrix}1 & -1 & 0\\ 1 & \lambda-4 & 3\\ -1 & -a & \lambda-5\end{vmatrix}=(\lambda-2)\begin{vmatrix}1 & 0 & 0\\ 1 & \lambda-3 & 3\\ -1 & -1-a & \lambda-5\end{vmatrix}$$

$$=(\lambda-2)(\lambda^2-8\lambda+18+3a)$$

（ⅰ）若 $\lambda=2$ 是单根，则 $\lambda^2-8\lambda+18+3a$ 是完全平方，从而 $18+3a=16$，即 $a=-\dfrac{2}{3}$，因此 $\boldsymbol{A}$ 的特征值为 2，4，4，又 $r(4\boldsymbol{E}-\boldsymbol{A})=2$，故矩阵 $\boldsymbol{A}$ 对应于 $\lambda=4$ 只有一个线性无关的特征向量，从而 $\boldsymbol{A}$ 不能相似对角化。

（ⅱ）若 $\lambda=2$ 是二重根，则 $\lambda^2-8\lambda+18+3a=(\lambda-2)(\lambda-6)$，从而 $18+3a=12$，即 $a=-2$，因此 $\boldsymbol{A}$ 的特征值为 2，2，6，又 $r(2\boldsymbol{E}-\boldsymbol{A})=1$，故矩阵 $\boldsymbol{A}$ 对应于 $\lambda=2$ 有两个线性无关的特征向量，从而 $\boldsymbol{A}$ 可以相似对角化。

例 12 设 $\boldsymbol{A}=\begin{pmatrix}3 & 2 & -2\\ -k & -1 & k\\ 4 & 2 & -3\end{pmatrix}$，问 k 为何值时，矩阵 $\boldsymbol{A}$ 可相似对角化，并求可逆矩阵 $\boldsymbol{P}$，使得 $\boldsymbol{P}^{-1}\boldsymbol{AP}$ 为对角矩阵。

解

$$|\lambda\boldsymbol{E}-\boldsymbol{A}|=\begin{vmatrix}\lambda-3 & -2 & 2\\ k & \lambda+1 & -k\\ -4 & -2 & \lambda+3\end{vmatrix}=\begin{vmatrix}\lambda-1 & -2 & 2\\ 0 & \lambda+1 & -k\\ 0 & 0 & \lambda+1\end{vmatrix}=(\lambda-1)(\lambda+1)^2$$

由 $|\lambda\boldsymbol{E}-\boldsymbol{A}|=0$，得矩阵 $\boldsymbol{A}$ 的特征值为 $\lambda_1=\lambda_2=-1$，$\lambda_3=1$。

要使 $\boldsymbol{A}$ 可相似对角化，只需 $\boldsymbol{A}$ 的对应于特征值 $\lambda_1=\lambda_2=-1$ 有两个线性无关的特征向量，从而 $r(-\boldsymbol{E}-\boldsymbol{A})=1$，由

$$-\boldsymbol{E}-\boldsymbol{A}=\begin{pmatrix}-4 & -2 & 2\\ k & 0 & -k\\ -4 & -2 & 2\end{pmatrix}\rightarrow\begin{pmatrix}-4 & -2 & 2\\ k & 0 & -k\\ 0 & 0 & 0\end{pmatrix}$$

得 $k=0$，故当 $k=0$ 时，矩阵 $\boldsymbol{A}$ 可相似对角化。当 $k=0$ 时，齐次线性方程组 $(-\boldsymbol{E}-\boldsymbol{A})\boldsymbol{x}=\boldsymbol{0}$ 的基础解系为 $\boldsymbol{\alpha}_1=(1,\ -2,\ 0)^{\mathrm{T}}$，$\boldsymbol{\alpha}_2=(1,\ 0,\ 2)^{\mathrm{T}}$，从而 $\boldsymbol{A}$ 的对应于特征值 $\lambda_1=\lambda_2=-1$ 的

特征向量为 $\boldsymbol{\alpha}_1=(1,-2,0)^{\mathrm{T}}$，$\boldsymbol{\alpha}_2=(1,0,2)^{\mathrm{T}}$。

将 $\lambda=1$ 代入 $(\lambda\boldsymbol{E}-\boldsymbol{A})\boldsymbol{x}=\boldsymbol{0}$，得 $(\boldsymbol{E}-\boldsymbol{A})\boldsymbol{x}=\boldsymbol{0}$，由

$$\boldsymbol{E}-\boldsymbol{A}=\begin{pmatrix}-2&-2&2\\0&2&0\\-4&-2&4\end{pmatrix}\rightarrow\begin{pmatrix}1&0&-1\\0&1&0\\0&0&0\end{pmatrix}$$

得基础解系为 $\boldsymbol{\alpha}_3=(1,0,1)^{\mathrm{T}}$，从而 $\boldsymbol{A}$ 的对应于 $\lambda_3=1$ 的特征向量为 $\boldsymbol{\alpha}_3=(1,0,1)^{\mathrm{T}}$。

取 $\boldsymbol{P}=(\boldsymbol{\alpha}_1,\boldsymbol{\alpha}_2,\boldsymbol{\alpha}_3)=\begin{pmatrix}1&1&1\\-2&0&0\\0&2&1\end{pmatrix}$，则 $\boldsymbol{P}$ 为可逆矩阵，使得 $\boldsymbol{P}^{-1}\boldsymbol{A}\boldsymbol{P}=\begin{pmatrix}-1&&\\&-1&\\&&1\end{pmatrix}$，即当 $k=0$ 时，矩阵 $\boldsymbol{A}$ 可相似对角化。

例 13　设矩阵 $\boldsymbol{A}=\begin{pmatrix}1&-1&1\\2&4&-2\\-3&-3&a\end{pmatrix}$，$\boldsymbol{B}=\begin{pmatrix}2&0&0\\0&2&0\\0&0&b\end{pmatrix}$，且 $\boldsymbol{A}$ 与 $\boldsymbol{B}$ 相似，求可逆矩阵 $\boldsymbol{P}$，使得 $\boldsymbol{P}^{-1}\boldsymbol{A}\boldsymbol{P}=\boldsymbol{B}$。

解　由于矩阵 $\boldsymbol{A}$ 与 $\boldsymbol{B}$ 相似，因此 $\begin{cases}1+4+a=2+2+b\\|\boldsymbol{A}|=6a-6=4b=|\boldsymbol{B}|\end{cases}$，解之，得 $a=5$，$b=6$。又 $\boldsymbol{A}$ 与 $\boldsymbol{B}$ 相似，2，2，b 是 $\boldsymbol{B}$ 的特征值，故 $\boldsymbol{A}$ 的特征值为 $\lambda_1=\lambda_2=2$，$\lambda_3=6$。

将 $\lambda=2$ 代入 $(\lambda\boldsymbol{E}-\boldsymbol{A})\boldsymbol{x}=\boldsymbol{0}$，得 $(2\boldsymbol{E}-\boldsymbol{A})\boldsymbol{x}=\boldsymbol{0}$，由

$$2\boldsymbol{E}-\boldsymbol{A}=\begin{pmatrix}1&1&-1\\-2&-2&2\\3&3&-3\end{pmatrix}\rightarrow\begin{pmatrix}1&1&-1\\0&0&0\\0&0&0\end{pmatrix}$$

得基础解系为 $\boldsymbol{\alpha}_1=(1,-1,0)^{\mathrm{T}}$，$\boldsymbol{\alpha}_2=(1,0,1)^{\mathrm{T}}$，从而 $\boldsymbol{A}$ 的对应于 $\lambda_1=\lambda_2=2$ 的特征向量为 $\boldsymbol{\alpha}_1=(1,-1,0)^{\mathrm{T}}$，$\boldsymbol{\alpha}_2=(1,0,1)^{\mathrm{T}}$。

将 $\lambda=6$ 代入 $(\lambda\boldsymbol{E}-\boldsymbol{A})\boldsymbol{x}=\boldsymbol{0}$，得 $(6\boldsymbol{E}-\boldsymbol{A})\boldsymbol{x}=\boldsymbol{0}$，由

$$6\boldsymbol{E}-\boldsymbol{A}=\begin{pmatrix}5&1&-1\\-2&2&2\\3&3&1\end{pmatrix}\rightarrow\begin{pmatrix}1&-1&-1\\0&3&2\\0&0&0\end{pmatrix}$$

得基础解系为 $\boldsymbol{\alpha}_3=(1,-2,3)^{\mathrm{T}}$，从而 $\boldsymbol{A}$ 的对应于 $\lambda_3=6$ 的特征向量为 $\boldsymbol{\alpha}_3=(1,-2,3)^{\mathrm{T}}$。

取 $\boldsymbol{P}=(\boldsymbol{\alpha}_1,\boldsymbol{\alpha}_2,\boldsymbol{\alpha}_3)=\begin{pmatrix}1&1&1\\-1&0&-2\\0&1&3\end{pmatrix}$，则 $\boldsymbol{P}$ 为可逆矩阵，使得 $\boldsymbol{P}^{-1}\boldsymbol{A}\boldsymbol{P}=\boldsymbol{B}$。

例 14　设向量 $\boldsymbol{\xi}=(1,1,-1)^{\mathrm{T}}$ 是矩阵 $\boldsymbol{A}=\begin{pmatrix}a&-1&2\\5&b&3\\-1&0&-2\end{pmatrix}$ 的特征向量，求 a，b 的值，并证明 $\boldsymbol{A}$ 的任一特征向量均可由 $\boldsymbol{\xi}$ 线性表示。

解　设 $\boldsymbol{\xi}$ 是矩阵 $\boldsymbol{A}$ 的对应于特征值 λ 的特征向量，则 $\boldsymbol{A\xi}=\lambda\boldsymbol{\xi}$，即

$$\begin{pmatrix}a&-1&2\\5&b&3\\-1&0&-2\end{pmatrix}\begin{pmatrix}1\\1\\-1\end{pmatrix}=\lambda\begin{pmatrix}1\\1\\-1\end{pmatrix}$$

从而$\begin{cases}a-1-2=\lambda\\5+b-3=\lambda\\-1+0+2=-\lambda\end{cases}$，解之，得$\lambda=-1$，$a=2$，$b=-3$，故$\boldsymbol{A}=\begin{pmatrix}2&-1&2\\5&-3&3\\-1&0&-2\end{pmatrix}$。

$$|\lambda \boldsymbol{E}-\boldsymbol{A}|=\begin{vmatrix}\lambda-2&1&-2\\-5&\lambda+3&-3\\1&0&\lambda+2\end{vmatrix}=\begin{vmatrix}\lambda-2&1&2-\lambda^2\\-5&\lambda+3&5\lambda+7\\1&0&0\end{vmatrix}$$
$$=\lambda^3+3\lambda^2+3\lambda+1=(\lambda+1)^3$$

由$|\lambda\boldsymbol{E}-\boldsymbol{A}|=\boldsymbol{0}$，得矩阵$\boldsymbol{A}$的特征值为$\lambda_1=\lambda_2=\lambda_3=-1$。又$r(-\boldsymbol{E}-\boldsymbol{A})=2$，故矩阵$\boldsymbol{A}$对应于$\lambda=-1$只有一个线性无关的特征向量，从而$\boldsymbol{A}$的任一特征向量均可由$\boldsymbol{\xi}$线性表示。

例 15 已知非齐次线性方程组$\begin{cases}x_1+2x_2+x_3=3\\2x_1+(a+4)x_2-5x_3=6\\-x_1-2x_2+ax_3=-3\end{cases}$有无穷多解，$\boldsymbol{A}$是 3 阶矩阵，且$(1, 2a, -1)^{\mathrm{T}}$，$(a, a+3, a+2)^{\mathrm{T}}$，$(a-2, -1, a+1)^{\mathrm{T}}$分别是$\boldsymbol{A}$的对应于特征值 1，$-1$，0 的三个特征向量，求矩阵$\boldsymbol{A}$。

解 对非齐次线性方程组的增广矩阵作初等行变换，得

$$\left(\begin{array}{ccc:c}1&2&1&3\\2&a+4&-5&6\\-1&-2&a&-3\end{array}\right)\to\left(\begin{array}{ccc:c}1&2&1&3\\0&a&-7&0\\0&0&a+1&0\end{array}\right)$$

由于非齐次线性方程组有无穷多解，因此$a=-1$或$a=0$。

当$a=-1$时，三个特征向量$(1, -2, -1)^{\mathrm{T}}$，$(-1, 2, 1)^{\mathrm{T}}$，$(-3, -1, 0)^{\mathrm{T}}$线性相关，不合题意，舍去，故$a\neq-1$。

当$a=0$时，三个特征向量$(1, 0, -1)^{\mathrm{T}}$，$(0, 3, 2)^{\mathrm{T}}$，$(-2, -1, 1)^{\mathrm{T}}$线性无关，故$a=0$。

取$\boldsymbol{P}=\begin{pmatrix}1&0&-2\\0&3&-1\\-1&2&1\end{pmatrix}$，则$\boldsymbol{P}^{-1}\boldsymbol{A}\boldsymbol{P}=\boldsymbol{\Lambda}=\begin{pmatrix}1&&\\&-1&\\&&0\end{pmatrix}$，从而

$$\boldsymbol{A}=\boldsymbol{P}\boldsymbol{\Lambda}\boldsymbol{P}^{-1}=\begin{pmatrix}1&0&-2\\0&3&-1\\-1&2&1\end{pmatrix}\begin{pmatrix}1&&\\&-1&\\&&0\end{pmatrix}\begin{pmatrix}-5&4&-6\\-1&1&-1\\-3&2&-3\end{pmatrix}=\begin{pmatrix}-5&4&-6\\3&-3&3\\7&-6&8\end{pmatrix}$$

例 16 设$\boldsymbol{A}=\begin{pmatrix}-1&1&0\\-2&2&0\\4&a&1\end{pmatrix}$可相似对角化，求$\boldsymbol{A}^n$。

解 由于$\boldsymbol{A}$可相似对角化，因此$\boldsymbol{A}$必有三个线性无关的特征向量。

$$|\lambda\boldsymbol{E}-\boldsymbol{A}|=\begin{vmatrix}\lambda+1&-1&0\\2&\lambda-2&0\\-4&-a&\lambda-1\end{vmatrix}=(\lambda-1)(\lambda^2-\lambda)$$

由$|\lambda\boldsymbol{E}-\boldsymbol{A}|=0$，得$\boldsymbol{A}$的特征值为$\lambda_1=\lambda_2=1$，$\lambda_3=0$，故$\boldsymbol{A}$对应于二重特征值$\lambda_1=\lambda_2=1$必有两个线性无关的特征向量，从而$r(\boldsymbol{E}-\boldsymbol{A})=1$，所以$a=-2$。

将$\lambda=1$代入$(\lambda\boldsymbol{E}-\boldsymbol{A})\boldsymbol{x}=\boldsymbol{0}$，得$(\boldsymbol{E}-\boldsymbol{A})\boldsymbol{x}=\boldsymbol{0}$，由

$$E-A=\begin{pmatrix}2&-1&0\\2&-1&0\\-4&2&0\end{pmatrix}\to\begin{pmatrix}2&-1&0\\0&0&0\\0&0&0\end{pmatrix}$$

得基础解系为 $\boldsymbol{\alpha}_1=(1,\ 2,\ 0)^{\mathrm T}$，$\boldsymbol{\alpha}_2=(0,\ 0,\ 1)^{\mathrm T}$，从而 $\boldsymbol{A}$ 的对应于 $\lambda_1=\lambda_2=1$ 的特征向量为 $\boldsymbol{\alpha}_1=(1,\ 2,\ 0)^{\mathrm T}$，$\boldsymbol{\alpha}_2=(0,\ 0,\ 1)^{\mathrm T}$。

将 $\lambda=0$ 代入 $(\lambda\boldsymbol{E}-\boldsymbol{A})\boldsymbol{x}=\boldsymbol{0}$，得 $(0\boldsymbol{E}-\boldsymbol{A})\boldsymbol{x}=\boldsymbol{0}$，由

$$0E-A=\begin{pmatrix}1&-1&0\\2&-2&0\\-4&2&-1\end{pmatrix}\to\begin{pmatrix}1&-1&0\\0&2&1\\0&0&0\end{pmatrix}$$

得基础解系为 $\boldsymbol{\alpha}_3=(1,\ 1,\ -2)^{\mathrm T}$，从而 $\boldsymbol{A}$ 的对应于 $\lambda_3=0$ 的特征向量为 $\boldsymbol{\alpha}_3=(1,\ 1,\ -2)^{\mathrm T}$。

取 $\boldsymbol{P}=(\boldsymbol{\alpha}_1,\ \boldsymbol{\alpha}_2,\ \boldsymbol{\alpha}_3)=\begin{pmatrix}1&0&1\\2&0&1\\0&1&-2\end{pmatrix}$，则 $\boldsymbol{P}^{-1}=\begin{pmatrix}-1&1&0\\4&-2&1\\2&-1&0\end{pmatrix}$，使得

$$P^{-1}AP=\Lambda=\begin{pmatrix}1&&\\&1&\\&&0\end{pmatrix}$$

从而 $\boldsymbol{A}=\boldsymbol{P}\boldsymbol{\Lambda}\boldsymbol{P}^{-1}$，所以

$$A^n=P\Lambda^nP^{-1}=\begin{pmatrix}1&0&1\\2&0&1\\0&1&-2\end{pmatrix}\begin{pmatrix}1&&\\&1&\\&&0\end{pmatrix}\begin{pmatrix}-1&1&0\\4&-2&1\\2&-1&0\end{pmatrix}=\begin{pmatrix}-1&1&0\\-2&2&0\\4&-2&1\end{pmatrix}$$

例 17　已知 1 是矩阵 $\boldsymbol{A}=\begin{pmatrix}0&a&1\\1&1&-1\\1&0&0\end{pmatrix}$ 的二重特征值。

（ⅰ）求 a 的值；

（ⅱ）求可逆矩阵 $\boldsymbol{P}$ 和对角矩阵 $\boldsymbol{\Lambda}$，使得 $\boldsymbol{P}^{-1}\boldsymbol{A}\boldsymbol{P}=\boldsymbol{\Lambda}$。

解　（ⅰ）$|\lambda\boldsymbol{E}-\boldsymbol{A}|=\begin{vmatrix}\lambda&-a&-1\\-1&\lambda-1&1\\-1&0&\lambda\end{vmatrix}=\begin{vmatrix}\lambda-1&-a&-1\\0&\lambda-1&1\\\lambda-1&0&\lambda\end{vmatrix}=(\lambda-1)(\lambda^2-1-a)$，

由于 1 是 $\boldsymbol{A}$ 的二重特征值，因此 $a=0$。

（ⅱ）当 $a=0$ 时，$\boldsymbol{A}=\begin{pmatrix}0&0&1\\1&1&-1\\1&0&0\end{pmatrix}$，$\boldsymbol{A}$ 的特征值为 $\lambda_1=\lambda_2=1$，$\lambda_3=-1$。

将 $\lambda=1$ 代入 $(\lambda\boldsymbol{E}-\boldsymbol{A})\boldsymbol{x}=\boldsymbol{0}$，得 $(\boldsymbol{E}-\boldsymbol{A})\boldsymbol{x}=\boldsymbol{0}$，由

$$E-A=\begin{pmatrix}1&0&-1\\-1&0&1\\-1&0&1\end{pmatrix}\to\begin{pmatrix}1&0&-1\\0&0&0\\0&0&0\end{pmatrix}$$

得基础解系为 $\boldsymbol{\xi}_1=(0,\ 1,\ 0)^{\mathrm T}$，$\boldsymbol{\xi}_2=(1,\ 0,\ 1)^{\mathrm T}$，从而 $\boldsymbol{A}$ 的对应于特征值 $\lambda_1=\lambda_2=1$ 的特征向量为 $\boldsymbol{\xi}_1=(0,\ 1,\ 0)^{\mathrm T}$，$\boldsymbol{\xi}_2=(1,\ 0,\ 1)^{\mathrm T}$。

将 $\lambda=-1$ 代入 $(\lambda\boldsymbol{E}-\boldsymbol{A})\boldsymbol{x}=\boldsymbol{0}$，得 $(-\boldsymbol{E}-\boldsymbol{A})\boldsymbol{x}=\boldsymbol{0}$，由

$$-E-A=\begin{pmatrix}-1&0&-1\\-1&-2&1\\-1&0&-1\end{pmatrix}\to\begin{pmatrix}1&0&1\\0&1&-1\\0&0&0\end{pmatrix}$$

得基础解系为$\boldsymbol{\xi}_3=(-1,1,1)^{\mathrm T}$，从而$\boldsymbol{A}$的对应于特征值$\lambda_3=-1$的特征向量为$\boldsymbol{\xi}_3=(-1,1,1)^{\mathrm T}$。

取$\boldsymbol{P}=(\boldsymbol{\xi}_1,\boldsymbol{\xi}_2,\boldsymbol{\xi}_3)=\begin{pmatrix}0&1&-1\\1&0&1\\0&1&1\end{pmatrix}$，$\boldsymbol{\Lambda}=\begin{pmatrix}1&0&0\\0&1&0\\0&0&-1\end{pmatrix}$，则$\boldsymbol{P}$为可逆矩阵，$\boldsymbol{\Lambda}$为对角矩阵，使得$\boldsymbol{P}^{-1}\boldsymbol{AP}=\boldsymbol{\Lambda}$。

例 18 设$\boldsymbol{A}=\begin{pmatrix}0&1&0&0\\1&0&0&0\\0&0&y&1\\0&0&1&2\end{pmatrix}$。

（ⅰ）已知$\boldsymbol{A}$有一特征值为3，求y；

（ⅱ）求$\boldsymbol{P}$使$(\boldsymbol{AP})^{\mathrm T}(\boldsymbol{AP})$为对角矩阵。

解 （ⅰ）$|\lambda\boldsymbol{E}-\boldsymbol{A}|=(\lambda^2-1)[\lambda^2-(y+2)\lambda+(2y-1)]$，由3为$\boldsymbol{A}$的特征值，得$y=2$。

（ⅱ）由于$\boldsymbol{A}$为对称矩阵，因此$(\boldsymbol{AP})^{\mathrm T}(\boldsymbol{AP})=\boldsymbol{P}^{\mathrm T}\boldsymbol{A}^2\boldsymbol{P}$，且$\boldsymbol{A}^2=\begin{pmatrix}1&0&0&0\\0&1&0&0\\0&0&5&4\\0&0&4&5\end{pmatrix}$是对称矩阵，其特征值$\lambda_1=\lambda_2=\lambda_3=1$，$\lambda_4=9$。

将$\lambda=1$代入$(\lambda\boldsymbol{E}-\boldsymbol{A}^2)\boldsymbol{x}=\boldsymbol{0}$，得$(\boldsymbol{E}-\boldsymbol{A}^2)\boldsymbol{x}=\boldsymbol{0}$，由

$$\boldsymbol{E}-\boldsymbol{A}^2=\begin{pmatrix}0&0&0&0\\0&0&0&0\\0&0&-4&-4\\0&0&-4&-4\end{pmatrix}\to\begin{pmatrix}0&0&1&1\\0&0&0&0\\0&0&0&0\\0&0&0&0\end{pmatrix}$$

得基础解系为$\boldsymbol{\alpha}_1=(1,0,0,0)^{\mathrm T}$，$\boldsymbol{\alpha}_2=(0,1,0,0)^{\mathrm T}$，$\boldsymbol{\alpha}_3=(0,0,-1,1)^{\mathrm T}$，从而$\boldsymbol{A}^2$的对应于$\lambda_1=\lambda_2=\lambda_3=1$的特征向量为$\boldsymbol{\alpha}_1=(1,0,0,0)^{\mathrm T}$，$\boldsymbol{\alpha}_2=(0,1,0,0)^{\mathrm T}$，$\boldsymbol{\alpha}_3=(0,0,-1,1)^{\mathrm T}$。

将$\lambda=9$代入$(\lambda\boldsymbol{E}-\boldsymbol{A}^2)\boldsymbol{x}=\boldsymbol{0}$，得$(9\boldsymbol{E}-\boldsymbol{A}^2)\boldsymbol{x}=\boldsymbol{0}$，由

$$9\boldsymbol{E}-\boldsymbol{A}^2=\begin{pmatrix}8&0&0&0\\0&8&0&0\\0&0&4&-4\\0&0&-4&4\end{pmatrix}\to\begin{pmatrix}1&0&0&0\\0&1&0&0\\0&0&1&-1\\0&0&0&0\end{pmatrix}$$

得基础解系为$\boldsymbol{\alpha}_4=(0,0,1,1)^{\mathrm T}$，从而$\boldsymbol{A}^2$的对应于$\lambda_4=9$的特征向量为$\boldsymbol{\alpha}_4=(0,0,1,1)^{\mathrm T}$。

由于$\boldsymbol{\alpha}_1,\boldsymbol{\alpha}_2,\boldsymbol{\alpha}_3,\boldsymbol{\alpha}_4$向量已经两两正交，因此只需单位化，取$\boldsymbol{P}=\begin{pmatrix}1&0&0&0\\0&1&0&0\\0&0&-\frac{1}{\sqrt2}&\frac{1}{\sqrt2}\\0&0&\frac{1}{\sqrt2}&\frac{1}{\sqrt2}\end{pmatrix}$，

则 $\boldsymbol{P}$ 为正交矩阵，使得 $\boldsymbol{P}^{\mathrm{T}}\boldsymbol{A}^2\boldsymbol{P}=\boldsymbol{\Lambda}=\begin{pmatrix}1&&&\\&1&&\\&&1&\\&&&9\end{pmatrix}$，即 $(\boldsymbol{AP})^{\mathrm{T}}(\boldsymbol{AP})=\begin{pmatrix}1&&&\\&1&&\\&&1&\\&&&9\end{pmatrix}$ 为对角矩阵。

例 19　设 $\boldsymbol{A}$，$\boldsymbol{B}$ 均是 n 阶矩阵，证明 $\boldsymbol{AB}$ 与 $\boldsymbol{BA}$ 有相同的特征值。

证　设 λ_0 是 $\boldsymbol{AB}$ 的非零特征值，$\boldsymbol{\alpha}_0$ 是 $\boldsymbol{AB}$ 的对应于 λ_0 的特征向量，则

$$(\boldsymbol{AB})\boldsymbol{\alpha}_0=\lambda_0\boldsymbol{\alpha}_0\quad(\boldsymbol{\alpha}_0\neq\boldsymbol{0})$$

用 $\boldsymbol{B}$ 左乘上式，得 $\boldsymbol{BA}(\boldsymbol{B\alpha}_0)=\lambda_0(\boldsymbol{B\alpha}_0)$，下面用反证法证明 $\boldsymbol{B\alpha}_0\neq\boldsymbol{0}$。假设 $\boldsymbol{B\alpha}_0=\boldsymbol{0}$，则 $(\boldsymbol{AB})\boldsymbol{\alpha}_0=\boldsymbol{A}(\boldsymbol{B\alpha}_0)=\boldsymbol{0}$，这与 $(\boldsymbol{AB})\boldsymbol{\alpha}_0=\lambda_0\boldsymbol{\alpha}_0\neq\boldsymbol{0}$ 矛盾，所以 λ_0 是 $\boldsymbol{BA}$ 的特征值。若 $\lambda_0=0$ 是 $\boldsymbol{AB}$ 的特征值，则

$$|0\boldsymbol{E}-\boldsymbol{BA}|=|-\boldsymbol{BA}|=(-1)^n|\boldsymbol{B}||\boldsymbol{A}|=(-1)^n|\boldsymbol{A}||\boldsymbol{B}|=|0\boldsymbol{E}-\boldsymbol{AB}|=0$$

从而 $\lambda_0=0$ 也是 $\boldsymbol{BA}$ 的特征值。

同理可证，$\boldsymbol{BA}$ 的特征值也是 $\boldsymbol{AB}$ 的特征值。

因此 $\boldsymbol{AB}$ 与 $\boldsymbol{BA}$ 有相同的特征值。

例 20　已知矩阵 $\boldsymbol{A}=\begin{pmatrix}-2&-2&1\\2&x&-2\\0&0&-2\end{pmatrix}$ 与 $\boldsymbol{B}=\begin{pmatrix}2&1&0\\0&-1&0\\0&0&y\end{pmatrix}$ 相似。

（ⅰ）求 x，y；

（ⅱ）求可逆矩阵 $\boldsymbol{P}$，使得 $\boldsymbol{P}^{-1}\boldsymbol{AP}=\boldsymbol{B}$。

解　（ⅰ）

$$|\boldsymbol{A}|=\begin{vmatrix}-2&-2&1\\2&x&-2\\0&0&-2\end{vmatrix}=-2\begin{vmatrix}-2&-2\\2&x\end{vmatrix}=4(x-2)$$

$$|\boldsymbol{B}|=\begin{vmatrix}2&1&0\\0&-1&0\\0&0&y\end{vmatrix}=-2y$$

由 $\boldsymbol{A}$ 与 $\boldsymbol{B}$ 相似，得 $\begin{cases}\mathrm{tr}(\boldsymbol{A})=\mathrm{tr}(\boldsymbol{B})\\|\boldsymbol{A}|=|\boldsymbol{B}|\end{cases}$，即 $\begin{cases}-2+x-2=2-1+y\\4(x-2)=-2y\end{cases}$，解之，得 $x=3$，$y=-2$。

（ⅱ）由于 $\boldsymbol{B}$ 的特征值为 $\lambda_1=2$，$\lambda_2=-1$，$\lambda_3=-2$，且 $\boldsymbol{A}$ 与 $\boldsymbol{B}$ 相似，因此 $\boldsymbol{A}$ 的特征值为 $\lambda_1=2$，$\lambda_2=-1$，$\lambda_3=-2$。

当 $x=3$ 时，$\boldsymbol{A}=\begin{pmatrix}-2&-2&1\\2&3&-2\\0&0&-2\end{pmatrix}$，将 $\lambda=2$ 代入 $(\lambda\boldsymbol{E}-\boldsymbol{A})\boldsymbol{x}=\boldsymbol{0}$，得 $(2\boldsymbol{E}-\boldsymbol{A})\boldsymbol{x}=\boldsymbol{0}$，由

$$2\boldsymbol{E}-\boldsymbol{A}=\begin{pmatrix}4&2&-1\\-2&-1&2\\0&0&4\end{pmatrix}\rightarrow\begin{pmatrix}2&1&-2\\0&0&1\\0&0&0\end{pmatrix}$$

得基础解系为 $\boldsymbol{\xi}_1=(-1,2,0)^{\mathrm{T}}$，从而 $\boldsymbol{A}$ 的对应于特征值 $\lambda_1=2$ 的特征向量为 $\boldsymbol{\xi}_1=(-1,2,0)^{\mathrm{T}}$。

将 $\lambda=-1$ 代入 $(\lambda\boldsymbol{E}-\boldsymbol{A})\boldsymbol{x}=\boldsymbol{0}$，得 $(-\boldsymbol{E}-\boldsymbol{A})\boldsymbol{x}=\boldsymbol{0}$，由

$$-E-A=\begin{pmatrix}1&2&-1\\-2&-4&2\\0&0&1\end{pmatrix}\to\begin{pmatrix}1&2&-1\\0&0&1\\0&0&0\end{pmatrix}$$

得基础解系为 $\boldsymbol{\xi}_2=(-2,1,0)^{\mathrm T}$，从而 $\boldsymbol{A}$ 的对应于特征值 $\lambda_2=-1$ 的特征向量为 $\boldsymbol{\xi}_2=(-2,1,0)^{\mathrm T}$。

将 $\lambda=-2$ 代入 $(\lambda\boldsymbol{E}-\boldsymbol{A})\boldsymbol{x}=\boldsymbol{0}$，得 $(-2\boldsymbol{E}-\boldsymbol{A})\boldsymbol{x}=\boldsymbol{0}$，由

$$-2E-A=\begin{pmatrix}0&2&-1\\-2&-5&2\\0&0&0\end{pmatrix}\to\begin{pmatrix}2&1&0\\0&2&-1\\0&0&0\end{pmatrix}$$

得基础解系为 $\boldsymbol{\xi}_3=(-1,2,4)^{\mathrm T}$，从而 $\boldsymbol{A}$ 的对应于特征值 $\lambda_3=-2$ 的特征向量为 $\boldsymbol{\xi}_3=(-1,2,4)^{\mathrm T}$。

取 $\boldsymbol{P}_1=(\boldsymbol{\xi}_1,\boldsymbol{\xi}_2,\boldsymbol{\xi}_3)=\begin{pmatrix}-1&-2&-1\\2&1&2\\0&0&4\end{pmatrix}$，则 $\boldsymbol{P}_1$ 为可逆矩阵，使得

$$\boldsymbol{P}_1^{-1}\boldsymbol{A}\boldsymbol{P}_1=\begin{pmatrix}2&0&0\\0&-1&0\\0&0&-2\end{pmatrix}$$

将 $\lambda=2$ 代入 $(\lambda\boldsymbol{E}-\boldsymbol{B})\boldsymbol{x}=\boldsymbol{0}$，得 $(2\boldsymbol{E}-\boldsymbol{B})\boldsymbol{x}=\boldsymbol{0}$，由

$$2E-B=\begin{pmatrix}0&-1&0\\0&3&0\\0&0&4\end{pmatrix}\to\begin{pmatrix}0&1&0\\0&0&1\\0&0&0\end{pmatrix}$$

得基础解系为 $\boldsymbol{\eta}_1=(1,0,0)^{\mathrm T}$，从而 $\boldsymbol{B}$ 的对应于特征值 $\boldsymbol{\lambda}_1=2$ 的特征向量为 $\boldsymbol{\eta}_1=(1,0,0)^{\mathrm T}$。

将 $\lambda=-1$ 代入 $(\lambda\boldsymbol{E}-\boldsymbol{B})\boldsymbol{x}=\boldsymbol{0}$，得 $(-\boldsymbol{E}-\boldsymbol{B})\boldsymbol{x}=0$，由

$$-E-B=\begin{pmatrix}-3&-1&0\\0&0&0\\0&0&1\end{pmatrix}\to\begin{pmatrix}3&1&0\\0&0&1\\0&0&0\end{pmatrix}$$

得基础解系为 $\boldsymbol{\eta}_2=(-1,3,0)^{\mathrm T}$，从而 $\boldsymbol{B}$ 的对应于特征值 $\boldsymbol{\lambda}_2=-1$ 的特征向量为 $\boldsymbol{\eta}_2=(-1,3,0)^{\mathrm T}$。

将 $\lambda=-2$ 代入 $(\lambda\boldsymbol{E}-\boldsymbol{B})\boldsymbol{x}=\boldsymbol{0}$，得 $(-2\boldsymbol{E}-\boldsymbol{B})\boldsymbol{x}=\boldsymbol{0}$，由

$$-2E-B=\begin{pmatrix}-4&-1&0\\0&-1&0\\0&0&0\end{pmatrix}\to\begin{pmatrix}1&0&0\\0&1&0\\0&0&0\end{pmatrix}$$

得基础解系为 $\boldsymbol{\eta}_3=(0,0,1)^{\mathrm T}$，从而 $\boldsymbol{B}$ 的对应于特征值 $\lambda_3=-2$ 的特征向量为 $\boldsymbol{\eta}_3=(0,0,1)^{\mathrm T}$。

取 $\boldsymbol{P}_2=(\boldsymbol{\eta}_1,\boldsymbol{\eta}_2,\boldsymbol{\eta}_3)=\begin{pmatrix}1&-1&0\\0&3&0\\0&0&1\end{pmatrix}$，则 $\boldsymbol{P}_2$ 为可逆矩阵，使得

$$\boldsymbol{P}_2^{-1}\boldsymbol{B}\boldsymbol{P}_2=\begin{pmatrix}2&0&0\\0&-1&0\\0&0&-2\end{pmatrix}$$

即 $\boldsymbol{B}=\boldsymbol{P}_2\begin{pmatrix}2&0&0\\0&-1&0\\0&0&-2\end{pmatrix}\boldsymbol{P}_2^{-1}=\boldsymbol{P}_2\boldsymbol{P}_1^{-1}\boldsymbol{A}\boldsymbol{P}_1\boldsymbol{P}_2^{-1}$，故

$$\boldsymbol{P}=\boldsymbol{P}_1\boldsymbol{P}_2^{-1}=\begin{pmatrix}-1&-2&-1\\2&1&2\\0&0&4\end{pmatrix}\begin{pmatrix}1&-1&0\\0&3&0\\0&0&1\end{pmatrix}^{-1}=\begin{pmatrix}-1&-2&-1\\2&1&2\\0&0&4\end{pmatrix}\begin{pmatrix}1&\frac{1}{3}&0\\0&\frac{1}{3}&0\\0&0&1\end{pmatrix}=\begin{pmatrix}-1&-1&-1\\2&1&2\\0&0&4\end{pmatrix}$$

三、经典习题与解答

经典习题

1. 选择题

(1) 设 λ_1，λ_2 是矩阵 $\boldsymbol{A}$ 的两个不同的特征值，对应的特征向量分别为 $\boldsymbol{\alpha}_1$，$\boldsymbol{\alpha}_2$，则 $\boldsymbol{\alpha}_1$，$\boldsymbol{A}(\boldsymbol{\alpha}_1+\boldsymbol{\alpha}_2)$线性无关的充分必要条件是(　　)。

(A) $\lambda_1\neq0$　　(B) $\lambda_2\neq0$　　(C) $\lambda_1=0$　　(D) $\lambda_2=0$

(2) 设 $\boldsymbol{A}$ 是 n 阶矩阵，$\boldsymbol{P}$ 是 n 阶可逆矩阵，已知 n 维列向量 $\boldsymbol{\alpha}$ 是 $\boldsymbol{A}$ 的对应于特征值 λ 的特征向量，则矩阵 $\boldsymbol{P}^{-1}\boldsymbol{AP}$ 属于特征值 λ 的特征向量是(　　)。

(A) $\boldsymbol{P}^{-1}\boldsymbol{\alpha}$　　(B) $\boldsymbol{P}^{\mathrm{T}}\boldsymbol{\alpha}$　　(C) $\boldsymbol{P\alpha}$　　(D) $(\boldsymbol{P}^{-1})^{\mathrm{T}}\boldsymbol{\alpha}$

(3) 设 $\boldsymbol{A}$ 为 3 阶方阵，$\lambda_1=1$，$\lambda_2=2$，$\lambda_3=3$ 是 $\boldsymbol{A}$ 的特征值，其对应的特征向量分别为 $\boldsymbol{\xi}_1$，$\boldsymbol{\xi}_2$，$\boldsymbol{\xi}_3$，记 $\boldsymbol{P}=(2\boldsymbol{\xi}_2,-3\boldsymbol{\xi}_3,4\boldsymbol{\xi}_1)$，则 $\boldsymbol{P}^{-1}\boldsymbol{AP}=($　　$)$。

(A) $\begin{pmatrix}2&&\\&3&\\&&1\end{pmatrix}$　　(B) $\begin{pmatrix}2&&\\&1&\\&&3\end{pmatrix}$　　(C) $\begin{pmatrix}3&&\\&1&\\&&2\end{pmatrix}$　　(D) $\begin{pmatrix}3&&\\&2&\\&&1\end{pmatrix}$

(4) 已知矩阵 $\boldsymbol{A}=\begin{pmatrix}2&0&0\\0&2&1\\0&0&1\end{pmatrix}$，$\boldsymbol{B}=\begin{pmatrix}2&1&0\\0&2&0\\0&0&1\end{pmatrix}$，$\boldsymbol{C}=\begin{pmatrix}1&0&0\\0&2&0\\0&0&2\end{pmatrix}$，则(　　)。

(A) $\boldsymbol{A}$ 与 $\boldsymbol{C}$ 相似，$\boldsymbol{B}$ 与 $\boldsymbol{C}$ 相似　　(B) $\boldsymbol{A}$ 与 $\boldsymbol{C}$ 相似，$\boldsymbol{B}$ 与 $\boldsymbol{C}$ 不相似

(C) $\boldsymbol{A}$ 与 $\boldsymbol{C}$ 不相似，$\boldsymbol{B}$ 与 $\boldsymbol{C}$ 相似　　(D) $\boldsymbol{A}$ 与 $\boldsymbol{C}$ 不相似，$\boldsymbol{B}$ 与 $\boldsymbol{C}$ 不相似

(5) 设矩阵 $\boldsymbol{B}=\begin{pmatrix}0&0&1\\0&1&0\\1&0&0\end{pmatrix}$，已知矩阵 $\boldsymbol{A}$ 与 $\boldsymbol{B}$ 相似，则秩 $r(\boldsymbol{A}-2\boldsymbol{E})+r(\boldsymbol{A}+\boldsymbol{E})=($　　$)$。

(A) 2　　(B) 3　　(C) 4　　(D) 5

(6) 设 $\boldsymbol{A}$ 与 $\boldsymbol{B}$ 为可逆矩阵，且 $\boldsymbol{A}$ 与 $\boldsymbol{B}$ 相似，则下列结论错误的是(　　)。

(A) $\boldsymbol{A}^{\mathrm{T}}$ 与 $\boldsymbol{B}^{\mathrm{T}}$ 相似　　(B) $\boldsymbol{A}^{-1}$ 与 $\boldsymbol{B}^{-1}$ 相似

(C) $\boldsymbol{A}+\boldsymbol{A}^{\mathrm{T}}$ 与 $\boldsymbol{B}+\boldsymbol{B}^{\mathrm{T}}$ 相似　　(D) $\boldsymbol{A}+\boldsymbol{A}^{-1}$ 与 $\boldsymbol{B}+\boldsymbol{B}^{-1}$ 相似

(7) 矩阵 $\begin{pmatrix}1&a&1\\a&b&a\\1&a&1\end{pmatrix}$ 与 $\begin{pmatrix}2&0&0\\0&b&0\\0&0&0\end{pmatrix}$ 相似的充分必要条件是(　　)。

(A) $a=0$，$b=2$　　(B) $a=0$，b 为任意常数

(C) $a=2$，$b=0$　　(D) $a=2$，b 为任意常数

(8) 设 $\boldsymbol{A}$ 为 3 阶实对称矩阵，且 $\boldsymbol{A}^2+\boldsymbol{A}=\boldsymbol{O}$，若 $\boldsymbol{A}$ 的秩为 2，则与 $\boldsymbol{A}$ 相似的矩阵是(　　)。

(A) $\begin{pmatrix}1&&\\&1&\\&&0\end{pmatrix}$　(B) $\begin{pmatrix}1&&\\&-1&\\&&0\end{pmatrix}$　(C) $\begin{pmatrix}-1&&\\&1&\\&&0\end{pmatrix}$　(D) $\begin{pmatrix}-1&&\\&-1&\\&&0\end{pmatrix}$

(9) 下列矩阵中，与矩阵 $\begin{pmatrix}1&1&0\\0&1&1\\0&0&1\end{pmatrix}$ 相似的是(　　)。

(A) $\begin{pmatrix}1&1&-1\\0&1&1\\0&0&1\end{pmatrix}$　(B) $\begin{pmatrix}1&0&-1\\0&1&1\\0&0&1\end{pmatrix}$　(C) $\begin{pmatrix}1&1&-1\\0&1&0\\0&0&1\end{pmatrix}$　(D) $\begin{pmatrix}1&0&-1\\0&1&0\\0&0&1\end{pmatrix}$

(10) 设 $\boldsymbol{\alpha}, \boldsymbol{\beta}$ 分别是矩阵 $\boldsymbol{A}$ 的对应于特征值 λ 和 μ 的特征向量，则(　　)。

(A) 若 $\boldsymbol{\alpha}, \boldsymbol{\beta}$ 线性相关，则 $\lambda\neq\mu$　(B) 若 $\boldsymbol{\alpha}, \boldsymbol{\beta}$ 线性无关，则 $\lambda\neq\mu$

(C) 若 $\boldsymbol{\alpha}, \boldsymbol{\beta}$ 线性相关，则 $\lambda=\mu$　(D) 若 $\boldsymbol{\alpha}, \boldsymbol{\beta}$ 线性无关，则 $\lambda=\mu$

(11) 设 $\boldsymbol{\alpha}$ 为 3 维实非零列向量，$\boldsymbol{A}=\boldsymbol{\alpha}\boldsymbol{\alpha}^{\mathrm{T}}$，则 $\boldsymbol{A}$(　　)。

(A) 没有特征值为零　(B) 有零特征值为单特征值

(C) 有零特征值为二重特征值　(D) 只有零特征值

(12) 设 $\boldsymbol{A}$ 是 n 阶矩阵，则(　　)。

(A) 若 $r(\boldsymbol{A})=r$，则 $\boldsymbol{A}$ 有 r 个非零特征值，其余特征值均为 0

(B) 若 $\boldsymbol{A}$ 是非零矩阵，则 $\boldsymbol{A}$ 一定有非零特征值

(C) 若 $\boldsymbol{A}$ 是对称矩阵，$\boldsymbol{A}^2=2\boldsymbol{A}$，$r(\boldsymbol{A})=r$，则 $\boldsymbol{A}$ 有 r 个特征值为 2，其余全为 0

(D) 若 $\boldsymbol{A}, \boldsymbol{B}$ 为对称矩阵，且 $\boldsymbol{A}, \boldsymbol{B}$ 等价，则 $\boldsymbol{A}, \boldsymbol{B}$ 的特征值相同

(13) 设 3 阶矩阵 $\boldsymbol{A}$ 的特征值为 $\lambda_1=-1$，$\lambda_2=2$，$\lambda_3=4$，对应的特征向量为 $\boldsymbol{\xi}_1$，$\boldsymbol{\xi}_2$，$\boldsymbol{\xi}_3$，令 $\boldsymbol{P}=(-3\boldsymbol{\xi}_2, 2\boldsymbol{\xi}_1, 5\boldsymbol{\xi}_3)$，则 $\boldsymbol{P}^{-1}(\boldsymbol{A}^*+2\boldsymbol{E})\boldsymbol{P}=$(　　)。

(A) $\begin{pmatrix}1&0&0\\0&4&0\\0&0&6\end{pmatrix}$　(B) $\begin{pmatrix}-2&0&0\\0&10&0\\0&0&0\end{pmatrix}$　(C) $\begin{pmatrix}10&0&0\\0&-2&0\\0&0&0\end{pmatrix}$　(D) $\begin{pmatrix}14&0&0\\0&18&0\\0&0&-8\end{pmatrix}$

(14) 设 $\boldsymbol{A}, \boldsymbol{B}$ 均为 n 阶矩阵，具有相同的特征值，则(　　)。

(A) $\boldsymbol{A}$ 与 $\boldsymbol{B}$ 相似　(B) $\boldsymbol{A}, \boldsymbol{B}$ 与同一个对角矩阵相似

(C) $r(\boldsymbol{A})=r(\boldsymbol{B})$　(D) 以上说法都不对

2. 填空题

(1) 设 3 维列向量 $\boldsymbol{\alpha}, \boldsymbol{\beta}$ 满足 $\boldsymbol{\alpha}^{\mathrm{T}}\boldsymbol{\beta}=2$，则 $\boldsymbol{\beta}\boldsymbol{\alpha}^{\mathrm{T}}$ 的非零特征值为________。

(2) 设矩阵 $\boldsymbol{A}=\begin{pmatrix}4&1&-2\\1&2&a\\3&1&-1\end{pmatrix}$ 的一个特征向量为 $(1, 1, 2)^{\mathrm{T}}$，则 $a=$________。

(3) 设 4 阶矩阵 $\boldsymbol{A}$ 的特征值为 $\frac{1}{2}$，$\frac{1}{3}$，$\frac{1}{4}$，$\frac{1}{5}$，则行列式 $|\boldsymbol{A}^{-1}-\boldsymbol{E}|=$________。

(4) 设 4 阶矩阵 $\boldsymbol{A}$ 与 $\boldsymbol{B}$ 相似，$\boldsymbol{A}$ 的特征值为 $\frac{1}{2}$，$\frac{1}{3}$，$\frac{1}{4}$，$\frac{1}{5}$，则行列式 $|\boldsymbol{B}^{-1}-\boldsymbol{E}|=$

________。

(5) 设 4 阶矩阵 $\boldsymbol{A}$ 与 $\boldsymbol{B}$ 相似，$\boldsymbol{A}$ 的特征值为$\frac{1}{2}$，$\frac{1}{3}$，$\frac{1}{4}$，$\frac{1}{5}$，则 $\mathrm{tr}(\boldsymbol{B}^{-1}-\boldsymbol{E})=$________。

(6) 设 4 阶矩阵 $\boldsymbol{A}$ 与 $\boldsymbol{B}$ 相似，$\boldsymbol{A}$ 的特征值为$\frac{1}{2}$，$\frac{1}{3}$，$\frac{1}{4}$，$\frac{1}{5}$，则 $\mathrm{tr}(\boldsymbol{B}^{-1}-\boldsymbol{E})^*=$________。

(7) 矩阵 $\boldsymbol{A}=\begin{pmatrix}1&2&2\\2&1&2\\2&2&1\end{pmatrix}$ 的特征值为________。

(8) 设 $\boldsymbol{A}$ 为 n 阶方阵，如果 $\boldsymbol{A}$ 有零特征值，则齐次线性方程组 $\boldsymbol{Ax}=\boldsymbol{0}$ 必有________。

(9) 设 $\boldsymbol{A}$ 为 2 阶矩阵，$\boldsymbol{\alpha}_1$，$\boldsymbol{\alpha}_2$ 为线性无关的 2 维向量，$\boldsymbol{A\alpha}_1=\boldsymbol{0}$，$\boldsymbol{A\alpha}_2=\boldsymbol{\alpha}_1-4\boldsymbol{\alpha}_2$，则 $\boldsymbol{A}$ 的特征值为________。

(10) 设 3 阶矩阵 $\boldsymbol{A}$ 的特征值为 2，-2，1，$\boldsymbol{B}=\boldsymbol{A}^2-\boldsymbol{A}+\boldsymbol{E}$，其中 $\boldsymbol{E}$ 为 3 阶单位矩阵，则行列式 $|\boldsymbol{B}|=$________。

(11) 设 2 阶矩阵 $\boldsymbol{A}$ 有两个不同的特征值，$\boldsymbol{\alpha}_1$，$\boldsymbol{\alpha}_2$ 是 $\boldsymbol{A}$ 的线性无关的特征向量，且满足 $\boldsymbol{A}^2(\boldsymbol{\alpha}_1+\boldsymbol{\alpha}_2)=\boldsymbol{\alpha}_1+\boldsymbol{\alpha}_2$，则 $|\boldsymbol{A}|=$________。

(12) 设 $\boldsymbol{A}$ 为 3 阶矩阵，$\boldsymbol{\alpha}_1$，$\boldsymbol{\alpha}_2$，$\boldsymbol{\alpha}_3$ 为线性无关的向量组，若 $\boldsymbol{A\alpha}_1=2\boldsymbol{\alpha}_1+\boldsymbol{\alpha}_2+\boldsymbol{\alpha}_3$，$\boldsymbol{A\alpha}_2=\boldsymbol{\alpha}_2+2\boldsymbol{\alpha}_3$，$\boldsymbol{A\alpha}_3=-\boldsymbol{\alpha}_2+\boldsymbol{\alpha}_3$，则 $\boldsymbol{A}$ 的实特征值为________。

(13) 设 $\boldsymbol{A}$ 是 4 阶实对称矩阵，$\boldsymbol{A}^2-4\boldsymbol{A}-5\boldsymbol{E}=\boldsymbol{O}$，且齐次线性方程组$(\boldsymbol{E}+\boldsymbol{A})\boldsymbol{x}=\boldsymbol{0}$ 的基础解系含有一个线性无关的解向量，则 $\boldsymbol{A}$ 的特征值为________。

(14) 设 $\boldsymbol{A}$ 是 3 阶实对称矩阵，其特征值为 $\lambda_1=1$，$\lambda_2=2$，$\lambda_3=-2$，且 $\boldsymbol{\alpha}_1=(1,\ -1,\ 1)^{\mathrm{T}}$ 为矩阵 $\boldsymbol{A}$ 的对应于特征值 $\lambda_1=1$ 的特征向量，令 $\boldsymbol{B}=\boldsymbol{A}^5-4\boldsymbol{A}^3+\boldsymbol{E}$，则 $\boldsymbol{B}=$________。

(15) 设 3 阶矩阵 $\boldsymbol{A}$ 的特征值为 $\lambda_1=1$，$\lambda_2=2$，$\lambda_3=3$，其对应的特征向量为 $\boldsymbol{\alpha}_1=(1,\ 1,\ 1)^{\mathrm{T}}$，$\boldsymbol{\alpha}_2=(1,\ 2,\ 4)^{\mathrm{T}}$，$\boldsymbol{\alpha}_3=(1,\ 3,\ 9)^{\mathrm{T}}$，令 $\boldsymbol{\beta}=(1,\ 1,\ 3)^{\mathrm{T}}$，则 $\boldsymbol{A}^n\boldsymbol{\beta}=$________。

(16) 已知 3 阶方阵 $\boldsymbol{A}$，$\boldsymbol{B}$ 满足关系式 $\boldsymbol{E}+\boldsymbol{B}=\boldsymbol{AB}$，$\boldsymbol{A}$ 的三个特征值分别为 3，-3，0，则 $|\boldsymbol{B}^{-1}+2\boldsymbol{E}|=$________。

(17) 设 $\boldsymbol{A}$ 为 3 阶矩阵，$\boldsymbol{A}$ 的三个特征值分别为 $\lambda_1=-2$，$\lambda_2=1$，$\lambda_3=2$，$\boldsymbol{A}^*$ 是 $\boldsymbol{A}$ 的伴随矩阵，则 $A_{11}+A_{22}+A_{33}=$________。

(18) 设 $\boldsymbol{A}$ 为 3 阶矩阵，$\boldsymbol{A}$ 的三个特征值分别为 $\lambda_1=\lambda_2=-1$，$\lambda_3=2$，其对应的线性无关的特征向量为 $\boldsymbol{\alpha}_1$，$\boldsymbol{\alpha}_2$，$\boldsymbol{\alpha}_3$，令 $\boldsymbol{P}=(\boldsymbol{\alpha}_1+2\boldsymbol{\alpha}_2,\ 3\boldsymbol{\alpha}_2,\ \boldsymbol{\alpha}_3)$，则 $\boldsymbol{P}^{-1}\boldsymbol{AP}=$________。

3. 解答题

(1) 设向量 $\boldsymbol{\alpha}=(a_1,\ a_2,\ \cdots,\ a_n)^{\mathrm{T}}$，$\boldsymbol{\beta}=(b_1,\ b_2,\ \cdots,\ b_n)^{\mathrm{T}}$ 都是非零列向量，且满足条件 $\boldsymbol{\alpha}^{\mathrm{T}}\boldsymbol{\beta}=0$，记 n 阶矩阵 $\boldsymbol{A}=\boldsymbol{\alpha\beta}^{\mathrm{T}}$，试求：

(ⅰ) $\boldsymbol{A}^2$；

(ⅱ) 矩阵 $\boldsymbol{A}$ 的特征值和特征向量。

(2) 设矩阵 $\boldsymbol{A}=\begin{pmatrix}3&2&2\\2&3&2\\2&2&3\end{pmatrix}$，$\boldsymbol{P}=\begin{pmatrix}0&1&0\\1&0&1\\0&0&1\end{pmatrix}$，$\boldsymbol{B}=\boldsymbol{P}^{-1}\boldsymbol{A}^*\boldsymbol{P}$，其中 $\boldsymbol{A}^*$ 为 $\boldsymbol{A}$ 的伴随矩阵，求 $\boldsymbol{B}+2\boldsymbol{E}$ 的特征值与特征向量，其中 $\boldsymbol{E}$ 为 3 阶单位矩阵。

(3) 设矩阵 $\boldsymbol{A}=\begin{pmatrix}1 & -1 & 1\\ x & 4 & y\\ -3 & -3 & 5\end{pmatrix}$，已知 $\boldsymbol{A}$ 有三个线性无关的特征向量，$\lambda=2$ 是 $\boldsymbol{A}$ 的二重特征值，试求可逆矩阵 $\boldsymbol{P}$，使得 $\boldsymbol{P}^{-1}\boldsymbol{AP}$ 为对角矩阵。

(4) 已知 3 阶矩阵 $\boldsymbol{A}$ 与 3 维列向量 $\boldsymbol{x}$，使得向量组 $\boldsymbol{x}$，$\boldsymbol{Ax}$，$\boldsymbol{A}^2\boldsymbol{x}$ 线性无关，且满足 $\boldsymbol{A}^3\boldsymbol{x}=3\boldsymbol{Ax}-2\boldsymbol{A}^2\boldsymbol{x}$。

(ⅰ) 记 $\boldsymbol{P}=(\boldsymbol{x}, \boldsymbol{Ax}, \boldsymbol{A}^2\boldsymbol{x})$，求 3 阶矩阵 $\boldsymbol{B}$，使得 $\boldsymbol{A}=\boldsymbol{PBP}^{-1}$；

(ⅱ) 计算行列式 $|\boldsymbol{A}+\boldsymbol{E}|$。

(5) 设 $\boldsymbol{A}$，$\boldsymbol{B}$ 为同阶方阵。

(ⅰ) 如果 $\boldsymbol{A}$ 与 $\boldsymbol{B}$ 相似，试证 $\boldsymbol{A}$，$\boldsymbol{B}$ 的特征多项式相同；

(ⅱ) 举一个 2 阶方阵的例子说明(ⅰ)的逆命题不成立；

(ⅲ) 当 $\boldsymbol{A}$，$\boldsymbol{B}$ 均为实对称矩阵时，试证(ⅰ)的逆命题成立。

(6) 设矩阵 $\boldsymbol{A}=\begin{pmatrix}2 & 1 & 1\\ 1 & 2 & 1\\ 1 & 1 & a\end{pmatrix}$ 可逆，向量 $\boldsymbol{\alpha}=(1, b, 1)^{\mathrm{T}}$ 是矩阵 $\boldsymbol{A}^*$ 的一个特征向量，λ 是 $\boldsymbol{\alpha}$ 对应的特征值，其中 $\boldsymbol{A}^*$ 是矩阵 $\boldsymbol{A}$ 的伴随矩阵，试求 a，b 和 λ 的值。

(7) 设 3 阶实对称矩阵 $\boldsymbol{A}$ 的秩为 2，$\lambda_1=\lambda_2=6$ 是 $\boldsymbol{A}$ 的二重特征值，若 $\boldsymbol{\alpha}_1=(1, 1, 0)^{\mathrm{T}}$，$\boldsymbol{\alpha}_2=(2, 1, 1)^{\mathrm{T}}$，$\boldsymbol{\alpha}_3=(-1, 2, -3)^{\mathrm{T}}$ 都是 $\boldsymbol{A}$ 的对应于特征值 6 的特征向量，求：

(ⅰ) $\boldsymbol{A}$ 的另一特征值和对应的特征向量；

(ⅱ) 矩阵 $\boldsymbol{A}$。

(8) 设 $\boldsymbol{A}$ 为 3 阶实对称矩阵，$\boldsymbol{A}$ 的秩为 2，且 $\boldsymbol{A}\begin{pmatrix}1 & 1\\ 0 & 0\\ -1 & 1\end{pmatrix}=\begin{pmatrix}-1 & 1\\ 0 & 0\\ 1 & 1\end{pmatrix}$，求：

(ⅰ) $\boldsymbol{A}$ 的所有特征值和特征向量；

(ⅱ) 矩阵 $\boldsymbol{A}$。

(9) 设 $\boldsymbol{A}$ 为 3 阶矩阵，$\boldsymbol{\alpha}_1$，$\boldsymbol{\alpha}_2$ 为 $\boldsymbol{A}$ 的分别对应于特征值 -1，1 的特征向量，向量 $\boldsymbol{\alpha}_3$ 满足 $\boldsymbol{A\alpha}_3=\boldsymbol{\alpha}_2+\boldsymbol{\alpha}_3$。

(ⅰ) 证明 $\boldsymbol{\alpha}_1$，$\boldsymbol{\alpha}_2$，$\boldsymbol{\alpha}_3$ 线性无关；

(ⅱ) 令 $\boldsymbol{P}=(\boldsymbol{\alpha}_1, \boldsymbol{\alpha}_2, \boldsymbol{\alpha}_3)$，求 $\boldsymbol{P}^{-1}\boldsymbol{AP}$。

(10) 设 3 阶实对称矩阵 $\boldsymbol{A}$ 的特征值为 $\lambda_1=1$，$\lambda_2=2$，$\lambda_3=-2$，且 $\boldsymbol{\alpha}_1=(1, -1, 1)^{\mathrm{T}}$ 是 $\boldsymbol{A}$ 的对应于 λ_1 的一个特征向量，记 $\boldsymbol{B}=\boldsymbol{A}^5-4\boldsymbol{A}^3+\boldsymbol{E}$，其中 $\boldsymbol{E}$ 为 3 阶单位矩阵。

(ⅰ) 验证 $\boldsymbol{\alpha}_1$ 是矩阵 $\boldsymbol{B}$ 的特征向量，并求 $\boldsymbol{B}$ 的全部特征值和特征向量；

(ⅱ) 求矩阵 $\boldsymbol{B}$。

(11) 设 3 阶实对称矩阵 $\boldsymbol{A}$ 的各行元素之和为 3，向量 $\boldsymbol{\alpha}_1=(-1, 2, -1)^{\mathrm{T}}$，$\boldsymbol{\alpha}_2=(0, -1, 1)^{\mathrm{T}}$ 是齐次线性方程组 $\boldsymbol{Ax}=\boldsymbol{0}$ 的两个解，求：

(ⅰ) $\boldsymbol{A}$ 的特征值与特征向量；

(ⅱ) 正交矩阵 $\boldsymbol{Q}$ 和对角矩阵 $\boldsymbol{\Lambda}$，使得 $\boldsymbol{Q}^{\mathrm{T}}\boldsymbol{AQ}=\boldsymbol{\Lambda}$；

(ⅲ) $\boldsymbol{A}$ 及 $\left(\boldsymbol{A}-\frac{3}{2}\boldsymbol{E}\right)^6$，其中 $\boldsymbol{E}$ 为 3 阶单位矩阵。

(12) 设 $\boldsymbol{A}$ 为 3 阶矩阵，$\boldsymbol{\alpha}_1$，$\boldsymbol{\alpha}_2$，$\boldsymbol{\alpha}_3$ 是线性无关的 3 维列向量，且满足 $\boldsymbol{A\alpha}_1=\boldsymbol{\alpha}_1+\boldsymbol{\alpha}_2+\boldsymbol{\alpha}_3$，$\boldsymbol{A\alpha}_2=2\boldsymbol{\alpha}_2+\boldsymbol{\alpha}_3$，$\boldsymbol{A\alpha}_3=2\boldsymbol{\alpha}_2+3\boldsymbol{\alpha}_3$，求：

(ⅰ) 矩阵 $\boldsymbol{B}$，使得 $\boldsymbol{A}(\boldsymbol{\alpha}_1,\boldsymbol{\alpha}_2,\boldsymbol{\alpha}_3)=(\boldsymbol{\alpha}_1,\boldsymbol{\alpha}_2,\boldsymbol{\alpha}_3)\boldsymbol{B}$；

(ⅱ) 矩阵 $\boldsymbol{A}$ 的特征值；

(ⅲ) 可逆矩阵 $\boldsymbol{P}$，使得 $\boldsymbol{P}^{-1}\boldsymbol{AP}$ 为对角矩阵。

(13) 证明 n 阶矩阵 $\begin{pmatrix}1 & 1 & \cdots & 1\\ 1 & 1 & \cdots & 1\\ \vdots & \vdots & & \vdots\\ 1 & 1 & \cdots & 1\end{pmatrix}$ 与 $\begin{pmatrix}0 & 0 & \cdots & 1\\ 0 & 0 & \cdots & 2\\ \vdots & \vdots & & \vdots\\ 0 & 0 & \cdots & n\end{pmatrix}$ 相似。

(14) 设 $\boldsymbol{A}$，$\boldsymbol{B}$ 为 3 阶非零相似矩阵，矩阵 $\boldsymbol{A}=(a_{ij})$ 满足 $a_{ij}=A_{ij}$ $(i,j=1,2,3)$，其中 A_{ij} 是 a_{ij} 的代数余子式，矩阵 $\boldsymbol{B}$ 满足 $|\boldsymbol{E}+2\boldsymbol{B}|=|\boldsymbol{E}+3\boldsymbol{B}|=0$，证明 $\boldsymbol{A}^{\mathrm{T}}+\boldsymbol{E}$ 可逆，且 $\boldsymbol{B}-\boldsymbol{E}$ 的特征向量线性无关。

(15) 设 3 阶方阵 $\boldsymbol{A}=(\boldsymbol{\alpha}_1,\boldsymbol{\alpha}_2,\boldsymbol{\alpha}_3)$ 有三个不同的特征值，且 $\boldsymbol{\alpha}_3=\boldsymbol{\alpha}_1+2\boldsymbol{\alpha}_2$。

(ⅰ) 证明 $r(\boldsymbol{A})=2$；

(ⅱ) 若 $\boldsymbol{\alpha}_1+\boldsymbol{\alpha}_2+\boldsymbol{\alpha}_3=\boldsymbol{\beta}$，求 $\boldsymbol{Ax}=\boldsymbol{\beta}$ 的通解。

(16) 设 $\boldsymbol{A}$ 为 3 阶矩阵，$\boldsymbol{\alpha}_1$，$\boldsymbol{\alpha}_2$，$\boldsymbol{\alpha}_3$ 为线性无关的 3 维列向量，且 $\boldsymbol{A\alpha}_1=\boldsymbol{\alpha}_2+\boldsymbol{\alpha}_3$，$\boldsymbol{A\alpha}_2=\boldsymbol{\alpha}_3+\boldsymbol{\alpha}_1$，$\boldsymbol{A\alpha}_3=\boldsymbol{\alpha}_1+\boldsymbol{\alpha}_2$。

(ⅰ) 求 $\boldsymbol{A}$ 的全部特征值；

(ⅱ) $\boldsymbol{A}$ 是否可相似对角化，若可相似对角化，求可逆矩阵 $\boldsymbol{P}$，使得 $\boldsymbol{P}^{-1}\boldsymbol{AP}=\boldsymbol{\Lambda}$。

(17) 已知矩阵 $\boldsymbol{A}=\begin{pmatrix}0 & -1 & 1\\ 2 & -3 & 0\\ 0 & 0 & 0\end{pmatrix}$。

(ⅰ) 求 A^{99}；

(ⅱ) 设 3 阶矩阵 $\boldsymbol{B}=(\boldsymbol{\alpha}_1,\boldsymbol{\alpha}_2,\boldsymbol{\alpha}_3)$ 满足 $\boldsymbol{B}^2=\boldsymbol{BA}$，记 $\boldsymbol{B}^{100}=(\boldsymbol{\beta}_1,\boldsymbol{\beta}_2,\boldsymbol{\beta}_3)$，将 $\boldsymbol{\beta}_1$，$\boldsymbol{\beta}_2$，$\boldsymbol{\beta}_3$ 分别表示为 $\boldsymbol{\alpha}_1$，$\boldsymbol{\alpha}_2$，$\boldsymbol{\alpha}_3$ 的线性组合。

(18) 设矩阵 $\boldsymbol{A}=\begin{pmatrix}0 & 2 & -3\\ -1 & 3 & -3\\ 1 & -2 & a\end{pmatrix}$ 与矩阵 $\boldsymbol{B}=\begin{pmatrix}1 & -2 & 0\\ 0 & b & 0\\ 0 & 0 & 1\end{pmatrix}$ 相似，求：

(ⅰ) a，b 的值；

(ⅱ) 可逆矩阵 $\boldsymbol{P}$，使得 $\boldsymbol{P}^{-1}\boldsymbol{AP}$ 为对角矩阵。

(19) 设 $\boldsymbol{A}$ 为 2 阶矩阵，非零向量 $\boldsymbol{\alpha}$ 不是 $\boldsymbol{A}$ 的特征向量，且 $\boldsymbol{A}^2\boldsymbol{\alpha}-3\boldsymbol{A\alpha}+2\boldsymbol{\alpha}=\boldsymbol{0}$。证明：

(ⅰ) $\boldsymbol{\alpha}$，$\boldsymbol{A\alpha}$ 线性无关；

(ⅱ) $\boldsymbol{A}$ 可对角化，并写出 $\boldsymbol{A}$ 的相似对角矩阵。

(20) 设 n 阶矩阵 $\boldsymbol{A}=\begin{pmatrix}1 & b & \cdots & b\\ b & 1 & \cdots & b\\ \vdots & \vdots & & \vdots\\ b & b & \cdots & 1\end{pmatrix}$，求：

(ⅰ) $\boldsymbol{A}$ 的特征值与特征向量；

(ⅱ) 可逆矩阵 $\boldsymbol{P}$，使得 $\boldsymbol{P}^{-1}\boldsymbol{AP}$ 为对角矩阵。

(21) 设 n 阶矩阵 $\boldsymbol{A}=\begin{pmatrix} n & 1 & \cdots & 1 \\ 1 & n & \cdots & 1 \\ \vdots & \vdots & & \vdots \\ 1 & 1 & \cdots & n \end{pmatrix}$，求：

(ⅰ) $\boldsymbol{A}$ 的特征值与特征向量；

(ⅱ) 可逆矩阵 $\boldsymbol{P}$，使得 $\boldsymbol{P}^{-1}\boldsymbol{AP}$ 为对角矩阵。

(22) 设 $\boldsymbol{A}$，$\boldsymbol{B}$ 都是 n 阶矩阵，且 $r(\boldsymbol{A})+r(\boldsymbol{B})<n$，证明 $\boldsymbol{A}$，$\boldsymbol{B}$ 有相同的特征值与特征向量。

(23) 设 $\boldsymbol{\alpha}$，$\boldsymbol{\beta}$ 为 3 维正交的单位列向量，$\boldsymbol{A}=\boldsymbol{\alpha}\boldsymbol{\beta}^{\mathrm{T}}+\boldsymbol{\beta}\boldsymbol{\alpha}^{\mathrm{T}}$，证明 $\boldsymbol{\alpha}+\boldsymbol{\beta}$ 与 $\boldsymbol{\alpha}-\boldsymbol{\beta}$ 为 $\boldsymbol{A}$ 的特征向量，并判断 $\boldsymbol{A}$ 是否可以相似对角化。

(24) 设 $\boldsymbol{\alpha}=(1,1,-1)^{\mathrm{T}}$ 是 $\boldsymbol{A}=\begin{pmatrix} 2 & -1 & 2 \\ 5 & a & 3 \\ -1 & b & -2 \end{pmatrix}$ 的一个特征向量。

(ⅰ) 求 a，b 的值及特征向量 $\boldsymbol{\alpha}$ 所对应的特征值；

(ⅱ) 判断 $\boldsymbol{A}$ 是否可以对角化，并说明理由。

(25) 设 $\boldsymbol{A}$ 是 3 阶实对称矩阵，且存在可逆矩阵 $\boldsymbol{P}=\begin{pmatrix} 1 & b & -2 \\ a & a+1 & -5 \\ 2 & 1 & 1 \end{pmatrix}$，使得 $\boldsymbol{P}^{-1}\boldsymbol{AP}=\begin{pmatrix} 1 & 0 & 0 \\ 0 & 2 & 0 \\ 0 & 0 & -1 \end{pmatrix}$，又 $\boldsymbol{\alpha}=(2,5,-1)^{\mathrm{T}}$，且 $\boldsymbol{A}^*\boldsymbol{\alpha}=\mu\boldsymbol{\alpha}$，求：

(ⅰ) 常数 a，b 的值及 μ；

(ⅱ) $|\boldsymbol{A}^*+3\boldsymbol{E}|$。

(26) 设 $\boldsymbol{A}$ 是 3 阶实对称矩阵，且存在正交矩阵 $\boldsymbol{Q}=\begin{pmatrix} \frac{1}{\sqrt{3}} & a & d \\ \frac{1}{\sqrt{3}} & b & e \\ \frac{1}{\sqrt{3}} & c & f \end{pmatrix}$，使得

$$\boldsymbol{Q}^{\mathrm{T}}\boldsymbol{AQ}=\begin{pmatrix} 2 & 0 & 0 \\ 0 & -1 & 0 \\ 0 & 0 & 1 \end{pmatrix}$$

若 $\boldsymbol{B}=\boldsymbol{A}^2+2\boldsymbol{E}$，求矩阵 $\boldsymbol{B}$。

(27) 设 $\boldsymbol{A}=\begin{pmatrix} -1 & 1 & 0 \\ -2 & 2 & 0 \\ 4 & a & 1 \end{pmatrix}$ 可相似对角化，求：

(ⅰ) 常数 a 的值；

(ⅱ) 可逆矩阵 $\boldsymbol{P}$，使得 $\boldsymbol{P}^{-1}\boldsymbol{AP}$ 为对角矩阵。

(28) 设 $A=\begin{pmatrix}1&0&1&0\\a&1&-1&0\\0&0&2&0\\2&3&b&2\end{pmatrix}$，问常数 a，b 为何值时，A 能与对角矩阵相似？此时求可逆矩阵 P，使得 $P^{-1}AP$ 为对角矩阵 Λ，并给出 Λ。

(29) 设 A 是 n 阶矩阵，证明：

(ⅰ) $r(A)=1$ 的充分必要条件是存在 n 维非零列向量 α，β，使得 $A=\alpha\beta^T$；

(ⅱ) 当 $r(A)=1$ 且 $\mathrm{tr}(A)\neq0$ 时，A 可相似对角化。

(30) 设 A 是 $n(n\geqslant2)$ 阶矩阵，且 $A^2=E$，$1\leqslant r(E+A)=r<n$。

(ⅰ) 矩阵 A 是否可以对角化；

(ⅱ) 求 $|A+3E|$。

经典习题解答

1. 选择题

(1) **解**　应选(B)。

方法一　设 $k_1\alpha_1+k_2A(\alpha_1+\alpha_2)=\mathbf{0}$，则 $(k_1+\lambda_1k_2)\alpha_1+\lambda_2k_2\alpha_2=\mathbf{0}$，由于 α_1，α_2 是 A 的对应于不同特征值的特征向量，因此 α_1，α_2 线性无关，从而

$$\begin{cases}k_1+\lambda_1k_2=0\\\lambda_2k_2=0\end{cases}$$

所以 α_1，$A(\alpha_1+\alpha_2)$ 线性无关 $\Leftrightarrow k_1=k_2=0\Leftrightarrow$ 齐次线性方程组 $\begin{cases}k_1+\lambda_1k_2=0\\\lambda_2k_2=0\end{cases}$ 只有零解 $\Leftrightarrow$ 行列式 $\begin{vmatrix}1&\lambda_1\\0&\lambda_2\end{vmatrix}\neq0\Leftrightarrow\lambda_2\neq0$，故选(B)。

方法二　由于 $(\alpha_1,A(\alpha_1+\alpha_2))=(\alpha_1,\lambda_1\alpha_1+\lambda_2\alpha_2)=(\alpha_1,\alpha_2)\begin{pmatrix}1&\lambda_1\\0&\lambda_2\end{pmatrix}$，且由于 α_1，α_2 是 A 的对应于不同特征值的特征向量，从而 α_1，α_2 线性无关，因此 α_1，$A(\alpha_1+\alpha_2)$ 线性无关 $\Leftrightarrow$ 行列式 $\begin{vmatrix}1&\lambda_1\\0&\lambda_2\end{vmatrix}\neq0\Leftrightarrow\lambda_2\neq0$，故选(B)。

(2) **解**　应选(A)。

由于 $A\alpha=\lambda\alpha$，因此 $P^{-1}AP(P^{-1}\alpha)=P^{-1}A(PP^{-1})\alpha=P^{-1}(A\alpha)=\lambda(P^{-1}\alpha)$，故选(A)。

(3) **解**　应选(A)。

由于 $\eta_2=2\xi_2$，$\eta_3=-3\xi_3$，$\eta_1=4\xi_1$ 仍为 A 的对应于 λ_2，λ_3，λ_1 的特征向量，因此

$$AP=A(\eta_2,\eta_3,\eta_1)=(A\eta_2,A\eta_3,A\eta_1)=(\eta_2,\eta_3,\eta_1)\begin{pmatrix}\lambda_2&&\\&\lambda_3&\\&&\lambda_1\end{pmatrix}=P\begin{pmatrix}2&&\\&3&\\&&1\end{pmatrix}$$

从而 $P^{-1}AP=\begin{pmatrix}2&&\\&3&\\&&1\end{pmatrix}$，故选(A)。

(4) **解** 应选(B)。

显然矩阵 $\boldsymbol{A}$, $\boldsymbol{B}$, $\boldsymbol{C}$ 的特征值均为 2, 2, 1, 由于 $2\boldsymbol{E}-\boldsymbol{A}=\begin{pmatrix}0&0&0\\0&0&-1\\0&0&1\end{pmatrix}$, 因此 $r(2\boldsymbol{E}-\boldsymbol{A})=1$, 从而 $3-r(2\boldsymbol{E}-\boldsymbol{A})=2$, 所以 $\boldsymbol{A}$ 可对角化, 又 $\boldsymbol{C}$ 是以 $\boldsymbol{A}$ 的特征值为主对角元素的对角矩阵, 故 $\boldsymbol{A}$ 与 $\boldsymbol{C}$ 相似。

由于 $2\boldsymbol{E}-\boldsymbol{B}=\begin{pmatrix}0&-1&0\\0&0&0\\0&0&1\end{pmatrix}$, 因此 $r(2\boldsymbol{E}-\boldsymbol{B})=2$, 从而 $3-r(2\boldsymbol{E}-\boldsymbol{B})=1$, 所以 $\boldsymbol{B}$ 不可对角化, 从而 $\boldsymbol{B}$ 与 $\boldsymbol{C}$ 不相似。故选(B)。

(5) **解** 应选(C)。

由于 $\boldsymbol{A}$ 与 $\boldsymbol{B}$ 相似, 因此存在可逆矩阵 $\boldsymbol{P}$, 使得 $\boldsymbol{P}^{-1}\boldsymbol{A}\boldsymbol{P}=\boldsymbol{B}$, 于是 $\forall k$, 有

$$\boldsymbol{P}^{-1}(\boldsymbol{A}+k\boldsymbol{E})\boldsymbol{P}=\boldsymbol{P}^{-1}\boldsymbol{A}\boldsymbol{P}+\boldsymbol{P}^{-1}k\boldsymbol{E}\boldsymbol{P}=\boldsymbol{B}+k\boldsymbol{E}$$

即 $\boldsymbol{A}+k\boldsymbol{E}$ 与 $\boldsymbol{B}+k\boldsymbol{E}$ 相似, 从而 $r(\boldsymbol{A}-2\boldsymbol{E})+r(\boldsymbol{A}-\boldsymbol{E})=r(\boldsymbol{B}-2\boldsymbol{E})+r(\boldsymbol{B}-\boldsymbol{E})=3+1=4$, 故选(C)。

(6) **解** 应选(C)。

由于矩阵 $\boldsymbol{A}$ 与 $\boldsymbol{B}$ 相似, 因此存在可逆矩阵 $\boldsymbol{P}$, 使得 $\boldsymbol{P}^{-1}\boldsymbol{A}\boldsymbol{P}=\boldsymbol{B}$, 两边取转置, 得 $\boldsymbol{P}^{\mathrm{T}}\boldsymbol{A}^{\mathrm{T}}(\boldsymbol{P}^{-1})^{\mathrm{T}}=\boldsymbol{B}^{\mathrm{T}}$, 即 $\boldsymbol{P}^{\mathrm{T}}\boldsymbol{A}^{\mathrm{T}}(\boldsymbol{P}^{\mathrm{T}})^{-1}=\boldsymbol{B}^{\mathrm{T}}$, 从而 $\boldsymbol{A}^{\mathrm{T}}$ 与 $\boldsymbol{B}^{\mathrm{T}}$ 相似, 所以选项(A)结论正确。由 $\boldsymbol{P}^{-1}\boldsymbol{A}\boldsymbol{P}=\boldsymbol{B}$, 得 $\boldsymbol{P}^{-1}\boldsymbol{A}^{-1}\boldsymbol{P}=\boldsymbol{B}^{-1}$, 因此选项(B)结论正确。由 $\boldsymbol{P}^{-1}\boldsymbol{A}\boldsymbol{P}=\boldsymbol{B}$, $\boldsymbol{P}^{-1}\boldsymbol{A}^{-1}\boldsymbol{P}=\boldsymbol{B}^{-1}$, 得 $\boldsymbol{P}^{-1}(\boldsymbol{A}+\boldsymbol{A}^{-1})\boldsymbol{P}=\boldsymbol{B}+\boldsymbol{B}^{-1}$, 从而选项(D)结论正确。故选(C)。

(7) **解** 应选(B)。

方法一 两个同阶的实对称矩阵相似的充分必要条件是它们有相同的特征值。矩阵 $\boldsymbol{B}$ 的特征值为 2, b, 0。由于

$$|\lambda\boldsymbol{E}-\boldsymbol{A}|=\begin{vmatrix}\lambda-1&-a&-1\\-a&\lambda-b&-a\\-1&-a&\lambda-1\end{vmatrix}=\begin{vmatrix}\lambda&-a&-1\\0&\lambda-b&-a\\-\lambda&-a&\lambda-1\end{vmatrix}=\lambda[(\lambda-2)(\lambda-b)-2a^2]$$

因此当且仅当 $a=0$ 时, 矩阵 $\boldsymbol{A}$ 的特征值为 2, b, 0, 且 b 可为任意常数, 故选(B)。

方法二 选项(A)只是两个矩阵相似的充分条件, 并不是必要条件, 从而选项(A)不正确。当 $a=2$, $b=0$ 时, 矩阵 $\boldsymbol{A}$ 的特征值为 4, -2, 0, 则矩阵 $\boldsymbol{A}$ 与 $\boldsymbol{B}$ 不相似, 所以选项(C)不正确, 从而选项(D)不正确。故选(B)。

(8) **解** 应选(D)。

设 $\boldsymbol{A}$ 的特征值为 λ, 则由 $\boldsymbol{A}^2+\boldsymbol{A}=\boldsymbol{O}$, 得 $\lambda^2+\lambda=0$, 即 λ 为 0 或 -1。由于 $\boldsymbol{A}$ 为实对称矩阵, $r(\boldsymbol{A})=2$, 因此 $\boldsymbol{A}$ 可对角化, 且与 $\boldsymbol{A}$ 相似的对角矩阵的主对角元素(即 $\boldsymbol{A}$ 的特征值)有两个非零一个为零, 从而 $\boldsymbol{A}$ 的特征值为 -1, -1, 0, 故选(D)。

(9) **解** 应选(A)。

方法一 设 $\boldsymbol{A}=\begin{pmatrix}1&1&0\\0&1&1\\0&0&1\end{pmatrix}$, 记选项中的矩阵均为 $\boldsymbol{B}$, 则 $r(\boldsymbol{E}-\boldsymbol{A})=2$。对于选项(B), $r(\boldsymbol{E}-\boldsymbol{B})=1$, 从而选项(B)不正确。对于选项(C), $r(\boldsymbol{E}-\boldsymbol{B})=1$, 从而选项(C)不正确。对

于选项(D)，$r(\boldsymbol{E}-\boldsymbol{B})=1$，从而选项(D)不正确。故选(A)。

方法二　设 $\boldsymbol{A}=\begin{pmatrix}1&1&0\\0&1&1\\0&0&1\end{pmatrix}$，$\boldsymbol{B}=\begin{pmatrix}1&1&-1\\0&1&1\\0&0&1\end{pmatrix}$，则 $\boldsymbol{E}_{12}(-1)\boldsymbol{A}\boldsymbol{E}_{12}(1)=\boldsymbol{B}$，即

$$\boldsymbol{E}_{12}^{-1}(1)\boldsymbol{A}\boldsymbol{E}_{12}(1)=\boldsymbol{B}$$

从而 $\boldsymbol{A}$ 与 $\boldsymbol{B}$ 相似，故选(A)。

方法三　设 $\boldsymbol{A}=\begin{pmatrix}1&1&0\\0&1&1\\0&0&1\end{pmatrix}$，$\boldsymbol{B}=\begin{pmatrix}1&1&-1\\0&1&1\\0&0&1\end{pmatrix}$，则 $\boldsymbol{E}_{12}(1)\boldsymbol{B}\boldsymbol{E}_{12}(-1)=\boldsymbol{A}$，即

$$\boldsymbol{E}_{12}^{-1}(-1)\boldsymbol{B}\boldsymbol{E}_{12}(-1)=\boldsymbol{A}$$

从而 $\boldsymbol{A}$ 与 $\boldsymbol{B}$ 相似，故选(A)。

(10) **解**　应选(C)。

由于不同特征值对应的特征向量线性无关，因此其逆否命题成立，即若 $\boldsymbol{\alpha}$，$\boldsymbol{\beta}$ 线性相关，则 $\lambda=\mu$，故选(C)。

(11) **解**　应选(C)。

方法一　若 $\boldsymbol{\alpha}$ 为 3 维实非零列向量，则 $\boldsymbol{A}=\boldsymbol{\alpha}\boldsymbol{\alpha}^{\mathrm{T}}\neq\boldsymbol{O}$，从而 $1\leqslant r(\boldsymbol{A})\leqslant r(\boldsymbol{\alpha})=1$，所以 $r(\boldsymbol{A})=1$。又 $\boldsymbol{A}^{\mathrm{T}}=(\boldsymbol{\alpha}\boldsymbol{\alpha}^{\mathrm{T}})^{\mathrm{T}}=\boldsymbol{\alpha}\boldsymbol{\alpha}^{\mathrm{T}}=\boldsymbol{A}$，故 $\boldsymbol{A}$ 可对角化。设其相似对角矩阵为 $\boldsymbol{\Lambda}$，则 $r(\boldsymbol{\Lambda})=r(\boldsymbol{A})=1$，从而 $\boldsymbol{\Lambda}$ 的主对角元素(即 $\boldsymbol{A}$ 的特征值)有两个零元素，故选(C)。

方法二　取 $\boldsymbol{\alpha}=(1,0,0)^{\mathrm{T}}$，则 $\boldsymbol{A}=\boldsymbol{\alpha}\boldsymbol{\alpha}^{\mathrm{T}}=\begin{pmatrix}1&0&0\\0&0&0\\0&0&0\end{pmatrix}$，所以选项(A)、(B)、(D)均不正确，故选(C)。

(12) **解**　应选(C)。

方法一　取 $\boldsymbol{A}=\begin{pmatrix}0&1&1\\0&1&0\\0&0&0\end{pmatrix}$，则 $r(\boldsymbol{A})=2$，且 $\boldsymbol{A}$ 的特征值为 0，0，1，从而选项(A)不正确。取 $\boldsymbol{A}=\begin{pmatrix}0&0&1\\0&0&0\\0&0&0\end{pmatrix}$，则 $\boldsymbol{A}$ 为非零矩阵，且 $\boldsymbol{A}$ 的特征值为 0，0，0，从而选项(B)不正确。

取 $\boldsymbol{A}=\begin{pmatrix}0&0&1\\0&0&0\\0&0&0\end{pmatrix}$，$\boldsymbol{B}=\begin{pmatrix}1&0&0\\0&0&0\\0&0&0\end{pmatrix}$，则 $\boldsymbol{A}$ 与 $\boldsymbol{B}$ 等价，且 $\boldsymbol{A}$ 的特征值为 0，0，0，$\boldsymbol{B}$ 的特征值为 1，0，0，即 $\boldsymbol{A}$ 与 $\boldsymbol{B}$ 的特征值不全相同，所以选项(D)不正确。故选(C)。

方法二　令 $\boldsymbol{A}\boldsymbol{x}=\lambda\boldsymbol{x}$，由 $\boldsymbol{A}^2=2\boldsymbol{A}$，得 $\boldsymbol{A}$ 的特征值为 0 或 2，又 $\boldsymbol{A}$ 是对称矩阵，故 $\boldsymbol{A}$ 一定可对角化，由于 $r(\boldsymbol{A})=r$，因此 $\boldsymbol{A}$ 的特征值中有 r 个 2，其余全为 0，故选(C)。

(13) **解**　应选(B)。

由矩阵 $\boldsymbol{A}$ 的特征值及对应的特征向量，得 $\boldsymbol{A}^*+2\boldsymbol{E}$ 对应的特征值为 $\mu_1=10$，$\mu_2=-2$，$\mu_3=0$，对应的特征向量为 $\boldsymbol{\xi}_1$，$\boldsymbol{\xi}_2$，$\boldsymbol{\xi}_3$，故 $-3\boldsymbol{\xi}_2$，$2\boldsymbol{\xi}_1$，$5\boldsymbol{\xi}_3$ 是 $\boldsymbol{A}^*+2\boldsymbol{E}$ 的对应于特征值 $\mu_2=-2$，

$\mu_1=10$，$\mu_3=0$ 的特征向量，从而 $P^{-1}(A^*+2E)P=\begin{pmatrix}-2&0&0\\0&10&0\\0&0&0\end{pmatrix}$，故选(B)。

(14) **解** 应选(D)。

取 $A=\begin{pmatrix}1&1\\0&1\end{pmatrix}$，$B=\begin{pmatrix}1&0\\0&1\end{pmatrix}$，则 A 与 B 的特征值均为 $\lambda_1=\lambda_2=1$，由于 $r(E-A)=1$，因此 A 不可对角化，从而 A 与 B 不相似，故选项(A)、(B)不正确。取 $A=\begin{pmatrix}0&1\\0&0\end{pmatrix}$，$B=\begin{pmatrix}0&0\\0&0\end{pmatrix}$，则 A 与 B 的特征值均为 $\lambda_1=\lambda_2=0$，由于 $r(A)=1\neq0=r(B)$，因此选项(C)不正确。故选(D)。

2. 填空题

(1) **解** 方法一 由于 $\boldsymbol{\alpha}^T\boldsymbol{\beta}=2$，因此 $(\boldsymbol{\beta}\boldsymbol{\alpha}^T)\boldsymbol{\beta}=2=\boldsymbol{\beta}(\boldsymbol{\alpha}^T\boldsymbol{\beta})=2\boldsymbol{\beta}$，显然 $\boldsymbol{\beta}\neq\mathbf{0}$，由特征值和特征向量的定义知，2 是 $\boldsymbol{\beta}\boldsymbol{\alpha}^T$ 的非零特征值。

方法二 设 $A=\boldsymbol{\beta}\boldsymbol{\alpha}^T$，则 $A^2=(\boldsymbol{\beta}\boldsymbol{\alpha}^T)(\boldsymbol{\beta}\boldsymbol{\alpha}^T)=\boldsymbol{\beta}(\boldsymbol{\alpha}^T\boldsymbol{\beta})\boldsymbol{\alpha}^T=2\boldsymbol{\beta}\boldsymbol{\alpha}^T=2A$。设 λ 是 A 的特征值，则 $\lambda^2=\lambda$，从而 $\lambda=0$ 或 $\lambda=2$，故 2 是 $\boldsymbol{\beta}\boldsymbol{\alpha}^T$ 的非零特征值。

> **评注：** 设 $A=(a_{ij})$ 是 $n(n\geqslant2)$ 阶矩阵，且 $r(A)=1$，则
>
> (1) A 的特征值为 $\lambda_1=\sum_{i=1}^{n}a_{ii}$，$\lambda_2=\lambda_3=\cdots=\lambda_n=0$；
>
> (2) A 可对角化的充分必要条件是 A 有一个非零特征值。

(2) **解** 设特征向量对应的特征值为 λ，则 $\begin{pmatrix}4&1&-2\\1&2&a\\3&1&-1\end{pmatrix}\begin{pmatrix}1\\1\\2\end{pmatrix}=\lambda\begin{pmatrix}1\\1\\2\end{pmatrix}$，从而

$$\begin{cases}4+1-4=\lambda\\1+2+2a=\lambda\end{cases}$$

解之，得 $a=-1$。

(3) **解** 由于 A 的特征值为 $\frac{1}{2}$，$\frac{1}{3}$，$\frac{1}{4}$，$\frac{1}{5}$，因此 A^{-1} 的特征值为 2，3，4，5，从而 $A^{-1}-E$ 的特征值为 1，2，3，4，故 $|A^{-1}-E|=1\times2\times3\times4=24$。

(4) **解** 由于 A 与 B 相似，因此 A 与 B 有相同的特征值，从而 B 的特征值为 $\frac{1}{2}$，$\frac{1}{3}$，$\frac{1}{4}$，$\frac{1}{5}$，因此 B^{-1} 的特征值为 2，3，4，5，从而 $B^{-1}-E$ 的特征值为 1，2，3，4，故

$$|B^{-1}-E|=1\times2\times3\times4=24$$

(5) **解** 由于 A 与 B 相似，因此 A 与 B 有相同的特征值，从而 B 的特征值为 $\frac{1}{2}$，$\frac{1}{3}$，$\frac{1}{4}$，$\frac{1}{5}$，因此 B^{-1} 的特征值为 2，3，4，5，从而 $B^{-1}-E$ 的特征值为 1，2，3，4，故

$$\mathrm{tr}(\boldsymbol{B}^{-1}-\boldsymbol{E})=1+2+3+4=10$$

(6) **解**　由于 $\boldsymbol{A}$ 与 $\boldsymbol{B}$ 相似，因此 $\boldsymbol{A}$ 与 $\boldsymbol{B}$ 有相同的特征值，从而 $\boldsymbol{B}$ 的特征值为 $\frac{1}{2}$，$\frac{1}{3}$，$\frac{1}{4}$，$\frac{1}{5}$，$\boldsymbol{B}^{-1}$ 的特征值为 2，3，4，5，$|\boldsymbol{B}^{-1}-\boldsymbol{E}|=1\times2\times3\times4=24$，$(\boldsymbol{B}^{-1}-\boldsymbol{E})^*$ 的特征值为 24，12，8，6，故 $\mathrm{tr}(\boldsymbol{B}^{-1}-\boldsymbol{E})^*=24+12+8+6=50$。

(7) **解**　方法一　$|\boldsymbol{A}|=\begin{vmatrix}1&2&2\\2&1&2\\2&2&1\end{vmatrix}=5\begin{vmatrix}1&2&2\\1&1&2\\1&2&1\end{vmatrix}=5\begin{vmatrix}1&0&0\\1&-1&0\\1&0&-1\end{vmatrix}=5$，由于 $\boldsymbol{A}$ 的各行元素之和均为 5，因此 $\lambda_3=5$ 为 $\boldsymbol{A}$ 的一个特征值，再由三个特征值之和为 $\boldsymbol{A}$ 的迹 3，三个特征值之积为 $\boldsymbol{A}$ 的行列式的值 5，即 $\begin{cases}\lambda_1+\lambda_2=-2\\\lambda_1\lambda_2=1\end{cases}$，解之，得 $\lambda_1=\lambda_2=-1$，故 $\boldsymbol{A}$ 的特征值为 $\lambda_1=\lambda_2=-1$，$\lambda_3=5$。

方法二

$$|\lambda\boldsymbol{E}-\boldsymbol{A}|=\begin{vmatrix}\lambda-1&-2&-2\\-2&\lambda-1&-2\\-2&-2&\lambda-1\end{vmatrix}=(\lambda-5)\begin{vmatrix}1&-2&-2\\1&\lambda-1&-2\\1&-2&\lambda-1\end{vmatrix}$$

$$=(\lambda-5)\begin{vmatrix}1&0&0\\1&\lambda+1&0\\1&0&\lambda+1\end{vmatrix}=(\lambda+1)^2(\lambda-5)$$

由 $|\lambda\boldsymbol{E}-\boldsymbol{A}|=0$，得 $\boldsymbol{A}$ 的特征值为 $\lambda_1=\lambda_2=-1$，$\lambda_3=5$。

(8) **解**　由于 $\boldsymbol{A}$ 有零特征值，因此 $|\boldsymbol{A}|=0$，从而齐次线性方程组 $\boldsymbol{Ax}=\boldsymbol{0}$ 必有非零解。

(9) **解**　方法一　令 $\boldsymbol{P}=(\boldsymbol{\alpha}_1,\boldsymbol{\alpha}_2)$，由于 $\boldsymbol{\alpha}_1$，$\boldsymbol{\alpha}_2$ 线性无关，因此 $\boldsymbol{P}$ 可逆，且

$$\boldsymbol{AP}=(\boldsymbol{A\alpha}_1,\boldsymbol{A\alpha}_2)=(\boldsymbol{0},\boldsymbol{\alpha}_1-4\boldsymbol{\alpha}_2)=(\boldsymbol{\alpha}_1,\boldsymbol{\alpha}_2)\begin{pmatrix}0&1\\0&-4\end{pmatrix}=\boldsymbol{P}\begin{pmatrix}0&1\\0&-4\end{pmatrix}$$

从而 $\boldsymbol{P}^{-1}\boldsymbol{AP}=\begin{pmatrix}0&1\\0&-4\end{pmatrix}=\boldsymbol{B}$，即 $\boldsymbol{A}$ 与 $\boldsymbol{B}$ 相似，又 $\boldsymbol{B}$ 的特征值为 0，-4，故 $\boldsymbol{A}$ 的特征值为 0，-4。

方法二　由于 $\boldsymbol{A\alpha}_1=\boldsymbol{0}=0\boldsymbol{\alpha}_1$，因此 $\boldsymbol{A}$ 有特征值 0。设 $\boldsymbol{A}$ 的非零特征值为 λ，对应的特征向量为 $\boldsymbol{\alpha}$，则 $\boldsymbol{\alpha}=k_1\boldsymbol{\alpha}_1+k_2\boldsymbol{\alpha}_2$。由 $\boldsymbol{A\alpha}=\lambda\boldsymbol{\alpha}$，得 $k_1\boldsymbol{A\alpha}_1+k_2\boldsymbol{A\alpha}_2=\lambda k_1\boldsymbol{\alpha}_1+\lambda k_2\boldsymbol{\alpha}_2$，从而

$$k_2(\boldsymbol{\alpha}_1-4\boldsymbol{\alpha}_2)=\lambda k_1\boldsymbol{\alpha}_1+\lambda k_2\boldsymbol{\alpha}_2$$

即 $(k_2-\lambda k_1)\boldsymbol{\alpha}_1+k_2(-4-\lambda)\boldsymbol{\alpha}_2=\boldsymbol{0}$。由 $\boldsymbol{\alpha}_1$，$\boldsymbol{\alpha}_2$ 线性无关，得 $k_2-\lambda k_1=0$，$k_2(-4-\lambda)=0$，但 $k_2\neq0$，否则 $k_1=0$，从而特征向量 $\boldsymbol{\alpha}=\boldsymbol{0}$，这与特征向量 $\boldsymbol{\alpha}\neq\boldsymbol{0}$ 矛盾，故 $\lambda=-4$，从而 $\boldsymbol{A}$ 的特征值为 0，-4。

(10) **解**　由于 $\boldsymbol{A}$ 的特征值为 2，-2，1，因此 $\boldsymbol{B}=\boldsymbol{A}^2-\boldsymbol{A}+\boldsymbol{E}$ 的特征值为 3，7，1，从而 $|\boldsymbol{B}|=3\times7\times1=21$。

(11) **解**　方法一　由 $\boldsymbol{A}^2(\boldsymbol{\alpha}_1+\boldsymbol{\alpha}_2)=\boldsymbol{\alpha}_1+\boldsymbol{\alpha}_2$，得 $\boldsymbol{A}^2$ 有特征值 1，对应的特征向量为 $\boldsymbol{\alpha}_1+\boldsymbol{\alpha}_2$。由于 $\boldsymbol{A}^2$ 的特征值是 $\boldsymbol{A}$ 的特征值的平方，因此 $\boldsymbol{A}$ 的特征值只能是 1 或 -1。又 $\boldsymbol{A}$ 有两个不同的特征值，故 $\boldsymbol{A}$ 的特征值为 1 与 -1，从而 $|\boldsymbol{A}|=1\times(-1)=-1$

方法二　设 $\boldsymbol{A\alpha}_1=\lambda_1\boldsymbol{\alpha}_1$，$\boldsymbol{A\alpha}_2=\lambda_2\boldsymbol{\alpha}_2$，且 $\lambda_1\neq\lambda_2$，则 $\boldsymbol{A}^2\boldsymbol{\alpha}_1=\lambda_1^2\boldsymbol{\alpha}_1$，$\boldsymbol{A}^2\boldsymbol{\alpha}_2=\lambda_2^2\boldsymbol{\alpha}_2$。又

$A^2(\boldsymbol{\alpha}_1+\boldsymbol{\alpha}_2)=\boldsymbol{\alpha}_1+\boldsymbol{\alpha}_2$，故 $\lambda_1^2\boldsymbol{\alpha}_1+\lambda_2^2\boldsymbol{\alpha}_2=\boldsymbol{\alpha}_1+\boldsymbol{\alpha}_2$，即 $(\lambda_1^2-1)\boldsymbol{\alpha}_1+(\lambda_2^2-1)\boldsymbol{\alpha}_2=\boldsymbol{0}$。由 $\boldsymbol{\alpha}_1$，$\boldsymbol{\alpha}_2$ 线性无关，得 $\lambda_1^2-1=0$，$\lambda_2^2-1=0$。由于 $\lambda_1\neq\lambda_2$，因此 $\lambda_1\lambda_2=-1$，从而 $|A|=\lambda_1\lambda_2=-1$。

(12) **解** 由于

$$A(\boldsymbol{\alpha}_1,\boldsymbol{\alpha}_2,\boldsymbol{\alpha}_3)=(A\boldsymbol{\alpha}_1,A\boldsymbol{\alpha}_2,A\boldsymbol{\alpha}_3)=(\boldsymbol{\alpha}_1,\boldsymbol{\alpha}_2,\boldsymbol{\alpha}_3)\begin{pmatrix}2&0&0\\1&1&-1\\1&2&1\end{pmatrix}$$

令 $P=(\boldsymbol{\alpha}_1,\boldsymbol{\alpha}_2,\boldsymbol{\alpha}_3)$，$B=\begin{pmatrix}2&0&0\\1&1&-1\\1&2&1\end{pmatrix}$，则 P 可逆，且 $AP=PB$，即 $P^{-1}AP=B$，因此 A 与 B 相似，又

$$|\lambda E-B|=\begin{vmatrix}\lambda-2&0&0\\-1&\lambda-1&1\\-1&-2&\lambda-1\end{vmatrix}=(\lambda-2)\begin{vmatrix}\lambda-1&1\\-2&\lambda-1\end{vmatrix}=(\lambda-2)(\lambda^2-2\lambda+3)$$

由 $|\lambda E-B|=0$，得 B 的实特征值为 $\lambda=2$，从而 A 的实特征值为 $\lambda=2$。

(13) **解** 方法一 由 $A^2-4A-5E=O$，得 $(E+A)(5E-A)=O$，则

$$r(E+A)+r(5E-A)\leqslant 4$$

又 $r(E+A)+r(5E-A)\geqslant r(6E)=4$，故 $r(E+A)+r(5E-A)=4$。由于方程组 $(E+A)\boldsymbol{x}=\boldsymbol{0}$ 的基础解系含有一个线性无关的解向量，因此 $r(E+A)=3$，$r(5E-A)=1$，从而

$$|E+A|=0,\quad |5E-A|=0$$

故 $\lambda=-1$ 与 $\lambda=5$ 是 A 的特征值。由于 A 为实对称矩阵，因此 A 可对角化且主对角元素为 A 的线性无关的特征向量对应的特征值，从而 A 的特征值为 $\lambda_1=-1$，$\lambda_2=\lambda_3=\lambda_4=5$。

方法二 设 $A\boldsymbol{\alpha}=\lambda\boldsymbol{\alpha}$，由 $A^2-4A-5E=O$，得 $\lambda^2-4\lambda-5=0$，解之，得 A 的特征值为 -1 或 5。又齐次线性方程组 $(E+A)\boldsymbol{x}=\boldsymbol{0}$ 的基础解系含有一个线性无关的解向量，故 $\lambda=-1$ 是 A 的单特征值。由于 A 是实对称矩阵，因此 A 可对角化，从而 $\lambda=5$ 是 A 的三重特征值。故 A 的特征值为 $\lambda_1=-1$，$\lambda_2=\lambda_3=\lambda_4=5$。

(14) **解** 由于 $B\boldsymbol{\alpha}_1=(A^5-4A^3+E)\boldsymbol{\alpha}_1=(1^5-4\times1^3+1)\boldsymbol{\alpha}_1=-2\boldsymbol{\alpha}_1$，因此 $\boldsymbol{\alpha}_1$ 是矩阵 B 的对应于特征值 $\mu_1=-2$ 的特征向量。B 的另外两个特征值为

$$\mu_2=\lambda_2^5-4\lambda_2^3+1=1,\ \mu_3=\lambda_3^5-4\lambda_3^3+1=1$$

由于 $A^{\mathrm{T}}=A$，因此 $B^{\mathrm{T}}=B$，即 B 也是实对称矩阵。令 B 的对应于特征值 $\mu_2=\mu_3=1$ 的特征向量为 $\boldsymbol{\alpha}=(x_1,x_2,x_3)^{\mathrm{T}}$，则 $\boldsymbol{\alpha}_1^{\mathrm{T}}\boldsymbol{\alpha}=0$，即 $x_1-x_2+x_3=0$，解之，得 B 的对应于特征值 $\mu_2=\mu_3=1$ 的特征向量为 $\boldsymbol{\alpha}_2=(1,1,0)^{\mathrm{T}}$，$\boldsymbol{\alpha}_3=(-1,0,1)^{\mathrm{T}}$。

令 $P=(\boldsymbol{\alpha}_1,\boldsymbol{\alpha}_2,\boldsymbol{\alpha}_3)=\begin{pmatrix}1&1&-1\\-1&1&0\\1&0&1\end{pmatrix}$，则

$$P^{-1}=\begin{pmatrix}\frac{1}{3}&-\frac{1}{3}&\frac{1}{3}\\\frac{1}{3}&\frac{2}{3}&\frac{1}{3}\\-\frac{1}{3}&\frac{1}{3}&\frac{2}{3}\end{pmatrix},\quad P^{-1}BP=\begin{pmatrix}-2&0&0\\0&1&0\\0&0&1\end{pmatrix}$$

从而

$$\boldsymbol{B}=\boldsymbol{P}\begin{pmatrix}-2&0&0\\0&1&0\\0&0&1\end{pmatrix}\boldsymbol{P}^{-1}=\begin{pmatrix}1&1&-1\\-1&1&0\\1&0&1\end{pmatrix}\begin{pmatrix}-2&0&0\\0&1&0\\0&0&1\end{pmatrix}\begin{pmatrix}\frac{1}{3}&-\frac{1}{3}&\frac{1}{3}\\\frac{1}{3}&\frac{2}{3}&\frac{1}{3}\\-\frac{1}{3}&\frac{1}{3}&\frac{2}{3}\end{pmatrix}$$

$$=\begin{pmatrix}0&1&-1\\1&0&1\\-1&1&0\end{pmatrix}$$

(15) **解**　由于 $\boldsymbol{\alpha}_1$，$\boldsymbol{\alpha}_2$，$\boldsymbol{\alpha}_3$ 是 $\boldsymbol{A}$ 的三个不同特征值对应的特征向量，因此 $\boldsymbol{\alpha}_1$，$\boldsymbol{\alpha}_2$，$\boldsymbol{\alpha}_3$ 线性无关，又四个 3 维向量 $\boldsymbol{\alpha}_1$，$\boldsymbol{\alpha}_2$，$\boldsymbol{\alpha}_3$，$\boldsymbol{\beta}$ 线性相关，故 $\boldsymbol{\beta}$ 可由 $\boldsymbol{\alpha}_1$，$\boldsymbol{\alpha}_2$，$\boldsymbol{\alpha}_3$ 线性表示。对矩阵 $(\boldsymbol{\alpha}_1,\boldsymbol{\alpha}_2,\boldsymbol{\alpha}_3,\boldsymbol{\beta})$ 作初等行变换，得

$$(\boldsymbol{\alpha}_1,\boldsymbol{\alpha}_2,\boldsymbol{\alpha}_3,\boldsymbol{\beta})=\begin{pmatrix}1&1&1&1\\1&2&3&1\\1&4&9&3\end{pmatrix}\to\begin{pmatrix}1&1&1&1\\0&1&2&0\\0&3&8&2\end{pmatrix}\to\begin{pmatrix}1&0&0&2\\0&1&0&-2\\0&0&1&1\end{pmatrix}$$

因此 $\boldsymbol{\beta}=2\boldsymbol{\alpha}_1-2\boldsymbol{\alpha}_2+\boldsymbol{\alpha}_3$，又 $\boldsymbol{A}\boldsymbol{\alpha}_1=\boldsymbol{\alpha}_1$，$\boldsymbol{A}\boldsymbol{\alpha}_2=2\boldsymbol{\alpha}_2$，$\boldsymbol{A}\boldsymbol{\alpha}_3=3\boldsymbol{\alpha}_3$，故

$$\begin{aligned}\boldsymbol{A}^n\boldsymbol{\beta}&=\boldsymbol{A}^n(2\boldsymbol{\alpha}_1-2\boldsymbol{\alpha}_2+\boldsymbol{\alpha}_3)=2\boldsymbol{A}^n\boldsymbol{\alpha}_1-2\boldsymbol{A}^n\boldsymbol{\alpha}_2+\boldsymbol{A}^n\boldsymbol{\alpha}_3\\&=(2-2^{n+1}+3^n,\ 2-2^{n+2}+3^{n+1},\ 2-2^{n+3}+3^{n+2})^{\mathrm{T}}\end{aligned}$$

(16) **解**　由于 $\boldsymbol{A}$ 的特征值为 3，-3，0，因此 $\boldsymbol{A}-\boldsymbol{E}$ 的特征值为 2，-4，-1，从而 $\boldsymbol{A}-\boldsymbol{E}$ 可逆。由 $\boldsymbol{E}+\boldsymbol{B}=\boldsymbol{A}\boldsymbol{B}$，得 $(\boldsymbol{A}-\boldsymbol{E})\boldsymbol{B}=\boldsymbol{E}$，从而 $\boldsymbol{A}-\boldsymbol{E}$ 是 $\boldsymbol{B}$ 的逆矩阵，即 $\boldsymbol{B}^{-1}=\boldsymbol{A}-\boldsymbol{E}$，所以 $\boldsymbol{B}^{-1}$ 的特征值为 2，-4，-1，故 $\boldsymbol{B}^{-1}+2\boldsymbol{E}$ 的特征值为 4，-2，1，从而 $|\boldsymbol{B}^{-1}+2\boldsymbol{E}|=-8$。

(17) **解**　由于 $\boldsymbol{A}$ 的特征值为 $\lambda_1=-2$，$\lambda_2=1$，$\lambda_3=2$，因此 $\boldsymbol{A}^*$ 的特征值为 $\mu_1=2$，$\mu_2=-4$，$\mu_3=-2$，从而 $A_{11}+A_{22}+A_{33}=\mathrm{tr}(\boldsymbol{A}^*)=\mu_1+\mu_2+\mu_3=2-4-2=-4$。

(18) **解**　由于矩阵 $\boldsymbol{A}$ 对应于 $\lambda_1=\lambda_2=-1$，$\lambda_3=2$ 有三个对应的线性无关的特征向量 $\boldsymbol{\alpha}_1$，$\boldsymbol{\alpha}_2$，$\boldsymbol{\alpha}_3$，因此 $\boldsymbol{A}$ 可对角化，且 $(\boldsymbol{\alpha}_1,\boldsymbol{\alpha}_2,\boldsymbol{\alpha}_3)^{-1}\boldsymbol{A}(\boldsymbol{\alpha}_1,\boldsymbol{\alpha}_2,\boldsymbol{\alpha}_3)=\begin{pmatrix}-1&0&0\\0&-1&0\\0&0&2\end{pmatrix}$，又

$$\boldsymbol{P}=(\boldsymbol{\alpha}_1+2\boldsymbol{\alpha}_2,3\boldsymbol{\alpha}_2,\boldsymbol{\alpha}_3)=(\boldsymbol{\alpha}_1,\boldsymbol{\alpha}_2,\boldsymbol{\alpha}_3)\begin{pmatrix}1&0&0\\2&3&0\\0&0&1\end{pmatrix}$$

故

$$\boldsymbol{P}^{-1}\boldsymbol{A}\boldsymbol{P}=\begin{pmatrix}1&0&0\\2&3&0\\0&0&1\end{pmatrix}^{-1}(\boldsymbol{\alpha}_1,\boldsymbol{\alpha}_2,\boldsymbol{\alpha}_3)^{-1}\boldsymbol{A}(\boldsymbol{\alpha}_1,\boldsymbol{\alpha}_2,\boldsymbol{\alpha}_3)\begin{pmatrix}1&0&0\\2&3&0\\0&0&1\end{pmatrix}$$

$$=\begin{pmatrix}1&0&0\\2&3&0\\0&0&1\end{pmatrix}^{-1}\begin{pmatrix}-1&0&0\\0&-1&0\\0&0&2\end{pmatrix}\begin{pmatrix}1&0&0\\2&3&0\\0&0&1\end{pmatrix}=\begin{pmatrix}-1&0&0\\0&-1&0\\0&0&2\end{pmatrix}$$

3. 解答题

(1) **解**　(ⅰ) 由于 $\boldsymbol{A}=\boldsymbol{\alpha}\boldsymbol{\beta}^{\mathrm{T}}$，$\boldsymbol{\alpha}^{\mathrm{T}}\boldsymbol{\beta}=0$，因此

$$A^2 = AA = (\alpha\beta^T)(\alpha\beta^T) = \alpha(\beta^T\alpha)\beta^T = (\beta^T\alpha)\alpha\beta^T = (\alpha^T\beta)\alpha\beta^T = O$$

即 A^2 为 n 阶零矩阵。

（ⅱ）设 λ 为 A 的特征值，A 的对应于特征值 λ 的特征向量为 ξ，则 $A\xi=\lambda\xi$，从而

$$A^2\xi = \lambda A\xi = \lambda^2\xi$$

由（ⅰ）知，$A^2=O$，从而 $\lambda^2\xi=0$，由于特征向量 $\xi\neq 0$，因此 $\lambda^2=0$，即 $\lambda=0$，故 A 的特征值全为 0。

由于 $\alpha\neq 0$，$\beta\neq 0$，不妨设 $a_1\neq 0$，$b_1\neq 0$。将 $\lambda=0$ 代入 $(\lambda E-A)x=0$，得 $(0E-A)x=0$，由

$$0E-A=\begin{pmatrix}-a_1b_1 & -a_1b_2 & \cdots & -a_1b_n\\ -a_2b_1 & -a_2b_2 & \cdots & -a_2b_n\\ \vdots & \vdots & & \vdots\\ -a_nb_n & -a_nb_2 & \cdots & -a_nb_n\end{pmatrix}\to\begin{pmatrix}b_1 & b_2 & \cdots & b_n\\ 0 & 0 & \cdots & 0\\ \vdots & \vdots & & \vdots\\ 0 & 0 & \cdots & 0\end{pmatrix}$$

得基础解系为 $\alpha_1=\begin{pmatrix}-\dfrac{b_2}{b_1}\\ 1\\ 0\\ \vdots\\ 0\end{pmatrix}$，$\alpha_2=\begin{pmatrix}-\dfrac{b_3}{b_1}\\ 0\\ 1\\ \vdots\\ 0\end{pmatrix}$，…，$\alpha_{n-1}=\begin{pmatrix}-\dfrac{b_n}{b_1}\\ 0\\ 0\\ \vdots\\ 1\end{pmatrix}$，从而 A 的对应于特征值 $\lambda=0$ 的全部特征向量为 $x=k_1\alpha_1+k_2\alpha_2+\cdots+k_{n-1}\alpha_{n-1}$，其中 k_1，k_2，…，k_{n-1} 是不全为零的任意常数。

（2）**解**　方法一　由于

$$A^*=\begin{pmatrix}5 & -2 & -2\\ -2 & 5 & -2\\ -2 & -2 & 5\end{pmatrix},\quad P^{-1}=\begin{pmatrix}0 & 1 & -1\\ 1 & 0 & 0\\ 0 & 0 & 1\end{pmatrix},\quad B=P^{-1}A^*P=\begin{pmatrix}7 & 0 & 0\\ -2 & 5 & -4\\ -2 & -2 & 3\end{pmatrix}$$

因此

$$B+2E=\begin{pmatrix}9 & 0 & 0\\ -2 & 7 & -4\\ -2 & -2 & 5\end{pmatrix},\quad |\lambda E-(B+2E)|=\begin{vmatrix}\lambda-9 & 0 & 0\\ 2 & \lambda-7 & 4\\ 2 & 2 & \lambda-5\end{vmatrix}=(\lambda-9)^2(\lambda-3)$$

由 $|\lambda E-(B+2E)|=0$，得 $B+2E$ 的特征值为 $\lambda_1=\lambda_2=9$，$\lambda_3=3$。

将 $\lambda=9$ 代入 $(\lambda E-(B+2E))x=0$，得 $(9E-(B+2E))x=0$，由

$$9E-(B+2E)=\begin{pmatrix}0 & 0 & 0\\ 2 & 2 & 4\\ 2 & 2 & 4\end{pmatrix}\to\begin{pmatrix}1 & 1 & 2\\ 0 & 0 & 0\\ 0 & 0 & 0\end{pmatrix}$$

得基础解系为 $\alpha_1=(-1,1,0)^T$，$\alpha_2=(-2,0,1)^T$，从而 $B+2E$ 的对应于特征值 $\lambda_1=\lambda_2=9$ 的全部特征向量为 $k_1\alpha_1+k_2\alpha_2$，其中 k_1，k_2 是不全为零的任意常数。

将 $\lambda=3$ 代入 $(\lambda E-(B+2E))x=0$，得 $(3E-(B+2E))x=0$，由

$$3E-(B+2E)=\begin{pmatrix}-6 & 0 & 0\\ 2 & -4 & 4\\ 2 & 2 & -2\end{pmatrix}\to\begin{pmatrix}1 & 0 & 0\\ 0 & 1 & -1\\ 0 & 0 & 0\end{pmatrix}$$

得基础解系为 $\alpha_3=(0,1,1)^T$，从而 $B+2E$ 的对应于特征值 $\lambda_3=3$ 的全部特征向量为 $k_3\alpha_3$，

其中 k_3 是不为零的任意常数。

方法二　由于矩阵 $\boldsymbol{A}$ 的各行之和为 7，因此 $\boldsymbol{A}$ 有特征值 $\lambda_1=7$，对应的特征向量为 $\boldsymbol{\alpha}_1=(1,1,1)^{\mathrm{T}}$。设 $\boldsymbol{A}$ 的另外两个特征值分别为 λ_2，λ_3，则 $7+\lambda_2+\lambda_3=9$，$7\lambda_2\lambda_3=|\boldsymbol{A}|=7$，解之，得 $\lambda_2=\lambda_3=1$。由于 $\boldsymbol{A}$ 为实对称矩阵，因此 $\boldsymbol{A}$ 的不同特征值对应的特征向量正交。设 $\lambda_2=\lambda_3=1$ 对应的特征向量为 $\boldsymbol{\alpha}=(x_1,x_2,x_3)^{\mathrm{T}}$，则 $\boldsymbol{\alpha}_1^{\mathrm{T}}\boldsymbol{\alpha}=0$，即 $x_1+x_2+x_3=0$，解此齐次线性方程组得基础解系为 $\boldsymbol{\alpha}_2=(-1,1,0)^{\mathrm{T}}$，$\boldsymbol{\alpha}_3=(-1,0,1)^{\mathrm{T}}$。由于 $\boldsymbol{A}$ 的特征值为 7，1，1，因此 $\boldsymbol{A}^*$ 的特征值为 1，7，7。又 $\boldsymbol{B}$ 与 $\boldsymbol{A}^*$ 相似，故 $\boldsymbol{B}$ 的特征值为 1，7，7，从而 $\boldsymbol{B}+2\boldsymbol{E}$ 的特征值为 3，9，9。

由于 $\boldsymbol{A}^*$ 对应于特征值 λ 的特征向量为 $\boldsymbol{\alpha}$，因此 $\boldsymbol{B}$ 对应于特征值 λ 的特征向量为 $\boldsymbol{P}^{-1}\boldsymbol{\alpha}$，从而 $\boldsymbol{B}+2\boldsymbol{E}$ 的特征值 3，9，9 所对应的特征向量分别为 $\boldsymbol{P}^{-1}\boldsymbol{\alpha}_1$，$\boldsymbol{P}^{-1}\boldsymbol{\alpha}_2$，$\boldsymbol{P}^{-1}\boldsymbol{\alpha}_3$，即 $(0,1,1)^{\mathrm{T}}$，$(1,-1,0)^{\mathrm{T}}$，$(-1,-1,1)^{\mathrm{T}}$，故矩阵 $\boldsymbol{B}+2\boldsymbol{E}$ 的对应于特征值 3 的全部特征向量为 $k_1(0,1,1)^{\mathrm{T}}$，其中 k_1 是不为零的任意常数，对应于二重特征值 9 的全部特征向量为

$$k_2(1,-1,0)^{\mathrm{T}}+k_3(-1,-1,1)^{\mathrm{T}}$$

其中 k_2，k_3 是不全为零的任意常数。

(3) **解**　由于 $\boldsymbol{A}$ 有三个线性无关的特征向量，$\lambda=2$ 是 $\boldsymbol{A}$ 的二重特征值，因此 $\lambda=2$ 对应的线性无关的特征向量有两个，故 $r(2\boldsymbol{E}-\boldsymbol{A})=1$。对矩阵 $2\boldsymbol{E}-\boldsymbol{A}$ 作初等行变换，得

$$2\boldsymbol{E}-\boldsymbol{A}=\begin{pmatrix}1 & 1 & -1\\ -x & -2 & -y\\ 3 & 3 & -3\end{pmatrix}\rightarrow\begin{pmatrix}1 & 1 & -1\\ 0 & x-2 & -x-y\\ 0 & 0 & 0\end{pmatrix}$$

从而 $x=2$，$y=-2$。当 $x=2$，$y=-2$ 时

$$\boldsymbol{A}=\begin{pmatrix}1 & -1 & 1\\ 2 & 4 & -2\\ -3 & -3 & 5\end{pmatrix}$$

$$|\lambda\boldsymbol{E}-\boldsymbol{A}|=\begin{vmatrix}\lambda-1 & 1 & -1\\ -2 & \lambda-4 & 2\\ 3 & 3 & \lambda-5\end{vmatrix}=(\lambda-2)^2(\lambda-6)$$

由 $|\lambda\boldsymbol{E}-\boldsymbol{A}|=0$，得 $\boldsymbol{A}$ 的特征值为 $\lambda_1=\lambda_2=2$，$\lambda_3=6$。

将 $\lambda=2$ 代入 $(\lambda\boldsymbol{E}-\boldsymbol{A})\boldsymbol{x}=\boldsymbol{0}$，得 $(2\boldsymbol{E}-\boldsymbol{A})\boldsymbol{x}=\boldsymbol{0}$，由

$$2\boldsymbol{E}-\boldsymbol{A}=\begin{pmatrix}1 & 1 & -1\\ -2 & -2 & 2\\ 3 & 3 & -3\end{pmatrix}\rightarrow\begin{pmatrix}1 & 1 & -1\\ 0 & 0 & 0\\ 0 & 0 & 0\end{pmatrix}$$

得基础解系为 $\boldsymbol{\alpha}_1=(1,-1,0)^{\mathrm{T}}$，$\boldsymbol{\alpha}_2=(1,0,1)^{\mathrm{T}}$，从而 $\boldsymbol{A}$ 的对应于特征值 $\lambda_1=\lambda_2=2$ 的特征向量为 $\boldsymbol{\alpha}_1=(1,-1,0)^{\mathrm{T}}$，$\boldsymbol{\alpha}_2=(1,0,1)^{\mathrm{T}}$。

将 $\lambda=6$ 代入 $(\lambda\boldsymbol{E}-\boldsymbol{A})\boldsymbol{x}=\boldsymbol{0}$，得 $(6\boldsymbol{E}-\boldsymbol{A})\boldsymbol{x}=\boldsymbol{0}$，由

$$6\boldsymbol{E}-\boldsymbol{A}=\begin{pmatrix}5 & 1 & -1\\ -2 & 2 & 2\\ 3 & 3 & 1\end{pmatrix}\rightarrow\begin{pmatrix}1 & 0 & -\frac{1}{3}\\ 0 & 1 & \frac{2}{3}\\ 0 & 0 & 0\end{pmatrix}$$

得基础解系为 $\boldsymbol{\alpha}_3=(1,-2,3)^{\mathrm{T}}$，从而 $\boldsymbol{A}$ 的对应于特征值 $\lambda_3=6$ 的特征向量为 $\boldsymbol{\alpha}_3=(1,-2,3)^{\mathrm{T}}$。

令 $\boldsymbol{P}=(\boldsymbol{\alpha}_1,\boldsymbol{\alpha}_2,\boldsymbol{\alpha}_3)=\begin{pmatrix}1&1&1\\-1&0&-2\\0&1&3\end{pmatrix}$，则 $\boldsymbol{P}$ 为可逆矩阵，使得 $\boldsymbol{P}^{-1}\boldsymbol{AP}=\begin{pmatrix}2&0&0\\0&2&0\\0&0&6\end{pmatrix}$。

(4) **解** （ⅰ）设 $\boldsymbol{B}=\begin{pmatrix}a_1&a_2&a_3\\b_1&b_2&b_3\\c_1&c_2&c_3\end{pmatrix}$，则由 $\boldsymbol{A}=\boldsymbol{PBP}^{-1}$，即 $\boldsymbol{AP}=\boldsymbol{PB}$，得

$$(\boldsymbol{Ax},\boldsymbol{A}^2\boldsymbol{x},\boldsymbol{A}^3\boldsymbol{x})=(\boldsymbol{x},\boldsymbol{Ax},\boldsymbol{A}^2\boldsymbol{x})\begin{pmatrix}a_1&a_2&a_3\\b_1&b_2&b_3\\c_1&c_2&c_3\end{pmatrix}$$

即

$$\boldsymbol{Ax}=a_1\boldsymbol{x}+b_1\boldsymbol{Ax}+c_1\boldsymbol{A}^2\boldsymbol{x} \tag{1}$$
$$\boldsymbol{A}^2\boldsymbol{x}=a_2\boldsymbol{x}+b_2\boldsymbol{Ax}+c_2\boldsymbol{A}^2\boldsymbol{x} \tag{2}$$
$$\boldsymbol{A}^3\boldsymbol{x}=a_3\boldsymbol{x}+b_3\boldsymbol{Ax}+c_3\boldsymbol{A}^2\boldsymbol{x} \tag{3}$$

将 $\boldsymbol{A}^3\boldsymbol{x}=3\boldsymbol{Ax}-2\boldsymbol{A}^2\boldsymbol{x}$ 代入式(3)，得

$$3\boldsymbol{Ax}-2\boldsymbol{A}^2\boldsymbol{x}=a_3\boldsymbol{x}+b_3\boldsymbol{Ax}+c_3\boldsymbol{A}^2\boldsymbol{x} \tag{4}$$

由于 $\boldsymbol{x},\boldsymbol{Ax},\boldsymbol{A}^2\boldsymbol{x}$ 线性无关，故由式(1)，得 $a_1=c_1=0$，$b_1=1$，由式(2)，得 $a_2=b_2=0,c_2=1$，由式(4)，得 $a_3=0,b_3=3,c_3=-2$，从而 $\boldsymbol{B}=\begin{pmatrix}0&0&0\\1&0&3\\0&1&-2\end{pmatrix}$。

（ⅱ）由于 $\boldsymbol{A}=\boldsymbol{PBP}^{-1}$，因此 $\boldsymbol{A}$ 与 $\boldsymbol{B}$ 相似，从而 $\boldsymbol{A}+\boldsymbol{E}$ 与 $\boldsymbol{B}+\boldsymbol{E}$ 相似，故

$$|\boldsymbol{A}+\boldsymbol{E}|=|\boldsymbol{B}+\boldsymbol{E}|=\begin{vmatrix}1&0&0\\1&1&3\\0&1&-1\end{vmatrix}=-4$$

(5) **证** （ⅰ）若 $\boldsymbol{A}$ 与 $\boldsymbol{B}$ 相似，则存在可逆矩阵 $\boldsymbol{P}$，使得 $\boldsymbol{P}^{-1}\boldsymbol{AP}=\boldsymbol{B}$，故

$$\begin{aligned}|\lambda\boldsymbol{E}-\boldsymbol{B}|&=|\lambda\boldsymbol{E}-\boldsymbol{P}^{-1}\boldsymbol{AP}|=|\boldsymbol{P}^{-1}\lambda\boldsymbol{EP}-\boldsymbol{P}^{-1}\boldsymbol{AP}|\\&=|\boldsymbol{P}^{-1}(\lambda\boldsymbol{E}-\boldsymbol{A})\boldsymbol{P}|=|\boldsymbol{P}^{-1}||\lambda\boldsymbol{E}-\boldsymbol{A}||\boldsymbol{P}|\\&=|\boldsymbol{P}^{-1}||\boldsymbol{P}||\lambda\boldsymbol{E}-\boldsymbol{A}|=|\lambda\boldsymbol{E}-\boldsymbol{A}|\end{aligned}$$

（ⅱ）令 $\boldsymbol{A}=\begin{pmatrix}0&1\\0&0\end{pmatrix}$，$\boldsymbol{B}=\begin{pmatrix}0&0\\0&0\end{pmatrix}$，则 $|\lambda\boldsymbol{E}-\boldsymbol{A}|=\lambda^2=|\lambda\boldsymbol{E}-\boldsymbol{B}|$，但 $\boldsymbol{A},\boldsymbol{B}$ 不相似。否则，存在可逆矩阵 $\boldsymbol{P}$，使得 $\boldsymbol{P}^{-1}\boldsymbol{AP}=\boldsymbol{B}=\boldsymbol{O}$，从而 $\boldsymbol{A}=\boldsymbol{POP}^{-1}=\boldsymbol{O}$，这与 $\boldsymbol{A}\neq\boldsymbol{O}$ 矛盾。

（ⅲ）当 $\boldsymbol{A},\boldsymbol{B}$ 均为实对称矩阵时，$\boldsymbol{A},\boldsymbol{B}$ 均与对角矩阵相似。若 $\boldsymbol{A},\boldsymbol{B}$ 的特征多项式相等，记特征多项式的根为 $\lambda_1,\lambda_2,\cdots,\lambda_n$，则 $\boldsymbol{A}$ 与 $\begin{pmatrix}\lambda_1&&&\\&\lambda_2&&\\&&\ddots&\\&&&\lambda_n\end{pmatrix}$ 相似，$\boldsymbol{B}$ 也与 $\begin{pmatrix}\lambda_1&&&\\&\lambda_2&&\\&&\ddots&\\&&&\lambda_n\end{pmatrix}$ 相似，从而存在可逆矩阵 $\boldsymbol{P},\boldsymbol{Q}$，使得 $\boldsymbol{P}^{-1}\boldsymbol{AP}=\begin{pmatrix}\lambda_1&&&\\&\lambda_2&&\\&&\ddots&\\&&&\lambda_n\end{pmatrix}=\boldsymbol{Q}^{-1}\boldsymbol{BQ}$，

故$(\boldsymbol{PQ}^{-1})^{-1}\boldsymbol{A}(\boldsymbol{PQ}^{-1})=\boldsymbol{B}$。由于$\boldsymbol{PQ}^{-1}$为可逆矩阵，因此$\boldsymbol{A}$与$\boldsymbol{B}$相似。

(6) **解**　矩阵$\boldsymbol{A}^*$的对应于特征值λ的特征向量为$\boldsymbol{\alpha}$，由于$\boldsymbol{A}$可逆，因此$\boldsymbol{A}^*$可逆，故$\lambda\neq 0$，且$\boldsymbol{A}^*\boldsymbol{\alpha}=\lambda\boldsymbol{\alpha}$，从而$\boldsymbol{AA}^*\boldsymbol{\alpha}=\lambda\boldsymbol{A\alpha}$，$\boldsymbol{A\alpha}=\dfrac{|\boldsymbol{A}|}{\lambda}\boldsymbol{\alpha}$，即$\begin{pmatrix}2&1&1\\1&2&1\\1&1&a\end{pmatrix}\begin{pmatrix}1\\b\\1\end{pmatrix}=\dfrac{|\boldsymbol{A}|}{\lambda}\begin{pmatrix}1\\b\\1\end{pmatrix}$，于是得线性方程组$\begin{cases}3+b=\dfrac{|A|}{\lambda}\\2+2b=\dfrac{|A|}{\lambda}b\\a+b+1=\dfrac{|A|}{\lambda}\end{cases}$。由第一、第二个方程解得$b=1$或$b=-2$；由第一、第三个方程解得$a=2$。由于$|\boldsymbol{A}|=\begin{vmatrix}2&1&1\\1&2&1\\1&1&a\end{vmatrix}=3a-2=4$，再由上述第一个方程知，特征向量$\boldsymbol{\alpha}$所对应的特征值$\lambda=\dfrac{|\boldsymbol{A}|}{3+b}$，因此当$b=1$时，$\lambda=1$，当$b=-2$时，$\lambda=4$。

(7) **解**　(ⅰ) 因为$\lambda_1=\lambda_2=6$是$\boldsymbol{A}$的二重特征值，故$\boldsymbol{A}$的对应于特征值 6 的线性无关的特征向量有两个，又$\boldsymbol{\alpha}_1$，$\boldsymbol{\alpha}_2$，$\boldsymbol{\alpha}_3$的一个极大无关组为$\boldsymbol{\alpha}_1$，$\boldsymbol{\alpha}_2$，故$\boldsymbol{\alpha}_1$，$\boldsymbol{\alpha}_2$为$\boldsymbol{A}$的对应于特征值 6 的线性无关的特征向量。由$r(\boldsymbol{A})=2$知，$|\boldsymbol{A}|=0$，所以$\boldsymbol{A}$的另一特征值$\lambda_3=0$。由于$\boldsymbol{A}$为实对称矩阵，因此$\boldsymbol{A}$的不同特征值对应的特征向量正交。设$\lambda_3=0$对应的特征向量为$\boldsymbol{\alpha}=(x_1, x_2, x_3)^{\mathrm{T}}$，则$\boldsymbol{\alpha}_1^{\mathrm{T}}\boldsymbol{\alpha}=0$，$\boldsymbol{\alpha}_2^{\mathrm{T}}\boldsymbol{\alpha}=0$，即

$$\begin{cases}x_1+x_2=0\\2x_1+x_2+x_3=0\end{cases}$$

解此齐次线性方程组得基础解系为$\boldsymbol{\alpha}=(-1,1,1)^{\mathrm{T}}$，从而$\boldsymbol{A}$的对应于特征值$\lambda_3=0$的全部特征向量为$k\boldsymbol{\alpha}=k(-1,1,1)^{\mathrm{T}}$，其中$k$是不为零的任意常数。

(ⅱ) 令$\boldsymbol{P}=(\boldsymbol{\alpha}_1,\boldsymbol{\alpha}_2,\boldsymbol{\alpha})$，则$\boldsymbol{P}^{-1}\boldsymbol{AP}=\begin{pmatrix}6&0&0\\0&6&0\\0&0&0\end{pmatrix}$，又$\boldsymbol{P}^{-1}=\begin{pmatrix}0&1&-1\\\dfrac{1}{3}&-\dfrac{1}{3}&\dfrac{2}{3}\\-\dfrac{1}{3}&\dfrac{1}{3}&\dfrac{1}{3}\end{pmatrix}$，故

$$\boldsymbol{A}=\boldsymbol{P}\begin{pmatrix}6&0&0\\0&6&0\\0&0&0\end{pmatrix}\boldsymbol{P}^{-1}=\begin{pmatrix}4&2&2\\2&4&-2\\2&-2&4\end{pmatrix}$$

(8) **解**　(ⅰ) 由于$\boldsymbol{A}$的秩为 2，因此$|\boldsymbol{A}|=0$，从而 0 是$\boldsymbol{A}$的一个特征值。由于

$$\boldsymbol{A}\begin{pmatrix}1\\0\\-1\end{pmatrix}=-\begin{pmatrix}1\\0\\-1\end{pmatrix},\ \boldsymbol{A}\begin{pmatrix}1\\0\\1\end{pmatrix}=\begin{pmatrix}1\\0\\1\end{pmatrix}$$

因此-1是$\boldsymbol{A}$的一个特征值，且对应于-1的全部特征向量为$k_1(1,0,-1)^{\mathrm{T}}$，其中k_1是不为零的任意常数。1 也是$\boldsymbol{A}$的一个特征值，且对应于 1 的全部特征向量为$k_2(1,0,1)^{\mathrm{T}}$，其中k_2是不为零的任意常数。

由于 $\boldsymbol{A}$ 为实对称矩阵，因此 $\boldsymbol{A}$ 的不同特征值对应的特征向量正交。设 $\lambda=0$ 对应的特征向量为 $\boldsymbol{x}=(x_1, x_2, x_3)^{\mathrm{T}}$，则 $(1, 0, -1)(x_1, x_2, x_3)^{\mathrm{T}}=0$，$(1, 0, 1)(x_1, x_2, x_3)^{\mathrm{T}}=0$，即

$$\begin{cases} x_1 - x_3 = 0 \\ x_1 + x_3 = 0 \end{cases}$$

解此齐次线性方程组的基础解系为 $(0,1,0)^{\mathrm{T}}$，从而 $\boldsymbol{A}$ 的对应于特征值 0 的全部特征向量为 $k_3(0,1,0)^{\mathrm{T}}$，其中 k_3 是不为零的任意常数。

（ⅱ）令 $\boldsymbol{P}=\begin{pmatrix} 1 & 1 & 0 \\ 0 & 0 & 1 \\ -1 & 1 & 0 \end{pmatrix}$，则 $\boldsymbol{P}$ 为可逆矩阵，使得 $\boldsymbol{P}^{-1}\boldsymbol{AP}=\begin{pmatrix} -1 & 0 & 0 \\ 0 & 1 & 0 \\ 0 & 0 & 0 \end{pmatrix}$，从而

$$\boldsymbol{A}=\boldsymbol{P}\begin{pmatrix} -1 & 0 & 0 \\ 0 & 1 & 0 \\ 0 & 0 & 0 \end{pmatrix}\boldsymbol{P}^{-1}=\begin{pmatrix} 1 & 1 & 0 \\ 0 & 0 & 1 \\ -1 & 1 & 0 \end{pmatrix}\begin{pmatrix} -1 & 0 & 0 \\ 0 & 1 & 0 \\ 0 & 0 & 0 \end{pmatrix}\begin{pmatrix} \frac{1}{2} & 0 & -\frac{1}{2} \\ \frac{1}{2} & 0 & \frac{1}{2} \\ 0 & 1 & 0 \end{pmatrix}=\begin{pmatrix} 0 & 0 & 1 \\ 0 & 0 & 0 \\ 1 & 0 & 0 \end{pmatrix}$$

(9) **解** （ⅰ）设存在数 k_1，k_2，k_3，使得

$$k_1\boldsymbol{\alpha}_1 + k_2\boldsymbol{\alpha}_2 + k_3\boldsymbol{\alpha}_3 = \boldsymbol{0} \tag{1}$$

用 $\boldsymbol{A}$ 左乘式(1)的两边，并由 $\boldsymbol{A\alpha}_1=-\boldsymbol{\alpha}_1$，$\boldsymbol{A\alpha}_2=\boldsymbol{\alpha}_2$，$\boldsymbol{A\alpha}_3=\boldsymbol{\alpha}_2+\boldsymbol{\alpha}_3$，得

$$-k_1\boldsymbol{\alpha}_1 + (k_2+k_3)\boldsymbol{\alpha}_2 + k_3\boldsymbol{\alpha}_3 = \boldsymbol{0} \tag{2}$$

式(1)减去式(2)，得

$$2k_1\boldsymbol{\alpha}_1 - k_3\boldsymbol{\alpha}_2 = \boldsymbol{0} \tag{3}$$

由于 $\boldsymbol{\alpha}_1$，$\boldsymbol{\alpha}_2$ 是 $\boldsymbol{A}$ 的对应于不同特征值的特征向量，因此 $\boldsymbol{\alpha}_1$，$\boldsymbol{\alpha}_2$ 线性无关，从而 $k_1=k_3=0$，将其代入式(1)，得 $k_2\boldsymbol{\alpha}_2=\boldsymbol{0}$，又 $\boldsymbol{\alpha}_2\neq\boldsymbol{0}$，故 $k_2=0$，从而 $\boldsymbol{\alpha}_1$，$\boldsymbol{\alpha}_2$，$\boldsymbol{\alpha}_3$ 线性无关。

（ⅱ）由于

$$\boldsymbol{AP}=\boldsymbol{A}(\boldsymbol{\alpha}_1, \boldsymbol{\alpha}_2, \boldsymbol{\alpha}_3)=(\boldsymbol{A\alpha}_1, \boldsymbol{A\alpha}_2, \boldsymbol{A\alpha}_3)=(\boldsymbol{\alpha}_1, \boldsymbol{\alpha}_2, \boldsymbol{\alpha}_3)\begin{pmatrix} -1 & 0 & 0 \\ 0 & 1 & 1 \\ 0 & 0 & 1 \end{pmatrix}=\boldsymbol{P}\begin{pmatrix} -1 & 0 & 0 \\ 0 & 1 & 1 \\ 0 & 0 & 1 \end{pmatrix}$$

且 $\boldsymbol{\alpha}_1$，$\boldsymbol{\alpha}_2$，$\boldsymbol{\alpha}_3$ 线性无关，即 $\boldsymbol{P}$ 为可逆矩阵，因此 $\boldsymbol{P}^{-1}\boldsymbol{AP}=\begin{pmatrix} -1 & 0 & 0 \\ 0 & 1 & 1 \\ 0 & 0 & 1 \end{pmatrix}$。

(10) **解** （ⅰ）由 $\boldsymbol{A\alpha}_1=\lambda_1\boldsymbol{\alpha}_1$，得 $\boldsymbol{B\alpha}_1=(\boldsymbol{A}^5-4\boldsymbol{A}^3+\boldsymbol{E})\boldsymbol{\alpha}_1=(\lambda_1^5-4\lambda_1^3+1)\boldsymbol{\alpha}_1=-2\boldsymbol{\alpha}_1$，从而 $\boldsymbol{\alpha}_1$ 是矩阵 $\boldsymbol{B}$ 的对应于特征值 -2 的一个特征向量。

由于 $\boldsymbol{A}$ 的全部特征值为 λ_1，λ_2，λ_3，因此 $\boldsymbol{B}$ 的全部特征值为 $\lambda_i^5-4\lambda_i^3+1(i=1, 2, 3)$，即 $\boldsymbol{B}$ 的全部特征值为 -2，1，1。

又 $\boldsymbol{B\alpha}_1=-2\boldsymbol{\alpha}_1$，故 $\boldsymbol{B}$ 的对应于特征值 -2 的全部特征向量为 $k_1\boldsymbol{\alpha}_1$，其中 k_1 是不为零的任意常数。由于 $\boldsymbol{A}$ 是实对称矩阵，因此 $\boldsymbol{B}$ 也是实对称矩阵，从而 $\boldsymbol{B}$ 的不同特征值对应的特征向量正交。设 $\boldsymbol{B}$ 的特征值 1 对应的特征向量为 $\boldsymbol{\alpha}=(x_1, x_2, x_3)^{\mathrm{T}}$，则 $\boldsymbol{\alpha}_1^{\mathrm{T}}\boldsymbol{\alpha}=0$，即

$$x_1 - x_2 + x_3 = 0$$

解此齐次线性方程组得基础解系为 $\boldsymbol{\alpha}_2=(1, 1, 0)^{\mathrm{T}}$，$\boldsymbol{\alpha}_3=(-1, 0, 1)^{\mathrm{T}}$，故 $\boldsymbol{B}$ 的对应于特征值 1 的全部特征向量为 $k_2\boldsymbol{\alpha}_2+k_3\boldsymbol{\alpha}_3$，其中 k_2，k_3 是不全为零的任意常数。

（ⅱ）令 $\boldsymbol{P}=(\boldsymbol{\alpha}_1,\boldsymbol{\alpha}_2,\boldsymbol{\alpha}_3)=\begin{pmatrix}1&1&-1\\-1&1&0\\1&0&1\end{pmatrix}$，则 $\boldsymbol{P}$ 为可逆矩阵，且

$$\boldsymbol{P}^{-1}=\begin{pmatrix}\frac{1}{3}&-\frac{1}{3}&\frac{1}{3}\\\frac{1}{3}&\frac{2}{3}&\frac{1}{3}\\-\frac{1}{3}&\frac{1}{3}&\frac{2}{3}\end{pmatrix}$$

使得 $\boldsymbol{P}^{-1}\boldsymbol{BP}=\begin{pmatrix}-2&0&0\\0&1&0\\0&0&1\end{pmatrix}$，故

$$\boldsymbol{B}=\boldsymbol{P}\begin{pmatrix}-2&0&0\\0&1&0\\0&0&1\end{pmatrix}\boldsymbol{P}^{-1}=\begin{pmatrix}0&1&-1\\1&0&1\\-1&1&0\end{pmatrix}$$

(11) **解**　（ⅰ）因为 $\boldsymbol{A\alpha}_1=\boldsymbol{0}=0\boldsymbol{\alpha}_1$，$\boldsymbol{A\alpha}_2=\boldsymbol{0}=0\boldsymbol{\alpha}_2$，所以 $\lambda_1=\lambda_2=0$ 是 $\boldsymbol{A}$ 的二重特征值，$\boldsymbol{\alpha}_1$，$\boldsymbol{\alpha}_2$ 为 $\boldsymbol{A}$ 的对应于特征值 $\lambda_1=\lambda_2=0$ 的两个线性无关的特征向量；由于矩阵 $\boldsymbol{A}$ 的各行元素之和均为3，因此 $\boldsymbol{A}\begin{pmatrix}1\\1\\1\end{pmatrix}=\begin{pmatrix}3\\3\\3\end{pmatrix}=3\begin{pmatrix}1\\1\\1\end{pmatrix}$，从而 $\lambda_3=3$ 是 $\boldsymbol{A}$ 的一个特征值，$\boldsymbol{\alpha}_3=(1,1,1)^{\mathrm{T}}$ 为 $\boldsymbol{A}$ 的对应于特征值 $\lambda_3=3$ 的特征向量。即 $\boldsymbol{A}$ 的特征值为 0，0，3，对应于特征值 0 的全部特征向量为 $k_1\boldsymbol{\alpha}_1+k_2\boldsymbol{\alpha}_2$，其中 k_1，k_2 是不全为零的任意常数，属于特征值 3 的全部特征向量为 $k_3\boldsymbol{\alpha}_3$，其中 k_3 是不为零的任意常数。

（ⅱ）对 $\boldsymbol{\alpha}_1$，$\boldsymbol{\alpha}_2$ 正交化，得

$$\boldsymbol{\beta}_1=\boldsymbol{\alpha}_1=(-1,2,-1)^{\mathrm{T}},\ \boldsymbol{\beta}_2=\boldsymbol{\alpha}_2-\frac{(\boldsymbol{\alpha}_2,\boldsymbol{\beta}_1)}{(\boldsymbol{\beta}_1,\boldsymbol{\beta}_1)}\boldsymbol{\beta}_1=\frac{1}{2}(-1,0,1)^{\mathrm{T}}$$

再将 $\boldsymbol{\beta}_1$，$\boldsymbol{\beta}_2$，$\boldsymbol{\alpha}_3$ 单位化，得

$$\boldsymbol{\gamma}_1=\frac{1}{\sqrt{6}}(-1,2,-1)^{\mathrm{T}},\ \boldsymbol{\gamma}_2=\frac{1}{\sqrt{2}}(-1,0,-1)^{\mathrm{T}},\ \boldsymbol{\gamma}_3=\frac{1}{\sqrt{3}}(1,1,1)^{\mathrm{T}}$$

取 $\boldsymbol{Q}=\begin{pmatrix}-\frac{1}{\sqrt{6}}&-\frac{1}{\sqrt{2}}&\frac{1}{\sqrt{3}}\\\frac{2}{\sqrt{6}}&0&\frac{1}{\sqrt{3}}\\-\frac{1}{\sqrt{6}}&\frac{1}{\sqrt{2}}&\frac{1}{\sqrt{3}}\end{pmatrix}$，$\boldsymbol{\Lambda}=\begin{pmatrix}0&&\\&0&\\&&3\end{pmatrix}$，则 $\boldsymbol{Q}$ 为正交矩阵，使得 $\boldsymbol{Q}^{\mathrm{T}}\boldsymbol{AQ}=\boldsymbol{\Lambda}$。

（ⅲ）因 $\boldsymbol{Q}^{\mathrm{T}}\boldsymbol{AQ}=\boldsymbol{\Lambda}$，且 $\boldsymbol{Q}$ 为正交矩阵，故

$$\boldsymbol{A}=\boldsymbol{Q\Lambda Q}^{\mathrm{T}}=\begin{pmatrix}-\frac{1}{\sqrt{6}}&-\frac{1}{\sqrt{2}}&\frac{1}{\sqrt{3}}\\\frac{2}{\sqrt{6}}&0&\frac{1}{\sqrt{3}}\\-\frac{1}{\sqrt{6}}&\frac{1}{\sqrt{2}}&\frac{1}{\sqrt{3}}\end{pmatrix}\begin{pmatrix}0&&\\&0&\\&&3\end{pmatrix}\begin{pmatrix}-\frac{1}{\sqrt{6}}&\frac{2}{\sqrt{6}}&-\frac{1}{\sqrt{6}}\\-\frac{1}{\sqrt{2}}&0&\frac{1}{\sqrt{2}}\\\frac{1}{\sqrt{3}}&\frac{1}{\sqrt{3}}&\frac{1}{\sqrt{3}}\end{pmatrix}=\begin{pmatrix}1&1&1\\1&1&1\\1&1&1\end{pmatrix}$$

由 $A=Q\Lambda Q^{\mathrm{T}}$，得 $A-\frac{3}{2}E=Q\left(\Lambda-\frac{3}{2}E\right)Q^{\mathrm{T}}$，因此

$$\left(A-\frac{3}{2}E\right)^{6}=Q\left(\Lambda-\frac{3}{2}E\right)^{6}Q^{\mathrm{T}}=\left(\frac{3}{2}\right)^{6}E$$

(12) **解** （ⅰ）由于 $A\alpha_1=\alpha_1+\alpha_2+\alpha_3$，$A\alpha_2=2\alpha_2+\alpha_3$，$A\alpha_3=2\alpha_2+3\alpha_3$，因此

$$A(\alpha_1,\alpha_2,\alpha_3)=(\alpha_1,\alpha_2,\alpha_3)\begin{pmatrix}1&0&0\\1&2&2\\1&1&3\end{pmatrix}$$

故 $B=\begin{pmatrix}1&0&0\\1&2&2\\1&1&3\end{pmatrix}$。

（ⅱ）由于 α_1，α_2，α_3 是线性无关的 3 维列向量，因此 $C=(\alpha_1,\alpha_2,\alpha_3)$可逆，从而 $C^{-1}AC=B$，即矩阵 A 与 B 相似，从而矩阵 A 与 B 有相同的特征值。

$$|\lambda E-B|=\begin{vmatrix}\lambda-1&0&0\\-1&\lambda-2&-2\\-1&-1&\lambda-3\end{vmatrix}=(\lambda-1)^2(\lambda-4)$$

由 $|\lambda E-B|=0$，得矩阵 B 的特征值为 1,1,4，从而矩阵 A 的特征值为 $\lambda_1=\lambda_2=1$，$\lambda_3=4$。

（ⅲ）将 $\lambda=1$ 代入 $(\lambda E-B)x=0$，得 $(E-B)x=0$，由

$$E-B=\begin{pmatrix}0&0&0\\-1&-1&-2\\-1&-1&-2\end{pmatrix}\rightarrow\begin{pmatrix}1&1&2\\0&0&0\\0&0&0\end{pmatrix}$$

得基础解系为 $\xi_1=(-1,1,0)^{\mathrm{T}}$，$\xi_2=(-2,0,1)^{\mathrm{T}}$，从而矩阵 B 的对应于特征值 $\lambda_1=\lambda_2=1$ 的特征向量为 $\xi_1=(-1,1,0)^{\mathrm{T}}$，$\xi_2=(-2,0,1)^{\mathrm{T}}$。

将 $\lambda=4$ 代入 $(\lambda E-B)x=0$，得 $(4E-B)x=0$，由

$$4E-B=\begin{pmatrix}3&0&0\\-1&2&-2\\-1&-1&1\end{pmatrix}\rightarrow\begin{pmatrix}1&0&0\\0&1&-1\\0&0&0\end{pmatrix}$$

得基础解系为 $\xi_3=(0,1,1)^{\mathrm{T}}$，从而矩阵 B 的对应于特征值 $\lambda_3=4$ 的特征向量为 $\xi_3=(0,1,1)^{\mathrm{T}}$。

令 $Q=(\xi_1,\xi_2,\xi_3)=\begin{pmatrix}-1&-2&0\\1&0&1\\0&1&1\end{pmatrix}$，则 Q 为可逆矩阵，使得 $Q^{-1}BQ=\begin{pmatrix}1&0&0\\0&1&0\\0&0&4\end{pmatrix}$。

由于 $B=C^{-1}AC$，因此 $Q^{-1}BQ=Q^{-1}C^{-1}ACQ=(CQ)^{-1}A(CQ)$，取

$$P=CQ=(\alpha_1,\alpha_2,\alpha_3)\begin{pmatrix}-1&-2&0\\1&0&1\\0&1&1\end{pmatrix}=(-\alpha_1+\alpha_2,-2\alpha_1+\alpha_3,\alpha_2+\alpha_3)$$

则 P 为可逆矩阵，使得 $P^{-1}AP=Q^{-1}BQ=\begin{pmatrix}1&0&0\\0&1&0\\0&0&4\end{pmatrix}$。

(13) **证**　设 $\boldsymbol{A}=\begin{pmatrix}1&1&\cdots&1\\1&1&\cdots&1\\\vdots&\vdots&&\vdots\\1&1&\cdots&1\end{pmatrix}$，$\boldsymbol{B}=\begin{pmatrix}0&0&\cdots&1\\0&0&\cdots&2\\\vdots&\vdots&&\vdots\\0&0&\cdots&n\end{pmatrix}$，由于矩阵 $\boldsymbol{A}$ 的每行元素之和为 n，因此 n 是 $\boldsymbol{A}$ 的一个特征值，又 $r(\boldsymbol{A})=1$，故 0 是 $\boldsymbol{A}$ 的 $n-1$ 重特征值。因为 $\boldsymbol{A}$ 是实对称矩阵，所以 $\boldsymbol{A}$ 与对角矩阵 $\boldsymbol{\Lambda}=\begin{pmatrix}n&&&\\&0&&\\&&\ddots&\\&&&0\end{pmatrix}$ 相似。

由 $|\lambda\boldsymbol{E}-\boldsymbol{B}|=\begin{vmatrix}\lambda&0&\cdots&0&-1\\0&\lambda&\cdots&0&-2\\\vdots&\vdots&&\vdots&\vdots\\0&0&\cdots&0&\lambda-n\end{vmatrix}=(\lambda-n)\lambda^{n-1}=0$，得 $\boldsymbol{B}$ 的 n 个特征值为 $\lambda_1=n$，$\lambda_2=\lambda_3=\cdots=\lambda_n=0$。当 $\lambda=0$ 时，由于

$$\lambda\boldsymbol{E}-\boldsymbol{B}=0\boldsymbol{E}-\boldsymbol{B}=\begin{pmatrix}0&0&\cdots&0&-1\\0&0&\cdots&0&-2\\\vdots&\vdots&&\vdots&\vdots\\0&0&\cdots&0&-n\end{pmatrix}$$

且 $r(0\boldsymbol{E}-\boldsymbol{B})=1$，因此 $\boldsymbol{B}$ 的 $n-1$ 重特征值 0 有 $n-1$ 个线性无关的特征向量，从而 $\boldsymbol{B}$ 可对角化，且 $\boldsymbol{B}$ 与对角矩阵 $\boldsymbol{\Lambda}=\begin{pmatrix}n&&&\\&0&&\\&&\ddots&\\&&&0\end{pmatrix}$ 相似，由相似矩阵的传递性，知 $\boldsymbol{A}$ 与 $\boldsymbol{B}$ 相似。

(14) **证**　由 $a_{ij}=\boldsymbol{A}_{ij}(i,\ j=1,\ 2,\ 3)$，得 $\boldsymbol{A}^{\mathrm{T}}=\boldsymbol{A}^*$，从而 $\boldsymbol{A}\boldsymbol{A}^{\mathrm{T}}=\boldsymbol{A}\boldsymbol{A}^*=|\boldsymbol{A}|\boldsymbol{E}$，两边取行列式，得 $|\boldsymbol{A}|^2=|\boldsymbol{A}|^3$，从而 $|\boldsymbol{A}|=0$ 或 $|\boldsymbol{A}|=1$。由于 $\boldsymbol{A}\neq\boldsymbol{O}$，不妨设 $a_{11}\neq0$，因此

$$|\boldsymbol{A}|=a_{11}A_{11}+a_{12}A_{12}+a_{13}A_{13}=a_{11}^2+a_{12}^2+a_{13}^2>0$$

从而 $|\boldsymbol{A}|=1$。

又 $\boldsymbol{A}$ 与 $\boldsymbol{B}$ 相似，故 $\boldsymbol{A}$ 与 $\boldsymbol{B}$ 有相同的特征值，且 $|\boldsymbol{B}|=|\boldsymbol{A}|=1$。由 $|\boldsymbol{E}+2\boldsymbol{B}|=|\boldsymbol{E}+3\boldsymbol{B}|=0$，得 $\boldsymbol{B}$ 有特征值 $\lambda_1=-\dfrac{1}{2}$，$\lambda_2=-\dfrac{1}{3}$。设 $\boldsymbol{B}$ 的另一个特征值为 λ_3，则

$$\lambda_1\lambda_2\lambda_3=\left(-\frac{1}{2}\right)\left(-\frac{1}{3}\right)\lambda_3=|\boldsymbol{B}|=1$$

解之，得 $\lambda_3=6$。因此 $\boldsymbol{A}$，$\boldsymbol{B}$ 的特征值为 $\lambda_1=-\dfrac{1}{2}$，$\lambda_2=-\dfrac{1}{3}$，$\lambda_3=6$，故 $\boldsymbol{A}^{\mathrm{T}}+\boldsymbol{E}$ 的特征值为 $\lambda_1+1=\dfrac{1}{2}$，$\lambda_2+1=\dfrac{2}{3}$，$\lambda_3+1=7$，它们全不为零，从而 $\boldsymbol{A}^{\mathrm{T}}+\boldsymbol{E}$ 可逆。

由于 $\boldsymbol{B}-\boldsymbol{E}$ 的特征值为 $\lambda_1-1=-\dfrac{3}{2}$，$\lambda_2-1=-\dfrac{4}{3}$，$\lambda_3-1=5$，它们互不相同，因此 $\boldsymbol{B}-\boldsymbol{E}$ 对应的三个特征向量线性无关。

(15) **证**　(ⅰ) 由 $\boldsymbol{\alpha}_3=\boldsymbol{\alpha}_1+2\boldsymbol{\alpha}_2$，得 $r(\boldsymbol{A})\leqslant2$，且 0 是 $\boldsymbol{A}$ 的一个特征值，又由于 $\boldsymbol{A}$ 有三

个不同的特征值，因此 $\boldsymbol{A}$ 可对角化，且 $\boldsymbol{A}$ 有两个非零特征值，从而 $r(\boldsymbol{A})=2$。

（ⅱ）由于 $r(\boldsymbol{A})=2$，因此 $\boldsymbol{Ax}=\boldsymbol{0}$ 的基础解系中只含有一个解向量。由 $\boldsymbol{\alpha}_3=\boldsymbol{\alpha}_1+2\boldsymbol{\alpha}_2$，得 $(\boldsymbol{\alpha}_1,\boldsymbol{\alpha}_2,\boldsymbol{\alpha}_3)\begin{pmatrix}1\\2\\-1\end{pmatrix}=\boldsymbol{0}$，从而 $\boldsymbol{Ax}=\boldsymbol{0}$ 的基础解系为 $\boldsymbol{\xi}=\begin{pmatrix}1\\2\\-1\end{pmatrix}$。再由 $\boldsymbol{\alpha}_1+\boldsymbol{\alpha}_2+\boldsymbol{\alpha}_3=\boldsymbol{\beta}$，得 $(\boldsymbol{\alpha}_1,\boldsymbol{\alpha}_2,\boldsymbol{\alpha}_3)\begin{pmatrix}1\\1\\1\end{pmatrix}=\boldsymbol{\beta}$，从而 $\boldsymbol{Ax}=\boldsymbol{\beta}$ 的一个特解为 $\boldsymbol{\eta}^*=\begin{pmatrix}1\\1\\1\end{pmatrix}$，故 $\boldsymbol{Ax}=\boldsymbol{\beta}$ 的通解为 $\boldsymbol{x}=k\boldsymbol{\xi}+\boldsymbol{\eta}^*$，其中 k 为任意常数。

(16) **证**　方法一　（ⅰ）由 $\boldsymbol{A\alpha}_1=\boldsymbol{\alpha}_2+\boldsymbol{\alpha}_3$，$\boldsymbol{A\alpha}_2=\boldsymbol{\alpha}_3+\boldsymbol{\alpha}_1$，$\boldsymbol{A\alpha}_3=\boldsymbol{\alpha}_1+\boldsymbol{\alpha}_2$，得

$$\boldsymbol{A}(\boldsymbol{\alpha}_1+\boldsymbol{\alpha}_2+\boldsymbol{\alpha}_3)=2(\boldsymbol{\alpha}_1+\boldsymbol{\alpha}_2+\boldsymbol{\alpha}_3),\ \boldsymbol{A}(\boldsymbol{\alpha}_2-\boldsymbol{\alpha}_1)=-(\boldsymbol{\alpha}_2-\boldsymbol{\alpha}_1),\ \boldsymbol{A}(\boldsymbol{\alpha}_3-\boldsymbol{\alpha}_1)=-(\boldsymbol{\alpha}_3-\boldsymbol{\alpha}_1)$$

由于 $\boldsymbol{\alpha}_1,\boldsymbol{\alpha}_2,\boldsymbol{\alpha}_3$ 线性无关，因此 $\boldsymbol{\alpha}_1+\boldsymbol{\alpha}_2+\boldsymbol{\alpha}_3\neq\boldsymbol{0}$，$\boldsymbol{\alpha}_2-\boldsymbol{\alpha}_1\neq\boldsymbol{0}$，$\boldsymbol{\alpha}_3-\boldsymbol{\alpha}_1\neq\boldsymbol{0}$，又 $\boldsymbol{\alpha}_2-\boldsymbol{\alpha}_1$ 与 $\boldsymbol{\alpha}_3-\boldsymbol{\alpha}_1$ 线性无关，故 $\boldsymbol{A}$ 的全部特征值为 2，-1，-1。

（ⅱ）由于 $\boldsymbol{\alpha}_1,\boldsymbol{\alpha}_2,\boldsymbol{\alpha}_3$ 线性无关，且

$$(\boldsymbol{\alpha}_1+\boldsymbol{\alpha}_2+\boldsymbol{\alpha}_3,\boldsymbol{\alpha}_2-\boldsymbol{\alpha}_1,\boldsymbol{\alpha}_3-\boldsymbol{\alpha}_1)=(\boldsymbol{\alpha}_1,\boldsymbol{\alpha}_2,\boldsymbol{\alpha}_3)\begin{pmatrix}1&-1&-1\\1&1&0\\1&0&1\end{pmatrix},\quad\begin{vmatrix}1&-1&-1\\1&1&0\\1&0&1\end{vmatrix}=3\neq0$$

因此 $\boldsymbol{\alpha}_1+\boldsymbol{\alpha}_2+\boldsymbol{\alpha}_3$，$\boldsymbol{\alpha}_2-\boldsymbol{\alpha}_1$，$\boldsymbol{\alpha}_3-\boldsymbol{\alpha}_1$ 线性无关，即 $\boldsymbol{A}$ 有三个线性无关的特征向量，从而 $\boldsymbol{A}$ 可相似对角化。令 $\boldsymbol{P}=(\boldsymbol{\alpha}_1+\boldsymbol{\alpha}_2+\boldsymbol{\alpha}_3,\boldsymbol{\alpha}_2-\boldsymbol{\alpha}_1,\boldsymbol{\alpha}_3-\boldsymbol{\alpha}_1)$，则 $\boldsymbol{P}$ 可逆，且

$$\boldsymbol{P}^{-1}\boldsymbol{AP}=\boldsymbol{\Lambda}=\begin{pmatrix}2&&\\&-1&\\&&-1\end{pmatrix}$$

方法二　（ⅰ）由 $\boldsymbol{A\alpha}_1=\boldsymbol{\alpha}_2+\boldsymbol{\alpha}_3$，$\boldsymbol{A\alpha}_2=\boldsymbol{\alpha}_3+\boldsymbol{\alpha}_1$，$\boldsymbol{A\alpha}_3=\boldsymbol{\alpha}_1+\boldsymbol{\alpha}_2$，得

$$\boldsymbol{A}(\boldsymbol{\alpha}_1,\boldsymbol{\alpha}_2,\boldsymbol{\alpha}_3)=(\boldsymbol{A\alpha}_1,\boldsymbol{A\alpha}_2,\boldsymbol{A\alpha}_3)=(\boldsymbol{\alpha}_1,\boldsymbol{\alpha}_2,\boldsymbol{\alpha}_3)\begin{pmatrix}0&1&1\\1&0&1\\1&1&0\end{pmatrix}$$

令 $\boldsymbol{P}_1=(\boldsymbol{\alpha}_1,\boldsymbol{\alpha}_2,\boldsymbol{\alpha}_3)$，$\boldsymbol{B}=\begin{pmatrix}0&1&1\\1&0&1\\1&1&0\end{pmatrix}$，则 $\boldsymbol{P}_1^{-1}\boldsymbol{AP}_1=\boldsymbol{B}$，即 $\boldsymbol{A}$ 与 $\boldsymbol{B}$ 相似。

$$|\lambda\boldsymbol{E}-\boldsymbol{B}|=\begin{vmatrix}\lambda&-1&-1\\-1&\lambda&-1\\-1&-1&\lambda\end{vmatrix}=(\lambda-2)(\lambda+1)^2$$

由 $|\lambda\boldsymbol{E}-\boldsymbol{B}|=0$，得 $\boldsymbol{B}$ 的特征值为 2，-1，-1，从而 $\boldsymbol{A}$ 的特征值为 2，-1，-1。

（ⅱ）由于 $r(-\boldsymbol{E}-\boldsymbol{A})=r(-\boldsymbol{E}-\boldsymbol{B})=1$，因此 $\lambda=-1$ 对应的线性无关的特征向量有两个，从而 $\boldsymbol{A}$ 可相似对角化。

将 $\lambda=2$ 代入 $(\lambda\boldsymbol{E}-\boldsymbol{B})\boldsymbol{x}=\boldsymbol{0}$，得 $(2\boldsymbol{E}-\boldsymbol{B})\boldsymbol{x}=\boldsymbol{0}$，由

$$2\boldsymbol{E}-\boldsymbol{B}=\begin{pmatrix}2&-1&-1\\-1&2&-1\\-1&-1&2\end{pmatrix}\to\begin{pmatrix}1&0&-1\\0&1&-1\\0&0&0\end{pmatrix}$$

得基础解系为 $\boldsymbol{\alpha}_1=(1,1,1)^{\mathrm{T}}$，从而 $\boldsymbol{B}$ 的对应于特征值 $\lambda_1=2$ 的特征向量为 $\boldsymbol{\alpha}_1=(1,1,1)^{\mathrm{T}}$。

将 $\lambda=-1$ 代入 $(\lambda\boldsymbol{E}-\boldsymbol{B})\boldsymbol{x}=\boldsymbol{0}$，得 $(-\boldsymbol{E}-\boldsymbol{B})\boldsymbol{x}=\boldsymbol{0}$，由

$$-\boldsymbol{E}-\boldsymbol{B}=\begin{pmatrix}-1&-1&-1\\-1&-1&-1\\-1&-1&-1\end{pmatrix}\to\begin{pmatrix}1&1&1\\0&0&0\\0&0&0\end{pmatrix}$$

得基础解系为 $\boldsymbol{\alpha}_2=(-1,1,0)^{\mathrm{T}}$，$\boldsymbol{\alpha}_3=(-1,0,1)^{\mathrm{T}}$，从而 $\boldsymbol{B}$ 的对应于特征值 $\lambda_1=\lambda_2=-1$ 的特征向量为 $\boldsymbol{\alpha}_2=(-1,1,0)^{\mathrm{T}}$，$\boldsymbol{\alpha}_3=(-1,0,1)^{\mathrm{T}}$。取 $\boldsymbol{P}_2=(\boldsymbol{\alpha}_1,\boldsymbol{\alpha}_2,\boldsymbol{\alpha}_3)$，则 $\boldsymbol{P}_2$ 为可逆矩阵，使得 $\boldsymbol{P}_2^{-1}\boldsymbol{B}\boldsymbol{P}_2=\boldsymbol{\Lambda}=\begin{pmatrix}2&&\\&-1&\\&&-1\end{pmatrix}$，又 $\boldsymbol{P}_1^{-1}\boldsymbol{A}\boldsymbol{P}_1=\boldsymbol{B}$，故 $\boldsymbol{P}_2^{-1}P_1^{-1}\boldsymbol{A}\boldsymbol{P}_1\boldsymbol{P}_2=\boldsymbol{\Lambda}=\begin{pmatrix}2&&\\&-1&\\&&-1\end{pmatrix}$。

取 $\boldsymbol{P}=\boldsymbol{P}_1\boldsymbol{P}_2=(\boldsymbol{\alpha}_1,\boldsymbol{\alpha}_2,\boldsymbol{\alpha}_3)\begin{pmatrix}1&-1&-1\\1&1&0\\1&0&1\end{pmatrix}=(\boldsymbol{\alpha}_1+\boldsymbol{\alpha}_2+\boldsymbol{\alpha}_3,\boldsymbol{\alpha}_2-\boldsymbol{\alpha}_1,\boldsymbol{\alpha}_3-\boldsymbol{\alpha}_1)$，则 $\boldsymbol{P}$ 可逆，且 $\boldsymbol{P}^{-1}\boldsymbol{A}\boldsymbol{P}=\boldsymbol{\Lambda}=\begin{pmatrix}2&&\\&-1&\\&&-1\end{pmatrix}$。

(17) **解**　(ⅰ) $|\lambda\boldsymbol{E}-\boldsymbol{A}|=\begin{vmatrix}\lambda&1&-1\\-2&\lambda+3&0\\0&0&\lambda\end{vmatrix}=\lambda(\lambda+1)(\lambda+2)$，由 $|\lambda\boldsymbol{E}-\boldsymbol{A}|=0$，得矩阵 $\boldsymbol{A}$ 的特征值为 $\lambda_1=-1$，$\lambda_2=-2$，$\lambda_3=0$。

将 $\lambda=-1$ 代入 $(\lambda\boldsymbol{E}-\boldsymbol{A})\boldsymbol{x}=\boldsymbol{0}$，得 $(-\boldsymbol{E}-\boldsymbol{A})\boldsymbol{x}=\boldsymbol{0}$，由

$$-\boldsymbol{E}-\boldsymbol{A}=\begin{pmatrix}-1&1&-1\\-2&2&0\\0&0&-1\end{pmatrix}\to\begin{pmatrix}1&-1&0\\0&0&1\\0&0&0\end{pmatrix}$$

得基础解系为 $\boldsymbol{\xi}_1=(1,1,0)^{\mathrm{T}}$，从而 $\boldsymbol{A}$ 的对应于特征值 $\lambda_1=-1$ 的特征向量为 $\boldsymbol{\xi}_1=(1,1,0)^{\mathrm{T}}$。

将 $\lambda=-2$ 代入 $(\lambda\boldsymbol{E}-\boldsymbol{A})\boldsymbol{x}=\boldsymbol{0}$，得 $(-2\boldsymbol{E}-\boldsymbol{A})\boldsymbol{x}=\boldsymbol{0}$，由

$$-2\boldsymbol{E}-\boldsymbol{A}=\begin{pmatrix}-2&1&-1\\-2&1&0\\0&0&-2\end{pmatrix}\to\begin{pmatrix}1&-\frac{1}{2}&0\\0&0&1\\0&0&0\end{pmatrix}$$

得基础解系为 $\boldsymbol{\xi}_2=(1,2,0)^{\mathrm{T}}$，从而 $\boldsymbol{A}$ 的对应于特征值 $\lambda_2=-2$ 的特征向量为 $\boldsymbol{\xi}_2=(1,2,0)^{\mathrm{T}}$。

将 $\lambda=0$ 代入 $(\lambda\boldsymbol{E}-\boldsymbol{A})\boldsymbol{x}=\boldsymbol{0}$，得 $(0\boldsymbol{E}-\boldsymbol{A})\boldsymbol{x}=\boldsymbol{0}$，由

$$0\boldsymbol{E}-\boldsymbol{A}=\begin{pmatrix}0&1&-1\\-2&3&0\\0&0&0\end{pmatrix}\to\begin{pmatrix}1&0&-\frac{3}{2}\\0&1&-1\\0&0&0\end{pmatrix}$$

得基础解系为 $\boldsymbol{\xi}_3=(3,2,2)^{\mathrm{T}}$，从而 $\boldsymbol{A}$ 的对应于特征值 $\lambda_3=0$ 的特征向量为 $\boldsymbol{\xi}_3=(3,2,2)^{\mathrm{T}}$。

取 $P=\begin{pmatrix}1&1&3\\1&2&2\\0&0&2\end{pmatrix}$，则 $P^{-1}AP=\begin{pmatrix}-1&0&0\\0&-2&0\\0&0&0\end{pmatrix}$，即 $A=P\begin{pmatrix}-1&0&0\\0&-2&0\\0&0&0\end{pmatrix}P^{-1}$，从而

$$A^{99}=P\begin{pmatrix}(-1)^{99}&0&0\\0&(-2)^{99}&0\\0&0&0\end{pmatrix}P^{-1}$$

$$=\begin{pmatrix}1&1&3\\1&2&2\\0&0&2\end{pmatrix}\begin{pmatrix}(-1)^{99}&0&0\\0&(-2)^{99}&0\\0&0&0\end{pmatrix}\begin{pmatrix}2&-1&-2\\-1&1&\frac{1}{2}\\0&0&\frac{1}{2}\end{pmatrix}$$

$$=\begin{pmatrix}2^{99}-2&1-2^{99}&2-2^{98}\\2^{100}-2&1-2^{100}&2-2^{99}\\0&0&0\end{pmatrix}$$

（ⅱ）由 $B^2=BA$，得 $B^{100}=B^{98}B^2=B^{99}A=B^{97}B^2A=B^{98}A^2=\cdots=BA^{99}$，即

$$(\beta_1,\beta_2,\beta_3)=(\alpha_1,\alpha_2,\alpha_3)\begin{pmatrix}2^{99}-2&1-2^{99}&2-2^{98}\\2^{100}-2&1-2^{100}&2-2^{99}\\0&0&0\end{pmatrix}$$

从而

$$\beta_1=(2^{99}-2)\alpha_1+(2^{100}-2)\alpha_2$$
$$\beta_2=(1-2^{99})\alpha_1+(1-2^{100})\alpha_2$$
$$\beta_3=(2-2^{98})\alpha_1+(2-2^{99})\alpha_2$$

(18) **解**　(ⅰ) 由于 A 与 B 相似，因此 $\begin{cases}\operatorname{tr}(A)=\operatorname{tr}(B)\\|A|=|B|\end{cases}$，即 $\begin{cases}a+3=b+2\\2a-3=b\end{cases}$，解之，得 $a=4$，$b=5$。

（ⅱ）由于 A 与 B 相似，因此 A，B 的特征值相同。

$$|\lambda E-B|=\begin{vmatrix}\lambda-1&2&0\\0&\lambda-5&0\\0&0&\lambda-1\end{vmatrix}=(\lambda-1)^2(\lambda-5)$$

由 $|\lambda E-B|=0$，得 A，B 的特征值为 $\lambda_1=\lambda_2=1$，$\lambda_3=5$。。

将 $\lambda=1$ 代入 $(\lambda E-A)x=0$，得 $(E-A)x=0$，由

$$E-A=\begin{pmatrix}1&-2&3\\1&-2&3\\-1&2&-3\end{pmatrix}\to\begin{pmatrix}1&-2&3\\0&0&0\\0&0&0\end{pmatrix}$$

得基础解系为 $\xi_1=(2,1,0)^T$，$\xi_2=(-3,0,1)^T$，从而 A 的对应于特征值 $\lambda_1=\lambda_2=1$ 的特征向量为 $\xi_1=(2,1,0)^T$，$\xi_2=(-3,0,1)^T$。

将 $\lambda=5$ 代入 $(\lambda E-A)x=0$，得 $(5E-A)x=0$，由

$$5E-A=\begin{pmatrix}5&-2&3\\1&2&3\\-1&2&1\end{pmatrix}\to\begin{pmatrix}1&-2&-1\\1&2&3\\5&-2&3\end{pmatrix}\to\begin{pmatrix}1&-2&-1\\0&4&4\\0&8&8\end{pmatrix}\to\begin{pmatrix}1&0&1\\0&1&1\\0&0&0\end{pmatrix}$$

得基础解系为 $\boldsymbol{\xi}_3=(-1,\ -1,\ 1)^{\mathrm{T}}$，从而 $\boldsymbol{A}$ 的对应于特征值 $\lambda_1=\lambda_2=1$ 的特征向量为 $\boldsymbol{\xi}_3=(-1,\ -1,\ 1)^{\mathrm{T}}$。

取 $\boldsymbol{P}=\begin{pmatrix}2 & -3 & -1\\ 1 & 0 & -1\\ 0 & 1 & 1\end{pmatrix}$，则 $\boldsymbol{P}$ 为可逆矩阵，使得 $\boldsymbol{P}^{-1}\boldsymbol{AP}=\begin{pmatrix}1 & 0 & 0\\ 0 & 1 & 0\\ 0 & 0 & 5\end{pmatrix}$。

(19) **证**　(ⅰ)(反证法)　假设 $\boldsymbol{\alpha}$，$\boldsymbol{A\alpha}$ 线性相关，则存在不全为零的常数 k_1，k_2，使得 $k_1\boldsymbol{\alpha}+k_2\boldsymbol{A\alpha}=\boldsymbol{0}$，从而 $k_2\neq 0$。否则 $k_2=0$，则 $k_1\boldsymbol{\alpha}=\boldsymbol{0}$，但 $\boldsymbol{\alpha}\neq\boldsymbol{0}$，故 $k_1=0$，矛盾，从而 $\boldsymbol{A\alpha}=-\dfrac{k_1}{k_2}\boldsymbol{\alpha}$，这与 $\boldsymbol{\alpha}$ 不是 $\boldsymbol{A}$ 的特征向量矛盾，故 $\boldsymbol{\alpha}$，$\boldsymbol{A\alpha}$ 线性无关。

(ⅱ) 方法一　由 $\boldsymbol{A}^2\boldsymbol{\alpha}-3\boldsymbol{A\alpha}+2\boldsymbol{\alpha}=(\boldsymbol{A}^2-3\boldsymbol{A}+2\boldsymbol{E})\boldsymbol{\alpha}=\boldsymbol{0}$ 及 $\boldsymbol{\alpha}\neq\boldsymbol{0}$，得 $r(\boldsymbol{A}^2-3\boldsymbol{A}+2\boldsymbol{E})<2$，从而 $|\boldsymbol{A}^2-3\boldsymbol{A}+2\boldsymbol{E}|=|\boldsymbol{E}-\boldsymbol{A}||2\boldsymbol{E}-\boldsymbol{A}|=0$，故 $|\boldsymbol{E}-\boldsymbol{A}|=0$ 或 $|2\boldsymbol{E}-\boldsymbol{A}|=0$。若 $|\boldsymbol{E}-\boldsymbol{A}|\neq 0$，由 $(\boldsymbol{E}-\boldsymbol{A})(2\boldsymbol{E}-\boldsymbol{A})\boldsymbol{\alpha}=\boldsymbol{0}$，得 $(2\boldsymbol{E}-\boldsymbol{A})\boldsymbol{\alpha}=\boldsymbol{0}$，即 $\boldsymbol{A\alpha}=2\boldsymbol{\alpha}$，这与 $\boldsymbol{\alpha}$ 不是 $\boldsymbol{A}$ 的特征向量矛盾，故 $|\boldsymbol{E}-\boldsymbol{A}|=\boldsymbol{0}$。同理 $|2\boldsymbol{E}-\boldsymbol{A}|=0$，从而 1，2 是 $\boldsymbol{A}$ 的两个不同的特征值，故 $\boldsymbol{A}$ 可以对角化，且相似对角矩阵为 $\begin{pmatrix}1 & \\ & 2\end{pmatrix}$。

方法二　令 $\boldsymbol{P}=(\boldsymbol{\alpha},\ \boldsymbol{A\alpha})$，由于 $\boldsymbol{\alpha}$，$\boldsymbol{A\alpha}$ 线性无关，因此 $\boldsymbol{P}$ 可逆。又

$$\boldsymbol{AP}=\boldsymbol{A}(\boldsymbol{\alpha},\ \boldsymbol{A\alpha})=(\boldsymbol{A\alpha},\ \boldsymbol{A}^2\boldsymbol{\alpha})=(\boldsymbol{A\alpha},\ -2\boldsymbol{\alpha}+3\boldsymbol{A\alpha})=(\boldsymbol{\alpha},\ \boldsymbol{A\alpha})\begin{pmatrix}0 & -2\\ 1 & 3\end{pmatrix}=\boldsymbol{P}\begin{pmatrix}0 & -2\\ 1 & 3\end{pmatrix}$$

即 $\boldsymbol{P}^{-1}\boldsymbol{AP}=\begin{pmatrix}0 & -2\\ 1 & 3\end{pmatrix}$，故矩阵 $\boldsymbol{A}$ 与 $\begin{pmatrix}0 & -2\\ 1 & 3\end{pmatrix}=\boldsymbol{B}$ 相似。

$$|\lambda\boldsymbol{E}-\boldsymbol{B}|=\begin{vmatrix}\lambda & 2\\ -1 & \lambda-3\end{vmatrix}=\lambda^2-3\lambda+2$$

由 $|\lambda\boldsymbol{E}-\boldsymbol{B}|=0$，得 $\boldsymbol{B}$ 的特征值即 $\boldsymbol{A}$ 的特征值为 $\lambda_1=1$，$\lambda_2=2$，由于 $\boldsymbol{A}$ 有两个不同的特征值，因此 $\boldsymbol{A}$ 可对角化，且相似对角矩阵为 $\begin{pmatrix}1 & \\ & 2\end{pmatrix}$。

(20) **解**　(ⅰ)

$$|\lambda\boldsymbol{E}-\boldsymbol{A}|=\begin{vmatrix}\lambda-1 & -b & \cdots & -b\\ -b & \lambda-1 & \cdots & -b\\ \vdots & \vdots & & \vdots\\ -b & -b & \cdots & \lambda-1\end{vmatrix}=[\lambda-(1+(n-1)b](\lambda-1+b)^{n-1}$$

由 $|\lambda\boldsymbol{E}-\boldsymbol{A}|=0$，得 $\boldsymbol{A}$ 的特征值为 $\lambda_1=1+(n-1)b$，$\lambda_2=\lambda_3=\cdots=\lambda_n=1-b$。

当 $b=0$ 时，$\lambda_1=\lambda_2=\cdots=\lambda_n=1$，由于 $\boldsymbol{A}$ 为单位矩阵，因此非零向量都是 $\boldsymbol{A}$ 的特征向量。

当 $b\neq 0$ 时，将 $\lambda=1+(n-1)b$ 代入 $(\lambda\boldsymbol{E}-\boldsymbol{A})\boldsymbol{x}=\boldsymbol{0}$，得 $((1+(n-1)b)\boldsymbol{E}-\boldsymbol{A})\boldsymbol{x}=\boldsymbol{0}$，由

$$(1+(n-1)\boldsymbol{b})\boldsymbol{E}-\boldsymbol{A}=\begin{pmatrix}(n-1)b & -b & \cdots & -b\\ -b & (n-1)b & \cdots & -b\\ \vdots & \vdots & & \vdots\\ -b & -b & \cdots & (n-1)b\end{pmatrix}\to\begin{pmatrix}n-1 & -1 & \cdots & -1\\ -1 & n-1 & \cdots & -1\\ \vdots & \vdots & & \vdots\\ -1 & -1 & \cdots & n-1\end{pmatrix}$$

$$\rightarrow\begin{pmatrix}1&0&\cdots&0&-1\\0&1&\cdots&0&-1\\\vdots&\vdots&&\vdots&\vdots\\0&0&\cdots&1&-1\\0&0&\cdots&0&0\end{pmatrix}$$

得基础解系为 $\boldsymbol{\xi}_1=(1,1,\cdots,1)^{\mathrm{T}}$，从而 $\boldsymbol{A}$ 的对应于特征值 $\lambda_1=1+(n-1)b$ 的全部特征向量为 $k_1\boldsymbol{\xi}_1$，其中 k_1 是不为零的任意常数。

将 $\lambda=1-b$ 代入 $(\lambda\boldsymbol{E}-\boldsymbol{A})\boldsymbol{x}=\boldsymbol{0}$，得 $((1-b)\boldsymbol{E}-\boldsymbol{A})\boldsymbol{x}=\boldsymbol{0}$，由

$$(1-b)\boldsymbol{E}-\boldsymbol{A}=\begin{pmatrix}-b&-b&\cdots&-b\\-b&-b&\cdots&-b\\\vdots&\vdots&&\vdots\\-b&-b&\cdots&-b\end{pmatrix}\rightarrow\begin{pmatrix}1&1&\cdots&1\\0&0&\cdots&0\\\vdots&\vdots&&\vdots\\0&0&\cdots&0\end{pmatrix}$$

得基础解系为

$$\boldsymbol{\xi}_2=(-1,1,0,\cdots,0)^{\mathrm{T}},\ \boldsymbol{\xi}_3=(-1,0,1,\cdots,0)^{\mathrm{T}},\ \cdots,\ \boldsymbol{\xi}_n=(-1,0,0,\cdots,1)^{\mathrm{T}}$$

从而 $\boldsymbol{A}$ 的对应于特征值 $\lambda_2=\lambda_3=\cdots=\lambda_n=1-b$ 的全部特征向量为 $k_2\boldsymbol{\xi}_2+k_3\boldsymbol{\xi}_3+\cdots+k_n\boldsymbol{\xi}_n$，其中 $k_2,k_3,\cdots,k_n$ 是不全为零的任意常数。

（ⅱ）当 $b=0$ 时，由于 $\boldsymbol{A}=\boldsymbol{E}$，因此任意可逆矩阵 $\boldsymbol{P}$，使得 $\boldsymbol{P}^{-1}\boldsymbol{AP}$ 为对角矩阵。

当 $b\neq0$ 时，取 $\boldsymbol{P}=(\boldsymbol{\xi}_1,\boldsymbol{\xi}_2,\cdots,\boldsymbol{\xi}_n)$，则 $\boldsymbol{P}$ 为可逆矩阵，使得

$$\boldsymbol{P}^{-1}\boldsymbol{AP}=\begin{pmatrix}1+(n-1)b&&&\\&1-b&&\\&&\ddots&\\&&&1-b\end{pmatrix}$$

(21) **解** 方法一 （ⅰ）$|\lambda\boldsymbol{E}-\boldsymbol{A}|=\begin{vmatrix}\lambda-n&-1&\cdots&-1\\-1&\lambda-n&\cdots&-1\\\vdots&\vdots&&\vdots\\-1&-1&\cdots&\lambda-n\end{vmatrix}$

$$=(\lambda-2n+1)(\lambda-n+1)^{n-1}$$

由 $|\lambda\boldsymbol{E}-\boldsymbol{A}|=0$，得 $\boldsymbol{A}$ 的特征值为 $\lambda_1=2n-1$，$\lambda_2=\lambda_3=\cdots=\lambda_n=n-1$。

将 $\lambda=2n-1$ 代入 $(\lambda\boldsymbol{E}-\boldsymbol{A})\boldsymbol{x}=\boldsymbol{0}$，得 $((2n-1)\boldsymbol{E}-\boldsymbol{A})\boldsymbol{x}=\boldsymbol{0}$，由

$$(2n-1)\boldsymbol{E}-\boldsymbol{A}=\begin{pmatrix}n-1&-1&\cdots&-1\\-1&n-1&\cdots&-1\\\vdots&\vdots&&\vdots\\-1&-1&\cdots&n-1\end{pmatrix}\rightarrow\begin{pmatrix}n-1&1&\cdots&1\\-n&n&\cdots&0\\\vdots&\vdots&&\vdots\\-n&0&\cdots&n\end{pmatrix}$$

$$\rightarrow\begin{pmatrix}n-1&1&\cdots&1\\-1&1&\cdots&0\\\vdots&\vdots&&\vdots\\-1&0&\cdots&1\end{pmatrix}\rightarrow\begin{pmatrix}0&0&\cdots&0\\-1&1&\cdots&0\\\vdots&\vdots&&\vdots\\-1&0&\cdots&1\end{pmatrix}$$

得基础解系为 $\boldsymbol{\xi}_1=(1,1,\cdots,1)^{\mathrm{T}}$，从而 $\boldsymbol{A}$ 的对应于特征值 $\lambda_1=2n-1$ 的全部特征向量为 $k_1\boldsymbol{\xi}_1$，其中 k_1 是不为零的任意常数。

将 $\lambda=n-1$ 代入 $(\lambda\boldsymbol{E}-\boldsymbol{A})\boldsymbol{x}=\boldsymbol{0}$，得 $((n-1)\boldsymbol{E}-\boldsymbol{A})\boldsymbol{x}=\boldsymbol{0}$，由

$$(n-1)\boldsymbol{E}-\boldsymbol{A}=\begin{pmatrix}-1 & -1 & \cdots & -1\\ -1 & -1 & \cdots & -1\\ \vdots & \vdots & & \vdots\\ -1 & -1 & \cdots & -1\end{pmatrix}\rightarrow\begin{pmatrix}1 & 1 & \cdots & 1\\ 0 & 0 & \cdots & 0\\ \vdots & \vdots & & \vdots\\ 0 & 0 & \cdots & 0\end{pmatrix}$$

得基础解系为

$$\boldsymbol{\xi}_2=(-1,1,0,\cdots,0)^{\mathrm{T}},\ \boldsymbol{\xi}_3=(-1,0,1,\cdots,0)^{\mathrm{T}},\ \cdots,\ \boldsymbol{\xi}_n=(-1,0,0,\cdots,1)^{\mathrm{T}}$$

从而 $\boldsymbol{A}$ 的对应于特征值 $\lambda_2=\lambda_3=\cdots=\lambda_n=n-1$ 的全部特征向量为 $k_2\boldsymbol{\xi}_2+k_3\boldsymbol{\xi}_3+\cdots+k_n\boldsymbol{\xi}_n$，其中 $k_2, k_3, \cdots, k_n$ 是不全为零的任意常数。

（ⅱ）取 $\boldsymbol{P}=(\boldsymbol{\xi}_1, \boldsymbol{\xi}_2, \cdots, \boldsymbol{\xi}_n)$，则 $\boldsymbol{P}$ 为可逆矩阵，使得

$$\boldsymbol{P}^{-1}\boldsymbol{AP}=\begin{pmatrix}2n-1 & & & \\ & n-1 & & \\ & & \ddots & \\ & & & n-1\end{pmatrix}$$

方法二　（ⅰ）令 $\boldsymbol{B}=\begin{pmatrix}1 & 1 & \cdots & 1\\ 1 & 1 & \cdots & 1\\ \vdots & \vdots & & \vdots\\ 1 & 1 & \cdots & 1\end{pmatrix}=\begin{pmatrix}1\\1\\ \vdots\\1\end{pmatrix}(1,1,\cdots,1)$，则 $\boldsymbol{A}=(n-1)\boldsymbol{E}+\boldsymbol{B}$，且 $\boldsymbol{B}^2=2\boldsymbol{B}$，从而 $\boldsymbol{B}$ 的特征值为 0 或 n。由于 $\sum\limits_{i=1}^{n}\lambda_i=\mathrm{tr}(\boldsymbol{B})=n$，因此 $\boldsymbol{B}$ 的特征值为

$$\lambda_1=n,\ \lambda_2=\lambda_3=\cdots=\lambda_n=0$$

从而 $\boldsymbol{A}$ 的特征值为 $\lambda_1=2n-1$，$\lambda_2=\lambda_3=\cdots=\lambda_n=n-1$。

由于 $\boldsymbol{B}^2=n\boldsymbol{B}$，将 $\boldsymbol{B}$ 按列分块，得 $\boldsymbol{B}=(\boldsymbol{\eta}_1, \boldsymbol{\eta}_2, \cdots, \boldsymbol{\eta}_n)$，则 $\boldsymbol{B\eta}_i=n\boldsymbol{\eta}_i(i=1,2,\cdots,n)$，从而 $\boldsymbol{B}$ 的对应于 $\lambda_1=n$ 的特征向量为 $\boldsymbol{\xi}_1=(1,1,\cdots,1)^{\mathrm{T}}$，故 $\boldsymbol{A}$ 的对应于 $\lambda_1=2n-1$ 的全部特征向量为 $k_1\boldsymbol{\xi}_1$，其中 k_1 是不为零的任意常数。

将 $\lambda=0$ 代入 $(\lambda\boldsymbol{E}-\boldsymbol{B})\boldsymbol{x}=\boldsymbol{0}$，得 $(0\boldsymbol{E}-\boldsymbol{B})\boldsymbol{x}=\boldsymbol{0}$，由

$$0\boldsymbol{E}-\boldsymbol{B}=\begin{pmatrix}-1 & -1 & \cdots & -1\\ -1 & -1 & \cdots & -1\\ \vdots & \vdots & & \vdots\\ -1 & -1 & \cdots & -1\end{pmatrix}\rightarrow\begin{pmatrix}1 & 1 & \cdots & 1\\ 0 & 0 & \cdots & 0\\ \vdots & \vdots & & \vdots\\ 0 & 0 & \cdots & 0\end{pmatrix}$$

得齐次线性方程组 $\boldsymbol{Bx}=\boldsymbol{0}$ 的基础解系为

$$\boldsymbol{\xi}_1=(-1,1,0,\cdots,0)^{\mathrm{T}},\ \boldsymbol{\xi}_2=(-1,0,1,\cdots,0)^{\mathrm{T}},\ \cdots,\ \boldsymbol{\xi}_{n-1}=(-1,0,0,\cdots,1)^{\mathrm{T}}$$

从而 $\boldsymbol{B}$ 的对应于特征值 $\lambda_2=\lambda_3=\cdots=\lambda_n=0$ 的全部特征向量为

$$\boldsymbol{\xi}_1=(-1,1,0,\cdots,0)^{\mathrm{T}},\ \boldsymbol{\xi}_2=(-1,0,1,\cdots,0)^{\mathrm{T}},\ \cdots,\ \boldsymbol{\xi}_{n-1}=(-1,0,0,\cdots,1)^{\mathrm{T}}$$

故 $\boldsymbol{A}$ 的对应于特征值 $\lambda_2=\lambda_3=\cdots=\lambda_n=n-1$ 的全部特征向量为 $k_1\boldsymbol{\xi}_1+k_2\boldsymbol{\xi}_2+\cdots+k_n\boldsymbol{\xi}_n$，其中 $k_1, k_2, \cdots, k_n$ 是不全为零的任意常数。

（ⅱ）取 $\boldsymbol{P}=(\boldsymbol{\xi}_1, \boldsymbol{\xi}_2, \cdots, \boldsymbol{\xi}_n)$，则 $\boldsymbol{P}$ 为可逆矩阵，使得

$$P^{-1}AP=\begin{pmatrix}2n-1 & & & \\ & n-1 & & \\ & & \ddots & \\ & & & n-1\end{pmatrix}$$

(22) **证** 由 $r(\boldsymbol{A})+r(\boldsymbol{B})<n$，得 $r(\boldsymbol{A})<n$ 且 $r(\boldsymbol{B})<n$，从而 $|\boldsymbol{A}|=0$ 且 $|\boldsymbol{B}|=0$，故 $\boldsymbol{A}$，$\boldsymbol{B}$ 有相同的特征值 $\lambda_0=0$。对于特征值 $\lambda_0=0$，矩阵 $\boldsymbol{A}$ 的对应于特征值 $\lambda_0=0$ 的特征向量为齐次线性方程组 $(0\boldsymbol{E}-\boldsymbol{A})\boldsymbol{x}=\boldsymbol{0}$，即 $\boldsymbol{A}\boldsymbol{x}=\boldsymbol{0}$ 的非零解。对于特征值 $\lambda_0=0$，矩阵 $\boldsymbol{B}$ 的对应于特征值 $\lambda_0=0$ 的特征向量为齐次线性方程组 $(0\boldsymbol{E}-\boldsymbol{B})\boldsymbol{x}=\boldsymbol{0}$，即 $\boldsymbol{B}\boldsymbol{x}=0$ 的非零解。又齐次线性方程组 $\boldsymbol{A}\boldsymbol{x}=\boldsymbol{0}$ 与 $\boldsymbol{B}\boldsymbol{x}=\boldsymbol{0}$ 的公共解即为齐次线性方程组 $\begin{pmatrix}\boldsymbol{A}\\ \boldsymbol{B}\end{pmatrix}\boldsymbol{x}=\boldsymbol{0}$ 的解。由于

$$r\begin{pmatrix}\boldsymbol{A}\\ \boldsymbol{B}\end{pmatrix}\leqslant r(\boldsymbol{A})+r(\boldsymbol{B})<n$$

因此齐次线性方程组 $\begin{pmatrix}\boldsymbol{A}\\ \boldsymbol{B}\end{pmatrix}\boldsymbol{x}=\boldsymbol{0}$ 有非零解，即齐次线性方程组 $\boldsymbol{A}\boldsymbol{x}=\boldsymbol{0}$ 与 $\boldsymbol{B}\boldsymbol{x}=\boldsymbol{0}$ 有非零公共解，这个非零公共解既是矩阵 $\boldsymbol{A}$ 的对应于特征值 $\lambda_0=0$ 的特征向量，又是矩阵 $\boldsymbol{B}$ 的对应于特征值 $\lambda_0=0$ 的特征向量，即 $\boldsymbol{A}$，$\boldsymbol{B}$ 有相同的特征值与特征向量。

(23) **证** 由于 $\boldsymbol{\alpha}$，$\boldsymbol{\beta}$ 为正交的单位列向量，因此 $\boldsymbol{\alpha}^{\mathrm{T}}\boldsymbol{\alpha}=1$，$\boldsymbol{\beta}^{\mathrm{T}}\boldsymbol{\beta}=1$，$\boldsymbol{\alpha}^{\mathrm{T}}\boldsymbol{\beta}=0$，$\boldsymbol{\beta}^{\mathrm{T}}\boldsymbol{\alpha}=0$，又 $\boldsymbol{A}(\boldsymbol{\alpha}+\boldsymbol{\beta})=(\boldsymbol{\alpha}\boldsymbol{\beta}^{\mathrm{T}}+\boldsymbol{\beta}\boldsymbol{\alpha}^{\mathrm{T}})(\boldsymbol{\alpha}+\boldsymbol{\beta})=\boldsymbol{\alpha}+\boldsymbol{\beta}$，$\boldsymbol{A}(\boldsymbol{\alpha}-\boldsymbol{\beta})=(\boldsymbol{\alpha}\boldsymbol{\beta}^{\mathrm{T}}+\boldsymbol{\beta}\boldsymbol{\alpha}^{\mathrm{T}})(\boldsymbol{\alpha}-\boldsymbol{\beta})=\boldsymbol{\beta}-\boldsymbol{\alpha}=-(\boldsymbol{\alpha}-\boldsymbol{\beta})$，故 $\boldsymbol{\alpha}+\boldsymbol{\beta}$ 与 $\boldsymbol{\alpha}-\boldsymbol{\beta}$ 为 $\boldsymbol{A}$ 的分别对应于特征值 $\lambda_1=1$，$\lambda_2=-1$ 的特征向量。由于

$$r(\boldsymbol{A})=r(\boldsymbol{\alpha}\boldsymbol{\beta}^{\mathrm{T}}+\boldsymbol{\beta}\boldsymbol{\alpha}^{\mathrm{T}})\leqslant r(\boldsymbol{\alpha}\boldsymbol{\beta}^{\mathrm{T}})+r(\boldsymbol{\beta}\boldsymbol{\alpha}^{\mathrm{T}})\leqslant r(\boldsymbol{\alpha})+r(\boldsymbol{\beta})=2<3$$

因此 $|\boldsymbol{A}|=0$，从而 $\lambda_3=0$ 是 $\boldsymbol{A}$ 的特征值。由于 $\boldsymbol{A}$ 有三个不同的特征值，因此 $\boldsymbol{A}$ 可以相似对角化。

(24) **解** (ⅰ) 由 $\boldsymbol{A}\boldsymbol{\alpha}=\lambda\boldsymbol{\alpha}$，得 $\begin{cases}\lambda-2+1+2=0\\ \lambda-5-a+3=0\\ -\lambda+1-b-2=0\end{cases}$，解之，得 $a=-3$，$b=0$，$\lambda=-1$。

(ⅱ) 由 $|\lambda\boldsymbol{E}-\boldsymbol{A}|=(\lambda+1)^3=0$，得 $\boldsymbol{A}$ 的特征值为 $\lambda=-1$，它是三重特征值。由于 $r(-\boldsymbol{E}-\boldsymbol{A})=2$，因此 $\lambda=-1$ 对应的线性无关的特征向量只有一个，从而 $\boldsymbol{A}$ 不可对角化。

(25) **解** (ⅰ) 由题设，知 $\boldsymbol{A}$ 的特征值为 $\lambda_1=1$，$\lambda_2=2$，$\lambda_3=-1$。令 $\boldsymbol{\alpha}_1=(1,a,2)^{\mathrm{T}}$，$\boldsymbol{\alpha}_2=(b,a+1,1)^{\mathrm{T}}$，$\boldsymbol{\alpha}_3=(-2,-5,1)^{\mathrm{T}}$，则 $\boldsymbol{A}\boldsymbol{\alpha}_1=\boldsymbol{\alpha}_1$，$\boldsymbol{A}\boldsymbol{\alpha}_2=2\boldsymbol{\alpha}_2$，$\boldsymbol{A}\boldsymbol{\alpha}_3=-\boldsymbol{\alpha}_3$，即 $\boldsymbol{\alpha}_1$，$\boldsymbol{\alpha}_2$，$\boldsymbol{\alpha}_3$ 为 $\boldsymbol{A}$ 的分别对应于特征值 $\lambda_1=1$，$\lambda_2=2$，$\lambda_3=-1$ 的特征向量。由于 $\boldsymbol{A}$ 是实对称矩阵，因此 $\boldsymbol{A}$ 的不同特征值对应的特征向量正交，从而 $\begin{cases}\boldsymbol{\alpha}_1^{\mathrm{T}}\boldsymbol{\alpha}_3=0\\ \boldsymbol{\alpha}_2^{\mathrm{T}}\boldsymbol{\alpha}_3=0\end{cases}$，解之，得 $a=0$，$b=-2$。

由于 $\boldsymbol{A}^*$ 的特征值为 -2，-1，2，因此由 $\boldsymbol{\alpha}=-\boldsymbol{\alpha}_3$，得 $\boldsymbol{\alpha}$ 是 $\boldsymbol{A}$ 的对应于特征值 $\lambda_3=-1$ 的特征向量，从而 $\boldsymbol{\alpha}$ 是 $\boldsymbol{A}^*$ 的对应于特征值 2 的特征向量，故 $\mu=2$。

(ⅱ) 由于 $\boldsymbol{A}^*$ 的特征值为 -2，-1，2，因此 $\boldsymbol{A}^*+3\boldsymbol{E}$ 的特征值为 1，2，5，从而

$$|\boldsymbol{A}^*+3\boldsymbol{E}|=10$$

(26) **解** 由题设，知 $\boldsymbol{A}$ 的特征值为 $\lambda_1=2$，$\lambda_2=-1$，$\lambda_3=1$，且 $\boldsymbol{A}$ 的对应于 $\lambda_1=2$ 的特

征向量为 $\boldsymbol{\xi}_1=(1, 1, 1)^{\mathrm{T}}$。

由于 $\boldsymbol{A}^{\mathrm{T}}=\boldsymbol{A}$，因此 $\boldsymbol{B}^{\mathrm{T}}=(\boldsymbol{A}^2+2\boldsymbol{E})^{\mathrm{T}}=(\boldsymbol{A}^2)^{\mathrm{T}}+2\boldsymbol{E}=\boldsymbol{A}^2+2\boldsymbol{E}=\boldsymbol{B}$，即 $\boldsymbol{B}$ 为实对称矩阵，且 $\boldsymbol{B}$ 的特征值为 $\mu_1=6$，$\mu_2=\mu_3=3$，矩阵 $\boldsymbol{B}$ 的对应于特征值 $\mu_1=6$ 的特征向量为 $\boldsymbol{\xi}_1=(1, 1, 1)^{\mathrm{T}}$。由于 $\boldsymbol{B}$ 是实对称矩阵，因此 $\boldsymbol{B}$ 的不同特征值对应的特征向量正交。设 $\boldsymbol{B}$ 的对应于特征值 $\mu_2=\mu_3=3$ 的特征向量为 $\boldsymbol{\xi}=(x_1, x_2, x_3)^{\mathrm{T}}$，则 $\boldsymbol{\xi}_1^{\mathrm{T}}\boldsymbol{\xi}=0$，即 $x_1+x_2+x_3=0$，从而 $\boldsymbol{B}$ 的对应于特征值 $\mu_2=\mu_3=3$ 的特征向量为 $\boldsymbol{\xi}_2=(-1, 1, 0)^{\mathrm{T}}$，$\boldsymbol{\xi}_3=(-1, 0, 1)^{\mathrm{T}}$。

令 $\boldsymbol{P}=\begin{pmatrix}1 & -1 & -1\\ 1 & 1 & 0\\ 1 & 0 & 1\end{pmatrix}$，则 $\boldsymbol{P}$ 为可逆矩阵，使得 $\boldsymbol{P}^{-1}\boldsymbol{BP}=\begin{pmatrix}6 & 0 & 0\\ 0 & 3 & 0\\ 0 & 0 & 3\end{pmatrix}$，从而

$$\boldsymbol{B}=\boldsymbol{P}\begin{pmatrix}6 & 0 & 0\\ 0 & 3 & 0\\ 0 & 0 & 3\end{pmatrix}\boldsymbol{P}^{-1}=\begin{pmatrix}1 & -1 & -1\\ 1 & 1 & 0\\ 1 & 0 & 1\end{pmatrix}\begin{pmatrix}6 & 0 & 0\\ 0 & 3 & 0\\ 0 & 0 & 3\end{pmatrix}\begin{pmatrix}1 & -1 & -1\\ 1 & 1 & 0\\ 1 & 0 & 1\end{pmatrix}^{-1}=\begin{pmatrix}4 & 1 & 1\\ 1 & 4 & 1\\ 1 & 1 & 4\end{pmatrix}$$

(27) **解**　(ⅰ) $|\lambda\boldsymbol{E}-\boldsymbol{A}|=\begin{vmatrix}\lambda+1 & -1 & 0\\ 2 & \lambda-2 & 0\\ -4 & -a & \lambda-1\end{vmatrix}=\lambda(\lambda-1)^2$，由 $|\lambda\boldsymbol{E}-\boldsymbol{A}|=0$，得矩阵 $\boldsymbol{A}$ 的特征值为 $\lambda_1=\lambda_2=1$，$\lambda_3=0$。由于 $\boldsymbol{A}$ 可对角化，因此 $r(\boldsymbol{E}-\boldsymbol{A})=1$，由

$$\boldsymbol{E}-\boldsymbol{A}=\begin{pmatrix}2 & -1 & 0\\ 2 & -1 & 0\\ -4 & -a & 0\end{pmatrix}\rightarrow\begin{pmatrix}2 & -1 & 0\\ 0 & 0 & 0\\ 0 & -a-2 & 0\end{pmatrix}$$

得 $a=-2$。

(ⅱ) 当 $a=-2$ 时，$\boldsymbol{A}=\begin{pmatrix}-1 & 1 & 0\\ -2 & 2 & 0\\ 4 & -2 & 1\end{pmatrix}$，将 $\lambda=1$ 代入 $(\lambda\boldsymbol{E}-\boldsymbol{A})\boldsymbol{x}=\boldsymbol{0}$，得 $(\boldsymbol{E}-\boldsymbol{A})\boldsymbol{x}=\boldsymbol{0}$，由

$$\boldsymbol{E}-\boldsymbol{A}=\begin{pmatrix}2 & -1 & 0\\ 2 & -1 & 0\\ -4 & 2 & 0\end{pmatrix}\rightarrow\begin{pmatrix}2 & -1 & 0\\ 0 & 0 & 0\\ 0 & 0 & 0\end{pmatrix}$$

得基础解系为 $\boldsymbol{\alpha}_1=(1, 2, 0)^{\mathrm{T}}$，$\boldsymbol{\alpha}_2=(0, 0, 1)^{\mathrm{T}}$，从而 $\boldsymbol{A}$ 的对应于特征值 $\lambda_1=\lambda_2=1$ 的特征向量为 $\boldsymbol{\alpha}_1=(1, 2, 0)^{\mathrm{T}}$，$\boldsymbol{\alpha}_2=(0, 0, 1)^{\mathrm{T}}$。

将 $\lambda=0$ 代入 $(\lambda\boldsymbol{E}-\boldsymbol{A})\boldsymbol{x}=\boldsymbol{0}$，得 $(0\boldsymbol{E}-\boldsymbol{A})\boldsymbol{x}=\boldsymbol{0}$，由

$$0\boldsymbol{E}-\boldsymbol{A}=\begin{pmatrix}1 & -1 & 0\\ 2 & -2 & 0\\ -4 & 2 & -1\end{pmatrix}\rightarrow\begin{pmatrix}1 & -1 & 0\\ 0 & 2 & 1\\ 0 & 0 & 0\end{pmatrix}$$

得基础解系为 $\boldsymbol{\alpha}_3=(-1, -1, 2)^{\mathrm{T}}$，从而 $\boldsymbol{A}$ 的对应于特征值 $\lambda_3=0$ 的特征向量为

$$\boldsymbol{\alpha}_3=(-1, -1, 2)^{\mathrm{T}}$$

取 $\boldsymbol{P}=\begin{pmatrix}1 & 0 & -1\\ 2 & 0 & -1\\ 0 & 1 & 2\end{pmatrix}$，则 $\boldsymbol{P}$ 为可逆矩阵，使得 $\boldsymbol{P}^{-1}\boldsymbol{AP}=\begin{pmatrix}1 & 0 & 0\\ 0 & 1 & 0\\ 0 & 0 & 0\end{pmatrix}$。

(28) **解** $|\lambda \boldsymbol{E}-\boldsymbol{A}|=\begin{vmatrix}\lambda-1 & 0 & -1 & 0\\ -a & \lambda-1 & 1 & 0\\ 0 & 0 & \lambda-2 & 0\\ -2 & -3 & -b & \lambda-2\end{vmatrix}=(\lambda-1)^2(\lambda-2)^2$，由 $|\lambda \boldsymbol{E}-\boldsymbol{A}|=0$，得矩阵 $\boldsymbol{A}$ 的特征值为 $\lambda_1=\lambda_2=1$，$\lambda_3=\lambda_4=2$。又 $\boldsymbol{A}$ 可对角化，故 $r(\boldsymbol{E}-\boldsymbol{A})=2$，$r(2\boldsymbol{E}-\boldsymbol{A})=2$。

$$\boldsymbol{E}-\boldsymbol{A}=\begin{pmatrix}0 & 0 & -1 & 0\\ -a & 0 & 1 & 0\\ 0 & 0 & -1 & 0\\ -2 & -3 & -b & -1\end{pmatrix}\to\begin{pmatrix}0 & 0 & 1 & 0\\ -a & 0 & 1 & 0\\ 2 & 3 & b & 1\\ 0 & 0 & 0 & 0\end{pmatrix}$$

故当 $a=0$，b 为任意数时，$r(\boldsymbol{E}-\boldsymbol{A})=2$。当 $a=0$ 时，

$$2\boldsymbol{E}-\boldsymbol{A}=\begin{pmatrix}1 & 0 & -1 & 0\\ 0 & 1 & 1 & 0\\ 0 & 0 & 0 & 0\\ -2 & -3 & -b & 0\end{pmatrix}\to\begin{pmatrix}1 & 0 & -1 & 0\\ 0 & 1 & 1 & 0\\ 0 & 0 & 0 & 0\\ 0 & -3 & -b-2 & 0\end{pmatrix}\to\begin{pmatrix}1 & 0 & -1 & 0\\ 0 & 1 & 1 & 0\\ 0 & 0 & -b+1 & 0\\ 0 & 0 & 0 & 0\end{pmatrix}$$

故当 $b=1$ 时，$r(2\boldsymbol{E}-\boldsymbol{A})=2$，从而当 $a=0$，$b=1$ 时，$\boldsymbol{A}$ 能与对角矩阵相似。

当 $a=0$，$b=1$ 时，$\boldsymbol{A}=\begin{pmatrix}1 & 0 & 1 & 0\\ 0 & 1 & -1 & 0\\ 0 & 0 & 2 & 0\\ 2 & 3 & 1 & 2\end{pmatrix}$，将 $\lambda=1$ 代入 $(\lambda\boldsymbol{E}-\boldsymbol{A})\boldsymbol{x}=\boldsymbol{0}$，得 $(\boldsymbol{E}-\boldsymbol{A})\boldsymbol{x}=\boldsymbol{0}$，由

$$\boldsymbol{E}-\boldsymbol{A}=\begin{pmatrix}0 & 0 & -1 & 0\\ 0 & 0 & 1 & 0\\ 0 & 0 & -1 & 0\\ -2 & -3 & -1 & -1\end{pmatrix}\to\begin{pmatrix}0 & 0 & 1 & 0\\ 2 & 3 & 1 & 1\\ 0 & 0 & 0 & 0\\ 0 & 0 & 0 & 0\end{pmatrix}$$

得基础解系 $\boldsymbol{\alpha}_1=(-3,2,0,0)^{\mathrm T}$，$\boldsymbol{\alpha}_2=(-1,0,0,2)^{\mathrm T}$，从而 $\boldsymbol{A}$ 的对应于特征值 $\lambda_1=\lambda_2=1$ 的特征向量为 $\boldsymbol{\alpha}_1=(-3,2,0,0)^{\mathrm T}$，$\boldsymbol{\alpha}_2=(-1,0,0,2)^{\mathrm T}$。

将 $\lambda=2$ 代入 $(\lambda\boldsymbol{E}-\boldsymbol{A})\boldsymbol{x}=\boldsymbol{0}$，得 $(2\boldsymbol{E}-\boldsymbol{A})\boldsymbol{x}=\boldsymbol{0}$，由

$$2\boldsymbol{E}-\boldsymbol{A}=\begin{pmatrix}1 & 0 & -1 & 0\\ 0 & 1 & 1 & 0\\ 0 & 0 & 0 & 0\\ -2 & -3 & -1 & 0\end{pmatrix}\to\begin{pmatrix}1 & 0 & -1 & 0\\ 0 & 1 & 1 & 0\\ 0 & 0 & 0 & 0\\ 0 & 0 & 0 & 0\end{pmatrix}$$

得基础解系 $\boldsymbol{\alpha}_1=(0,0,0,1)^{\mathrm T}$，$\boldsymbol{\alpha}_2=(1,-1,1,1)^{\mathrm T}$，从而 $\boldsymbol{A}$ 的对应于特征值 $\lambda_3=\lambda_4=2$ 的特征向量为 $\boldsymbol{\alpha}_1=(0,0,0,1)^{\mathrm T}$，$\boldsymbol{\alpha}_2=(1,-1,1,1)^{\mathrm T}$。

取 $\boldsymbol{P}=\begin{pmatrix}-3 & -1 & 0 & 1\\ 2 & 0 & 0 & -1\\ 0 & 0 & 0 & 1\\ 0 & 2 & 1 & 1\end{pmatrix}$，则 $\boldsymbol{P}$ 为可逆矩阵，使得 $\boldsymbol{P}^{-1}\boldsymbol{AP}=\boldsymbol{\Lambda}=\begin{pmatrix}1 & 0 & 0 & 0\\ 0 & 1 & 0 & 0\\ 0 & 0 & 2 & 0\\ 0 & 0 & 0 & 2\end{pmatrix}$。

(29) **解**　(ⅰ) 若 $r(\boldsymbol{A})=1$，则 $\boldsymbol{A}$ 为非零矩阵且 $\boldsymbol{A}$ 的任意两行对应成比例，即

$$\boldsymbol{A}=\begin{pmatrix} a_1b_1 & a_1b_2 & \cdots & a_1b_n \\ a_2b_1 & a_2b_2 & \cdots & a_2b_n \\ \vdots & \vdots & & \vdots \\ a_nb_1 & a_nb_2 & \cdots & a_nb_n \end{pmatrix}$$

从而 $\boldsymbol{A}=\begin{pmatrix} a_1 \\ a_2 \\ \vdots \\ a_n \end{pmatrix}(b_1, b_2, \cdots, b_n)$。令 $\boldsymbol{\alpha}=(a_1, a_2, \cdots, a_n)^{\mathrm{T}}$，$\boldsymbol{\beta}=(b_1, b_2, \cdots, b_n)^{\mathrm{T}}$，显然 $\boldsymbol{\alpha}$，$\boldsymbol{\beta}$ 都是非零向量且 $\boldsymbol{A}=\boldsymbol{\alpha}\boldsymbol{\beta}^{\mathrm{T}}$。

反过来，若 $\boldsymbol{A}=\boldsymbol{\alpha}\boldsymbol{\beta}^{\mathrm{T}}$，其中 $\boldsymbol{\alpha}$，$\boldsymbol{\beta}$ 都是 n 维非零列向量，则 $r(\boldsymbol{A})=r(\boldsymbol{\alpha}\boldsymbol{\beta}^{T})\leqslant r(\boldsymbol{\alpha})=1$。由于 $\boldsymbol{\alpha}$，$\boldsymbol{\beta}$ 都是非零列向量，因此 $\boldsymbol{A}$ 为非零矩阵，从而 $r(\boldsymbol{A})\geqslant 1$，故 $r(\boldsymbol{A})=1$。

(ⅱ) 由于 $r(\boldsymbol{A})=1$，因此存在非零列向量 $\boldsymbol{\alpha}$，$\boldsymbol{\beta}$，使得 $\boldsymbol{A}=\boldsymbol{\alpha}\boldsymbol{\beta}^{\mathrm{T}}$，显然 $\mathrm{tr}(\boldsymbol{A})=(\boldsymbol{\alpha}, \boldsymbol{\beta})$。又 $\mathrm{tr}(\boldsymbol{A})\neq 0$，故 $(\boldsymbol{\alpha}, \boldsymbol{\beta})=k\neq 0$。

令 $\boldsymbol{A}\boldsymbol{x}=\lambda\boldsymbol{x}$，由于 $\boldsymbol{A}^2=k\boldsymbol{A}$，因此 $\lambda^2\boldsymbol{x}=k\lambda\boldsymbol{x}$，即 $(\lambda^2-k\lambda)\boldsymbol{x}=\boldsymbol{0}$，又 $\boldsymbol{x}\neq\boldsymbol{0}$，故矩阵 $\boldsymbol{A}$ 的特征值为 $\lambda=0$ 或 $\lambda=k$。由 $\lambda_1+\lambda_2+\cdots+\lambda_n=\mathrm{tr}(\boldsymbol{A})=k$，得 $\lambda_1=k$，$\lambda_2=\lambda_3=\cdots=\lambda_n=0$，由于 $r(0\boldsymbol{E}-\boldsymbol{A})=r(\boldsymbol{A})=1$，因此 $\boldsymbol{A}$ 可对角化。

(30) **解**　(ⅰ) 由于 $(\boldsymbol{E}+\boldsymbol{A})(\boldsymbol{E}-\boldsymbol{A})=\boldsymbol{O}$，因此

$$r(\boldsymbol{E}+\boldsymbol{A})+r(\boldsymbol{E}-\boldsymbol{A})\leqslant n$$

又 $(\boldsymbol{E}+\boldsymbol{A})+(\boldsymbol{E}-\boldsymbol{A})=2\boldsymbol{E}$，故 $r(\boldsymbol{E}+\boldsymbol{A})+r(\boldsymbol{E}-\boldsymbol{A})=n$。由 $1\leqslant r(\boldsymbol{E}+\boldsymbol{A})=r<n$，得

$$1\leqslant r(\boldsymbol{E}-\boldsymbol{A})=n-r<n$$

从而 $|\boldsymbol{E}+\boldsymbol{A}|=0$，$|\boldsymbol{E}-\boldsymbol{A}|=0$，故 -1 是 $\boldsymbol{A}$ 的特征值，且 $\boldsymbol{A}$ 的对应于特征值 -1 的线性无关的特征向量有 $n-r$ 个，1 是 $\boldsymbol{A}$ 的特征值，且 $\boldsymbol{A}$ 的对应于特征值 1 的线性无关的特征向量有 $n-(n-r)=r$ 个，故 $\boldsymbol{A}$ 可对角化。

(ⅱ) 由(ⅰ)知，-1 是矩阵 $\boldsymbol{A}$ 的 $n-r$ 重特征值，1 是 $\boldsymbol{A}$ 的 r 重特征值，从而 2 是 $\boldsymbol{A}+3\boldsymbol{E}$ 的 $n-r$ 重特征值，4 是 $\boldsymbol{A}+3\boldsymbol{E}$ 的 r 重特征值，故 $|\boldsymbol{A}+3\boldsymbol{E}|=2^{n-r}\cdot 4^r=2^{n+r}$。

第6章　二　次　型

一、考点内容讲解

1. 二次型的概念

(1) 定义：含有 n 个变量 $x_1, x_2, \cdots, x_n$ 的二次齐次函数

$$f(x_1, x_2, \cdots, x_n)=a_{11}x_1^2+a_{22}x_2^2+\cdots+a_{nn}x_n^2+2a_{12}x_1x_2+2a_{13}x_1x_3+\cdots+2a_{n-1,n}x_{n-1}x_n$$

称为二次型。

(2) 二次型的矩阵表示：令

$$a_{ij}=a_{ji}(i, j=1, 2, \cdots, n), \quad \boldsymbol{A}=(a_{ij})_{n\times n}, \quad \boldsymbol{x}=(x_1, x_2, \cdots, x_n)^{\mathrm{T}}$$

则上述二次型可表示为

$$f(\boldsymbol{x})=\boldsymbol{x}^{\mathrm{T}}\boldsymbol{A}\boldsymbol{x}$$

称对称矩阵 $\boldsymbol{A}$ 为二次型 $f(\boldsymbol{x})=\boldsymbol{x}^{\mathrm{T}}\boldsymbol{A}\boldsymbol{x}$ 的矩阵。显然，对称矩阵 $\boldsymbol{A}$ 与二次型建立了一一对应的关系，称二次型 $f(\boldsymbol{x})=\boldsymbol{x}^{\mathrm{T}}\boldsymbol{A}\boldsymbol{x}$ 为对称矩阵 $\boldsymbol{A}$ 的二次型，称对称矩阵 $\boldsymbol{A}$ 为二次型 $f(\boldsymbol{x})=\boldsymbol{x}^{\mathrm{T}}\boldsymbol{A}\boldsymbol{x}$ 的矩阵，称对称矩阵 $\boldsymbol{A}$ 的秩为二次型的秩。

2. 二次型的标准形和规范形

(1) 定义：若二次型 $f(\boldsymbol{x})=\boldsymbol{x}^{\mathrm{T}}\boldsymbol{A}\boldsymbol{x}$ 经过可逆变换 $\boldsymbol{x}=\boldsymbol{C}\boldsymbol{y}$($\boldsymbol{C}$ 为 n 阶可逆矩阵，$\boldsymbol{y}$ 为 n 维列向量)使得

$$\boldsymbol{x}^{\mathrm{T}}\boldsymbol{A}\boldsymbol{x}=\boldsymbol{y}^{\mathrm{T}}(\boldsymbol{C}^{\mathrm{T}}\boldsymbol{A}\boldsymbol{C})\boldsymbol{y}$$

中只含 $\boldsymbol{y}$ 分量的平方项，即 $\boldsymbol{C}^{\mathrm{T}}\boldsymbol{A}\boldsymbol{C}$ 为对角矩阵，则这种只含平方项的二次型称为 $f(\boldsymbol{x})=\boldsymbol{x}^{\mathrm{T}}\boldsymbol{A}\boldsymbol{x}$ 的标准形。

设 n 元二次型 $f(\boldsymbol{x})=\boldsymbol{x}^{\mathrm{T}}\boldsymbol{A}\boldsymbol{x}$ 的标准形为

$$f=d_1y_1^2+d_2y_2^2+\cdots+d_py_p^2-d_{p+1}y_{p+1}^2-\cdots-d_ry_r^2$$

其中 $d_i>0(i=1, 2, \cdots, r)$，r 是二次型的秩。若再作可逆变换

$$y_1=\frac{1}{\sqrt{d_1}}z_1, \ y_2=\frac{1}{\sqrt{d_2}}z_2, \ \cdots, \ y_r=\frac{1}{\sqrt{d_r}}z_r, \ y_{r+1}=z_{r+1}, \ \cdots, \ y_n=z_n$$

则二次型的标准形就变为

$$f=z_1^2+z_2^2+\cdots+z_p^2-z_{p+1}^2-\cdots-z_r^2$$

称之为二次型的规范形。p 称为二次型的正惯性指数，$r-p$ 称为二次型的负惯性指数。正惯性指数与负惯性指数之差($p-(r-p)=2p-r$)称为二次型的符号差。

(2) 合同矩阵：

(ⅰ) 定义：设 $\boldsymbol{A}, \boldsymbol{B}$ 是同阶方阵，如果存在可逆矩阵 $\boldsymbol{C}$，使得 $\boldsymbol{C}^{\mathrm{T}}\boldsymbol{A}\boldsymbol{C}=\boldsymbol{B}$，则称 $\boldsymbol{A}$ 合同于 $\boldsymbol{B}$。显然，如果 $\boldsymbol{A}$ 合同于 $\boldsymbol{B}$，那么 $\boldsymbol{B}$ 也合同于 $\boldsymbol{A}$，所以也称 $\boldsymbol{A}$ 与 $\boldsymbol{B}$ 合同。任一实对称矩阵必

合同于一个对角矩阵。

（ⅱ）合同矩阵的性质：

① 矩阵的合同具有反身性、对称性、传递性。

② 设 $\boldsymbol{A}$ 与 $\boldsymbol{B}$ 合同，且 $\boldsymbol{A}$ 是对称矩阵，则 $\boldsymbol{B}$ 也是对称矩阵。

③ 实对称矩阵 $\boldsymbol{A}$ 与 $\boldsymbol{B}$ 合同的充要条件是二次型 $\boldsymbol{x}^{\mathrm{T}}\boldsymbol{A}\boldsymbol{x}$ 与 $\boldsymbol{x}^{\mathrm{T}}\boldsymbol{B}\boldsymbol{x}$ 有相同的正、负惯性指数。

④ 实对称矩阵 $\boldsymbol{A}$ 与 $\boldsymbol{B}$ 合同的充要条件是 $\boldsymbol{A}$ 与 $\boldsymbol{B}$ 的特征值中正、负特征值个数相同。

⑤ 设 $\boldsymbol{A}$ 与 $\boldsymbol{B}$ 合同，则 $r(\boldsymbol{A})=r(\boldsymbol{B})$，但反之不然。

⑥ 实对称矩阵 $\boldsymbol{A}$ 与 $\boldsymbol{B}$ 合同的充分条件是 $\boldsymbol{A}$ 与 $\boldsymbol{B}$ 相似，但反之不然。

⑦ 实对称矩阵 $\boldsymbol{A}$ 与 $\boldsymbol{B}$ 合同的充分条件是 $\boldsymbol{A}$ 与 $\boldsymbol{B}$ 的特征值相同，但反之不然。

(3) 实二次型：

（ⅰ）定义：若 n 元二次型 $f(\boldsymbol{x})=\boldsymbol{x}^{\mathrm{T}}\boldsymbol{A}\boldsymbol{x}$ 的矩阵 $\boldsymbol{A}$ 为 n 阶实对称矩阵，则称二次型 $f(\boldsymbol{x})=\boldsymbol{x}^{\mathrm{T}}\boldsymbol{A}\boldsymbol{x}$ 为实二次型。

（ⅱ）惯性定理：设实二次型 $f(\boldsymbol{x})=\boldsymbol{x}^{\mathrm{T}}\boldsymbol{A}\boldsymbol{x}$ 的秩为 r，若存在可逆变换 $\boldsymbol{x}=\boldsymbol{C}\boldsymbol{y}$ 和 $\boldsymbol{x}=\boldsymbol{P}\boldsymbol{z}$ 使得

$$f=k_1y_1^2+k_2y_2^2+\cdots+k_ry_r^2\quad(k_i\neq0;\ i=1,\ 2,\ \cdots,\ r)$$
$$f=l_1z_1^2+l_2z_2^2+\cdots+l_rz_r^2\quad(l_i\neq0;\ i=1,\ 2,\ \cdots,\ r)$$

则 $k_1, k_2, \cdots, k_r$ 中正数的个数与 $l_1, l_2, \cdots, l_r$ 中正数的个数相等，从而实二次型的规范形是唯一的。

(4) 实二次型化为标准形：

（ⅰ）配方法：寻找一种合同变换 $\boldsymbol{x}=\boldsymbol{C}\boldsymbol{y}$，使二次型 $\boldsymbol{x}^{\mathrm{T}}\boldsymbol{A}\boldsymbol{x}=\boldsymbol{y}^{\mathrm{T}}(\boldsymbol{C}^{\mathrm{T}}\boldsymbol{A}\boldsymbol{C})\boldsymbol{y}$ 为标准形，即 $\boldsymbol{C}^{\mathrm{T}}\boldsymbol{A}\boldsymbol{C}$ 为对角矩阵。若二次型 $f(x_1, x_2, \cdots, x_n)$ 中含 x_i^2 和交叉项 x_ix_j，则将含 x_i 的项合并配方，使余下的项中不再含 x_i，对余下的项再这样处理，如此下去直到最终全部为平方项；若二次型 $f(x_1, x_2, \cdots, x_n)$ 中（或上述方法到某一步后）不含任何变量的平方项，比如含交叉项 $x_ix_j\,(i\neq j)$，则可先作变换 $x_i=y_i+y_j$，$x_j=y_i-y_j$，使二次型出现平方项，然后再按有平方项的情况进行配方，直至全部配成平方项。

（ⅱ）正交变换法：

① 写出二次型的矩阵 $\boldsymbol{A}$，并求出 $\boldsymbol{A}$ 的 n 个特征值 $\lambda_1, \lambda_2, \cdots, \lambda_n$。

② 求特征向量。对于单个特征值，只需求一个特征向量并将其单位化；对于 k 重特征值，需求出 k 个线性无关的特征向量并将其正交化和单位化，从而得到 n 个正交单位化的特征向量 $q_1, q_2, \cdots, q_n$。

③ 令 $\boldsymbol{Q}=(q_1, q_2, \cdots, q_n)$，则 $\boldsymbol{Q}$ 为正交矩阵，作正交变换 $\boldsymbol{x}=\boldsymbol{Q}\boldsymbol{y}$ 将二次型化为标准形

$$f=\lambda_1y_1^2+\lambda_2y_2^2+\cdots+\lambda_ny_n^2$$

3. 正定二次型与正定矩阵

(1) 定义：

（ⅰ）正定二次型：设 $f(\boldsymbol{x})=\boldsymbol{x}^{\mathrm{T}}\boldsymbol{A}\boldsymbol{x}$ 为实二次型，如果 $\forall\,\boldsymbol{x}\neq\boldsymbol{0}$，$\boldsymbol{x}^{\mathrm{T}}\boldsymbol{A}\boldsymbol{x}>0$，则称二次型 $f(\boldsymbol{x})=\boldsymbol{x}^{\mathrm{T}}\boldsymbol{A}\boldsymbol{x}$ 为正定二次型。

（ⅱ）正定矩阵：若二次型 $f(\boldsymbol{x})=\boldsymbol{x}^{\mathrm{T}}\boldsymbol{A}\boldsymbol{x}$ 为正定二次型，则称实对称矩阵 $\boldsymbol{A}$ 为正定

矩阵。

(2) 正定性的判定：

(ⅰ) 二次型 $f(\boldsymbol{x})=\boldsymbol{x}^{\mathrm{T}}\boldsymbol{A}\boldsymbol{x}$ 为正定二次型⇔$\boldsymbol{A}$ 为正定矩阵。

(ⅱ) 二次型 $f(\boldsymbol{x})=\boldsymbol{x}^{\mathrm{T}}\boldsymbol{A}\boldsymbol{x}$ 为正定二次型⇔$\forall \boldsymbol{x}\neq\boldsymbol{0}$，$\boldsymbol{x}^{\mathrm{T}}\boldsymbol{A}\boldsymbol{x}>0$。

(ⅲ) 二次型 $f(\boldsymbol{x})=\boldsymbol{x}^{\mathrm{T}}\boldsymbol{A}\boldsymbol{x}$ 为正定二次型⇔$\boldsymbol{A}$ 的 n 个特征值全大于零。

(ⅳ) 二次型 $f(\boldsymbol{x})=\boldsymbol{x}^{\mathrm{T}}\boldsymbol{A}\boldsymbol{x}$ 为正定二次型⇔存在可逆矩阵 $\boldsymbol{U}$，使得 $\boldsymbol{A}=\boldsymbol{U}^{\mathrm{T}}\boldsymbol{U}$。

(ⅴ) 二次型 $f(\boldsymbol{x})=\boldsymbol{x}^{\mathrm{T}}\boldsymbol{A}\boldsymbol{x}$ 为正定二次型⇔$\boldsymbol{A}$ 与 $\boldsymbol{E}$ 合同，即存在可逆矩阵 $\boldsymbol{C}$，使得 $\boldsymbol{C}^{\mathrm{T}}\boldsymbol{A}\boldsymbol{C}=\boldsymbol{E}$。

(ⅵ) 二次型 $f(\boldsymbol{x})=\boldsymbol{x}^{\mathrm{T}}\boldsymbol{A}\boldsymbol{x}$ 为正定二次型⇔$f(\boldsymbol{x})=\boldsymbol{x}^{\mathrm{T}}\boldsymbol{A}\boldsymbol{x}$ 的标准形中 n 个系数全大于零。

(ⅶ) 二次型 $f(\mathrm{x})=\boldsymbol{x}^{\mathrm{T}}\boldsymbol{A}\boldsymbol{x}$ 为正定二次型⇔$\boldsymbol{A}$ 的各阶顺序主子式大于零。

(ⅷ) 二次型 $f(\boldsymbol{x})=\boldsymbol{x}^{\mathrm{T}}\boldsymbol{A}\boldsymbol{x}$ 为正定二次型⇔对任意自然数 k，存在正定矩阵 $\boldsymbol{B}$，使得 $\boldsymbol{A}=\boldsymbol{B}^{k}$。

(ⅸ) 二次型 $f(\boldsymbol{x})=\boldsymbol{x}^{\mathrm{T}}\boldsymbol{A}\boldsymbol{x}$ 为正定二次型⇔存在正交矩阵 $\boldsymbol{Q}$，使得

$$\boldsymbol{Q}^{\mathrm{T}}\boldsymbol{A}\boldsymbol{Q}=\begin{pmatrix}\lambda_1 & & \\ & \ddots & \\ & & \lambda_n\end{pmatrix}\quad(\lambda_i>0;\ i=1,2,\cdots,n)$$

(ⅹ) 二次型 $f(\boldsymbol{x})=\boldsymbol{x}^{\mathrm{T}}\boldsymbol{A}\boldsymbol{x}$ 为正定二次型⇔正惯性指数为 n。

(3) 正定矩阵的性质：

(ⅰ) 设 $\boldsymbol{A}$ 是正定矩阵，则 $\boldsymbol{A}$ 的主对角元素 $a_{ii}>0(i=1,2,\cdots,n)$。

(ⅱ) 设 $\boldsymbol{A}$ 是正定矩阵，则 $|\boldsymbol{A}|>0$，从而 $\boldsymbol{A}$ 可逆。

(ⅲ) 设 $\boldsymbol{A}$ 是正定矩阵，则 $k\boldsymbol{A}(k>0)$，$\boldsymbol{A}^{\mathrm{T}}$，$\boldsymbol{A}^{-1}$，$\boldsymbol{A}^{*}$ 也是正定矩阵。

(ⅳ) 设 $\boldsymbol{A}$，$\boldsymbol{B}$ 是同阶正定矩阵，则 $a\boldsymbol{A}+b\boldsymbol{B}(a\geqslant0,\ b\geqslant0,\ a$ 与 b 不同时为零)也是正定矩阵。

(ⅴ) 设 $\boldsymbol{A}$ 是正定矩阵，且 $\boldsymbol{A}$ 与 $\boldsymbol{B}$ 合同，则 $\boldsymbol{B}$ 是正定矩阵。

二、考点题型解析

常考题型：● 二次型的基本概念；● 化二次型为标准形；● 判别或证明二次型的正定性；● 合同矩阵。

1. 选择题

例 1 下列命题正确的是(　　)。

(A) 对于方阵 $\boldsymbol{A}$，$\boldsymbol{B}$，如果存在矩阵 $\boldsymbol{C}$，使得 $\boldsymbol{B}=\boldsymbol{C}^{\mathrm{T}}\boldsymbol{A}\boldsymbol{C}$，则 $\boldsymbol{A}$ 与 $\boldsymbol{B}$ 合同

(B) 若 n 阶实对称矩阵 $\boldsymbol{A}$ 的各阶顺序主子式都为正数，则 $\boldsymbol{A}$ 是正定的

(C) 如果存在矩阵 $\boldsymbol{C}$，使得 $\boldsymbol{A}=\boldsymbol{C}^{\mathrm{T}}\boldsymbol{C}$，则 $\boldsymbol{A}$ 是正定的

(D) 二次型 $f(x_1,x_2,x_3)=x_1^2+2x_2^2$ 是正定的

解 应选(B)。

由于选项(A)中的矩阵 $\boldsymbol{C}$ 未必可逆，因此选项(A)不正确。因为选项(C)中的矩阵 $\boldsymbol{C}$ 未必列满秩，所以选项(C)不正确。由于选项(D)中的二次型的秩为 2，因此选项(D)不正确。故选(B)。

例 2　设二次型 $f(x_1, x_2, x_3)=ax_1^2+bx_2^2+ax_3^2+2cx_1x_3$ 是正定的，则 a，b，c 满足的条件为(　　)。

(A) $a>0$，$b+c>0$　　　　(B) $a>0$，$b>0$

(C) $a>|c|$，$b>0$　　　　(D) $|a|>c$，$b>0$

解　应选(C)。

由于二次型 f 的矩阵 $\boldsymbol{A}=\begin{pmatrix} a & 0 & c \\ 0 & b & 0 \\ c & 0 & a \end{pmatrix}$，因此 f 正定$\Leftrightarrow\boldsymbol{A}$ 正定$\Leftrightarrow\boldsymbol{A}$ 的各阶顺序主子式均大于零，即 $a>0$，$\begin{vmatrix} a & 0 \\ 0 & b \end{vmatrix}>0$，$|\boldsymbol{A}|>0$，从而 $a>|c|$，$b>0$，故选(C)。

例 3　下列矩阵中，正定的为(　　)。

(A) $\begin{pmatrix} 1 & 2 & -3 \\ 2 & 7 & 5 \\ -3 & 5 & 0 \end{pmatrix}$　　　　(B) $\begin{pmatrix} 1 & 2 & -3 \\ 2 & 4 & 5 \\ -3 & 5 & 7 \end{pmatrix}$

(C) $\begin{pmatrix} 5 & -2 & 0 \\ -2 & 6 & -2 \\ 0 & -2 & 4 \end{pmatrix}$　　　　(D) $\begin{pmatrix} 5 & 2 & 0 \\ 2 & 6 & -3 \\ 0 & -3 & -1 \end{pmatrix}$

解　应选(C)。

由于矩阵正定的必要条件 $a_{ii}>0$，因此选项(A)、(D)不正确。因为矩阵正定的充要条件是各阶顺序主子式大于零，但 $\begin{vmatrix} 1 & 2 \\ 2 & 4 \end{vmatrix}=0$，所以选项(B)不正确。故选(C)。

例 4　下列矩阵与矩阵 $\boldsymbol{A}=\begin{pmatrix} 1 & 0 & 0 \\ 0 & -1 & 2 \\ 0 & 2 & 2 \end{pmatrix}$ 合同的为(　)。

(A) $\begin{pmatrix} 1 & & \\ & -1 & \\ & & 0 \end{pmatrix}$　　　　(B) $\begin{pmatrix} 1 & & \\ & 1 & \\ & & -1 \end{pmatrix}$

(C) $\begin{pmatrix} 1 & & \\ & -1 & \\ & & -1 \end{pmatrix}$　　　　(D) $\begin{pmatrix} -1 & & \\ & -1 & \\ & & -1 \end{pmatrix}$

解　应选(B)。

$$|\lambda\boldsymbol{E}-\boldsymbol{A}|=\begin{vmatrix} \lambda-1 & 0 & 0 \\ 0 & \lambda+1 & -2 \\ 0 & -2 & \lambda-2 \end{vmatrix}=(\lambda-1)(\lambda-3)(\lambda+2)$$

由 $|\lambda\boldsymbol{E}-\boldsymbol{A}|=0$，得矩阵 $\boldsymbol{A}$ 的特征值为 -2，1，3，从而矩阵 $\boldsymbol{A}$ 的二次型正惯性指数为 2，负惯性指数为 1，故选(B)。

例 5　设矩阵 $\boldsymbol{A}=\begin{pmatrix} 1 & 1 & 1 & 1 \\ 1 & 1 & 1 & 1 \\ 1 & 1 & 1 & 1 \\ 1 & 1 & 1 & 1 \end{pmatrix}$，$\boldsymbol{B}=\begin{pmatrix} 4 & 0 & 0 & 0 \\ 0 & 0 & 0 & 0 \\ 0 & 0 & 0 & 0 \\ 0 & 0 & 0 & 0 \end{pmatrix}$，则 $\boldsymbol{A}$ 与 $\boldsymbol{B}$(　　)。

(A) 合同且相似　　(B) 合同但不相似

(C) 不合同但相似　　(D) 不合同且不相似

解　应选(A)。

由于 $\boldsymbol{A}$ 为实对称矩阵，因此存在正交矩阵 $\boldsymbol{Q}$，使得 $\boldsymbol{Q}^{-1}\boldsymbol{A}\boldsymbol{Q}=\boldsymbol{Q}^{\mathrm{T}}\boldsymbol{A}\boldsymbol{Q}$ 为对角矩阵，又 $\boldsymbol{A}$ 只有一个非零特征值 4，故 $\boldsymbol{B}$ 是由 $\boldsymbol{A}$ 的特征值构成的对角矩阵，因此 $\boldsymbol{A}$ 与 $\boldsymbol{B}$ 合同且相似，故选(A)。

例 6　实二次型 $f(x_1, x_2, \cdots, x_n)=\boldsymbol{x}^{\mathrm{T}}\boldsymbol{A}\boldsymbol{x}$ 为正定的充分必要条件是(　　)。

(A) $|\boldsymbol{A}|>0$　　(B) 存在 n 阶可逆矩阵 $\boldsymbol{C}$，使得 $\boldsymbol{A}=\boldsymbol{C}^{\mathrm{T}}\boldsymbol{C}$

(C) 负惯性指数为零　　(D) 对某一 $\boldsymbol{x}=(x_1, x_2, \cdots, x_n)^{\mathrm{T}}$，有 $\boldsymbol{x}^{\mathrm{T}}\boldsymbol{A}\boldsymbol{x}>0$

解　应选(B)。

方法一　设存在 n 阶可逆矩阵 $\boldsymbol{C}$，使得 $\boldsymbol{A}=\boldsymbol{C}^{\mathrm{T}}\boldsymbol{C}$，则 $\forall\, \boldsymbol{x}\neq\boldsymbol{0}$，$\boldsymbol{C}\boldsymbol{x}\neq\boldsymbol{0}$，且

$$f=\boldsymbol{x}^{\mathrm{T}}\boldsymbol{A}\boldsymbol{x}=\boldsymbol{x}^{\mathrm{T}}\boldsymbol{C}^{\mathrm{T}}\boldsymbol{C}\boldsymbol{x}=(\boldsymbol{C}\boldsymbol{x})^{\mathrm{T}}(\boldsymbol{C}\boldsymbol{x})>0$$

故二次型 f 是正定的。

反过来，设二次型 f 是正定的，则存在正交矩阵 $\boldsymbol{Q}$，使得

$$\boldsymbol{Q}^{\mathrm{T}}\boldsymbol{A}\boldsymbol{Q}=\begin{pmatrix}\lambda_1 & & \\ & \ddots & \\ & & \lambda_n\end{pmatrix}\quad(\lambda_i>0,\ i=1, 2, \cdots, n)$$

从而

$$\boldsymbol{A}=\boldsymbol{Q}\begin{pmatrix}\lambda_1 & & \\ & \ddots & \\ & & \lambda_n\end{pmatrix}\boldsymbol{Q}^{\mathrm{T}}=\boldsymbol{Q}\begin{pmatrix}\sqrt{\lambda_1} & & \\ & \ddots & \\ & & \sqrt{\lambda_n}\end{pmatrix}\boldsymbol{Q}^{\mathrm{T}}\boldsymbol{Q}\begin{pmatrix}\sqrt{\lambda_1} & & \\ & \ddots & \\ & & \sqrt{\lambda_n}\end{pmatrix}\boldsymbol{Q}^{\mathrm{T}}$$

取 $\boldsymbol{C}=\boldsymbol{Q}\begin{pmatrix}\sqrt{\lambda_1} & & \\ & \ddots & \\ & & \sqrt{\lambda_n}\end{pmatrix}\boldsymbol{Q}^{\mathrm{T}}$，则 $\boldsymbol{C}$ 可逆，使得 $\boldsymbol{A}=\boldsymbol{C}^{\mathrm{T}}\boldsymbol{C}$。故选(B)。

方法二　取 $\boldsymbol{A}=\begin{pmatrix}-2 & 1\\ 1 & -2\end{pmatrix}$，则 $|\boldsymbol{A}|=3>0$，由于一阶顺序主子式 $-2<0$，因此 $\boldsymbol{A}$ 不正定，从而选项(A)不正确。取实二次型 $f(x_1, x_2, x_3)=x_1^2+2x_2^2$，则二次型的负惯性指数为零，因为二次型的秩为 2，所以二次型不正定，当 $\boldsymbol{x}=(x_1, x_2, x_3)^{\mathrm{T}}\neq\boldsymbol{0}$ 时，$f(\boldsymbol{x})>0$，从而选项(C)、(D)不正确。故选(B)。

例 7　设 $\boldsymbol{A}$ 是 n 阶实对称矩阵，则称 $\boldsymbol{A}$ 的二次型 $\boldsymbol{x}^{\mathrm{T}}\boldsymbol{A}\boldsymbol{x}$ 的正负惯性指数为 $\boldsymbol{A}$ 的正负惯性指数，设 $\boldsymbol{A}$，$\boldsymbol{B}$ 都是 n 阶实对称矩阵，则 $\boldsymbol{A}$ 与 $\boldsymbol{B}$ 合同的充要条件是(　　)。

(A) $\boldsymbol{A}$，$\boldsymbol{B}$ 有相同的特征值　　(B) $\boldsymbol{A}$，$\boldsymbol{B}$ 有相同的秩

(C) $\boldsymbol{A}$，$\boldsymbol{B}$ 有相同的行列式　　(D) $\boldsymbol{A}$，$\boldsymbol{B}$ 有相同的正负惯性指数

解　应选(D)。

选项(A)是充分条件，但不是必要条件，因为 $\boldsymbol{A}$，$\boldsymbol{B}$ 有相同的特征值，所以有相同的正负惯性指数，从而 $\boldsymbol{A}$，$\boldsymbol{B}$ 合同。取 $\boldsymbol{A}=\begin{pmatrix}1 & 0\\ 0 & 2\end{pmatrix}$，$\boldsymbol{B}=\begin{pmatrix}3 & 0\\ 0 & 4\end{pmatrix}$，则 $\boldsymbol{A}$，$\boldsymbol{B}$ 的特征值不同，但 $\boldsymbol{A}$，$\boldsymbol{B}$ 合同，从而选项(A)不正确。选项(B)是必要条件，但不是充分条件，设 $\boldsymbol{A}$，$\boldsymbol{B}$ 合同，则存在可逆

矩阵 $\boldsymbol{C}$，使得 $\boldsymbol{C}^{\mathrm{T}}\boldsymbol{A}\boldsymbol{C}=\boldsymbol{B}$，从而 $r(\boldsymbol{A})=r(\boldsymbol{B})$。取 $\boldsymbol{A}=\begin{pmatrix}1&0\\0&2\end{pmatrix}$，$\boldsymbol{B}=\begin{pmatrix}1&0\\0&-1\end{pmatrix}$，则 $r(\boldsymbol{A})=r(\boldsymbol{B})$，但 $\boldsymbol{A}$，$\boldsymbol{B}$ 的正负惯性指数不同，$\boldsymbol{A}$，$\boldsymbol{B}$ 不合同，从而选项(B)不正确。选项(C)既不是必要条件也不是充分条件。取 $\boldsymbol{A}=\begin{pmatrix}1&0\\0&2\end{pmatrix}$，$B=\begin{pmatrix}3&0\\0&4\end{pmatrix}$，则 $\boldsymbol{A}$，$\boldsymbol{B}$ 的行列式不同，但 $\boldsymbol{A}$，$\boldsymbol{B}$ 合同；取 $\boldsymbol{A}=\begin{pmatrix}1&0\\0&2\end{pmatrix}$，$\boldsymbol{B}=\begin{pmatrix}-1&0\\0&-2\end{pmatrix}$，则 $\boldsymbol{A}$，$\boldsymbol{B}$ 的行列式相同，但 $\boldsymbol{A}$，$\boldsymbol{B}$ 不合同，从而选项(C)不正确。故选(D)。

例8　设 $\boldsymbol{A}$，$\boldsymbol{B}$ 都是 n 阶实对称矩阵，且都正定，则 $\boldsymbol{AB}$ 是(　　)。

(A) 实对称矩阵　　(B) 正定矩阵

(C) 可逆矩阵　　(D) 正交矩阵

解　应选(C)。

由于 $\boldsymbol{A}$，$\boldsymbol{B}$ 都是正定矩阵，因此 $|\boldsymbol{A}|>0$，$|\boldsymbol{B}|>0$，从而 $|\boldsymbol{AB}|=|\boldsymbol{A}||\boldsymbol{B}|>0$，即 $|\boldsymbol{AB}|\neq 0$，从而 $\boldsymbol{AB}$ 可逆，故选(C)。

例9　n 阶实对称矩阵 $\boldsymbol{A}$ 为正定矩阵的充分必要条件是(　　)。

(A) 所有 $r(r=1, 2, \cdots, n)$ 阶子式为正　　(B) $\boldsymbol{A}$ 的所有特征值非负

(C) $\boldsymbol{A}^{-1}$ 为正定矩阵　　(D) $r(\boldsymbol{A})=n$

解　应选(C)。

设 $\boldsymbol{A}$ 的特征值为 $\lambda_1, \lambda_2, \cdots, \lambda_n$，则

$\boldsymbol{A}$ 是正定矩阵 $\Leftrightarrow \lambda_i>0 (i=1, 2, \cdots, n)$，即 $\dfrac{1}{\lambda_i}>0 (i=1, 2, \cdots, n) \Leftrightarrow \boldsymbol{A}^{-1}$ 是正定矩阵故选(C)。

例10　二次型 $\boldsymbol{x}^{\mathrm{T}}\boldsymbol{A}\boldsymbol{x}$ 正定的充分必要条件是(　　)。

(A) 负惯性指数为零　　(B) 存在可逆矩阵 $\boldsymbol{P}$，使得 $\boldsymbol{P}^{-1}\boldsymbol{A}\boldsymbol{P}=\boldsymbol{E}$

(C) $\boldsymbol{A}$ 的特征值全大于零　　(D) 存在 n 阶矩阵 $\boldsymbol{C}$，使得 $\boldsymbol{A}=\boldsymbol{C}^{\mathrm{T}}\boldsymbol{C}$

解　应选(C)。

选项(A)是必要条件，但不是充分条件。取 $f(x_1, x_2, x_3)=x_1^2+2x_2^2$，虽然负惯性指数为零，但二次型 f 不正定，从而选项(A)不正确。选项(B)是充分条件，但不是必要条件。取 $\boldsymbol{A}=\begin{pmatrix}1&0\\0&2\end{pmatrix}$，则 $\boldsymbol{A}$ 不和单位矩阵 $\boldsymbol{E}$ 相似，但二次型 $\boldsymbol{x}^{\mathrm{T}}\boldsymbol{A}\boldsymbol{x}$ 正定，从而选项(B)不正确。选项(D)中的矩阵 $\boldsymbol{C}$ 未必可逆，也就推导不出 $\boldsymbol{A}$ 和单位矩阵 $\boldsymbol{E}$ 合同。取 $\boldsymbol{C}=\begin{pmatrix}1&1\\1&1\end{pmatrix}$，则

$$\boldsymbol{A}=\boldsymbol{C}^{\mathrm{T}}\boldsymbol{C}=\begin{pmatrix}1&1\\1&1\end{pmatrix}\begin{pmatrix}1&1\\1&1\end{pmatrix}=\begin{pmatrix}2&2\\2&2\end{pmatrix}$$

但 $\boldsymbol{x}^{\mathrm{T}}\boldsymbol{A}\boldsymbol{x}$ 不正定，从而选项(D)不正确。故选(C)。

2. 填空题

例1　二次型 $f(x_1, x_2, x_3)=2x_2^2+2x_3^2+4x_1x_2-4x_1x_3+8x_2x_3$ 的规范形为________。

解　方法一　由于二次型的矩阵 $\boldsymbol{A}=\begin{bmatrix}0&2&-2\\2&2&4\\-2&4&2\end{bmatrix}$，因此

$$|\lambda\boldsymbol{E}-\boldsymbol{A}|=\begin{vmatrix}\lambda & -2 & 2\\ -2 & \lambda-2 & -4\\ 2 & -4 & \lambda-2\end{vmatrix}=\begin{vmatrix}\lambda & -2 & 2\\ 0 & \lambda-6 & \lambda-6\\ 2 & -4 & \lambda-2\end{vmatrix}=(\lambda-6)\begin{vmatrix}\lambda & -2 & 2\\ 0 & 1 & 1\\ 2 & -4 & \lambda-2\end{vmatrix}$$

$$=(\lambda-6)\begin{vmatrix}\lambda & -2 & 4\\ 0 & 1 & 0\\ 2 & -4 & \lambda+2\end{vmatrix}=(\lambda-6)\begin{vmatrix}\lambda & 4\\ 2 & \lambda+2\end{vmatrix}=(\lambda-6)(\lambda-2)(\lambda+4)$$

由$|\lambda\boldsymbol{E}-\boldsymbol{A}|=0$，得矩阵$\boldsymbol{A}$的特征值为$-4$，2，6，故在正交变换下二次型的标准形为$2y_1^2+6y_2^2-4y_3^2$，从而规范形为$z_1^2+z_2^2-z_3^2$。

方法二　由配方法，得

$$\begin{aligned}f(x_1,x_2,x_3)&=2[x_2^2+2x_2(x_1+2x_3)+(x_1+2x_3)^2]+2x_3^2-4x_1x_3-2(x_1+2x_3)^2\\&=2(x_2+x_1+2x_3)^2-2x_1^2-6x_3^2-12x_1x_3\\&=2(x_2+x_1+2x_3)^2-2(x_1^2+6x_1x_3+9x_3^2)+12x_3^2\\&=2(x_2+x_1+2x_3)^2-2(x_1+3x_3)^2+12x_3^2\end{aligned}$$

从而规范形为$z_1^2+z_2^2-z_3^2$。

评注： 设n元二次型$f(\boldsymbol{x})=\boldsymbol{x}^{\mathrm{T}}\boldsymbol{A}\boldsymbol{x}$在正交变换下的标准形为

$$f=\lambda_1y_1^2+\lambda_2y_2^2+\cdots+\lambda_ny_n^2$$

则$\lambda_1,\lambda_2,\cdots,\lambda_n$为二次型$f(\boldsymbol{x})=\boldsymbol{x}^{\mathrm{T}}\boldsymbol{A}\boldsymbol{x}$的矩阵$\boldsymbol{A}$的特征值。

例 2　二次型$f(x_1,x_2,x_3)=x_2^2+2x_1x_3$的负惯性指数为________。

解　取变换$\begin{cases}x_1=y_1+y_3\\x_2=y_2\\x_3=y_1-y_3\end{cases}$，由于$\begin{vmatrix}1 & 0 & 1\\ 0 & 1 & 0\\ 1 & 0 & -1\end{vmatrix}\neq0$，因此该变换是可逆变换，且经过此坐标变换二次型化为

$$f=y_2^2+2(y_1+y_3)(y_1-y_3)=2y_1^2+y_2^2-2y_3^2$$

从而二次型的负惯性指数为1。

例 3　已知实二次型$f(x_1,x_2,x_3)=a(x_1^2+x_2^2+x_3^2)+4x_1x_2+4x_1x_3+4x_2x_3$经正交变换$\boldsymbol{x}=\boldsymbol{P}\boldsymbol{y}$可化成标准形$f=6y_1^2$，则$a=$________。

解　方法一　二次型的矩阵$\boldsymbol{A}=\begin{pmatrix}a & 2 & 2\\ 2 & a & 2\\ 2 & 2 & a\end{pmatrix}$，由于矩阵$\boldsymbol{A}$每行元素之和均为$a+4$，故$a+4$为$\boldsymbol{A}$的一个特征值，再由二次型的标准形知，$\boldsymbol{A}$的三个特征值为6，0，0，且$r(\boldsymbol{A})=1$，当$a+4=0$，即$a=-4$时，$r(\boldsymbol{A})=2$，从而$a\neq-4$，故$a+4=6$，即$a=2$。

方法二　二次型的矩阵$\boldsymbol{A}=\begin{pmatrix}a & 2 & 2\\ 2 & a & 2\\ 2 & 2 & a\end{pmatrix}$，由二次型的标准形知，$\boldsymbol{A}$的三个特征值为6，0，0，从而$6+0+0=a+a+a$，故$a=2$。

例 4　二次型$f(x_1,x_2,x_3)=(x_1+x_2)^2+(x_2-x_3)^2+(x_3+x_1)^2$的秩为________。

解　设 $\mathbf{A}=\begin{pmatrix}1&1&0\\0&1&-1\\1&0&1\end{pmatrix}$，则 $\mathbf{A}\begin{pmatrix}x_1\\x_2\\x_3\end{pmatrix}=\begin{pmatrix}x_1+x_2\\x_2-x_3\\x_3+x_1\end{pmatrix}$，且

$$f(x_1,x_2,x_3)=(x_1+x_2)^2+(x_2-x_3)^2+(x_3+x_1)^2=(x_1,x_2,x_3)\mathbf{A}^{\mathrm{T}}\mathbf{A}\begin{pmatrix}x_1\\x_2\\x_3\end{pmatrix}$$

从而 $\mathbf{A}^{\mathrm{T}}\mathbf{A}$ 为二次型的矩阵，又 $r(\mathbf{A}^{\mathrm{T}}\mathbf{A})=r(\mathbf{A})=2$，故二次型的秩为 2。

例 5　若二次型 $f(x_1,x_2,x_3)=x_1^2+4x_2^2+2x_3^2+2tx_1x_2+2x_1x_3$ 是正定二次型，则 t 应满足不等式________。

解　二次型的矩阵为 $\mathbf{A}=\begin{pmatrix}1&t&1\\t&4&0\\1&0&2\end{pmatrix}$，由于二次型为正定二次型，因此二次型矩阵的各阶顺序主子式满足 $1>0$，$\begin{vmatrix}1&t\\t&4\end{vmatrix}=4-t^2>0$，$\begin{vmatrix}1&t&1\\t&4&0\\1&0&2\end{vmatrix}=4-2t^2>0$，解之，得 t 应满足不等式 $-\sqrt{2}<t<\sqrt{2}$。

例 6　设二次型 $f(x_1,x_2,x_3)=(x_1+ax_2-2x_3)^2+(2x_2+3x_3)^2+(x_1+3x_2+ax_3)^2$ 是正定二次型，则 a 的取值为________。

解　由于对于任意的 x_1,x_2,x_3，恒有平方和 $f(x_1,x_2,x_3)\geqslant 0$，其中等号成立的充分必要条件是 $\begin{cases}x_1+ax_2-2x_3=0\\2x_2+3x_3=0\\x_1+3x_2+ax_3=0\end{cases}$，由二次型正定的定义，得 f 正定 $\Leftrightarrow \forall (x_1,x_2,x_3)\neq 0$，$f(x_1,x_2,x_3)>0 \Leftrightarrow$ 齐次线性方程组 $\begin{cases}x_1+ax_2-2x_3=0\\2x_2+3x_3=0\\x_1+3x_2+ax_3=0\end{cases}$ 只有零解 $\Leftrightarrow \begin{vmatrix}1&a&-2\\0&2&3\\1&3&a\end{vmatrix}=5a-5\neq 0$，故 a 的取值为 $a\neq 1$。

例 7　设 $\mathbf{A}=\begin{pmatrix}1&1&1\\1&1&1\\1&1&1\end{pmatrix}$，$\mathbf{B}=\mathbf{A}+k\mathbf{E}$ 正定，则 k 的取值为________。

解　由于矩阵 $\mathbf{A}$ 的特征值为 3，0，0，因此矩阵 $\mathbf{B}$ 的特征值为 $k+3$，k，k，又 $\mathbf{B}$ 正定，故 $\begin{cases}k+3>0\\k>0\end{cases}$，从而 k 的取值为 $k>0$。

例 8　设二次曲面 $x^2+ay^2+z^2+2bxy+2xz+2yz=4$ 经过正交变换化为 $u^2+4v^2=4$，则 $a=$________。

解　令 $\mathbf{A}=\begin{pmatrix}1&b&1\\b&a&1\\1&1&1\end{pmatrix}$，$\mathbf{X}=\begin{pmatrix}x\\y\\z\end{pmatrix}$，则二次曲面可写为 $\mathbf{X}^{\mathrm{T}}\mathbf{A}\mathbf{X}=4$。由于二次曲面经过正交变换化为 $u^2+4v^2=4$，因此 $\mathbf{A}$ 的特征值为 $\lambda_1=1$，$\lambda_2=4$，$\lambda_3=0$，从而

$$\begin{cases}\lambda_1+\lambda_2+\lambda_3=\mathrm{tr}(\boldsymbol{A})=a+2\\ \lambda_1\lambda_2\lambda_3=|\boldsymbol{A}|=-(b-1)^2\end{cases}$$

解之，得 $a=3$，$b=1$。

3. 解答题

例 1 设 $\boldsymbol{A}$ 为 n 阶实对称矩阵，$r(\boldsymbol{A})=n$，$A_{ij}(i, j=1, 2, \cdots, n)$ 为 $\boldsymbol{A}=(a_{ij})_{n\times n}$ 中元素 a_{ij} 的代数余子式，二次型 $f(x_1, x_2, \cdots, x_n)=\sum\limits_{i=1}^{n}\sum\limits_{j=1}^{n}\dfrac{A_{ij}}{|\boldsymbol{A}|}x_i x_j$。

(ⅰ) 记 $\boldsymbol{x}=(x_1, x_2, \cdots, x_n)^{\mathrm{T}}$，把 $f(x_1, x_2, \cdots, x_n)$ 写成矩阵形式，并证明二次型 $f(\boldsymbol{x})$ 的矩阵为 $\boldsymbol{A}^{-1}$；

(ⅱ) 二次型 $g(\boldsymbol{x})=\boldsymbol{x}^{\mathrm{T}}\boldsymbol{A}\boldsymbol{x}$ 与 $f(\boldsymbol{x})$ 的规范形是否相同？说明理由。

解 (ⅰ) 由于 $r(\boldsymbol{A})=n$，因此 $\boldsymbol{A}$ 是可逆的 n 阶实对称矩阵，由 $(\boldsymbol{A}^{-1})^{\mathrm{T}}=(\boldsymbol{A}^{\mathrm{T}})^{-1}=\boldsymbol{A}^{-1}$ 知，$\boldsymbol{A}^{-1}$ 是实对称矩阵，又 $\boldsymbol{A}^{-1}=\dfrac{1}{|\boldsymbol{A}|}\boldsymbol{A}^*$，故 $\boldsymbol{A}^*$ 是实对称矩阵，从而 $A_{ij}=A_{ji}(i, j=1, 2, \cdots, n)$，故 $f(\boldsymbol{x})$ 的矩阵形式为

$$f(\boldsymbol{x})=(x_1, x_2, \cdots, x_n)\frac{1}{|\boldsymbol{A}|}\begin{pmatrix}A_{11}&A_{12}&\cdots&A_{1n}\\A_{21}&A_{22}&\cdots&A_{2n}\\\vdots&\vdots&&\vdots\\A_{n1}&A_{n2}&\cdots&A_{nn}\end{pmatrix}\begin{pmatrix}x_1\\x_2\\\vdots\\x_n\end{pmatrix}$$

$$=(x_1, x_2, \cdots, x_n)\frac{1}{|\boldsymbol{A}|}\begin{pmatrix}A_{11}&A_{21}&\cdots&A_{n1}\\A_{12}&A_{22}&\cdots&A_{n2}\\\vdots&\vdots&&\vdots\\A_{1n}&A_{2n}&\cdots&A_{nn}\end{pmatrix}\begin{pmatrix}x_1\\x_2\\\vdots\\x_n\end{pmatrix}=\boldsymbol{x}^{\mathrm{T}}\frac{1}{|\boldsymbol{A}|}\boldsymbol{A}^*\boldsymbol{x}=\boldsymbol{x}^{\mathrm{T}}\boldsymbol{A}^{-1}\boldsymbol{x}$$

从而 $\boldsymbol{A}^{-1}$ 为二次型 $f(\boldsymbol{x})$ 的矩阵。

(ⅱ) 由于 $(\boldsymbol{A}^{-1})^{\mathrm{T}}\boldsymbol{A}\boldsymbol{A}^{-1}=\boldsymbol{A}^{-1}$，因此 $\boldsymbol{A}$ 与 $\boldsymbol{A}^{-1}$ 合同，从而二次型 $g(\boldsymbol{x})=\boldsymbol{x}^{\mathrm{T}}\boldsymbol{A}\boldsymbol{x}$ 与 $f(\boldsymbol{x})$ 有相同的规范形。

评注：若实对称矩阵 $\boldsymbol{A}$ 与 $\boldsymbol{B}$ 合同，则二次型 $f(\boldsymbol{x})=\boldsymbol{x}^{\mathrm{T}}\boldsymbol{A}\boldsymbol{x}$ 与二次型 $g(\boldsymbol{x})=\boldsymbol{x}^{\mathrm{T}}\boldsymbol{B}\boldsymbol{x}$ 有相同的规范形。

例 2 已知二次型 $f(x_1, x_2, x_3)=2x_1^2+3x_2^2+3x_3^2+2ax_2x_3(a>0)$ 经过正交变换化成标准形 $f=y_1^2+2y_2^2+5y_3^2$，求参数 a 及所用的正交变换矩阵。

解 由于二次型正交变换前后的矩阵分别为 $\boldsymbol{A}=\begin{pmatrix}2&0&0\\0&3&a\\0&a&3\end{pmatrix}$，$\boldsymbol{B}=\begin{pmatrix}1&0&0\\0&2&0\\0&0&5\end{pmatrix}$，由正交变换的性质知，$\boldsymbol{A}$ 与 $\boldsymbol{B}$ 相似，因此 $|\lambda\boldsymbol{E}-\boldsymbol{A}|=|\lambda\boldsymbol{E}-\boldsymbol{B}|$，即

$$(\lambda-2)(\lambda^2-6\lambda+9-a^2)=(\lambda-1)(\lambda-2)(\lambda-5)$$

将 $\lambda=1$（或 $\lambda=5$）代入上式，得 $a^2-4=0$，从而 $a=\pm2$，但 $a>0$，故 $a=2$。

当 $a=2$ 时，$\boldsymbol{A}=\begin{pmatrix}2&0&0\\0&3&2\\0&2&3\end{pmatrix}$，且 $\boldsymbol{A}$ 的特征值分别为 $\lambda_1=1$，$\lambda_2=2$，$\lambda_3=5$。

将 $\lambda=1$ 代入 $(\lambda\boldsymbol{E}-\boldsymbol{A})\boldsymbol{x}=\boldsymbol{0}$，得 $(\boldsymbol{E}-\boldsymbol{A})\boldsymbol{x}=\boldsymbol{0}$，由

$$\boldsymbol{E}-\boldsymbol{A}=\begin{pmatrix}-1 & 0 & 0\\ 0 & -2 & -2\\ 0 & -2 & -2\end{pmatrix}\to\begin{pmatrix}1 & 0 & 0\\ 0 & 1 & 1\\ 0 & 0 & 0\end{pmatrix}$$

得基础解系为 $\boldsymbol{\eta}_1=(0,1,-1)^{\mathrm{T}}$，从而 $\boldsymbol{A}$ 的对应于特征值 $\lambda_1=1$ 的特征向量为 $\boldsymbol{\eta}_1=(0,1,-1)^{\mathrm{T}}$。

将 $\lambda=2$ 代入 $(\lambda\boldsymbol{E}-\boldsymbol{A})\boldsymbol{x}=\boldsymbol{0}$，得 $(2\boldsymbol{E}-\boldsymbol{A})\boldsymbol{x}=\boldsymbol{0}$，由

$$2\boldsymbol{E}-\boldsymbol{A}=\begin{pmatrix}0 & 0 & 0\\ 0 & -1 & -2\\ 0 & -2 & -1\end{pmatrix}\to\begin{pmatrix}0 & 1 & 2\\ 0 & 0 & 1\\ 0 & 0 & 0\end{pmatrix}$$

得基础解系为 $\boldsymbol{\eta}_2=(1,0,0)^{\mathrm{T}}$，从而 $\boldsymbol{A}$ 的对应于特征值 $\lambda_2=2$ 的特征向量为 $\boldsymbol{\eta}_2=(1,0,0)^{\mathrm{T}}$。

将 $\lambda=5$ 代入 $(\lambda\boldsymbol{E}-\boldsymbol{A})\boldsymbol{x}=\boldsymbol{0}$，得 $(5\boldsymbol{E}-\boldsymbol{A})\boldsymbol{x}=\boldsymbol{0}$，由

$$5\boldsymbol{E}-\boldsymbol{A}=\begin{pmatrix}3 & 0 & 0\\ 0 & 2 & -2\\ 0 & -2 & 2\end{pmatrix}\to\begin{pmatrix}1 & 0 & 0\\ 0 & 1 & -1\\ 0 & 0 & 0\end{pmatrix}$$

得基础解系为 $\boldsymbol{\eta}_3=(0,1,1)^{\mathrm{T}}$，从而 $\boldsymbol{A}$ 的对应于特征值 $\lambda_3=5$ 的特征向量为 $\boldsymbol{\eta}_3=(0,1,1)^{\mathrm{T}}$。

将 $\boldsymbol{\eta}_1$，$\boldsymbol{\eta}_2$，$\boldsymbol{\eta}_3$ 单位化，得

$$\boldsymbol{\xi}_1=\left(0,\frac{1}{\sqrt{2}},-\frac{1}{\sqrt{2}}\right)^{\mathrm{T}},\ \boldsymbol{\xi}_2=(1,0,0)^{\mathrm{T}},\ \boldsymbol{\xi}_3=\left(0,\frac{1}{\sqrt{2}},\frac{1}{\sqrt{2}}\right)^{\mathrm{T}}$$

故正交变换所用的正交矩阵为 $\boldsymbol{Q}=\begin{pmatrix}0 & 1 & 0\\ \frac{1}{\sqrt{2}} & 0 & \frac{1}{\sqrt{2}}\\ -\frac{1}{\sqrt{2}} & 0 & \frac{1}{\sqrt{2}}\end{pmatrix}$。

例 3　试用配方法化二次型 $f(x_1,x_2,x_3)=2x_1x_2+2x_1x_3-6x_2x_3$ 为标准形。

解　将可逆变换 $\begin{cases}x_1=y_1+y_2\\ x_2=y_1-y_2\\ x_3=y_3\end{cases}$ 代入二次型，得 $f=2y_1^2-2y_2^2-4y_1y_3+8y_2y_3$，配方，得 $f=2(y_1-y_3)^2-2(y_2-2y_3)^2+6y_3^2$，再将可逆变换 $\begin{cases}y_1-y_3=z_1\\ y_2-2y_3=z_2\\ y_3=z_3\end{cases}$ 代入，得二次型的标准形为 $f=2z_1^2-2z_2^2+6z_3^2$。

例 4　已知 $\boldsymbol{\alpha}=(1,-2,2)^{\mathrm{T}}$ 是二次型

$$f(x_1,x_2,x_3)=ax_1^2+4x_2^2+bx_3^2-4x_1x_2+4x_1x_3-8x_2x_3$$

矩阵 $\boldsymbol{A}$ 的特征向量，用正交变换化二次型为标准形，并写出所用的正交变换。

解　二次型的矩阵 $\boldsymbol{A}=\begin{pmatrix}a & -2 & 2\\ -2 & 4 & -4\\ 2 & -4 & b\end{pmatrix}$，设 $\boldsymbol{\alpha}=(1,-2,2)^{\mathrm{T}}$ 是矩阵 $\boldsymbol{A}$ 的对应于特征

值 λ 的特征向量，则 $\begin{pmatrix} a & -2 & 2 \\ -2 & 4 & -4 \\ 2 & -4 & b \end{pmatrix}\begin{pmatrix} 1 \\ -2 \\ 2 \end{pmatrix}=\lambda\begin{pmatrix} 1 \\ -2 \\ 2 \end{pmatrix}$，从而 $\begin{cases} a+4+4=\lambda \\ -2-8-8=-2\lambda \\ 2+8+2b=2\lambda \end{cases}$，解之，得 $a=1$，$b=4$，$\lambda=9$。

当 $a=1$，$b=4$ 时，$\boldsymbol{A}=\begin{pmatrix} 1 & -2 & 2 \\ -2 & 4 & -4 \\ 2 & -4 & 4 \end{pmatrix}$，则

$$|\lambda\boldsymbol{E}-\boldsymbol{A}|=\begin{vmatrix} \lambda-1 & 2 & -2 \\ 2 & \lambda-4 & 4 \\ -2 & 4 & \lambda-4 \end{vmatrix}=\begin{vmatrix} \lambda-1 & 2 & -2 \\ 2 & \lambda-4 & 4 \\ 0 & \lambda & \lambda \end{vmatrix}=\lambda^2(\lambda-9)$$

由 $|\lambda\boldsymbol{E}-\boldsymbol{A}|=0$，得矩阵 $\boldsymbol{A}$ 的特征值为 $\lambda_1=\lambda_2=0$，$\lambda_3=9$。

将 $\lambda=0$ 代入 $(\lambda\boldsymbol{E}-\boldsymbol{A})\boldsymbol{x}=\boldsymbol{0}$，得 $(0\boldsymbol{E}-\boldsymbol{A})\boldsymbol{x}=\boldsymbol{0}$，由

$$0\boldsymbol{E}-\boldsymbol{A}=\begin{pmatrix} -1 & 2 & -2 \\ 2 & -4 & 4 \\ -2 & 4 & -4 \end{pmatrix}\rightarrow\begin{pmatrix} 1 & -2 & 2 \\ 0 & 0 & 0 \\ 0 & 0 & 0 \end{pmatrix}$$

得基础解系为 $\boldsymbol{\alpha}_1=(2,1,0)^{\mathrm{T}}$，$\boldsymbol{\alpha}_2=(-2,0,1)^{\mathrm{T}}$，从而 $\boldsymbol{A}$ 的对应于特征值 $\lambda_1=\lambda_2=0$ 的特征向量为 $\boldsymbol{\alpha}_1=(2,1,0)^{\mathrm{T}}$，$\boldsymbol{\alpha}_2=(-2,0,1)^{\mathrm{T}}$。

$\boldsymbol{A}$ 的对应于特征值 $\lambda_3=9$ 的特征向量为 $\boldsymbol{\alpha}=(1,-2,2)^{\mathrm{T}}$。

将 $\boldsymbol{\alpha}_1$，$\boldsymbol{\alpha}_2$ 正交化，得

$$\boldsymbol{\beta}_1=\boldsymbol{\alpha}_1=(2,1,0)^{\mathrm{T}},\ \boldsymbol{\beta}_2=\boldsymbol{\alpha}_2-\frac{(\boldsymbol{\alpha}_2,\boldsymbol{\beta}_1)}{(\boldsymbol{\beta}_1,\boldsymbol{\beta}_1)}\boldsymbol{\beta}_1=\frac{1}{5}(-2,4,5)^{\mathrm{T}}$$

将 $\boldsymbol{\beta}_1$，$\boldsymbol{\beta}_2$，$\boldsymbol{\alpha}$ 单位化，得

$$\boldsymbol{\gamma}_1=\frac{1}{\sqrt{5}}(2,1,0)^{\mathrm{T}},\ \boldsymbol{\gamma}_2=\frac{1}{3\sqrt{5}}(-2,4,5)^{\mathrm{T}},\ \boldsymbol{\gamma}_3=\frac{1}{3}(1,-2,2)^{\mathrm{T}}$$

取 $\boldsymbol{Q}=(\boldsymbol{\gamma}_1,\boldsymbol{\gamma}_2,\boldsymbol{\gamma}_3)=\begin{pmatrix} \frac{2}{\sqrt{5}} & -\frac{2}{3\sqrt{5}} & \frac{1}{3} \\ \frac{1}{\sqrt{5}} & \frac{4}{3\sqrt{5}} & -\frac{2}{3} \\ 0 & \frac{5}{3\sqrt{5}} & \frac{2}{3} \end{pmatrix}$，则 $\boldsymbol{Q}$ 为正交矩阵，作正交变换 $\boldsymbol{x}=\boldsymbol{Q}\boldsymbol{y}$，从而二次型可化为标准形 $f(x_1,x_2,x_3)=\boldsymbol{x}^{\mathrm{T}}\boldsymbol{A}\boldsymbol{x}=\boldsymbol{y}^{\mathrm{T}}(\boldsymbol{Q}^{\mathrm{T}}\boldsymbol{A}\boldsymbol{Q})\boldsymbol{y}=9y_3^2$。

例 5 设二次型 $x_1^2+x_2^2+x_3^2-4x_1x_2-4x_1x_3+2ax_2x_3$ 经正交变换化为 $3y_1^2+3y_2^2+by_3^2$，求 a，b 的值及所用的正交变换。

解 二次型的矩阵 $\boldsymbol{A}=\begin{pmatrix} 1 & -2 & -2 \\ -2 & 1 & a \\ -2 & a & 1 \end{pmatrix}$，由于二次型经正交变换化为标准形 $3y_1^2+3y_2^2+by_3^2$，因此 $\boldsymbol{A}$ 的特征值为 3，3，b，从而 $1+1+1=3+3+b$，故 $b=-3$。

由 $|3\boldsymbol{E}-\boldsymbol{A}|=\begin{vmatrix} 2 & 2 & 2 \\ 2 & 2 & -a \\ 2 & -a & 2 \end{vmatrix}=-2(a+2)^2=0$，得 $a=-2$。

将 $\lambda=3$ 代入 $(\lambda\boldsymbol{E}-\boldsymbol{A})\boldsymbol{x}=\boldsymbol{0}$，得 $(3\boldsymbol{E}-\boldsymbol{A})\boldsymbol{x}=\boldsymbol{0}$，由

$$3\boldsymbol{E}-\boldsymbol{A}=\begin{pmatrix}2&2&2\\2&2&2\\2&2&2\end{pmatrix}\to\begin{pmatrix}1&1&1\\0&0&0\\0&0&0\end{pmatrix}$$

得基础解系为 $\boldsymbol{\alpha}_1=(1,-1,0)^{\mathrm{T}}$，$\boldsymbol{\alpha}_2=(1,0,-1)^{\mathrm{T}}$，从而 $\boldsymbol{A}$ 的对应于特征值 $\lambda_1=\lambda_2=3$ 的特征向量为 $\boldsymbol{\alpha}_1=(1,-1,0)^{\mathrm{T}}$，$\boldsymbol{\alpha}_2=(1,0,-1)^{\mathrm{T}}$。

将 $\lambda=-3$ 代入 $(\lambda\boldsymbol{E}-\boldsymbol{A})\boldsymbol{x}=\boldsymbol{0}$，得 $(-3\boldsymbol{E}-\boldsymbol{A})\boldsymbol{x}=\boldsymbol{0}$，由

$$-3\boldsymbol{E}-\boldsymbol{A}=\begin{pmatrix}-4&2&2\\2&-4&2\\2&2&-4\end{pmatrix}\to\begin{pmatrix}1&0&-1\\0&1&-1\\0&0&0\end{pmatrix}$$

得基础解系为 $\boldsymbol{\alpha}_3=(1,1,1)^{\mathrm{T}}$，从而 $\boldsymbol{A}$ 的对应于特征值 $\lambda_3=3$ 的特征向量为 $\boldsymbol{\alpha}_3=(1,1,1)^{\mathrm{T}}$。

将 $\boldsymbol{\alpha}_1$，$\boldsymbol{\alpha}_2$ 正交化，得

$$\boldsymbol{\beta}_1=\boldsymbol{\alpha}_1=(1,-1,0)^{\mathrm{T}}$$

$$\boldsymbol{\beta}_2=\boldsymbol{\alpha}_2-\frac{(\boldsymbol{\alpha}_2,\boldsymbol{\beta}_1)}{(\boldsymbol{\beta}_1,\boldsymbol{\beta}_1)}\boldsymbol{\beta}_1=(1,0,-1)^{\mathrm{T}}-\frac{1}{2}(1,-1,0)^{\mathrm{T}}=\frac{1}{2}(1,1,-2)^{\mathrm{T}}$$

将 $\boldsymbol{\beta}_1$，$\boldsymbol{\beta}_2$，$\boldsymbol{\alpha}_3$ 单位化，得

$$\boldsymbol{\gamma}_1=\frac{1}{\sqrt{2}}(1,-1,0)^{\mathrm{T}},\ \boldsymbol{\gamma}_2=\frac{1}{\sqrt{6}}(1,1,-2)^{\mathrm{T}},\ \boldsymbol{\gamma}_3=\frac{1}{\sqrt{3}}(1,1,1)^{\mathrm{T}}$$

取 $\boldsymbol{Q}=(\boldsymbol{\gamma}_1,\boldsymbol{\gamma}_2,\boldsymbol{\gamma}_3)=\begin{pmatrix}\frac{1}{\sqrt{2}}&\frac{1}{\sqrt{6}}&\frac{1}{\sqrt{3}}\\-\frac{1}{\sqrt{2}}&\frac{1}{\sqrt{6}}&\frac{1}{\sqrt{3}}\\0&-\frac{2}{\sqrt{6}}&\frac{1}{\sqrt{3}}\end{pmatrix}$，则 $\boldsymbol{Q}$ 为正交矩阵，作正交变换 $\boldsymbol{x}=\boldsymbol{Q}\boldsymbol{y}$，从而二次型可化为标准形 $3y_1^2+3y_2^2-3y_3^2$。

例 6　设矩阵 $\boldsymbol{A}=\begin{pmatrix}2&2&0\\8&2&0\\0&a&6\end{pmatrix}$ 可相似对角化。

（ⅰ）求 a；

（ⅱ）用正交变换化二次型 $f(x_1,x_2,x_3)=\boldsymbol{x}^{\mathrm{T}}\boldsymbol{A}\boldsymbol{x}$ 为标准形。

解　（ⅰ）$|\lambda\boldsymbol{E}-\boldsymbol{A}|=\begin{vmatrix}\lambda-2&-2&0\\-8&\lambda-2&0\\0&-a&\lambda-6\end{vmatrix}=(\lambda-6)^2(\lambda+2)$，由 $|\lambda\boldsymbol{E}-\boldsymbol{A}|=0$，得 $\boldsymbol{A}$ 的特征值为 6，6，-2。由于 $\boldsymbol{A}$ 可相似对角化，因此 $r(6\boldsymbol{E}-\boldsymbol{A})=1$，由

$$6\boldsymbol{E}-\boldsymbol{A}=\begin{pmatrix}4&-2&0\\-8&4&0\\0&-a&0\end{pmatrix}\to\begin{pmatrix}4&-2&0\\0&0&0\\0&-a&0\end{pmatrix}$$

得 $a=0$。

(ⅱ) 由于 $f(x_1, x_2, x_3)=\boldsymbol{x}^{\mathrm{T}}\boldsymbol{A}\boldsymbol{x}=(\boldsymbol{x}^{\mathrm{T}}\boldsymbol{A}\boldsymbol{x})^{\mathrm{T}}=\boldsymbol{x}^{\mathrm{T}}\boldsymbol{A}^{\mathrm{T}}\boldsymbol{x}=\dfrac{1}{2}(\boldsymbol{x}^{\mathrm{T}}\boldsymbol{A}\boldsymbol{x}+\boldsymbol{x}^{\mathrm{T}}\boldsymbol{A}^{\mathrm{T}}\boldsymbol{x})=\boldsymbol{x}^{\mathrm{T}}\dfrac{\boldsymbol{A}+\boldsymbol{A}^{\mathrm{T}}}{2}$ $\boldsymbol{x}$，因此二次型的矩阵为 $\dfrac{\boldsymbol{A}+\boldsymbol{A}^{\mathrm{T}}}{2}=\begin{pmatrix}2&5&0\\5&2&0\\0&0&6\end{pmatrix}=\boldsymbol{B}$，则

$$|\lambda\boldsymbol{E}-\boldsymbol{B}|=\begin{vmatrix}\lambda-2&-5&0\\-5&\lambda-2&0\\0&0&\lambda-6\end{vmatrix}=(\lambda-6)(\lambda+3)(\lambda-7)$$

由 $|\lambda\boldsymbol{E}-\boldsymbol{B}|=0$，得 $\boldsymbol{B}$ 的特征值为 $\lambda_1=6$，$\lambda_2=-3$，$\lambda_3=7$。

将 $\lambda=6$ 代入 $(\lambda\boldsymbol{E}-\boldsymbol{B})\boldsymbol{x}=\boldsymbol{0}$，得 $(6\boldsymbol{E}-\boldsymbol{B})\boldsymbol{x}=\boldsymbol{0}$，由

$$6\boldsymbol{E}-\boldsymbol{B}=\begin{pmatrix}4&-5&0\\-5&4&0\\0&0&0\end{pmatrix}\rightarrow\begin{pmatrix}1&0&0\\0&1&0\\0&0&0\end{pmatrix}$$

得基础解系为 $\boldsymbol{\alpha}_1=(0, 0, 1)^{\mathrm{T}}$，从而 $\boldsymbol{B}$ 的对应于特征值 $\lambda_1=6$ 的特征向量为 $\boldsymbol{\alpha}_1=(0, 0, 1)^{\mathrm{T}}$。

将 $\lambda=-3$ 代入 $(\lambda\boldsymbol{E}-\boldsymbol{B})\boldsymbol{x}=\boldsymbol{0}$，得 $(-3\boldsymbol{E}-\boldsymbol{B})\boldsymbol{x}=\boldsymbol{0}$，由

$$-3\boldsymbol{E}-\boldsymbol{B}=\begin{pmatrix}-5&-5&0\\-5&-5&0\\0&0&-9\end{pmatrix}\rightarrow\begin{pmatrix}1&1&0\\0&0&1\\0&0&0\end{pmatrix}$$

得基础解系为 $\boldsymbol{\alpha}_2=(1, -1, 0)^{\mathrm{T}}$，从而 $\boldsymbol{B}$ 的对应于特征值 $\lambda_2=-3$ 的特征向量为 $\boldsymbol{\alpha}_2=(1, -1, 0)^{\mathrm{T}}$。

将 $\lambda=7$ 代入 $(\lambda\boldsymbol{E}-\boldsymbol{B})\boldsymbol{x}=\boldsymbol{0}$，得 $(7\boldsymbol{E}-\boldsymbol{B})\boldsymbol{x}=\boldsymbol{0}$，由

$$7\boldsymbol{E}-\boldsymbol{B}=\begin{pmatrix}5&-5&0\\-5&5&0\\0&0&1\end{pmatrix}\rightarrow\begin{pmatrix}1&-1&0\\0&0&1\\0&0&0\end{pmatrix}$$

得基础解系为 $\boldsymbol{\alpha}_3=(1, 1, 0)^{\mathrm{T}}$，从而 $\boldsymbol{B}$ 的对应于特征值 $\lambda_3=7$ 的特征向量为 $\boldsymbol{\alpha}_3=(1, 1, 0)^{\mathrm{T}}$。

将 $\boldsymbol{\alpha}_1$，$\boldsymbol{\alpha}_2$，$\boldsymbol{\alpha}_3$ 单位化，得

$$\boldsymbol{\gamma}_1=(0, 0, 1)^{\mathrm{T}}, \boldsymbol{\gamma}_2=\frac{1}{\sqrt{2}}(1, -1, 0)^{\mathrm{T}}, \boldsymbol{\gamma}_3=\frac{1}{\sqrt{2}}(1, 1, 0)^{\mathrm{T}}$$

取 $\boldsymbol{Q}=(\boldsymbol{\gamma}_1, \boldsymbol{\gamma}_2, \boldsymbol{\gamma}_3)=\begin{pmatrix}0&\frac{1}{\sqrt{2}}&\frac{1}{\sqrt{2}}\\0&-\frac{1}{\sqrt{2}}&\frac{1}{\sqrt{2}}\\1&0&0\end{pmatrix}$，则 $\boldsymbol{Q}$ 为正交矩阵，作正交变换 $\boldsymbol{x}=\boldsymbol{Q}\boldsymbol{y}$，从而二次型可化为标准形 $f=6y_1^2-3y_2^2+7y_3^2$。

例 7 设二次型 $f(x_1, x_2, x_3)=\boldsymbol{x}^{\mathrm{T}}\boldsymbol{A}\boldsymbol{x}=5x_1^2+5x_2^2+cx_3^2-2x_1x_2+6x_1x_3-6x_2x_3$，且齐次线性方程组 $\boldsymbol{A}\boldsymbol{x}=\boldsymbol{0}$ 有非零解。

(ⅰ) 求 c 的值；

(ii) 用正交变换将二次型 f 化为标准形，并写出所用的正交变换。

解 (i) 二次型的矩阵 $\boldsymbol{A}=\begin{pmatrix}5 & -1 & 3\\ -1 & 5 & -3\\ 3 & -3 & c\end{pmatrix}$，由于齐次线性方程组 $\boldsymbol{Ax}=\boldsymbol{0}$ 有非零解，因此 $|\boldsymbol{A}|=0$，又 $|\boldsymbol{A}|=24c-72$，由 $|\boldsymbol{A}|=0$，得 $c=3$。

(ii) $|\lambda\boldsymbol{E}-\boldsymbol{A}|=\begin{vmatrix}\lambda-5 & 1 & -3\\ 1 & \lambda-5 & 3\\ -3 & 3 & \lambda-3\end{vmatrix}=\begin{vmatrix}\lambda-4 & 1 & -3\\ \lambda-4 & \lambda-5 & 3\\ 0 & 3 & \lambda-3\end{vmatrix}=\lambda(\lambda-4)(\lambda-9)$，由 $|\lambda\boldsymbol{E}-\boldsymbol{A}|=0$，得 $\boldsymbol{A}$ 的特征值为 $\lambda_1=0$，$\lambda_2=4$，$\lambda_3=9$。

将 $\lambda=0$ 代入 $(\lambda\boldsymbol{E}-\boldsymbol{A})\boldsymbol{x}=\boldsymbol{0}$，得 $(0\boldsymbol{E}-\boldsymbol{A})\boldsymbol{x}=\boldsymbol{0}$，由

$$0\boldsymbol{E}-\boldsymbol{A}=\begin{pmatrix}-5 & 1 & -3\\ 1 & -5 & 3\\ -3 & 3 & -3\end{pmatrix}\to\begin{pmatrix}1 & -5 & 3\\ 0 & 2 & -1\\ 0 & 0 & 0\end{pmatrix}$$

得基础解系为 $\boldsymbol{\xi}_1=(-1, 1, 2)^{\mathrm{T}}$，从而 $\boldsymbol{A}$ 的对应于特征值 $\lambda_1=0$ 的特征向量为 $\boldsymbol{\xi}_1=(-1, 1, 2)^{\mathrm{T}}$。

将 $\lambda=4$ 代入 $(\lambda\boldsymbol{E}-\boldsymbol{A})\boldsymbol{x}=\boldsymbol{0}$，得 $(4\boldsymbol{E}-\boldsymbol{A})\boldsymbol{x}=\boldsymbol{0}$，由

$$4\boldsymbol{E}-\boldsymbol{A}=\begin{pmatrix}-1 & 1 & -3\\ 1 & -1 & 3\\ -3 & 3 & 1\end{pmatrix}\to\begin{pmatrix}1 & -1 & 3\\ 0 & 0 & 1\\ 0 & 0 & 0\end{pmatrix}$$

得基础解系为 $\boldsymbol{\xi}_2=(1, 1, 0)^{\mathrm{T}}$，从而 $\boldsymbol{A}$ 的对应于特征值 $\lambda_2=4$ 的特征向量为 $\boldsymbol{\xi}_2=(1, 1, 0)^{\mathrm{T}}$。

将 $\lambda=9$ 代入 $(\lambda\boldsymbol{E}-\boldsymbol{A})\boldsymbol{x}=\boldsymbol{0}$，得 $(9\boldsymbol{E}-\boldsymbol{A})\boldsymbol{x}=\boldsymbol{0}$，由

$$9\boldsymbol{E}-\boldsymbol{A}=\begin{pmatrix}4 & 1 & -3\\ 1 & 4 & 3\\ -3 & 3 & 6\end{pmatrix}\to\begin{pmatrix}1 & -1 & -2\\ 0 & 1 & 1\\ 0 & 0 & 0\end{pmatrix}$$

得基础解系为 $\boldsymbol{\xi}_3=(1, -1, 1)^{\mathrm{T}}$，从而 $\boldsymbol{A}$ 的对应于特征值 $\lambda_3=9$ 的特征向量为 $\boldsymbol{\xi}_3=(1, -1, 1)^{\mathrm{T}}$。

将 $\boldsymbol{\xi}_1$，$\boldsymbol{\xi}_2$，$\boldsymbol{\xi}_3$ 单位化，得

$$\boldsymbol{\eta}_1=\left(-\frac{1}{\sqrt{6}}, \frac{1}{\sqrt{6}}, \frac{2}{\sqrt{6}}\right)^{\mathrm{T}}, \boldsymbol{\eta}_2=\left(\frac{1}{\sqrt{2}}, \frac{1}{\sqrt{2}}, 0\right)^{\mathrm{T}}, \boldsymbol{\eta}_3=\left(\frac{1}{\sqrt{3}}, -\frac{1}{\sqrt{3}}, \frac{1}{\sqrt{3}}\right)^{\mathrm{T}}$$

取 $\boldsymbol{Q}=(\boldsymbol{\eta}_1, \boldsymbol{\eta}_2, \boldsymbol{\eta}_3)=\begin{pmatrix}-\frac{1}{\sqrt{6}} & \frac{1}{\sqrt{2}} & \frac{1}{\sqrt{3}}\\ \frac{1}{\sqrt{6}} & \frac{1}{\sqrt{2}} & -\frac{1}{\sqrt{3}}\\ \frac{2}{\sqrt{6}} & 0 & \frac{1}{\sqrt{3}}\end{pmatrix}$，则 $\boldsymbol{Q}$ 为正交矩阵，作正交变换 $\boldsymbol{x}=\boldsymbol{Qy}$，从而二次型可化为标准形 $f=4y_2^2+9y_3^2$。

例 8 设二次型 $f(x_1, x_2, x_3)=ax_1^2+ax_2^2+(a-1)x_3^2+2x_1x_3-2x_2x_3$。

(i) 求二次型 f 的矩阵的所有特征值；

(ⅱ)若二次型的规范形为 $y_1^2+y_2^2$，求 a 的值。

解 (ⅰ)二次型的矩阵 $\boldsymbol{A}=\begin{pmatrix}a&0&1\\0&a&-1\\1&-1&a-1\end{pmatrix}$，则

$$|\lambda\boldsymbol{E}-\boldsymbol{A}|=\begin{vmatrix}\lambda-a&0&-1\\0&\lambda-a&1\\-1&1&\lambda-a+1\end{vmatrix}=\begin{vmatrix}\lambda-a&0&-1\\\lambda-a&\lambda-a&1\\0&1&\lambda-a+1\end{vmatrix}$$
$$=(\lambda-a)[\lambda-(a+1)][\lambda-(a-2)]$$

由 $|\lambda\boldsymbol{E}-\boldsymbol{A}|=0$，得二次型 f 的矩阵 $\boldsymbol{A}$ 的特征值为 $\lambda_1=a$，$\lambda_2=a+1$，$\lambda_3=a-2$。

(ⅱ)由于二次型 f 的规范形为 $y_1^2+y_2^2$，因此二次型矩阵 $\boldsymbol{A}$ 的特征值为 2 个正数，1 个 0。由 $a-2<a<a+1$，得 $a-2=0$，故 $a=2$。

例 9 设二次型 $f(x_1, x_2, x_3)=x_1^2+ax_2^2+x_3^2+2x_1x_2-2ax_1x_3-2x_2x_3$ 的正负惯性指数都是 1。

(ⅰ)求 a 的值，并用正交变换化二次型为标准形；

(ⅱ)设 $\boldsymbol{B}=\boldsymbol{A}^3-5\boldsymbol{A}+\boldsymbol{E}$，求二次型 $\boldsymbol{x}^{\mathrm{T}}\boldsymbol{B}\boldsymbol{x}$ 的规范形。

解 (ⅰ)二次型的矩阵 $\boldsymbol{A}=\begin{pmatrix}1&1&-a\\1&a&-1\\-a&-1&1\end{pmatrix}$，由于二次型的正负惯性指数都是 1，因此 $r(\boldsymbol{A})=1+1=2$，从而 $|\boldsymbol{A}|=-(a-1)^2(a+2)=0$。

当 $a=1$ 时，则 $r(\boldsymbol{A})=1$，不合题意，舍去。当 $a=-2$ 时，

$$|\lambda\boldsymbol{E}-\boldsymbol{A}|=\begin{vmatrix}\lambda-1&-1&-2\\-1&\lambda+2&1\\-2&1&\lambda-1\end{vmatrix}=\begin{vmatrix}\lambda-3&0&\lambda-3\\-1&\lambda+2&1\\-2&1&\lambda-1\end{vmatrix}=(\lambda-3)\begin{vmatrix}1&0&1\\-1&\lambda+2&1\\-2&1&\lambda-1\end{vmatrix}$$
$$=\lambda(\lambda-3)(\lambda+3)$$

由 $|\lambda\boldsymbol{E}-\boldsymbol{A}|=0$，得矩阵 $\boldsymbol{A}$ 的特征值为 $\lambda_1=3$，$\lambda_2=-3$，$\lambda_3=0$ 此时二次型的正负惯性指数都是 1，故 $a=-2$。

将 $\lambda=3$ 代入 $(\lambda\boldsymbol{E}-\boldsymbol{A})\boldsymbol{x}=\boldsymbol{0}$，得 $(3\boldsymbol{E}-\boldsymbol{A})\boldsymbol{x}=0$，由

$$3\boldsymbol{E}-\boldsymbol{A}=\begin{pmatrix}2&-1&-2\\-1&5&1\\-2&1&2\end{pmatrix}\rightarrow\begin{pmatrix}1&-5&-1\\0&1&0\\0&0&0\end{pmatrix}$$

得基础解系为 $\boldsymbol{\alpha}_1=(1, 0, 1)^{\mathrm{T}}$，从而 $\boldsymbol{A}$ 的对应于特征值 $\lambda_1=3$ 的特征向量为 $\boldsymbol{\alpha}_1=(1, 0, 1)^{\mathrm{T}}$。

将 $\lambda=-3$ 代入 $(\lambda\boldsymbol{E}-\boldsymbol{A})\boldsymbol{x}=\boldsymbol{0}$，得 $(-3\boldsymbol{E}-\boldsymbol{A})\boldsymbol{x}=\boldsymbol{0}$，由

$$-3\boldsymbol{E}-\boldsymbol{A}=\begin{pmatrix}-4&-1&-2\\-1&-1&1\\-2&1&-4\end{pmatrix}\rightarrow\begin{pmatrix}1&0&1\\0&1&-2\\0&0&0\end{pmatrix}$$

得基础解系为 $\boldsymbol{\alpha}_2=(1, -2, -1)^{\mathrm{T}}$，从而 $\boldsymbol{A}$ 的对应于特征值 $\lambda_2=-3$ 的特征向量为 $\boldsymbol{\alpha}_2=(1, -2, -1)^{\mathrm{T}}$。

将 $\lambda=0$ 代入 $(\lambda\boldsymbol{E}-\boldsymbol{A})\boldsymbol{x}=0$，得 $(0\boldsymbol{E}-\boldsymbol{A})\boldsymbol{x}=\boldsymbol{0}$，由

$$0\boldsymbol{E}-\boldsymbol{A}=\begin{pmatrix}-1 & -1 & -2\\ -1 & 2 & 1\\ -2 & 1 & -1\end{pmatrix}\to\begin{pmatrix}1 & 0 & 1\\ 0 & 1 & 1\\ 0 & 0 & 0\end{pmatrix}$$

得基础解系为 $\boldsymbol{\alpha}_3=(-1,\ -1,\ 1)^{\mathrm{T}}$，从而 $\boldsymbol{A}$ 的对应于特征值 $\lambda_3=0$ 的特征向量为 $\boldsymbol{\alpha}_3=(-1,\ -1,\ 1)^{\mathrm{T}}$。

将 $\boldsymbol{\alpha}_1$，$\boldsymbol{\alpha}_2$，$\boldsymbol{\alpha}_3$ 单位化，得

$$\boldsymbol{\beta}_1=\frac{1}{\sqrt{2}}(1,\ 0,\ 1)^{\mathrm{T}},\ \boldsymbol{\beta}_2=\frac{1}{\sqrt{6}}(1,\ -2,\ -1)^{\mathrm{T}},\ \boldsymbol{\beta}_3=\frac{1}{\sqrt{3}}(-1,\ -1,\ 1)^{\mathrm{T}}$$

取 $\boldsymbol{Q}=(\boldsymbol{\beta}_1,\ \boldsymbol{\beta}_2,\ \boldsymbol{\beta}_3)=\begin{pmatrix}\frac{1}{\sqrt{2}} & \frac{1}{\sqrt{6}} & -\frac{1}{\sqrt{3}}\\ 0 & -\frac{2}{\sqrt{6}} & -\frac{1}{\sqrt{3}}\\ \frac{1}{\sqrt{2}} & -\frac{1}{\sqrt{6}} & \frac{1}{\sqrt{3}}\end{pmatrix}$，则 $\boldsymbol{Q}$ 为正交矩阵，作正交变换 $\boldsymbol{x}=\boldsymbol{Q}\boldsymbol{y}$，从而二次型可化为标准形 $f=3y_1^2-3y_2^2$。

（ⅱ）由于 $\boldsymbol{A}$ 的特征值为 3，-3，0，因此 $\boldsymbol{B}$ 的特征值为 13，-11，1，从而 $\boldsymbol{x}^{\mathrm{T}}\boldsymbol{B}\boldsymbol{x}$ 的规范形为 $y_1^2+y_2^2-y_3^2$。

例 10　设二次型 $f(x_1,\ x_2,\ x_3)=5x_1^2+5x_2^2+ax_3^2-2x_1x_2+6x_1x_3-6x_2x_3$ 的秩为 2。

（ⅰ）求 a 的值及二次型矩阵的特征值；

（ⅱ）指出 $f(x_1,\ x_2,\ x_3)=1$ 表示何种二次曲面。

解　（ⅰ）由于二次型的矩阵 $\boldsymbol{A}=\begin{pmatrix}5 & -1 & 3\\ -1 & 5 & -3\\ 3 & -3 & a\end{pmatrix}$ 的秩为 2，因此 $|\boldsymbol{A}|=0$。

$$|\boldsymbol{A}|=\begin{vmatrix}5 & -1 & 3\\ -1 & 5 & -3\\ 3 & -3 & a\end{vmatrix}=4\begin{vmatrix}1 & 1 & 0\\ -1 & 5 & -3\\ 3 & -3 & a\end{vmatrix}=4\begin{vmatrix}1 & 0 & 0\\ -1 & 6 & -3\\ 3 & -6 & a\end{vmatrix}=24\begin{vmatrix}1 & -3\\ -1 & a\end{vmatrix}=24(a-3)$$

由 $|\boldsymbol{A}|=0$，得 $a=3$。

$$|\lambda\boldsymbol{E}-\boldsymbol{A}|=\begin{vmatrix}\lambda-5 & 1 & -3\\ 1 & \lambda-5 & 3\\ -3 & 3 & \lambda-3\end{vmatrix}=\begin{vmatrix}\lambda-4 & \lambda-4 & 0\\ 1 & \lambda-5 & 3\\ -3 & 3 & \lambda-3\end{vmatrix}=(\lambda-4)\begin{vmatrix}1 & 1 & 0\\ 1 & \lambda-5 & 3\\ -3 & 3 & \lambda-3\end{vmatrix}$$
$$=\lambda(\lambda-4)(\lambda-9)$$

由 $|\lambda\boldsymbol{E}-\boldsymbol{A}|=0$，得矩阵 $\boldsymbol{A}$ 的特征值为 $\lambda_1=0$，$\lambda_2=4$，$\lambda_3=9$。

（ⅱ）由于二次型矩阵 $\boldsymbol{A}$ 的特征值为 $\lambda_1=0$，$\lambda_2=4$，$\lambda_3=9$，因此二次型经过正交变换可化为标准形 $f=4y_2^2+9y_3^2$，从而二次曲面 $f=4y_2^2+9y_3^2=1$ 表示椭圆柱面。

例 11　已知二次型 $\boldsymbol{x}^{\mathrm{T}}\boldsymbol{A}\boldsymbol{x}$ 是正定二次型，$\boldsymbol{x}=\boldsymbol{C}\boldsymbol{y}$ 为可逆变换，则二次型 $\boldsymbol{y}^{\mathrm{T}}\boldsymbol{B}\boldsymbol{y}$ 是正定二次型，其中 $\boldsymbol{B}=\boldsymbol{C}^{\mathrm{T}}\boldsymbol{A}\boldsymbol{C}$。

证　$\forall\ \boldsymbol{y}\neq\boldsymbol{0}$，由于 $\boldsymbol{C}$ 为可逆矩阵，因此 $\boldsymbol{x}=\boldsymbol{C}\boldsymbol{y}\neq\boldsymbol{0}$，又二次型 $\boldsymbol{x}^{\mathrm{T}}\boldsymbol{A}\boldsymbol{x}$ 是正定二次型，故 $\boldsymbol{y}^{\mathrm{T}}\boldsymbol{B}\boldsymbol{y}=\boldsymbol{y}^{\mathrm{T}}\boldsymbol{C}^{\mathrm{T}}\boldsymbol{A}\boldsymbol{C}\boldsymbol{y}=\boldsymbol{x}^{\mathrm{T}}\boldsymbol{A}\boldsymbol{x}>0$，从而二次型 $\boldsymbol{y}^{\mathrm{T}}\boldsymbol{B}\boldsymbol{y}$ 是正定二次型。

评注： 正定二次型经过可逆变换仍是正定二次型，即可逆变换不改变二次型的正定性。

例 12 设 $\boldsymbol{\alpha}$，$\boldsymbol{\beta}$ 均为 3 维实的列向量，且 $\boldsymbol{\alpha}^{\mathrm{T}}\boldsymbol{\beta}=0$，矩阵 $\boldsymbol{A}=\boldsymbol{\alpha}\boldsymbol{\beta}^{\mathrm{T}}+\boldsymbol{\beta}\boldsymbol{\alpha}^{\mathrm{T}}+2\boldsymbol{E}$。

（ⅰ）证明 $\boldsymbol{A}$ 是实对称矩阵；

（ⅱ）写出经过正交变换将二次型 $f=\boldsymbol{x}^{\mathrm{T}}\boldsymbol{A}\boldsymbol{x}$ 化成的标准形；

（ⅲ）矩阵 $\boldsymbol{A}$ 是否可相似对角化，为什么？矩阵 $\boldsymbol{A}$ 是否为正定矩阵，为什么？

解 （ⅰ）由于 $\boldsymbol{A}^{\mathrm{T}}=(\boldsymbol{\alpha}\boldsymbol{\beta}^{\mathrm{T}}+\boldsymbol{\beta}\boldsymbol{\alpha}^{\mathrm{T}}+2\boldsymbol{E})^{\mathrm{T}}=\boldsymbol{\beta}\boldsymbol{\alpha}^{\mathrm{T}}+\boldsymbol{\alpha}\boldsymbol{\beta}^{\mathrm{T}}+2\boldsymbol{E}=\boldsymbol{\alpha}\boldsymbol{\beta}^{\mathrm{T}}+\boldsymbol{\beta}\boldsymbol{\alpha}^{\mathrm{T}}+2\boldsymbol{E}=\boldsymbol{A}$，因此 $\boldsymbol{A}$ 是实对称矩阵。

（ⅱ）由于

$$(\boldsymbol{\alpha}\boldsymbol{\beta}^{\mathrm{T}}+\boldsymbol{\beta}\boldsymbol{\alpha}^{\mathrm{T}})(\boldsymbol{\alpha}+\boldsymbol{\beta})=\boldsymbol{\alpha}\boldsymbol{\beta}^{\mathrm{T}}\boldsymbol{\alpha}+\boldsymbol{\beta}\boldsymbol{\alpha}^{\mathrm{T}}\boldsymbol{\alpha}+\boldsymbol{\alpha}\boldsymbol{\beta}^{\mathrm{T}}\boldsymbol{\beta}+\boldsymbol{\beta}\boldsymbol{\alpha}^{\mathrm{T}}\boldsymbol{\beta}=\boldsymbol{\beta}+\boldsymbol{\alpha}=\boldsymbol{\alpha}+\boldsymbol{\beta}$$

$$(\boldsymbol{\alpha}\boldsymbol{\beta}^{\mathrm{T}}+\boldsymbol{\beta}\boldsymbol{\alpha}^{\mathrm{T}})(\boldsymbol{\alpha}-\boldsymbol{\beta})=\boldsymbol{\alpha}\boldsymbol{\beta}^{\mathrm{T}}\boldsymbol{\alpha}+\boldsymbol{\beta}\boldsymbol{\alpha}^{\mathrm{T}}\boldsymbol{\alpha}-\boldsymbol{\alpha}\boldsymbol{\beta}^{\mathrm{T}}\boldsymbol{\beta}-\boldsymbol{\beta}\boldsymbol{\alpha}^{\mathrm{T}}\boldsymbol{\beta}=\boldsymbol{\beta}-\boldsymbol{\alpha}=-(\boldsymbol{\alpha}-\boldsymbol{\beta})$$

因此 1，−1 是矩阵 $\boldsymbol{\alpha}\boldsymbol{\beta}^{\mathrm{T}}+\boldsymbol{\beta}\boldsymbol{\alpha}^{\mathrm{T}}$ 的特征值，又 $\mathrm{tr}(\boldsymbol{\alpha}\boldsymbol{\beta}^{\mathrm{T}}+\boldsymbol{\beta}\boldsymbol{\alpha}^{\mathrm{T}})=0$，故 0 是矩阵 $\boldsymbol{\alpha}\boldsymbol{\beta}^{\mathrm{T}}+\boldsymbol{\beta}\boldsymbol{\alpha}^{\mathrm{T}}$ 的另一个特征值，从而矩阵 $\boldsymbol{A}$ 的特征值为 3，1，2，故二次型 $f=\boldsymbol{x}^{\mathrm{T}}\boldsymbol{A}\boldsymbol{x}$ 经过正交变换可化为标准形 $f=3y_1^2+y_2^2+2y_3^2$。

（ⅲ）由于实对称矩阵 $\boldsymbol{A}$ 的特征值不相同且全大于零，因此 $\boldsymbol{A}$ 可相似对角化，$\boldsymbol{A}$ 为正定矩阵。

例 13 判断 n 元二次型 $\sum\limits_{i=1}^{n}x_i^2+\sum\limits_{1\leqslant i<j\leqslant n}x_ix_j$ 的正定性。

解 方法一 二次型的矩阵 $\boldsymbol{A}=\begin{pmatrix}1&\frac{1}{2}&\frac{1}{2}&\cdots&\frac{1}{2}\\\frac{1}{2}&1&\frac{1}{2}&\cdots&\frac{1}{2}\\\frac{1}{2}&\frac{1}{2}&1&\cdots&\frac{1}{2}\\\vdots&\vdots&\vdots&&\vdots\\\frac{1}{2}&\frac{1}{2}&\frac{1}{2}&\cdots&1\end{pmatrix}$，由于 $\boldsymbol{A}$ 的 $k(k=1,2,\cdots,n)$ 阶顺序主子式

$$\Delta_k=\begin{vmatrix}1&\frac{1}{2}&\frac{1}{2}&\cdots&\frac{1}{2}\\\frac{1}{2}&1&\frac{1}{2}&\cdots&\frac{1}{2}\\\frac{1}{2}&\frac{1}{2}&1&\cdots&\frac{1}{2}\\\vdots&\vdots&\vdots&&\vdots\\\frac{1}{2}&\frac{1}{2}&\frac{1}{2}&\cdots&1\end{vmatrix}=\frac{1}{2^k}\begin{vmatrix}2&1&1&\cdots&1\\1&2&1&\cdots&1\\1&1&2&\cdots&1\\\vdots&\vdots&\vdots&&\vdots\\1&1&1&\cdots&2\end{vmatrix}=\frac{k+1}{2^k}\begin{vmatrix}1&1&1&\cdots&1\\1&2&1&\cdots&1\\1&1&2&\cdots&1\\\vdots&\vdots&\vdots&&\vdots\\1&1&1&\cdots&2\end{vmatrix}$$

$$=\frac{k+1}{2^k}\begin{vmatrix}1&1&1&\cdots&1\\0&1&0&\cdots&0\\0&0&1&\cdots&0\\\vdots&\vdots&\vdots&&\vdots\\0&0&0&\cdots&1\end{vmatrix}=\frac{k+1}{2^k}>0\quad(k=1,2,\cdots,n)$$

因此二次型正定。

方法二

$$A=\begin{pmatrix}1&\frac{1}{2}&\frac{1}{2}&\cdots&\frac{1}{2}\\ \frac{1}{2}&1&\frac{1}{2}&\cdots&\frac{1}{2}\\ \frac{1}{2}&\frac{1}{2}&1&\cdots&\frac{1}{2}\\ \vdots&\vdots&\vdots&&\vdots\\ \frac{1}{2}&\frac{1}{2}&\frac{1}{2}&\cdots&1\end{pmatrix}=\frac{1}{2}\begin{pmatrix}2&1&1&\cdots&1\\1&2&1&\cdots&1\\1&1&2&\cdots&1\\ \vdots&\vdots&\vdots&&\vdots\\1&1&1&\cdots&2\end{pmatrix}$$

$$=\frac{1}{2}\left(E+\begin{pmatrix}1\\1\\ \vdots\\1\end{pmatrix}(1,1,\cdots,1)\right)$$

记 $B=\begin{pmatrix}1\\1\\ \vdots\\1\end{pmatrix}(1,1,\cdots,1)$，由于 $r(B)=1$，$B^2=nB$，因此 B 的特征值为 n 与 $0(n-1$ 重)，从而 A 的特征值为 $\frac{1}{2}(n+1)$ 与 $\frac{1}{2}(n-1$ 重)。由于 A 的特征值全大于 0，因此二次型正定。

例 14　设 $A=\begin{pmatrix}a_1&&\\&a_2&\\&&a_3\end{pmatrix}$，$B=\begin{pmatrix}a_3&&\\&a_1&\\&&a_2\end{pmatrix}$，证明 A 与 B 合同。

证　方法一　构造二次型 $x^TAx=a_1x_1^2+a_2x_2^2+a_3x_3^2$ 与 $y^TAy=a_3y_1^2+a_1y_2^2+a_2y_3^2$，则经过可逆变换

$$\begin{cases}x_1=y_2\\x_2=y_3\\x_3=y_1\end{cases}，即 \begin{pmatrix}x_1\\x_2\\x_3\end{pmatrix}=\begin{pmatrix}0&1&0\\0&0&1\\1&0&0\end{pmatrix}\begin{pmatrix}y_1\\y_2\\y_3\end{pmatrix}=C\begin{pmatrix}y_1\\y_2\\y_3\end{pmatrix}$$

可将二次型 $x^TAx=a_1x_1^2+a_2x_2^2+a_3x_3^2$ 化为二次型 $y^TBy=a_3y_1^2+a_1y_2^2+a_2y_3^2$，从而二次型的矩阵 A 与 B 合同。事实上，记 $x=Cy$，则

$$C^TAC=\begin{pmatrix}0&1&0\\0&0&1\\1&0&0\end{pmatrix}^T\begin{pmatrix}a_1&&\\&a_2&\\&&a_3\end{pmatrix}\begin{pmatrix}0&1&0\\0&0&1\\1&0&0\end{pmatrix}=\begin{pmatrix}0&0&1\\1&0&0\\0&1&0\end{pmatrix}\begin{pmatrix}a_1&&\\&a_2&\\&&a_3\end{pmatrix}\begin{pmatrix}0&1&0\\0&0&1\\1&0&0\end{pmatrix}$$

$$=\begin{pmatrix}0&0&a_3\\a_1&0&0\\0&a_2&0\end{pmatrix}\begin{pmatrix}0&1&0\\0&0&1\\1&0&0\end{pmatrix}=\begin{pmatrix}a_3&&\\&a_1&\\&&a_2\end{pmatrix}=B$$

故 A 与 B 合同。

方法二　由于实对称矩阵 $\boldsymbol{A}$ 与 $\boldsymbol{B}$ 的特征值均为 a_1，a_2，a_3，因此 $\boldsymbol{A}$ 与 $\boldsymbol{B}$ 的正、负特征值的个数相同，从而 $\boldsymbol{A}$ 与 $\boldsymbol{B}$ 合同。

三、经典习题与解答

经典习题

1. 选择题

(1) 设 $\boldsymbol{A}=\begin{pmatrix}1&1&1\\1&1&1\\1&1&1\end{pmatrix}$，$\boldsymbol{B}=\begin{pmatrix}3&0&0\\0&0&0\\0&0&0\end{pmatrix}$，则 $\boldsymbol{A}$ 与 $\boldsymbol{B}$(　　)。

(A) 合同且相似　　(B) 合同但不相似

(C) 不合同但相似　　(D) 不合同也不相似

(2) 设 $\boldsymbol{A}=\begin{pmatrix}2&1&1\\1&2&1\\1&1&2\end{pmatrix}$，$\boldsymbol{B}=\begin{pmatrix}1&0&0\\0&2&0\\0&0&3\end{pmatrix}$，则 $\boldsymbol{A}$ 与 $\boldsymbol{B}$(　　)。

(A) 合同且相似　　(B) 合同但不相似

(C) 不合同但相似　　(D) 不合同也不相似

(3) 设 $\boldsymbol{A}=\begin{pmatrix}2&-1&-1\\-1&2&-1\\-1&-1&2\end{pmatrix}$，$\boldsymbol{B}=\begin{pmatrix}1&0&0\\0&1&0\\0&0&0\end{pmatrix}$，则 $\boldsymbol{A}$ 与 $\boldsymbol{B}$(　　)。

(A) 合同且相似　　(B) 合同但不相似

(C) 不合同但相似　　(D) 不合同也不相似

(4) 设 $\boldsymbol{A}=\begin{pmatrix}1&2\\2&1\end{pmatrix}$，则下列矩阵中与 $\boldsymbol{A}$ 合同的矩阵为(　　)。

(A) $\begin{pmatrix}-2&1\\1&-2\end{pmatrix}$　　(B) $\begin{pmatrix}2&-1\\-1&2\end{pmatrix}$　　(C) $\begin{pmatrix}2&1\\1&2\end{pmatrix}$　　(D) $\begin{pmatrix}1&-2\\-2&1\end{pmatrix}$

(5) 设 $\boldsymbol{A}=\begin{pmatrix}0&3&0\\3&0&0\\0&0&1\end{pmatrix}$，则下列矩阵中与 A 合同但不相似的矩阵为(　　)。

(A) $\begin{pmatrix}4&0&0\\0&0&1\\0&1&0\end{pmatrix}$　　(B) $\begin{pmatrix}1&0&0\\0&3&0\\0&0&-3\end{pmatrix}$　　(C) $\begin{pmatrix}0&2&0\\2&4&0\\0&0&-1\end{pmatrix}$　　(D) $\begin{pmatrix}0&2&0\\2&2&0\\0&0&0\end{pmatrix}$

(6) 设二次型 $f(x_1, x_2, x_3)=a(x_1^2+x_2^2+x_3^2)+2x_1x_2+2x_1x_3+2x_2x_3$ 的正负惯性指数分别为 1，2，则(　　)。

(A) $a>1$　　(B) $a<-2$

(C) $-2<a<1$　　(D) $a=1$ 或 $a=-2$

(7) 设二次型 $f(x_1, x_2, x_3)$ 在正交变换 $\boldsymbol{x}=\boldsymbol{P}\boldsymbol{y}$ 下的标准形为 $2y_1^2+y_2^2-y_3^2$，其中 $\boldsymbol{P}=(\boldsymbol{\alpha}_1, \boldsymbol{\alpha}_2, \boldsymbol{\alpha}_3)$，若 $\boldsymbol{Q}=(\boldsymbol{\alpha}_1, -\boldsymbol{\alpha}_3, \boldsymbol{\alpha}_2)$，则 $f(x_1, x_2, x_3)$ 在正交变换 $\boldsymbol{x}=\boldsymbol{Q}\boldsymbol{y}$ 下的标准形为(　　)。

(A) $2y_1^2-y_2^2+y_3^2$　　(B) $2y_1^2+y_2^2-y_3^2$

(C) $2y_1^2-y_2^2-y_3^2$　　(D) $2y_1^2+y_2^2+y_3^2$

(8) 设 $\boldsymbol{A}=\begin{pmatrix} 0 & -1 & 4 \\ -1 & 3 & a \\ 4 & a & 0 \end{pmatrix}$，若存在正交矩阵 $\boldsymbol{Q}$ 使得 $\boldsymbol{Q}^{\mathrm{T}}\boldsymbol{A}\boldsymbol{Q}$ 为对角矩阵，且 $\boldsymbol{Q}$ 的第 1 列为 $\frac{1}{\sqrt{6}}(1, 2, 1)^{\mathrm{T}}$，则 $a=$(　　)。

(A) 1　　(B) -1　　(C) 2　　(D) -2

(9) 设 $\boldsymbol{A}$ 为 3 阶实对称矩阵，若对于任一 3 维列向量 $\boldsymbol{x}$，都有 $\boldsymbol{x}^{\mathrm{T}}\boldsymbol{A}\boldsymbol{x}=0$，则(　　)。

(A) $|\boldsymbol{A}|=0$　　(B) $|\boldsymbol{A}|>0$　　(C) $|\boldsymbol{A}|<0$　　(D) 无法判定

(10) 实二次型 $f(x_1, x_2, x_3)=2x_1^2+x_2^2-4x_3^2-4x_1x_2-2x_2x_3$ 的标准形为(　　)。

(A) $2y_1^2-y_2^2-3y_3^2$　　(B) $-2y_1^2-y_2^2-3y_3^2$

(C) $-2y_1^2+y_2^2$　　(D) $2y_1^2+y_2^2+3y_3^2$

(11) 设 $\boldsymbol{A}$ 为 3 阶实对称矩阵，$\boldsymbol{E}$ 为 3 阶单位矩阵，若 $\boldsymbol{A}^2+\boldsymbol{A}=2\boldsymbol{E}$，且 $|\boldsymbol{A}|=4$，则二次型 $\boldsymbol{x}^{\mathrm{T}}\boldsymbol{A}\boldsymbol{x}$ 的规范形为(　　)。

(A) $y_1^2+y_2^2+y_3^2$　　(B) $y_1^2+y_2^2-y_3^2$

(C) $y_1^2-y_2^2-y_3^2$　　(D) $-y_1^2-y_2^2-y_3^2$

(12) 设二次型 $f(x_1, x_2, x_3)=x_1^2+x_2^2+x_3^2+4x_1x_2+4x_1x_3+4x_2x_3$，则二次型 $f(x_1, x_2, x_3)=2$ 在空间直角坐标系下表示的二次曲面为(　　)。

(A) 单叶双曲面　　(B) 双叶双曲面

(C) 椭球面　　(D) 柱面

(13) 下列结论正确的是(　　)。

(A) 设 $\boldsymbol{A}$，$\boldsymbol{B}$ 为 n 阶矩阵，若 $\boldsymbol{A}$，$\boldsymbol{B}$ 非零特征值的个数相等，则 $r(\boldsymbol{A})=r(\boldsymbol{B})$

(B) 设 $\boldsymbol{A}$，$\boldsymbol{B}$ 是 n 阶可逆的对称矩阵，若 $\boldsymbol{A}^2$ 与 $\boldsymbol{B}^2$ 合同，则 $\boldsymbol{A}$ 与 $\boldsymbol{B}$ 合同

(C) 设 $\boldsymbol{A}$，$\boldsymbol{B}$ 是 n 阶实对称矩阵，若 $\boldsymbol{A}$ 与 $\boldsymbol{B}$ 合同，则 $\boldsymbol{A}$ 与 $\boldsymbol{B}$ 等价

(D) 设 $\boldsymbol{A}$，$\boldsymbol{B}$ 是 n 阶实对称矩阵，若 $\boldsymbol{A}$ 与 $\boldsymbol{B}$ 等价，则 $\boldsymbol{A}$ 与 $\boldsymbol{B}$ 合同

(14) 设 $\boldsymbol{A}$，$\boldsymbol{B}$ 均为 n 阶正定矩阵，则下列矩阵不是正定矩阵的是(　　)。

(A) $\boldsymbol{A}^{\mathrm{T}}+\boldsymbol{B}^{-1}$　　(B) $\boldsymbol{A}^*+\boldsymbol{A}^{-1}$　　(C) $\boldsymbol{A}^{\mathrm{T}}\boldsymbol{A}+\boldsymbol{B}^{\mathrm{T}}\boldsymbol{B}$　　(D) $\boldsymbol{A}\boldsymbol{B}$

2. 填空题

(1) 设二次型 $f(x_1, x_2, x_3)=2x_1^2+ax_2^2+2x_3^2+2x_1x_2-2x_2x_3+2x_1x_3$ 的秩为 2，则 $a=$________。

(2) 二次型 $f(x_1, x_2, x_3)=(x_1-x_2)^2+(x_2-x_3)^2+(x_3-x_1)^2$ 的秩为________。

(3) 已知实二次型 $f(x_1, x_2, x_3)=ax_1^2+2x_2^2+2x_3^2+4x_1x_2+4x_2x_3+4x_1x_3$ 经正交变换 $\boldsymbol{x}=\boldsymbol{P}\boldsymbol{y}$ 可化成标准形 $f=6y_1^2$，则 $a=$________。

(4) 若二次型 $f(x_1,x_2,x_3)=t(x_1^2+x_2^2+x_3^2)+2x_1x_2+2x_1x_3+2x_2x_3$ 是正定二次型，则 t 应满足不等式________。

(5) 二次型 $f(x_1,x_2,x_3)=x_1^2+3x_2^2+x_3^2+2x_1x_2+2x_1x_3+2x_2x_3$，则 f 的正惯性指数为________。

(6) 设二次型 $f(x_1,x_2,x_3)=x_1^2-x_2^2+2ax_1x_3+4x_2x_3$ 的负惯性指数为 1，则 a 的取值范围为________。

(7) 若二次曲面的方程 $x^2+3y^2+z^2+2axy+2xz+2yz=4$ 经正交变换化为 $y_1^2+4z_1^2=4$，则 $a=$________。

(8) 设二次型 $f(x_1,x_2,x_3)=\boldsymbol{x}^{\mathrm{T}}\boldsymbol{A}\boldsymbol{x}$ 的秩为 1，矩阵 $\boldsymbol{A}$ 的各行元素之和为 3，则二次型 f 在正交变换 $\boldsymbol{x}=\boldsymbol{Q}\boldsymbol{y}$ 下的标准形为________。

(9) 二次型 $f(x_1,x_2,x_3)=(x_1+x_2)^2+(x_2-x_3)^2+(x_3+x_1)^2$ 的规范形为________。

(10) 实二次型 $f(x_1,x_2,x_3)=x_1^2+2x_2x_3$ 的规范形为________。

3. 解答题

(1) 设二次型 $f(x_1,x_2,x_3)=\boldsymbol{x}^{\mathrm{T}}\boldsymbol{A}\boldsymbol{x}=ax_1^2+2x_2^2-2x_3^2+2bx_1x_3\ (b>0)$，其中二次型的矩阵 $\boldsymbol{A}$ 的特征值之和为 1，特征值之积为 -12。

(ⅰ) 求 a，b 的值；

(ⅱ) 利用正交变换将二次型 f 化为标准形，并写出所用的正交变换和对应的正交矩阵。

(2) 设有 n 元实二次型

$$f(x_1,x_2,\cdots,x_n)=(x_1+a_1x_2)^2+(x_2+a_2x_3)^2+\cdots+(x_{n-1}+a_{n-1}x_n)^2+(x_n+a_nx_1)^2$$

其中 $a_i(i=1,2,\cdots,n)$ 为实数，试问当 $a_1,a_2,\cdots,a_n$ 满足何种条件时，二次型 $f(x_1,x_2,\cdots,x_n)$ 为正定二次型。

(3) 设 $\boldsymbol{A}$ 为 3 阶实对称矩阵，且满足条件 $\boldsymbol{A}^2+2\boldsymbol{A}=\boldsymbol{O}$，已知 $r(\boldsymbol{A})=2$。

(ⅰ) 求 $\boldsymbol{A}$ 的全部特征值；

(ⅱ) 当 k 为何值时，$\boldsymbol{A}+k\boldsymbol{E}$ 为正定矩阵，其中 $\boldsymbol{E}$ 为 3 阶单位矩阵。

(4) 设 $\boldsymbol{D}=\begin{pmatrix}\boldsymbol{A} & \boldsymbol{C}\\ \boldsymbol{C}^{\mathrm{T}} & \boldsymbol{B}\end{pmatrix}$ 为正定矩阵，其中 $\boldsymbol{A}$，$\boldsymbol{B}$ 分别为 m 阶、n 阶对称矩阵，$\boldsymbol{C}$ 为 $m\times n$ 矩阵。

(ⅰ) 计算 $\boldsymbol{P}^{\mathrm{T}}\boldsymbol{D}\boldsymbol{P}$，其中 $\boldsymbol{P}=\begin{pmatrix}\boldsymbol{E}_m & -\boldsymbol{A}^{-1}\boldsymbol{C}\\ \boldsymbol{O} & \boldsymbol{E}_n\end{pmatrix}$；

(ⅱ) 利用(ⅰ)的结果判断矩阵 $\boldsymbol{B}-\boldsymbol{C}^{\mathrm{T}}\boldsymbol{A}^{-1}\boldsymbol{C}$ 是否为正定矩阵，并加以证明。

(5) 已知二次型 $f(x_1,x_2,x_3)=(1-a)x_1^2+(1-a)x_2^2+2x_3^2+2(1+a)x_1x_2$ 的秩为 2。

(ⅰ) 求 a 的值；

(ⅱ) 求正交变换 $\boldsymbol{x}=\boldsymbol{Q}\boldsymbol{y}$，将二次型 $f(x_1,x_2,x_3)$ 化为标准形；

(ⅲ) 求方程 $f(x_1,x_2,x_3)=0$ 的解。

(6) 已知二次曲面方程 $x^2+ay^2+z^2+2bxy+2xz+2yz=4$ 经过正交变换 $(x,y,z)^{\mathrm{T}}=\boldsymbol{Q}(\xi,\eta,\zeta)^{\mathrm{T}}$ 化为椭圆柱面方程 $\eta^2+4\zeta^2=4$，求 a，b 的值和正交矩阵 $\boldsymbol{Q}$。

(7) 求椭圆 $x^2+4xy+5y^2=1$ 的面积。

(8) 设二次型 $f(x_1, x_2, x_3)=\boldsymbol{x}^{\mathrm{T}}\boldsymbol{A}\boldsymbol{x}=x_1^2+x_2^2+x_3^2+2ax_1x_2+2x_1x_3+2bx_2x_3$ 经正交变换 $\boldsymbol{x}=\boldsymbol{Q}\boldsymbol{y}$ 化为标准形 $f=y_2^2+2y_3^2$，求 a，b 的值及一个正交矩阵。

(9) 设 $\boldsymbol{A}$ 为 m 阶正定矩阵，$\boldsymbol{B}$ 为 $m\times n$ 实矩阵，$\boldsymbol{B}^{\mathrm{T}}$ 为 $\boldsymbol{B}$ 的转置矩阵，证明：$\boldsymbol{B}^{\mathrm{T}}\boldsymbol{A}\boldsymbol{B}$ 为正定矩阵的充分必要条件是 $\boldsymbol{B}$ 的秩 $r(\boldsymbol{B})=n$。

(10) 设二次型 $f(x_1, x_2, x_3)=2(a_1x_1+a_2x_2+a_3x_3)^2+(b_1x_1+b_2x_2+b_3x_3)^2$，记

$$\boldsymbol{\alpha}=(a_1, a_2, a_3)^{\mathrm{T}},\ \boldsymbol{\beta}=(b_1, b_2, b_3)^{\mathrm{T}}$$

(ⅰ) 证明二次型 f 的矩阵为 $2\boldsymbol{\alpha}\boldsymbol{\alpha}^{\mathrm{T}}+\boldsymbol{\beta}\boldsymbol{\beta}^{\mathrm{T}}$；

(ⅱ) 若 $\boldsymbol{\alpha}$，$\boldsymbol{\beta}$ 正交且均为单位向量，证明 f 在正交变换下的标准形为 $2y_1^2+y_2^2$。

(11) 已知 $\boldsymbol{A}$ 是 3 阶实对称矩阵，$\boldsymbol{\alpha}_1=(1, -1, -1)^{\mathrm{T}}$，$\boldsymbol{\alpha}_2=(-2, 1, 0)^{\mathrm{T}}$ 是齐次线性方程组 $\boldsymbol{A}\boldsymbol{x}=\boldsymbol{0}$ 的解，又 $(\boldsymbol{A}-6\boldsymbol{E})\boldsymbol{\alpha}=\boldsymbol{0}(\boldsymbol{\alpha}\neq\boldsymbol{0})$。

(ⅰ) 求 $\boldsymbol{\alpha}$ 和二次型 $\boldsymbol{x}^{\mathrm{T}}\boldsymbol{A}\boldsymbol{x}$ 的表达式；

(ⅱ) 用正交变换 $\boldsymbol{x}=\boldsymbol{Q}\boldsymbol{y}$ 化二次型 $\boldsymbol{x}^{\mathrm{T}}\boldsymbol{A}\boldsymbol{x}$ 为标准形，并写出所用的正交变换；

(ⅲ) 求 $(\boldsymbol{A}-3\boldsymbol{E})^6$。

(12) 设二次型 $f(x_1, x_2, x_3)=2x_1^2-x_2^2+ax_3^2+2x_1x_2-8x_1x_3+2x_2x_3$ 在正交变换 $\boldsymbol{x}=\boldsymbol{Q}\boldsymbol{y}$ 下的标准形为 $\lambda_1y_1^2+\lambda_2y_2^2$，求 a 的值及一个正交矩阵。

(13) 已知 $\boldsymbol{A}=\begin{pmatrix}1 & 0 & 1\\ 0 & 1 & 1\\ -1 & 0 & a\\ 0 & a & -1\end{pmatrix}$，二次型 $f(x_1, x_2, x_3)=\boldsymbol{x}^{\mathrm{T}}(\boldsymbol{A}^{\mathrm{T}}\boldsymbol{A})\boldsymbol{x}$ 的秩为 2。

(ⅰ) 求实数 a 的值；

(ⅱ) 用正交变换 $\boldsymbol{x}=\boldsymbol{Q}\boldsymbol{y}$ 将二次型 $f(x_1, x_2, x_3)$ 化为标准形。

(14) 设二次型 $f(x_1, x_2, x_3)=\boldsymbol{x}^{\mathrm{T}}\boldsymbol{A}\boldsymbol{x}$ 经过正交变换 $\boldsymbol{x}=\boldsymbol{Q}\boldsymbol{y}$ 化为 $f=-y_1^2+3y_2^2+by_3^2$，其中 $\boldsymbol{Q}=\begin{pmatrix}\frac{1}{\sqrt{3}} & k_{12} & k_{13}\\ \frac{1}{\sqrt{3}} & k_{22} & k_{23}\\ \frac{1}{\sqrt{3}} & k_{32} & k_{33}\end{pmatrix}$，又 $|\boldsymbol{A}|=-9$，求矩阵 $\boldsymbol{A}$。

(15) 已知二次型 $f(x_1, x_2, x_3)=\boldsymbol{x}^{\mathrm{T}}\boldsymbol{A}\boldsymbol{x}$ 在正交变换 $\boldsymbol{x}=\boldsymbol{Q}\boldsymbol{y}$ 下的标准形为 $y_1^2+y_2^2$，且 $\boldsymbol{Q}$ 的第 3 列为 $\left(\frac{\sqrt{2}}{2}, 0, \frac{\sqrt{2}}{2}\right)^{\mathrm{T}}$。

(ⅰ) 求矩阵 $\boldsymbol{A}$；

(ⅱ) 证明 $\boldsymbol{A}+\boldsymbol{E}$ 为正定矩阵，其中 $\boldsymbol{E}$ 为 3 阶单位矩阵。

(16) 设二次型 $f(x_1, x_2, x_3)=(x_1-x_2+x_3)^2+(x_2+x_3)^2+(x_1+ax_3)^2=0$，其中 a 是参数。

(ⅰ) 求 $f(x_1, x_2, x_3)=0$ 的解；

(ⅱ) 求 $f(x_1, x_2, x_3)$ 的规范形。

(17) 设二次型 $f(x_1, x_2, x_3)=5x_1^2+ax_2^2+3x_3^2-2x_1x_2+6x_1x_3-6x_2x_3$ 的矩阵合同于 $\begin{bmatrix}1&0&0\\0&1&0\\0&0&0\end{bmatrix}$。

(ⅰ) 求常数 a；

(ⅱ) 用正交变换将二次型 $f(x_1, x_2, x_3)$ 化为标准形。

(18) 设二次型 $f(x_1, x_2, x_3)=\boldsymbol{x}^{\mathrm{T}}\boldsymbol{A}\boldsymbol{x}$ 经过正交变换化为标准形 $f=2y_1^2-y_2^2-y_3^2$，又 $\boldsymbol{A}^*\boldsymbol{\alpha}=\boldsymbol{\alpha}$，其中 $\boldsymbol{A}^*$ 是 $\boldsymbol{A}$ 的伴随矩阵，$\boldsymbol{\alpha}=(1, 1, -1)^{\mathrm{T}}$。

(ⅰ) 求矩阵 $\boldsymbol{A}$；

(ⅱ) 求正交矩阵 $\boldsymbol{Q}$，使得经过正交变换 $\boldsymbol{x}=\boldsymbol{Q}\boldsymbol{y}$，二次型 $f(x_1, x_2, x_3)=\boldsymbol{x}^{\mathrm{T}}\boldsymbol{A}\boldsymbol{x}$ 化为标准形。

(19) 设二次型 $f(x_1, x_2, x_3)=x_1^2+x_2^2+x_3^2+2ax_1x_2+2x_1x_3+2bx_2x_3$ 的秩为 1，且 $(0, 1, -1)^{\mathrm{T}}$ 为二次型矩阵 $\boldsymbol{A}$ 的特征向量。

(ⅰ) 求常数 a, b；

(ⅱ) 求正交变换 $\boldsymbol{x}=\boldsymbol{Q}\boldsymbol{y}$，将二次型 $\boldsymbol{x}^{\mathrm{T}}\boldsymbol{A}\boldsymbol{x}$ 化为标准形。

(20) 设二次型 $f(x_1, x_2, x_3)=x_1^2+x_2^2+x_3^2-2x_1x_2-2x_1x_3+2ax_2x_3(a<0)$ 通过正交变换化为标准形 $2y_1^2+2y_2^2+by_3^2$。

(ⅰ) 求常数 a, b；

(ⅱ) 求正交变换矩阵；

(ⅲ) 当 $\|\boldsymbol{x}\|=1$ 时，求二次型的最大值。

(21) 设二次型 $f(x_1, x_2, x_3)=a(x_1^2+x_2^2+x_3^2)+2x_1x_2+2x_1x_3-2x_2x_3$。

(ⅰ) 求正交变换 $\boldsymbol{x}=\boldsymbol{Q}\boldsymbol{y}$，将二次型化为标准形；

(ⅱ) 当 a 取何值时，二次型为正定的？此时，求坐标变换 $\boldsymbol{x}=\boldsymbol{C}\boldsymbol{y}$，将二次型化为规范形。

(22) 设实对称矩阵 $\boldsymbol{A}$ 满足 $\boldsymbol{A}^4-\boldsymbol{A}^3+\boldsymbol{A}^2-3\boldsymbol{A}+2\boldsymbol{E}=\boldsymbol{O}$。

(ⅰ) $\boldsymbol{A}$ 是否为正定矩阵，说明理由；

(ⅱ) 求矩阵 $\boldsymbol{A}$。

经典习题解答

1. 选择题

(1) **解** 应选(A)。

由于 $\boldsymbol{A}$ 为实对称矩阵，因此存在正交矩阵 $\boldsymbol{Q}$，使 $\boldsymbol{Q}^{-1}\boldsymbol{A}\boldsymbol{Q}=\boldsymbol{Q}^{\mathrm{T}}\boldsymbol{A}\boldsymbol{Q}$ 为对角矩阵，又 $\boldsymbol{A}$ 只有一个非零特征值 3，故 $\boldsymbol{B}$ 是由 $\boldsymbol{A}$ 的特征值构成的对角矩阵，因此 $\boldsymbol{A}$ 与 $\boldsymbol{B}$ 合同且相似，故选(A)。

(2) **解** 应选(B)。

$$|\lambda\boldsymbol{E}-\boldsymbol{A}|=\begin{vmatrix}\lambda-2&-1&-1\\-1&\lambda-2&-1\\-1&-1&\lambda-2\end{vmatrix}=\begin{vmatrix}\lambda-1&-1&-1\\0&\lambda-2&-1\\-\lambda+1&-1&\lambda-2\end{vmatrix}=(\lambda-4)(\lambda-1)^2$$

由 $|\lambda\boldsymbol{E}-\boldsymbol{A}|=0$，得 $\boldsymbol{A}$ 的特征值为 4，1，1，又 $\boldsymbol{B}$ 的特征值为 1，2，3，故 $\boldsymbol{A}$ 与 $\boldsymbol{B}$ 的特征值中正、负个数相同，从而 $\boldsymbol{A}$ 与 $\boldsymbol{B}$ 合同，但 $\boldsymbol{A}$ 与 $\boldsymbol{B}$ 的特征值不同，从而 $\boldsymbol{A}$ 与 $\boldsymbol{B}$ 不相似，故选(B)。

(3) **解**　应选(B)。

$$|\lambda\boldsymbol{E}-\boldsymbol{A}|=\begin{vmatrix}\lambda-2 & 1 & 1\\ 1 & \lambda-2 & 1\\ 1 & 1 & \lambda-2\end{vmatrix}=\begin{vmatrix}\lambda-3 & 1 & 1\\ 0 & \lambda-2 & 1\\ -\lambda+3 & 1 & \lambda-2\end{vmatrix}=\lambda(\lambda-3)^2$$

由 $|\lambda\boldsymbol{E}-\boldsymbol{A}|=0$，得 $\boldsymbol{A}$ 的特征值为 0，3，3，又 $\boldsymbol{B}$ 的特征值为 1，1，0，故 $\boldsymbol{A}$ 与 $\boldsymbol{B}$ 的特征值中正、负个数相同，从而 $\boldsymbol{A}$ 与 $\boldsymbol{B}$ 合同，但 $\boldsymbol{A}$ 与 $\boldsymbol{B}$ 的特征值不同，从而 $\boldsymbol{A}$ 与 $\boldsymbol{B}$ 不相似，故选(B)。

(4) **解**　应选(D)。

方法一　由于 $|\boldsymbol{A}|=\begin{vmatrix}1 & 2\\ 2 & 1\end{vmatrix}=-3<0$，因此 $\boldsymbol{A}$ 有两个互为异号的特征值。又 $\begin{vmatrix}1 & -2\\ -2 & 1\end{vmatrix}=-3<0$，故选项(D)的矩阵有两个互为异号的特征值，从而它与 $\boldsymbol{A}$ 合同，故选(D)。

方法二　由于 $|\boldsymbol{A}|=\begin{vmatrix}1 & 2\\ 2 & 1\end{vmatrix}=-3<0$，因此 $\boldsymbol{A}$ 有两个互为异号的特征值。又 $\begin{vmatrix}-2 & 1\\ 1 & -2\end{vmatrix}=3>0$，$\begin{vmatrix}2 & -1\\ -1 & 2\end{vmatrix}=3>0$，$\begin{vmatrix}2 & 1\\ 1 & 2\end{vmatrix}=3>0$，所以选项(A)、(B)、(C)中矩阵的两个特征值为同号，从而选项(A)、(B)、(C)不正确，故选(D)。

(5) **解**　应选(A)。

方法一　$|\lambda\boldsymbol{E}-\boldsymbol{A}|=\begin{vmatrix}\lambda & -3 & 0\\ -3 & \lambda & 0\\ 0 & 0 & \lambda-1\end{vmatrix}=(\lambda-1)(\lambda-3)(\lambda+3)=0$，由 $|\lambda\boldsymbol{E}-\boldsymbol{A}|=0$，得 $\boldsymbol{A}$ 的特征值为 1，3，-3。

令 $\boldsymbol{B}=\begin{pmatrix}4 & 0 & 0\\ 0 & 0 & 1\\ 0 & 1 & 0\end{pmatrix}$，$|\lambda\boldsymbol{E}-\boldsymbol{B}|=\begin{vmatrix}\lambda-4 & 0 & 0\\ 0 & \lambda & -1\\ 0 & -1 & \lambda\end{vmatrix}=(\lambda-4)(\lambda-1)(\lambda+1)$，由 $|\lambda\boldsymbol{E}-\boldsymbol{B}|=0$，得 $\boldsymbol{B}$ 的特征值为 4，1，-1，从而 $\boldsymbol{A}$ 与 $\boldsymbol{B}$ 合同但不相似，故选(A)。

方法二　$|\lambda\boldsymbol{E}-\boldsymbol{A}|=\begin{vmatrix}\lambda & -3 & 0\\ -3 & \lambda & 0\\ 0 & 0 & \lambda-1\end{vmatrix}=(\lambda-1)(\lambda-3)(\lambda+3)=0$，由 $|\lambda\boldsymbol{E}-\boldsymbol{A}|=0$，得 $\boldsymbol{A}$ 的特征值为 1，3，-3。由于 $\boldsymbol{B}=\begin{pmatrix}1 & 0 & 0\\ 0 & 3 & 0\\ 0 & 0 & -3\end{pmatrix}$ 的特征值与 $\boldsymbol{A}$ 的特征值相同，且 $\boldsymbol{A}$ 与 $\boldsymbol{B}$ 均为实对称矩阵，因此矩阵 $\boldsymbol{A}$ 与 $\boldsymbol{B}$ 合同且相似，从而选项(B)不正确。令 $\boldsymbol{C}=\begin{pmatrix}0 & 2 & 0\\ 2 & 4 & 0\\ 0 & 0 & -1\end{pmatrix}$，

$|\lambda \boldsymbol{E}-\boldsymbol{C}|=\begin{vmatrix}\lambda & -2 & 0\\ -2 & \lambda-4 & 0\\ 0 & 0 & \lambda+1\end{vmatrix}=(\lambda+1)(\lambda^2-4\lambda-4)$，由 $|\lambda \boldsymbol{E}-\boldsymbol{C}|=0$，得 $\boldsymbol{C}$ 的特征值为 $2+2\sqrt{2}$，$2-2\sqrt{2}$，-1，由于 $\boldsymbol{C}$ 的特征值中正、负个数与 $\boldsymbol{A}$ 的特征值中正、负个数不同，因此 $\boldsymbol{C}$ 与 $\boldsymbol{A}$ 不合同，从而选项(C)不正确。令 $\boldsymbol{D}=\begin{pmatrix}0 & 2 & 0\\ 2 & 2 & 0\\ 0 & 0 & 0\end{pmatrix}$，因为 $r(\boldsymbol{D})=2\neq 3=r(\boldsymbol{A})$，所以 $\boldsymbol{D}$ 与 $\boldsymbol{A}$ 不合同，从而选项(D)不正确。故选(A)。

(6) **解**　应选(C)。

由于二次型的矩阵 $\boldsymbol{A}=\begin{pmatrix}a & 1 & 1\\ 1 & a & 1\\ 1 & 1 & a\end{pmatrix}$，因此

$$|\lambda \boldsymbol{E}-\boldsymbol{A}|=\begin{vmatrix}\lambda-a & -1 & -1\\ -1 & \lambda-a & -1\\ -1 & -1 & \lambda-a\end{vmatrix}=(\lambda-a-2)\begin{vmatrix}1 & 1 & 1\\ -1 & \lambda-a & -1\\ -1 & -1 & \lambda-a\end{vmatrix}$$

$$=(\lambda-a-2)\begin{vmatrix}1 & 1 & 1\\ 0 & \lambda-a+1 & 0\\ 0 & 0 & \lambda-a+1\end{vmatrix}=(\lambda-a-2)(\lambda-a+1)^2$$

由 $|\lambda \boldsymbol{E}-\boldsymbol{A}|=0$，得矩阵 $\boldsymbol{A}$ 的特征值为 $\lambda_1=a+2$，$\lambda_2=\lambda_3=a-1$。

因为二次型 f 的正、负惯性指数分别为 1，2，所以 $\begin{cases}a+2>0\\ a-1<0\end{cases}$，解之，得 $-2<a<1$，故选(C)。

(7) **解**　应选(A)。

由于二次型 $f(x_1, x_2, x_3)$ 在正交变换 $\boldsymbol{x}=\boldsymbol{P}\boldsymbol{y}$ 下的标准形为 $2y_1^2+y_2^2-y_3^2$，因此二次型的矩阵 $\boldsymbol{A}$ 的特征值为 $\lambda_1=2$，$\lambda_2=1$，$\lambda_3=-1$，其对应的特征向量为 $\boldsymbol{\alpha}_1$，$\boldsymbol{\alpha}_2$，$\boldsymbol{\alpha}_3$，从而 $\boldsymbol{\alpha}_1$，$-\boldsymbol{\alpha}_3$，$\boldsymbol{\alpha}_2$ 为特征值 2，-1，1 对应的特征向量，所以 $f(x_1, x_2, x_3)$ 在正交变换 $\boldsymbol{x}=\boldsymbol{Q}\boldsymbol{y}$ 下的标准形为 $2y_1^2-y_2^2+y_3^2$，故选(A)。

(8) **解**　应选(B)。

由于 $\boldsymbol{Q}$ 的列向量为 $\boldsymbol{A}$ 的特征向量，因此 $\frac{1}{\sqrt{6}}(1, 2, 1)^{\mathrm{T}}$ 为 $\boldsymbol{A}$ 的特征向量，从而 $(1, 2, 1)^{\mathrm{T}}$ 仍为 $\boldsymbol{A}$ 的特征向量，设其对应的特征值为 λ，则 $\begin{pmatrix}0 & -1 & 4\\ -1 & 3 & a\\ 4 & a & 0\end{pmatrix}\begin{pmatrix}1\\ 2\\ 1\end{pmatrix}=\lambda\begin{pmatrix}1\\ 2\\ 1\end{pmatrix}$，从而 $\begin{cases}-2+4=\lambda\\ 4+2a=\lambda\end{cases}$，解之，得 $a=-1$，故选(B)。

(9) **解**　应选(A)。

设二次型 $f=\boldsymbol{x}^{\mathrm{T}}\boldsymbol{A}\boldsymbol{x}$ 经过正交变换 $\boldsymbol{x}=\boldsymbol{Q}\boldsymbol{y}$ 化为 $f=\lambda_1 y_1^2+\lambda_2 y_2^2+\lambda_3 y_3^2$。取 $\boldsymbol{y}=(1, 0, 0)^{\mathrm{T}}$，则 $f=\boldsymbol{x}^{\mathrm{T}}\boldsymbol{A}\boldsymbol{x}=\lambda_1=0$，同理 $\lambda_2=\lambda_3=0$。又 $\boldsymbol{A}$ 是实对称矩阵，故 $\boldsymbol{A}$ 与对角矩阵 $\boldsymbol{\Lambda}$ 相似，且 $\boldsymbol{\Lambda}$ 的主对角元素为 $\boldsymbol{A}$ 的特征值全为零，由于 $r(\boldsymbol{A})=r(\boldsymbol{\Lambda})=0$，因此 $\boldsymbol{A}=\boldsymbol{O}$，故

选(A)。

(10) **解**　应选(A)。

方法一　由于 $f(1,0,0)=2>0$，因此选项(B)不正确。二次型的矩阵 $A=\begin{pmatrix}2&-2&0\\-2&1&-1\\0&-1&-4\end{pmatrix}$，对矩阵 A 作初等行变换，得 $A\to\begin{pmatrix}2&-2&0\\0&-1&-1\\0&0&-3\end{pmatrix}$，则 $r(A)=3$，从而选项(C)不正确。由于 $f(0,0,1)=-4<0$，因此选项(D)不正确。故选(A)。

方法二

$$\begin{aligned}f(x_1,x_2,x_3)&=2x_1^2+x_2^2-4x_3^2-4x_1x_2-2x_2x_3=2(x_1+x_2)^2-x_2^2-4x_3^2-2x_2x_3\\&=2(x_1+x_2)^2-(x_2+x_3)^2-3x_3^2\end{aligned}$$

作可逆变换 $y_1=x_1+x_2$，$y_2=x_2+x_3$，$y_3=x_3$，则二次型的标准形为 $2y_1^2-y_2^2-3y_3^2$，故选(A)。

(11) **解**　应选(C)。

设 λ 为 A 的特征值，由 $A^2+A=2E$，得 $\lambda^2+\lambda=2$，则 A 的特征值为 1 或 -2，再由 $|A|=4$，得 A 的三个特征值 $\lambda_1,\lambda_2,\lambda_3$ 满足 $\lambda_1\lambda_2\lambda_3=4$，则 A 的特征值为 $\lambda_1=1$，$\lambda_2=\lambda_3=-2$，即 A 的正惯性指数为 1，负惯性指数为 2，从而二次型 x^TAx 的规范形为 $y_1^2-y_2^2-y_3^2$，故选(C)。

(12) **解**　应选(B)。

二次型的矩阵 $A=\begin{pmatrix}1&2&2\\2&1&2\\2&2&1\end{pmatrix}$，则 $|\lambda E-A|=\begin{vmatrix}\lambda-1&-2&-2\\-2&\lambda-1&-2\\-2&-2&\lambda-1\end{vmatrix}=(\lambda+1)^2(\lambda-5)$，

由 $|\lambda E-A|=0$，得 A 的特征值为 $\lambda_1=5$，$\lambda_2=\lambda_3=-1$，从而二次型 f 在正交变换下的标准形为 $f=5y_1^2-y_2^2-y_3^2$，即二次曲面的方程为 $5y_1^2-y_2^2-y_3^2=2$，它在空间直角坐标系下表示双叶双曲面，故选(B)。

(13) **解**　应选(C)。

方法一　取 $A=\begin{pmatrix}2&0&0\\0&0&0\\0&0&0\end{pmatrix}$，$B=\begin{pmatrix}0&1&1\\0&0&1\\0&0&1\end{pmatrix}$，则 A，B 非零特征值的个数都为 1，但 $r(A)=1\neq2=r(B)$，从而选项(A)不正确。取 $A=\begin{pmatrix}1&0\\0&-1\end{pmatrix}$，$B=\begin{pmatrix}1&0\\0&2\end{pmatrix}$，则 A^2 与 B^2 的正惯性指数都为 2，即 A^2 与 B^2 合同，但 A 与 B 不合同，所以选项(B)不正确。取 $A=\begin{pmatrix}1&0\\0&4\end{pmatrix}$，$B=\begin{pmatrix}0&4\\1&0\end{pmatrix}$，则 A 与 B 等价，但 A 与 B 不合同，从而选项(D)不正确。故选(C)。

方法二　若 n 阶实对称矩阵 A 与 B 合同，则存在可逆矩阵 P，使得 $P^TAP=B$，从而 $r(A)=r(B)$，即 A 与 B 等价，故选(C)。

(14) **解**　应选(D)。

方法一　若 A 为正定矩阵，则 A^T，A^{-1}，A^*，A^TA 为正定矩阵，若 A 与 B 均为正定矩阵，则 $A+B$ 为正定矩阵，从而选项(A)、(B)、(C)不正确，故选(D)。

方法二　取$A=\begin{pmatrix}2&1\\1&2\end{pmatrix}$，$B=\begin{pmatrix}1&1\\1&2\end{pmatrix}$，则$A$与$B$均为正定矩阵，由于$AB=\begin{pmatrix}3&4\\3&5\end{pmatrix}$不是对称矩阵，因此$AB$不是正定矩阵，故选(D)。

2. 填空题

(1) **解**　对二次型的矩阵A作初等行变换，得

$$A=\begin{pmatrix}2&1&1\\1&a&-1\\1&-1&2\end{pmatrix}\to\begin{pmatrix}1&-1&2\\1&a&-1\\2&1&1\end{pmatrix}\to\begin{pmatrix}1&-1&2\\0&a+1&-3\\0&3&-3\end{pmatrix}$$

$$\to\begin{pmatrix}1&-1&2\\0&3&-3\\0&a+1&-3\end{pmatrix}\to\begin{pmatrix}1&-1&2\\0&3&-3\\0&a-2&0\end{pmatrix}$$

由于二次型的秩为2，即$r(A)=2$，因此$a=2$。

(2) **解**　方法一　设$A=\begin{pmatrix}1&-1&0\\0&1&-1\\-1&0&1\end{pmatrix}$，则$A\begin{pmatrix}x_1\\x_2\\x_3\end{pmatrix}=\begin{pmatrix}x_1-x_2\\x_2-x_3\\x_3-x_1\end{pmatrix}$，从而$A^TA$为所给二次型的矩阵，又$r(A^TA)=r(A)=2$，故二次型的秩为2。

方法二　由于$f(x_1,x_2,x_3)=2x_1^2+2x_2^2+2x_3^2-2x_1x_2-2x_1x_3-2x_2x_3$，因此二次型的矩阵$A=\begin{pmatrix}2&-1&-1\\-1&2&-1\\-1&-1&2\end{pmatrix}$，又$A=\begin{pmatrix}2&-1&-1\\-1&2&-1\\-1&-1&2\end{pmatrix}\to\begin{pmatrix}1&1&-2\\-1&2&-1\\2&-1&-1\end{pmatrix}\to\begin{pmatrix}1&1&-2\\0&3&-3\\0&0&0\end{pmatrix}$，故$r(A)=2$，从而二次型的秩为2。

(3) **解**　二次型的矩阵$A=\begin{pmatrix}a&2&2\\2&2&2\\2&2&2\end{pmatrix}$，由于二次型经正交变换化为标准形$6y_1^2$，因此$A$的特征值为6，0，0，从而$a+2+2=6$，故$a=2$。

(4) **解**　二次型的矩阵$A=\begin{pmatrix}t&1&1\\1&t&1\\1&1&t\end{pmatrix}$，由于二次型是正定二次型，因此矩阵$A$的各阶顺序主子式均大于零，即$t>0$，$\begin{vmatrix}t&1\\1&t\end{vmatrix}=t^2-1>0$，$\begin{vmatrix}t&1&1\\1&t&1\\1&1&t\end{vmatrix}=(t+2)(t-1)^2>0$，解之，得$t$应满足不等式$t>1$。

(5) **解**　由于二次型的矩阵$A=\begin{pmatrix}1&1&1\\1&3&1\\1&1&1\end{pmatrix}$，因此

$$|\lambda E-A|=\begin{vmatrix}\lambda-1&-1&-1\\-1&\lambda-3&-1\\-1&-1&\lambda-1\end{vmatrix}=\lambda(\lambda-1)(\lambda-4)$$

由 $|\lambda \boldsymbol{E}-\boldsymbol{A}|=0$，得 $\boldsymbol{A}$ 的特征值为 0，1，4，故二次型的正惯性指数为 2。

（6）**解**　由于

$$\begin{aligned} f(x_1, x_2, x_3) &= x_1^2-x_2^2+2ax_1x_3+4x_2x_3 \\ &= x_1^2+2ax_1x_3+(ax_3)^2-x_2^2+4x_2x_3-(2x_3)^2+4x_3^2-a^2x_3^2 \\ &= (x_1+ax_3)^2-(x_2-2x_3)^2+(4-a^2)x_3^2 \end{aligned}$$

且二次型 f 的负惯性指数为 1，因此 $4-a^2 \geqslant 0$，故 $-2 \leqslant a \leqslant 2$。

（7）**解**　二次型的矩阵 $\boldsymbol{A}=\begin{pmatrix} 1 & a & 1 \\ a & 3 & 1 \\ 1 & 1 & 1 \end{pmatrix}$，由于二次型经正交变换化成标准形 $y_1^2+4z_1^2$，因此矩阵 $\boldsymbol{A}$ 的特征值为 1，4，0，从而 $r(\boldsymbol{A})=2$。又

$$\boldsymbol{A}=\begin{pmatrix} 1 & a & 1 \\ a & 3 & 1 \\ 1 & 1 & 1 \end{pmatrix} \rightarrow \begin{pmatrix} 1 & 1 & 1 \\ 1 & a & 1 \\ a & 3 & 1 \end{pmatrix} \rightarrow \begin{pmatrix} 1 & 1 & 1 \\ 0 & a-1 & 0 \\ 0 & 3-a & 1-a \end{pmatrix}$$

故 $a=1$。

（8）**解**　由于 $\boldsymbol{A}$ 是实对称矩阵，且 $r(\boldsymbol{A})=1$，因此 $\boldsymbol{A}$ 只有一个非零特征值。又 $\boldsymbol{A}$ 的各行元素之和为 3，故 $\boldsymbol{A}$ 的非零特征值为 3，从而二次型 f 在正交变换 $\boldsymbol{x}=\boldsymbol{Q}\boldsymbol{y}$ 下的标准形为 $3y_1^2$。

（9）**解**　二次型的矩阵 $\boldsymbol{A}=\begin{pmatrix} 2 & 1 & 1 \\ 1 & 2 & -1 \\ 1 & -1 & 2 \end{pmatrix}$，则

$$|\lambda \boldsymbol{E}-\boldsymbol{A}|=\begin{vmatrix} \lambda-2 & -1 & -1 \\ -1 & \lambda-2 & 1 \\ -1 & 1 & \lambda-2 \end{vmatrix}=\lambda(\lambda-3)^2$$

由 $|\lambda \boldsymbol{E}-\boldsymbol{A}|=0$，得 $\boldsymbol{A}$ 特征值为 0，3，3，从而二次型的规范形为 $y_1^2+y_2^2$（或 $y_1^2+y_3^2$ 或 $y_2^2+y_3^2$）。

（10）**解**　令 $\begin{cases} x_1=y_1 \\ x_2=y_2+y_3 \\ x_3=y_2-y_3 \end{cases}$，则该变换为可逆变换，从而二次型的标准形为 $y_1^2+2y_2^2-2y_3^2$，故二次型的规范形为 $z_1^2+z_2^2-z_3^2$。

3. 解答题

（1）**解**　（ⅰ）二次型的矩阵 $\boldsymbol{A}=\begin{pmatrix} a & 0 & b \\ 0 & 2 & 0 \\ b & 0 & -2 \end{pmatrix}$，设 $\boldsymbol{A}$ 的特征值为 $\lambda_i (i=1, 2, 3)$，则

$$\lambda_1+\lambda_2+\lambda_3=a+2+(-2)=1, \quad \lambda_1\lambda_2\lambda_3=\begin{vmatrix} a & 0 & b \\ 0 & 2 & 0 \\ b & 0 & -2 \end{vmatrix}=-4a-2b^2=-12$$

解之，得 $a=1$，$b=2$。

（ⅱ）当 $a=1$，$b=2$ 时，$|\lambda\boldsymbol{E}-\boldsymbol{A}|=\begin{vmatrix}\lambda-1 & 0 & -2\\ 0 & \lambda-2 & 0\\ -2 & 0 & \lambda+2\end{vmatrix}=(\lambda-2)^2(\lambda+3)$，由 $|\lambda\boldsymbol{E}-\boldsymbol{A}|=0$，得 $\boldsymbol{A}$ 的特征值 $\lambda_1=\lambda_2=2$，$\lambda_3=-3$。

将 $\lambda=2$ 代入 $(\lambda\boldsymbol{E}-\boldsymbol{A})\boldsymbol{x}=\boldsymbol{0}$，得 $(2\boldsymbol{E}-\boldsymbol{A})\boldsymbol{x}=\boldsymbol{0}$，由

$$2\boldsymbol{E}-\boldsymbol{A}=\begin{pmatrix}1 & 0 & -2\\ 0 & 0 & 0\\ -2 & 0 & 4\end{pmatrix}\rightarrow\begin{pmatrix}1 & 0 & -2\\ 0 & 0 & 0\\ 0 & 0 & 0\end{pmatrix}$$

得基础解系为 $\boldsymbol{\xi}_1=(2,0,1)^{\mathrm{T}}$，$\boldsymbol{\xi}_2=(0,1,0)^{\mathrm{T}}$，从而 $\boldsymbol{A}$ 的对应于特征值 $\lambda_1=\lambda_2=2$ 的特征向量为 $\boldsymbol{\xi}_1=(2,0,1)^{\mathrm{T}}$，$\boldsymbol{\xi}_2=(0,1,0)^{\mathrm{T}}$。

将 $\lambda=-3$ 代入 $(\lambda\boldsymbol{E}-\boldsymbol{A})\boldsymbol{x}=\boldsymbol{0}$，得 $(-3\boldsymbol{E}-\boldsymbol{A})\boldsymbol{x}=\boldsymbol{0}$，由

$$-3\boldsymbol{E}-\boldsymbol{A}=\begin{pmatrix}-4 & 0 & -2\\ 0 & -5 & 0\\ -2 & 0 & -1\end{pmatrix}\rightarrow\begin{pmatrix}2 & 0 & 1\\ 0 & 1 & 0\\ 0 & 0 & 0\end{pmatrix}$$

得基础解系为 $\boldsymbol{\xi}_3=(1,0,-2)^{\mathrm{T}}$，从而 $\boldsymbol{A}$ 的对应于特征值 $\lambda_3=-3$ 的特征向量为 $\boldsymbol{\xi}_3=(1,0,-2)^{\mathrm{T}}$。

由于 $\boldsymbol{\xi}_1$，$\boldsymbol{\xi}_2$，$\boldsymbol{\xi}_3$ 已经是正交向量组，因此将 $\boldsymbol{\xi}_1$，$\boldsymbol{\xi}_2$，$\boldsymbol{\xi}_3$ 单位化，得

$$\boldsymbol{\eta}_1=\left(\frac{2}{\sqrt{5}},0,\frac{1}{\sqrt{5}}\right)^{\mathrm{T}},\ \boldsymbol{\eta}_2=(0,1,0)^{\mathrm{T}},\ \boldsymbol{\eta}_3=\left(\frac{1}{\sqrt{5}},0,-\frac{2}{\sqrt{5}}\right)^{\mathrm{T}}$$

取 $\boldsymbol{Q}=(\boldsymbol{\eta}_1,\boldsymbol{\eta}_2,\boldsymbol{\eta}_3)=\begin{pmatrix}\frac{2}{\sqrt{5}} & 0 & \frac{1}{\sqrt{5}}\\ 0 & 1 & 0\\ \frac{1}{\sqrt{5}} & 0 & -\frac{2}{\sqrt{5}}\end{pmatrix}$，则 $\boldsymbol{Q}$ 为正交矩阵，使得 $\boldsymbol{Q}^{\mathrm{T}}\boldsymbol{A}\boldsymbol{Q}=\begin{pmatrix}2 & 0 & 0\\ 0 & 2 & 0\\ 0 & 0 & -3\end{pmatrix}$，作正交变换 $\boldsymbol{x}=\boldsymbol{Q}\boldsymbol{y}$，则二次型可化为标准形 $f=2y_1^2+2y_2^2-3y_3^2$。

(2) **解** 由于对于任意的实数 x_1，x_2，…，x_n，有 $f(x_1,x_2,\cdots,x_n)\geqslant0$，其中等号成立当且仅当

$$\begin{cases}x_1+a_1x_2=0\\ x_2+a_2x_3=0\\ \quad\vdots\\ x_{n-1}+a_{n-1}x_n=0\\ x_n+a_nx_1=0\end{cases}$$

且该齐次线性方程组仅有零解的充分必要条件是其系数行列式

$$\begin{vmatrix}1 & a_1 & 0 & \cdots & 0 & 0\\ 0 & 1 & a_2 & \cdots & 0 & 0\\ \vdots & \vdots & \vdots & & \vdots & \vdots\\ 0 & 0 & 0 & \cdots & 1 & a_{n-1}\\ a_n & 0 & 0 & \cdots & 0 & 1\end{vmatrix}=1+(-1)^{n+1}a_1a_2\cdots a_n\neq0$$

因此当 $1+(-1)^{n+1}a_1a_2\cdots a_n\neq 0$ 时，对于任意不全为零的 $x_1, x_2, \cdots, x_n$，有

$$f(x_1, x_2, \cdots, x_n) > 0$$

即当 $a_1a_2\cdots a_n\neq(-1)^n$ 时，二次型 $f(x_1, x_2, \cdots, x_n)$ 为正定二次型。

(3) **解**　(ⅰ) 设 λ 为 $\boldsymbol{A}$ 的特征值，对应的特征向量为 $\boldsymbol{\alpha}$，则 $\boldsymbol{A\alpha}=\lambda\boldsymbol{\alpha}(\boldsymbol{\alpha}\neq\boldsymbol{0})$，$\boldsymbol{A}^2\boldsymbol{\alpha}=\lambda^2\boldsymbol{\alpha}$，从而 $(\boldsymbol{A}^2+2\boldsymbol{A})\boldsymbol{\alpha}=(\lambda^2+2\lambda)\boldsymbol{\alpha}$。由 $\boldsymbol{A}^2+2\boldsymbol{A}=\boldsymbol{O}$，得 $(\lambda^2+2\lambda)\boldsymbol{\alpha}=\boldsymbol{0}$，但 $\boldsymbol{\alpha}\neq\boldsymbol{0}$，从而 $\lambda^2+2\lambda=0$，解之，得 $\lambda=-2$，$\lambda=0$。又 $\boldsymbol{A}$ 是实对称矩阵，故 $\boldsymbol{A}$ 必可对角化，且 $r(\boldsymbol{A})=2$，从而 $\boldsymbol{A}$ 与对角矩阵 $\boldsymbol{\Lambda}=\begin{pmatrix}-2&&\\&-2&\\&&0\end{pmatrix}$ 相似，故 $\boldsymbol{A}$ 的全部特征值为 $\lambda_1=-2$，$\lambda_2=-2$，$\lambda_3=0$。

(ⅱ) 由于 $\boldsymbol{A}$ 为实对称矩阵，因此 $\boldsymbol{A}+k\boldsymbol{E}$ 为实对称矩阵。由 $\boldsymbol{A}$ 的特征值，得 $\boldsymbol{A}+k\boldsymbol{E}$ 的全部特征值为 $-2+k$，$-2+k$，k，故当 $k>2$ 时，矩阵 $\boldsymbol{A}+k\boldsymbol{E}$ 的全部特征值大于零，即矩阵 $\boldsymbol{A}+k\boldsymbol{E}$ 为正定矩阵。

(4) **解**　(ⅰ) 由于 $\boldsymbol{P}^{\mathrm{T}}=\begin{pmatrix}\boldsymbol{E}_m&\boldsymbol{O}\\-\boldsymbol{C}^{\mathrm{T}}\boldsymbol{A}^{-1}&\boldsymbol{E}_n\end{pmatrix}$，因此

$$\begin{aligned}\boldsymbol{P}^{\mathrm{T}}\boldsymbol{D}\boldsymbol{P}&=\begin{pmatrix}\boldsymbol{E}_m&\boldsymbol{O}\\-\boldsymbol{C}^{\mathrm{T}}\boldsymbol{A}^{-1}&\boldsymbol{E}_n\end{pmatrix}\begin{pmatrix}\boldsymbol{A}&\boldsymbol{C}\\\boldsymbol{C}^{\mathrm{T}}&\boldsymbol{B}\end{pmatrix}\begin{pmatrix}\boldsymbol{E}_m&-\boldsymbol{A}^{-1}\boldsymbol{C}\\\boldsymbol{O}&\boldsymbol{E}_n\end{pmatrix}\\&=\begin{pmatrix}\boldsymbol{A}&\boldsymbol{C}\\\boldsymbol{O}&\boldsymbol{B}-\boldsymbol{C}^{\mathrm{T}}\boldsymbol{A}^{-1}\boldsymbol{C}\end{pmatrix}\begin{pmatrix}\boldsymbol{E}_m&-\boldsymbol{A}^{-1}\boldsymbol{C}\\\boldsymbol{O}&\boldsymbol{E}_n\end{pmatrix}=\begin{pmatrix}\boldsymbol{A}&\boldsymbol{O}\\\boldsymbol{O}&\boldsymbol{B}-\boldsymbol{C}^{\mathrm{T}}\boldsymbol{A}^{-1}\boldsymbol{C}\end{pmatrix}\end{aligned}$$

(ⅱ) 由(ⅰ)知，矩阵 $\boldsymbol{D}$ 合同于矩阵 $\boldsymbol{M}=\begin{pmatrix}\boldsymbol{A}&\boldsymbol{O}\\\boldsymbol{O}&\boldsymbol{B}-\boldsymbol{C}^{\mathrm{T}}\boldsymbol{A}^{-1}\boldsymbol{C}\end{pmatrix}$，由于 $\boldsymbol{D}$ 为正定矩阵，因此 $\boldsymbol{M}$ 为正定矩阵。又 $\boldsymbol{M}$ 为对称矩阵，故 $\boldsymbol{B}-\boldsymbol{C}^{\mathrm{T}}\boldsymbol{A}^{-1}\boldsymbol{C}$ 为对称矩阵，从而对 m 维列向量 $\boldsymbol{x}=(0, 0, \cdots, 0)^{\mathrm{T}}$ 及任意的 n 维列向量 $\boldsymbol{y}=(y_1, y_2, \cdots, y_n)^{\mathrm{T}}\neq\boldsymbol{0}$，有

$$(\boldsymbol{x}^{\mathrm{T}}, \boldsymbol{y}^{\mathrm{T}})\begin{pmatrix}\boldsymbol{A}&\boldsymbol{O}\\\boldsymbol{O}&\boldsymbol{B}-\boldsymbol{C}^{\mathrm{T}}\boldsymbol{A}^{-1}\boldsymbol{C}\end{pmatrix}\begin{pmatrix}\boldsymbol{x}\\\boldsymbol{y}\end{pmatrix}>0$$

即 $\boldsymbol{y}^{\mathrm{T}}(\boldsymbol{B}-\boldsymbol{C}^{\mathrm{T}}\boldsymbol{A}^{-1}\boldsymbol{C})\boldsymbol{y}>0$，故 $\boldsymbol{B}-\boldsymbol{C}^{\mathrm{T}}\boldsymbol{A}^{-1}\boldsymbol{C}$ 为正定矩阵。

(5) **解**　(ⅰ) 由于二次型 f 的秩为 2，因此二次型的矩阵 $\boldsymbol{A}=\begin{pmatrix}1-a&1+a&0\\1+a&1-a&0\\0&0&2\end{pmatrix}$ 的秩为 2，从而 $|\boldsymbol{A}|=0$，由 $|\boldsymbol{A}|=2\begin{vmatrix}1-a&1+a\\1+a&1-a\end{vmatrix}=-8a=0$，得 $a=0$。

(ⅱ) 当 $a=0$ 时，$\boldsymbol{A}=\begin{pmatrix}1&1&0\\1&1&0\\0&0&2\end{pmatrix}$，$|\lambda\boldsymbol{E}-\boldsymbol{A}|=\begin{vmatrix}\lambda-1&-1&0\\-1&\lambda-1&0\\0&0&\lambda-2\end{vmatrix}=(\lambda-2)^2\lambda$，由 $|\lambda\boldsymbol{E}-\boldsymbol{A}|=0$，得 $\boldsymbol{A}$ 的特征值为 $\lambda_1=\lambda_2=2$，$\lambda_3=0$。

将 $\lambda=2$ 代入 $(\lambda\boldsymbol{E}-\boldsymbol{A})\boldsymbol{x}=\boldsymbol{0}$，得 $(2\boldsymbol{E}-\boldsymbol{A})\boldsymbol{x}=\boldsymbol{0}$，由

$$2\boldsymbol{E}-\boldsymbol{A}=\begin{pmatrix}1&-1&0\\-1&1&0\\0&0&0\end{pmatrix}\rightarrow\begin{pmatrix}1&-1&0\\0&0&0\\0&0&0\end{pmatrix}$$

得基础解系为 $\boldsymbol{\xi}_1=(1, 1, 0)^{\mathrm{T}}$，$\boldsymbol{\xi}_2=(0, 0, 1)^{\mathrm{T}}$，从而 $\boldsymbol{A}$ 的对应于特征值 $\lambda_1=\lambda_2=2$ 的特征向量为 $\boldsymbol{\xi}_1=(1, 1, 0)^{\mathrm{T}}$，$\boldsymbol{\xi}_2=(0, 0, 1)^{\mathrm{T}}$。

将 $\lambda=0$ 代入 $(\lambda\boldsymbol{E}-\boldsymbol{A})\boldsymbol{x}=\boldsymbol{0}$，得 $(0\boldsymbol{E}-\boldsymbol{A})\boldsymbol{x}=\boldsymbol{0}$，由

$$0\boldsymbol{E}-\boldsymbol{A}=\begin{pmatrix}-1 & -1 & 0\\ -1 & -1 & 0\\ 0 & 0 & -2\end{pmatrix}\rightarrow\begin{pmatrix}1 & 1 & 0\\ 0 & 0 & 1\\ 0 & 0 & 0\end{pmatrix}$$

得基础解系为 $\boldsymbol{\xi}_3=(-1, 1, 0)^{\mathrm{T}}$，从而 $\boldsymbol{A}$ 的对应于特征值 $\lambda_3=0$ 的特征向量为 $\boldsymbol{\xi}_3=(-1, 1, 0)^{\mathrm{T}}$。

由于 $\boldsymbol{\xi}_1$，$\boldsymbol{\xi}_2$，$\boldsymbol{\xi}_3$ 已经是正交向量组，因此将 $\boldsymbol{\xi}_1$，$\boldsymbol{\xi}_2$，$\boldsymbol{\xi}_3$ 单位化，得

$$\boldsymbol{\eta}_1=\frac{1}{\sqrt{2}}(1, 1, 0)^{\mathrm{T}}, \boldsymbol{\eta}_2=(0, 0, 1)^{\mathrm{T}}, \boldsymbol{\eta}_3=\frac{1}{\sqrt{2}}(-1, 1, 0)^{\mathrm{T}}$$

取 $\boldsymbol{Q}=(\boldsymbol{\eta}_1, \boldsymbol{\eta}_2, \boldsymbol{\eta}_3)$，则 $\boldsymbol{Q}$ 为正交矩阵，作正交变换 $\boldsymbol{x}=\boldsymbol{Q}\boldsymbol{y}$，从而二次型可化为标准形

$$f(x_1, x_2, x_3)=\boldsymbol{x}^{\mathrm{T}}\boldsymbol{A}\boldsymbol{x}=\boldsymbol{y}^{\mathrm{T}}(\boldsymbol{Q}^{\mathrm{T}}\boldsymbol{A}\boldsymbol{Q})\boldsymbol{y}=2y_1^2+2y_2^2$$

（ⅲ）方法一　在正交变换 $\boldsymbol{x}=\boldsymbol{Q}\boldsymbol{y}$ 下，方程 $f(x_1, x_2, x_3)=0$ 化为 $2y_1^2+2y_2^2=0$，解之，得 $y_1=y_2=0$，从而方程的通解为 $\boldsymbol{x}=\boldsymbol{Q}(0, 0, y_3)^{\mathrm{T}}=(\boldsymbol{\xi}_1, \boldsymbol{\xi}_2, \boldsymbol{\xi}_3)(0, 0, y_3)^{\mathrm{T}}=k(-1, 1, 0)^{\mathrm{T}}$，其中 k 为任意常数。

方法二　当 $a=0$ 时，方程为

$$f(x_1, x_2, x_3)=x_1^2+x_2^2+2x_3^2+2x_1x_2=(x_1+x_2)^2+2x_3^2=0,$$

从而 $\begin{cases}x_1+x_2=0\\ x_3=0\end{cases}$，解之，得方程的通解为 $\boldsymbol{x}=k(-1, 1, 0)^{\mathrm{T}}$，其中 k 为任意常数。

(6) **解**　由于正交变换前后二次型的矩阵分别为 $\boldsymbol{A}=\begin{pmatrix}1 & b & 1\\ b & a & 1\\ 1 & 1 & 1\end{pmatrix}$ 与 $\begin{pmatrix}0 & & \\ & 1 & \\ & & 4\end{pmatrix}$，且它们相似，因此 $\boldsymbol{A}$ 的特征值为 $\lambda_1=0$，$\lambda_2=1$，$\lambda_3=4$，由特征值之和等于矩阵 $\boldsymbol{A}$ 的迹，得 $a=3$，再由 $\lambda_1=0$，得 $|\boldsymbol{A}|=0$，故 $b=1$。

当 $a=3$，$b=1$ 时，$\boldsymbol{A}=\begin{pmatrix}1 & 1 & 1\\ 1 & 3 & 1\\ 1 & 1 & 1\end{pmatrix}$，将 $\lambda=0$ 代入 $(\lambda\boldsymbol{E}-\boldsymbol{A})\boldsymbol{x}=\boldsymbol{0}$，得 $(0\boldsymbol{E}-\boldsymbol{A})\boldsymbol{x}=\boldsymbol{0}$，由

$$0\boldsymbol{E}-\boldsymbol{A}=\begin{pmatrix}-1 & -1 & -1\\ -1 & -3 & -1\\ -1 & -1 & -1\end{pmatrix}\rightarrow\begin{pmatrix}1 & 0 & 1\\ 0 & 1 & 0\\ 0 & 0 & 0\end{pmatrix}$$

得基础解系为 $\boldsymbol{\alpha}_1=(1, 0, -1)^{\mathrm{T}}$，从而 $\boldsymbol{A}$ 的对应于特征值 $\lambda_1=0$ 的特征向量为 $\boldsymbol{\alpha}_1=(1, 0, -1)^{\mathrm{T}}$。

将 $\lambda=1$ 代入 $(\lambda\boldsymbol{E}-\boldsymbol{A})\boldsymbol{x}=\boldsymbol{0}$，得 $(\boldsymbol{E}-\boldsymbol{A})\boldsymbol{x}=\boldsymbol{0}$，由

$$\boldsymbol{E}-\boldsymbol{A}=\begin{pmatrix}0 & -1 & -1\\ -1 & -2 & -1\\ -1 & -1 & 0\end{pmatrix}\rightarrow\begin{pmatrix}1 & 0 & -1\\ 0 & 1 & 1\\ 0 & 0 & 0\end{pmatrix}$$

得基础解系为 $\boldsymbol{\alpha}_2=(1, -1, 1)^{\mathrm{T}}$，从而 $\boldsymbol{A}$ 的对应于特征值 $\lambda_2=1$ 的特征向量为

$\boldsymbol{\alpha}_2=(1,-1,1)^{\mathrm{T}}$。

将 $\lambda=4$ 代入 $(\lambda\boldsymbol{E}-\boldsymbol{A})\boldsymbol{x}=\boldsymbol{0}$，得 $(4\boldsymbol{E}-\boldsymbol{A})\boldsymbol{x}=\boldsymbol{0}$，由

$$4\boldsymbol{E}-\boldsymbol{A}=\begin{pmatrix}3 & -1 & -1\\ -1 & 1 & -1\\ -1 & -1 & 3\end{pmatrix}\to\begin{pmatrix}1 & 0 & -1\\ 0 & 1 & -2\\ 0 & 0 & 0\end{pmatrix}$$

得基础解系为 $\boldsymbol{\alpha}_3=(1,2,1)^{\mathrm{T}}$，从而 $\boldsymbol{A}$ 的对应于特征值 $\lambda_3=4$ 的特征向量为 $\boldsymbol{\alpha}_3=(1,2,1)^{\mathrm{T}}$。

将 $\boldsymbol{\alpha}_1$，$\boldsymbol{\alpha}_2$，$\boldsymbol{\alpha}_3$ 单位化，得

$$\boldsymbol{\beta}_1=\frac{1}{\sqrt{2}}(1,0,-1)^{\mathrm{T}},\ \boldsymbol{\beta}_2=\frac{1}{\sqrt{3}}(1,-1,1)^{\mathrm{T}},\ \boldsymbol{\beta}_3=\frac{1}{\sqrt{6}}(1,2,1)^{\mathrm{T}}$$

故正交变换所用的正交矩阵为 $\boldsymbol{Q}=(\boldsymbol{\beta}_1,\boldsymbol{\beta}_2,\boldsymbol{\beta}_3)=\begin{pmatrix}\frac{1}{\sqrt{2}} & \frac{1}{\sqrt{3}} & \frac{1}{\sqrt{6}}\\ 0 & -\frac{1}{\sqrt{3}} & \frac{2}{\sqrt{6}}\\ -\frac{1}{\sqrt{2}} & \frac{1}{\sqrt{3}} & \frac{1}{\sqrt{6}}\end{pmatrix}$。

(7) **解**　令 $f(x,y)=x^2+4xy+5y^2$，则 $f(x,y)$ 是一个二元二次型，其矩阵 $\boldsymbol{A}=\begin{pmatrix}1 & 2\\ 2 & 5\end{pmatrix}$，特征方程为 $|\lambda\boldsymbol{E}-\boldsymbol{A}|=\begin{vmatrix}\lambda-1 & -2\\ -2 & \lambda-5\end{vmatrix}=\lambda^2-6\lambda+1=0$。设 $\boldsymbol{A}$ 的两个特征值为 λ_1，λ_2，则两个特征值为正数且 $\lambda_1\lambda_2=1$。由于存在正交矩阵 $\boldsymbol{Q}$，经过正交变换 $\begin{pmatrix}x\\ y\end{pmatrix}=\boldsymbol{Q}\begin{pmatrix}u\\ v\end{pmatrix}$，二次型化为 $f=\lambda_1u^2+\lambda_2v^2$，且正交变换是保范变换(即经过正交变换向量的长度保持不变)，因此原椭圆可化为 $\lambda_1u^2+\lambda_2v^2=1$，从而所求的椭圆面积为 $S=\pi\times\frac{1}{\sqrt{\lambda_1}}\times\frac{1}{\sqrt{\lambda_2}}=\frac{\pi}{\sqrt{\lambda_1\lambda_2}}=\pi$。

(8) **解**　二次型的矩阵 $\boldsymbol{A}=\begin{pmatrix}1 & a & 1\\ a & 1 & b\\ 1 & b & 1\end{pmatrix}$，由于二次型 $f(x_1,x_2,x_3)=\boldsymbol{x}^{\mathrm{T}}\boldsymbol{A}\boldsymbol{x}$ 经过正交变换化为 $f=y_2^2+2y_3^2$，因此矩阵 $\boldsymbol{A}$ 的特征值为 $\lambda_1=0$，$\lambda_2=1$，$\lambda_3=2$，由特征值的性质，得

$$0=|\boldsymbol{A}|=\begin{vmatrix}1 & a & 1\\ a & 1 & b\\ 1 & b & 1\end{vmatrix}=\begin{vmatrix}1 & a & 1\\ a & 1 & b\\ 0 & b-a & 0\end{vmatrix}=-(b-a)\begin{vmatrix}1 & 1\\ a & b\end{vmatrix}=-(b-a)^2$$

从而 $a=b$。当 $a=b$ 时，由

$$0=|2\boldsymbol{E}-\boldsymbol{A}|=\begin{vmatrix}1 & -a & -1\\ -a & 1 & -a\\ -1 & -a & 1\end{vmatrix}=\begin{vmatrix}1 & -a & -1\\ -a & 1 & -a\\ 0 & -2a & 0\end{vmatrix}=-4a^2$$

得 $a=0$，$b=0$。

当 $a=0$，$b=0$ 时，将 $\lambda=0$ 代入 $(\lambda\boldsymbol{E}-\boldsymbol{A})\boldsymbol{x}=\boldsymbol{0}$，得 $(0\boldsymbol{E}-\boldsymbol{A})\boldsymbol{x}=\boldsymbol{0}$，由

$$0\boldsymbol{E}-\boldsymbol{A}=\begin{pmatrix}-1 & 0 & -1\\ 0 & -1 & 0\\ -1 & 0 & -1\end{pmatrix}\to\begin{pmatrix}1 & 0 & 1\\ 0 & 1 & 0\\ 0 & 0 & 0\end{pmatrix}$$

得基础解系为 $\boldsymbol{\alpha}_1=(-1,\ 0,\ 1)^{\mathrm{T}}$，从而 $\boldsymbol{A}$ 的对应于特征值 $\lambda_1=0$ 的特征向量为 $\boldsymbol{\alpha}_1=(-1,\ 0,\ 1)^{\mathrm{T}}$。

将 $\lambda=1$ 代入 $(\lambda\boldsymbol{E}-\boldsymbol{A})\boldsymbol{x}=\boldsymbol{0}$，得 $(\boldsymbol{E}-\boldsymbol{A})\boldsymbol{x}=\boldsymbol{0}$，由

$$\boldsymbol{E}-\boldsymbol{A}=\begin{pmatrix}0&0&-1\\0&0&0\\-1&0&0\end{pmatrix}\to\begin{pmatrix}1&0&0\\0&0&1\\0&0&0\end{pmatrix}$$

得基础解系为 $\boldsymbol{\alpha}_2=(0,\ 1,\ 0)^{\mathrm{T}}$，从而 $\boldsymbol{A}$ 的对应于特征值 $\lambda_2=1$ 的特征向量为 $\boldsymbol{\alpha}_2=(0,\ 1,\ 0)^{\mathrm{T}}$。

将 $\lambda_3=2$ 代入 $(\lambda\boldsymbol{E}-\boldsymbol{A})\boldsymbol{x}=\boldsymbol{0}$，得 $(2\boldsymbol{E}-\boldsymbol{A})\boldsymbol{x}=\boldsymbol{0}$，由

$$2\boldsymbol{E}-\boldsymbol{A}=\begin{pmatrix}1&0&-1\\0&1&0\\-1&0&1\end{pmatrix}\to\begin{pmatrix}1&0&-1\\0&1&0\\0&0&0\end{pmatrix}$$

得基础解系为 $\boldsymbol{\alpha}_3=(1,\ 0,\ 1)^{\mathrm{T}}$，从而 $\boldsymbol{A}$ 的对应于特征值 $\lambda_3=2$ 的特征向量为 $\boldsymbol{\alpha}_3=(1,\ 0,\ 1)^{\mathrm{T}}$。

将 $\boldsymbol{\alpha}_1$，$\boldsymbol{\alpha}_2$，$\boldsymbol{\alpha}_3$ 单位化，得

$$\boldsymbol{\beta}_1=\frac{1}{\sqrt{2}}(-1,\ 0,\ 1)^{\mathrm{T}},\quad \boldsymbol{\beta}_2=(0,\ 1,\ 0)^{\mathrm{T}},\quad \boldsymbol{\beta}_3=\frac{1}{\sqrt{2}}(1,\ 0,\ 1)^{\mathrm{T}}$$

故正交变换所用的正交矩阵为 $\boldsymbol{Q}=(\boldsymbol{\beta}_1,\ \boldsymbol{\beta}_2,\ \boldsymbol{\beta}_3)=\begin{pmatrix}-\frac{1}{\sqrt{2}}&0&\frac{1}{\sqrt{2}}\\0&1&0\\\frac{1}{\sqrt{2}}&0&\frac{1}{\sqrt{2}}\end{pmatrix}$。

(9) **证** 必要性 设 $\boldsymbol{B}^{\mathrm{T}}\boldsymbol{A}\boldsymbol{B}$ 为正定矩阵，则对于任意的 n 维列向量 $\boldsymbol{x}\neq\boldsymbol{0}$，有

$$\boldsymbol{x}^{\mathrm{T}}(\boldsymbol{B}^{\mathrm{T}}\boldsymbol{A}\boldsymbol{B})\boldsymbol{x}>0$$

即 $(\boldsymbol{B}\boldsymbol{x})^{\mathrm{T}}\boldsymbol{A}(\boldsymbol{B}\boldsymbol{x})>0$，又 $\boldsymbol{A}$ 为正定矩阵，故 $\boldsymbol{B}\boldsymbol{x}\neq\boldsymbol{0}$，从而齐次线性方程组 $\boldsymbol{B}\boldsymbol{x}=0$ 只有零解，故 $r(\boldsymbol{B})=n$。

充分性 由于 $(\boldsymbol{B}^{\mathrm{T}}\boldsymbol{A}\boldsymbol{B})^{\mathrm{T}}=\boldsymbol{B}^{\mathrm{T}}\boldsymbol{A}^{\mathrm{T}}\boldsymbol{B}=\boldsymbol{B}^{\mathrm{T}}\boldsymbol{A}\boldsymbol{B}$，因此 $\boldsymbol{B}^{\mathrm{T}}\boldsymbol{A}\boldsymbol{B}$ 为实对称矩阵。设 $r(\boldsymbol{B})=n$，则齐次线性方程组 $\boldsymbol{B}\boldsymbol{x}=\boldsymbol{0}$ 只有零解，从而对于任意的 n 维列向量 $\boldsymbol{x}\neq0$，$\boldsymbol{B}\boldsymbol{x}\neq\boldsymbol{0}$，又 $\boldsymbol{A}$ 为正定矩阵，故对于 $\boldsymbol{B}\boldsymbol{x}\neq\boldsymbol{0}$，有 $(\boldsymbol{B}\boldsymbol{x})^{\mathrm{T}}\boldsymbol{A}(\boldsymbol{B}\boldsymbol{x})>\boldsymbol{0}$，即当 $\boldsymbol{x}\neq\boldsymbol{0}$ 时，$\boldsymbol{x}^{\mathrm{T}}(\boldsymbol{B}^{\mathrm{T}}\boldsymbol{A}\boldsymbol{B})\boldsymbol{x}>0$，故 $\boldsymbol{B}^{\mathrm{T}}\boldsymbol{A}\boldsymbol{B}$ 为正定矩阵。

(10) **证** (ⅰ) 记 $\boldsymbol{x}=(x_1,\ x_2,\ x_3)^{\mathrm{T}}$，则

$$\begin{aligned}f(x_1,\ x_2,\ x_3)&=2\,(a_1x_1+a_2x_2+a_3x_3)^2+(b_1x_1+b_2x_2+b_3x_3)^2\\&=2\left[(x_1,\ x_2,\ x_3)\begin{pmatrix}a_1\\a_2\\a_3\end{pmatrix}(a_1,\ a_2,\ a_3)\begin{pmatrix}x_1\\x_2\\x_3\end{pmatrix}\right]\\&\quad+\left[(x_1,\ x_2,\ x_3)\begin{pmatrix}b_1\\b_2\\b_3\end{pmatrix}(b_1,\ b_2,\ b_3)\begin{pmatrix}x_1\\x_2\\x_3\end{pmatrix}\right]\\&=2\boldsymbol{x}^{\mathrm{T}}(\boldsymbol{\alpha}\boldsymbol{\alpha}^{\mathrm{T}})\boldsymbol{x}+\boldsymbol{x}^{\mathrm{T}}(\boldsymbol{\beta}\boldsymbol{\beta}^{\mathrm{T}})\boldsymbol{x}=\boldsymbol{x}^{\mathrm{T}}(2\boldsymbol{\alpha}\boldsymbol{\alpha}^{\mathrm{T}}+\boldsymbol{\beta}\boldsymbol{\beta}^{\mathrm{T}})\boldsymbol{x}\end{aligned}$$

又 $(2\boldsymbol{\alpha}\boldsymbol{\alpha}^{\mathrm{T}}+\boldsymbol{\beta}\boldsymbol{\beta}^{\mathrm{T}})^{\mathrm{T}}=(2\boldsymbol{\alpha}\boldsymbol{\alpha}^{\mathrm{T}})^{\mathrm{T}}+(\boldsymbol{\beta}\boldsymbol{\beta}^{\mathrm{T}})^{\mathrm{T}}=2\boldsymbol{\alpha}\boldsymbol{\alpha}^{\mathrm{T}}+\boldsymbol{\beta}\boldsymbol{\beta}^{\mathrm{T}}$，故二次型 f 的矩阵为 $2\boldsymbol{\alpha}\boldsymbol{\alpha}^{\mathrm{T}}+\boldsymbol{\beta}\boldsymbol{\beta}^{\mathrm{T}}$。

(ⅱ) 记 $\boldsymbol{A}=2\boldsymbol{\alpha}\boldsymbol{\alpha}^{\mathrm{T}}+\boldsymbol{\beta}\boldsymbol{\beta}^{\mathrm{T}}$，若 $\boldsymbol{\alpha}$，$\boldsymbol{\beta}$ 正交且均为单位向量，则

$$A\boldsymbol{\alpha}=(2\boldsymbol{\alpha}\boldsymbol{\alpha}^{\mathrm{T}}+\boldsymbol{\beta}\boldsymbol{\beta}^{\mathrm{T}})\boldsymbol{\alpha}=2\boldsymbol{\alpha},\ A\boldsymbol{\beta}=(2\boldsymbol{\alpha}\boldsymbol{\alpha}^{\mathrm{T}}+\boldsymbol{\beta}\boldsymbol{\beta}^{\mathrm{T}})\boldsymbol{\beta}=\boldsymbol{\beta}$$

从而 $\lambda_1=2$，$\lambda_2=1$ 是矩阵 $\boldsymbol{A}$ 的特征值，又

$$r(\boldsymbol{A})=r(2\boldsymbol{\alpha}\boldsymbol{\alpha}^{\mathrm{T}}+\boldsymbol{\beta}\boldsymbol{\beta}^{\mathrm{T}})\leqslant r(2\boldsymbol{\alpha}\boldsymbol{\alpha}^{\mathrm{T}})+r(\boldsymbol{\beta}\boldsymbol{\beta}^{\mathrm{T}})\leqslant 2$$

故 $\lambda_3=0$ 是矩阵 $\boldsymbol{A}$ 的另一特征值，从而 f 在正交变换下的标准形为 $2y_1^2+y_2^2$。

(11) **解**　(ⅰ) 由 $\boldsymbol{A}\boldsymbol{\alpha}_1=\boldsymbol{0}=0\boldsymbol{\alpha}_1$，$\boldsymbol{A}\boldsymbol{\alpha}_2=\boldsymbol{0}=0\boldsymbol{\alpha}_2$，得 $\lambda_1=\lambda_2=0$ 是矩阵 $\boldsymbol{A}$ 的特征值，矩阵 $\boldsymbol{A}$ 的对应于特征值 $\lambda_1=\lambda_2=0$ 的线性无关的特征向量为 $\boldsymbol{\alpha}_1$，$\boldsymbol{\alpha}_2$。由 $(\boldsymbol{A}-6\boldsymbol{E})\boldsymbol{\alpha}=\boldsymbol{0}$，即 $\boldsymbol{A}\boldsymbol{\alpha}=6\boldsymbol{\alpha}$，且 $\boldsymbol{\alpha}\neq\boldsymbol{0}$，得 $\lambda_3=6$ 是 $\boldsymbol{A}$ 的另一特征值。由于 $\boldsymbol{A}$ 是实对称矩阵，因此 $\boldsymbol{A}$ 的不同特征值对应的特征向量正交。设 $\boldsymbol{\alpha}=(x_1, x_2, x_3)^{\mathrm{T}}$ 是 $\boldsymbol{A}$ 的对应于特征值 $\lambda_3=6$ 的特征向量，则 $\boldsymbol{\alpha}$ 与 $\boldsymbol{\alpha}_1$，$\boldsymbol{\alpha}_2$ 均正交，即 $\begin{cases}x_1-x_2-x_3=0\\ -2x_1+x_2=0\end{cases}$，解之，得基础解系为 $\boldsymbol{\alpha}=(1, 2, -1)^{\mathrm{T}}$，从而 $\boldsymbol{A}$ 的对应于特征值 $\lambda_3=6$ 的特征向量为 $\boldsymbol{\alpha}=(1, 2, -1)^{\mathrm{T}}$。由 $\boldsymbol{A}(\boldsymbol{\alpha}_1, \boldsymbol{\alpha}_2, \boldsymbol{\alpha})=(\boldsymbol{0}, \boldsymbol{0}, 6\boldsymbol{\alpha})$，得

$$\boldsymbol{A}=(\boldsymbol{0}, \boldsymbol{0}, 6\boldsymbol{\alpha})(\boldsymbol{\alpha}_1, \boldsymbol{\alpha}_2, \boldsymbol{\alpha})^{-1}=\begin{pmatrix}0&0&6\\0&0&12\\0&0&-6\end{pmatrix}\begin{pmatrix}1&-2&1\\-1&1&2\\-1&0&-1\end{pmatrix}^{-1}=\begin{pmatrix}1&2&-1\\2&4&-2\\-1&-2&1\end{pmatrix}$$

故

$$f=\boldsymbol{x}^{\mathrm{T}}\boldsymbol{A}\boldsymbol{x}=x_1^2+4x_2^2+x_3^2+4x_1x_2-2x_1x_3-4x_2x_3$$

(ⅱ) 将 $\boldsymbol{\alpha}_1$，$\boldsymbol{\alpha}_2$ 正交化，得

$$\boldsymbol{\beta}_1=\boldsymbol{\alpha}_1=(1, -1, -1)^{\mathrm{T}}$$

$$\boldsymbol{\beta}_2=\boldsymbol{\alpha}_2-\frac{(\boldsymbol{\alpha}_2, \boldsymbol{\beta}_1)}{(\boldsymbol{\beta}_1, \boldsymbol{\beta}_1)}\boldsymbol{\beta}_1=(-2, 1, 0)^{\mathrm{T}}+(1, -1, -1)^{\mathrm{T}}=(-1, 0, -1)^{\mathrm{T}}$$

将 $\boldsymbol{\beta}_1$，$\boldsymbol{\beta}_2$，$\boldsymbol{\alpha}$ 单位化，得

$$\boldsymbol{\gamma}_1=\frac{1}{\sqrt{3}}(1, -1, -1)^{\mathrm{T}},\ \boldsymbol{\gamma}_2=\frac{1}{\sqrt{2}}(-1, 0, -1)^{\mathrm{T}},\ \boldsymbol{\gamma}_3=\frac{1}{\sqrt{6}}(1, 2, -1)^{\mathrm{T}}$$

取 $\boldsymbol{Q}=(\boldsymbol{\gamma}_1, \boldsymbol{\gamma}_2, \boldsymbol{\gamma}_3)=\begin{pmatrix}\frac{1}{\sqrt{3}}&-\frac{1}{\sqrt{2}}&\frac{1}{\sqrt{6}}\\-\frac{1}{\sqrt{3}}&0&\frac{2}{\sqrt{6}}\\-\frac{1}{\sqrt{3}}&-\frac{1}{\sqrt{2}}&-\frac{1}{\sqrt{6}}\end{pmatrix}$，则 $\boldsymbol{Q}$ 为正交矩阵，作正交变换 $\boldsymbol{x}=\boldsymbol{Q}\boldsymbol{y}$，则二次型化为标准形 $f=6y_3^2$。

(ⅲ) 由于 $\boldsymbol{Q}^{\mathrm{T}}\boldsymbol{A}\boldsymbol{Q}=\boldsymbol{\Lambda}=\begin{pmatrix}0&0&0\\0&0&0\\0&0&6\end{pmatrix}$，因此 $\boldsymbol{A}=\boldsymbol{Q}\boldsymbol{\Lambda}\boldsymbol{Q}^{\mathrm{T}}=\boldsymbol{Q}\begin{pmatrix}0&0&0\\0&0&0\\0&0&6\end{pmatrix}\boldsymbol{Q}^{\mathrm{T}}$，从而

$$(\boldsymbol{A}-3\boldsymbol{E})^6=(\boldsymbol{Q}\boldsymbol{\Lambda}\boldsymbol{Q}^{\mathrm{T}}-3\boldsymbol{Q}\boldsymbol{Q}^{\mathrm{T}})^6=[\boldsymbol{Q}(\boldsymbol{\Lambda}-3\boldsymbol{E})\boldsymbol{Q}^{\mathrm{T}}]^6=\boldsymbol{Q}(\boldsymbol{\Lambda}-3\boldsymbol{E})^6\boldsymbol{Q}^{\mathrm{T}}$$

$$=\boldsymbol{Q}\begin{pmatrix}-3&0&0\\0&-3&0\\0&0&3\end{pmatrix}^6\boldsymbol{Q}^{\mathrm{T}}=\boldsymbol{Q}\begin{pmatrix}(-3)^6&0&0\\0&(-3)^6&0\\0&0&3^6\end{pmatrix}\boldsymbol{Q}^{\mathrm{T}}=3^6\boldsymbol{E}$$

(12) **解**　由于二次型 f 在正交变换 $\boldsymbol{x}=\boldsymbol{Q}\boldsymbol{y}$ 下的标准形为 $\lambda_1y_1^2+\lambda_2y_2^2$，因此二次型的矩

阵 $\boldsymbol{A}=\begin{pmatrix}2 & 1 & -4\\1 & -1 & 1\\-4 & 1 & a\end{pmatrix}$ 有一个特征值为 0，从而 $|\boldsymbol{A}|=0$。

$$|\boldsymbol{A}|=\begin{vmatrix}2 & 1 & -4\\1 & -1 & 1\\-4 & 1 & a\end{vmatrix}=\begin{vmatrix}3 & 1 & -3\\0 & -1 & 0\\-3 & 1 & a+1\end{vmatrix}=-\begin{vmatrix}3 & -3\\-3 & a+1\end{vmatrix}=-3(a-2)$$

由 $|\boldsymbol{A}|=0$，得 $a=2$。

当 $a=2$ 时，$\boldsymbol{A}=\begin{pmatrix}2 & 1 & -4\\1 & -1 & 1\\-4 & 1 & 2\end{pmatrix}$，则

$$|\lambda\boldsymbol{E}-\boldsymbol{A}|=\begin{vmatrix}\lambda-2 & -1 & 4\\-1 & \lambda+1 & -1\\4 & -1 & \lambda-2\end{vmatrix}=\begin{vmatrix}\lambda+1 & \lambda-1 & \lambda+1\\-1 & \lambda+1 & -1\\4 & -1 & \lambda-2\end{vmatrix}$$

$$=\begin{vmatrix}\lambda & 2\lambda & \lambda\\-1 & \lambda+1 & -1\\4 & -1 & \lambda-2\end{vmatrix}=\lambda\begin{vmatrix}1 & 2 & 1\\-1 & \lambda+1 & -1\\4 & -1 & \lambda-2\end{vmatrix}=\lambda\begin{vmatrix}1 & 2 & 1\\0 & \lambda+3 & 0\\4 & -1 & \lambda-2\end{vmatrix}$$

$$=\lambda(\lambda+3)\begin{vmatrix}1 & 1\\4 & \lambda-2\end{vmatrix}=\lambda(\lambda+3)(\lambda-6)$$

由 $|\lambda\boldsymbol{E}-\boldsymbol{A}|=0$，得 $\boldsymbol{A}$ 的特征值为 $\lambda_1=-3$，$\lambda_2=6$，$\lambda_3=0$。

将 $\lambda=-3$ 代入 $(\lambda\boldsymbol{E}-\boldsymbol{A})\boldsymbol{x}=\boldsymbol{0}$，得 $(-3\boldsymbol{E}-\boldsymbol{A})\boldsymbol{x}=\boldsymbol{0}$，由

$$-3\boldsymbol{E}-\boldsymbol{A}=\begin{pmatrix}-5 & -1 & 4\\-1 & -2 & -1\\4 & -1 & -5\end{pmatrix}\to\begin{pmatrix}1 & 2 & 1\\-5 & -1 & 4\\4 & -1 & -5\end{pmatrix}\to\begin{pmatrix}1 & 2 & 1\\0 & 9 & 9\\0 & -9 & -9\end{pmatrix}\to\begin{pmatrix}1 & 2 & 1\\0 & 1 & 1\\0 & 0 & 0\end{pmatrix}$$

得基础解系为 $\boldsymbol{\xi}_1=(1,-1,1)^{\mathrm{T}}$，从而 $\boldsymbol{A}$ 的对应于特征值 $\lambda_1=-3$ 的特征向量为 $\boldsymbol{\xi}_1=(1,-1,1)^{\mathrm{T}}$。

将 $\lambda=6$ 代入 $(\lambda\boldsymbol{E}-\boldsymbol{A})\boldsymbol{x}=\boldsymbol{0}$，得 $(6\boldsymbol{E}-\boldsymbol{A})\boldsymbol{x}=\boldsymbol{0}$，由

$$6\boldsymbol{E}-\boldsymbol{A}=\begin{pmatrix}4 & -1 & 4\\-1 & 7 & -1\\4 & -1 & 4\end{pmatrix}\to\begin{pmatrix}1 & -7 & 1\\4 & -1 & 4\\0 & 0 & 0\end{pmatrix}\to\begin{pmatrix}1 & -7 & 1\\0 & 1 & 0\\0 & 0 & 0\end{pmatrix}$$

得基础解系为 $\boldsymbol{\xi}_2=(-1,0,1)^{\mathrm{T}}$，从而 $\boldsymbol{A}$ 的对应于特征值 $\lambda_2=6$ 的特征向量为 $\boldsymbol{\xi}_2=(-1,0,1)^{\mathrm{T}}$。

将 $\lambda=0$ 代入 $(\lambda\boldsymbol{E}-\boldsymbol{A})\boldsymbol{x}=\boldsymbol{0}$，得 $(0\boldsymbol{E}-\boldsymbol{A})\boldsymbol{x}=\boldsymbol{0}$，由

$$0\boldsymbol{E}-\boldsymbol{A}=\begin{pmatrix}-2 & -1 & 4\\-1 & 1 & -1\\4 & -1 & -2\end{pmatrix}\to\begin{pmatrix}1 & -1 & 1\\-2 & -1 & 4\\4 & -1 & -2\end{pmatrix}\to\begin{pmatrix}1 & -1 & 1\\0 & -3 & 6\\0 & 3 & -6\end{pmatrix}\to\begin{pmatrix}1 & -1 & 1\\0 & 1 & -2\\0 & 0 & 0\end{pmatrix}$$

得基础解系为 $\boldsymbol{\xi}_3=(1,2,1)^{\mathrm{T}}$，从而 $\boldsymbol{A}$ 的对应于特征值 $\lambda_3=0$ 的特征向量为 $\boldsymbol{\xi}_3=(1,2,1)^{\mathrm{T}}$。

将 $\boldsymbol{\xi}_1$，$\boldsymbol{\xi}_2$，$\boldsymbol{\xi}_3$ 单位化，得

$$\boldsymbol{\eta}_1=\left(\frac{1}{\sqrt{3}},-\frac{1}{\sqrt{3}},\frac{1}{\sqrt{3}}\right)^{\mathrm{T}},\ \boldsymbol{\eta}_2=\left(-\frac{1}{\sqrt{2}},0,\frac{1}{\sqrt{2}}\right)^{\mathrm{T}},\ \boldsymbol{\eta}_3=\left(\frac{1}{\sqrt{6}},\frac{2}{\sqrt{6}},\frac{1}{\sqrt{6}}\right)^{\mathrm{T}}$$

取 $\boldsymbol{Q}=(\boldsymbol{\eta}_1,\boldsymbol{\eta}_2,\boldsymbol{\eta}_3)=\begin{pmatrix}\frac{1}{\sqrt{3}} & -\frac{1}{\sqrt{2}} & \frac{1}{\sqrt{6}}\\ -\frac{1}{\sqrt{3}} & 0 & \frac{2}{\sqrt{6}}\\ \frac{1}{\sqrt{3}} & \frac{1}{\sqrt{2}} & \frac{1}{\sqrt{6}}\end{pmatrix}$，则 $\boldsymbol{Q}$ 为所求的一个正交矩阵，且在正交变换 $\boldsymbol{x}=\boldsymbol{Q}\boldsymbol{y}$ 下二次型可化为标准形 $f=-3y_1^2+6y_2^2$。

(13) **解**　(ⅰ) 由于 $r(\boldsymbol{A})=r(\boldsymbol{A}^{\mathrm{T}}\boldsymbol{A})=2$，对矩阵 $\boldsymbol{A}$ 作初等行变换，得

$$\boldsymbol{A}=\begin{pmatrix}1&0&1\\0&1&1\\-1&0&a\\0&a&-1\end{pmatrix}\to\begin{pmatrix}1&0&1\\0&1&1\\0&0&a+1\\0&0&-a-1\end{pmatrix}\to\begin{pmatrix}1&0&1\\0&1&1\\0&0&a+1\\0&0&0\end{pmatrix}$$

因此 $a=-1$。

(ⅱ) 当 $a=-1$ 时，$\boldsymbol{A}^{\mathrm{T}}\boldsymbol{A}=\begin{pmatrix}2&0&2\\0&2&2\\2&2&4\end{pmatrix}$。

$$|\lambda\boldsymbol{E}-\boldsymbol{A}^{\mathrm{T}}\boldsymbol{A}|=\begin{vmatrix}\lambda-2&0&-2\\0&\lambda-2&-2\\-2&-2&\lambda-4\end{vmatrix}=\begin{vmatrix}\lambda-2&2-\lambda&0\\0&\lambda-2&-2\\-2&-2&\lambda-4\end{vmatrix}=\lambda(\lambda-2)(\lambda-6)$$

由 $|\lambda\boldsymbol{E}-\boldsymbol{A}^{\mathrm{T}}\boldsymbol{A}|=0$，得 $\boldsymbol{A}^{\mathrm{T}}\boldsymbol{A}$ 的特征值为 $\lambda_1=2$，$\lambda_2=6$，$\lambda_3=0$。

将 $\lambda=2$ 代入 $(\lambda\boldsymbol{E}-\boldsymbol{A}^{\mathrm{T}}\boldsymbol{A})\boldsymbol{x}=\boldsymbol{0}$，得 $(2\boldsymbol{E}-\boldsymbol{A}^{\mathrm{T}}\boldsymbol{A})\boldsymbol{x}=\boldsymbol{0}$，由

$$2\boldsymbol{E}-\boldsymbol{A}^{\mathrm{T}}\boldsymbol{A}=\begin{pmatrix}0&0&-2\\0&0&-2\\-2&-2&-2\end{pmatrix}\to\begin{pmatrix}1&1&1\\0&0&1\\0&0&0\end{pmatrix}$$

得基础解系为 $\boldsymbol{\xi}_1=(1,-1,0)^{\mathrm{T}}$，从而 $\boldsymbol{A}^{\mathrm{T}}\boldsymbol{A}$ 的对应于特征值 $\lambda_1=2$ 的特征向量为 $\boldsymbol{\xi}_1=(1,-1,0)^{\mathrm{T}}$。

将 $\lambda=6$ 代入 $(\lambda\boldsymbol{E}-\boldsymbol{A}^{\mathrm{T}}\boldsymbol{A})\boldsymbol{x}=\boldsymbol{0}$，得 $(6\boldsymbol{E}-\boldsymbol{A}^{\mathrm{T}}\boldsymbol{A})\boldsymbol{x}=\boldsymbol{0}$，由

$$6\boldsymbol{E}-\boldsymbol{A}^{\mathrm{T}}\boldsymbol{A}=\begin{pmatrix}4&0&-2\\0&4&-2\\-2&-2&2\end{pmatrix}\to\begin{pmatrix}0&-4&2\\0&4&-2\\-2&-2&2\end{pmatrix}\to\begin{pmatrix}1&1&-1\\0&2&-1\\0&0&0\end{pmatrix}$$

得基础解系为 $\boldsymbol{\xi}_2=(1,1,2)^{\mathrm{T}}$，从而 $\boldsymbol{A}^{\mathrm{T}}\boldsymbol{A}$ 的对应于特征值 $\lambda_2=6$ 的特征向量为 $\boldsymbol{\xi}_2=(1,1,2)^{\mathrm{T}}$。

将 $\lambda=0$ 代入 $(\lambda\boldsymbol{E}-\boldsymbol{A}^{\mathrm{T}}\boldsymbol{A})\boldsymbol{x}=\boldsymbol{0}$，得 $(0\boldsymbol{E}-\boldsymbol{A}^{\mathrm{T}}\boldsymbol{A})\boldsymbol{x}=\boldsymbol{0}$，由

$$0\boldsymbol{E}-\boldsymbol{A}^{\mathrm{T}}\boldsymbol{A}=\begin{pmatrix}-2&0&-2\\0&-2&-2\\-2&-2&-4\end{pmatrix}\to\begin{pmatrix}0&2&2\\0&-2&-2\\-2&-2&-4\end{pmatrix}\to\begin{pmatrix}1&1&2\\0&1&1\\0&0&0\end{pmatrix}$$

得基础解系为 $\boldsymbol{\xi}_3=(1,1,-1)^{\mathrm{T}}$，从而 $\boldsymbol{A}^{\mathrm{T}}\boldsymbol{A}$ 的对应于特征值 $\lambda_3=0$ 的特征向量为 $\boldsymbol{\xi}_3=(1,1,-1)^{\mathrm{T}}$。

将 $\boldsymbol{\xi}_1$，$\boldsymbol{\xi}_2$，$\boldsymbol{\xi}_3$ 单位化，得

$$\boldsymbol{\eta}_1=\frac{1}{\sqrt{2}}(1,-1,0)^{\mathrm{T}},\ \boldsymbol{\eta}_2=\frac{1}{\sqrt{6}}(1,1,2)^{\mathrm{T}},\ \boldsymbol{\eta}_3=\frac{1}{\sqrt{3}}(1,1,-1)^{\mathrm{T}}$$

取 $\boldsymbol{Q}=(\boldsymbol{\eta}_1,\boldsymbol{\eta}_2,\boldsymbol{\eta}_3)=\begin{pmatrix}\frac{1}{\sqrt{2}} & \frac{1}{\sqrt{6}} & \frac{1}{\sqrt{3}}\\ -\frac{1}{\sqrt{2}} & \frac{1}{\sqrt{6}} & \frac{1}{\sqrt{3}}\\ 0 & \frac{2}{\sqrt{6}} & -\frac{1}{\sqrt{3}}\end{pmatrix}$，作正交变换 $\boldsymbol{x}=\boldsymbol{Q}\boldsymbol{y}$，则二次型可化为标准形 $f=2y_1^2+6y_2^2$。

(14) **解** 由于二次型 f 经过正交变换化为 $f=-y_1^2+3y_2^2+by_3^2$，因此二次型矩阵 $\boldsymbol{A}$ 的特征值为 $\lambda_1=-1$，$\lambda_2=3$，$\lambda_3=b$，由 $\lambda_1\lambda_2\lambda_3=|\boldsymbol{A}|=-9$，得 $b=3$。又 $\boldsymbol{A}$ 的对应于特征值 $\lambda_1=-1$ 的特征向量为 $\boldsymbol{\xi}_1=(1,1,1)^{\mathrm{T}}$，由于 $\boldsymbol{A}$ 是实对称矩阵，因此 $\boldsymbol{A}$ 的不同特征值对应的特征向量正交，设 $\boldsymbol{\xi}=(x_1,x_2,x_3)^{\mathrm{T}}$ 是 $\boldsymbol{A}$ 的对应于特征值 $\lambda_2=\lambda_3=3$ 的特征向量，则 $\boldsymbol{\xi}_1^{\mathrm{T}}\boldsymbol{\xi}=0$，即 $x_1+x_2+x_3=0$，解之，得基础解系为 $\boldsymbol{\xi}_2=(-1,1,0)^{\mathrm{T}}$，$\boldsymbol{\xi}_3=(-1,0,1)^{\mathrm{T}}$，从而 $\boldsymbol{A}$ 的对应于特征值 $\lambda_2=\lambda_3=3$ 的特征向量为 $\boldsymbol{\xi}_2=(-1,1,0)^{\mathrm{T}}$，$\boldsymbol{\xi}_3=(-1,0,1)^{\mathrm{T}}$。

取 $\boldsymbol{P}=(\boldsymbol{\xi}_1,\boldsymbol{\xi}_2,\boldsymbol{\xi}_3)=\begin{pmatrix}1 & -1 & -1\\ 1 & 1 & 0\\ 1 & 0 & 1\end{pmatrix}$，则 $\boldsymbol{P}$ 为可逆矩阵，使得 $\boldsymbol{P}^{-1}\boldsymbol{A}\boldsymbol{P}=\begin{pmatrix}-1 & 0 & 0\\ 0 & 3 & 0\\ 0 & 0 & 3\end{pmatrix}$，从而 $\boldsymbol{A}=\boldsymbol{P}\begin{pmatrix}-1 & 0 & 0\\ 0 & 3 & 0\\ 0 & 0 & 3\end{pmatrix}\boldsymbol{P}^{-1}=\frac{1}{3}\begin{pmatrix}5 & -4 & -4\\ -4 & 5 & -4\\ -4 & -4 & 5\end{pmatrix}$。

(15) **解** (ⅰ) 由于二次型 f 在正交变换 $\boldsymbol{x}=\boldsymbol{Q}\boldsymbol{y}$ 下的标准形为 $y_1^2+y_2^2$，因此二次型矩阵的特征值为 $\lambda_1=\lambda_2=1$，$\lambda_3=0$，又 $\boldsymbol{Q}$ 的第 3 列为 $\left(\frac{\sqrt{2}}{2},0,\frac{\sqrt{2}}{2}\right)^{\mathrm{T}}$，故 $\boldsymbol{A}$ 的对应于特征值 $\lambda_3=0$ 的特征向量为 $\boldsymbol{\xi}_3=(1,0,1)^{\mathrm{T}}$。由于 $\boldsymbol{A}$ 为实对称矩阵，因此 $\boldsymbol{A}$ 的不同特征值对应的特征向量正交，设 $\boldsymbol{\xi}=(x_1,x_2,x_3)^{\mathrm{T}}$ 是 $\boldsymbol{A}$ 的对应于特征值 $\lambda_1=\lambda_2=1$ 的特征向量，则 $\boldsymbol{\xi}_3^{\mathrm{T}}\boldsymbol{\xi}=0$，即 $x_1+x_3=0$，解之，得基础解系为 $\boldsymbol{\xi}_1=(0,1,0)^{\mathrm{T}}$，$\boldsymbol{\xi}_2=(-1,0,1)^{\mathrm{T}}$，从而 $\boldsymbol{A}$ 的对应于特征值 $\lambda_1=\lambda_2=1$ 的特征向量为 $\boldsymbol{\xi}_1=(0,1,0)^{\mathrm{T}}$，$\boldsymbol{\xi}_2=(-1,0,1)^{\mathrm{T}}$。

由于 $\boldsymbol{\xi}_1$，$\boldsymbol{\xi}_2$，$\boldsymbol{\xi}_3$ 已经是正交向量组，因此将 $\boldsymbol{\xi}_1$，$\boldsymbol{\xi}_2$，$\boldsymbol{\xi}_3$ 单位化，得

$$\boldsymbol{\eta}_1=(0,1,0)^{\mathrm{T}},\ \boldsymbol{\eta}_2=\left(-\frac{1}{\sqrt{2}},0,\frac{1}{\sqrt{2}}\right)^{\mathrm{T}},\ \boldsymbol{\eta}_3=\left(\frac{1}{\sqrt{2}},0,\frac{1}{\sqrt{2}}\right)^{\mathrm{T}}$$

取 $\boldsymbol{Q}=(\boldsymbol{\eta}_1,\boldsymbol{\eta}_2,\boldsymbol{\eta}_3)=\begin{pmatrix}0 & -\frac{1}{\sqrt{2}} & \frac{1}{\sqrt{2}}\\ 1 & 0 & 0\\ 0 & \frac{1}{\sqrt{2}} & \frac{1}{\sqrt{2}}\end{pmatrix}$，则 $\boldsymbol{Q}$ 是正交矩阵，使得 $\boldsymbol{Q}^{\mathrm{T}}\boldsymbol{A}\boldsymbol{Q}=\begin{pmatrix}1 & & \\ & 1 & \\ & & 0\end{pmatrix}$，从而

$$A=Q\begin{pmatrix}1&&\\&1&\\&&0\end{pmatrix}Q^{T}=\begin{pmatrix}0&-\frac{1}{\sqrt{2}}&\frac{1}{\sqrt{2}}\\1&0&0\\0&\frac{1}{\sqrt{2}}&\frac{1}{\sqrt{2}}\end{pmatrix}\begin{pmatrix}1&&\\&1&\\&&0\end{pmatrix}\begin{pmatrix}0&1&0\\-\frac{1}{\sqrt{2}}&0&\frac{1}{\sqrt{2}}\\\frac{1}{\sqrt{2}}&0&\frac{1}{\sqrt{2}}\end{pmatrix}=\begin{pmatrix}\frac{1}{2}&0&-\frac{1}{2}\\0&1&0\\-\frac{1}{2}&0&\frac{1}{2}\end{pmatrix}$$

（ⅱ）由于 $A+E=\begin{pmatrix}\frac{3}{2}&0&-\frac{1}{2}\\0&2&0\\-\frac{1}{2}&0&\frac{3}{2}\end{pmatrix}$ 是实对称矩阵，且 A 的特征值为 1，1，0，因此 $A+E$ 的特征值为 2，2，1，从而矩阵 $A+E$ 的特征值都大于零，故 $A+E$ 为正定矩阵。

（16）**解**　（ⅰ）由 $f(x_1, x_2, x_3)=(x_1-x_2+x_3)^2+(x_2+x_3)^2+(x_1+ax_3)^2=0$，得方程组

$$\begin{cases}x_1-x_2+x_3=0\\x_2+x_3=0\\x_1+ax_3=0\end{cases}$$

对齐次线性方程组的系数矩阵 A 作初等行变换，得

$$A=\begin{pmatrix}1&-1&1\\0&1&1\\1&0&a\end{pmatrix}\to\begin{pmatrix}1&-1&1\\0&1&1\\0&1&a-1\end{pmatrix}\to\begin{pmatrix}1&-1&1\\0&1&1\\0&0&a-2\end{pmatrix}$$

因此当 $a\neq2$ 时，齐次线性方程组只有零解。当 $a=2$ 时，齐次线性方程组的基础解系为 $\boldsymbol{\xi}=(-2, -1, 1)^T$，其通解为 $x=k(-2, -1, 1)^T$，其中 k 为任意常数。

（ⅱ）当 $a\neq2$ 时，令 $\begin{cases}y_1=x_1-x_2+x_3\\y_2=x_2+x_3\\y_3=x_1+ax_3\end{cases}$，即 $y=Ax$，由于 $|A|=\begin{vmatrix}1&-1&1\\0&1&1\\1&0&a\end{vmatrix}=a-2\neq0$，因此 $y=Ax$ 为可逆变换，且经过可逆变换 $y=Ax$，二次型可化为规范形 $f=y_1^2+y_2^2+y_3^2$。

当 $a=2$ 时，可采用以下两种方法：

方法一　二次型的矩阵为 $B=\begin{pmatrix}2&-1&3\\-1&2&0\\3&0&6\end{pmatrix}$，则

$$|\lambda E-B|=\begin{vmatrix}\lambda-2&1&-3\\1&\lambda-2&0\\-3&0&\lambda-6\end{vmatrix}=\lambda(\lambda^2-10\lambda+18)$$

由 $|\lambda E-B|=0$，得矩阵 B 的特征值为 $\lambda_1=5+\sqrt{7}$，$\lambda_2=5-\sqrt{7}$，$\lambda_3=0$，故二次型的规范形为 $f=y_1^2+y_2^2$。

方法二　由配方法，得

$$\begin{aligned}f(x_1, x_2, x_3)&=2x_1^2+2x_2^2+6x_3^2-2x_1x_2+6x_1x_3=2(x_1^2-x_1x_2+3x_1x_3)+2x_2^2+6x_3^2\\&=2\left(x_1-\frac{1}{2}x_2+\frac{3}{2}x_3\right)^2+\frac{3}{2}(x_2+x_3)^2\end{aligned}$$

令$\begin{cases} x_1-\dfrac{1}{2}x_2+\dfrac{3}{2}x_3=\dfrac{1}{\sqrt{2}}y_1 \\ x_2+x_3=\dfrac{2}{\sqrt{6}}y_2 \\ x_3=y_3 \end{cases}$，即$\begin{pmatrix} y_1 \\ y_2 \\ y_3 \end{pmatrix}=\begin{pmatrix} \sqrt{2} & -\dfrac{1}{\sqrt{2}} & \dfrac{3}{\sqrt{2}} \\ 0 & \dfrac{\sqrt{6}}{2} & \dfrac{\sqrt{6}}{2} \\ 0 & 0 & 1 \end{pmatrix}\begin{pmatrix} x_1 \\ x_2 \\ x_3 \end{pmatrix}=\boldsymbol{C}\begin{pmatrix} x_1 \\ x_2 \\ x_3 \end{pmatrix}$，则 $\boldsymbol{y}=\boldsymbol{Cx}$ 为可逆变换，且经过可逆变换 $\boldsymbol{y}=\boldsymbol{Cx}$，二次型可化为规范形 $f=y_1^2+y_2^2$。

(17) **解** (ⅰ) 由于二次型的矩阵 $\boldsymbol{A}=\begin{pmatrix} 5 & -1 & 3 \\ -1 & a & -3 \\ 3 & -3 & 3 \end{pmatrix}$ 与矩阵 $\begin{pmatrix} 1 & 0 & 0 \\ 0 & 1 & 0 \\ 0 & 0 & 0 \end{pmatrix}$ 合同，因此

$r(\boldsymbol{A})=2<3$，从而 $|\boldsymbol{A}|=0$，由 $|\boldsymbol{A}|=\begin{vmatrix} 5 & -1 & 3 \\ -1 & a & -3 \\ 3 & -3 & 3 \end{vmatrix}=3(2a-10)=0$，得 $a=5$。

(ⅱ) $\boldsymbol{A}=\begin{pmatrix} 5 & -1 & 3 \\ -1 & 5 & -3 \\ 3 & -3 & 3 \end{pmatrix}$，$|\lambda\boldsymbol{E}-\boldsymbol{A}|=\begin{vmatrix} \lambda-5 & 1 & -3 \\ 1 & \lambda-5 & 3 \\ -3 & 3 & \lambda-3 \end{vmatrix}=\lambda(\lambda-4)(\lambda-9)$，由 $|\lambda\boldsymbol{E}-\boldsymbol{A}|=0$，得 $\boldsymbol{A}$ 的特征值为 $\lambda_1=0$，$\lambda_2=4$，$\lambda_3=9$。

将 $\lambda=0$ 代入 $(\lambda\boldsymbol{E}-\boldsymbol{A})\boldsymbol{x}=\boldsymbol{0}$，得 $(0\boldsymbol{E}-\boldsymbol{A})\boldsymbol{x}=\boldsymbol{0}$，由

$$0\boldsymbol{E}-\boldsymbol{A}=\begin{pmatrix} -5 & 1 & -3 \\ 1 & -5 & 3 \\ -3 & 3 & -3 \end{pmatrix}\to\begin{pmatrix} 1 & -1 & 1 \\ 0 & -4 & 2 \\ 0 & -4 & 2 \end{pmatrix}\to\begin{pmatrix} 1 & -1 & 1 \\ 0 & 2 & -1 \\ 0 & 0 & 0 \end{pmatrix}$$

得基础解系为 $\boldsymbol{\xi}_1=(-1,1,2)^{\mathrm{T}}$，从而 $\boldsymbol{A}$ 的对应于特征值 $\lambda_1=0$ 的特征向量为 $\boldsymbol{\xi}_1=(-1,1,2)^{\mathrm{T}}$。

将 $\lambda=4$ 代入 $(\lambda\boldsymbol{E}-\boldsymbol{A})\boldsymbol{x}=\boldsymbol{0}$，得 $(4\boldsymbol{E}-\boldsymbol{A})\boldsymbol{x}=\boldsymbol{0}$，由

$$4\boldsymbol{E}-\boldsymbol{A}=\begin{pmatrix} -1 & 1 & -3 \\ 1 & -1 & 3 \\ -3 & 3 & 1 \end{pmatrix}\to\begin{pmatrix} 1 & -1 & 3 \\ 0 & 0 & 1 \\ 0 & 0 & 0 \end{pmatrix}$$

得基础解系为 $\boldsymbol{\xi}_2=(1,1,0)^{\mathrm{T}}$，从而 $\boldsymbol{A}$ 的对应于特征值 $\lambda_2=4$ 的特征向量为 $\boldsymbol{\xi}_2=(1,1,0)^{\mathrm{T}}$。

将 $\lambda=9$ 代入 $(\lambda\boldsymbol{E}-\boldsymbol{A})\boldsymbol{x}=\boldsymbol{0}$，得 $(9\boldsymbol{E}-\boldsymbol{A})\boldsymbol{x}=\boldsymbol{0}$，由

$$9\boldsymbol{E}-\boldsymbol{A}=\begin{pmatrix} 4 & 1 & -3 \\ 1 & 4 & 3 \\ -3 & 3 & 6 \end{pmatrix}\to\begin{pmatrix} 1 & -1 & -2 \\ 1 & 4 & 3 \\ 4 & 1 & -3 \end{pmatrix}\to\begin{pmatrix} 1 & -1 & -2 \\ 0 & 1 & 1 \\ 0 & 0 & 0 \end{pmatrix}\to\begin{pmatrix} 1 & 0 & -1 \\ 0 & 1 & 1 \\ 0 & 0 & 0 \end{pmatrix}$$

得基础解系为 $\boldsymbol{\xi}_3=(1,-1,1)^{\mathrm{T}}$，从而 $\boldsymbol{A}$ 的对应于特征值 $\lambda_3=9$ 的特征向量为 $\boldsymbol{\xi}_3=(1,-1,1)^{\mathrm{T}}$。

将 $\boldsymbol{\xi}_1$，$\boldsymbol{\xi}_2$，$\boldsymbol{\xi}_3$ 单位化，得

$$\boldsymbol{\eta}_1=\left(-\frac{1}{\sqrt{6}},\frac{1}{\sqrt{6}},\frac{2}{\sqrt{6}}\right)^{\mathrm{T}},\ \boldsymbol{\eta}_2=\left(\frac{1}{\sqrt{2}},\frac{1}{\sqrt{2}},0\right)^{\mathrm{T}},\ \boldsymbol{\eta}_3=\left(\frac{1}{\sqrt{3}},-\frac{1}{\sqrt{3}},\frac{1}{\sqrt{3}}\right)^{\mathrm{T}}$$

取 $Q=(\boldsymbol{\eta}_1,\boldsymbol{\eta}_2,\boldsymbol{\eta}_3)=\begin{pmatrix}-\frac{1}{\sqrt{6}} & \frac{1}{\sqrt{2}} & \frac{1}{\sqrt{3}}\\ \frac{1}{\sqrt{6}} & \frac{1}{\sqrt{2}} & -\frac{1}{\sqrt{3}}\\ \frac{2}{\sqrt{6}} & 0 & \frac{1}{\sqrt{3}}\end{pmatrix}$，则 Q 为正交矩阵，使得 $Q^{\mathrm{T}}AQ=\begin{pmatrix}0 & & \\ & 4 & \\ & & 9\end{pmatrix}$，作正交变换 $x=Qy$，则二次型可化为标准形

$$f(x_1,x_2,x_3)=x^{\mathrm{T}}Ax=y^{\mathrm{T}}(Q^{\mathrm{T}}AQ)y=4y_2^2+9y_3^2$$

(18) **解**　(ⅰ) 由于二次型经过正交变换化为标准形 $f=2y_1^2-y_2^2-y_3^2$，因此 A 的特征值为 $\lambda_1=2$，$\lambda_2=-1$，$\lambda_3=-1$，从而 A^* 的特征值为 $\mu_1=1$，$\mu_2=-2$，$\mu_3=-2$，由 $A^*\boldsymbol{\alpha}=\boldsymbol{\alpha}$，得 $(|A|E)\boldsymbol{\alpha}=AA^*\boldsymbol{\alpha}=A\boldsymbol{\alpha}$，从而 $A\boldsymbol{\alpha}=2\boldsymbol{\alpha}$，所以 $\boldsymbol{\alpha}=(1,1,-1)^{\mathrm{T}}$ 是矩阵 A 的对应于特征值 $\lambda_1=2$ 的特征向量。

由于 A 是实对称矩阵，因此不同特征值对应的特征向量正交，设 $x=(x_1,x_2,x_3)^{\mathrm{T}}$ 是矩阵 A 的对应于特征值 $\lambda_2=-1$，$\lambda_3=-1$ 的特征向量，则 $\boldsymbol{\alpha}^{\mathrm{T}}x=0$，即 $x_1+x_2-x_3=0$，从而 A 的对应于 $\lambda_2=-1$，$\lambda_3=-1$ 的线性无关的特征向量为 $\boldsymbol{\alpha}_2=(-1,1,0)^{\mathrm{T}}$，$\boldsymbol{\alpha}_3=(1,0,1)^{\mathrm{T}}$。

取 $P=(\boldsymbol{\alpha},\boldsymbol{\alpha}_2,\boldsymbol{\alpha}_3)=\begin{pmatrix}1 & -1 & 1\\ 1 & 1 & 0\\ -1 & 0 & 1\end{pmatrix}$，则 P 为可逆矩阵，使得

$$P^{-1}AP=\begin{pmatrix}2 & 0 & 0\\ 0 & -1 & 0\\ 0 & 0 & -1\end{pmatrix}$$

从而 $A=P\begin{pmatrix}2 & 0 & 0\\ 0 & -1 & 0\\ 0 & 0 & -1\end{pmatrix}P^{-1}=\begin{pmatrix}0 & 1 & -1\\ 1 & 0 & -1\\ -1 & -1 & 0\end{pmatrix}$。

(ⅱ) 将 $\boldsymbol{\alpha}_2$，$\boldsymbol{\alpha}_3$ 正交化，得

$$\boldsymbol{\beta}_2=\boldsymbol{\alpha}_2=(-1,1,0)^{\mathrm{T}},\ \boldsymbol{\beta}_3=\boldsymbol{\alpha}_3-\frac{(\boldsymbol{\alpha}_3,\boldsymbol{\beta}_2)}{(\boldsymbol{\beta}_2,\boldsymbol{\beta}_2)}\boldsymbol{\beta}_2=\frac{1}{2}(1,1,2)^{\mathrm{T}}$$

再将 $\boldsymbol{\alpha}$，$\boldsymbol{\beta}_2$，$\boldsymbol{\beta}_3$ 单位化，得

$$\boldsymbol{\gamma}_1=\frac{1}{\sqrt{3}}(1,1,-1)^{\mathrm{T}},\ \boldsymbol{\gamma}_2=\frac{1}{\sqrt{2}}(-1,1,0)^{\mathrm{T}},\ \boldsymbol{\gamma}_3=\frac{1}{\sqrt{6}}(1,1,2)^{\mathrm{T}}$$

取 $Q=(\boldsymbol{\gamma}_1,\boldsymbol{\gamma}_2,\boldsymbol{\gamma}_3)=\begin{pmatrix}\frac{1}{\sqrt{3}} & -\frac{1}{\sqrt{2}} & \frac{1}{\sqrt{6}}\\ \frac{1}{\sqrt{3}} & \frac{1}{\sqrt{2}} & \frac{1}{\sqrt{6}}\\ -\frac{1}{\sqrt{3}} & 0 & \frac{2}{\sqrt{6}}\end{pmatrix}$，则 Q 为正交矩阵，作正交变换 $x=Qy$，从而二次型可化为标准形 $f(x_1,x_2,x_3)=x^{\mathrm{T}}Ax=y^{\mathrm{T}}(Q^{\mathrm{T}}AQ)y=2y_1^2-y_2^2-y_3^2$。

(19) **解** (ⅰ) 二次型的矩阵 $\boldsymbol{A}=\begin{pmatrix}1&a&1\\a&1&b\\1&b&1\end{pmatrix}$，由 $r(\boldsymbol{A})=1$，得 $a=b$，对 $\boldsymbol{A}$ 作初等行变换，得 $\boldsymbol{A}=\begin{pmatrix}1&a&1\\a&1&b\\1&b&1\end{pmatrix}\rightarrow\begin{pmatrix}1&a&1\\0&1-a^2&0\\0&0&0\end{pmatrix}$，故 $a=\pm1$。由于 $\begin{pmatrix}1&a&1\\a&1&b\\1&b&1\end{pmatrix}\begin{pmatrix}0\\0\\-1\end{pmatrix}=\lambda\begin{pmatrix}0\\1\\-1\end{pmatrix}$，因此 $\begin{cases}a-1=0\\1-b=\lambda\\b-1=-\lambda\end{cases}$，解之，得 $a=b=1$，$\lambda=0$。

(ⅱ) 当 $a=1$，$b=1$ 时，$\boldsymbol{A}=\begin{pmatrix}1&1&1\\1&1&1\\1&1&1\end{pmatrix}$，则 $\boldsymbol{A}$ 的特征值为 $\lambda_1=3$，$\lambda_2=\lambda_3=0$，且 $\boldsymbol{A}$ 的对应于 $\lambda_1=3$ 的特征向量为 $\boldsymbol{\alpha}_1=(1,1,1)^{\mathrm{T}}$。由于 $\boldsymbol{A}$ 为实对称矩阵，因此不同特征值对应的特征向量正交，设 $\boldsymbol{x}=(x_1,x_2,x_3)^{\mathrm{T}}$ 是矩阵 $\boldsymbol{A}$ 的对应于特征值 $\lambda_2=\lambda_3=0$ 的特征向量，则 $\boldsymbol{\alpha}_1^{\mathrm{T}}\boldsymbol{x}=0$，即 $x_1+x_2+x_3=0$，从而 $\boldsymbol{A}$ 的对应于 $\lambda_2=\lambda_3=0$ 的线性无关的特征向量为

$$\boldsymbol{\alpha}_2=(0,1,-1)^{\mathrm{T}},\ \boldsymbol{\alpha}_3=(-2,1,1)^{\mathrm{T}}$$

由于 $\boldsymbol{\alpha}_1$，$\boldsymbol{\alpha}_2$，$\boldsymbol{\alpha}_3$ 已经是正交向量组，因此将 $\boldsymbol{\alpha}_1$，$\boldsymbol{\alpha}_2$，$\boldsymbol{\alpha}_3$ 单位化，得

$$\boldsymbol{\beta}_1=\frac{1}{\sqrt{3}}(1,1,1)^{\mathrm{T}},\ \boldsymbol{\beta}_2=\frac{1}{\sqrt{2}}(0,1,-1)^{\mathrm{T}},\ \boldsymbol{\beta}_3=\frac{1}{\sqrt{6}}(-2,1,1)^{\mathrm{T}}$$

取 $\boldsymbol{Q}=(\boldsymbol{\beta}_1,\boldsymbol{\beta}_2,\boldsymbol{\beta}_3)=\begin{pmatrix}\frac{1}{\sqrt{3}}&0&-\frac{2}{\sqrt{6}}\\\frac{1}{\sqrt{3}}&\frac{1}{\sqrt{2}}&\frac{1}{\sqrt{6}}\\\frac{1}{\sqrt{3}}&-\frac{1}{\sqrt{2}}&\frac{1}{\sqrt{6}}\end{pmatrix}$，则 $\boldsymbol{Q}$ 为正交矩阵，作正交变换 $\boldsymbol{x}=\boldsymbol{Q}\boldsymbol{y}$，从而二次型可化为标准形 $f(x_1,x_2,x_3)=\boldsymbol{x}^{\mathrm{T}}\boldsymbol{A}\boldsymbol{x}=\boldsymbol{y}^{\mathrm{T}}(\boldsymbol{Q}^{\mathrm{T}}\boldsymbol{A}\boldsymbol{Q})\boldsymbol{y}=3y_1^2$。

(20) **解** (ⅰ) 二次型的矩阵 $\boldsymbol{A}=\begin{pmatrix}1&-1&-1\\-1&1&a\\-1&a&1\end{pmatrix}$，由于二次型 $f(x_1,x_2,x_3)=\boldsymbol{x}^{\mathrm{T}}\boldsymbol{A}\boldsymbol{x}$ 经过正交变换化为 $2y_1^2+2y_2^2+by_3^2$，因此矩阵 $\boldsymbol{A}$ 的特征值为 $\lambda_1=\lambda_2=2$，$\lambda_3=b$，由特征值的性质，得 $\begin{cases}\mathrm{tr}(\boldsymbol{A})=\lambda_1+\lambda_2+\lambda_3\\|\boldsymbol{A}|=\lambda_1\lambda_2\lambda_3\end{cases}$，即 $\begin{cases}3=4+b\\|\boldsymbol{A}|=4b\end{cases}$，解之，得 $a=-1$，$b=-1$。

(ⅱ) 当 $a=-1$ 时，$\boldsymbol{A}=\begin{pmatrix}1&-1&-1\\-1&1&-1\\-1&-1&1\end{pmatrix}$，将 $\lambda=2$ 代入 $(\lambda\boldsymbol{E}-\boldsymbol{A})\boldsymbol{x}=\boldsymbol{0}$，得

$$(2\boldsymbol{E}-\boldsymbol{A})\boldsymbol{x}=\boldsymbol{0}$$

由

$$2\boldsymbol{E}-\boldsymbol{A}=\begin{pmatrix}1&1&1\\1&1&1\\1&1&1\end{pmatrix}\rightarrow\begin{pmatrix}1&1&1\\0&0&0\\0&0&0\end{pmatrix}$$